KB060728

Welcome to the

UNIVERSE

웰컴 투 더

유니버스

Welcome to the

UNIVERSE

An Astrophysical Tour

무한하고 경이로운 우주로의 여행

닐 디그래스 타이슨, 마이클 스트라우스,
J. 리처드 고트 지음 | 이강환 옮김

천문학 연구와 교육에 있어 우리에게 지대한 영향을 준

라이먼 스피처, 마르틴 슈바르츠실트, 보흐단 파친스키, 존 바콜을 기리며.

손녀 알리슨이 태어났을 때 내가 제일 먼저 한 말은 "우주에 온 것을 환영한다!"였다. 이는 이 책의 공저자인 닐 타이슨이 라디오와 TV에서 자주 하는 말이다. 사실 이 말은 닐 타이슨의 유행어들 중 하나다. 당신은 태어나면서 우주의 시민이 된다. 그래서 당신은 당연히 주위를 둘러보고 당신 주위에 있는 것에 호기심을 가진다.

닐 타이슨은 9살 때 뉴욕에 있는 헤이든 천체투영관을 처음 방문하고 우주의 부름을 느꼈다. 도시에서 자란 그는 천체투영관 돔에 펼쳐진 눈부신 밤하늘을 처음으로 보고 바로 그 순간에 천문학자가 되기로 결심했다. 그는 지금 그 천체투영관의 책임자가 되어 있다.

사실 우리는 모두 우주의 손길을 받는다. 우리 몸속의 수소는 우주가 태어날 때 만들어졌고, 몸속의 다른 원소들은 멀리 있는 오래전에 죽은 별들에서 만들어졌다. 휴대전화로 친구에게 전화를 걸 때마다 천문학자들에게 감사해야 한다. 휴대전화 기술은 맥스웰 방정식에 의존하고 있고, 그의 증명은 천문학자들이 이미 빛의 속도를 측정했다는 사실에 의존하고 있다. 위치와 길을 알려주는 GPS는 아인슈타인의 일반상대성이론에 의존하고 있고, 일반상대성이론은 천문학자들이 빛이 태양 근처를 지날 때 휘어지는 현상을 관측하여 증명되었다. 6인치 하드드라이브에 담을 수 있는 정보의 양에는 궁극적인 한계가 있고, 그것은 블랙홀 물리학에 의존한다는 사실을 알고 있는가? 좀 더 일상적인 수준에서 말하면, 매년 경험하는 계절의 변화는 지구가 태양 주위를 공전하는 궤도면과 지구의 자전축이 기울어진 각도에 직접적으로 의존한다.

이 책의 목적은 여러분이 살고 있는 우주를 좀 더 친근하게 느끼도록 만드는 것이다. 이 책의 아이디어는 우리 세 명이 프린스턴 대학에서 과학 전공이 아닌 학부생들, 아마도 한 번도 과학 강의를 들어보지 않은 학생들을 위한 새로운 강의를 만들면서 시작되었다. 우리의 동료이자 학과장인 네타 바콜Neta Bahcall은 닐 디그래스 타이슨, 마이클 스트라우스와 나를 선택했다. 일반인들에게 과학을 설명하는 닐 타이슨의 천재적인 능력은 유명했고, 마이클 스트라우스는 우주에서 이제까지 찾은 가장 멀리 있는 퀘이사를 막 발견했으며, 나는 우수한 강의로 대학총장상을 마침 받은 참이었다. 강의는 엄청난 관심을 받으며 시작되었고, 아주 많은 학생들이 몰려들어 우리 건물에서는 수용할 수가 없어서 물리학과에서 가장 큰 강의실로 옮겨야 했다. 닐 타이슨은 '별과 행성', 마이클 스트라우스는 '은하와 퀘이사' 그리고 나는 '아인슈타인, 상대성이론 그리고 우주론'을 강의했다. 2007년《타임》지가 닐 타이슨을 세계에서 가장 영향력 있는 100인 중 한 명으로 선정할 때, 그 강의가《타임》지에 소개되었다. 이 책을 통해서 여러분은 학생들에게 강의하는 교수로서의 닐 타이슨을 만나게 될 것이다.

몇 년 동안 이 강의를 한 후에 우리는 우주를 더 깊이 이해하고 싶어하는 사람들을 위해서 그 내용을 책으로 만들기로 했다.

우리는 천체물리학의 관점, 어떤 일이 일어나고 있는지를 이해하려고 하는 그 관점에서 우주여행을 안내할 것이다. 우리는 뉴턴과 아인슈타인이 어떻게 위대한 아이디어를 얻게 되었는지 말해줄 것이다. 스티븐 호킹이 유명하다는 것은 알 것이다. 하지만 우리는 그가 왜 유명한지 말해줄 것이다. 그의 인생을 다룬 영화 〈모든 것에 대한 이론The Theory of Everything〉(국내 개봉 제목: '사랑에 대한 모든 것')은 훌륭하게 호킹을 연기한 배우 에디 레드메인에게 오스카 남우주연상을 안겨주었다. 이 영화에서는 호킹이 그냥 벽난로를 바라보다가 자신의 가장 위대한 아이디어를 갑자기 떠올리는 장면을 보여준다. 우리는 영화가 빠뜨린 것을 말해줄 것이다. 어떻게 호킹이 야코브 베켄슈타인Jacob Bekenstein의 연구를 믿지 않다가 결국에는 그의 연구를 재확인하고 완전히 새로운 결론으

그림 0.1 세 명의 저자. 왼쪽부터 마이클 스트라우스, 리처드 고트, 닐 타이슨. 출처: Princeton, Denise Applewhite

로 끌고 갔는지 말해줄 것이다. 이 야코브 베켄슈타인이 6인치 하드드라이브에 담을 수 있는 정보에는 궁극적인 한계가 있다는 것을 발견한 바로 그 사람이다. 그것은 모두 연결되어 있다. 이 책에서 우리는 우주에 대한 모든 주제들 중에서 특히 우리가 가장 열정을 가지고 있는 주제들에 초점을 맞추며, 우리의 흥분이 전염되기를 바란다.

우리가 강의를 시작한 이후로 많은 천문학 지식이 추가되었는데 이 책에는 그 내용도 반영했다. 명왕성의 지위에 대한 닐 타이슨의 관점은 2006년 국제천문연맹의 역사적인 투표로 인정받았다. 다른 별의 주위를 도는 새로운 행성 수천 개가 발견되었다. 그 내용도 다루었다. 보통의 원자핵, 암흑물질, 암흑에너지를 포함하는 표준 우주론 모형은 허블 우주망원경, SDSS(슬론 디지털 스카이 서베이) 그리고 WMAP(윌킨슨 마이크로파 비등방성 탐사위성)과 플랑크 위성 덕분에 이제 매우 정확하게 알게 되었다. 물리학자들은 유럽의 거대 강입자 충돌기 LHC로 힉스 입자를 발견하여 모든 것에 대한 이론에 한 걸음 더 다가갔다. 라이고LIGO(레이저 간섭계 중력파 관측소)는 충돌하는 두 블랙홀이 만드는 중력파를 직접 검출하는 데 성공했다.

우리는 우주에 암흑물질이 얼마나 있으며 이것이 (양성자와 중성자로 이루어진 원자핵을 갖는) 보통의 물질로 이루어져 있지 않다는 것을 천문학자들이 어떻게 아는지 설명할 것이다. 우리는 암흑에너지의 밀도와 이것이 음의 압력을 가지고 있다는 것을 어떻게 아는지 설명할 것이다. 우리는 우주의 기원과 미래에 대한 현재의 이론을 다룰 것이다. 이 문제들은 우리를 현재 물리학 지식의 최전선으로 이끈다. 우리는 허블 우주망원경과 WMAP 위성이 찍은 놀라운 사진과, 명왕성과 그 위성 카론을 보여주는 뉴호라이즌 호의 사진도 포함시켰다.

우주는 놀라운 곳이다. 닐 타이슨이 첫 번째 장에서 보여줄 것이다. 이것은 사람들을 흥분하게 만들지만 동시에 너무나 작고 보잘것없다는 느낌이 들게도 한다. 하지만 우리의 목표는 여러분에게 우주를 이해할 수 있는 힘을 주는 것이다. 이 책은 여러분을 기운 나게 해줄 것이다. 우리는 중력이 어떻게 작동하고 별이 어떻게 진화하고 우주의 나이가 얼마인지 알게 되었다. 이것은 당신이 인류의 일원으로서 자랑스럽게 여겨야 할 인간 의식과 관찰의 승리다.

우주가 손짓한다. 이제 시작해보자.

프린스턴에서
J. 리처드 고트

닐 디그래스 타이슨

제1부　별, 행성 그리고 생명

Neil deGrasse Tyson

1부의 3장과 8장은 마이클 스트라우스가 강연하였고, 나머지 장들은 모두 닐 디그래스 타이슨이 강연하였다.

1

우주의 크기와 규모

우리는 별에서 시작하여 은하와 우주 그리고 그 너머로 나아갈 것이다. 〈토이 스토리〉에서 버즈 라이트이어가 뭐라고 했더라? "무한을 향하여 그 너머로!"

우주는 크다. 나는 여러분에게 우주의 크기와 규모를 알려주고 싶다. 우주는 당신 생각보다 더 크고, 당신 생각보다 더 뜨겁고, 당신 생각보다 더 조밀하고, 당신 생각보다 더 희박하다. 당신이 우주에 대해서 무엇을 생각하든 실제 우주는 그보다 더 이상하다. 시작하기 전에 조각들을 모아보자. 나는 우리의 언어와, 우주에 있는 물체들의 크기에 대한 느낌을 완화하기 위해 크고 작은 숫자로의 여행으로 당신을 안내하겠다. 먼저 숫자 1부터 시작하자. 이 숫자는 전에 본 적이 있을 것이다. 여기에는 0이 없다. 지수 형태로 쓰면 이것은 10의 0승, 10^0이다. 지수 0이 가리키듯, 1은 1의 오른쪽에 0이 없다. 물론 10은 10의 1승, 10^1으로 쓸 수 있다. 1,000은 10^3이다. 1,000의 국제단위계 접두어가 뭔지 아는가? 킬로kilo다. 1,000그램은 1킬로그램, 1,000미터는 1킬로미터다. 0을 3개 더 붙이면 10^6, 100만million이 되며 접두어는 메가mega다. 아마도 이것은 메가폰이 발명되었을 당시 셀 수 있는 가장 큰 수였을 것이다. 만일 0을 3개 더 붙인 수인 10억 billion, 10^9을 알았다면 그것은 '기가giga폰'이 되었을 것이다. 컴퓨터의 파일 크기를 살펴보았다면 '메가바이트'나 '기가바이트'와 같은 단어에 익숙할 것이다. 기가바이트는 10억 바이트.[1] 10억이 얼마나 큰 수인지 당신이 알고 있는지 모르겠다. 세상을 둘러보면서 10억이 되는 것이 어떤 것이 있는지 찾아보자.

먼저 세상에는 70억 명의 사람이 있다.

빌 게이츠? 그가 왜? 지난번에 확인했을 때 그의 재산은 약 800억 달러였다. 그는 괴짜들의 수호자다. 역사상 처음으로 괴짜들이 세상을 지배하게 되었다. 인류 역사의 대부분의 기간 동안 그렇지 않았다. 세상이 바뀌었다. 당신은 1,000억을 어디서 보았는가? 정확하게 1,000억은 아니지만, 맥도날드는 "990억 명 이상이 먹었습니다"라고 말한다. 이것은 거리에서 볼 수 있는 가장 큰 수다. 나는 그들이 언제 숫자 세기를 시작했는지 기억한다. 내가 어릴 때 맥도날드는 자랑스럽게 "80억 명 이상이 먹었습니다"라고 광고했다. 맥도날드의 구호는 결코 1,000억을 표시하지 않았다. 전광판에 표시할 수 있는 칸이 모자랐기 때문이다. 그래서 990억에서 멈췄다. 그들은 이제 칼 세이건을 인용해서 이렇게 말하고 있다. "무수히 많은 사람들이 먹었습니다."

1,000억 개의 햄버거를 차례대로 늘어놓아 보자. 뉴욕에서 시작해서 서쪽으로. 그러면 시카고까지 닿을까? 물론이다. 캘리포니아는? 당연하다. 햄버거를 물에 띄울 수 있는 방법을 찾아야 한다. 햄버거 빵의 크기(10cm)로 계산할 수 있다. 햄버거는 햄버거 빵보다는 작기 때문이다. 그러니까 햄버거 빵으로 계산해보자. 이제 햄버거 빵을 바다에 띄워서 큰 원을 그리면, 1,000억 개의 빵으로는 태평양을 건너, 오스트레일리아와 아프리카를 거쳐 대서양으로 돌아와서 결국에는 뉴욕으로 다시 돌아올 수 있다. 정말 많은 양이다. 하지만 지구를 한 바퀴 돈 후에도 아직 남아 있다. 남은 것으로 뭘 할 수 있을까? 이 과정을 더 할 수 있다. 215번 더! 그래도 아직 남아 있다. 이제 지구를 도는 것은 지겨워졌다. 그럼 뭘 할까? 위로 쌓아보자. 그러니까 지구를 216바퀴 돈 후에 햄버거를 쌓기

시작하는 것이다. 얼마나 높이 갈까? 지구를 이미 216바퀴 돈 후에 5센티미터 높이의 햄버거를 쌓으면 달에 갔다 올 수 있다. 그래야 겨우 1,000억 개의 햄버거를 다 쓸 수 있다. 소가 맥도날드를 두려워하는 이유다. 그런데 우리은하에는 3,000억 개의 별이 있다. 이제 맥도날드는 우주를 따라잡을 태세다.

당신이 31살 7개월 9시간 4분 20초가 되면 10억 초를 산 것이다. 나는 이 나이가 되었을 때 샴페인으로 축하를 했다. 작은 병이었다. 10억이라는 수를 그리 자주 만나지는 못한다.

계속 해보자. 다음은 무엇일까? 1조trillion, 10^{12}이다. 여기에 붙는 접두어는 테라tera다. 당신은 1조를 셀 수 없다. 물론 시도는 해볼 수 있다. 1초에 숫자 하나씩 센다면 31년의 1,000배인 31,000년이 걸린다. 내가 권하지 않는 이유다. 1조 초 전, 동굴에 살던 인류는 거실 벽에 그림을 그리고 있었다.

뉴욕의 로즈 센터Rose Center of Earth and Space에는 빅뱅에서 시작하여 138억 년을 보여주는 우주의 연대표 나선이 있다. 이것을 펼치면 축구장 길이가 된다. 한 걸음이 5,000만 년이다. 나선의 끝에서 묻게 된다. 우리는 어디 있지? 인류의 역사는 어디에 있을까? 1조 초 전부터 지금까지, 동굴 인류에서 지금까지의 모든 시간이 사람 머리카락 한 올의 두께밖에 차지하지 못한다. 우리는 그렇게 그 연대표의 끝에 오르게 된다. 우리는 오랫동안 살았고 문명이 오래 지속되었다고 생각하지만 우주의 관점에서 보면 전혀 그렇지 않다.

다음은 무엇일까? 1,000조quadrillion, 10^{15}이다. 여기에 붙는 접두어는 페타peta다. 이것은 내가 가장 좋아하는 숫자다. 개미 전문가인 에드워드 윌슨에 따르면 1,000조에서 1경 마리의 개미가 지구에 살고 있다.

다음은? 100경quintillion, 10^{18}이다. 접두어는 엑사exa다. 이것은 대략 큰 해변 10개의 모래알의 수와 같다. 세계에서 가장 유명한 해변은 리우데자네이루의 코파카바나 해변이다. 길이는 4.2킬로미터이고, 폭은 원래 55미터였는데 350만 세제곱미터의 모래를 쌓아 140미터로 넓혔다. 코파카바나 해변의 해수면 높이에 있는 모래 알갱이의 평균 크기는 1/3밀리미터다. 그러면 1세제곱밀리미터에

27개의 모래 알갱이가 들어가므로 350만 세제곱미터에는 약 10^{17}개의 모래 알갱이가 들어간다. 이것이 현재 그곳에 있는 대부분의 모래다. 그러므로 10개의 코파카바나 해변에는 10^{18}개의 모래 알갱이가 있다.

여기에 1,000을 더 곱하면 10해sextillion, 10^{21}이 된다. 우리는 킬로미터에서 메가폰, 맥도날드 햄버거, 크로마뇽인 예술가, 개미 그리고 해변의 모래 알갱이를 거쳐 드디어 여기에 이르렀다. 100해—관측 가능한 우주에 있는 별의 수.

우주에 우리밖에 없다고 주장하는 사람들이 있다. 그런 사람들은 큰 수에 대한 개념, 우주의 크기에 대한 개념이 없는 것이다. 우리가 볼 수 있는 우주를 말하는 '관측 가능한 우주'에 대해서는 나중에 알아보겠다.

이제 좀 더 나가보자. 10해보다 훨씬 더 큰 수를 생각해보자. 10^{81}은 어떨까? 내가 아는 한 이 수에는 다른 이름이 없다. 이것은 관측 가능한 우주에 있는 원자의 수다. 그렇다면 이보다 더 큰 수가 왜 필요하겠는가? 도대체 어떤 수까지 생각할 수 있을까? 멋있어 보이는 10^{100}은 어떨까? 이 수는 구골googol이라고 한다. 구글Google과 혼동하지 말기를. 인터넷 회사 구글은 '구골'에서 일부러 철자를 바꿔 지은 이름이다.

관측 가능한 우주 안에 구골을 이용하여 셀 수 있는 대상은 없다. 이것은 그저 재미난 수다. 이 수는 10^{100}으로 쓰지만 위첨자를 쓰기가 어려우면 $10^{\wedge}100$으로 쓸 수도 있다. 그런데 이렇게 큰 수를 쓸 수 있는 상황도 있다. 뭔가를 세는 걸로는 안 된다. 대신 어떤 일이 일어날 수 있는 경우의 수로는 가능하다. 예를 들어 체스 게임이 만들어낼 수 있는 경우의 수는 얼마일까? 체스는 같은 위치를 세 번 반복하거나, 서로 50회를 움직이는 동안 폰이 하나도 움직이거나 잡히지 않거나, 체크메이트를 할 수 있을 정도로 충분한 말이 남아 있지 않은 경우에 무승부가 선언될 수 있다. 모든 경기에서 둘 중 한 명이 이 규칙을 이용할 수 있다고 가정하면 가능한 체스 경기의 수를 계산할 수 있다. 리처드 고트가 계산을 하여 그 답이 $10^{\wedge}(10^{\wedge}4.4)$보다 작다는 것을 알아냈다. 이것은 $10^{\wedge}(10^{\wedge}2)$인 구골보다 훨씬 더 큰 수다. 뭔가를 세는 것이 아니라 뭔가를 할 수 있는 경우의 수를 세는 것이다. 이렇게 하면 아주 큰 수를 얻을 수 있다.

이보다 훨씬 더 큰 수도 있다. 구골이 1 뒤에 0이 100개 붙는 것이라면, 10의 구골승은 어떤가? 이 수에도 이름이 있다. 구골플렉스googolplex다. 이것은 1 뒤에 0이 구골 개 붙은 것이다. 이 수를 쓸 수라도 있을까? 불가능하다. 이것은 구골 개의 0이 붙은 것이고, 구골은 우주에 있는 원자의 수보다 크기 때문이다. 그러므로 이 수는 이렇게밖에 쓸 수 없다. 10^{googol}, 혹은 $10^{10^{100}}$, 혹은 $10^{(10^{100})}$로. 시도해보고 싶다면 우주에 있는 모든 원자에 10^{19}개의 0을 써보기를 제안한다. 하지만 그러기에는 해야 할 다른 중요한 일이 있을 것이다.

여러분의 시간을 뺏기 위해서 이 이야기를 하고 있는 것이 아니다. 나는 구골플렉스보다 더 큰 수를 알고 있다. 야코브 베켄슈타인은 관측 가능한 우리 우주와 비슷한 질량과 크기를 가지는 양자 상태의 최댓값을 계산할 수 있는 공식을 만들어냈다. 우리가 관측하는 양자 상태를 고려하면 이것은 우리 우주와 같은 관측 가능한 우주의 수의 최댓값이 된다. 이것은 $10^{(10^{124})}$로 구골플렉스보다 10^{24}배 더 많은 0을 가진 수다. 이 $10^{(10^{124})}$개의 우주는 대부분이 블랙홀로 가득 찬 무서운 우주부터, 당신의 코로 산소 분자가 한 개 덜 들어가고 어떤 외계생명체의 코로 산소 분자 하나가 더 들어가는 것만 빼고 우리 우주와 정확히 똑같은 우주까지 다양하다.

그러니까 결국 우리는 엄청나게 큰 수가 필요할 때가 있다. 나는 이보다 더 큰 수가 필요한 경우를 알지 못하지만 수학자들은 분명히 알고 있다. $10^{(10^{(10^{34})})}$라는 무시무시한 수를 포함하는 정리가 있기 때문이다. 이것은 스큐즈의 수Skewes' number라고 불린다. 수학자들은 물리적인 현실을 훨씬 뛰어넘는 상상을 즐긴다.

이제 우주의 또 다른 극단적인 모습을 보여주겠다.

밀도는 어떨까? 여러분은 아마 밀도가 무엇인지 직관적으로 알고 있을 것이다. 하지만 지금은 우주의 밀도에 대해서 생각해보자. 먼저 우리 주변의 공기를 보자. 여러분은 1세제곱센티미터 당 2.5×10^{19}개의 분자를 들이마신다. 질소가 78퍼센트, 산소가 21퍼센트다.

1세제곱센티미터 당 2.5×10^{19}개의 분자는 생각했던 것보다 훨씬 더 큰 밀도일 것이다. 이번에는 최고의 실험실에서 만든 진공을 살펴보자. 요즘은 장비가 아주 좋아져서 1세제곱센티미터 당 100개 분자 정도의 밀도까지 낮출 수 있다. 행성 사이의 공간은 어떨까? 태양에서 오는 태양풍의 밀도는 지구 거리에서는 1세제곱센티미터 당 10개의 양성자 정도가 된다. 여기서 밀도란 분자나 원자, 혹은 기체를 구성하는 자유로운 입자들의 수를 말하는 것이다. 별들 사이의 공간은 어떨까? 이곳의 밀도는 장소에 따라 달라지지만 밀도가 1세제곱센티미터 당 원자 1개로 떨어지는 경우도 드물지 않다. 은하 사이의 공간은 이보다 훨씬 더 작아진다. 1세제곱미터 당 원자 1개가 된다.

최고의 실험실에서도 이런 정도의 진공은 만들 수 없다. "자연은 진공을 싫어한다"라는 옛말이 있다. 이 말을 한 사람들은 지구 표면을 벗어난 적이 없었다. 사실 자연은 진공을 좋아한다. 우주의 대부분이 진공이기 때문이다. 이들이 말한 '자연'은 우리가 지금 있는 곳, 우리가 대기라고 부르는 공기의 담요에 덮여 있는 이곳을 말하는 것이었다. 여기서는 실제로 공기가 언제나 빈 곳을 채운다.

칠판에 분필을 던져서 부서진 조각 하나를 집어 든다고 생각해보자. 분필을 산산조각 내고, 한 조각의 지름이 1밀리미터라고 해보자. 이것을 양성자라고 가정하자. 가장 단순한 원자가 무엇인지 아는가? 짐작했겠지만 수소다. 수소의 핵은 양성자 하나이고, 보통의 수소는 전자 하나가 주위의 궤도를 채우고 있다. 그 수소 원자의 크기는 얼마나 될까? 양성자의 크기가 1밀리미터라면 원자는 배구공 정도 크기가 될까? 아니, 그보다 훨씬 크다. 30층 건물의 크기인 100미터 정도가 된다. 무슨 말인가? 원자는 텅 비어 있다는 말이다. 원자핵과 하나의 전자 사이에는 어떤 입자도 없다. 전자는 우리가 양자역학을 통해 알게 된 바로는 핵을 둘러싼 구형의 첫 번째 궤도를 날아다닌다. 이제 훨씬 더 작은 쪽으로, 너무 작아서 측정할 수도 없을 정도인 우주의 또 다른 한계까지 가보자. 우리는 전자의 지름이 얼마인지 모른다. 그것은 우리가 측정할 수 있는 한계보다 더 작다. 그런데 초끈 이론에서는 전자를 1.6×10^{-35}미터 길이의 진동하는 작은 끈이라고 제안한다.

원자의 크기는 10^{-10}미터로 100억 분의 1미터다. 그러면 10^{-12}이나 10^{-13}미터는 어떤가? 그런 크기로 알려진 물질에는 전자가 하나뿐인 우라늄과, 양성자 하나와 그 주위를 도는 뮤온muon이라 불리는 전자의 무거운 사촌뻘 하나를 갖는 특이한 형태의 수소가 있다. 일반적인 수소 원자의 약 1/200 크기인 그것은 뮤온의 자연붕괴 때문에 반감기가 약 2.2마이크로초에 불과하다. 10^{-14}이나 10^{-15}미터로 내려가야만 그 원자핵의 크기를 측정할 수 있다.

이제 다른 방향으로 가보자. 점점 높은 밀도로 올라가는 것이다. 태양은 어떤가? 이건 밀도가 아주 높을까 아닐까? 태양의 중심부는 밀도가 꽤 높지만(그리고 엄청나게 뜨겁지만) 가장자리는 훨씬 밀도가 낮다. 태양의 평균 밀도는 물의 약 1.4배다. 그리고 우리는 물의 밀도가 1세제곱센티미터 당 1그램이라는 것을 안다. 태양 중심부의 밀도는 1세제곱센티미터 당 160그램이다. 하지만 태양은 아주 평범한 편이다. 별들은 아주 놀라운 방식으로 (예상 밖으로) 행동한다. 어떤 것은 아주 낮은 밀도로 엄청나게 팽창하고, 어떤 것은 수축하여 작아지고 높은 밀도가 된다. 양성자와 그것을 둘러싸고 있는 텅 빈 공간을 생각해보자. 우주에는 물질을 계속 수축시켜 원자핵의 밀도에까지 이르게 만드는 과정이 있다. 이런 별에서는 원자핵이 바로 이웃의 원자핵과 다닥다닥 붙어 있다. 이런 특이한 성질을 가진 천체는 대부분 중성자로 이루어져 있는데, 우주에서 엄청나게 밀도가 높은 지역이다.

우리 직업은 물체가 보이는 대로 이름을 붙이는 경향이 있다. 크고 붉은 별은 적색거성red giant, 작고 흰 별은 백색왜성white dwarf이라고 부른다. 중성자로 이루어진 별은 중성자별neutron star이라고 부른다. 펄스를 내보내는 별은 펄사pulsar라고 부른다. 생물학자들은 대상에 라틴어 이름을 붙인다. 의사들은 환자가 이해할 수 없는 암호로 처방전을 써서 그 암호를 이해할 수 있는 약사들에게 건넨다. 우리가 먹는 것은 긴 화학기호로 되어 있다. 생화학에서 가장 인기 있는 분자는 음절이 10개나 된다. 디옥시리보핵산deoxyribonucleic acid! 하지만 우리는 우주 전체의 공간, 시간, 물질, 에너지의 시작을 단 두 개의 간단한 단어로 표현한다. 빅뱅Big Bang. 단순한 용어를 사용한 과학이다. 우주는 그 자체로 충분히 어렵기 때문이다. 어려운 단어를 사용하여 더 혼란을 줄 이유가 없다.

더 가볼까? 우주에는 중력이 너무 강하여 빛이 빠져나오지 못하는 곳이 있다. 여기에 빠진다면 돌아올 수 없다. 블랙홀black hole이다. 역시 단순한 용어로, 우린 모든 일을 해낸다. 미안하지만, 이 점을 털어놓고 싶었다.

중성자별의 밀도는 얼마나 될까? 중성자별의 극히 일부만을 떼어보자. 옛날 사람들은 모든 것을 손으로 바느질을 했다. 골무는 손가락이 바늘에 찔리지 않도록 보호해주었다. 중성자별의 밀도를 만들려면 1억 마리의 코끼리를 이 골무 크기로 압축하면 된다. 다시 말해서, 시소의 한쪽에 코끼리 1억 마리를 올려놓고 다른 한쪽에 골무 크기의 중성자별 조각을 올려놓으면 균형을 이룬다는 말이다. 대단한 밀도의 물질이다. 중성자별은 중력도 매우 크다. 얼마나 클까? 중성자별의 표면으로 가서 알아보자.

중력이 얼마나 강한지 알아보는 한 가지 방법은 뭔가를 들어올리기 위해 얼마만큼의 에너지가 필요한지를 보는 것이다. 중력이 강하면 더 많은 에너지가 필요하다. 계단을 올라가기 위해서는 얼마만큼의 에너지를 사용해야 한다. 이것은 우리가 낼 수 있는 에너지의 범위에 있다. 하지만 지구와 비슷한 중력을 가지는 가상의 행성에 있는 2만 킬로미터 높이의 절벽을 생각해보자. 지구에서 경험하는 중력가속도를 이기고 그 절벽을 오르는 데 필요한 에너지를 생각해보자. 많은 에너지가 필요하다. 절벽 아래에서 당신의 몸에 저장된 에너지보다 더 많은 양이다. 올라가는 동안 에너지 바나 금방 소화될 수 있는 높은 칼로리의 음식이 필요할 것이다. 좋다. 한 시간에 100미터를 올라간다고 하면 하루 24시간을 오른다고 해도 22년이 넘게 걸린다. 이것이 중성자별의 표면에 놓인 종이 한 장 위에 올라갈 때 필요한 에너지의 양이다. 아마도 중성자별에는 생명체가 없을 것이다.

우리는 1세제곱미터당 양성자 하나에서 골무 하나당 1억 마리의 코끼리까지 갔다. 이제 남은 것이 뭘까? 온도는 어떨까? 뜨거운 쪽으로 가보자. 태양의 표면에서 시작해보자. 약 6,000K(켈빈)다. 여기서는 모든 것이 기체가 된다. 태양이 기체인 이유다. (지구 표면의 평균온도는 287K밖에 되지 않는다.)

태양 중심의 온도는 얼마나 될까? 예상할 수 있겠지만, 태양 중심의 온도는 표면보다 더 높다. 나중에 보겠지만 여기에는 그럴만한 이유가 있다. 태양 중심부의 온도는 약 1,500만K다. 1,500만K에서는 놀라운 일이 일어난다. 양성자가 빠르게 움직인다. 정말로 빠르다. 두 양성자는 같은 (양의) 전하를 가지기 때문에 보통은 서로 밀어낸다. 하지만 아주 빠르게 움직이면 그 밀어내는 힘을 이겨낼 수 있다. 충분히 가까워지면 새로운 종류의 힘이 등장한다. 밀어내는 정전기력이 아니라 아주 짧은 영역에서 작용하는 끌어당기는 힘이다. 두 양성자가 충분히 가까워지면 그 짧은 영역 안에서는 서로 달라붙는다. 이 힘에는 이름이 있다. 우리는 이 힘을 강한 핵력, 혹은 강력strong force이라고 부른다. 그렇다. 이것이 공식적인 이름이다. 이 강한 핵력은 양성자를 서로 묶어 새로운 원소를 만들어낸다. 주기율표에서 수소 다음에 있는 원소인 헬륨과 같은 원소들이다. 별들은 자기가 태어날 때 가지고 있던 원소보다 더 무거운 원소를 만드는 일을 한다. 그리고 이 과정은 별의 깊은 곳에 있는 핵에서 일어난다. 여기에 대해서는 제7장에서 더 살펴볼 것이다.

차가운 쪽으로 가보자. 우주 전체의 온도는 얼마일까? 우주는 실제로 온도를 가지고 있다. 빅뱅에서 남은 것이다. 138억 년 전, 여러분이 볼 수 있는 138억 광년에 걸친 모든 공간, 시간, 물질, 에너지는 한곳에 뭉쳐 있었다. 이 초기의 우주는 물질과 에너지가 펄펄 끓는 뜨거운 가마솥이었다. 우주의 팽창이 우주의 온도를 2.7K로 낮추었다.

지금도 우주는 계속 팽창하며 식는다. 불편할 수도 있겠지만 현재의 자료로는 우리는 한 방향으로만 가고 있다. 우리는 빅뱅으로 태어났고 영원히 팽창할 것이다. 우주의 온도는 계속 낮아져서 결국 2K, 1K, 그리고 0.5K가 되었다가 점차 절대 0도로 수렴할 것이다. 결국에는 온도는 7×10^{-31}K에 이르게 된다. 이것은 스티븐 호킹이 발견한 효과 때문인데, 여기에 대해서는 제24장에서 리처드 고트가 설명할 것이다. 하지만 이 사실은 편하지가 않다. 별들은 모든 핵반응을 끝내고 하나씩 죽어가서 하늘에서 사라질 것이다. 성간 기체가 새로운 별을 만들 수 있지만 기체의 공급이 부족해질 것이다. 기체가 모여 별이 되고, 진화하고, 시체를 남긴다. 별 진화의 마지막 산물은 블랙홀, 중성자별 그리고 백색왜성이다. 이것은 은하의 불빛이 하나씩 모두 꺼질 때까지 계속된다. 은하가 어두워진다. 우주가 어두워진다. 블랙홀들이 남아 미미한 빛만 방출한다. 이것 역시 스티븐 호킹이 예측한 것이다.

그리고 우주가 끝이 난다. 폭발이 아니라 조용히.

그보다 한참 전에 태양의 크기가 커진다. 그 일이 일어날 때는 장담하건대 태양 주위에 있고 싶지 않을 것이다. 태양이 죽을 때는 내부에서 복잡한 열 물리적 상황이 발생하여 태양의 표면을 팽창시킨다. 태양은 점점 점점 점점 더 커져서 하늘에서 점점 점점 점점 더 크게 보인다. 태양은 결국 수성을 삼키고 금성까지 삼킨다. 50억 년이 지나면 지구는 숯이 되어 태양 표면 바로 바깥을 돌 것이다. 바닷물은 이미 끓어서 대기로 증발했을 것이다. 대기도 모든 공기분자가 우주로 날아갈 정도의 온도로 가열된다. 우리가 아는 생명은 모두 사라질 것이고, 약 76억 년 후에는 숯이 된 지구가 태양으로 끌려들어가 증발할 것이다.

행운을 빈다!

내가 전하고 싶은 것은 이 책이 다루는 규모에 대한 감이다. 그리고 내가 방금 언급한 모든 내용은 이어지는 장들에서 더 깊고 자세히 다뤄질 것이다. 우주에 온 것을 환영한다.

웰컴 투 더 유니버스

2

하늘에서 행성의 궤도까지

이 장에서는 3,000년 동안의 천문학을 다룰 것이다. 고대 바빌로니아 시대부터 1600년대까지다. 역사 수업을 하려는 것은 아니다. 누가 가장 먼저 생각하고 발견했는지 모든 자세한 내용을 다루지는 않을 것이기 때문이다. 내가 전달하고 싶은 것은 그저 그 시기 동안에 어떤 것을 알고 있었는지에 대한 느낌이다. 이것은 밤하늘을 이해하려는 시도부터 시작된다.

여기 태양이 있다(〈그림 2.1〉). 그 옆에 지구를 그렸다. 크기나 거리는 실제 비율이 아니다. 그저 태양-지구 시스템을 표현하기 위한 것이다. 바깥쪽은 당연히 하늘의 별들이다. 하늘은 그냥 별들, 큰 구의 안쪽에 있는 빛의 점들이라고 가정할 것이다. 그편이 다른 것들을 설명하기 더 쉽게 해준다.

지구는 아마도 알고 있겠지만 자전을 한다. 그리고 그 축은 태양 주위를 도는 궤도면에서 기울어져 있다. 기울어진 각은 23.5도다. 한 번 자전하는 데 걸리는 시간은 얼마일까? 하루다. 태양을 한 바퀴 도는 데 걸리는 시간은? 1년이다. 미국인들 중 30퍼센트가 이 두 번째 질문에 틀린 답을 했다.

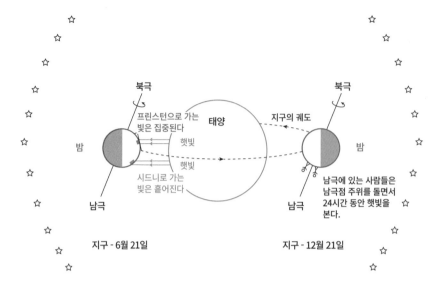

그림 2.1 지구는 태양 주위를 돌며 계절에 따라 다른 밤하늘을 보여준다. 지구의 자전축이 공전궤도면과 기울어져 있기 때문에 6월 21일에는 북반구가 햇빛을 더 직접 받게 되고, 오스트레일리아와 남반구 전체는 비스듬히 받게 된다. 12월 21일에 남극권 남쪽의 사람들은 지구가 자전하는 동안 남극점 주위를 돌면서 24시간 동안 햇빛을 받는다. 출처: J. Richard Gott

우주에서 회전하는 물체는 상당히 안정하다. 그래서 궤도의 방향은 일정하게 유지된다. 6월 21일에서 12월 21일로 지구가 태양 주위를 돌면 각각 반대쪽 면이 태양을 향한다. 지구의 자전축 기울기는 유지되므로 태양을 도는 동안 자전축은 같은 방향을 향한다. 이것은 몇 가지 재미있는 결과를 만든다. 예를 들어, 6월 21일에 지구 궤도면에 수직인 선은 지구를 낮과 밤으로 나눈다. 태양에서 멀리 있는 지구의 왼쪽 부분을 뭐라고 부를까? 밤이다. 그런데 12월 21일에 지구가 궤도 반대편에 있으면 그림의 오른쪽 부분이 밤이 된다. 지구에 있는 모든 사람들은 밤에 태양의 반대편인 그쪽 하늘만을 볼 수 있다. 6월 21일의 밤하늘(왼쪽에 있는 별들)은 12월 21일의 밤하늘(오른쪽에 있는 별들)과 다르다. 여름밤에는 백조자리나 거문고자리와 같은 '여름' 별자리를 보고, 겨울밤에는 오리온이나 황소자리와 같은 '겨울' 별자리를 보게 된다.

다른 측면을 보자. 12월 21일에 수직선의 오른쪽이 밤이고 지구가 자전을 하면, 남극권의 남쪽에 거꾸로 서 있는 사람들은 어떻게 될까? 그들은 남극점 중심을 돈다. 그들은 어둠을 볼 수 있을까? 아니다. 12월 21일에 그곳에 있는 사람은 지구가 자전하는 동안 어둠 없이 24시간 동안 햇빛을 본다. 그날 남극권과 남극점 사이에 있는 모든 사람들에게 밤은 없다. 이 개념을 따라 북극으로 가면 북극권의 북쪽에 있는 사람들은 북극점을 중심으로 돌며, 산타클로스와 그의 친구들은 지구의 낮 영역으로 들어오지 못한다. 그들에게 12월 21일은 24시간 동안 어둠이다. 짐작하겠지만 6월 21일에는 반대 현상이 나타난다. 이 시기에는 남극권의 남쪽에 있는 사람들에게는 낮이 없고 북극에 있는 사람들에게는 밤이 없다.

뉴저지 주 프린스턴에서 관측을 해보자. 여기는 뉴욕시와 가깝지만 높은 건물이나 도시의 밝은 불빛이 시야를 방해하지 않는다. 이곳의 위도는 북위 40도 정도다. 6월 21일 새벽에 지구는 낮이 되고 북반구에 있는 뉴저지는 햇빛을 직접적으로 받는 반면, 남반구로 가는 햇빛은 지구의 표면에서 약간 비스듬해진다.

정오는 하늘에서 태양이 가장 높은 곳에 이르는 시간이다. 당신은 미 대륙 어느 곳에서도 일 년 중 단 한 순간도 태양이 머리 바로 위에 오는 곳이 없다는 사실을 알고 있는가? 아마 이상할 것이다. 길에서 누군가를 붙잡고 "정오에 태양이 어디 있을까요?"라고 묻는다면 대부분은 "바로 머리 위에 있죠"라고 대답할 것이기 때문이다. 이 경우를 포함한 많은 경우에 사람들은 그냥 사실이라고 믿는 것을 반복하며 한 번도 직접 관찰해보지 않았다는 사실을 드러낸다. 그들은 결코 알아차리지 못한다. 그들은 한 번도 실험을 해보지 않았다. 세상은 이런 것으로 가득 차 있다. 예를 들어 겨울에 낮의 길이에 대해서 사람들은 어떻게 이야기할까? "겨울에는 낮이 짧아지고 여름에는 길어지죠." 하지만 생각해보자. 일 년 중 낮이 가장 짧은 날이 언제인가? 동지이자 북반구에서 겨울이 시작되는 날인 12월 21일이다. 겨울이 시작되는 날이 일 년 중 낮이 가장 짧은 날이라면 겨울의 나머지 날 동안은 어떻게 되어야 할까? 점점 길어져야 한다. 그러니까 겨울에는 낮이 짧아지는 것이 아니라 길어진다. 이것을 알아내기 위해서 박사학위나 연구재단의 연구비가 필요하지는 않다. 낮의 길이는 겨울에는 길어지고 여름에는 짧아진다.

밤하늘에서 가장 밝은 별은 무엇일까? 많은 사람들이 북극성이라고 말한다. 본 적이 있는가? 대부분 본 적이 없다. 북극성은 10위 안에도 들지 못한다. 20위 안에도 들지 못하고, 30위 안에도 들지 못한다. 심지어 40위 안에도 들지 못한다. 오스트레일리아는 남쪽으로 너무 멀리 있어서 아무도 북극성을 볼 수가 없다. 거기에서는 남극성도 볼 수 없다. 그러니까 친구에 대해서 이야기할 때 남반구 하늘의 별자리에 대해서 부러워할 필요는 없다. 남십자성에 대해서 이야기해보자. 아마 여러분도 들어보았을 것이다. 남십자성에 대한 노래도 있다. 하지만 남십자성이 총 88개의 별자리들 중에서 가장 작은 별자리라는 사실을 알고 있는가? 앞으로 뻗은 주먹 안에 별자리 전체가 들어간다. 그리고 남십자성의 가장 밝은 4개의 별들은 찌그러진 사각형 모양이다. 가운데에 십자가의 중심을 표시하는 별은 없다. 이것은 남쪽 마름모라고 하는 것이 더 정확하다. 반면에 북십자성은 하늘에서 10배 더 넓은 영역을 차지하고 6개의 밝은 별이 있다. 그리고 중심에 하나의 별이 있어서 정말로 십자가처럼 보인다. 북쪽 하늘에는 멋진 별자리들이 있다.

북극성은 밤하늘에서 45번째로 밝은 별이다. 그러니까 길에서 사람들을 붙잡고 질문을 해보고 바로잡아주기를 바란다. 밤하늘에서 가장 밝은 별은 큰개자리의 시리우스다.

이제 지구의 두 지점에서 햇빛을 비교해보자. 6월 21일 프린스턴에서는 정오에 햇빛이 아주 높은 각도에서 비춘다(〈그림 2.1〉). 태양에서 오는 두 평행한 빛은 프린스턴에 아주 작은 거리만큼만 떨어져서 닿는다. 오스트레일리아의 시드니에서는 정오에 비슷한 한 쌍의 빛이 더 낮은 각도에서 비추고 더 멀리 떨어져서 닿는다. 그러면 어떤 일이 벌어질까? 어느 쪽이 땅을 더 효율적으로 가열할까? 당연히 프린스턴이다. 빛이 지표면에 더 직접적으로 향하기 때문에 프린스턴으로 들어오는 에너지가 더 집중되어 더 따뜻해진다. 6월 21일의 프린스턴은 여름이다. 같은 시기에 오스트레일리아 시드니는 겨울이다. 6개월 후인 12월 21일에는 반대 현상이 나타난다.

태양은 땅을 가열하고 땅은 공기를 가열한다. 태양은 공기를 잘 가열하지 못한다. 공기는 태양에서 오는 대부분의 에너지를 통과시키기 때문이다. 태양의 에너지는 스펙트럼의 가시광선 부분에서 최대가 되고, 당신은 태양을 공기를 통과해 볼 수 있다. 이것으로 우리는 태양의 가시광선이 공기에 흡수되지 않는다고 명확하게 결론내릴 수 있다. 그렇지 않다면 우리는 태양을 볼 수 없을 것이다. 당신이 창이 없는 건물 안에 있다면 태양을 볼 수 없다. 건물의 지붕이 태양에서 오는 가시광선을 흡수하기 때문이다. 태양을 보려면 투명한 창으로 보거나 밖으로 나가야 한다. 그러니까 결론은 태양에서 오는 빛은 투명한 공기를 통과하여 땅에 부딪힌다. 땅은 태양에서 오는 빛을 흡수하여 그 에너지를 대기가 흡수할 수 있는 보이지 않는 적외선으로 재방출한다. 스펙트럼의 다른 부분에 대해서는 제4장에서 살펴볼 것이다.

땅은 태양에서 오는 가시광선을 흡수하여 가열된 후 적외선을 방출하여 공기를 가열한다. 이것은 동시에 일어나지 않고 시간이 걸린다. 얼마나 걸릴까? 하루 중 가장 더운 시간은 언제일까? 땅이 가장 뜨거운 시간은 정오가 아니다. 땅이 가열되는 시간 때문에 몇 시간 후인 오후 2시 혹은 3시, 심지어는 곳에 따라서는 4시가 되기도 한다.

북반구의 여름도 마찬가지다. 여름에는 지구 자전축의 북극이 태양을 향하고, 당연히 남반구는 겨울이다. 하루 중 가장 더운 시간이 정오 이후인 것과 같은 이유로 일 년 중 북반구가 가장 더운 시기도 6월 21일 이후가 된다. 이것이 여름이 6월 21일에 시작되어 점점 더워지는 이유다. 마찬가지로 12월 21일에 북반구의 겨울이 시작되어 점점 추워진다.

3개월 후인 3월 21일에 봄이 시작된다. 지구의 모든 곳에서 북반구 봄의 첫

날(3월 21일)과 가을의 첫날(9월 21일)에는 같은 시간에 해가 뜨고 해가 진다. 그러므로 지구에 있는 모든 사람들은 분점인 이 이틀 동안 같은 길이의 밤과 낮을 가진다.

지구의 북극은 북극성을 향한다. 우주의 대단한 우연일까? 꼭 그렇지는 않다. 정확하게 그쪽을 향하지는 않기 때문이다. 지구의 자전축이 실제로 향하는 지점(천구의 북극)과 북극성의 위치 사이에는 1.3개의 보름달이 들어갈 수 있다.

〈그림 2.2〉의 프린스턴으로 다시 돌아가 보자. 밤에 그곳에 서면 그 순간에 하늘의 한쪽 면에 있는 모든 별들을 볼 수 있다. 그림에서 이 별들은 '프린스턴의 지평선 위로 볼 수 있는 별들'로 표시되어 있다. 프린스턴의 지평선은 당신이 서 있는 지구의 표면에 접하는 선으로 그려진다. 위를 올려다보면 지구의 회전 때문에 별들이 북극성 주위를 도는 모습을 볼 수 있을 것이다(〈그림 2.2〉의 오른쪽). (북극성은 천구의 북극에 아주 가깝기 때문에 거의 움직이지 않는다.) 그러므로 하늘에는 북극성 주위를 돌지만 지평선 아래로는 절대 내려가지 않는 부분이 생기게 된다. 여기에 속한 별들을 주극성circumpolar stars이라고 한다. (프린스턴의 위도는 서울의 위도와 별로 차이가 나지 않기 때문에 프린스턴에서 본 하늘은 서울에서 본 하늘과 비슷하다—옮긴이 주.)

당신이 북극성에서 멀리 있는 별을 본다고 생각해보자. 이 별은 졌다가 다시 떠오른다. 이것이 지구에서 보는 하늘의 모습이다. 밤하늘에서 가장 익숙하고 유명한 별의 모양은 북극성 근처의 밝은 별들로 이루어진 북두칠성이다(〈그림 2.2〉). 북두칠성은 아래로 내려가 (프린스턴에서 보기에는) 지평선에 살짝 걸쳤다가 다시 떠오른다. 북극성에서 북두칠성보다 멀리 있는 별들은 모두 지평선 아래로 진다. 프린스턴에서 보기에 북극성은 얼마나 높이, 몇 도의 각도에 있을까? 이것은 우리가 알아낼 수 있다. 먼저 우리가 북극에 있는 산타클로스를 방문했다고 해보자. 그러면 북극성은 어디에 있을까? (거의) 바로 머리 위에 있을 것이다. 북극에서 보기에 위쪽 절반에 있는 별들은 지구의 회전 때문에 북극성 주위를 돌면서 언제나 지평선 위에 머무른다. 지평선 바로 위에 있는 별은 지평

웰컴 투 더 유니버스

선을 따라 돈다. 그러므로 당신이 볼 수 있는 모든 별은 언제나 지평선 위에 있다. 어떤 별도 뜨거나 지지 않는다. 모든 별들은 바로 머리 위의 북극성 주위를 돌고 당신은 북반구 하늘에 있는 모든 별을 볼 수 있다. 이것이 산타클로스의 관점이다.

북극의 위도는 얼마인가? 90도다. 북극에서 본 북극성의 고도는 얼마일까? 역시 90도다. 이것은 우연이 아니다. 당신이 위도 90도에 있으면 북극성의 고도는 90도다. 그러면 적도로 내려가 보자. 적도의 위도는 얼마인가? 0도다. 북극성은 이제 지평선에 있다. 고도는 0도다. 프린스턴의 위도는 얼마인가? 40도다. 그러므로 프린스턴에서 북극성의 고도도 40도가 된다.

별들을 보며 항해를 하던 사람들은 북극성의 고도가 자신이 있는 곳의 위

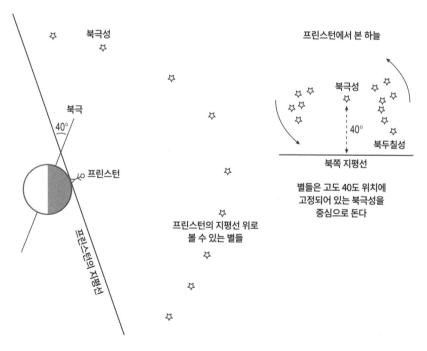

그림 2.2 프린스턴(북위 40도)에서 본 밤하늘. 북극성은 북쪽 지평선 위 40도 위치에 정지해 있다. 북두칠성은 북극성을 중심으로 반시계방향으로 돈다. 출처: J. Richard Gott

도와 같다는 사실을 알고 있었다. 크리스토퍼 콜럼버스는 대서양을 가로지르는 내내 같은 위도에 머무르도록 방향을 잡았다. 그의 지도들을 살펴보라. 이것이 그들의 항해법이었다. 항해하는 동안 북극성이 같은 고도에 머무르도록 하는 것이다.

어릴 때 팽이를 가지고 놀면서 팽이가 휘청거리는 것을 본 적이 있는가? 우리는 태양과 달의 중력의 영향을 받으며 회전하는 팽이와 같다. 우리는 휘청거린다. 한 번 휘청거리는 데 걸리는 시간은 26,000년이다. 우리는 하루에 한 바퀴를 돌면서 26,000년에 한 번씩 휘청거린다. 이것은 재미있는 결과를 가져온다. 먼저 태양계를 둘러싼 별들의 구를 생각해보자. 지구가 태양 주위를 돌면 태양은 배경 별들에서의 위치가 달라진다. 6월 21일에는 〈그림 2.1〉에서처럼 태양이 우리와 오른쪽 끝에 있는 별들 사이에 위치한다. 6월 21일에 우리가 보기에 태양은 그 별들 앞을 지나간다는 말이다. 하지만 12월 21일에는 태양이 우리와 왼쪽 끝에 있는 별들 사이에 위치한다. 태양은 1년 동안 하늘에서 원을 그리며 서로 다른 여러 별들 앞을 지나간다. 먼 옛날, 문자가 없던 시절, TV도 책도 인터넷도 없던 시절의 사람들은 하늘에 자신들의 문화를 만들었다. 자신들의 생활과 관련 있는 것들이었다. 사람의 마음은 실제로 존재하지 않는 곳에서 그림을 만들어내는 데 매우 능숙하다. 당신은 무작위하게 흩어져 있는 점들에서 쉽게 그림을 만들어낼 수 있다. 당신의 뇌는 말한다. "그림이 보여." 한번 실험을 해보라. 컴퓨터를 다룰 줄 안다면 무작위로 점들을 찍어보라. 1,000개 정도의 점을 찍어놓고 들여다보면 이렇게 생각할 수 있을 것이다. "음…… 에이브러햄 링컨이 보여!" 여러 가지가 보일 것이다. 마찬가지로 옛날 사람들은 무슨 일이 일어나고 있는지 모르는 하늘에 자신들의 문화를 그려넣었다. 그들은 행성들이 어떻게 움직이는지 몰랐다. 물리법칙을 몰랐기 때문이다. 그들은 이렇게 말했다. "하늘은 나보다 더 크니까 나의 행동에 영향을 미칠 거야." 그리고 이렇게 생각했다. "저기 게처럼 생긴 별자리가 있고 저건 특별한 성격을 가지고 있어. 네가 태어날 때 태양이 저 위치에 있었어. 네 성격이 그렇게 이상한 건 분명히 이것과 관련이 있을 거야. 그리고 여기에는 물고기가 있고 저기에는 쌍둥이가 있어. 케이블 방송국이 없으니까 우리가 직접 이야기를 만들어서 사람들에게 전하자." 이런 식으로 옛날 사람들은 태양이 일 년 동안 지나가는 황도대에 별자리를 만들었다.

황도대의 별자리는 12개가 있다. 천칭자리, 전갈자리, 양자리 등이다. 신문에 매일 나오기 때문에 잘 알 것이다. 당신을 한 번도 만난 적이 없는 사람이 당신의 연애운을 이야기해주고 돈을 벌고 있다. 이것을 한번 생각해보자. 우선, 태양이 지나가는 별자리는 12개가 아니라 13개다. 그들은 이 말을 하지 않는다. 그러면 당신에게서 돈을 받을 수 없기 때문이다. 황도대의 13번째 별자리가 무엇인지 아는가? 뱀주인자리다. 별로 좋게 들리지 않는다. "뱀주인자리는 오늘 어떤가요?" 반응이 어떨지는 뻔하다. 그러면 이렇게 말하라. "내 별자리 운세를 본 적이 없어요." 대부분의 전갈자리 사람들은 사실은 뱀주인자리다. 하지만 점성술 목록에 뱀주인자리는 없다.

이걸 좀 더 살펴보자. 황도대 별자리들이 만들어진 것은 언제인가? 2,000년 전이다. 클라우디오스 프톨레마이오스Claudius Ptolemy가 여기에 대한 지도를 만들었다. 2,000년은 26,000년의 1/13이다. 1/12에 가깝다. 지구의 흔들림(이것을 세차운동precession이라고 한다) 때문에 황도대의 별자리에서 일 년 동안 보이는 위치가 이동한다는 것을 알고 있는가? 신문에 나오는 모든 황도대 별자리 날짜는 한 달이나 어긋나 있다. 그러니까 전갈자리와 뱀주인자리 사람들은 지금은 천칭자리 사람들이다.

여기에 교육의 가장 중요한 가치가 있다. 당신은 우주에 대한 지식을 독자적으로 얻을 수 있다. 하지만 다른 사람이 하는 말이 옳은지를 판단할 만큼 충분히 알지 못하면 돈을 허비할 수 있다. 사회인류학자들은 로또 복권이 가난한 사람들에게서 걷는 세금이라고 말한다. 그렇지만은 않다. 그것은 수학을 배우지 않은 사람들에게서 걷는 세금이다. 수학을 배웠다면 확률이 불리하다는 것을 이해할 것이고, 그러면 힘들게 번 돈을 로또 복권을 사는 데 허비하지 않을 것이다.

이 책의 목적은 교육이다. 나아가 우주를 이해하는 것이다.

먼저 달에 대해서 이야기하고 곧바로 요하네스 케플러Johannes Kepler에게로 갔다가 내가 〈코스모스: 시공간의 오디세이Cosmos: A Spacetime Odyssey〉를 촬영할 때 생가를 방문했던 아이작 뉴턴Isaac Newton에게로 가보겠다.

우선 지구는 태양 주위를 돌고 달은 지구 주위를 돈다. 이것을 〈그림 2.3〉에 표시했다. 태양은 오른쪽 먼 곳에 두었고 지구를 그림의 중심에 놓았다. 그리고 달이 지구 주위를 도는 모습을 보였다. 우리는 북극에서 달의 궤도를 내려다보고 있고 태양빛은 오른쪽에서 오고 있다.

지구와 달은 모두 언제나 절반만 태양빛을 받는다. 지구에서 태양의 반대편에 있는 달을 본다면 어떻게 보일까? 달의 위상이 어떻게 될까? 보름달이다. 각 위치에서 지구에서 보이는 달의 모양은 〈그림 2.3〉에서 큰 그림으로 보인다.

왜 월식이 매달 지구가 태양과 달 사이에 있을 때 일어나지 않을까? 달의 궤도가 지구가 태양 주위를 도는 궤도와 약 5도 정도 기울어져 있기 때문이다. 그러니까 대부분의 경우 달은 우주공간의 지구 그림자의 남쪽이나 북쪽으로 지나간다. 가끔씩 보름일 때 달이 지구 궤도 평면을 가로지르면 달이 지구 그림자 속으로 들어가 월식이 일어난다.

이제 보름에서 반시계방향으로 90도 돌아간 달을 보자. 달은 하현달이 되었다. 달의 절반만 보이기 때문에 반달이라고도 부른다. 달이 90도 더 반시계방향으로 돌아가면 달이 지구와 태양 사이를 지나가게 된다. 여기서는 달이 태양을 향하는 방향에만 빛이 비치기 때문에 지구에서는 달을 전혀 볼 수 없다. 이것을 그믐이라고 한다. 이때 달은 보통 태양의 남쪽이나 북쪽으로 지나간다. 가끔씩 달이 태양 바로 앞을 지나가면 일식이 일어난다.

지금까지 보름달, 하현달, 그리고 그믐을 살펴보았다. 90도를 더 돌아가면 또 다른 반달인 상현달이 된다. 중간의 위상도 있다. 그믐에서 상현달 사이에서는 어떻게 보일까? 아주 일부만 보이는 초승달이 된다. 초승달은 매일 조금씩 커진다. 그리고 그믐 바로 전에는 그믐달이 된다. 그믐달과 초승달은 달이 작아졌다가 다시 커지는 과정이며 서로 반대 방향으로 보인다.

상현달과 보름달 사이의 달을 현망간달이라고 부른다. 이것은 보름달도 아니고 반달도 아닌 이상한 모양이어서 화가들이 거의 그리지 않는다. 실제로는 우리가 달을 볼 때 절반은 이런 모양인데도 말이다. 만약 화가들이 일 년 동안 무작위로 하늘을 그린다면 그들의 작품의 절반에서는 이런 달이 보여야 할 것

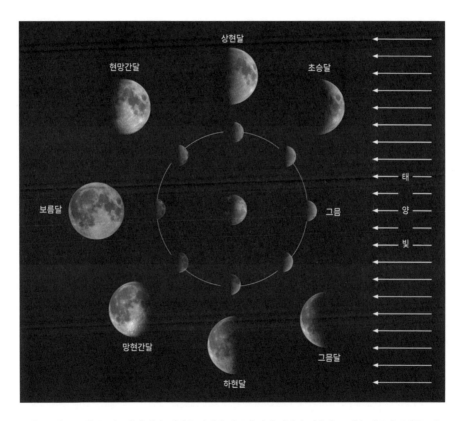

그림 2.3 지구 주위를 도는 달의 위상. 태양은 언제나 지구와 달의 절반만 비춘다. 그림은 지구의 주위를 도는 달의 위치를 순서대로(반시계방향) 보여준다. 우리는 북쪽에서 내려다보고 있다. 달은 언제나 같은 면이 지구를 향하고 있다. 그믐일 때는 지구에서는 절대 볼 수 없는 달의 뒤편에 태양빛이 비친다. 큰 그림은 각 위치에서 지구에서 보이는 달의 모양이다. 출처: Robert J. Vanderbei

이다. 하지만 그들은 보통 초승달이나 보름달을 선택한다. 그들은 자신들 앞에 놓인 현실을 충실하게 받아들이지 않고 있는 것이다.

물론 이 전체 주기는 한 '달'이 걸린다. 보름달이 태양의 반대편에 있다면 언제 뜰까? 태양의 반대편에 있으므로 태양이 질 때 보름달이 뜰 것이라는 것을 알 수 있다. 그리고 태양이 뜰 때 보름달이 진다.

다른 시기에는 상황이 다르다. 하현달은 하늘 높이 있을 때 태양이 뜬다. 그림에서 보면 지구가 반시계방향으로 돌면 하현달이 하늘 높이 있을 때 당신이 태양빛이 비치는 쪽으로 들어가게 된다. 당신의 머리와 눈을 이 그림에 두고 잘 살펴본 다음 실제 세상으로 들어가 결과를 확인해보라.

내 컴퓨터에 깔려 있는 프로그램 하나는 내가 컴퓨터를 볼 때마다 매일 달의 위상을 보여준다. 이것은 나의 달 시계다. 이것은 내가 컴퓨터 스크린을 보고 있는 동안에도 나와 우주를 연결시켜준다.

1500년대 중후반의 태양계로 돌아가 보자. 덴마크에는 티코 브라헤Tycho Brahe라는 부유한 천문학자가 있었다. 달에 있는 티코 분화구는 그의 이름을 딴 것이다.

나는 덴마크인과 한 시간을 같이 보내며 그의 이름을 정확하게 발음하는 법을 배웠다. 그것은 티코 브래에 가까웠다. 나는 열심히 연습했다. 하지만 우리나라에는 우리끼리 발음하는 방식이 있다.

티코 브라헤는 행성에 많은 관심을 가지고 열심히 관측했다. 그는 당시에 가장 뛰어난 맨눈으로 보는 관측기기를 만들었고 당시까지 가장 정확하게 행성들의 위치를 관측했다. 망원경은 1608년까지 발명되지 않았기 때문에 티코는 맨눈으로 관측하는 기기를 이용하여 별과 행성들의 위치를 시간에 따라 기록했다. 티코는 엄청난 양의 자료와 명석한 조수를 가지고 있었다. 독일인 수학자인 요하네스 케플러였다.

케플러는 그 자료를 받아 분석을 했다. 케플러는 스스로에게 말했다. "나는 행성이 어떻게 움직이는지 이해했어. 사실은 행성이 정확하게 어떻게 움직이는지 알려주는 법칙도 만들 수 있어." 케플러 이전에는 우주의 구조가 단순하고 명확했다. "봐, 별들이 우리 주위를 돌고 있어. 태양은 뜨고 지고, 달도 뜨고 져. 우리가 우주의 중심에 있는 것이 틀림없어." 이것은 믿기에 좋을 뿐만 아니라 그렇게 보이기도 했다. 이것은 인간의 자부심을 자극했고 증거로 뒷받침되었다. 그러므로 아무도 의심하지 않았다. 폴란드의 천문학자 니콜라우스 코페르니쿠스Nicolaus Copernicus가 등장할 때까지는. 지구가 중심에 있다면 행성들은 뭘 하고 있는 것인가? 화성이 배경 별들에 대하여 움직이는 모습을 매일매일 살펴보라. 흠. 속도가 느려지고 있군. 잠깐만. 멈췄어. 이제 반대로 움직이고 있어(이것을 역행retrograde이라고 한다). 그리고 다시 앞으로 움직여. 왜 이러는 거지?

코페르니쿠스는 생각했다. 만일 태양이 중심에 있고 지구가 태양의 주위를 돈다면 어떻게 될까? 그러면 이렇게 앞뒤 방향의 움직임이 바로 설명된다. 태양이 중심에 있고 지구는 트랙을 도는 경주용 자동차처럼 태양의 주위를 돈다. 태양에서 지구 다음에 있는 행성인 화성은 트랙의 바깥쪽에서 더 느리게 움직이는 자동차처럼 더 느리게 돈다. 지구가 안쪽 트랙에서 화성을 앞지르면 화성은 잠시 동안 하늘에서 뒤로 움직이는 것처럼 보인다. 당신이 고속도로에서 더 느리게 가는 차를 앞지르면 그 차는 뒤로 가는 것처럼 보인다. 태양을 중심에 놓고 지구와 화성이 태양 주위를 단순한 원 궤도로 돈다고 가정하면 역행 운동이 설명된다. 밤하늘에서 무슨 일이 벌어지고 있는지 설명이 된다. 태양에서 멀리 있는 행성들은 더 느리게 돈다. 코페르니쿠스는 이 모든 내용을《천체의 회전에 관하여De Revolutionibus orbium coelestium》라는 책으로 출판했다. 만일 이 책의 초판을 경매에서 사려고 한다면 가격은 200만 달러가 넘어갈 것이다. 이것은 인류 역사에서 가장 중요한 책들 중 하나이기 때문이다.

이 책은 1543년에 출판되어 사람들을 생각하게 만들었다. 코페르니쿠스는 처음에는 책을 출판하는 것을 두려워해서 동료들에게 개인적으로 자신의 원고를 보여주었다. 사람들에게 지구가 더 이상 우주의 중심이 아니라고 말하는 것은 쉽게 시작할 수 있는 일이 아니다. 강력한 가톨릭교회는 지구가 세상의 중심이라는 확신을 가지고 있었다.

아리스토텔레스도 그렇게 말했다. 고대 그리스에서 아리스타르코스Aristarchus는 지구가 태양의 주위를 돈다고 올바르게 추론했지만 그의 관점은 사라졌고 교회는 아리스토텔레스의 관점을 지지했다. 이것은 성경과도 잘 부합하기 때문이었다. 그러면 코페르니쿠스는 언제 자신의 책을 출판했을까? 죽기 직전이었다. 죽으면 처벌을 받을 수 없다. 그는 태양 중심 모형helio-centric model이라고 불리는 태양 중심의 우주를 다시 소개했다.

'Helio-'는 태양을 의미하는 말이다. 그전에는 지구 중심geocentric 모형이었다. 이것은 아리스토텔레스, 프톨레마이오스 그리고 교회의 칙령으로 이루어졌다.

그리고 케플러가 등장했다. 코페르니쿠스에게 동의한 케플러는 핵심을 지적했다. 코페르니쿠스는 완벽한 원 궤도를 도입했다. 하지만 그것은 관측된 행성들의 움직임과 맞지 않았기 때문에 코페르니쿠스는 (프톨레마이오스가 했듯이) 작은 주전원들을 추가하여 조정을 했다. 하지만 그래도 여전히 모형은 하늘에서의 행성들의 위치와 잘 맞지 않았다. 케플러는 코페르니쿠스의 모형을 수정할 필요가 있다고 생각했다. 그리고 티코 브라헤가 남겨준 자료―오랜 시간 동안의 행성들의 위치―를 이용하여 행성 운동의 3가지 법칙을 찾아냈다. 이것을 '케플러의 법칙'이라고 한다.

첫 번째 법칙은 행성들은 원 궤도가 아닌 타원 궤도를 돈다(〈그림 2.4〉의 I)는 것이다. 타원은 무엇인가? 수학적으로 원은 하나의 중심을 가지지만 타원은 두 개의 중심을 가지는데 이것을 초점이라고 한다. 원에서는 모든 점들이 중심에서 같은 거리를 가지는데 반해, 타원에서는 모든 점들에서 두 초점까지의 거리의 합이 일정하다. 사실 원은 두 초점이 같은 곳에 있는, 타원의 특수한 경우다. 길쭉한 타원은 초점이 멀리 떨어져 있다. 초점이 서로 가까워질수록 타원은 점점 원에 가까워진다.

케플러에 의하면 행성들의 궤도는 태양이 하나의 초점에 있는 타원이다.

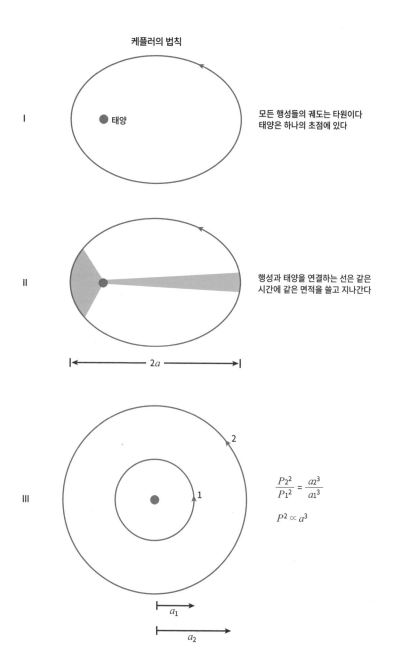

케플러의 법칙

I ● 태양

모든 행성들의 궤도는 타원이다
태양은 하나의 초점에 있다

II

행성과 태양을 연결하는 선은 같은
시간에 같은 면적을 쓸고 지나간다

$\leftarrow 2a \rightarrow$

III

$$\frac{P_2^2}{P_1^2} = \frac{a_2^3}{a_1^3}$$

$$P^2 \propto a^3$$

a_1

a_2

그림 2.4 케플러 법칙. a는 장반경으로 타원 궤도의 긴반지름이다. 이심률이 0인 원운동에서는 장반경이 반지름과 같다. 출처: J. Richard Gott

이것은 이미 혁명적인 것이다. 그리스인들은 우주가 신성하다면 반드시 완벽해야 한다고 말했고, 그들은 완벽함에 대한 철학적인 의미를 가지고 있었다. 원은 완벽한 모양이다. 원 위의 모든 점은 중심에서 같은 거리에 있다. 이것이 완벽한 것이다. 신성한 우주에서의 모든 움직임은 완벽한 원이어야 한다. 별들은 원으로 움직인다고 그들은 생각했다. 이 철학은 수천 년을 살아남았다. 그런데 케플러가 등장하여 이렇게 말한다. 아뇨, 여러분, 원이 아니에요. 티코가 남겨준 자료로 이들이 타원으로 움직인다는 것을 보여줄 수 있어요.

그는 더 나아가서 행성들이 궤도를 돌 때 태양에서의 거리에 따라 속도가 달라진다는 것도 알아냈다. 궤도가 완벽한 원이라면 원의 어느 한 지점에서 다른 곳과 속도가 달라야 할 아무런 이유가 없다. 행성은 일정한 속도로 움직여야 할 것이다. 하지만 타원에서는 그렇지 않다. 어디에서 행성의 속도가 가장 빠를까? 아마 추측할 수 있겠지만 행성이 태양에 가장 가까이 있을 때다. 케플러는 행성이 태양에 가까이 있을 때는 빠르게, 멀리 있을 때는 느리게 움직인다는 것을 발견했다.

이 문제를 기하학적으로 생각해보자. 케플러는 이렇게 말한다. "예를 들어 한 달 동안 행성이 얼마나 멀리 가는지 관측해보자." 행성이 태양에 가까이 있어서 빨리 움직일 때 넓은 부채 모양의 특정한 영역을 쓸고 지나간다(〈그림 2.4〉의 II). 이 면적을 A1이라고 하자. 똑같은 관측을 행성이 태양에서 멀리 있는 다른 곳에서 해보자. 케플러는 행성이 멀리 있을 때는 천천히 움직여서 같은 시간 동안 같은 거리만큼 움직이지 않는다는 것을 발견했다. 행성은 같은 한 달 동안에 짧은 거리를 움직여 가늘고 긴 부채 모양의 면적 A2를 쓸고 지나간다. 케플러는 현명하게도 행성이 한 달 동안 쓸고 지나가는 면적은 태양과 행성 사이의 거리에 상관없이 같다는 사실을 알아차렸다. A1 = A2인 것이다. 그는 두 번째 법칙을 발견한 것이다. 행성은 같은 시간 동안 같은 면적을 쓸고 지나간다.

이것은 각운동량 보존법칙에서 얻을 수 있는 기본적인 결과다. 이 용어를 들어본 적이 없다 하더라도 직관적으로 이해할 수 있다.

스케이팅 선수들이 이것을 이용한다. 피겨 스케이팅 선수들은 팔을 벌리고 회전을 시작한다. 그런 다음 어떻게 할까? 팔을 모아서 팔과 회전축 사이의 거리를 작게 만들면 회전 속도가 빨라진다. 타원 궤도에서 행성이 태양에 가까이 가면 태양까지의 거리가 작아지므로 속도가 빨라진다.

이것을 각운동량 보존법칙이라고 한다. 당시 케플러는 이 용어를 사용하지 않았다. 하지만 어쨌든 그는 그것을 발견했다.

케플러의 세 번째 법칙은 정말 기발하다(〈그림 2.4〉의 III). 여기에는 오랜 시간이 걸렸다. 앞의 두 법칙을 그는 거의 하룻밤 만에 금방 알아차렸다. 하지만 세 번째 법칙을 찾아내는 데에는 10년이 걸렸다. 그는 태양과 행성 사이의 거리와 행성이 태양의 주위를 도는 시간인 공전주기 사이의 관계를 알아내려고 했다. 바깥쪽에 있는 행성들은 안쪽에 있는 행성들보다 공전하는 데 더 오랜 시간이 걸린다.

당시에 알려진 행성은 몇 개였을까? 수성, 금성, 지구, 화성, 목성 그리고 모든 사람들이 가장 좋아하는 행성인 토성.

어떤 아이들은 명왕성을 가장 좋아하는 행성으로 꼽는다. 그래서 명왕성을 행성에서 태양계의 바깥쪽에 있는 얼음 덩어리로 격하시킨 나는 로즈 센터에서 그들에게 가장 인기 없는 사람이 되었다.

그리스어인 플라네토스planetos는 '떠돌이'라는 의미다. 고대 그리스인들에게 지구는 행성이 아니었다. 우리는 우주의 중심에 있기 때문이었다. 그리고 그리스인들은 내가 언급하지 않은 두 개를 행성으로 여겼다. 그것이 무엇일까? 이들도 역시 배경의 별에 대하여 움직이는 것이다. 태양과 달이다. 고대 그리스인들의 정의에 따르면 이들이 7개의 행성이 된다. 그리고 일주일의 일곱 요일의 이름은 7개의 행성들이나 그 행성들과 관련이 있는 신의 이름에서 따왔다. 어떤 것은 일요일Sunday이나 월요일Monday처럼 명확하다. 토요일Saturday은 토성의 날 Saturn-day이다. 나머지는 다른 언어에서 온 것이다. 예를 들어 금요일Friday은 프리가Frigga에서 온 것이다. 프리가(혹은 Freyja)는 금성Venus과 관련이 있는 북유럽의 여신이다.

드디어 케플러는 방정식을 하나 찾아냈다. 이것은 우주에 대한 최초의 방정식이다.

케플러는 우선 모든 거리를 지구와 태양 사이의 거리 단위로 측정했다.

우리는 이것을 천문단위Astronomical Unit 혹은 AU라고 한다. 행성에서 태양 사이의 거리는 시간에 따라 달라진다. 타원은 납작해진 원이라 긴 축과 짧은 축을 가지는데 이것을 장축과 단축이라고 한다. 케플러는 (영리하게도) 장축의 절반을 행성과 태양 사이의 거리로 해야 한다는 것을 알아차렸다. 이것을 장반경이라고 하고, 행성과 태양 사이의 최대 거리와 최소 거리의 평균과 같다.

그리고 시간을 지구의 년으로 측정하면 우리는 우주를 이해하는 우리의 능력을 깨어나게 한 방정식을 얻을 수 있다. 지구의 년으로 측정한 행성의 공전주기를 P라고 하고, 행성과 태양 사이의 최대 거리와 최소 거리의 평균을 AU로 측정한 것을 a라고 하면

$$P^2 = a^3$$

이 된다.

이것이 케플러의 제3법칙이다. 이것이 지구에 적용되는지 보자. 방정식을 계산해보자. 지구의 주기는 1이다. 지구의 거리의 평균은 1이다. 그러므로 방정식은 $1^2 = 1^3$이 된다. 결국 $1 = 1$이다. 잘 적용된다. 아주 좋다.

이것이 태양계 전체에 적용되는 법칙이라면 이것은 당시에 알려진 모든 행성(혹은 태양 주위를 도는 모든 천체)과 이후에 발견될 모든 행성에 적용될 수 있어야 한다. 명왕성은 어떨까? 케플러는 명왕성을 알지 못했다. 명왕성에 적용시켜보자. 명왕성과 태양 사이의 최대-최소 거리의 평균은 39.264AU다. 그러므로 $P^2 = 39.264^3 = 60,531.8$이 된다. 그러면 공전주기 P는 60,531.8의 제곱근인 246.0이 되어야 한다. 명왕성의 실제 공전주기는 얼마일까? 246.0년이다.

대단한 케플러다.

아이작 뉴턴이 만유인력의 법칙을 만들 때 그는 중력에 의한 인력이 거리에 따라 어떻게 약해지는지를 알아내기 위해서 $P^2=a^3$을 이용했다. 중력은 거리의 제곱에 따라 약해진다. 이 답을 얻기 위해서 그는 자신이 만들어낸 미적분을 이용했다. 뉴턴은 케플러의 법칙을 더 이상 태양과 행성들에게만 적용되지 않도록 일반화했다. 이것은 우주에 있는 어떤 두 물체 사이에도 적용이 된다. 두 물체가 서로를 끌어당기는 중력은 다음과 같다.

$$F=Gm_am_b/r^2$$

여기서 G는 상수이고, m_a와 m_b는 두 물체의 질량 그리고 r은 두 물체의 중심 사이의 거리다.

이 방정식의 특수한 경우로 케플러의 제3법칙 $P^2=a^3$을 유도할 수 있다. 그리고 태양의 주위를 도는 행성의 궤도는 태양이 하나의 초점에 있는 타원이며, 행성이 같은 시간에 같은 면적을 쓸고 지나간다는 케플러의 제1법칙과 제2법칙도 유도할 수 있다! 이것은 뉴턴의 중력법칙이 얼마나 강력한지를 보여주는 것이고, 그것은 여기서 그치지 않는다. 이것은 두 물체 사이의 중력에 대한 모든 것이다. 두 물체가 우주의 어디에 있든, 어떤 종류의 궤도를 가지고 있든 상관없다. 뉴턴은 우주에 대한 우리의 이해를 확장시키고 행성에 대한 설명을 케플러가 상상했던 것보다 훨씬 더 멀리까지 가능하게 했다. 뉴턴은 26살이 되기 전에 이 공식을 만들어냈다. 뉴턴은 광학 법칙을 발견했고, 스펙트럼의 색깔에 이름을 붙였고, 놀랍게도 무지개의 색깔이 합쳐지면 백색광이 된다는 사실을 알아냈다. 그는 반사망원경과 미적분학을 발명했다. 그가 이 모든 것을 다 했다.

다음 장은 모두 그에 대한 것이다.

3

뉴턴의 법칙들

코페르니쿠스는 태양을 우리가 지금은 태양계라고 부르는 곳의 중심에 두는 태양 중심 우주관으로 행성의 운동을 설명하여 획기적인 변화를 만들었다. 지구를 포함한 모든 행성은 태양을 중심으로 돈다. 우리는 움직이는 지구 위에 있는 것이다. 지구가 얼마나 빠르게 움직이는지 알아보기 위해서는 특정한 시간 동안 지구가 얼마나 멀리 가는지 보면 된다. 속력은 거리를 시간으로 나눈 것이다.

제2장에서 보았듯이 케플러는 지구의 궤도가 타원이라는 것을 보였다. 사실 태양계 대부분 행성들의 궤도는 거의 원에 가깝다. 그래서 잠시 동안은 지구가 원 궤도를 돈다고 가정할 것이다. 이 원의 반지름인 지구에서 태양까지의 거리는 천문학에서 앞으로 계속 사용될 값이다. 1AU는 약 1억 5,000만 킬로미터, 1.5×10^8km이다.

그러니까 우리는 1년에 반지름 1억 5,000만 킬로미터인 원의 둘레만큼 움직이는 것이다. 원의 둘레는 반지름에 2π를 곱한 값이다. π 값이 3에 가깝다는 것은 다 알 것이다. 이것은 천문학자들이 대략적인 계산을 할 때 자주 사용하는 가정이다. 원의 둘레를 시간인 1년으로 나누면 된다.

현재의 목적을 위해서는 1년을 초로 표시하는 것이 좋다. 1년은 60(1분은 60초) 곱하기 60(1시간은 60분) 곱하기 24(하루는 24시간) 곱하기 365(1년은 365일) 초가 된다. 이것은 계산기로 계산할 수 있지만, 제1장에서 닐이 약 31살 때 자신의 탄생 10억 초를 축하하며 샴페인을 마셨다고 한 말을 기억해보라. 그러니까 1년은 약 10억 초의 1/30, 약 3,000만 초다. 그래서 우리는 1년을 약 3.0×10^7초로 가정할 것이다.

이것을 모두 결합하면 우리는 지구가 태양을 도는 속력을 $2\pi r/(1년) = 2 \times 3 \times (1.5 \times 10^8 km)/(3 \times 10^7 sec) = 30km/sec$로 계산할 수 있다. 이것이 우리가 바로 지금 태양 주위를 돌고 있는 속력이다. 우리는 부지런히 움직이고 있는 것이다! 우리는 움직이지 않고 있는 것처럼 보인다. 그래서 옛날 사람들이 너무나 당연히 자신들이 우주의 중심에 있다고 생각한 것이다. 이것은 너무나 명확해 보였다. 하지만 사실은 엄청난 움직임이 일어나고 있다. 지구는 자신의 축을 중심으로 하루에 한 바퀴 회전한다. 그리고 태양의 주위를 1년에 한 바퀴씩 30km/sec의 속력으로 돌고 있다. 제2부에서는 태양도 (지구와 다른 행성들을 데리고) 여러 원인으로 움직이고 있다는 것을 살펴볼 것이다.

코페르니쿠스는 행성들이 태양의 주위를 돈다고 말했다. 케플러는 티코 브라헤의 자료를 이용하여 행성들의 궤도를 결정하고 그 특징들을 연구했다. 제2장에서 말했듯이 그는 이 궤도들에서 3개의 법칙을 끌어냈다. 우리 이야기에서 가장 훌륭한 영웅들 중 한 명인 아이작 뉴턴은 케플러의 제3법칙에서 중력은 두 물체 사이의 거리의 제곱에 반비례하는 힘이라는 사실을 이끌어낼 수 있었다.

뉴턴은 가장 뛰어난 물리학자였고, 아마도 지금까지 살았던 가장 뛰어난 과학자일 것이다. 그는 놀라울 정도로 많은 중요한 발견을 해냈다. 그는 태양 주위를 도는 행성들뿐만 아니라 공중으로 던져지거나 언덕을 굴러 내려가는 돌과 같은 모든 물체들이 어떻게 움직이는지 이해하고 싶었다.

과학에서는 수많은 관측을 하고 그 결과를 설명할 수 있는 몇 가지 법칙들을 이끌어내려고 시도한다. 뉴턴은 운동의 3가지 법칙을 찾아냈다. 첫 번째는 관성의 법칙이다. 관성이란 무엇인가? 일상 속에서 관성은 그냥 하던 대로 계속하거나 소파에 앉아 꼼짝하지 않기를 원하는 의미로 쓰인다. 당신을 움직이게 하려면 뭔가 다른 것이 필요하다. 가만히 앉아 있는 사람은 어떤 힘이 작용하지 않으면 그대로 움직이지 않는다.

힘이란 무엇인지 이야기해보자. 뉴턴의 관성의 법칙은 두 부분으로 나뉜다. 첫 번째 부분은 정지 상태에 있는 물체는 외부의 힘이 작용하지 않는 한 그대로 정지해 있는다는 것이다. 이것은 이해가 된다. 탁자 위에 있는 사과를 생각해보라. 힘이 작용하지 않으면 사과는 그대로 있다.

뉴턴의 관성의 법칙의 두 번째 부분은 좀 덜 직관적이다. 속도가 일정한 물체는 외부의 힘이 작용하지 않는 한 일정한 속도를 유지한다. 일정한 속도란 물체가 특정한 속력으로 특정한 방향으로 움직이며 둘 중 아무것도 변하지 않는다는 것을 의미한다. 바닥에 공을 굴리면 공은 계속 일정한 속력과 일정한 방향으로 움직이지 않고 느려지다가 멈춘다. 이것은 공과 바닥 사이의 마찰력이 외부의 힘으로 작용했기 때문이다. 마찰력은 일상생활 환경에서 어디에나 있다. 종잇조각을 공중으로 던지는 경우를 생각해보라. 속도가 느려지다가 펄럭이며 바닥으로 떨어진다. 사실 여기에는 두 가지 힘이 작용한다. (1)중력. 중력에 대해서는 앞으로 많은 이야기를 할 것이다. (2)공기에 의한 저항력. 종이는 공기가 때릴 수 있는 넓은 표면을 가지기 때문에 공기의 저항이 중요하다.

외부의 힘이 작용하지 않는 한 움직이는 물체는 계속 움직인다는 생각은 직관적이지 않다. 마찰력이 우리 주변 어디에나 있기 때문이다. 일상적인 상황에서 마찰력이 없는, 그러니까 힘이 없는 경우는 찾기 힘들다. 피겨 스케이팅 선수는 얼음과 스케이트 사이에 마찰력이 거의 없기 때문에 어렵지 않게 얼음 위에서 오래 미끄러질 수 있다. 마찰력이 전혀 없는 곳에서 물체를 밀면 일정한 속도를 유지한다. 갈릴레오는 이것을 알아차렸다. 우주공간은 모든 마찰력이 사라지는 가장 좋은 장소다. 우주공간에서는 실제로 일정한 속도로 물체를 보내면 계속해서 나아간다. 이것을 멈출 원인이 아무것도 없기 때문이다. 뉴턴은 이 모든 것을 하나의 기본 법칙으로 만들었다.

뉴턴의 운동의 두 번째 법칙은 물체에 힘이 가해지면 어떤 일이 일어나는지 알려주는 것이다. 하나의 물체는 여러 종류의 힘을 받을 수 있다. 하지만 힘의 종류가 어떠하든 일정한 속도에서 벗어나게 하는 것은 모든 힘들의 합이다. 우리는 이 벗어나는 정도를 정량화하기 위해서 '가속도'라는 용어를 사용한다. 가속도는 단위 시간 당 속도의 변화다. 그러니까 두 번째 법칙은 물체에 미치는 힘과 가속도 사이의 관계다. 물체를 어떤 힘으로 밀면 물체는 가속된다. 물체의 질량이 작다면 가속도는 클 것이고 물체의 질량이 아주 크다면 같은 힘을 가했을 때 가속도는 작을 것이다. 이 관계에서 뉴턴의 가장 유명한 방정식 $F=ma$가 나온다. 힘은 질량 곱하기 가속도다.

뉴턴의 운동의 세 번째 법칙은 다음과 같은 문구로 요약할 수 있다. "내가 너를 밀면 너도 나를 민다." 그러니까 한 물체가 다른 물체를 밀면 다른 물체도 크기가 같고 방향이 반대인 힘으로 그 물체를 민다는 말이다. 손으로 탁자를 누르면 손에도 압력을 느낀다. 탁자가 손을 밀기 때문이다. 모든 힘은 크기가 같고 방향이 반대인 힘을 쌍으로 가진다.

당신의 손 위에 놓인 사과를 생각해보자. 이것은 분명히 가만히 놓여 있다. 여기에 작용되는 힘이 있을까? 있다. 지구의 중력이다. 이것은 아래쪽으로 가속되어야 한다. 하지만 분명히 그렇지 않다. 이유는 당신의 손이 (당신의 팔 근육을 이용하여) 위쪽으로 밀고 있기 때문이다. 뉴턴의 세 번째 법칙에 따라 그 반작용으로 사과는 당신의 손을 아래쪽으로 밀고 있다. 이것을 사과의 무게라고 한다. 지구가 사과를 아래로 당기는 중력과 당신의 손이 사과를 위로 미는 힘은 서로 상쇄되어 두 힘의 합은 0이 된다. 힘이 0이라는 것은 뉴턴의 두 번째 법칙에 따라 가속도가 0이라는 것을 의미하므로, 처음에 정지해 있던 사과는 아무 데도 가지 않는다.

사실 내막은 이것보다 더 재미있다. 앞에서 우리는 지구가 30km/sec의 속력으로 태양 주위를 돈다는 것을 계산했다. 그러므로 사과도 같은 속력으로 움직이고 있다. 이것을 고려하기 위해서는 잠시 원운동의 성질에 대해서 이야기해야 한다.

30km/sec의 속력으로 원운동을 하고 있는 것은 일정한 속도의 운동이 아니다. 지구의 운동방향이 태양 주위를 돌면서 계속해서 바뀌고 있기 때문이다. 만일 방향이 바뀌지 않는다면 지구는 원운동이 아니라 직선으로 날아가 버릴 것이다. 원운동에서 일어나는 가속도는 일상생활에서도 익숙하다. 놀이공원의 여러 놀이기구들은 원운동을 하고 당신은 몸 전체로 가속도를 느낄 수 있다.

뉴턴은 v의 속력으로 반지름 r인 원운동을 하는 물체의 가속도를 구하기 위하여 자신이 막 만들어낸 미적분을 이용했다. 가속도의 값은 v^2/r이고 방향은 원의 중심방향이다. 당신의 손 위에 가만히 놓여 있는 것으로 생각했던 사과는 사실은 엄청나게 큰 원을 따라 30km/sec의 속력으로 움직이고 있다. 가속되고 있는 것이다. 뉴턴의 두 번째 법칙으로 우리는 분명히 여기에 힘이 작용해야 한다는 사실을 알고 있다. 그 힘은 태양이 당기는 중력이다. 태양은 지구가 궤도를 돌도록 당기면서 우리의 사과도 같이 당기고 있는 것이다. 사과는 당신이나 나와 마찬가지로 태양의 중력의 영향을 받는다.

우리는 태양 주위를 30km/sec의 속력으로 움직인다. 이것은 아주 큰 속력이므로 가속도도 상당히 클 것이라고 예상할 것이다. 하지만 사실 가속도는 상당히 작다. 원의 반지름이 너무 크기 때문이다. 얼마나 작은지 한번 계산해보자. 지구의 속도는 30km/sec, 혹은 30,000m/sec이고, 지구 궤도의 반지름은 150,000,000,000m이다. 방정식 v^2/r을 사용하면 가속도 a는 $(30,000\text{m/sec})^2$/150,000,000,000m$=0.006$m/sec^{2}이 된다. 이것은 매초마다 6mm/sec만큼 속도가 변한다는 말이다. 이것은 아주 작은 값이다. 갈릴레오는 지구의 중력에 의해 땅으로 떨어지는 물체의 가속도는 9.8m/sec^{2}으로 훨씬 더 크다는 것을 알아냈다. 결국 우리는 태양 주위를 아주 빠른 속력으로 돌고 있지만 지구가 받는 가속도는 아주 작다. 반면에 놀이기구는 30km/sec의 속력에 훨씬 못 미치지만 원운동을 하는 반지름 r이 작기 때문에 방정식 v^2/r에서 분모인 r이 작아져 가속도는 상당히 커진다. 그래서 이 가속도는 우리가 바로 느낄 수 있다. (예를 들어 반지름이 10m이고 10m/sec로 움직이는 놀이기구의 가속도는 10m/sec^{2}이 된다.)

태양에 의한 가속도를 측정하려고 하면 상황은 더 미묘하다. 태양은 지구에 있는 모든 것—당신, 당신이 들고 있는 책, 당신 손 위에 있는 사과—을 똑같은 비율로 가속한다. 우리는 모두 태양 주위를 자유낙하 궤도로 돌고 있다. 우리 주위의 어떤 물체도 상대적인 움직임을 찾아낼 수 없다. 우리에게는 우리가 정지해 있는 것처럼 보인다. 우리는 우리가 움직이는 것도 알아차리지 못하고 가속되고 있는 것도 알지 못한다.

하지만 사실은 변하지 않는다. 지구는 태양 방향으로 v^2/r만큼 가속되고 있다. 뉴턴은 이어서 케플러의 세 번째 법칙을 이용하여 태양에 의해 만들어지는 가속도가 반지름에 따라 어떻게 달라지는지 알아냈다. 행성의 공전주기 P는,

$$P = 2\pi r/v$$

가 된다. 즉 공전주기 P는 행성이 한 번 공전하는 데 움직이는 거리($2\pi r$)를 행성의 속도(v)로 나눈 것이다. 그러므로

- P는 r/v에 비례하고,
- P^2은 r^2/v^2에 비례한다.

케플러는 P^2이 a^3에 비례한다고 했다. 여기서 a는 행성의 공전궤도 장반경이다. 지구의 궤도는 거의 원 궤도이기 때문에 우리는 $r = a$라고 가정하고 a 대신 r을 쓸 수 있다. 그러면

- P^2은 r^3에 비례한다. 그리고 P^2은 r^2/v^2에 비례하므로
- r^2/v^2은 r^3에 비례한다. 양 변을 r로 나누면,
- r/v^2은 r^2에 비례한다. 서로 역수로 만들면,
- v^2/r (가속도)은 $1/r^2$에 비례한다.

케플러의 세 번째 법칙에서 몇 가지 논리적인 전개와 간단한 계산으로 우리는 중력가속도, 즉 거리 r에 있는 태양이 물체에 미치는 힘이 거리의 제곱에 반비례한다는 것을 보였다. 이것을 중력에 대한 뉴턴의 '역제곱'의 법칙이라고 하고, 뉴턴은 이렇게 표현했다.

> 행성들의 공전주기와 궤도의 중심에서의 거리 사이의 상관관계로부터 행성들의 궤도운동을 유지하는 힘이 궤도 중심에서의 거리의 제곱에 반비례해야 한다는 것을 알아냈을 때가 나에게 발명과 수학, 철학에서 가장 좋은 시기였다.[1]

뉴턴은 중력에 대해 이해한 내용을 지구와 달에 적용시켰다. 뉴턴에게 영감을 준 것으로 알려져 있는 떨어지는 사과를 생각해보자. 이것은 지구의 중심에서 지구의 반지름만큼 떨어져 있고 지구를 향해 9.8m/sec^2의 가속도로 떨어진다. 달은 지구 반지름의 60배 거리에 있다. 중력가속도가 (태양에서처럼) $1/r^2$의 비율로 작아진다면 달의 궤도에서 지구의 중력가속도는 지구 표면에서의 가속도 9.8m/sec^2보다 $(60)^2$배 더 작아야 하므로 0.00272m/sec^2이 되어야 한다.

지구와 태양에서 했듯이 지구 주위를 원운동하는 달의 가속도를 주기(27.3일)와 궤도 반지름(384,000km)을 이용하여 계산할 수 있다. 숫자들을 v^2/r에 넣으면 가속도는 0.00272m/sec^2이 된다. 유레카! 이것은 사과로 구한 결과와 아름답게 일치한다. 뉴턴이 직접 말했듯이 그는 두 결과가 "거의 일치"하는 것을 발견했다. 사과를 지구로 당기는 것과 똑같은 힘이 달을 지구로 당겨 달이 직

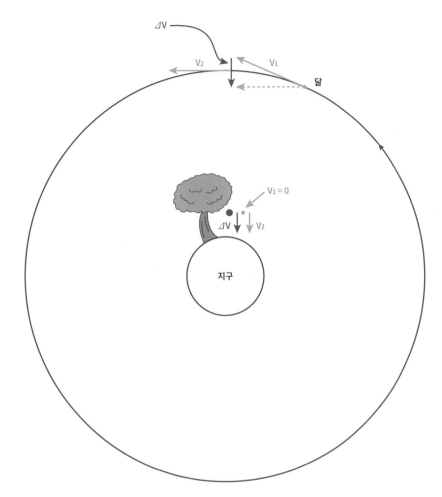

그림 3.1 나무에서 떨어지는 뉴턴의 사과와 달의 가속도. 각 경우에 가속도(속도의 변화)는 지구의 중심을 향한 다는 데 주목하라. 출처: J. Richard Gott

선으로 달아나지 않고 지구 주위를 거의 원 궤도를 유지하도록 끌어당기고 있다. 사과를 지구로 떨어지게 하는 지구의 중력이 달의 궤도까지 뻗어간 것이다. 뉴턴은 흑사병 때문에 케임브리지 대학이 휴교를 하던 시기에 할머니 집에 머물다가 이것을 발견했다. 하지만 그는 이 결과를 발표하지 않았다. 어쩌면 예측과 관측이 완벽하게 일치하지 않았던 것이 불만이었기 때문일 수도 있다. 약간의 차이는 뉴턴이 이용했던 지구 반지름의 값이 정확하지 않았기 때문이었다. 이유야 어쨌든 그는 한참 뒤에야 (핼리 혜성으로 유명한) 에드먼드 핼리Edmund Halley의 독촉으로 결과를 발표했다.

뉴턴은 제2장에서 소개한 만유인력의 법칙을 만들었다. 지구와 태양처럼 두 개의 물체를 생각해보자. 지구와 태양 사이의 거리(1AU 혹은 1.5×10^8km)는 태양 지름(1.4×10^6km)의 약 100배다. 지구의 질량은 M_{Earth}, 태양의 질량은 M_{Sun}이다.

뉴턴은 두 물체 사이의 중력은 두 물체의 질량에 비례하고 거리 r의 제곱에 반비례한다는 사실을 알아냈다(방금 설명한 대로 케플러의 세 번째 법칙을 이용했다). '비례'한다는 것은 비례상수가 있다는 것을 의미한다. 우리는 이것을 G로 쓰고, 아이작 뉴턴 경을 기리는 의미에서 뉴턴상수라고 부른다. 태양과 지구 사이의 힘에 대한 뉴턴의 방정식은 다음과 같다.

$$F = GM_{Sun}M_{Earth}/r^2$$

힘은 당기는 방향이다. 두 물체는 서로를 끌어당기기 때문에 힘의 방향은 상대방을 향한 방향이다.

뉴턴의 운동의 세 번째 법칙에 따라 이 방정식은 태양이 지구에 미치는 중력과 지구가 태양에 미치는 중력을 모두 의미한다. 하지만 태양의 질량은 지구의 질량보다 훨씬, 훨씬 더 크다. 뉴턴의 두 번째 법칙에 따르면 가속도는 힘을 질량으로 나눈 것이다. 결과적으로 지구의 가속도는 태양의 가속도보다 훨씬, 훨씬 더 크다. 그래서 이 힘에 의한 태양의 움직임은 지구보다 훨씬 더 작다. (태양과 지구는 서로의 질량 중심을 중심으로 돈다. 하지만 서로의 질량 중심은 태양의 표면 아래에 있다. 태양은 이 질량 중심을 중심으로 작은 원운동을 하는데 반해 지구는 큰 원을 그리며 돈다.)

여기 뉴턴 방정식의 또 다른 흥미로운 결과가 있다. 우리가 방금 이용했던 뉴턴의 두 번째 법칙에 따라 중력은 지구의 질량(M_{Earth})에 가속도를 곱한 것과 같다. 그리고 원운동에서의 가속도는 v^2/r이므로, 이 경우에는 $F=ma$가 다음과 같이 쓰일 수 있다.

$$GM_{Sun}M_{Earth}/r^2 = M_{Earth}v^2/r$$

지구의 질량은 양쪽에 모두 있으므로 나누어서 없앨 수 있다. 그러면

$$GM_{Sun}/r^2 = v^2/r$$

이 된다.

이 식이 의미하는 것은 지구의 가속도($GM_{Sun}/r^2 = v^2/r$)는 지구의 질량과 무관하다는 것이다. 이것은 중요한 사실이다. 중력가속도는 가속되고 있는 물체의 질량과 무관하다. 그 물체가 태양 주위를 돌고 있든지 지구의 중력장에 의해 낙하를 하고 있든지 상관없다. 물체의 질량은 방정식 $F=ma$ 양쪽 변에 모두 나와서 서로 소거되기 때문이다. 내가 책과 종잇조각을 떨어뜨리면 이들은 같은 가속도를 받아서 같은 속도로 떨어져야 한다. 책이 훨씬 더 무거워도 그렇다. 갈릴레오는 진공에서 이런 일이 일어날 것이라고 말했다. 현실에서도 이렇게 될까? 그렇지 않다. 책과 종잇조각은 다른 속도로 떨어진다. 공기 저항 때문이다. 공기 저항은 책과 종이 모두에게 힘을 미친다. 하지만 책이 종잇조각보다 훨씬 더 무겁기 때문에 공기 저항 때문에 생기는 책의 가속도는 아주 작아서 거의 무시할 만하다. 하지만 종이를 큰 책 위에 놓아서 책이 종이에 미치는 공기 저항을 막아준다면 종이는 책 위에서 책과 함께 같은 속도로 떨어질 것이다. 직접 한번 해보기 바란다!

달에 간 아폴로 15호 우주비행사들은 이 원리를 확인해보기 위해서 망치와

깃털을 가지고 갔다. 우주비행사들이 망치와 깃털을 동시에 떨어뜨리자 이들은 뉴턴(과 갈릴레오)이 예측했던 그대로 같은 속도로 떨어졌다. 이 실험은 인터넷에서 동영상으로 볼 수 있다.

당신은 아마 아리스토텔레스가 이 지점에서 틀렸다는 사실을 알 수 있을 것이다. 아리스토텔레스는 무거운 물체는 더 큰 가속도를 가져서 더 빨리 떨어진다고 말했다. 그는 이것이 그에게 논리적으로 여겨졌기 때문에 이렇게 말했다. 하지만 그는 자신의 생각이 맞는지 확인하기 위한 실험을 한 번도 해보지 않았다. 그가 (공기의 저항을 크게 받지 않는) 큰 돌과 작은 돌을 떨어뜨려 보았다면 이들이 같은 속도로 떨어진다는 사실을 발견할 수 있었을 것이다. 과학에서는 당신의 직관을 직접 실험해보는 것이 결정적으로 중요하다!

이와 관련된 다른 문제를 살펴보자. 당신의 손 위에 있는 사과에 미치는 지구의 중력을 생각해보자. 뉴턴의 방정식에는 지구와 사과 사이의 거리 r 이 포함된다. 우리는 단순하게 사과와 바닥 사이의 거리인 약 2미터 정도를 사용하면 된다고 생각할 것이다. 하지만 그렇지 않다. 뉴턴은 지구의 모든 질량에서 나오는 중력을 고려해야 한다는 사실을 깨달았다. 바로 발아래뿐만 아니라 지구의 반대편까지 모두 포함해야 한다. 이것을 어떻게 계산하는지 알아내는 데 그는 약 20년이 걸렸다. 그는 지구의 모든 조각에서 사과에 미치는 힘을 거리와 방향을 고려하여 더해야 했다. 이 모든 힘을 더하기 위해서 그는 새로운 수학 분야를 만들어내야 했다. 지금은 이것을 적분이라고 부른다. 계산 결과는 (지구와 같은) 구형 물체의 중력은 모든 질량이 중심에 모여 있는 것처럼 작용한다는 것이었다. 아주 직관적이지는 않은 개념이다. 사과에 미치는 중력을 계산하기 위해서는 지구의 모든 질량이 당신 발아래, 지구 중심에서 표면까지의 거리인 6,371킬로미터 지점에 모여 있다고 생각해야 된다는 것이다. 우리는 뉴턴이 떨어지는 사과와 궤도를 도는 달을 비교한 것을 다룰 때 이 과정을 이미 적용했다.

하지만 (똑바로 아래로) 떨어지는 사과는 분명히 궤도운동을 하는 달과는 다르게 보인다. 왜 사과는 땅으로 떨어지는데 달은 원운동을 할까? 사과를 궤도로 올려놓으려면 사과를 수평방향으로 세게 던져야 한다. 지구를 돌 정도로 충분히 세게 던져야 한다. 지구 표면에서 불과 몇백 킬로미터 떨어져 있는 허블 우주망원경을 생각해보자. 이것은 지구 둘레 40,000킬로미터를 약 90분 만에 이동한다. 이것은 초속 8킬로미터에 해당된다. 그러니까 사과를 궤도에 올려놓으려면 사과를 수평방향으로 약 초속 8킬로미터로 던져야 하는 것이다.

(대기의 저항 효과가 거의 없는) 높은 산 위에 서서 사과를 엄청나게 빠른 속도로 수평방향으로 던진다고 해보자. 당신이 아무리 세게 던져도 사과는 금방 땅으로 떨어질 것이다. 메이저리그 투수를 데려와서 던지게 해보자. 사과는 좀 더 멀리 날아가겠지만 역시 떨어질 것이다. 이번에는 슈퍼맨을 데려와 던지게 해보자. 더 세게 던지면 던질수록 사과는 아래로 휘어지는 궤적을 그리며 더 멀리 날아갈 것이다. 그런데 지구는 편평하지 않기 때문에 멀리 가면 역시 아래로 휘어진다. 슈퍼맨은 사과를 초속 8킬로미터로 던질 수 있다. 사과는 여전히 중력의 영향을 받겠지만, 이번에는 휘어진 궤적이 지구의 곡률과 일치하기 때문에 땅으로 떨어지지 않고 원 궤도를 돌게 될 것이다. 궤도에 있는 물체는 계속 떨어지고 있는 것이다. 당신이 사과를 떨어뜨리면 사과는 지구의 중력가속도 때문에 아래로 떨어진다. 이것과 똑같은 중력이 허블 우주망원경과 달을 지구 주위를 돌게 만드는 것이다(달은 훨씬 더 높은 궤도에 있기 때문에 더 천천히 움직인다). 지구 저궤도에서는 지구의 곡률과 같은 비율로 떨어지기 때문에 땅으로 떨어지지 않는다. 뉴턴은 이것을 이해했다. 그리고 실제로 이루어진 것보다 270년 앞서 지구 주위를 도는 인공위성에 대한 생각을 제시했다!

갑자기 빨리 내려가는 엘리베이터를 타본 적이 있다면, 당신이 떨어지는 아주 짧은 시간 동안 당신 주위의 모든 것이 함께 떨어진다. 평상시에 당신이 사과를 떨어뜨리면 당신은 사과와 함께 떨어지지 않는다. 발밑의 땅이 받치는 힘이 당신을 서 있게 만들어주기 때문이다. 당신은 당신 주위에 대해서 정지해 있지만 사과는 가속도를 느끼며 떨어진다. 당신이 넘어져 사과와 함께 쓰러진다면 나는 당신이 사과와 함께 떨어지는 것을 볼 것이다(당신과 사과가 함께 바닥에 닿을 때까지).

당신은 아마 지구 주위를 도는 국제우주정거장에 있는 우주비행사들의 사진을 본 적이 있을 것이다. 지구의 중력은 우주비행사와 국제우주정거장에 같이 미친다. 하지만 우주정거장에 있는 모든 것은 같은 속도로 떨어진다. 중력가속도는 궤도에 있는 물체의 질량과는 관계없다는 계산을 기억하라. 모든 것이 같은 속도로 떨어지면 우주비행사는 무게를 느끼지 못한다. '무게'는 목욕탕의 체중계에 올라갔을 때 표시되는 것이다(혹은 뉴턴의 세 번째 법칙에 따라 체중계가 당신을 위로 미는 힘이기도 하다). 하지만 체중계가 당신과 함께 떨어지고 있다면 당신은 체중계를 누르지 못하고 체중계는 당신의 몸무게를 0으로 표시할 것이다. 당신은 무게가 없는 상태에 있는 것이다.

하지만 당신의 질량이 0이라는 의미는 아니다. 질량과 무게는 같은 것이 아니다! 뉴턴에 따르면 질량은 (힘, 질량, 가속도에 관한) 그의 운동의 두 번째 법칙에 포함되는 양이다. 이것은 중력을 만드는 양이기도 하다. 사람들이 '무게'를 줄이고 싶다고 말할 때 그들이 실제로 원하는 것은 질량을 줄이는 것이다. 지방은 질량을 가지고 있고 사람들은 그것을 없애고 싶은 것이다. 그러면 같은 힘에 대해서 가속이 더 잘 되기 때문에 더 쉽게 돌아다닐 수 있다.

이제 뉴턴의 업적을 찬찬히 살펴보자. 당시까지 알려진 행성들의 운동을 관측한 결과를 이용하여 케플러는 행성들의 궤도를 설명하는 3가지 법칙을 이끌어냈다. 그러자 뉴턴이 나타나 이것을 완전히 다른 방식으로 생각했다. 자신의 3가지 운동법칙으로 그는 당시까지 알려진 태양 주위를 도는 6개의 행성뿐만 아니라 모든 물체가 어떻게 움직이는지 이해하려고 했다. 여기에 더하여 그는 천문학에서 가장 중요한 힘인 중력을 물리적으로 이해하는 방법을 찾아냈다. 케플러의 세 번째 법칙을 이용하여 그는 중력이 $1/r^2$을 따라 약해진다는 것을 보였다. 그는 두 물체 사이의 중력을 알아냈다. 태양과 행성 사이의 중력은 $F = GM_{Sun}M_{Planet}/r^2$이다. 이것을 종합하여 우리는 케플러의 세 번째 법칙을 뉴턴의 운동법칙과 중력법칙으로 이해할 수 있다. 뉴턴은 케플러의 세 번째 법칙

뒤에 있는 물리학을 케플러 자신보다 훨씬 더 깊이 이해했다.

마지막 승리의 결과로, 뉴턴은 자신의 중력법칙이 행성이 태양을 하나의 초점에 있는 완벽한 타원운동을 해야 하고, 행성과 태양을 연결하는 선이 같은 시간에 같은 면적을 쓸고 지나가야 한다는 사실을 예측할 수 있다는 것을 보였다. 이제 케플러의 3가지 법칙 모두를 뉴턴의 하나의 중력법칙과 3가지 운동법칙의 직접적인 결과로 이끌어낼 수 있다.

뉴턴의 중력법칙은 우리가 이해한 최초의 물리법칙이다. 중요한 것은 이것은 검증할 수 있는 예측을 할 수 있다는 것이다. 핼리는 뉴턴의 법칙들을 이용하여 (바이외 태피스트리Bayeux Tapestry에 기록된 1066년의 혜성을 포함하여) 수백 년 동안 나타난 몇 개의 혜성들이 사실은 큰 타원 궤도를 가진 하나의 혜성이라는 사실을 발견했다. 이것은 약 76년 만에 한 번씩 돌아왔다. 이 혜성은 목성과 토성의 궤도를 지나갈 때 섭동을 받아서 돌아오는 시간이 약간 달라지는데 이것은 뉴턴의 법칙들로 예측할 수 있다. 케플러의 법칙으로는 주기가 정확하게 일치해야 한다. 핼리는 이 혜성이 1758년에 다시 돌아올 것이라고 예측했다. 핼리는 1742년에 사망하여 보지 못했지만 혜성은 그가 예측했던 대로 1758년에 실제로 돌아왔다. 그래서 사람들은 이듬해 그 혜성의 이름을 그의 이름을 따서 핼리 혜성이라고 붙였다. 이 혜성이 태양에 가장 가까이 다가오는 시기는 알렉시스 클레로Alexis Clairaut, 제롬 라랑드Jérôme LaLande 그리고 니콜-렌느 르포트Nicole-Reine Lepaute가 뉴턴의 법칙들을 이용하여 1개월 이내의 정확도로 예측했다. 이것은 뉴턴의 중력법칙들을 확실하게 검증한 것이었다.

뉴턴의 법칙들은 또 하나의 대단한 성공을 거두었다. 천왕성은 뉴턴의 법칙을 정확하게 따르지 않았다. 궤도가 섭동을 받는 것처럼 보였다. 위르뱅 르베리에Urbain Le Verrier는 천왕성이 태양에서 더 멀리 있는 보이지 않는 또 하나의 행성의 중력에 끌리고 있다면 설명될 수 있다는 사실을 알아냈다. 그는 이 행성이 어디서 발견될 수 있을지 예측했고, 1846년 요한 고트프리트 갈레Johann Gottfried Galle와 하인리히 루이 다레스트Heinrich Louis d'Arrest가 르 베리에의 계산을 이용하여 그가 예측한 곳에서 불과 1도밖에 떨어지지 않은 곳에서 그 행성을 찾았다. 뉴턴의 법칙들이 새로운 행성인 해왕성을 발견하는 데 이용된 것이다. 뉴턴의 명성은 치솟았다.

우리는 이 책에서 우주를 이해하기 위해서 힘과 중력에 대한 이 기본적인 개념들을 계속해서 이용하게 될 것이다.

4

별들은 어떻게 에너지를 방출하는가(I)

우리는 이제 별까지의 거리를 이해해보겠다. 태양과 지구 사이의 거리 1억 5,000만 킬로미터(또는 1AU)가 태양 지름의 약 100배라는 것은 이미 보았다. 지구-태양 거리를 1미터로 축소하면 태양의 지름은 1센티미터가 된다. 가장 가까운 별들은 200,000AU 떨어져 있으므로 이 축척에서는 200킬로미터가 된다. 별들 사이의 거리는 별의 크기에 비해서 엄청나게 멀다. 우리는 이 거리를 킬로미터나 센티미터보다는 빛이 이동하는 데 걸리는 시간으로 표현하는 것이 편하다는 사실을 알게 될 것이다.

기호 c로 표시되는 빛의 속도 3×10^8m/sec는 기억해둘 만한 가치가 있는 수다. 제17장에서 우리는 이 속도가 왜 우주의 한계속도가 되는지 자세히 살펴볼 것이다. 이것은 움직일 수 있는 가장 빠른 속도다. 우리는 별에서 오는 빛으로 별들을 관측하기 때문에 이것은 가장 자연스러운 거리 단위가 될 수 있다. 1광초는 빛이 1초 동안 이동하는 거리로 3×10^8미터 혹은 300,000킬로미터이며 이것은 지구 둘레의 약 7배가 된다. 384,000킬로미터 떨어져 있는 달까지 빛이 가는 데는 1.3초가 걸린다. 지구에서 태양까지의 거리(1AU)는 8광분으로 빛이 8분 동안 가는 거리다. 가장 가까운 별들은 약 4광년 거리에 있다. 그러니까 광년은 시간의 단위가 아니라 거리의 단위로 빛이 1년 동안 가는 거리가 된다. 1광년은 약 10조 킬로미터. 오늘 우리가 보는 가장 가까운 별들에서 오는 빛은 4년 전에 출발한 것이다. 우주에서는 언제나 과거를 본다. 우리는 이 가장 가까운 별들의 현재의 모습이 아니라 4년 전의 모습을 보는 것이다.

이것은 일상생활에서도 마찬가지다. 빛의 속도는 다른 단위로 표현하면 약 1나노초에 30센티미터가 된다. 그러니까 탁자에 마주보고 앉아 있는 두 사람 사이에는 몇 나노초 정도의 시간 지연이 생기는 것이다. 물론 이것은 우리가 알아차리기에는 너무 짧은 시간이다. 하지만 우리가 보는 모든 것에는 기본적으로 시간 지연이 존재한다.

가장 가까운 별들까지의 거리는 어떻게 측정할까? 4광년은 엄청난 거리다. 그냥 단순히 줄을 연결하여 잴 수 있는 거리가 아니다. 거리 측정을 위해서는 시차parallax라는 개념을 도입해야 한다. 지구는 태양의 주위를 돈다(〈그림 4.1〉). 1월에 지구는 태양의 한쪽 편에 있다가 6개월 후인 7월에는 반대편에 있다. 그림에서 지구의 오른쪽에는 가까이 있는 별이 하나 있고, 오른쪽 멀리에는 더 멀리 있는 별들이 있다. 이 별들은 아주 멀리 있기 때문에 오른쪽 끝에 고정되어 있는 것으로 간주한다. 그러고는 1월에 가까이 있는 별의 사진을 찍었다고 해보자. 그 사진에는 모든 종류의 별들이 보일 것이고 그중 하나가 목표가 되는 별(색칠한 별)이다. 이것이 〈그림 4.1〉에서 1월에 본 모습이 된다. 당연히 이 그림만으로는 아무것도 알 수 없다. 나는 어느 별이 가까이 있고 어느 별이 멀리 있는지 모른다. 아직은 아무것도 모른다. 하지만 6개월을 기다려 지구가 궤도의 반대편으로 간 7월에 같은 사진을 다시 찍는다. 이제 배경은 똑같지만 우리의 별(색칠한 별)은 원래 있던 곳에서 움직인 것처럼 보인다. 별의 위치 변화가 일어난 것이다. 다른 것은 모두 기본적으로 같은 위치에 있다. 6개월 후에는 어떻게 될까? 다시 원래 자리로 돌아간다. 별의 위치 변화는 별을 언제 관측하느냐에

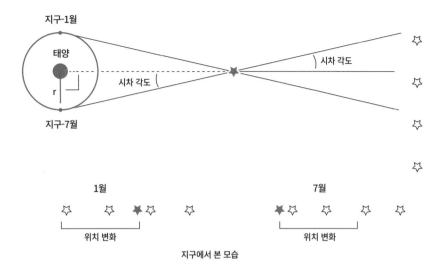

그림 4.1 시차. 지구가 태양 주위를 돌면 가까이 있는 별은 멀리 있는 별들에 대해서 위치 변화가 나타난다.
출처: J. Richard Gott

따라 반복해서 나타난다.

두 사진을 비교해보라. 사진에서 움직인 별 하나를 제외한 나머지가 모두 똑같다면 그 별이 다른 모든 별들보다 가까이 있는 별이다. 이 별이 더 가까이 있다면 사진에서의 위치 변화는 더 커진다. 가까이 있는 별이 더 큰 '위치 변화'를 보인다. 별은 실제로는 움직이지 않기 때문에 나는 작은따옴표를 써서 '위치 변화'라고 표현했다. 움직이는 것은 태양 주위를 도는 우리다. 위치 변화는 사실은 우리가 보는 위치의 변화 때문에 생기는 것이다.

이것은 당신이 직접 해볼 수 있다. 왼쪽 눈을 감고 엄지손가락을 앞으로 뻗어 오른쪽 눈만으로 멀리 있는 물체와 손가락을 나란히 놓는다. 그러고는 윙크를 하여 다른 쪽 눈을 감는다. 어떻게 되었나? 손가락이 움직인 것처럼 보일 것이다. 이번에는 엄지손가락을 팔 길이의 절반 위치에 놓고 방금 한 것을 반복해보라. 손가락이 더 많이 움직일 것이다. 사람들은 이 현상이 별에도 적용될 것이라는 사실을 깨달았다. 가까이 있는 별이 엄지손가락이고 지구 궤도의 지름이

입체 그림을 3차원으로 보는 방법

우리의 두 눈이 약간 다른 위치에서 보기 때문에 현실 세계에서 입체감을 느낄 수 있다는 사실에 기반하면 우리는 편평한 책에 있는 그림도 3차원으로 보이도록 우리 자신을 속일 수 있다. 우리가 해야 할 일은 두 사진을 나란히 놓고 하나를 오른쪽 눈으로, 다른 하나를 왼쪽 눈으로 보는 것이다. 이 한 쌍의 사진을〈그림 4.2〉 왼쪽 그림은 오른쪽 눈으로 보고 오른쪽 그림은 왼쪽 눈으로 본다. 그러니까 서로 가로질러 보는 것이다. 생각보다 쉽다. 한 손으로 책을 들고 눈 앞 40센티미터 정도 거리에 둔다. 다른 손의 검지를 세워 눈과 책 사이의 중간쯤에 놓는다. 책을 본다. 책과 함께 두 개의 흐릿하고 투명한 손가락이 보일 것이다(하나는 오른쪽 눈에 다른 하나는 왼쪽 눈에 보이는 것이다). 손가락을 앞뒤로 움직여 두 개의 투명한 손가락이 책에 있는 두 그림의 중앙 바닥에 정확하게 위치하도록 한다(눈 쪽으로 더 가깝게 움직여야 한다). 두 손가락의 위치가 대등해지도록 하려면 머리를 좌우로 기울여야 할 것이다. 이제 손가락에 주의를 집중한다. 그러면 하나의 손가락과 세 개의 흐릿한 그림이 보일 것이다. 눈을 움직이지 말고 천천히 중앙의 그림으로 주의를 옮겨서 집중한다. 밝은 별 베가가 다른 별들 앞으로 튀어나오는 아름다운 3차원 그림이 나타날 것이다! 별들이 서로 다른 거리에 있는 것도 볼 수 있을 것이다. 당신의 뇌가 자동으로 위치 변화를 측정하여 시차를 계산한 것이다. 이것이 바로 3차원 화면을 만드는 방법이다. 우리의 뇌는 계속해서 우리의 두 눈에서 오는 장면을 비교하고 시차를 계산하여 우리가 보는 물체의 거리를 결정한다. 다른 방법으로, 그냥 손가락을 보는 것으로 시작해보라. 당신의 눈은 손가락을 보기 위하여 자연스럽게 교차된다. 손가락 뒤로 세 개의 흐릿한 그림이 보일 것이다. 시선을 중앙의 그림으로 이동하면 그 그림이 3차원으로 보일 것이다. 계속 해보라. 약간의 훈련이 필요하다. 누구나 할 순 없지만 만일 할 수 있다면 그 결과는 놀랍다. 익혀볼 가치가 있다. 이 기술은 이 책의 〈그림 18.1〉에서 다시 이용할 것이다.

두 눈 사이의 거리가 된다. 당연히, 당신의 눈으로 별까지의 거리를 측정하려는 시도는 효과적이지 못할 것이다. 당신 눈 사이의 불과 몇 센티미터의 간격은 별의 위치를 달라지게 하기에는 충분하지 못하기 때문이다. 하지만 지구 궤도의 지름은 3억 킬로미터다. 이것은 우주를 향해 윙크를 하여 별이 어느 정도의 거리에 있는지 측정하기에 적당한 거리가 된다.

〈그림 4.2〉는 거문고자리에서 이것을 보여주는 모형 사진이다. 두 사진의 별들은 지구 궤도에서 6개월 간격으로 관측된 것처럼 관측된 시차에 비례해서 이동되어 있다. 이동된 위치는 쉽게 볼 수 있도록 과장되어 있다.

사진에서 가장 밝은 별 베가는 25광년 떨어져 있다. 이것은 중심부의 거문고자리에 있는 다른 별들보다 훨씬 가까이 있는 것이다. 두 사진을 잘 비교해보면 베가가 다른 별들보다 많이 이동해 있는 것을 볼 수 있을 것이다.

별이 멀리 있을수록 이동은 작아진다. 하지만 상대적으로 가까이 있는 많은 별들의 거리를 이 방법을 이용하여 측정할 수 있다. 이를 위해서는 몇 가지 기하학을 적용시켜야 한다. 〈그림 4.1〉에서 우리는 가까이 있는 별이 배경 별들 앞에서 1월에서 7월이 되면서 위치가 변하는 것을 보았다. 이 이동의 절반을 시차라고 한다. 그러니까 시차는 2AU가 아니라 1AU 움직였을 때 이동하는 각도

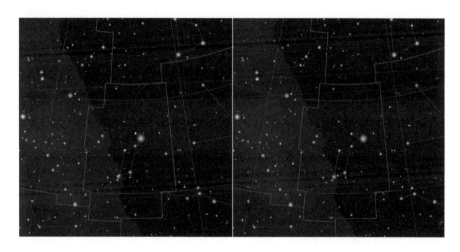

그림 4.2 베가의 시차. 태양 주위를 도는 지구에서 6개월 간격으로 찍은 것처럼 만든 거문고자리의 모형 사진. 사진에 있는 각 별들은 거리에 반비례하는 시차를 가지고 있다. (시차는 잘 보이게 하기 위해서 크게 과장되었다.) 앞에 있는 베가(거문고자리의 가장 밝은 별)는 25광년 거리에 있고 시차가 가장 크다. 두 사진에서 위치를 비교하여 베가의 시차를 볼 수 있다. 앞 페이지에서 소개한 방법에 따라 이 사진을 3차원 사진으로 볼 수 있다.
출처: Robert J. Vanderbei and J. Richard Gott

에 해당한다. 우리는 지구의 궤도 반지름(1AU)이 몇 킬로미터인지 알고 있다. 우리는 시차를 측정할 수 있다. 지구와 태양 그리고 별이 만드는 삼각형을 생각해보자. 이것은 태양에서 90도가 되는 직각삼각형이다. 당신이 보는 가까이 있는 별이 이동하는 각도는 그 별에 있는 관측자가 당신을 볼 때 당신이 이동하는 각도와 정확하게 같다. 이것은 당신이 관측하는 시차(전체 이동의 절반)는 그 별에 있는 관측자가 본 태양과 지구 사이의 각도(7월에)와 같다는 말이다(〈그림 4.1〉). 그러므로 지구-태양-별의 삼각형은 (태양에서) 90도가 되고, 하나의 각도는 (별에서의) 시차의 각도와 같고, 다른 하나의 각도(지구에서의 각도)는 90도에서 시차를 뺀 것과 같다. 유클리드 기하학에 따르면 삼각형의 세 각의 합은 180도가 되어야 하기 때문이다.

한 변의 길이(태양-지구 거리)를 알고 삼각형의 각도를 알면 태양과 별을 연결하는 삼각형의 변의 길이를 구할 수 있다. 그러면 별까지의 거리를 직접 구할 수 있다. 새로운 거리 단위를 만들어보자. 시차의 각도가 1초가 되는 거리를 생각해보자. 1초는 1분의 1/60이고, 1분은 1도의 1/60이므로 1초는 1/3,600도가 된다. 시차의 각도가 1초가 되는 별이 있다면 그 별까지의 거리를 1파섹$_{parsec}$이라고 한다. 멋진 이름이지 않나? 시차 1초는 원의 둘레의 $1/(360 \times 60 \times 60)$이다. 별까지의 거리를 d라고 하면 그 원의 둘레는 $C = 2\pi d$이다. 지구-태양 거리 $r = 1\mathrm{AU}$가 원의 둘레의 $1/(360 \times 60 \times 60)$에 대응되므로 $1\mathrm{AU}/2\pi d = 1/(360 \times 60 \times 60)$이 된다. 그러므로 시차 1초의 거리는 $d = 206{,}265\mathrm{AU} = 1$파섹이 된다. 이건 모두 유클리드 기하학일 뿐이다.

〈스타 트렉〉을 본 적이 있다면 이 단위를 들어보았을 것이다. 1파섹은 몇 광년일까? 3.26광년이다. 파섹이라는 단어는 멋있고 발음하기도 좋지만 이 책에서는 대부분 광년을 사용할 것이다. 이제 어딘가에서 파섹이라는 용어를 들으면 그 의미를 알 것이다. 파섹$_{parsec}$은 천문학자들이 시차$_{parallax}$와 각초$_{arc\ second}$ 두 단어의 일부를 조합해서 만든 것이다. 시차가 1/2초인 별의 거리는 2파섹이 되고 시차가 1/10초인 별의 거리는 10파섹이 된다. 간단하다. 천문학에는 이렇

웰컴 투 더 유니버스

게 조합하여 만든 용어들이 많이 있다. 예를 들어 퀘이사quasar는 준항성quasi-stellar 전파원에서 온 것이고, 펄사pulsar는 맥동하는 별pulsating star에서 온 것이다. 이렇게 만든 용어들을 사람들은 좋아한다.

지구에서 가장 가까운 별은 무엇일까? 태양이다. 만일 알파 센타우리를 생각했다면 나에게 속은 것이다. 태양에서 가장 가까운 항성계는 알파 센타우리다. 알파는 그 별자리에서 가장 밝은 별을 의미하는 것이고 그 별자리는 남반구의 센타우루스 자리다. 그런데 사실 이것은 3개의 별로 이루어진 항성계다. 그중 하나가 태양계에서 가장 가까운 별이다. 3개의 별로 이루어진 항성계라. 멋지지 않은가. 여기에는 태양 지름의 123퍼센트인 알파 센타우리 A, 태양 지름의 86.5퍼센트인 알파 센타우리 B 그리고 태양 지름의 14퍼센트밖에 되지 않는 어두운 붉은 별 프록시마 센타우리가 있다. 이 세 별 중에서 태양에서 가장 가까운 것은 프록시마 센타우리다. 그래서 가장 가깝다는 의미의 프록시마Proxima라는 이름이 붙은 것이다. 여기까지의 거리는 약 4.1광년이고 시차는 0.8초다.

1초는 정말, 정말 작다. 지구에서 전문가용 망원경으로 찍은 밤하늘에 보이는 별들의 겉보기 크기가 대략 1초 정도다. 지상망원경에서는 대부분 그렇다. 허블 우주망원경은 이보다 10배 더 좋다. 지구에서 망원경을 사용하면 대기가 상을 흐리고 흔들리게 만든다. 별빛은 날카로운 점광원으로 온다. 그런데 지구의 대기에 닿으면 반사되고 흔들려 이렇게 퍼지게 되는 것이다. 지구에서 우리는 "와, 정말 예쁘지? 별이 반짝이고 있어!"라고 말한다. 하지만 별이 반짝이는 것은 별을 관측하는 천문학자들에게는 치명적이다. 그리고 그렇게 반짝이는 상의 폭은 대개 1초다.

1파섹이 가장 가까운 별까지의 거리보다 작다는 것에 주목하라. 이것이 바로 시차를 관측하는 데 수천 년이 걸린 이유다. 1838년에 와서야 독일의 수학자 프리드리히 베셀Friedrich Bessel이 처음으로 별의 시차를 관측했다. (대기가 상을 1초 넓이로 퍼뜨리므로 망원경을 통해서 보는 관측자가 1초보다 작은 각을 관측하기 위해서는 많은 관측을 해야 한다.) 실제로 2,000년 전에 지구가 태양의 주위를 돈다고 한 아리스타르코스의 주장은 당시에는 시차를 관측하지 못했기 때문에 거부되었다. 그리스인들은 똑똑한 사람들이었다. 그들은 이렇게 말했다. "좋아, 태양이 지구 주위를 도는 우주가 마음에 들지 않는다고? 지구가 태양 주위를 돌기를 바라는 거야?" 그들은 정말로 지구가 태양 주위를 돈다면 지구가 태양의 서로 다른 쪽에서 볼 때 가까운 별을 보는 각도가 달라진다는 것을 알았다. 그들은 우리가 이 시차 현상을 볼 수 있어야 한다고 생각했다. 망원경은 아직 발명되지 않았기 때문에 그들은 그저 주의 깊게 눈으로 관측하고 또 관측했다. 하지만 아무리 열심히 관측해도 달라지는 것을 발견하지 못했다. 이 효과는 망원경 없이는 관측될 수 없는 것이다. 그래서 그들은 이것을 태양 중심 우주에 반대되는 잠정적인 증거로 이용했다. 하지만 증거가 없는 것이 없다는 증거가 되지는 않는다.

밤하늘에 보이는 모든 별들을 관찰하고 그 사이에 희미한 구름과 같은 천체들도 있다는 사실을 알고 난 후에도 우리는 20세기 초가 될 때까지 우주에 대해 제대로 알지 못했다. 20세기 초는 별빛을 프리즘에 통과시켜 자료를 얻고 그 결과를 관찰하기 시작한 때였다. 이로부터 우리는 어떤 별들이 '표준촉광 standard candle'으로 사용될 수 있다는 사실을 알게 되었다. 생각해보라. 밤하늘에 있는 별들이 모두 똑같다면―별들이 모두 똑같이 만들어져서 우주에 뿌려졌다면―어두운 별은 밝은 별보다 언제나 멀리 있을 것이다. 그러면 아주 간단하다. 밝은 별은 가까이 있고 어두운 별은 멀리 있다. 하지만 실제로는 그렇지 않다. 이 별들의 동물원에서 우리는 거리에 상관없이 같은 종류의 별을 찾는다. 그래서 어떤 별이 스펙트럼에 특이한 형태가 있고, 이와 같은 특징을 가진 별이 시차를 관측할 수 있을 정도로 가까이 있다면 성공이다. 우리는 이제 그 별의 광도를 계산하여 그와 같은 종류의 다른 별들의 밝기가 그 별의 4분의 1인지 9분의 1인지 알아낼 수 있고, 그러면 그 별들이 얼마나 멀리 있는지 계산할 수 있다. 우리는 그 표준촉광이 되는 척도가 필요하다. 우리는 그 척도를 1920년대가 될 때까지 가지지 못했다. 그때까지 우리는 우주에 있는 천체들이 얼마나 멀리 있는지 완전히 무지했다. 사실 그 시기의 책들은 우주를 그저 별들의 모임이라고 설명하고 있다. 그 너머의 더 큰 우주에 대해서는 아무것도 몰랐다.

별을 이해하기 위해서는 수학적 도구들이 약간 필요하다. 그 도구 중 하나는 분포함수다. 이것은 강력하고 유용한 수학적 도구다. 이것에 친숙해지도록 간단한 형태의 분포함수 하나를 소개하겠다. 신문에서 흔히 막대그래프로 소개되는 종류의 것이다. 예를 들어 평범한 대학교 강의실에 있는 사람들의 수를 나이에 대한 함수로 그려볼 수 있다(〈그림 4.3〉).

이 그래프를 그리기 위해서 먼저 한 강의실에 있는 사람들에게 16세 이하인 사람이 있는지 물어보는 것으로 시작할 수 있다. 아무도 대답하지 않는다면

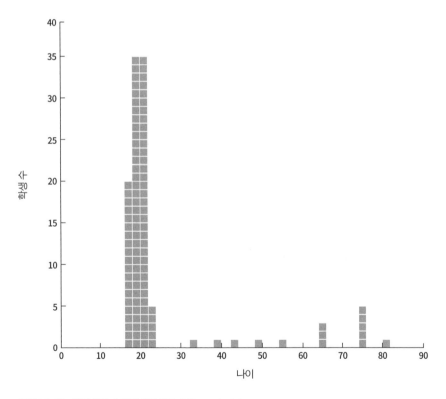

그림 4.3 어느 강의실의 나이 막대그래프 출처: J. Richard Gott

그 나이에서 그래프의 값은 0이다. 다음에는 17~18세가 있는지 물어본다. 20명이 있다고 하자. 나이 17~18의 그래프의 값은 20이 된다. 19~20세는? 35명이다. 이렇게 모든 사람이 대답할 때까지 계속한다.

다시 〈그림 4.3〉을 살펴보자. 대학의 일반적인 강의실에 있는 사람들의 분포에 대해서 알 수 있다. 예를 들어 대부분의 사람들의 나이가 20 근처에 모여 있다. 이 그래프를 본 사람은 누구나 그 수업이 대학생 대상이라고 추정할 수 있을 것이다. 그리고 공백과 몇몇 사람들이 간혹 있다가 70대 중반에 또 하나의 무더기가 나타난다. 두 개의 무더기가 있는 것이다. 이것을 우리는 이중분포라고 한다. 나이 많은 집단의 사람들 대부분은 사실 대학생이 아니다. 그들은 아마도 청강하는 사람들일 것이며, 낮 시간에 대학 강의를 청강할 수 있는 사람은 일을 해야 하는 사람들은 아닐 것이고 아마도 은퇴한 사람들일 것이다. 당신은 단지 이 분포만 보고도 구성원들에 대해 파악을 할 수 있는 것이다. 만일 이 조사를 대학 전체를 대상으로 한다면 비어 있는 점들이 채워질 수는 있겠지만 아마도 거의 비슷한 모양일 것이 분명하다. 대부분의 대학생들과 몇몇 어른들. 그리고 어쩌면 1,000명 중에 한 명꼴로 14세 이하도 있을 것이다. 이 막대그래프는 2살을 범위로 한 것이다. 대상을 충분히 크게 하여 나라 전체의 대학생을 포함시킨다면 단 하루의 범위로도 만들 수 있을 것이다. 충분히 많은 자료를 모으면 그래프 전체를 채워 들쭉날쭉한 부분이 없어질 것이다. 충분히 많은 자료가 있으면 범위를 아주 작게 만들어 부드러운 곡선을 그릴 수 있을 것이다. 막대그래프를 부드러운 곡선으로 만들고 이것을 수학적인 형태로 표현할 수 있으면 막대그래프가 분포함수가 된 것이다.

교실에 있는 사람들의 총수는 얼마일까? 이것은 쉽다. 각 단계별 수를 전부 더하면 된다. 이 경우에는 109다. 만일 부드러운 함수를 가지고 있다면 적분을 이용하여 곡선 아래의 면적을 구하여 전체 수를 구할 수 있다. 아이작 뉴턴은 26살에 미분과 적분을 만들어냈다. 내 생각으로는 지금까지 지구에 살았던 가장 똑똑한 사람이 아닐까 싶다!

이것을 어떻게 별에 적용시킬까? 태양을 보자. 나는 이렇게 말하겠다. "태양이여, 말 좀 해주세요. 얼마나 많은 빛 입자를 방출하고 있는지 궁금해요." 아이작 뉴턴 역시 아인슈타인보다 먼저 빛의 입자라는 생각을 떠올렸다. 이 입자에 대한 이름이 있다. 광자photon라고 한다. 〈스타 트렉〉 팬들은 '광자 어뢰photon torpedoes'라고 들어보았을 것이다.

광자에는 온갖 종류가 있다. 뉴턴은 백색광을 프리즘을 통과시켰다. 그는 무지갯빛 색깔을 보았다. 빨, 주, 노, 초, 파, 남(뉴턴 시대에 염색으로 많이 사용된 색이라 뉴턴은 이 색을 스펙트럼에 포함시켰다), 보. 오늘날에는 보통 여섯 색깔만 언급한다(미국에서는 그렇다—옮긴이 주). 하지만 뉴턴에 대한 존중으로 나는 보통 남색을 포함시킨다.

영국의 천문학자 윌리엄 허셜William Herschel은 스펙트럼에 전혀 다른 영역이 있다는 사실을 발견했다. 지금은 적외선이라고 부르는 것으로 우리의 눈은 여기에 반응하지 않는다. 에너지의 관점에서 보면 이것은 붉은색보다 '아래에' 있다. 허셜은 태양빛을 프리즘에 통과시킨 후 눈에 보이는 스펙트럼의 끝에 있는 붉은색 밖에 둔 온도계의 온도가 올라가는 것을 발견했다. 눈에 보이는 스펙트럼의 반대쪽인 보라색 바깥에는 자외선이 있다. 이 이름들은 많이 들어보았을 것이다. 우리 일상생활에서 자주 등장하기 때문이다. 자외선은 피부를 태우고 적외선은 식당에서 당신이 살 때까지 감자튀김을 따뜻하게 해준다.

스펙트럼은 눈에 보이는 것보다 훨씬 더 풍부하다. 자외선보다 바깥쪽에는 X선이 있다. X선 광자가 있는 것이다. X선의 바깥쪽에는 감마선이 있다. 여러분은 이 용어들을 모두 들어보았을 것이다. 다른 방향인 적외선 쪽으로 가보자. 적외선의 바깥? 마이크로파가 있다. 그 바깥은? 전파가 있다. 마이크로파는 예전에는 전파의 일부로 다루어졌지만, 지금은 스펙트럼의 별도의 영역으로 다루어지고 있다. 이것이 스펙트럼의 모든 영역에 우리가 사용하고 있는 용어다. 감마선 바깥에는 아무것도 없고—그건 계속해서 감마선이라고 부른다—전파의 바깥에도 아무것도 없다.

광자는 입자다. 우리는 이것을 파동으로 생각할 수도 있다. 파동–입자 이중성이다. 도대체 뭔가? 파동인가 입자인가? 이 질문은 아무런 의미가 없다. 대신에 우리는 우리의 뇌가 왜 광자가 가지고 있는 이중성을 통합적으로 이해하지 못하는지 스스로에게 물어야 한다. 이것이 문제다. 우리는 '파립자wavicle' 같은 단어를 만들기도 했다. 이 용어는 꽤 오래전에 만들어졌지만 사용되지 못했다. 사람들이 계속 어느 쪽인지 물었기 때문이다. 답은 우리가 어떻게 측정하느냐에 달려 있다. 우리는 이것을 파동으로 생각할 수 있고, 파동은 파장을 가진다. 파동의 길이를 표시할 때는 그리스 철자로 영어의 L에 해당하는 람다를 사용한다. 람다의 소문자를 사용하기 때문에 λ로 표시된다.

전파의 파장은 얼마나 될까? 이렇게 생각해보자. 옛날에는 TV 채널을 바꾸려면 자리에서 일어나 TV로 다가가서 손잡이를 돌려야 했다. 아주 오랜 옛날 이야기다. 이 TV는 '토끼 귀' 안테나—V 모양으로 위로 솟은 두 개의 선—를 가지고 있었고 수신 상태가 좋지 못하면 안테나 선 두 개를 이리저리 움직였다. 이 안테나는 특정한 길이를 가지고 있었다. 약 1미터 정도다. 사실 TV 전파의 파장이 약 1미터 정도다. 안테나는 공기를 통과해서 오는 TV 전파를 받았다. 그래서 TV 스튜디오에서는 방송중이라는 신호를 'On the Air(공기 중으로)'라고 말한다. 공기를 통과해서 방송을 보내기 때문이다. 물론 지금은 대부분 케이블을 통해서 방송을 한다. 하지만 'On the Cable'이라는 용어를 사용하지는 않는다. (전파를 포함해서) 빛은 진공 공간을 아무 문제없이 지나갈 수 있다. 공기는 아무 상관이 없다. 그래서 나는 항상 'On the Air'를 'On the Space(공간 속으로)'로 바꾸었으면 좋겠다고 생각한다.

휴대전화는 어떨까? 전화기의 안테나는 얼마나 큰가? 상당히 작다. 전화기는 파장이 몇 센티미터밖에 되지 않는 마이크로파를 이용한다. 지금은 안테나가 전화기 안에 들어가 있지만 예전에는 짧은 안테나가 전화기 위로 솟아나 있었다.

전자레인지(마이크로파 오븐) 앞에 뚫린 구멍의 크기는 얼마나 될까? 전자레인지에는 요리 중인 음식을 볼 수 있는 구멍들이 있다. 여러분은 알아채지 못했겠지만 이 구멍들의 지름은 몇 밀리미터밖에 되지 않는다(전자레인지의 유리 문은 그물 같은 금속망으로 덮여 있다. 타공 구멍의 지름이 1~2밀리미터여서 가시광선은 통과하지만 마이크로파는 통과하지 못한다─옮긴이 주). 이것은 음식을 데우는 마이크로파의 실제 길이보다 더 작다. 그래서 1센티미터 파장의 마이크로파는 전자레인지 밖으로 나오려고 하지만 구멍이 몇 밀리미터밖에 되지 않기 때문에 나올 수가 없다. 마이크로파는 전자레인지에서 출구를 찾을 수가 없다. 마이크로파를 또 누가 사용하는지 알고 있는가? 레이더 빔으로 자동차의 속도를 측정하는 경찰이 사용한다. 마이크로파는 자동차의 금속에서 반사한다. 이것을 방해하는 방법이 하나 있다. 주로 스포츠카를 타는 사람들이 차의 앞부분을 보호하는 데 사용하는 검은색 캔버스 천 덮개를 알고 있는가? 이 천은 마이크로파를 아주 잘 흡수하기 때문에 마이크로파 광선을 맞아도 경찰의 레이더 건(속도측정기)으로 돌아가는 신호가 너무 약해서 읽을 수가 없게 된다. 물론 자동차의 앞 유리는 마이크로파에 투명하다. 마이크로파가 유리를 통과하는지 어떻게 알 수 있을까? 사람들이 레이더 감지기를 어디에 놓는가? 보통 차 안의 계기반 위에 놓는다. 그러니까 마이크로파는 분명히 유리를 통과한다. 같은 방법으로 유리그릇에 있는 음식은 전자레인지에서 요리가 된다. 마이크로파는 방해받지 않고 통과하기 때문이다. 경찰은 도플러 이동Doppler shift이라는 것을 이용하여 속도를 측정한다. 이것에 대해서는 뒤에서 다시 이야기할 것이다. 지금은 이것이 움직이는 물체에 반사될 때 신호의 파장이 바뀌는 것이라고만 알고 넘어가자. 속도는 물체가 움직이는 방향과 정확하게 일치하는 경로에서 가장 정확하게 측정된다. 사실 속도측정기는 자동차의 정확한 속도를 측정하지 않는다. 그러기 위해서는 경찰관이 차선 위에 서 있어야 하는데 그러고 싶지는 않을 것이다. 대신 그들은 길옆에 서 있기 때문에 그들이 측정하는 속도는 (불행히도) 언제나 실제 속도보다 작다. 그러니까 과속으로 잡힌다면 항의하지 말고 그냥 딱지를 받아라.

경찰의 속도측정기는 당신의 차에 반사되는 신호를 보낸다. 당신이 10미터 떨어져 있는 거울에서 반사되는 자신의 모습을 보고 있고, 거울이 당신을 향하여 초속 1미터로 움직이고 있다고 하자. 반사된 당신의 모습은 20미터 떨어진 곳에서 출발한다(빛은 거울까지 10미터를 갔다가 10미터를 돌아온다). 그런데 1초 후, 거울은 9미터 떨어진 곳에 있기 때문에 반사된 당신의 모습은 18미터 떨어진 곳에 있게 된다. 당신에게는 당신의 모습이 초속 2미터로 다가오는 것으로 보인다. 마찬가지로, 경찰에게는 자신의 속도측정기의 반사가 당신이 내는 속도의 두 배로 다가오는 것으로 보인다. 이것을 판사에게 주장해보라! 당연히 속도측정기는 당신 자동차에서 측정한 도플러 이동의 절반 값을 보여주도록—거울의 속도를 정확하게 보여주도록—조정되어 있다. 레이더radar는 '전파 탐지 및 거리 측정radio detection and ranging'의 약자다. 마이크로파가 전파의 일부로 여겨지던 시기에 붙여진 이름이다.

말 나온 김에 이야기하면, 물 분자 H_2O는 마이크로파에 잘 반응한다. 전자레인지의 마이크로파는 그 마이크로파의 진동수에 따라 물 분자를 앞뒤로 움직인다. 물 분자가 아무리 많아도 모든 분자를 움직인다. 수십억, 수조 개의 분자가 있어도 마찬가지다. 오래지 않아 물 분자들 사이의 마찰 때문에 물은 뜨거워진다. 물을 포함하고 있는 것은 어떤 것이라도 전자레인지 안에서 뜨거워진다. 소금 이외에 당신이 먹는 모든 것에는 물이 들어 있다. 이것이 전자레인지가 요리를 할 때 아주 유용하고, 음식이 놓여 있지 않은 유리그릇이 뜨거워지지 않는 이유다.

사람의 몸은 적외선 복사에 반응한다. 당신의 피부는 적외선을 흡수하여 열을 만들어 따뜻하게 느낀다. 가시광선은 우리가 잘 알고 있다. 당신의 피부색깔에 따라서 자외선에 민감한 정도가 다르다. 자외선은 피부 아래층에 충격을 주어 피부암을 일으킬 수 있다. 대기 중에 있는 오존은 태양에서 오는 대부분의 자외선으로부터 우리를 보호해준다. 공기 중의 산소는 분자 형태로 존재한다. O_2나 오존인 O_3다(각각 2개와 3개의 산소 원자로 이루어진 분자다). 오존은 대기의 상층부에서 분해되기를 기다린다. 자외선 광자가 오면 흡수되고, 오존은 분해된다. 자외선은 사라진다. 오존에게 먹히는 것이다. 오존이 없어지면 자외선을 막아줄 것이 없으므로 자외선이 지상으로 바로 내려와 피부암의 발생률을 높일 것이다. 화성에는 오존이 없다. 그러므로 화성의 표면에는 태양에서 오는 자외선이 계속해서 쏟아진다. 그래서 나는 화성의 지하라면 몰라도 표면에는 생명체가 없을 것이라고 생각한다. 어떤 생명체든 그렇게 많은 자외선에 노출된다면 분해되어버릴 것이다.

거의 모든 사람들이 X선을 맞은 적이 있다. X선 촬영기사가 스위치를 켜기 전에 뭐라고 하는지 기억나는가? 자세를 잡게 한 후 "숨 멈추세요"라고 한 다음 납으로 막혀 있는 곳으로 들어가 문을 닫고 스위치를 켠다. 촬영기사는 X선에 노출되기를 원하지 않는다. 거기서 일어나는 일이 당신에게 좋지 않다는 힌트를 얻을 수 있다. 하지만 대부분의 경우에 진료를 위해 X선 촬영이 필요할 때는 촬영을 하는 것이 하지 않는 것보다 낫다. X선 사진은 팔이 부러졌는지 아닌지 알려준다. X선은 피부 깊은 곳으로 뚫고 들어간다. 그래서 내부 조직에 암을 유발할 수도 있다. 하지만 받는 X선의 양이 적다면 위험은 크지 않다.

감마선은 더 나쁘다. 감마선은 곧바로 DNA로 들어가 당신을 망쳐놓을 수 있다. 만화도 감마선이 나쁘다는 사실을 알고 있다. 헐크를 보았는가? 그가 왜 헐크가 되었는가? 그에게 무슨 일이 일어났기에? 감마선에 심하게 노출되는 실험을 하고 있지 않았던가? 그래서 화가 나면 크고 사나운 녹색 괴물이 된다. 그러니 감마선을 조심하라. 그런 일이 당신에게 일어나지 않기를 바란다. 스펙트럼을 따라 파장이 짧은 곳으로 갈수록, 자외선에서 X선을 거쳐 감마선으로 갈수록 각각의 광자가 가지는 에너지는 커지고 충격을 줄 수 있는 가능성은 증가한다.

현대 사회에서 전파는 우리 주위 어디에나 언제나 있다. 이것을 증명할 수 있는 간단한 실험이 있다. 라디오를 켜고 방송을 찾아보라. 언제 어떤 방송이라도 좋다. 방송은 끊임없이 계속된다. 당신이 언제나 마이크로파를 받고 있다는 것은 어떻게 증명할 수 있을까? 당신의 휴대전화는 언제라도 울릴 수 있다. 당신이 전자레인지의 고강도 영역으로 절대 기어들어 가리라고는 생각하지 않지만, 마이크로파는 스펙트럼의 높은 에너지 영역의 빛에 비하면 해가 없다.

이 모든 광자들은 진공을 빛의 속도로 이동한다. 빛의 속도다. 이것은 그냥 가정이 아니라 법칙이다. 가시광선은 전자기파 스펙트럼의 중심 부분에 위치하고 있는데, 이것도 역시 빛이기 때문에 300,000km/sec(정확하게는 299,792,458m/sec)의 속도로 움직인다. 이것은 우리가 알고 있는 자연의 가장 중요한 상수들 중 하나다.

모든 종류의 빛의 광자는 모두 같은 속도로 움직인다. 하지만 파장은 다르다. 광자들이 지나가는 것을 보고 있으면, 진동수는 1초 동안 지나가는 파의 수로 정의된다. 파장이 짧은 파동은 1초 동안 더 많이 지나갈 것이다. 그러므로 진동수가 높으면 파장이 짧고, 진동수가 낮으면 파장이 길다. 이것은 방정식으로 쓰기에 완벽한 상황이다. 빛의 속도(c)는 진동수와 파장(λ)의 곱이다. 진동수는 그리스 문자 v(뉴)로 쓰기 때문에 방정식은

$$c = v\lambda$$

가 된다.

파장이 1미터인 전파가 있다고 하자. 빛의 속도는 약 300,000,000m/sec이고, 이것은 v에 1미터를 곱한 것과 같으므로 이 빛의 진동수는 300,000,000회/sec가 된다.

사실 광자의 진동수와 에너지는 하나의 방정식에 묶여 있다. 광자의 에너지 E는 hv와 같다.

$$E = hv$$

이 방정식은 아인슈타인이 발견했다. 이 방정식에는 독일의 물리학자 막스 플랑크Max Planck의 이름을 딴 플랑크상수 h가 포함되어 있다. 이 방정식에서 플랑크상수는 광자의 진동수와 에너지가 어떻게 연관되어 있는지 알려주는 비례 상수로 사용되고 있다. 진동수가 높을수록 광자 하나하나의 에너지가 높다. X선 광자는 많은 에너지를, 전파의 광자는 적은 양의 에너지를 가지고 있다.

태양에게 물어보자. 각 파장들에 대해서 얼마만큼의 광자들을 우리에게 보내주고 있는가? 얼마만큼의 녹색 광자와 얼마만큼의 붉은색 광자, 얼마만큼의 적외선, 마이크로파, 전파, 감마선 광자를 우리에게 보내주고 있는가? 나는 궁금하다. 너무나 많은 광자들이 태양에서 나오고 있기 때문에 단순한 막대그래프보다 훨씬 더 좋은 결과를 얻을 수 있다. 자료가 넘치기 때문이다. 나는 파장에 대한 세기의 부드러운 곡선을 만들 수 있다. 여기서 세기intensity는 수직방향으로 특정한 파장에서 단위 파장 간격에 단위 제곱미터 당 태양 표면에서 나오는 광자의 수에 각 광자의 에너지를 곱한 값이 된다. 우리는 광자의 수를 셀 수도 있지만 궁극적으로 관심이 있는 것은 광자들이 가지고 있는 에너지다. 이 수직축은 태양 표면에서 단위 파장, 단위 면적, 단위 시간 당 나오는 에너지를 알려준다. 수평축으로는 오른쪽으로 갈수록 파장이 길어진다. X선, 자외선, 가시광선, 적외선, 마이크로파의 순서다. 〈그림 4.4〉는 태양에서 오는 세기의 분포함수다.

태양은 약 5,800K 온도의 복사를 방출한다. 이 분포는 막스 플랑크에 의해 설명되었다. 분포함수는 가시광선 부분에서 최대가 된다. 이것은 우연이 아니다. 우리의 눈은 가장 많은 양의 태양빛을 볼 수 있도록 진화했기 때문이다. 다른 별들과 비교를 위해서 평균 제곱미터의 표면을 생각해보자. 같은 면적을 사용하기 때문에 실제 크기는 중요하지 않다. 우리는 흔히 태양이 노란색이라고 이야기하지만 사실은 노란색이 아니다. 노란색 근처에서 최대가 되기 때문에 노란색이라고 부를 수도 있지만, 사실은 녹색에서 최대가 된다. 하지만 우리는 아무도 녹색의 태양이라고 부르지 않는다. 태양이 방출하는 곡선에는 노란색뿐만 아니라 빨강, 주황, 녹색, 파랑, 남색, 보라도 추가해야 한다. 이것을 모두 추가하면 우리는 모든 색에서 거의 같은 양의 값을 가지게 된다. 뉴턴을 생각해보자. 이것은 무엇일까? 바로 흰색의 빛이다. 가시광선 스펙트럼에 있는 모든 색들의 빛을 같은 양을 프리즘에 통과시키면 흰색의 빛이 나온다. 뉴턴은 실제로 이 실험을 했다. 이것이 모든 색에서 거의 같은 양을 방출하는 태양이 우리에게 흰색의 빛을 보내주는 이유다. 책에 태양이 어떻게 그려져 있든, 누가 뭐라고 하든 우리는 흰색의 별을 가지고 있다. 아주 간단하다. 만일 태양이 실제로 노란색이라면 태양이 비

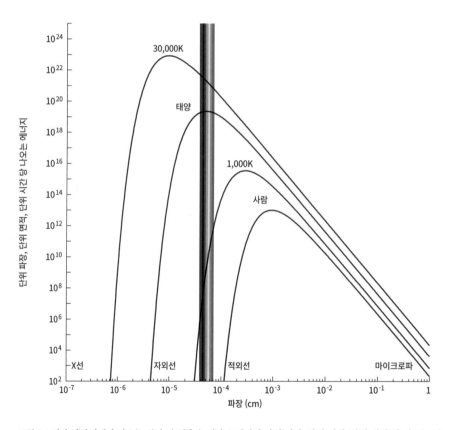

그림 4.4 별과 사람에게서 나오는 복사. 수직축은 태양 표면에서 단위 파장, 단위 면적, 단위 시간 당 나오는 에너지다. 수평축은 파장이다. 여기서는 30,000K의 별, 태양(5,800K), 1,000K의 갈색왜성 그리고 사람(310K)을 표시했다. 파장은 X선, 자외선, 가시광선, 적외선, 마이크로파를 표시했다. 출처: Michael A. Strauss

웰컴 투 더 유니버스

칠 때 흰 표면은 노랗게 보일 것이고 눈도 노랗게 보일 것이다.

태양 표면의 온도는 약 5,800K다. 절대온도 K는 섭씨온도에 273을 더한 값이다. 물은 0℃(273K)에서 얼고, 100℃(373K)에서 끓는다. 섭씨온도와 절대온도는 273밖에 차이가 나지 않기 때문에 높은 온도로 갈수록 그 차이는 의미가 없어진다. 어떤 경우든 5,800K는 아주 뜨겁다. 이 온도는 당신을 증발시킬 것이다. 그리고 0K(이것은 흔히 '절대 0도'라고 부른다)는 가능한 가장 낮은 온도다. 0K에서는 분자들의 움직임이 멈춘다.

다른 별을 찾아보자. 1,000K밖에 되지 않는 '차가운' 별이 있다(⟨그림 4.4⟩). 1,000K 별에서 나오는 빛은 어디서 최대가 되는가? 적외선이다. 당신은 적외선을 볼 수 있는가? 없다. 그러면 이 별은 볼 수 없는가? 그렇지 않다. 이 별은 복사의 작은 부분이 가시광선에서 나온다. 세기는 붉은색에서 푸른색으로 가면서 급격히 떨어진다. 이것은 푸른색 빛보다 붉은색 빛이 훨씬 더 많이 나온다. 이 별은 우리의 눈에는 붉은색으로 보일 것이다. 이제 온도가 30,000K인 별을 살펴보자. 이해를 쉽게 하기 위해서 앞에서 대학 강의실 학생들의 나이 분포에서 했던 질문과 같은 종류의 질문을 빛의 분포에 대해서 해보겠다. 이 별의 최대는 어디인가? 자외선이다. 이 별은 다른 어떤 빛보다 자외선을 많이 방출한다. 우리는 자외선을 볼 수 없는데 이 별을 볼 수 있을까? 물론 볼 수 있다. 이 별은 스펙트럼의 가시광선 부분에서도 많은 에너지를 방출한다. 표면에서 제곱미터 당 방출하는 가시광선의 에너지는 태양보다 더 많다. 하지만 태양과는 달리 이 별의 색의 합은 같지 않고 푸른색에 치우쳐 있다. 이 색들을 합치면 푸른색이 된다. 푸른색의 뜨거움은 사실 가장 뜨거운 것이다. 모든 천문학자들은 가장 차갑게 빛나는 온도는 붉은색이고 가장 뜨겁게 빛나는 온도는 푸른색이라는 사실을 알고 있다. 연애소설들이 천체물리학적으로 정확하려면 "붉고 정열적인 사랑"이 아니라 "푸르고 정열적인 사랑"이라고 표현해야 한다.

30,000K 별은 자외선에서 최대가 된다. 더 뜨거운 별을 선택한다면 그것도 역시 푸른색으로 보일 것이다. 푸른색으로 보인다는 것은 당신 눈에 있는 푸른

색 수용체가 녹색이나 붉은색 수용체보다 더 많은 복사를 받고 있다는 의미다. 30,000K 별은 푸른색, 5,800K 별은 흰색 그리고 1,000K 별은 붉은색이다.

사람의 몸은 어떨까? 당신의 온도는 얼마인가? 당신이 열이 없다면 당신의 온도는 36.5℃, 즉 약 310K다. 당신이 방출하는 스펙트럼의 최대는 적외선이다. 당신은 보통 얼마만큼의 가시광선을 방출할까? 당신이 다른 사람을 볼 수 있는 이유는 그들이 가시광선을 반사하기 때문일 뿐이다. 방 안의 불을 모두 끈다면 모든 것이 깜깜해진다. 당신은 사람들을 볼 수 없다. 불이 모두 꺼진다면 310K 의 곡선이 말해주는 건 사람은 가시광선에서 복사를 전혀 방출하지 않는다는 사실이라는 것을 깨닫게 될 것이다. 하지만 온도가 310K인 사람들은 적외선을 여전히 방출하고 있다. 적외선 카메라나 적외선 야간투시경이 있다면 적외선을 강하게 방출하고 있는 사람들을 볼 수 있을 것이다. 우리는 다음 장에서 우주 전체를 이 표에 넣어볼 것이다.

5

별들은 어떻게 에너지를 방출하는가(II)

나는 이제 당신을 나머지 우주로 안내하겠다. 제4장에서 우리는 별에서 방출하는 열복사를 보여주는 곡선을 살펴보았다. 〈그림 5.1〉은 하나가 추가된 것만 제외하고는 앞의 그림과 똑같다. 수직축은 세기(단위 파장, 단위 면적, 단위 시간 당 나오는 에너지)이고, 수평축은 파장이며 오른쪽으로 증가한다. 우리가 '가시광선'이라고 부르는 파장의 범위는 앞에서와 같이 무지개색의 막대로 표시했다.

그림에는 5,800K의 태양, 15,000K의 뜨거운 별, 3,000K의 차가운 별, 그리고 310K의 사람이 있다. 사람의 복사 곡선은 약 0.001센티미터에서 최대가 된다. 이 곡선의 오른쪽 아래에는 새로운 곡선이 추가되어 있다. 온도 2.7K의 복사 곡선으로 전체 우주의 온도다! 이것은 하늘의 모든 곳에서 우리에게 오는 유명한 배경복사다. 이것은 스펙트럼의 마이크로파 영역에서 최대가 되기 때문에 마이크로파 우주배경복사cosmic microwave background radiation, CMB라고 불린다. 이것은 1960년대에 뉴저지에 있는 벨 연구소에서 발견되었다. 아노 펜지어스Arno Penzias와 로버트 윌슨Robert Wilson은 자기들이 "마이크로파 혼 안테나microwave horn antenna "라고 부른 전파망원경을 이용하고 있었다. 그들이 전파망원경을 하늘로 향하자 하늘의 어떤 방향을 향하더라도 이 마이크로파 신호가 잡혔다. 하늘의 모든 곳에서 약 3K(현대의 정확한 값은 2.725K) 온도에서의 복사가 나오고 있었다. 이것은 빅뱅의 결과로 남겨진 열복사다. 이것에 대해서는 제15장에서 더 많이 이야기할 것이다.

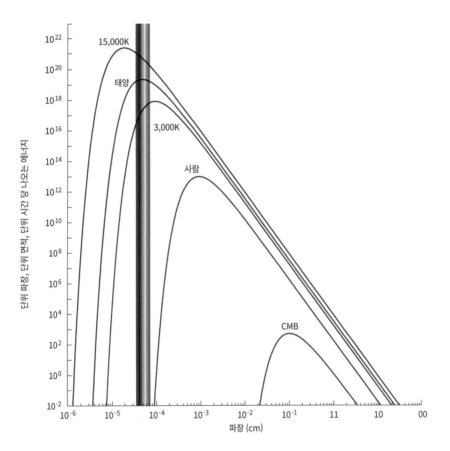

그림 5.1 우주의 열복사. 여러 온도의 흑체들의 파장에 대한 스펙트럼. 수직축은 단위 파장, 단위 면적, 단위 시간 당 나오는 에너지다. 단위는 임의로 정했다. 곡선은 표면온도 15,000K의 (옅은 푸른색으로 보일) 별, 5,800K의 (태양처럼 흰색으로 보일) 별 그리고 3,000K의 (붉은색으로 보일) 별이다. 스펙트럼의 가시광선 부분은 무지개색의 막대로 표현했고, 사람(310K)과 제15장에서 더 자세히 배우게 될 마이크로파 우주배경복사(CMB, 2.7K)도 표현했다. 출처: Michael A. Strauss

웰컴 투 더 유니버스

앞에서처럼 우리는 이 그래프를 다른 방법으로 볼 수 있다. 각 곡선의 최대는 어디인가? 최대의 위치는 모두 다르다. 1초에 방출되는 전체 에너지는 얼마나 되는가? 1초에 방출되는 전체 에너지를 알기 위해서는 각 곡선 아래쪽의 면적을 구하는 방법이 필요하다. 우선 몇몇 용어들을 정의할 필요가 있다.

흑체blackbody는 들어오는 빛을 모두 흡수하는 물체를 말한다. 특정한 온도의 흑체는 흑체복사를 방출하는데 이것이 그래프에 나타난 곡선이 된다. '흑체'라는 용어는 잘못 지어진 이름처럼 보이지만 그렇지 않다. 우리는 이 별들이 검은색이 아니라는 것을 알고 있다. 어떤 별은 푸른색, 어떤 별은 흰색, 어떤 별은 붉은색이다. 하지만 이 모든 별들은 그림에서 보인 것처럼 흑체다. 흑체는 아주 간단하다. 자신에게 부딪히는 모든 에너지를 흡수하는 것이다. 무엇을 받는지는 상관없다. 흑체는 그것을 흡수할 것이다. 감마선을 받을 수도 있고 전파를 받을 수도 있다. 흑체는 자신에게 들어오는 모든 에너지를 흡수한다. 그래서 검은 옷은 여름에는 별로 어울리는 패션이 아닌 것이다. 그리고 흑체는 이 곡선들을 방출한다. 아주 간단하다. 곡선의 모양과 위치는 오직 흑체의 온도에 의해서만 결정된다.

당신은 뭔가를 가열하여 온도를 올릴 수 있다. 그러면 궁금해진다. 새로운 온도에서는 어떻게 될까? 그러면 다시 곡선으로 돌아와서 새 온도가 어디에 맞는지 찾아보면 된다. 나는 이 곡선을 만들어주는 멋진 방정식을 가지고 있다. 플랑크 함수Planck function라고 하는 분포함수다. 앞에서도 만났던 막스 플랑크의 이름을 딴 것으로, 이 곡선들의 방정식을 처음으로 만들어낸 사람이다. 이 방정식의 오른쪽은 단위 시간, 단위 면적에 특정한 파장 λ에서 단위 파장 범위에서 방출되는 에너지의 양이다. 이것을 우리는 세기(I_λ)라고 하고 이것은 오직 흑체의 온도 T에만 의존한다.

$$I_\lambda(T) = (2hc^2/\lambda^5)/(e^{hc/\lambda kT} - 1)$$

이 기념비적인 방정식을 이루고 있는 항들을 이해해보도록 하자. 먼저, λ는 파장이다. 여기에는 아무런 비밀도 없다. 상수 e는 자연로그의 밑으로, 모든 공학용 계산기에 독립적인 단추를 가지고 있고 보통 e^x로 표시되어 있다. e의 값은 2.71828……로 π와 같은 수처럼 무한히 이어지는 수다. 이것은 그냥 숫자일 뿐이다. c는 앞에서 본 것처럼 빛의 속도다. k는 볼츠만상수다. T는 단순히 온도이고, (제4장에서 소개된) h는 플랑크상수다. 물체의 온도 T가 결정된다면 유일하게 남은 변수는 파장인 λ뿐이다. 그러므로 λ값을 아주 작은 값에서 아주 큰 값까지 대입하면 이 곡선들을 정확하게 따라가는 I_λ값을 얻을 수 있을 것이다. 막스 플랑크는 이 방정식을 1900년에 발표했고, 이것은 물리학에 혁명을 일으켰다.

이 상수를 이용하여 플랑크는 양자quantum를 탄생시켰고, 그는 양자역학의 아버지가 되었다. 괄호 안에 있는 첫 번째 항 $2hc^2/\lambda^5$을 보자. 파장이 길어지면 방출되는 에너지는 어떻게 되는가? 작아진다. $1/\lambda^5$항은 λ가 커질수록 0으로 다가간다. λ가 커지면 $hc/\lambda kT$항이 작아진다. 수학자들은 x가 작아지면 e^x가 $1+x$와 비슷해진다고 알려준다. 그러므로 큰 λ에서는 $hc/\lambda kT$항이 작아져서 $e^{hc/\lambda kT}$는 $1+hc/\lambda kT$가 되고, 여기서 1을 빼면 $(e^{hc/\lambda kT}-1)$항은 $hc/\lambda kT$가 된다. 그러니까 λ가 크다는 조건 하에서는 전체 방정식이 $I_\lambda(T)=(2hc^2/\lambda^5)/(hc/\lambda kT)=2ckT/\lambda^4$이 된다. 사람들은 플랑크 이전부터 이 방정식에는 익숙했다. 이것은 이 방정식을 만든 레일리 경Lord Rayleigh과 제임스 진스 경Sir James Jeans의 이름을 따 레일리-진스의 법칙이라고 불린다. λ가 커질수록 I_λ는 떨어지기 시작하여 잘 정의된 $1/\lambda^4$이 된다. 그러면 점점 더 짧은 파장으로 가면 어떻게 될까? λ^4이 점점 작아지면 $1/\lambda^4$은 점점 커져서 방정식은 붕괴되고 만다(그리고 실험과도 맞지 않는다). 이것은 한때 '자외선 파국ultraviolet catastrophe'이라고 불렸다. 뭔가가 잘못되었다. 빌헬름 빈Wilhelm Wien은 짧은 파장에서 지수함수로 작아져서 짧은 파장에서는 잘 맞지만 긴 파장에서는 맞지 않는 법칙을 찾아냈다. 우리는 막스 플랑크가 짧은 파장과 긴 파장 모든 곳에서 잘 맞는 방정식을 발견한 1900년까지는 이 흑체복사 곡선을 제대로 이해하지 못하고 있었다. 이 방정식은 에너지를 양자화하는 상수 h를 포함하고 있다. 그러니까 우리는 덩어리로 분리되어 있는 에너지만을 얻을 수 있는 것이다. 에너지가 덩어리로 되어 있으면 파장이 짧아질수록 플랑크 방정식의 지수함수 효과가 강해져서 $1/\lambda^5$항이 붕괴해버린다. λ가 작아지면 $hc/\lambda kT$가 커지고 $e^{hc/\lambda kT}$는 아주 빠르게 아주 커진다. 이것은 -1보다 훨씬 더 커지기 때문에 -1항을 무시해도 된다. 그리고 $e^{hc/\lambda kT}$이 커지면 전체 값은 작아진다. 이것은 방정식의 두 항 $1/\lambda^5$과 $1/e^{hc/\lambda kT}$ 사이의 경쟁이다. λ가 0으로 가면 $1/e^{hc/\lambda kT}$는 $1/\lambda^5$이 붕괴하는 것보다 훨씬 더 빠르게 0으로 가서 전체 곡선을 0으로 가게 한다. 지수함수 항이 없다면 방정식은 파장이 0으로 가면 무한대로 붕괴해버릴 것이다. 그런데 우리는 실제로 이런 일이 일어나지 않는다는 것을 실험으로 알고 있다. 열복사를 이해하기 위해서는 양자가 필요하고, 이 방정식은 이 곡선들이 어떻게 작동하는지 알려준다.

이 방정식은 모든 것을 가지고 있다. 이것은 곡선이 어디에서 최대가 되는지 알려준다. 뉴턴은 함수의 최대가 어디가 되는지 알려주는 수학을 발명했다. 곡선의 꼭대기에서 곡선의 기울기가 0이 되는 곳이다. 뉴턴의 미적분학을 이용하여 함수의 미분을 구하면 이 위치를 찾을 수 있다. 그렇게 하면 우리는 아주 간단한 답 $\lambda_{peak}=C/T$를 얻는다. 여기서 C는 새로운 상수로 처음 방정식의 상수들로부터 얻을 수 있다. T가 절대온도로 표현될 때 $C=2.898$밀리미터다. 최대는 어디인가? 우주배경복사와 같이 $T=2.7$K이면 λ_{peak}은 1밀리미터 혹은 0.1센티미터보다 약간 크다. 우리는 이것을 〈그림 5.1〉의 우주배경복사 곡선에서 확인할 수 있다. 사람은 이보다 약 100배 더 뜨거우므로 사람의 복사는 약 0.001센티미터인 적외선에서 최대가 된다(역시 〈그림 5.1〉에서 확인할 수 있다).

정말 아름답다. 온도가 높아질수록 곡선의 최대가 되는 파장이 점점 짧아진다. 이것은 방정식 $\lambda_{peak}=C/T$가 어떻게 작동하는지 보기만 하면 알 수 있는 것이다. T가 분모이므로 두 배로 뜨거운 것은 절반의 파장에서 최대가 된다(빌헬름 빈이 이것을 알아냈기 때문에 '빈의 법칙'이라고 부른다).

이 곡선들을 통해서 단위 시간 당 단위 면적에서 방출되는 전체 에너지를 어떻게 얻을 수 있을까? 각기 다른 파장에서의 영향을 모두 종합하려면 곡선 아래에 있는 전체 면적을 구해야 한다. 미적분학의 적분을 이용하여 면적을 구할 수 있다. 다시 한 번 뉴턴에게 감사한다. 모든 파장에서의 플랑크 함수를 적분하면 또 하나의 아름다운 방정식을 얻는다.

단위 시간 당 단위 면적에서 방출되는 전체 에너지는 σT^4과 같다. 여기서 $\sigma = 2\pi^5 k^4/(15c^2 h^3) = 5.67 \times 10^{-8} \mathrm{W}/m^2$이고 T는 절대온도를 사용한다. 이것은 슈테판–볼츠만의 법칙이라고 부른다. 요제프 슈테판Josef Stefan과 루트비히 볼츠만 Ludwig Boltzmann은 19세기 물리학의 두 기둥이었다. 안타깝게도 볼츠만은 62세에 자살로 생을 마감했다. 하지만 우리는 이 법칙을 얻었다. 플랑크 함수를 적분하면 우리는 상수 σ(시그마)를 얻는다. 이것은 심오한 일이다. 슈테판과 볼츠만은 플랑크가 아직 그의 방정식을 만들기도 전에 어떻게 이 법칙을 알아냈을까? 슈테판은 이것을 실험으로 알아냈고, 볼츠만은 열역학으로 알아냈다.

단위 시간 당 단위 면적에서 나오는 전체 에너지가 σT^4이므로 온도가 두 배가 되면 방출되는 에너지는 $2^4 = 16$배로 증가한다. 온도가 세 배가 되면? $3^4 = 81$배. 네 배가 되면 $4^4 = 256$배가 된다. 이 경향도 〈그림 5.1〉에 나타나 있다. 온도가 증가할수록 곡선이 얼마나 커지는지를 보여주는 것이다.

이 방정식이 어떻게 작동하는지 이해할 수 있는 방법이 하나 있다. 열복사를 내는 물체가 상자에 들어 있는 경우를 생각해보자. 이제 천천히 상자의 크기를 반으로 줄인다. 상자 안에 있는 광자의 수는 그대로지만 상자의 부피는 8배로 줄어들었기 때문에 상자 안에서 세제곱센티미터 당 광자의 수는 8배가 된다. 그런데 상자의 크기를 반으로 줄이면 광자의 파장도 반으로 줄어든다. 이것은 상자의 열복사를 두 배로 뜨겁게 만든다. 최대 파장이 반으로 줄어들기 때문이다. 이것은 각 광자의 에너지도 두 배로 만들어 상자 전체의 에너지도 두 배로 만든다. 각 광자의 에너지 증가는 안쪽에 있는 복사 압력에 대항하여 상자를 줄이는 데 사용한 에너지에서 온 것이다. 이것은 상자 안의 에너지 밀도가 이전의

8×2＝16배가 되었다는 것을 의미한다. 16은 2^4과 같다. 그러므로 열복사의 에너지 밀도는 온도의 4제곱에 비례하는 것이다.

몇 가지 용어를 좀 더 정의해보자. 광도는 별이 단위 시간 당 방출하는 전체 에너지다. 광도는 전구에서처럼 와트로 측정된다. 100와트 전구는 100와트의 광도를 가진다. 태양의 광도는 $3.8×10^{26}$와트다. 태양은 강력한 전구다.

문제를 하나 내겠다. 태양이 표면 온도가 2,000K인 다른 별과 같은 광도를 가진다고 해보자. 태양은 얼마나 뜨거운가? 여기서는 약 6,000K라고 하자. 다른 별은 2,000K밖에 되지 않기 때문에 훨씬 더 차갑다. 그러므로 이 별은 태양과 단위 시간 당 단위 면적에서 방출되는 에너지가 태양과 같을 수가 없다. 그런데 나는 태양이 이 별과 같은 광도를 가진다고 했다. 어떻게 이것이 가능할까? 그 별에서 2,000K의 1세제곱센티미터 덩어리 하나와 세 배 더 뜨거운 태양에서 6,000K의 1세제곱센티미터 덩어리 하나를 떼어보자. 태양의 1세제곱센티미터 덩어리는 다른 별의 1세제곱센티미터 덩어리보다 단위 시간 당 얼마나 더 많은 에너지를 방출할까? 81배 더 많다. 그런데 이 다른 별이 단위 시간 당 방출하는 전체 에너지가 어떻게 태양과 같을 수가 있을까? 그러기 위해서는 온도가 아닌 다른 뭔가가 달라야만 할 것이다. 더 차가운 다른 별은 태양보다 복사를 방출하는 표면적이 훨씬 더 넓어야 한다. 정확하게는 표면적이 태양보다 81배 더 넓어야 한다. 1세제곱센티미터에서 나오는 양의 차이를 극복하기 위해서는 이 별은 태양보다 표면적이 81배 더 넓은 적색거성이어야 한다. 이제 계산을 해보자. 구의 표면적은 어떻게 계산하는가? $4\pi r^2$이다. 여기서 r은 구의 반지름이다. 이 방정식은 아마도 중학교에서 배웠을 것이다. 이어지는 과정은 정말 아름답다. 광도가 단위 시간 당 방출되는 에너지라면, 단위 시간 당 단위 면적에서 방출되는 에너지는 σT^4과 같다. 그러면 태양의 광도는 다음과 같다.

$$L_{sun} = \sigma T_{sun}^4 \times (4\pi r_{sun}^2)$$

다른 별의 광도도 같은 방법으로 계산된다. 다른 별의 광도는 L_*로 표시하자. 그러면 $L_* = \sigma T_*^4 \times (4\pi r_*^2)$이 된다. 이제 두 개의 방정식이 되었다. 그리고 나는 L_{sun}과 L_*이 같다고 했다. 여기서 우리는 태양의 실제 표면적을 알 필요가 없다. 문제는 두 방정식의 비율로 해결될 수 있기 때문이다. 우리는 서로간의 비율만으로도 우주에 대한 많은 사실을 이해할 수 있다.

두 방정식을 서로 나누어보자. $L_{sun}/L_* = \sigma T_{sun}^4 \times 4\pi r_{sun}^2 / (\sigma T_*^4 \times 4\pi r_*^2)$. 다음은 어떻게 할까? 방정식의 오른쪽에서 분자와 분모의 같은 항을 소거한다. 먼저 상수 σ를 소거한다. 상수의 실제 값이 얼마인지도 신경 쓸 필요가 없다. 두 항을 비교할 때 상수가 양쪽에 모두 나타나면 그냥 소거하면 되기 때문이다. 숫자 4와 π도 소거된다. 이번에는 방정식의 왼쪽에 있는 L_{sun}/L_*은 얼마일까? 두 별의 광도가 같다고 했으므로 이것은 1이 된다. 그러면 이제 다음과 같은 단순한 방정식이 남는다. $1 = T_{sun}^4 r_{sun}^2 / T_*^4 r_*^2$. 태양의 온도는 6,000K이고 다른 별의 온도는 2,000K이다. $6,000^4$ 나누기 $2,000^4$은 3^4, 81과 같다. 그러면 방정식은 이렇게 된다. $1 = 81 r_{sun}^2 / r_*^2$. 양변에 r_*^2를 곱하면 $r_*^2 = 81 r_{sun}^2$이 된다. 양변의 제곱근을 취하면 $r_* = 9 r_{sun}$이 된다. 태양과 광도가 같은 더 차가운 별의 반지름은 태양 반지름의 9배가 되어야 한다! 이것이 우리가 얻은 답이다. 면적으로 이야기한다면 이 별은 태양보다 표면적이 81배 더 넓다. 면적은 반지름의 제곱에 비례하기 때문이다. 이것은 아주 유용한 방정식이다.

내가 다른 예를 제시할 수도 있었다. 태양과 온도는 같지만 81배 더 밝은 별이 있을 수도 있다. 두 별은 모두 1제곱미터 당 같은 양의 에너지를 방출하기 때문에 다른 별은 태양보다 표면적이 81배 더 넓어야 하고 반지름은 9배 더 커야 한다. 방정식은 그대로지만 변수는 다른 값을 사용할 수 있다. 방금 한 것이 바로 그것이다.

제2장에서 지구의 하루 중 가장 더울 때는 정오가 아니라 정오가 지난 후라고 했다. 땅은 가시광선을 흡수하기 때문이다. 가시광선은 땅의 온도를 천천히 올리고, 땅은 공기 중으로 적외선을 방출한다. 땅이 흑체처럼 행동하는 것

이다. 태양에서 오는 에너지를 흡수하여 플랑크 함수에 따라 복사를 방출한다. 땅의 온도는 대략 300K 정도다. (땅의 섭씨온도에 273K를 더한 것이다. 땅 온도가 27°C이면 정확하게 300K가 된다.)

이런 의문을 가져볼 수도 있을 것이다. 내 몸의 광도는 얼마나 될까? 몸의 절대온도 310K를 네제곱하고 시그마를 곱하면 단위 시간 당 단위 면적에서 당신이 방출하는 에너지의 양을 알 수 있다. 여기에 피부 전체의 면적을 곱하면 (어른의 평균은 약 1.75제곱미터다.) 당신의 광도를 와트 단위로 얻을 수 있다. 이것은 가시광선으로 나오지 않는다. 대부분 적외선에서 나오지만 분명히 나오긴 한다. 답을 구해보자. 슈테판-볼츠만상수는 온도가 절대온도로 주어질 때 $5.67 \times 10^{-8} W/m^2$다. 여기에 310^4을 곱한다. 310^4은 9.24×10^9이다. 여기에 5.67×10^{-8}을 곱하면 $523 W/m^2$가 된다. 여기에 당신의 표면적인 1.75제곱미터를 곱하면 916와트가 된다. 이것은 아주 많은 양이다. 하지만 300K인 방에 앉아 있으면 당신의 피부는 같은 방정식으로 803와트의 에너지를 흡수하고 있다는 것을 기억하라. 당신은 스스로를 따뜻하게 유지할 에너지가 100와트 정도 더 필요하다. 당신을 음식을 먹고 소화시켜 그것을 얻는다. 온혈동물들은 자신의 체온을 주변보다 높게 유지하기 위해서 냉혈동물보다 더 많이 먹어야 한다. 방에 에어컨을 설치할 때 두 가지를 중요하게 고려해야 한다. 방이 얼마나 큰가? 방 안에 다른 에너지원이 있는가? 이것은 예를 들면 방 안에 얼마나 많은 전등이 켜져 있고 얼마나 많은 사람들이 있느냐 하는 질문을 포함한다. 모든 사람은 특정한 에너지를 방출하는 전등과 같기 때문에 에어컨은 온도를 유지하기 위하여 이 에너지원과 싸워야 하기 때문이다. 적정한 온도를 유지하기 위해 필요한 에어컨을 선택하려면 방 안에 얼마나 많은 사람들이 모일지를 고려해야 한다.

한 가지 용어만 더 추가하자. 밝기라는 것이다. 당신이 관측하는 별의 밝기는 단위 시간 당 당신 망원경의 단위 면적이 받는 에너지를 말한다. 밝기는 별이 당신에게 얼마나 밝게 보이는지를 알려준다. 이것은 별의 밝기뿐만 아니라 별까지의 거리와도 관계가 있다. 밝기에 대해서 직관적으로 생각해보자. 어떤 물체는 얼마나 밝게 보이는가? 특정한 밝기로 보이는 어떤 물체를 먼 곳으로 옮기면 밝기가 감소하리라는 것은 쉽게 이해가 될 것이다. 광도는 물체에서 단위 시간 당 방출하는 에너지이므로 거리와는 상관이 없고, 그저 그 물체가 방출하는 것일 뿐이다. 이것은 당신이 측정하든 하지 않든 상관이 없다. 100와트 전구는 우주의 어디에 놓더라도 100와트의 광도를 가진다. 하지만 밝기는 물체와 관측자 사이의 거리와 관계가 있다.

밝기는 단순하고 내가 좋아하는 것이다. 준비되었는가? 내가 실제로 만들어본 적은 없는 기계를 하나 소개하겠다. 원한다면 특허를 내도 좋다. 이것은 버터 총으로, 버터 막대를 장전하고 앞쪽에 버터가 튀어나가는 총구를 가지고 있다(《그림 5.2》).

빵 한 조각을 버터 총에서 1미터 떨어진 곳에 놓는다. 나는 버터 총을 1미터 거리에 있는 빵 전체에 정확하게 버터가 덮이도록 조정하였다. 가장자리까지 버터가 발려 있는 빵을 좋아하는 사람이라면 이 발명이 맘에 들 것이다. 이제 나는 사업가처럼 돈을 아끼기 위해서 똑같은 양의 버터로 더 많은 빵을 바르기를 원한다. 단 버터는 골고루 발라져야 한다. 첫 번째 빵은 1미터 거리에 있었는데, 이번에는 2미터로 옮겨보자. 버터가 퍼져나간다. 두 배의 거리에서 버터 총은 두 배의 넓이와 두 배의 높이를 덮을 수 있다. 버터 총은 2×2개의 빵 조각 즉 4개의 빵 조각에 버터를 바를 수 있다. 단지 거리만 두 배로 하면 4개의 빵에 버터를 바를 수 있는 것이다. 거리를 세 배로 하면 3×3＝9개의 빵 조각에 버터를 바를 수 있다. 1조각, 4조각, 9조각이다. 3미터 거리에 있는 빵 하나에 발라진 버터의 양은 1미터 거리에 있는 빵 하나에 발라진 버터의 양에 비하면 얼마나 될까? 9분의 1밖에 되지 않는다. 버터가 발라져 있긴 하지만 양은 9분의 1밖에 되지 않는 것이다. 사는 사람에게는 나쁘지만 나에게는 좋다. 내가 하고 싶은 말은 이 버터 총이 심오한 자연의 법칙을 보여준다는 것이다. 이것이 버터가 아니라 빛이라도 빛의 세기는 버터의 양이 줄어드는 것과 똑같은 비율로 줄어들 것이다. 그러니까 여기서의 버터처럼 직선으로 나아가는 빛은 똑같은 방

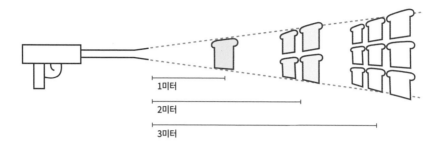

그림 5.2 버터 총. 1미터 떨어진 곳에 있는 빵 한 조각, 2미터 떨어진 곳에 있는 빵 4조각, 3미터 떨어진 곳에 있는 빵 9조각에 버터를 뿌릴 수 있다. 출처: J. Richard Gott

식으로 퍼진다. 2미터 거리에 있는 전구의 빛의 세기는 1미터 거리에 있는 전구의 1/4이 된다. 3미터에서는 1/9이 되고, 4미터에서는 1/16, 5미터에서는 1/25이 된다. 거리의 제곱으로 줄어드는 것이다. 우리는 빛의 세기가 거리에 따라 어떻게 줄어드는지에 대한 중요한 물리법칙을 얻었다. 역제곱의 법칙이다. 중력도 같은 방식으로 작용한다. 뉴턴의 방정식 Gm_am_b/r^2을 기억하는가? 분모의 r의 제곱이 이것이 역제곱 관계에 있다는 사실을 알려준다. 중력은 버터 총의 버터와 같은 방식으로 작용한다.

모든 방향으로 빛을 방출하는 태양과 같은 광원을 생각해보자(〈그림 5.3〉). 태양을 지구 궤도 반지름(1AU)과 같은 반지름 r의 커다란 구로 감싼다고 생각해보자.

태양은 모든 방향으로 빛을 방출하고, 나는 태양빛 일부를 막고 있다. 나는 태양이 중심이고 내가 있는 거리를 반지름으로 하는 구를 지나가는 전체 빛 중 일부만을 막고 있는 것이다. 이 큰 구의 표면적은 얼마인가? $4\pi r^2$이다. 여기서 r은 구의 반지름이다. 태양이 방출하는 모든 빛 중에서 나의 관측 장비에 도착하는 빛의 비율은 내 장비의 면적을 큰 구의 표면적($4\pi r^2$)으로 나눈 값밖에 되지 않는다. 내가 두 배 더 멀리 가면 나의 장비 크기는 그대로지만 구의 반지름은 두 배(2AU)가 되므로, 태양빛이 지나가는 면적은 네 배가 더 커진다. 나

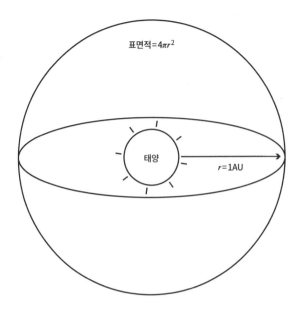

그림 5.3 구 안의 태양. 태양에서 나온 빛은 구의 반지름 r 만큼 나아가면 표면적 $4\pi r^2$에 퍼진다.
출처: J. Richard Gott

는 1AU에 있을 때보다 4분의 1만큼의 광자만 받게 된다. 밝기는 나의 관측 장비에서 1제곱미터에 떨어지는 와트로 측정된다. 태양에서 r 만큼의 거리에서 내가 관측하는 밝기를 계산하기 위해서는 먼저 태양의 광도(와트)를 이 구의 면적 $4\pi r^2$로 나눈다. 그렇게 하면 태양빛이 나에게 오는 것을 1제곱미터 당 와트로 구할 수 있다. 여기에 나의 관측 장비(예를 들면 망원경)의 면적을 곱하면 1초에 들어오는 에너지를 구할 수 있다. 태양의 광도를 L이라고 하면 내가 보는 태양의 밝기(B)는 $B = L/4\pi r^2$이 된다. 여기서 r은 태양에서부터의 거리다. 거리가 멀어지면 분모($4\pi r^2$)가 커져서 밝기가 줄어든다. 지구보다 태양에서 30배 더 멀리 있는 해왕성에서는 태양이 지구에서보다 900배나 더 어둡게 보인다.

하늘에서 같은 밝기로 보이는 두 별이 있는데, 그중 한 별의 광도가 다른 별보다 10,000배 더 높다고 하자. 그건 무슨 말일까? 광도가 높은 별이 더 멀리 있다는 말이다. 얼마나 더 멀리 있을까? 100배다. 100배라는 것을 어떻게 알았

웰컴 투 더 유니버스

을까? 100의 제곱이 10,000이기 때문이다.

당신은 지금 19세기 후반과 20세기 초반의 가장 심오한 천체물리학 지식을 배웠다. 특히 볼츠만과 플랑크는 당신이 앞 장과 이 장에서 배운 지식을 정립한 과학의 영웅들이다.

6

별의 스펙트럼

별의 내부에서는 어떤 일이 벌어지고 있을까? 별은 스위치를 켜면 빛이 나오는 전등과는 다르다. 별의 깊은 중심부에서는 열핵반응이 일어나 에너지를 만들고 있고, 그 에너지는 천천히 별의 표면으로 나와 빛의 속도로 지구로 오거나 우주 전체에 퍼진다. 이제 이 광자들이 물질 속을 움직일 때 어떤 일이 일어나는지 분석해볼 시간이다. 이 움직임이 아무 일도 없이 진행되지는 않는다.

우리는 먼저 광자가 태양에서 빠져나오기 위해서 싸워야만 한다는 것을 이해해야 한다. 우리의 별, 아니 대부분의 별은 우주에서 가장 많은 원소인 수소가 대부분을 차지한다. 우주 전체 원자핵의 90퍼센트가 수소이고, 8퍼센트가 헬륨 그리고 나머지 2퍼센트가 주기율표에 있는 다른 모든 원소들로 이루어져 있다. 모든 수소와 대부분의 헬륨 그리고 미량의 리튬은 빅뱅에서 기원한 것이다. 나머지 원소들은 나중에 별에서 만들어졌다. 만일 당신이 지구의 생명체가 특별하다고 굳게 믿는다면 다음과 같은 중요한 사실과 씨름해야 할 것이다. 우주에 가장 많은 다섯 종류의 원소―수소, 헬륨, 산소, 탄소, 질소―는 사람의 몸을 구성하는 재료와 아주 비슷하다. 사람의 몸에 가장 많은 분자가 무엇일까? 물이다. 당신 몸의 80퍼센트는 H_2O다. H_2O를 나누면 사람의 몸에 가장 많은 원소는 수소가 된다. 당신이 풍선에서 헬륨을 들이마시고 목소리가 이상해졌을 때를 제외하고는 당신의 몸에 헬륨은 없다. 헬륨은 화학반응을 하지 않는다. 헬륨은 주기율표의 맨 오른쪽 기둥에 있다. 최외곽 전자껍질이 가득 차 있기 때문에 다른 원자와 전자를 나눌 공간이 없어서 다른 어떤 것과도 결합하지 않는다. 헬륨이 당신 몸에 있다 하더라도 그것으로 할 수 있는 것은 아무것도 없다.

사람 몸에 다음으로 많은 것은 산소다. 역시 물 분자 H_2O에서 온 것이다. 산소 다음은 화학의 기본 물질인 탄소다. 다음은 질소다. 어떤 것과도 결합하지 않는 헬륨을 제외하면 우리의 몸은 우주에서 가장 풍부한 원소들과 일대일로 대응되어 있다. 만일 우리 몸의 일부가 예를 들어 비스무트의 동위원소와 같은 희귀한 원소로 이루어져 있다면 뭔가 특별한 일이 일어나고 있다고 주장할 수 있을 것이다. 하지만 우리의 몸이 우주에서 가장 흔한 원소들로 이루어져 있다는 사실은 우리가 화학적으로 특별하지 않다는 겸손한 자세를 가지게 해준다. 뿐만 아니라 이것은 동시에 우리가 정말로 별의 먼지라는 사실을 깨닫게 해주는 강력한 근거가 된다. 앞으로 살펴보겠지만, 산소, 탄소 그리고 질소는 모두 빅뱅 이후 수십억 년에 걸쳐서 별에서 만들어졌다. 우리는 이 우주에서 태어나 이 우주에서 살고 있고 이 우주를 품고 있다.

기체구름—수소, 헬륨 등등이 섞여 있는—하나를 정해서 그곳에서 어떤 일이 일어나는지 살펴보자. 원자는 양성자와 중성자로 이루어진 핵이 중심에 있고 전자들이 그 주위를 돌고 있다. 약간 잘못된 그림일 수는 있지만 닐스 보어Neils Bohr가 100년 전에 제안했던 고전 양자론의 원자를 생각하는 것이 간단하다. 이 원자는 전자가 가질 수 있는 가장 작은 궤도인 바닥상태를 가진다. 이 바닥상태를 에너지준위energy level 1이라고 하자. 다음으로 가능한 궤도는 들뜬상태가 된다. 이것을 에너지준위 2라고 하자. 문제를 단순하게 하기 위해서 원자의 두 준위만 생각해보자(〈그림 6.1〉). 원자는 하나의 핵과 핵 주위의 '궤도orbit'를 돌고 있다고 말하는 하나의 전자구름을 가지고 있다. 하지만 이 궤도는 뉴턴이 말한 중력과 행성들의 고전적인 궤도와는 다르다. 그래서 이것은 '궤도'라는 용어 대신 궤도함수orbital라는 새로운 용어를 사용한다. 이것을 궤도함수라고 부르는 이유는 궤도와 비슷하긴 하지만 여러 다양한 모양을 가질 수 있기 때문이다. 사실 이것은 우리가 전자를 찾을 수 있는 '확률 구름'이다. 전자의 구름이다. 어떤 것은 구형이지만 어떤 것은 길쭉하다. 여러 종류가 있고 어떤 것은 다른 것보다 높은 에너지를 가진다. 우리는 원자의 핵 주위에서 전자가 차지하고 있는 장소인 궤도함수를 의미할 때는 그냥 단순하게 에너지준위라고 말할 것이다.

핵은 중심에 있는 점이다. 에너지준위 $n=1$은 핵에서 가장 가까이 있는 구형의 궤도함수에 있는 전자에 해당된다. 에너지준위 $n=2$는 핵에서 좀 더 멀리 있는 구형의 궤도함수다. 에너지준위 $n=2$는 핵에 좀 덜 단단하게 묶여 있는 전

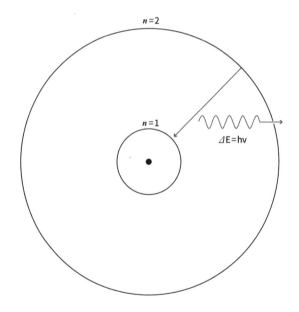

그림 6.1 원자의 에너지준위. 두 개의 전자 궤도함수 $n=1$과 $n=2$를 가지는 단순한 원자. 전자가 멀리 있는 에너지준위 2에서 시작하여 더 낮은 에너지준위 1로 떨어지면 $\Delta E=hv$의 에너지를 가지는 광자 하나가 나온다. 여기서 $\Delta E=E_2-E_1$은 에너지준위 2와 1 사이의 에너지 차이다. 에너지준위 1에 있는 전자는 $\Delta E=hv$의 에너지를 가진 광자를 흡수하여 다시 에너지준위 2로 뛰어올라갈 수 있다. 출처: Michael A. Strauss

자에 해당한다. 전자와 양성자는 서로 끌어당긴다. 전자를 핵에서 좀 더 멀리 있는 궤도함수로 옮기려면 에너지가 필요하다. 에너지준위 2는 에너지준위 1보다 더 높은 에너지 상태다.

바닥상태인 에너지준위 1에 있는 전자를 생각해보자. 이 전자는 에너지준위 1과 2 사이에는 어디에도 있을 수 없다. 여기에는 전자가 있을 수 있는 곳이 없다. 여기는 양자의 세계다. 세상은 연속적으로 변하지 않는다. 전자를 다음 준위로 올려 보내려면 에너지를 주어야 한다. 전자는 어떻게든 에너지를 얻어야 하며, 이 경우에 가장 좋은 에너지원은 광자다. 이 광자는 반드시 두 에너지준위 사이의 에너지 차이와 같은 에너지를 가지고 있어야 한다. 전자가 이 광자를 보면 전자는 광자를 먹고 에너지준위 2로 뛰어올라간다. 광자가 조금이라도 더 크거나 작은 에너지를 가지고 있으면 먹히지 않고 그냥 지나간다. 사람과 달리 원자는 흥분된 상태로 계속 있으려고 하지 않는다. 에너지준위 2에 있는 이 전자는 충분한 시간이 지나면 저절로 낮은 에너지준위 1로 떨어진다(〈그림 6.1〉의 푸른색 화살표처럼).

어떤 경우에는 1억 분의 1초도 충분한 시간이 된다. 전자는 원자 속에서 들뜬상태로 오랜 시간을 보내지 않는다. 그러면 전자가 떨어질 때는 무슨 일이 일어나야 할까? 광자를 방출해야 한다. 처음 들어간 것과 정확하게 같은 에너지를 가진 새로운 광자다. 위로 올라갈 때는 광자를 흡수한다. 떨어질 때는 〈그림 6.1〉에서 붉은색으로 표시된 것처럼 광자를 방출한다. 이 광자의 에너지 E는 아인슈타인의 유명한 방정식에 따라 $h\nu$와 같다. 여기서 h는 플랑크상수고 ν는 광자의 진동수. 방출되는 광자의 에너지는 두 에너지준위 사이의 에너지 차이인 ΔE와 정확하게 같다. (그리스어의 대문자 델타 Δ는 양의 차이나 변화의 상징으로 흔히 사용된다.) 이것은 방정식 $\Delta E = h\nu$로 표현된다. 이 방정식으로 우리는 전자가 에너지준위 2에서 1로 떨어질 때 방출되는 광자의 진동수를 계산할 수 있다.

야광 프리스비를 갖고 놀아본 적이 있는가? 야광 물질을 밤에 빛나게 하기 위해서는 먼저 빛에 노출시켜야 한다. 전구 앞에 잠시 두면 된다. 그러면 어떤 일이 일어날까? 프리스비를 구성하는 원자와 분자에 포함되어 있는 전자들이 빛에서 광자를 흡수하여 더 높은 에너지준위로 올라간다. (이런 큰 원자들은 많은 에너지준위를 가지고 있다.) 프리스비를 만드는 사람들은 이 전자들이 다시 떨어지는 데 시간이 좀 걸리는 재료를 사용한다. 전자들이 떨어지면 가시광선을 방출한다. 하지만 영원히 방출하지는 않는다. 전자들이 모두 원래의 상태로 떨어지고 나면 빛이 나지 않는다. 야광 프리스비나 야광 옷들은 모두 이와 같은 원리로 작동한다.

전자가 흡수하는 에너지는 광자에서 올 수도 있지만 다른 에너지원도 있을 수 있다. 전자는 다른 원자와 충돌을 할 때도 자극을 받을 수 있다. 자극을 받은 전자는 더 높은 에너지준위로 올라갈 수 있다. 이 경우에는 운동에너지가 일을 하는 것이다. 이것은 수소 기체구름에서 어떻게 작용할까? 먼저 우리는 이런 질문을 해야 한다. 이 수소 구름의 온도는 얼마인가? 절대온도를 단위로 하면 온도는 구름 속에 있는 분자나 원자의 평균 운동에너지에 비례한다. 구름 전체의 움직임은 여기에 영향을 주지 않는다. 운동에너지는 당연히 움직일 때 만들어지는 에너지이므로 온도가 높을수록 입자들은 앞뒤로 더 빠르게 움직인다. 내가 바닥상태에 있는 전자인데 누가 나의 엉덩이를 걷어차면 나는 그렇게 찬 에너지가 얼마인지 물어본다. 그 에너지가 에너지준위 2까지 갈 수 있는 정도가 되지 않으면 나는 움직이지 않는다. 그 에너지가 두 번째 에너지준위로 갈 수 있는 정확한 양의 에너지면 나는 그 에너지를 흡수해서 에너지준위 2로 뛰어올라간다.

온도에 따라 원자들 전체에서 특정한 비율의 전자들을 더 높은 상태에 머무르게 할 수 있다. 전자가 떨어질 때마다 다시 차 올려서 평형상태를 유지할 수 있는 것이다. 이것은 모든 공을 공중에 떠 있게 하는 저글링과 비슷하다. 그리고 이 모든 것은 온도의 함수다. 낮은 온도에서는 대부분의 전자들이 에너지준위 $n=1$에 있고 아주 일부의 전자들만 에너지준위 $n=2$에 있다. 온도가 높아질수록 더 많은 전자들이 에너지준위 $n=2$로 올라간다.

이것을 모두 종합해보자. 10,000K의 별에서 나오는 빛을 받고 있는 성간 기체구름을 생각해보자. 대부분의 원자들은 아주 복잡한 여러 개의 에너지준위를 가지고 있다. 이것이 자연스러운 것이다. 이에 비하면 수소의 에너지준위는 아주 간단하다. 10,000K의 별에서 나오는 열 스펙트럼이 복잡해지는 것은 원자들이 아주 복잡한 여러 개의 에너지준위를 가지고 있기 때문이다. 어떻게 복잡해지는지 한번 살펴보자.

먼저 빛을 충분히 받고 있는 수소 원자가 있다. 이 원자는 점점 멀어지는 동심원 궤도함수로 된 무한한 수의 에너지준위를 가지고 있다. $n=1$(바닥상태 준위―가장 안쪽의 궤도함수), $n=2$(첫 번째 들뜬상태), $n=3$, $n=4$, $n=5$, $n=6$ …… $n=\infty$. 에너지준위의 다이어그램은 사다리처럼 생겼기 때문에 '사다리 다이어그램'이라고 불린다. 핵에 더 단단하게 묶여 있는 낮은 에너지준위는 다이어그램의 아래쪽에 있다(〈그림 6.2〉).

수소에서는 첫 번째 들뜬상태인 $n=2$는 위쪽으로 4분의 3 위치에 있고, $n=3$, $n=4$, $n=5$로 이어진다. 맨 위의 에너지는 0이다. 높은 n의 전자는 양성자에게 약하게 잡혀 있는 아주 큰 궤도함수를 차지하고 있다. 원자에서는 에너지를 전자볼트$_{electron\ volt}$(eV)로 측정한다. 이것은 전자 하나를 1볼트 차이만큼 움직이는 데 필요한 에너지다. 9볼트 전지로 작동되는 손전등이 있다고 하자. 각각의 전자는 손전등의 전선들을 지나갈 때 9eV의 에너지를 빛과 열의 형태로 만들어낸다. 이 손전등은 매초마다 6.24×10^{18}개의 전자가 전선으로 지나가고, 매초마다 $9 \times (6.24 \times 10^{18})$eV의 에너지(즉 9와트)를 빛과 열의 형태로 만들어낼 것이다. 그러니까 1eV는 아주 작은 에너지다. 이것은 전자의 이동과 관련된 작은 양의 에너지를 이야기할 때 편리한 단위일 뿐이다. 예를 들어 그림에서 에너지준위 $n=1$의 에너지는 −13.6eV다. 이것은 음의 에너지로 표현되어 있다. 에너지준위 $n=1$에 있는 이 전자를 원자에서 떼어놓으려면 13.6eV의 에너지를 주어야 한다. 우리는 13.6eV를 바닥상태 $n=1$의 결합에너지라고 한다. 바닥상태

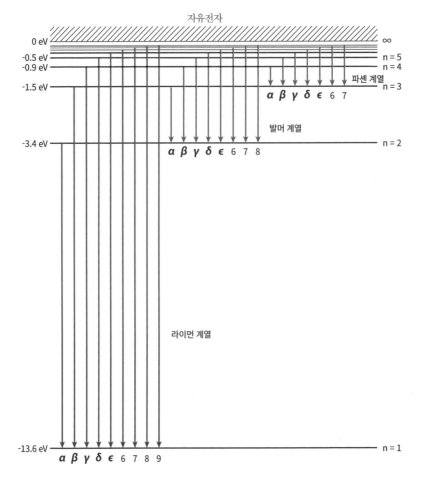

그림 6.2 수소의 에너지준위 다이어그램. 수평선은 수소 원자에 있는 전자의 에너지준위를 전자볼트_eV 단위로 표시한 것이다. 화살표는 전자가 에너지준위 사이의 에너지 차이와 같은 에너지의 광자를 방출하며 하나의 에너지준위에서 다른 에너지준위로 이동할 수 있는 길을 표시한 것이다. 첫 번째 에너지준위(스펙트럼에서 자외선 영역의 전자를 방출하는 라이먼 계열), 두 번째 에너지준위(가시광선의 광자를 방출하는 발머 계열) 그리고 세 번째 에너지준위(적외선 근처의 파셴 계열)로 이동하는 길을 표시했다. 다이어그램은 전자가 떨어지며 광자를 방출하는 것을 보여주고 있다. 에너지준위 $n=3$에 있던 전자가 붉은색 화살표로 표시된 것처럼 $n=2$로 떨어지면 1.9eV의 에너지를 가지는 Hα(발머 계열) 광자를 방출한다. 출처: Michael A. Strauss

웰컴 투 더 유니버스

에 있는 전자가 13.6eV보다 더 큰 에너지를 가진 광자를 만나면 어떤 일이 일어날까? 여기 그렇게 큰 에너지를 가진 광자가 있다. 전자는 이 광자를 어떻게 할까? 전자가 이 광자를 흡수한다면 전자는 $n=\infty$ 이상으로 올라갈 수 있는 충분한 에너지를 가지게 될 것이다. $n=\infty$ 이상이라는 건 무슨 말일까? 자유롭게 된다는 말이다. 전자가 0 이상의 에너지를 가지게 되면 전자는 양성자를 떠나 원자를 탈출하게 된다. 우리는 이것을 원자를 '이온화'시켰다고 한다. 전자를 떼어냈다는 말이다. (원자는 이제 전하를 갖게 되어 이온ion이 된다.) 탈출한 전자는 0보다 큰 에너지를 가진다. 0 이상의 이 '초과' 에너지는 원자를 탈출하는 운동에너지가 된다. 추측할 수 있었겠지만 원자는 다른 원자와의 충돌로 이온화될 수도 있다.

에너지준위에 대해 알고 있으면 10,000K 별에서 어떻게 빛이 나오는지 이해할 수 있다. 온도 10,000K는 충분히 높기 때문에 아주 많지는 않지만 상당한 비율의 수소 원자들이 첫 번째 들뜬상태인 $n=2$의 전자들을 가지고 있다. 이것이 내가 이 별을 선택한 이유다. 온도 10,000K는 내가 설명하려는 상황을 가장 잘 만들어주기 때문이다. 별의 내부 깊은 곳에는 아름다운 플랑크 곡선을 그리는 열복사 스펙트럼이 있다. 별의 바깥층을 뚫고 나오는 것은 쉬운 일이 아니다. 부드러운 10,000K 열 스펙트럼은 첫 번째 들뜬상태에 있는 굶주린 전자들을 가진 바깥층의 수소 원자들에 부딪힌다. 나의 질문은 이것이다. 이 열 스펙트럼에서 개개의 광자들은 얼마만큼의 에너지를 가지는가? 많은 광자들은 스펙트럼의 가시광선 영역에서 발견된다. 그런데 10,000K의 수소 기체에는 에너지준위 $n=2$의 전자를 가지는 굶주린 수소 원자들이 있고, 이 원자들은 적당한 광자들을 흡수하여 전자를 더 높은 에너지준위로 올려 보낸다.

하지만 모든 광자들이 흡수되는 것은 아니다. 전자를 특정한 높은 에너지준위로 정확하게 올릴 수 있는 파장을 가진 광자만 흡수된다. 예를 들어, 에너지준위 $n=2$에 있는 전자는(에너지는 -3.4eV) 에너지준위 $n=3$(에너지는 -1.5eV, 〈그림 6.2〉 참고)으로 뛰어올라가게 할 수 있는 정확한 에너지를 가진 광자만 흡수할 수 있다. 두 에너지준위의 에너지 차이는 1.9eV다. 이것이 전자가 위로 올라가는 데 필요한 에너지다. 이 전자는 1.9eV의 에너지를 가진 광자를 흡수한다. 이 광자는 H-알파 광자라고 불린다. 이것은 6,563옹스트롬Angstrom 혹은 656.3나노미터의 파장을 가지고 색깔은 붉은색이다. 이 광자는 전자를 에너지준위 2에서 3으로 밀어올리고 사라졌기 때문에 스펙트럼에서도 없어진다. 이런 전자들 때문에 플랑크 스펙트럼은 6,563옹스트롬에서 틈이 생기는데 이것을 H-알파 흡수선이라고 한다. 파장 4,861옹스트롬을 가진 광자는 전자를 에너지준위 2에서 4로 올릴 수 있다. 이것은 스펙트럼에 H-베타 흡수선이라고 하는 또 다른 틈을 만든다. 4,340옹스트롬에서 H-감마, 4,102옹스트롬에서 H-델타와 같은 흡수선도 생긴다. 이것은 전자를 에너지준위 $n=2$에서 $n=5$, $n=6$으로 보내는 데 사용되고 생긴 흡수선이다. 들어간 연속 스펙트럼은 광자의 일부가 먹혀서 흡수선이라고 하는 얇고 깊은 선이 생긴 흡수 스펙트럼이 되어 나온다. 여기서 소개한 전체 흡수선은 발머 계열이라고 한다. Hα, Hβ, Hγ, Hδ, Hε 그리고 H6, H7, H8로 이어진다(아무도 이렇게 많은 그리스 문자를 기억하지 못하기 때문에 숫자로 바뀌었다). 이 선들의 위치는 사다리 다이어그램에서의 에너지 차이로 결정된다. 〈그림 6.3〉은 10,000K 별의 실제 스펙트럼을 보여준다. 짧은 파장 부분은 좀 더 확대하여 그려져 있다.

표면온도가 더 뜨거운 별, 예를 들어 15,000K인 별을 보면 이야기가 극적으로 달라진다. 전자들이 너무나 큰 에너지를 받기 때문에 수소 원자를 떠나서 전자와 양성자가 분리되어버리게 된다. 원자들이 이온화되는 것이다. 이온화된 수소는 더 이상 불연속적인 에너지준위를 가지지 않기 때문에 발머 광자들을 흡수하지 못한다. 이것이 발머 계열이 10,000K 별에서는 강하게 보이지만 더 뜨거운 별에서는 보이지 않는 이유다.

지금까지는 수소에서 일어나는 일만 고려했다. 칼슘, 탄소, 산소 그리고 모두가 활동을 한다. 내가 가장 좋아하는 나무의 비유를 해보겠다. 별의 제일 바깥쪽 표면을 나무라고 생각해보자. 나무를 향해 (별의 내부에서) 무엇이 오고 있는

웰컴 투 더 유니버스

지 아는가? 여러 종류의 견과류다. 견과류 대포(별의 내부)가 나무를 향해 여러 종류의 견과류들(여러 진동수의 광자들)을 쏘고 있다. 그리고 나무에는 다람쥐들이 있다. 우리의 다람쥐들은 도토리(Hα 광자)를 좋아한다. 다람쥐들은 여러 종류의 견과류가 지나가는 것을 보지만 자기들이 좋아하는 도토리만 잡는다. 반대편(별의 외부)에는 도토리가 빠진 견과류(Hα 광자가 빠진 열복사)가 나온다. 여기에 다른 동물도 넣어보자. 마카다미아 얼룩다람쥐. 그러면 반대편으로는 뭐가 나올까? 도토리와 마카다미아가 빠진 견과류가 나온다. 다른 종류의 동물들을 넣으면 각자 자기가 좋아하는 견과류를 먹기 때문에 그 동물들이 무엇을 먹는지 알고 있다면 반대편으로 나오는 견과류 중에서 뭐가 빠졌는지를 보고 나

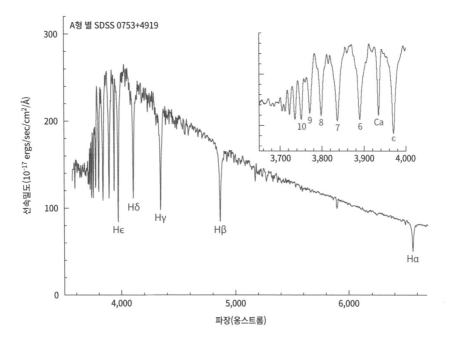

그림 6.3 발머 흡수선들을 보여주는 별의 스펙트럼. 슬론 디지털 스카이 서베이(SDSS)에서 관측한 A형 별의 스펙트럼. Hα, Hβ, Hγ 등으로 불리는 수소의 발머 계열의 흡수선들을 보여준다. 흡수선들은 가장 짧은 파장 구간에 모여 있다. 확대된 그림에는 H10까지의 흡수선들을 표시하였다(관습적으로 Hε 이후의 선들에는 숫자를 붙인다). 이온화된 칼슘 때문에 생긴 선도 하나 있다. 출처: Sloan Digital Sky Survey and Michael A. Strauss

무에 어떤 동물이 있는지 알 수 있다.

　이것이 정확하게 천체물리학에서 맞이하는 문제다. 우리는 별의 내부로 들어갈 수 없기 때문에(들어가고 싶지도 않을 것이다. 너무 뜨거우니까) 우리는 먼 곳에서 연속 열복사 스펙트럼에서 무엇이 빠졌는지 관측하여 별을 분석한다. 우리는 먼저 관측한 별의 스펙트럼이 수소선인지 알아본다. 대부분 수소선이지만 다른 원소들도 있다. 그러면 실험실로 가서 칼슘과 같은 다른 원소들이 어떤 진동수를 흡수하는지 알아본다. 그리고는 별의 스펙트럼과 일치하는 원소가 무엇인지 확인한다. 각각의 원소들은 자신만의 지문을 가지고 있기 때문이다. 이 에너지준위 즉 사다리 다이어그램은 원소나 분자마다 다 다르다. (〈그림 6.3〉에는 수소선 이외에도 Ca라고 표시된 칼슘에 의한 흡수선도 표시되어 있다.)

　더 일반적인 경우로, 별을 생각하지 말고 우주공간에 있는 기체구름을 생각해보자. 근처의 밝은 별에서 연속 스펙트럼 에너지가 들어오고 있는 수소 구름이다. 별에서 나오는 빛이 구름으로 들어와서 반대편으로 나가기 때문에 흡수 스펙트럼이 만들어진다. 이제 우리는 에너지를 고려해야 한다. 그 파장의 빛들은 전자를 더 높은 에너지준위로 올려놓으면서 흡수된다. 이 전자들은 광자들을 방출하면서 다시 떨어진다. 그러므로 이것은 전자와 광자 사이의 일시적인 관계다. 전자가 원래의 에너지준위로 떨어질 때는 전자가 흡수했던 것과 똑같은 광자가 무작위 방향으로 나간다. 다람쥐와 얼룩다람쥐가 소화불량에 걸려 삼켰던 도토리와 마카다미아를 무작위 방향으로 도로 뱉어내는 것과 같다. 기체구름이 평형상태에 있고 에너지준위 2에 있는 전자의 수가 시간에 따라 변하지 않는다면 먹은 도토리와 다시 뱉은 도토리의 수는 같아야 한다. 당신이 대포를 쏘는 방향을 향하여 서 있다면(별을 향하고 있다면) 당신은 도토리와 마카다미아가 빠진 여러 종류의 견과류 대포를 보게 될 것이다. 하지만 대포를 쏘는 방향이 아닌 곳에서 나무(기체구름)를 본다면(별을 향한 방향이 아닌 곳에 있다면) 대포에서 나오는 견과류들은 보지 못하고 도토리와 마카다미아만 나무에서 튀어나오는 것을 보게 될 것이다. 이것은 앞에서 흡수된 것과 똑같은 파장을

그림 6.4 별 생성 기체구름인 장미성운. 붉은색은 수소에서의 방출, 그중에서 $n=3$에서 $n=2$로 전이되는 빛 (Hα)이다. 출처: Robert J. Vanderbei

가지는 밝은 방출선이 된다. 당신은 도토리와 마카다미아를 보고 그 나무 안에 다람쥐와 얼룩다람쥐가 있다는 사실을 알아낼 수 있다. 마찬가지로 기체구름에서 나오는 방출선을 보고 거기에 어떤 원소들이 있는지 알아낼 수 있는 것이다. 〈그림 6.4〉의 장미성운은 붉은색을 가지고 있다. 이 기체는 파장 6,563옹스트롬인 Hα선을 방출하고 있다. 그러니까 이 구름은 수소를 가지고 있다. 천문학자들은 Hα 파장만 통과시키는 필터를 이용하여 장미성운과 같은 방출 성운의 멋진 사진을 찍을 수 있다. 그렇게 하면 지구의 대기에서 나오는 나머지 거의 모든 빛—빛 공해—을 막을 수 있기 때문이다. 장미성운의 중심부에 있는 젊고 밝은 푸른색 별들이(그림에서 보이는) 수소 원자의 전자를 에너지준위 $n=3$으로 올렸고, 그 전자들이 $n=2$로 떨어질 때 Hα 광자를 모든 방향으로 방출하여 네온사인이 오렌지색으로 빛나는 것처럼 성운을 붉은 Hα 빛으로 빛나게 한다.

우리는 수소선 가족 Hα, Hβ, Hγ, Hδ 등에 대해서 이야기하고 있다. 이것을 발머 계열이라고 한다. 이 계열은 1885년에 이것을 알아낸 요한 야코프 발머 Johann Jakob Balmer의 이름을 딴 것이다. 에너지준위 다이어그램에서 화살표를 어떤 방향으로 그려도 관계없다. 들어가는 것과 나오는 것은 같은 광자다. 발머 계열의 모든 전이는 흡수될 수도 있고(위로) 방출될 수도 있지만(아래로) 첫 번째 들뜬상태인 $n=2$가 기본이고 여기에 관계된 모든 광자들은 스펙트럼의 가시광선 영역에 포함된다. (〈그림 6.2〉에서는 전자들이 떨어지면서 광자가 방출되는 것을 보여준다.) 이것이 발머 계열이 제일 먼저 발견된 이유다. 발머 계열 광자들은 스펙트럼의 가시광선 영역에 포함되기 때문이다. 하지만 자주 언급되는 두 개의 계열이 더 있다. 그중 하나는 $n=3$이 기본이 되는 파셴Paschen 계열이다. 이것은 에너지 차이가 더 작기 때문에 모든 광자들은 가시광선보다 낮은 에너지를 가진다(〈그림 6.2〉). 그래서 파셴 계열은 모두 적외선에 있다. 적외선을 측정할 수 있는 좋은 검출기를 만들자 파셴 계열이 나타났다. 이 계열들은 계속되지만 나는 그중에서 세 개만 언급하겠다. 파셴, 발머 그리고 하나 더, 라이먼Lyman 계열이다. (앞에서 보았듯이 라이먼-α, 라이먼-β 등으로 표시한다.) 바닥상태인 $n=1$이 기본이 되고 모든 전이는 자외선에 포함된다. 라이먼 계열에서 에너지가 가장 낮은 전이는 발머 계열에서 에너지가 가장 높은 전이보다 에너지가 더 크다(〈그림 6.2〉).

이것은 스펙트럼에서 발머 계열, 라이먼 계열, 파셴 계열은 모두 별도의 자리를 차지하기 때문에 구별하고 이해하기가 쉽다는 것을 의미한다. 이렇게 되지 않는 원자도 있다. 라이먼, 발머, 파셴 계열의 에너지 차이가 비슷하여 스펙

웰컴 투 더 유니버스

트럼에서 겹쳐서 나타나는 원자도 있다(세상에는 이상한 원자들이 많다). 스펙트럼 선들로 아직 밝혀지지 않은 원소들을 조사할 때는 이런 가능성도 염두에 두어야 한다.

수천 년 동안 우리가 할 수 있었던 것은 별의 밝기와 하늘에서의 위치를 측정하고, 아마도 색깔을 결정하는 정도뿐이었다. 이것이 고전적인 천문학이다. 스펙트럼을 얻기 시작하면서부터 현대 천문학이 시작되었다. 스펙트럼은 화학 성분을 이해할 수 있게 해주었기 때문이다. 그리고 스펙트럼에 대한 정확한 이해는 양자역학 덕분에 가능했다. 나는 이것의 중요성을 강조하고 싶다. 우리는 양자역학이 나올 때까지 스펙트럼을 이해하지 못했다. 플랑크는 1900년에 플랑크상수를 소개했고, 보어는 1913년에 양자역학에 기반하여 전자 궤도함수를 가지는 수소 원자 모형을 만들어 발머 계열을 설명했다. 현대 천체물리학은 1920년대가 되어서야 실제로 시작되었다. 얼마나 최근 일인가. 지금 살아있는 가장 나이 많은 사람은 현대 천체물리학이 시작되고 있을 때 태어났다. 수천 년 동안 우리는 별에 대해서 실질적으로 아무것도 알지 못했지만 불과 한 사람의 일생 정도 시간에 많은 것을 알게 되었다. 나는 1900년에 나온 천문학 책을 하나 가지고 있다. 거기에 있는 것이라고는 "여기에 무슨 별자리가 있다" "여기에 아름다운 별이 있다" "여기에는 별이 아주 많이 있다" "여기에는 별이 거의 없다"와 같은 이야기들뿐이었다. 달의 위상에 대한 내용이 한 장의 전체를 차지했고 또 다른 한 장은 전체가 식 현상에 대한 이야기였다. 그들이 할 수 있는 이야기는 그것뿐이었다. 그런데 1920년대에 나온 교과서는 태양의 화학성분, 핵에너지의 근원, 우주의 미래와 같은 이야기를 하고 있다. 1926년에는 에드윈 허블Edwin Hubble이 우주가 사람들이 생각하고 있던 것보다 훨씬 더 크다는 사실을 발견했다. 은하들이 우리 은하의 별들보다 훨씬 더 멀리 있다는 사실을 알아낸 것이다. 그리고 1929년 그는 우주가 팽창하고 있다는 것을 발견했다. 이런 도약이 모두 지금 살아있는 사람들의 일생 동안 일어났다. 놀라운 일이다. 나는 종종 나 자신에게 묻는다. 앞으로 몇십 년 동안 또 어떤 혁명적인 사건이 기다리고 있을까? 자손들에게 이야기해줄 어떤 우주적인 발견을 하게 될까?

이런 역사를 교훈으로 삼아 우리는 프랑스의 철학자 오귀스트 콩트Auguste Comte가 저질렀던 바보 같은 실수를 하지 않아야 할 것이다. 그는 1842년 발표한 《실증철학 강의》라는 책에서 이렇게 선언했다. "우리는 결코 별의 구성 성분이나, 그중 어떤 것에 대해서도 별의 대기에서 열이 어떻게 흡수되는지 알 수 없을 것이다."

7

별의 삶과 죽음(I)

천문학자 헨리 노리스 러셀Henry Norris Russell과 아이나르 헤르츠스프룽Ejnar Hertzsprung은 서로 독립적으로, 알려진 모든 별을 광도와 색깔 평면에 그려보기로 결정했다(〈그림 7.1〉). 이 그래프는 자연스럽게 헤르츠스프룽-러셀HR 다이어그램이라고 불린다. 별의 스펙트럼을 알면 별의 색깔을 정량화할 수 있다. 우리가 지금 알고 있듯이 당시 그들도 색깔은 (플랑크 함수를 통해) 온도에 의해 결정된다는 것을 알고 있었다. HR 다이어그램의 수직축은 광도이고 수평축은 색깔 혹은 온도이며, 뜨거운 별(푸른색)이 왼쪽, 차가운 별(붉은색)이 오른쪽이다.

헨리 노리스 러셀은 프린스턴 대학 천체물리학과의 학과장이었다. 여러 측면에서 그는 최초의 미국인 천체물리학자였다. 그의 최초의 다이어그램에서 온도가 왼쪽으로 갈수록 증가하기 때문에 우리는 지금도 그 전통을 따르고 있다. 그는 수십만 개의 별에 대한 자료를 가지고 있었는데 대부분은 하버드 대학 천문대의 여성들이 만든 자료였다. 이들은 대부분의 남성들이 하찮은 일이라고 여긴, 이 모든 별들의 스펙트럼을 분류하는 일을 했다. 당시에는 이런 계산을 하는 사람들을 '컴퓨터'라고 불렀다. 사람 컴퓨터였다. 이 여성들은 하나의 큰 방에 모여 있었다. 20세기로 접어들 무렵, 여자들 중에는 교수가 없었고 남자들이 탐내는 일자리를 얻을 수도 없었다. 하지만 이 컴퓨터 방에는 이 스펙트럼을 분석하여 우주의 중요한 모습(여기에 대해서는 앞으로 소개할 것이다)을 알아낸 현명하고 적극적인 여성들이 있었다. 헨리에타 리비트Henrietta Leavitt도 그들 중 하

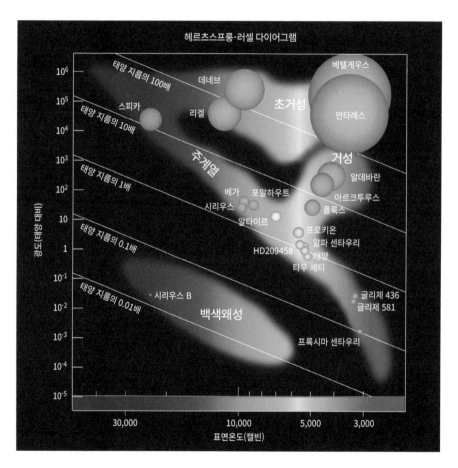

그림 7.1 별들의 헤르츠스프룽-러셀 다이어그램. 별들의 광도와 표면온도를 그렸다. 전통에 따라서 온도는 오른쪽으로 갈수록 낮아진다. 그림에 표시된 것처럼 차가운 별은 붉은색이고 뜨거운 별은 푸른색이다. 색으로 표시된 부분은 별이 많이 분포하고 있는 곳이다. 오른쪽 아래로 비스듬한 선 위에 있는 별들은 모두 같은 반지름을 가진다. 출처: J. Richard Gott, Robert J. Vanderbei(*Sizing Up the Universe*, National Geographic, 2011)

웰컴 투 더 유니버스

나다. 세실리아 페인Cecilia Payne도 나중에 하버드 대학 교수가 되기 전에 할로 섀플리Harlow Shapley의 조수로 하버드에서 스펙트럼을 분석했다. 세실리아 페인은 태양이 대부분 수소로 이루어져 있다는 사실을 발견한 사람이기도 하다. 천문학은 이러한 특별한 역사 때문에 여성들의 훌륭한 유산을 가지고 있다.

별의 광도와 온도 목록을 이용하여 헤르츠스프룽과 러셀은 다이어그램을 만들기 시작했다. 그들은 별들이 다이어그램의 아무 곳에나 분포하지 않는다는 사실을 발견했다. 어떤 지역은 별이 전혀 없고ー다이어그램의 빈 지역ー중심부의 오른쪽 아래로는 별들의 분포가 뚜렷하게 나타났다. 그들은 이것을 주계열성main sequence이라고 불렀다. 천문학에서 흔히 하듯이 가능한 가장 단순한 이름을 붙인 것이었다.

목록에 있는 별의 90퍼센트가 그 영역에 포함되었다. 오른쪽 위쪽에도 별들이 나타났다. 이 별들은 온도는 상대적으로 낮지만 광도는 높았다. 온도가 낮다면 이 별들의 색깔은 어떨까? 붉은색이다. 온도가 낮은 붉은색의 별이 극도로 높은 광도를 가진다. 어떻게 된 것일까? 아주 커야 한다. 실제로 이 별들은 크고 붉은색이다. 이런 별을 적색거성이라고 한다. 우리는 플랑크 함수를 알기 때문에 이 별들은 크고 붉은색이어야 한다는 것을 알 수 있다. 이런 식으로 이끌어 내는 능력이 중요하다. 오른쪽 위에 더 높이 있는 별들은 적색초거성이다. 이제 우리는 우리가 배운 물리학으로 무장하고 천문학의 새로운 장으로 들어가 전체 상황을 분석할 수 있게 되었다. 실제로 슈테판-볼츠만의 법칙과 별의 반지름 그리고 방정식 $L = 4\pi r^2 \sigma T^4$을 이용하여 다이어그램에 크기가 일정한 비스듬한 선, 태양 지름의 0.01배, 0.1배, 1배, 10배, 100배의 선을 그릴 수 있다. 이제 우리는 이 별들이 얼마나 큰지 안다. 태양은 당연히 태양 지름의 1배 선 위에 있고, 적색초거성은 태양 지름의 100배보다 더 크다. 주계열 아래쪽에는 또 다른 별들의 그룹이 있다. 이 별들은 뜨겁긴 하지만 너무 뜨겁진 않아서 흰색을 띤다. 광도가 아주 낮기 때문에 크기가 아주 작아야 한다. 이 별들은 백색왜성이라고 불린다.

그림 7.2 산개성단인 플레이아데스 성단. 이것은 젊은(아마도 1억 년 이하인) 성단이다. 출처: Robert J. Vanderbei

　　HR 다이어그램이 출판된 당시, 별들을 구획지어 분류하면서 우리는 별들이 왜 그런 식으로 분포하는지 알지 못했다. 아마도 별은 태어날 때 높은 광도였다가 시간이 지나면서 점점 약해져서 낮은 광도와 온도를 가지게 될 수도 있을 것이다. 그러면 별은 나이를 먹을수록 주계열을 따라 (차갑고 낮은 광도 쪽으로) 아래쪽으로 이동할 것이다. 그럴듯한 추론이지만 이렇게 된다면 태양의 나이는 지구보다 훨씬 더 많은 수조 년이 되어버린다. 제대로 이해하게 될 때까지 우리는 10여 년 동안 이 의문에 대해 합리적 추론을 해왔다. 하늘에서 여러 종류의 천체들을 살펴보면서 상황을 이해하게 되었다(〈그림 7.2〉와 〈그림 7.3〉).

　　이 사진들은 모여 있는 별들의 집단을 보여준다. 공식적으로는 성단이라고 부른다. 어떤 것은 수백 개의 별들로 이루어져 있고 어떤 것은 수십만 개의 별들로 이루어져 있다. 수백 개의 별들로 이루어진 것은〈그림 7.2〉의 플레이아데스

웰컴 투 더 유니버스

그림 7.3 구상성단인 M13. 출처: J. Richard Gott, Robert J. Vanderbei(*Sizing Up the Universe*, National Geographic, 2011)

처럼) 산개성단이라고 하고, 수십만 개의 별들로 이루어진 것은 M13처럼(〈그림 7.3〉) 공 모양이기 때문에 구상성단이라고 한다.

구상성단은 수십만 개의 별을 가질 수 있지만 산개성단은 최대 1,000개 정도의 별을 가진다. 하늘에서 이들을 본다면 당신은 어떤 성단을 보고 있는지 명확하게 알 수 있다. 어중간한 것은 없기 때문에 헷갈릴 일이 없다. 같은 성단에 있는 별들은 함께 태어났다. 하나의 기체구름에서 동시에 태어난 것이다.

플레이아데스는 젊은 성단이다. 플레이아데스의 사진을 보는 것은 유치원 사진을 보는 것과 같다. 사진에서는 젊고 밝고 푸른색 별들이 눈에 띈다. 하지만 이 성단의 HR 다이어그램에는 주계열성만 있고 적색거성은 보이지 않는다. 주계열 맨 위의 푸른색 별들이 너무 밝아서 사진에서는 도드라져 보이지만, 주계열 아래쪽의 붉은색 별들도 분명히 존재한다. 플레이아데스는 방금 태어난 별들이 어떤 모습을 가지는지 보여준다. 이것으로 우리는 어떤 별들은 높은 광도와 온도를 가지고 태어나고 어떤 별들은 낮은 광도와 온도를 가지고 태어난다는 것을 알 수 있다. 원래부터 그런 식으로 태어나서 주계열을 따라 분포하고 있는 것이다.

M13과 같은 구상성단은 위쪽이 없는 주계열성과 주계열에 속하지 않는 몇몇 적색거성으로 이루어져 있다. M13의 사진을 보는 것은 졸업 50주년 대학 동창회 사진을 보는 것과 비슷하다. 모든 별들이 늙은 별이다. 적색거성들은 가장 밝고 눈에 띈다. 주계열에 광도와 온도가 낮은 별들은 여전히 있지만 밝은 푸른색 별들은 어디로 갔을까? 무대에서 그냥 사라진 걸까? 무슨 일이 일어난 것일까? 당신은 그들이 어디로 '갔는지' 추측할 수 있을 것이다. 그들은 적색거성이 되었다. 주계열의 위쪽 부분은 밝은 푸른색 별들이 적색거성이 되면서 사라진 것이다.

우리는 중간 정도 나이의 성단들도 발견했다. 주계열 위쪽의 일부만이 사라지고 적색거성 몇 개가 보이는 성단이다.

여러 종류의 별들의 질량을 알아내기 위해서는 머리를 써야 한다. 서로의 궤도를 도는 쌍성의 스펙트럼선의 도플러 이동을 구하여 뉴턴의 중력법칙을 적용시킨다. 이런 방식으로 우리는 주계열이 질량계열이기도 하다는 사실을 알아냈다. 왼쪽 위의 무겁고 밝은 푸른색 별에서 오른쪽 아래의 가볍고 어두운 붉은색 별로 이어지는 것이다. 질량이 작은 별은 낮은 광도와 온도를 가지고 태어나고 질량이 큰 별은 높은 광도와 온도를 가지고 태어난다.

주계열 위쪽의 무거운 푸른색 별들은 약 1,000만 년 정도를 산다. 주계열 중심 부근에 있는 태양과 같은 별들은 1,000배나 더 긴 약 100억 년 정도를 산다. 주계열 맨 아래쪽에 있는 광도가 낮은 붉은색 별들은 수조 년을 산다. 전체 별의 90퍼센트가 주계열에서 보인다. 왜 그럴까? 별들이 일생의 90퍼센트를 주계열의 광도와 온도를 가지고 살기 때문이다. 이렇게 생각해보자. 당신은 분명히 매일 욕실에서 이를 닦을 것이다. 하지만 내가 당신의 하루를 무작위로 사진을 찍는다면 당신이 이를 닦는 모습을 찍기는 어려울 것이다. 당신은 매일 일정한 시간을 이를 닦는 데 사용하지만 그렇게 많은 시간을 사용하지는 않는다. HR 다이어그램에서 별들이 드물게 분포하는 지역도 그런 이유 때문이다. 별들은 온도와 광도가 변하면서 실제로 그 영역을 '지나간다.' 하지만 그곳에서는 많은 시간을 사용하지 않고 아주 빨리 지나간다. 이를 닦고 있는 순간의 별을 발견하는 것은 드문 일이다.

별의 중심부에서는 어떤 일이 일어나고 있을까? 온도가 올라갈수록 입자들이 점점 더 빠르게 움직인다는 사실은 잘 알고 있을 것이다. 우리는 우주에 있는 원자핵의 90퍼센트가 수소라는 것도 알고 있다. 별에서의 비율도 마찬가지다. 수소가 90퍼센트인 기체 덩어리를 생각해보자. 아직은 별이 아니다. 이것을 수축시켜 별을 만들어보자. 별의 중심부가 가장 뜨거울 것이라고 쉽게 추측할 수 있을 것이다. 뭔가를 수축시키면 뜨거워진다. 별의 중심부는 아주 뜨거워서 중심부를 계속 뜨겁게 유지할 수 있는 (나중에 살펴볼) 핵 용광로가 만들어진다. 표면은 그만큼 뜨겁지 않다. 별의 중심부는 너무 뜨거워서 모든 전자들이 핵을 홀로 남겨두고 원자에서 벗어나게 된다.

수소의 핵은 한 개의 양성자를 가지고 있다. 다른 양성자가 접근하면 두 양성자는 서로 밀어낸다. 양성자는 양전하를 가지고 있고 같은 전하는 $1/r^2$의 힘으로 서로 밀어낸다. 더 가까이 갈수록 더 강하게 밀어낸다. 하지만 온도는 증가한다. 온도가 더 높아진다는 것은 양성자가 더 큰 평균 운동에너지와 속도를 갖게 된다는 것을 의미한다. 속도가 커진다는 것은 정전기력이 서로를 밀어내기 전에 양성자들이 가까이 접근할 수 있게 된다는 것을 의미한다. 양성자들이 아주 가까워져서 완전히 새로운, 짧은 거리에서 작용하는 강한 핵력이 우세하게 되어, 제1장에서 말한 것처럼 양성자들이 서로를 끌어당겨 묶이게 되는 마법의 온도—약 1,000만K—가 존재한다는 사실이 밝혀졌다. 100년 전에는 알려지지 않았던 이 끌어당기는 핵력은 양성자들이 서로 밀어내는 정전기력을 이길 수 있을 정도로 상당히 강해야 한다. 이것을 강한 핵력strong nuclear force이라고 부르지 않는다면 뭐라고 불러야 하겠는가? 이것은 열핵융합thermonuclear fusion이라고 하는 현상을 가능하게 해준다. (강한 핵력은 더 무거운 핵들도 붙잡아준다. 헬륨 핵은 두 개의 양성자와 두 개의 중성자를 가지고 있다. 두 양성자는 정전기력에 의해 서로를 밀어낸다. 이들을 핵 안에서 붙잡아주는 것이 바로 강한 핵력이다. 탄소 핵[6개의 양성자와 6개의 중성자]이나 산소 핵[8개의 양성자와 8개의 중성자]에서도 마찬가지다.)

1,000만K에서 두 양성자가 묶인 다음에 일어나는 현상은 아주 재미있다. 최종적으로는 하나의 양성자와 하나의 중성자가 묶여 있고—두 양성자 중 하나가 저절로 중성자로 바뀐다—양전자positron라고 불리는 양의 전하를 가진 전자가 튀어나오게 된다. 이것은 특이한 성질을 가지고 있는 반물질이다. 양전자는 전자와 질량이 같지만 전자와 만나면 모든 질량이 두 개의 광자로 바뀌면서 서로 소멸한다. 이 과정은 정확하게 아인슈타인의 질량-에너지 공식 $E=mc^2$을 따른다. 여기에 대해서는 리처드 고트가 제18장에서 자세히 설명해줄 것이다. 이 과정에서는 전자 중성미자neutrino 하나도 튀어나온다. 중성미자는 중성의(전하를 가지지 않는) 입자로 우주의 다른 물질과 너무나 약하게 상호작용하기 때문에 태양에서 그대로 빠져나온다. 이 과정에서 전하는 보존된다. 두 개의 양전하(두 양성자가 각각 하나씩)에서 시작하여 두 개의 양전하(양성자가 하나, 양전자가 하나)로 끝난다. 이 과정은 에너지를 만들어낸다. 처음 입자들의 질량의 합이 최종 입자들의 질량의 합보다 더 크기 때문이다. 줄어든 질량은 $E=mc^2$을 따라서 에너지로 바뀐다. 양성자 하나와 중성자 하나를 가진 핵을 뭐라고 할까? 이것은 양성자가 하나뿐이기 때문에 여전히 수소다. 하지만 더 무거운 수소다. 그래서 이것을 '중수소deuterium'라고 부른다.

이제 중수소가 만들어졌다. 중수소에 또 하나의 양성자가 더해지면 양성자 두 개와 중성자 하나로 이루어진 핵이 되고 에너지는 더 커진다. 이것은 무엇일까? 핵에 양성자가 두 개면 헬륨이다. 헬륨이라는 이름은 그리스 신화에서 태양의 신인 헬리오스에서 온 것이다. 태양신의 이름을 딴 이유는 이 원소가 지구에서 발견되기 전에 스펙트럼 분석을 통해서 태양에서 먼저 발견되었기 때문이다. 이 핵은 세 개의 핵 입자(두 개의 양성자와 한 개의 중성자)로 이루어져 있기 때문에 헬륨-3이라고 불리고 보통의 헬륨보다 더 가볍다. 이제 이 헬륨-3 두 개가 충돌을 한다. 그러면 헬륨-4가 만들어진다. (이것이 헬륨 풍선에 들어가는 보통의 헬륨이다.)

이 모든 과정은 1,500만K인 태양의 중심에서 이루어진다. 여기서는 매초 400만 톤의 물질이 에너지로 바뀐다. 우리는 주계열에 있는 별들은 수소를 헬륨으로 바꾸고 있다는 사실을 알게 되었다. 결국에는 중심부의 모든 수소가 다 없어지고 천국은 끝난다. 별의 표면이 팽창하여 적색거성이 된다. 지금부터 약 50억 년이 지나면 태양은 적색거성이 되어 기체 껍질을 모두 날려버리고는 백색왜성이 되기 위해 자리 잡는다. 질량이 더 큰 별들은 적색거성이나 적색초거성이 된다. 이런 별은 초신성으로 폭발하고 중심부는 수축하여 중성자별이나 블랙홀이 될 수 있다. 제8장에서 이 주제로 다시 돌아올 것이다.

지금은 다시 HR 다이어그램으로 돌아가자. 온도는 왼쪽으로 갈수록 높아지고 광도는 위로 올라갈수록 높아지며, 여기에는 주계열성, 적색거성, 백색왜성이 있다. 별들은 스펙트럼형으로 분류된다. 스펙트럼형은 처음에 알파벳 순서로 분류했던 흔적이 남아 있는 채로 지금까지 사용되고 있다. 지금은 O B A F G K M L T Y 순서로 쓰인다. 각 문자는 별의 표면온도로 분류된다. 태양은 G형 별이다. 대략적인 온도와 색깔은 다음과 같다.

O (>33,000K, 푸른색)

B (10,000~33,000K, 연한 푸른색)

A (7,500~10,000K, 흰색에서 연한 푸른색)

F (6,000~7,500K, 흰색)

G (5,200~6,000K, 흰색)

K (3,700~5,200K, 주황색)

M (2,000~3,700K, 붉은색)

이것은 〈그림 7.1〉에 모두 포함되어 있다. 이 그림의 오른쪽 바깥쪽에는 나머지 분광형인 L(1,300~2,000K, 붉은색), T(700~1,300K, 붉은색), Y(<700K, 붉은색)가 있다. 그림 아래쪽의 온도를 보면 분광형을 알 수 있다. 스피카는 B형이고, 시리우스는 A형, 프로키온은 F형, 글리제 581은 M형이다. 각각의 별은 온도를 보여주는 (왼쪽이 뜨겁고 오른쪽이 차가운) 수평축과 광도를 보여주는 (위로 올라갈수록 증가하는) 수직축에서의 위치를 가지고 있다. 태양은 정의에 의해서 당연히 1태양광도이고 수직축에서 그 위치를 확인할 수 있다. 수직축은 넓은 광도 범위를 보여줄 수 있는 로그 척도이기 때문에 눈금 하나가 올라갈수록 별의 광도는 10배가 증가한다.

〈그림 7.1〉의 맨 위에는 태양보다 광도가 100만 배 더 큰 별들이 있다. 맨 아래쪽은 태양광도의 1/100,000이다. 주계열 별들의 광도의 범위는 놀라울 정도다. 우리는 나중에 주계열 맨 위쪽의 별들의 질량은 태양질량의 100만 배가 아니라 60배 정도밖에 되지 않는다는 사실을 알게 될 것이다. 맨 아래쪽 별들의 질량은 태양질량의 10분의 1정도일 뿐이지만, 다이어그램이 가리키듯 태양보다 훨씬 더 어둡다. 별들의 질량의 범위도 크긴 하지만 광도의 범위에 비하면 아무것도 아니다. 사실 우리는 주계열 별들의 광도가 질량과 어떤 관계가 있는지 알아낼 수 있다. 하지만 이것은 선형적이지 않다. 광도는 질량의 3.5승에 비례한다. 질량이 조금만 달라도 광도는 크게 차이가 난다는 것을 알 수 있다.

이제 재미있는 계산을 해보자. $E=mc^2$부터 시작한다. 이것은 사람들이 학교에서 가장 빨리 배우는 방정식 중 하나다. 당신은 아마 그 의미를 알기 전부터 이 방정식을 알고 있었을 것이다. 당신은 이 방정식을 배우면서 이 방정식을 아인슈타인이 만들었다는 이야기를 들었을 것이다. 아인슈타인은 1905년에 이것을 만들었다. 이 방정식은 특정한 양의 질량이 이 방정식에 따라 에너지로 바뀔 수 있다는 사실을 말해준다. 여기서 c는 아주 큰 값인 빛의 속도인데다가 제곱까지 하기 때문에 결과는 아주 커진다. 핵폭탄의 힘은 이 방정식에서 나온다. 리처드 고트가 아인슈타인의 특수상대성이론에서 이 방정식이 어떻게 나오게 되었는지 제18장에서 알려줄 것이다.

어떤 별이 특정한 값의 질량과 광도를 가지고 있다면 이 별은 얼마나 살 수 있을까? 똑같은 질문을 기름으로 움직이는 자동차에 대해서도 해볼 수 있다. 당신은 자동차에 채울 수 있는 기름의 양과 자동차의 연비를 알 수 있다. 이것으로 기름이 떨어질 때까지 자동차가 얼마나 멀리 갈 수 있을지 예측할 수 있다. 별의 광도는 단위 시간 당 방출되는 에너지다. 별의 광도 L에 별의 수명 l을 곱하면 별이 일생 동안 방출하는 에너지의 총량 lL을 알 수 있다. 우리는 별이 연료를 소모하는 비율인 별의 광도를 알고, 별이 얼마만큼의 수소 연료를 가지고 있는지 알고 있다. 그러면 주계열성의 수명은 얼마나 될까? 하나의 별에서 수소 연료를 융합하여 얻을 수 있는 전체 에너지는 별의 질량 M에 비례한다. 그리고 $E=mc^2$을 기억하자. 방출되는 전체 에너지는 M에 비례하고 lL에도 비례하므로 M은 lL에 비례한다. 이것은 l이 M/L에 비례한다는 것을 의미한다. 앞에서 보았듯이 L이 $M^{3.5}$에 비례한다면 l은 $M/M^{3.5}$, 즉 $1/M^{2.5}$에 비례한다. 별의 질량이 클수록 주계열에서의 수명이 짧아진다!

이것의 의미를 생각해보자. 별의 수명이 $1/M^{2.5}$에 비례한다면, 질량이 태양질량의 4배인 별의 수명은 태양의 $1/4^{2.5}$이 될 것이다. $1/4^{2.5}$은 1을 4의 제곱과 4의 제곱근의 곱으로 나눈 값이다. 4의 제곱근은 2이고 4의 제곱은 16이다. 그러므로 4태양질량인 이 별의 수명은 태양 수명의 $1/32$이다. 태양의 주계열에서의 수명은 약 100억 년이다. 그러니까 이 4태양질량 별의 주계열에서의 수명은 100억 년의 $1/32$, 즉 약 3억 년밖에 되지 않는다. 아주 짧다.

또 하나의 예로, $1/40^{2.5}$는 약 $1/10,000$이다. 그러니까 40태양질량인 별이 있다면 이 별은 겨우 100만 년밖에 살지 못한다. 이것은 수십억 년에 비하면 아주 짧다. 다른 방향으로 가보자. 태양질량의 $1/10$의 질량을 가지는 별을 생각해보자. $1/\frac{1}{10}$은 10이고, 10의 2.5승은 약 300이다. 이 별은 태양보다 300배 더 오래 살 것이다. 100억의 300배는 얼마일까? 3조 년이다. 이것은 현재 우주의 나이보다 훨씬 더 길다. 이 별은 에너지 소비 효율이 아주 좋다. 10태양질량의 별은 태양의 1/300배만큼 살고, 1/10태양질량의 별은 태양의 300배만큼 산다.

주계열성 내부에서는 수소가 융합하여 헬륨이 된다. 적색거성 단계의 별의 핵에서는 다른 일이 벌어진다. 더 많은 핵융합이 일어나 탄소, 산소 그리고 (26개의 양성자와 30개의 중성자를 가진) 철까지 이르는 주기율표의 다른 원소들이 만들어진다. 별은 수명의 90퍼센트를 주계열에서 보낸 후 적색거성 단계에서 다른 원소들을 빠르게 만들어낸다. 이 마지막 과정은 별의 수명의 10퍼센트밖에 되지 않는 시간 동안에 빠르게 일어난다. (주기율표 26번인 철보다) 가벼운 원소들이 융합하여 무거운 원소가 만들어질 때마다 질량을 잃어버리고 $E = mc^2$에 따라 에너지를 방출한다. 이런 핵융합 과정을 발열반응이라고 한다. 에너지를 방출한다는 의미다. 그런데 우리는 에너지를 방출하는 다른 종류의 핵반응도 알고 있다. 우라늄(원자번호 92) 핵이 쪼개져 더 작은 핵이 되는 것도 발열반응이다. 이것은 제2차 세계대전에서 사용되었다. 히로시마 핵폭탄은 우라늄 폭탄이고 나가사키 폭탄은 플루토늄(원자번호 94)을 사용했다. 이 원소들은 큰 핵과 불안정한 동위원소isotopes(양성자의 수는 같지만 중성자의 수는 다른 원소)를 가지고 있다. 이 핵을 쪼개어 더 가벼운 원소를 만들면 에너지가 방출된다. 이것도 역시 발열반응이며 핵분열이라고 부른다. 냉전시대에 만들어진 핵무기는 대부분 핵분열 폭탄이었지만 오늘날 핵무기 안에 자리 잡고 있는 힘은 수소가 헬륨으로 융합할 때 만들어지는 힘이다. 이 둘의 파괴력을 비교해보고 싶다면, 핵융합 폭탄은 핵분열 폭탄을 방아쇠로 사용한다는 사실을 알면 될 것이다. 핵융합 무기가 얼마나 파괴적인지 알 수 있을 것이다. 우리는 이 과정이 질량을 에너지로 얼마나 효율적으로 바꾸는지 알고 있다. 그리고 이것이 바로 별들이 하는 일이다. 태양은 하나의 커다란 열핵융합 폭탄이다. 하지만 모든 질량이 그 엄청난 에너지를 중심부에 가두어 놓는다는 차이가 있다. 우리는 아직 에너지를 가두어 핵융합을 하는 발전소를 만들지 못한다. 미국, 프랑스, 한국 등에 있는 모든 핵발전소는 핵분열 발전소다.

우리는 원자를 계속해서 쪼개어 에너지를 얻을 수 없고, 계속해서 융합하여 에너지를 만들 수도 없다. 왜 그런지는 〈그림 7.4〉가 설명해준다. 수평축은 자연에 존재하는 원소들의 질량수로 양성자 수와 중성자 수를 합한 수다. 1인 수소부터 시작한다. 수소 핵은 양성자 1개를 가지고 있다. 그래프는 238인 우라늄까지 간다. 우라늄 핵은 92개의 양성자와 146개의 중성자를 가지고 있다. 우라늄과 같은 일부 원소들은 동위원소를 가지기도 한다. 우라늄-235는 92개의 양성자와 143개의 중성자를 가지고 있다. 이것은 방사능을 가지고 있고 핵분열을 아주 잘 한다(이것이 히로시마에 떨어진 핵폭탄에 사용된 우라늄 동위원소다). 그래프의 모든 다른 원소들은 수소와 우라늄 사이에 있다. 수직축은 핵의 결합에너지다. 결합에너지가 큰 원소일수록 그래프의 아래쪽에 위치하고 있다.

결합에너지를 이해하기 위해서 N극과 S극이 서로 붙어 있는 두 개의 자석을 생각해보자. 두 자석을 서로 떼어놓기 위해서는 에너지를 투입해야 한다. 결합에너지는 두 자석을 서로 묶어놓는 에너지다. 〈그림 7.4〉는 그래프의 맨 위에 수소가 있는 것을 보여준다. 결합에너지는 0이다. 수소가 헬륨으로 융합되면 아래로 내려오면서 에너지를 방출한다. 헬륨은 수소보다 더 큰 결합에너지를 가진다. 이것은 수소에 비해 계곡 아래로 내려오는 것과 같다. 축의 눈금을 잘 보면 결합에너지의 값이 상당히 크다는 것을 알 수 있다. (핵 하나당 수백만 전자볼트로 측정된다.) 전자볼트(eV)는 제6장에서 소개했다. 헬륨을 수소로 분리하려면 에너지(700만 전자볼트를 핵 4개에, 즉 2,800만 전자볼트)를 공급해야 한다. 곡선은 수평축의 가운데 부분에서 가장 낮은 값이 된다. 오른쪽 끝에 있는 우라늄은 가운데 부분보다 큰 값을 가진다. 당신이 원소라면, 열을 방출하면서 분열하던지 열을 방출하면서 융합하여 가장 낮은 곳으로 갈 수 있다. 26개의 양성자와 30개의 중성자를 가진(즉 핵자의 수가 56인) 철이 가장 낮은 위치를 차지하고 있다. 철을 융합하는 것은 흡열반응이기 때문에 에너지를 흡수한다.

별은 에너지를 만드는 것이 일이다. 별이 계속해서 원자들을 융합하면서 에너지를 얻고 있다면 별은 행복한 상태. 만들어진 에너지가 별의 중심부를 뜨겁게 하고, 그 뜨거운 기체의 열 압력이 별이 자체 중력으로 수축하는 것을

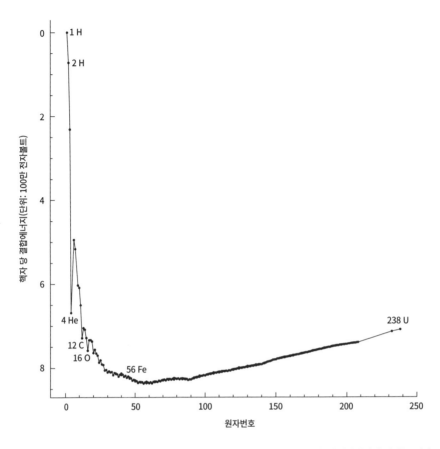

그림 7.4 원자핵 하나의 결합에너지. 각 원소의 안정적인 동위원소만 표시했다. 결합에너지의 단위는 핵자(양성자 혹은 중성자) 하나 당 100만 전자볼트다. 이것은 자유 양성자로부터 이 핵이 만들어질 때 핵자 하나 당 방출하는 에너지를 의미한다. 결합에너지가 클수록(그래프의 아래쪽) 핵 안의 핵자 하나 당 질량은 작아진다(아인슈타인의 방정식 $E=mc^2$에 따라). 출처: Michael A. Strauss, G. Audia, O. Bersillon, J. Blachot, and A. H. Wapstra, *Nuclear Physics* A 729(2003): 3–128 데이터 활용

막고 있다. 태양질량의 10배인 주계열성을 예로 들어보겠다. 이 별의 대부분은 수소와 헬륨이고 별의 핵에서는 아직 수소를 헬륨으로 바꾸고 있다. 이것이 장면 1이다. 장면 2에서, 별의 핵은 이제 순수한 헬륨이다. 하지만 핵의 바깥쪽에는 아직 수소와 헬륨이 있다. 중심에서 핵융합이 멈췄기 때문에 중심은 더 이상 별을 지탱할 수 없다. 그러면 별은 어떻게 될까? 별의 핵이 수축하여 압력이 높

아지고 온도가 올라가서 헬륨이 융합될 수 있을 정도로 뜨거워진다. 헬륨 핵을 서로 가까이 다가가게 하려면 수소 핵의 경우보다 더 높은 온도가 필요하다. 헬륨 핵은 2개의 양성자를 가지고 있기 때문에 밀어내는 양의 전하도 두 배다. 장면 2가 계속되면 헬륨 핵융합이 시작되어(1억K에서) 별을 계속 안정하게 유지한다. 아주 뜨거운 별의 핵 중심에서는 헬륨이 탄소로 되고 있다. 바깥쪽에서는 수소 핵융합이 일어나고 있다. 결국에는 중심부는 탄소가 되고 탄소를 융합시킬 수 있을 정도로 중심부가 뜨겁지는 않기 때문에 핵융합은 멈춘다. 별의 핵이 수축하고 온도가 다시 올라가면 탄소 핵융합이 시작된다. 이것이 장면 3이다. 이제 가장 중심부에서는 탄소가 융합하여 산소가 만들어지고, 그 바깥쪽에서는 헬륨이 있고, 그 바깥쪽에는 아직 수소와 헬륨이 있다. 원소들이 마치 양파껍질처럼 층이 져 있다. 가장 중심부가 언제나 가장 뜨겁기 때문이다. 각각의 반응이 모두 에너지를 만들어낸다. 최종적으로는 철을 중심에 두고 바깥쪽으로 차례로 가벼운 원소들의 층이 만들어진다. 앞으로 은하의 화학구성을 다양하게 만들 물질들이 쌓여 있는 것이다.

하지만 이 원소들은 아직 별 내부에 갇혀 있다. 이 원소들은 어떻게든 별 밖으로 나와야 한다. 우리는 이 원소들로 만들어졌기 때문이다! 이 길의 마지막은 철이기 때문에 별의 핵에 철이 축적되면 핵융합이 멈추고 별은 수축한다. 별이 철의 핵을 융합하려고 하면 에너지를 별에서 흡수하기 때문에 별이 더 빠르게 수축하게 된다. 별이 하는 일은 에너지를 만드는 것이지 쓰는 것이 아니다. 별의 핵이 점점 빠르게 수축하면 별은 폭발하고 중심부에 작고 밀도가 엄청나게 높은 중성자별만 남는다. 별의 폭발로 생긴 운동에너지는 별의 전체 표면과 핵의 바깥 부분을 모두 날려 보내고, 별은 몇 주 동안 태양보다 수십억 배 밝게 빛난다. 폭발의 잔해는 은하로 흩어져 성간물질이 되고, 기체구름에 무거운 원소들을 공급하여 기체구름이 순수한 수소와 헬륨일 때보다 더 흥미로운 일을 할 수 있게 해준다.

〈그림 7.5〉는 1,000억 개의 별을 가지고 있는 아름다운 나선은하 M51(위

쪽)과 여기에서 별 하나가 폭발한 모습(아래쪽)을 보여준다. 제12장에서 보겠지만 우리는 M51과 크게 다르지 않은 나선은하에 살고 있다. 별이 폭발하기 전의 사진(위쪽)에는 M51 은하와 은하 앞에 있는 별들이 보인다. 이 별들은 우리은하에 있는 별들로 M51보다 훨씬 더 가까이 있다(그리고 당연히 훨씬 더 어둡다). M51의 별 중 하나가 폭발하면 은하에 새로운 별이 나타나고(아래쪽) 전에는 보이지 않던 별이 은하에서 가장 밝은 별이 된다. 이것은 하나의 별이다. 만일 이

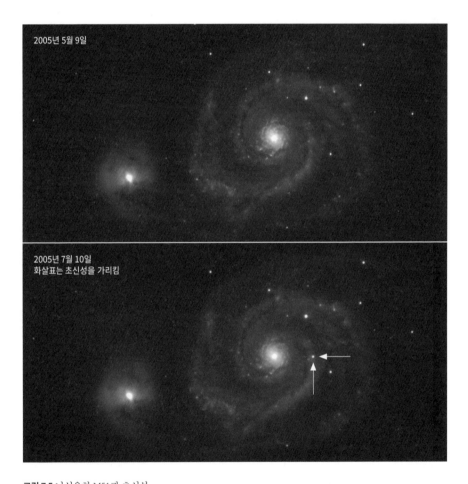

그림 7.5 나선은하 M51과 초신성.
출처: J. Richard Gott, Robert J. Vanderbei (*Sizing Up the Universe*, National Geographic, 2011)

웰컴 투 더 유니버스

별 주위에 행성이 있었다면 완전히 타버렸을 것이다. 아주 단순하고 직접적으로 우리는 이것을 초신성supernova이라고 부른다. 노바Nova는 라틴어로 '새롭다'는 말이고, 이것은 하늘에 새로운 별이 나타났다는 의미다. 초신성을 보는 것은 하나의 별의 죽음을 보는 것이다. 모든 별이 이렇게 되는 것은 아니다. 질량이 큰 별만 초신성이 된다. 그리고 별의 바깥 부분을 모두 날려 보내고 중심에 작고 엄청나게 밀도가 높은 중성자별이 남는다. 이보다 훨씬 더 큰 별도 존재한다. 이런 별도 역시 폭발한다. 그런데 이런 별이 수축을 하면 중력이 너무나 커져서 공간을 너무 많이 휘게 하여 스스로를 나머지 우주로부터 분리시켜버리는 경우도 생긴다. 그러면 블랙홀이 만들어진다. 블랙홀은 초신성 폭발이 일어나 별의 바깥쪽이 떨어져 나간 중심부에서 만들어지기도 한다.

스티븐 호킹은 블랙홀을 연구했다. 그는 블랙홀의 이상한 행동에 대한 중요한 발견들을 했다. 리처드 고트가 블랙홀과 스티븐 호킹의 발견들에 대해서 제20장에서 더 자세히 설명해줄 것이다. 유명한 TV 애니메이션 〈심슨 가족〉에서는 스티븐 호킹을 지금 살아있는 사람들 중에서 가장 똑똑한 사람이라고 칭했다. 우리 대부분은 이에 동의한다.

이제 별의 탄생에 대해서 이야기해보자. 오리온성운은 별의 신생아실이다. 이전 세대의 별들이 중심부에서 만들어놓은 무거운 원소들이 이미 많이 포함된 기체구름이다.

성운의 중심부에는 새로 태어난 밝고 무거운 O형과 B형 별들이 있다. 이 O형과 B형 별들은 강한 자외선을 방출하고 있다. 이 뜨거운 자외선은 중심부 주변의 수소 기체들을 이온화시킬 수 있는(전자를 떼어낼 수 있는) 충분한 에너지를 가진 광자들을 가지고 있다. 기체는 별이 되려고 하지만 중심부에 있는 높은 질량의 별들의 광도가 너무 높기 때문에 쉽지 않다. 그런데 무거운 원소들이 포함된 이 기체의 일부는 그냥 작은 기체 공보다 더 재밌는 것을 만들 수 있다. 지구형 행성처럼 산소, 규소, 철 등을 포함한 단단한 공들도 만들 수 있는 것이다. 초기의 별들은 자신을 둘러싸고 있는 기체로도 행성계를 만든다. 이것은 회전하는 원반에서 만들어진 새로운 태양계다(〈그림 7.6〉). 오리온성운에서는 이것이 지금 일어나고 있는 일이다. 어떤 별들의 신생아실에서는 수백만 개의 새로운 태양계들을 만들어내고 있다. 우리은하는 약 3,000억 개의 별을 가지고 있고, 그 별들 중 상당수가 자신만의 행성들을 가지고 있을 것으로 생각된다.

　이 우주에서 우리의 중요성은 얼마나 될까? 우리는 아주 작고 우주적으로는 미미하다. 스스로를 대단하다고 생각하고 싶은 사람에게는 실망스러울 수도

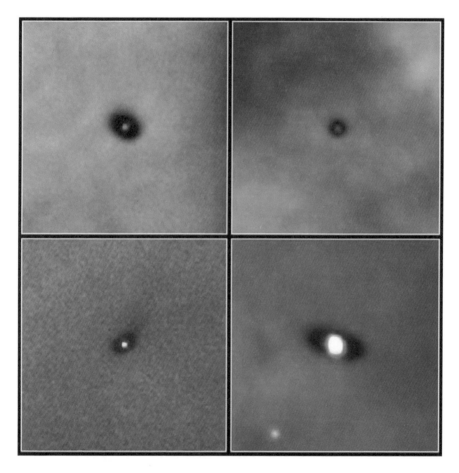

그림 7.6 허블 우주망원경이 촬영한, 오리온성운에서 새로 만들어진 별 주위의 원시행성 원반.
출처: M. J. McCaughrean (MPIA), C. R. O'Dell(Rice University), NASA

　　　　　　　　　　　　　　　　　　　　　　웰컴 투 더 유니버스

있을 것이다. 이것은 역사의 문제다. 전 우주가 우리를 중심으로 돌고 우리가 중심에 있다거나, 우리가 특별한 원료로 만들어졌다거나, 우리가 태초부터 존재했다거나, 우리가 우주에서 뭔가 특별하다고 주장할 때마다 사실은 그 반대라는 것을 우리는 배워왔다. 우리는 우주의 보잘것없는 한구석에 있는 은하의 보잘것없는 한구석에 자리 잡고 있다. 모든 천문학자들은 우리의 현실을 잘 알고 있다.

그림 7.7 허블 울트라 딥 필드. 허블 우주망원경이 촬영한 장기 노출 사진으로 약 10,000개의 은하가 있다. 하지만 이 사진이 포함하는 영역은 전 하늘의 1,300만 분의 1밖에 되지 않는다. 그러니까 전 하늘에서 허블 우주망원경이 닿을 수 있는 범위에는 1,300억 개의 은하가 있다. 출처: NASA/ESA/S. Beckwith(STScI) and The HUDF Team. Color representation by Nic Wherry, David W. Hogg, Michael Blanton(New York University), Robert Lupton(Princeton)

당신을 훨씬 더 작게 느끼도록 해줄 수도 있다. 허블 우주망원경이 촬영한 〈그림 7.7〉에 있는 작은 자국들은 모두 은하들이다. 너무나 멀리 있어서 아주 작게 보인다. 이 모든 자국 하나에 1,000억 개 이상의 별들이 있다. 그런데 이것은 우주 전체의 아주 작은 일부에 불과하다. 이것은 허블 울트라 딥 필드Hubble Ultra-Deep Field라고 하며 지금까지 촬영된 가장 깊은 우주의 모습이다. 여기에는 약 10,000개의 은하들이 있다. 이 사진이 포함하고 있는 영역은 보름달의 1/65 정도로 전 하늘의 1,300만 분의 1이다. 하늘의 이 영역은 특별한 곳이 아니기 때문에 전 하늘에 있는 은하의 수는 이 사진에 있는 은하의 수의 1,300만 배 정도가 된다. 그러니까 허블 우주망원경이 닿을 수 있는 범위에는 1,300억 개의 은하가 있다는 말이다.

칼 세이건은 자신의 책《창백한 푸른 점》에서 우리가 알았던 모든 사람들, 우리가 역사책에서 읽었던 모든 사람들은 우주의 작은 한 점인 이 지구에서 살았다고 강조했고, 나는 여기에 대해서 자주 생각한다. 내가 여기에 대해서 생각하는 건 당신의 마음이 "나는 작은 존재야"라고 말하고, 당신의 심장이 "나는 작은 존재야"라고 말하기 때문이다. 하지만 이제 당신은 힘을 얻었고, 이 책을 읽으면서 계속 힘을 얻을 것이다. 작은 존재라고 생각하지 않고 큰 존재라고 생각할 힘을. 왜? 당신은 이제 물리법칙과 우주를 움직이는 구조를 이해했기 때문이다. 천체물리학을 이해하는 것은 당신에게 하늘을 바라보며 이렇게 말할 수 있는 힘과 용기를 준다. 아냐, 나는 작은 존재가 아니야. 나는 큰 존재야. 인간의 뇌, 1.4킬로그램의 회색 물질이 이런 것들을 알아냈기 때문이야. 하지만 훨씬 더 많은 의문이 우리를 기다리고 있어.

8

별의 삶과 죽음(II)

이 장에서 우리는 앞 장에서 배운 것에 더하여 별의 본성에 대해서 좀 더 자세히 알아볼 것이다. 별의 조건은 무엇일까? 천문학자들은 별을 자체 중력으로 모양을 유지하고 중심에서 핵융합이 일어나고 있는 천체로 정의한다. 자체 중력self-gravitating으로 모양을 유지하고 있다는 것은 중력에 의해 뭉쳐 있다는 말이다. 지구 역시 중력에 의해 뭉쳐 있다. 실제로 지구 정도 질량의 물체는 자체 중력이 암석 내부의 강도보다 훨씬 더 크다. 우리는 그것을 지구의 모양이 별과 같이 구형이라는 사실로 알 수 있다. 중력이 모든 것을 모든 방향으로 똑같이 당긴다. 중력에 의해 뭉쳐 있는 물체의 특징은 구형을 이룬다는 것이다. 소행성과 같은 작은 천체들은 중력이 크지 않아서 바위의 인장력으로 묶여 있거나 불규칙한 모양의 돌무더기로, 주로 울퉁불퉁하고 긴 모양을 가진다(〈그림 8.1〉).

 하지만 태양과 같이 질량이 큰 물체는 중력이 다른 힘들보다 훨씬 커서 가장 밀도가 높은 형태인 구형을 만든다. 하지만 자체 중력으로 모양을 유지하고 있는 큰 물체가 빠르게 회전을 하면 회전에 의해 편평해지기 때문에 구형이 되

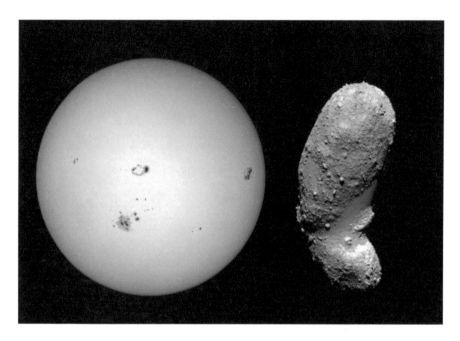

그림 8.1 태양(왼쪽)과 소행성 25143 이토카와(오른쪽). 크기의 비율은 맞지 않고, 모양만 비교하기 위한 것이다. 지름이 140만 킬로미터인 태양은 자신의 중력으로 뭉쳐져서 구형이 된다. 흑점들이 아주 멋있다. 저 소행성은 지름이 0.5킬로미터밖에 되지 않는다. 이것의 자체 중력은 구형을 만들기에 충분하지 않다. 이것은 오랜 시간 동안 여러 물질들이 뭉쳐져서 만들어진 것으로 여겨진다. 태양의 사진은 태양 관측 탐사선인 SOHO(Solar and Heliospheric Observatory)가 찍은 것이고 소행성의 사진은 일본우주항공연구개발기구(JAXA)가 발사한 하야부사 탐사선이 찍은 것이다. 출처: 태양: NASA, 이토카오: JAXA

지 않는다. 뉴턴도 이것을 이해하고 있었다. 목성은 아주 빨리 회전하기 때문에 약간 타원 형태가 되었다. 목성의 적도반지름은 극반지름보다 약 7퍼센트 더 크다. 회전하는 물체가 편평해진 가장 극적인 예는 나선은하들이다. 여기에 대해서는 제13장에서 이야기할 것이다.

　별에서 중력이 기체를 뭉치게 하는 역할을 한다면 기체가 한 점으로 수축되지 않도록 막는 것은 무엇일까? 그것은 기체의 내부 압력이다. 모든 기체 입자는 안으로 끌어당기는 중력과 밖으로 밀어내는 압력을 느끼고 두 힘은 평형을 이룬다.

풍선을 예로 들어보자. 풍선은 중력이 아니라 고무의 장력이 그 역할을 한다. 풍선은 고무에 의해 줄어들려고 하지만 별에서처럼 풍선 내부 공기의 압력이 줄어드는 것을 막는다. 공기의 압력과 고무의 장력이 평형을 이루어서 풍선은 구형을 유지한다.

별 내부의 기체 압력은 중심으로 갈수록 커지고 바깥쪽으로 갈수록 작아진다. 바깥쪽으로 갈수록 기체 압력이 작아지는 것은 여기 지구에서도 익숙한 현상이다. 해수면에서 대기의 압력은 약 1제곱센티미터 당 1킬로그램중이다. 이것은 지구의 표면에서부터 대기의 꼭대기까지 모든 1제곱센티미터 면적 위에 놓여 있는 공기의 전체 무게를 의미한다. 당신이 지구 대기권의 위쪽으로 올라간다면 점점 많은 대기가 당신의 아래에 있을 것이고 당신보다 위에서 당신을 누르는 대기의 무게는 더 작아질 것이다. 그러므로 대기압은 고도에 따라 감소한다.

별 내부의 기체 압력은 온도와 밀도를 반영한다. 둘 다 중심부로 갈수록 극적으로 증가한다.

이제 별의 핵으로 가보자. 우리는 별의 핵을 직접 관측할 수 없다. 하지만 압력과 중력의 효과를 설명하는 별의 구조 방정식들을 이용하여 그 성질을 연구할 수 있다. 이 방정식들은 태양이 별 전체를 통해서 중력과 압력이 평형을 이루고 있다는 관측 사실에 부합한다. 이 계산에 따르면 태양 가장 중심부의 온도는 앞에서 이야기한 대로 1,500만K다. 역시 이 계산에 따르면 태양 중심부의 밀도는 1세제곱센티미터 당 160그램으로 물보다 160배 더 높다. 비교를 해보자면 지구에서 자연적으로 만들어지는 가장 밀도가 높은 원소는 오스뮴으로 1세제곱센티미터 당 22.6그램(납의 두 배 정도)이다. 태양 핵의 기체는 엄청나게 높은 온도 때문에 이온화되어 있다. 전자들이 원자에서 벗어나서 핵과 전자가 빠른 속도로 움직이고 있다는 말이다. 이런 상태를 플라즈마plasma라고 한다. 중력에 저항하여 태양이 수축하는 것을 막고 평형상태를 유지하는 것은 바로 빠르게 움직이는 이 입자들이다.

우리는 특정한 온도를 가지는 물질의 기본적인 성질은 광자를 방출하는 것이라고 이미 배웠다. 이것은 온도가 1,500만K인 태양의 중심부도 마찬가지다. 이 온도에서의 흑체복사 스펙트럼은 X선 파장에서 최대가 된다. 이것은 태양이 X선에서 밝게 빛난다는 것을 의미할까? 그렇지 않다. 태양의 중심에서 방출되는 X선 광자를 생각해보자. 이것은 중심부에서 아무런 방해를 받지 않고 밖으로 나올 수 있을까? 당신이 병원에서 X선 사진을 찍을 때 의료원은 X선 사진을 원하지 않는 부분을 납이 포함된 담요로 덮는다. 그러니까 밀도가 1세제곱센티미터 당 11.34그램밖에 되지 않는 납이 조금만 있어도 들어오는 X선을 모두 흡수한다는 말이다. 그렇다면 태양 중심에서 나오는 X선도 별로 멀리가지 못하고 흡수될 것이라고 생각할 수 있을 것이다. 실제로 그 X선은 1센티미터도 가지 못하고 흡수된다.

하지만 흡수된 광자의 에너지는 어딘가로 가야 한다. 이것은 에너지를 흡수한 물질을 가열시키고 이것은 흑체복사를 방출하여 더 많은 X선이 방출되게 한다. 그러니까 작은 광자가 계속해서 흡수되었다가 재방출되는 모습을 상상하면 된다. 이 모든 것을 계산하면 태양의 중심에서 만들어진 에너지가 태양 표면으로 나오는 데 걸리는 시간은 약 17만 년이다. 태양 중심에서 표면까지의 거리는 2.3광초밖에 되지 않는다. 그러니까 광자가 방해받지 않고 이동한다면 태양의 중심에서 표면까지 나오는 데 2.3초밖에 걸리지 않을 것이다. 하지만 광자는 마치 술 취한 사람처럼 이리저리 돌아다니며 흡수와 재방출을 반복하면서 태양의 중심에서 밖으로 나온다.

태양 중심의 1,500만K 기체에서 방출되는 원래의 광자는 X선 광자다. 그러면 태양 표면에서도 여전이 X선 광자로 유지될까? 그렇지 않다. 에너지가 재방출될 때마다 별에서의 각 위치에 해당되는 온도에 맞는 광자가 나온다. 에너지가 중심에서 표면으로 나오면서 온도는 떨어지고 개개의 광자들은 자신들의 정체성을 잃어버린다. 에너지는 더 낮은 온도에 맞는 더 낮은 에너지의 광자들로 분배된다. 그러므로 태양의 중심에서는 X선이 만들어지더라도 표면에서는

X선을 볼 수 없다. X선은 가시광선 광자로 서서히 변하여 우리는 태양 표면에서 가시광선이 나오는 것을 본다.

만일 태양의 중심에 온도를 뜨겁게 유지하고 압력을 높여주는 핵반응이 일어나지 않는다면 태양은 표면으로 에너지를 방출하면서 중력에 의해 서서히 수축하기 시작할 것이다. 별의 바깥쪽이 중심을 향해 떨어지는 중력 수축이 일어나면 에너지가 만들어진다. 분필이 바닥으로 떨어지면서 속력이 빨라져 운동에너지를 얻는 것과 같다. 이 수축하는 중력에너지는 그 자체만으로 태양을 지금과 같은 광도로 약 2,000만 년 동안 빛나게 유지하기에 충분하다. 아인슈타인 이전에 헤르만 폰 헬름홀츠Hermann von Helmholtz가 (1856년에) 이 느린 중력 수축이 태양의 에너지원이라는 가정을 세웠다. 당시에는 이 가정이 각광을 받았다. 핵융합은 아직 알려지지 않았고 이후 82년 동안 발견되지 않았기 때문이다. 이 기작은 태양이 지금까지 기껏해야 2,000만 년 동안 빛나고 있었다는 것을 의미했다. 하지만 방사성 동위원소 연대 측정(예를 들어 특정 암석에서 우라늄이 얼마만큼 납으로 붕괴했는지)을 통해 우리는 지구의 나이가 수십억 년이라는 것을 알고 있다. 거기에다 화석들은 지구의 표면 온도가 그 기간의 상당 부분 동안 거의 일정하게 유지되었다는 것을 보여준다. 그러므로 태양은 2,000만 년보다 훨씬 더 오랫동안 지금과 거의 비슷하게 빛나고 있었다. 중력 수축이 태양의 에너지원이라는 가설은 맞을 수가 없다.

$E = mc^2$의 의미를 이해하면 모든 것이 해결된다. 태양은 중심부에서 핵반응을 하여 에너지를 공급한다. 이렇게 만들어지는 핵에너지는 태양이 방출하는 광도와 균형을 맞추고 내부 압력을 유지한다. 그래서 태양은 안정되어 수축하지 않는다. 핵융합은 에너지를 만들어내는 데 너무나 효율적이어서 태양은 지난 46억 년 동안 안정적으로 빛나 지구에 태어난 생명체가 진화할 수 있는 안정적인 조건을 오랫동안 유지해주었다. 태양은 현재 주계열성 수명의 절반 정도를 지나고 있다.

그런데 우리는 태양의 반지름, 질량, 광도와 같은 기본적인 물리량들을 어떻게 측정할까? 태양의 반지름을 측정하기 위해서는 몇 단계의 과정을 거친다. 우리는 기원전 240년경에 활동했던 그리스의 수학자이자 지리학자인 에라토스테네스Eratosthenes 이후부터 지구의 반지름은 알고 있었다. 매년 6월 21일 정오마다 이집트 시에네에서는 태양이 머리 바로 위를 지나갔다. 에라토스테네스는 이 사실을 알고 있었다. 같은 시간에 그는 시에네의 정북쪽에 있는 알렉산드리아에서는 태양이 수직에서 7.2도 벗어나는 것을 측정했다. 아리스토텔레스는 월식이 일어날 때 지구의 그림자가 달에 방향은 달라도 언제나 원형의 그림자를 비춘다는 것을 알았다. 언제나 원형의 그림자를 만들어내는 유일한 물체는 구다. 그래서 에라토스테네스는 지구가 구형이라는 사실을 알고 있었다. 그리고 그는 같은 시각에 두 도시에서 측정한 태양의 고도가 7.2도 차이가 나는 것은 지구 표면의 곡률 때문이라는 사실도 이해하고 있었다. 이것은 두 도시가 위도 7.2도, 즉 지구 둘레 360도의 약 1/50만큼 떨어져 있다는 것을 의미한다. 알렉산드리아에서 시에네까지의 거리를 측정하여 50을 곱하면 지구의 둘레가 약 4만 킬로미터라는 값을 얻게 된다. 이것을 2π로 나누면 반지름을 얻을 수 있다. 누군가 방법만 알아낸다면 쉬운 일이다!

　지구 표면에서 서로 멀리 떨어진 천문대들에서 관측하면 멀리 있는 별에 대하여 화성이 약간 다른 위치에 보이는 작은 시차를 얻을 수 있다. 지구의 반지름을 알고 측정한 시차를 이용하면 화성까지의 거리를 구할 수 있다. 이 일을 가장 먼저 한 사람은 조반니 카시니Giovanni Cassini였다. 케플러는 행성들의 거리의 비를 알게 해주어서 태양계의 거리 모형을 만들 수 있게 되었다. 일단 지구와 화성의 거리를 알면 천문단위(AU)인 지구의 궤도 반지름을 포함한 모든 행성들의 궤도 반지름을 알아낼 수 있다. 그래서 카시니는 1672년에 지구와 태양 사이의 거리를 1억 4,000만 킬로미터로 계산했다. 이것은 실제 값인 1억 5,000만 킬로미터와 크게 차이가 나지 않는다.

　우리는 지구에서 본 태양의 겉보기 크기(약 0.5°)를 알기 때문에 태양까지의 거리를 알면 태양의 반지름을 구할 수 있다. 태양의 각 크기의 절반(1/4°)을

360°로 나누고 태양까지의 거리 곱하기 2π를 곱하면 된다. 태양의 반지름은 약 70만 킬로미터로 지구 반지름보다 약 109배 더 크다. 태양의 광도도 바로 알 수 있다. 우리는 지구에서 보는 태양의 밝기를 측정할 수 있고 거리 r을 알기 때문에 역제곱의 법칙으로 태양의 광도를 알 수 있다. 태양의 광도는 약 4×10^{26}와트다.

우리는 태양의 질량도 알아낼 수 있다. 뉴턴의 법칙으로 우리는 태양과 지구의 질량의 비를 알 수 있다. 우리는 떨어지는 사과를 관찰하여 지구 반지름 거리에서(지구 표면) 지구가 만들어내는 가속도가 $GM_{Earth}/r_{Earth}^2 = 9.8\text{m/sec}^2$이라는 것을 알아냈다. 그리고 제3장에서 이미 한 계산으로 1AU 거리에서 태양이 만들어내는 가속도가 $GM_{Sun}/(1AU)^2 = 0.006\text{m/sec}^2$이라는 것도 안다. 이 두 가속도의 비를 구하면 다음과 같이 된다.

$$\frac{0.006\text{m/sec}^2}{9.8\text{m/sec}^2} = 0.0006 = \frac{GM_{Sun}/(1AU)^2}{GM_{Earth}/r_{Earth}^2} = (M_{Sun}/M_{Earth})(r_{Earth}/1AU)^2$$

이미 알고 있는 지구의 반지름과 1AU의 값을 대입해서 풀면 태양의 질량이 지구 질량의 약 33만 배라는 것을 알 수 있다. 상수 G는 소거되기 때문에 태양과 지구의 질량의 비를 구하기 위해서 이 값을 알 필요는 없다.

그런데 지구의 질량은 몇 킬로그램일까? 지구의 질량은 뉴턴상수인 G만 알면 중력가속도 방정식 $GM_{Earth}/r_{Earth}^2 = 9.8\text{m/sec}^2$을 이용하여 구할 수 있다. 헨리 캐번디시Henry Cavendish —우주에 가장 많은 원소인 수소를 발견한 사람—는 G값을 구하기 위하여 아주 훌륭한 실험을 했다. 그는 회전 진자를 이용하여 지구가 공에 미치는 힘과 가까이 있는 납으로 된 159킬로그램의 공이 미치는 힘의 비를 구했다. 지구는 공을 아래로 당기고 가까이 있는 무거운 납공은 공을 옆으로 당긴다. 그는 진자가 비틀린 각을 측정하여 두 힘의 크기를 비교할 수 있었다. 캐번디시는 1798년에 뉴턴상수 G값을 구하여 지구가 몇 킬로그램인지 알아낼 수 있었다. 여기에 33만을 곱하면 태양의 질량을 알 수 있다. 태양의 질량은 2×10^{30}킬로그램이다. 정말 큰 값이다!

우리는 지금 태양에 초점을 맞추고 있지만 별의 본성에 대해서도 이해하고 싶다. 뉴턴의 법칙으로 태양의 질량을 구하기 위해서 태양 주위를 도는 지구의 궤도를 이용하는 것처럼, 서로의 주위를 도는 쌍성을 관측하여 그들의 질량을 구할 수 있다.

주계열에서 가장 작은 질량을 가지는 별들(M형 별들)의 질량은 태양질량의 약 1/12다. 이보다 더 질량이 작은 별들은 어떻게 될까? 중력이 작기 때문에 중심핵의 온도와 압력도 더 작다. 기체가 중력으로 뭉쳐졌지만 중심부가 수소 핵융합이 일어날 만큼 충분히 뜨겁지 않다면 어떻게 될까? 우리는 이런 별을 갈색왜성brown dwarf이라고 부른다(이들은 실제로는 갈색이 아니라 아주 붉게 보이고 주로 적외선에서 빛난다. 가끔은 천문학의 명명법이 잘못된 개념을 심어주기도 한다). 이들은 존재하긴 하지만 발견하기는 어렵다. 이런 별들은 중력 수축으로 생긴 남은 열(헬름홀츠가 태양에서 일어나는 현상으로 생각했던)로 희미하게 빛난다. 이들은 내부에 핵 용광로가 없기 때문에 광도가 낮다. 이들은 온도도 낮다. 표면 온도는 600K에서 2,000K 정도로 가시광선보다는 대부분 적외선에서 복사가 방출된다. 집에 있는 오븐의 온도가 대략 500K 정도다.

우리가 사용하는 대부분의 강력한 망원경들은 가시광선을 관측하고, 적외선으로 하늘을 관측할 수 있는 망원경을 만든 지는 몇십 년밖에 되지 않았다(여러 가지 기술적인 문제로 만들기가 더 어렵다). 이런 천체들을 발견할 수 있게 된 것은 적외선을 관측할 수 있는 강력한 망원경들이 만들어진 덕분이다.

별의 분광형 O, B, A, F, G, K, M은 약 100년 동안 사용되었지만, 갈색왜성들이 발견된 1999년 이후부터 여기에 L과 T라는 새로운 분광형이 추가되었다. 더 최근에는 첨단광역적외선탐사망원경Wide-Field Infrared Survey Explorer이라는 이름의 적외선 위성이 Y형으로 분류되는 더 차가운 별들을 발견했다. 이들의 표면 온도는 400K 정도로 물의 끓는점보다 약간 더 높다. 태양질량의 1/80에서 1/12 사이의(목성질량의 13~80배) 갈색왜성은 중심부에 존재하는 미량의 중수

웰컴 투 더 유니버스

소를 태워 희미하게 빛난다. 중심에서 어쨌든 핵반응이 일어나고 있기 때문에 별이라고 불릴 수 있다. 더 질량이 작은 천체, 목성질량의 13배 이하의 천체는 핵에서 어떤 핵융합 반응도 일어나지 않는다. 이런 천체를 우리는 행성이라고 부른다!

별들의 죽음을 제7장에서 한 것보다 좀 더 자세히 살펴보자. 주계열 후반부에 이미 태양의 광도는 차츰 증가하여 약 10억 년 후에는 지구의 바다가 증발되어버릴 것이다. 이것은 우리가 알고 있는 모든 형태의 지구 생명체의 종말을 의미한다. 대략 50억 년 후에는 태양의 핵에 수소가 더 이상 남지 않게 되어(모두 헬륨으로 바뀌어서) 태양의 핵 용광로가 꺼지고 별의 중력을 견디고 있는 압력이 낮아진다. 중력이 압력을 이겨서 별은 수축을 시작한다. 하지만 핵에서 만들어진 에너지가 표면으로 나오는 데에는 수십만 년이 걸린다는 것을 기억할 것이다. 별의 안쪽 부분은 수축하기 시작하지만 에너지는 여전히 별의 바깥쪽 부분으로 흐르고 있다. 별의 바깥쪽 부분은 수십만 년이 지나서야 태양 중심부의 에너지원이 사라졌다는 나쁜 소식을 알게 된다.

별의 핵(이제 순수한 헬륨으로 된)을 둘러싸고 있는 바로 바깥쪽의 수소 껍질을 생각해보자. 핵의 바깥에는 아직 충분한 양의 수소가 있다. 이 지역은 온도와 밀도가 낮았기 때문에 지금까지 핵융합이 일어나지 않고 있었다. 하지만 이 수소 껍질이 수축하면서 온도와 밀도가 올라가기 시작한다. 아주 빠르게 껍질의 온도와 밀도가 수소 핵융합이 일어나 헬륨이 만들어질 정도로 충분히 높아진다. 핵 용광로를 가동할 새로운 연료가 생긴 것이다. 수소 껍질 연소다.

별은 새 인생을 시작한다. 수소 껍질 연소가 만들어내는 에너지의 효율은 엄청나다. 주계열에 있을 때의 별의 핵보다 훨씬 더 높다. 거기다 연소하는 수소 껍질의 부피는 핵보다 훨씬 더 크다.

그래서 짧은 시간 동안 별은 엄청난 광도를 만들어낸다. 하지만 그 복사가 사라지는 데는 오랜 시간이 걸리고 증가한 압력은 중력과의 줄다리기에서 이기기 시작한다. 결과적으로 별의 내부가 수축하는 동안 별의 외부는 팽창한다(그리고 차가워진다). 태양은 제7장에서 보았던 대로 적색거성이 된다. 수소 연소 껍질 바깥쪽인 별의 바깥 부분은 엄청나게 팽창하여 약 1AU(태양의 현재 반지름의 약 200배) 정도가 된다. 약 80억 년 후에는 적색거성이 된 태양의 중력으로 지구는 태양의 표면으로 빨려 들어가 타버리게 될 것이다.

수소 껍질이 연소하고 있는 동안 별의 헬륨 핵은 내부의 에너지원이 없기 때문에 중력이 핵을 계속 수축시켜 온도를 더 높인다. 별의 핵 온도가 약 1억K에 이르면 헬륨 핵이 융합하여 탄소와 산소 핵이 만들어지기 시작한다. 태양의 경우 헬륨 연소 상태는 약 20억 년 정도 지속된다. 하지면 결국에는 핵의 헬륨이 모두 소진되고 핵은 다시 수축하기 시작한다.

태양 정도 질량의 별에서는 이제 이야기가 거의 끝나간다. 별의 바깥 부분은 핵에서 아주 멀어졌기 때문에 당기는 중력을 아주 약하게만 느낀다. 바깥 부분이 별에서 떨어져 나가기 위해서는 아주 작은 에너지만 더 있으면 된다. 별의 바깥 부분은 뜨겁고 단단한 탄소-산소 핵을 남기고 기체 껍질로 천천히 퍼져나간다. 떨어져나간 기체는 중심에 있는 별에서 나오는 자외선을 받아 빛을 내며 〈그림 8.2〉의 아령성운Dumbbell Nebula과 같은 성운을 만든다. 이런 천체는 혼란스럽게도 행성상 성운planetary nebulae이라고 불린다. 이들을 처음 망원경으로 본 천문학자가 이들이 마치 행성들처럼 생겼다고 생각해서 붙인 이름인데 그 이름이 그대로 굳어버렸다. 천문학자들은 이름이 시대에 뒤떨어지고 정확하지 않아도 원래의 이름을 그대로 고수하는 경향이 있다. (우리말로는 영어 이름 그대로 '행성 성운'이 아니라 '행성상 성운', 즉 행성처럼 생긴 성운으로 번역되었기 때문에 사실은 꽤 정확한 이름이다—옮긴이 주.)

한때 별의 일부를 구성하던 떨어져 나온 껍질은 서서히 바깥쪽으로 팽창한다. 별들은 간혹 바깥쪽 껍질을 복잡한 방법으로 밀어내기 때문에 여러 겹의 기체가 둘러싸고 있는 행성상 성운이 만들어지기도 한다. 서로 다른 층들은 별 내부의 서로 다른 깊이에서 나온 것이기 때문에 구성하는 원소가 다를 수 있다. 별이 회전을 하면 아령성운에서처럼 회전축을 따라 껍질을 더 많이 내보내기도

웰컴 투 더 유니버스

한다(〈그림 8.2〉).

이제 밖으로 드러난 별의 빛나는 핵이 성운의 한가운데에서 보인다. 이것은 작지만(지구 정도의 크기) 흰색으로 보일 정도로 충분히 뜨겁기 때문에 백색왜성이라고 불린다. 백색왜성은 내부의 에너지원이 없기 때문에 수십억 년에 걸쳐 서서히 식어간다. 백색왜성은 타고 있는 핵이 없음에도 여전히 별이라고 불린다. (인정한다. 이 명명법은 전혀 일관적이지 않다!)

백색왜성이 중력에 의해 수축하지 않도록 막고 있는 것은 무엇일까? 물리학자 볼프강 파울리Wolfgang Pauli의 이름을 딴 파울리의 배타원리Pauli exclusion principle로, 두 전자가 같은 양자 상태를 가질 수 없다는 원리다. 이것은 원자들의 상태를 이해하는 데 핵심적인 개념이다. 많은 전자를 가지고 있는 원자의 전자

그림 8.2 아령성운. 적색거성이 뜨겁고 단단한 핵만 남기고 바깥층이 떨어져 나간 것이다. 별의 핵은 가운데 보이는 백색왜성이고, 바깥층은 백색왜성이 방출하는 자외선을 받아 행성상 성운으로 빛난다.
출처: J. Richard Gott, Robert J. Vanderbei(Sizing Up the Universe, National Geographic, 2011)

는 낮은 에너지준위가 모두 채워지면 더 높은 에너지준위를 채워야 한다. 백색왜성에서 파울리의 배타원리는 전자들이 너무 가까이 붙으려 하지 않는다는 것을 의미한다. 이것이 백색왜성이 중력에 대항하여 버틸 수 있는 압력을 제공한다. 우리의 태양은 백색왜성으로 생을 마감할 것이다.

제7장에서 보았듯이 태양질량의 8배 이상인 별들은 훨씬 더 극적인 과정을 거친다. 탄소와 산소로 이루어진 핵은 조용히 백색왜성이 되지 않고 핵융합으로 네온과 규소에서 철에 이르기까지 주기율표에 있는 모든 원소들을 만들어낼 수 있을 정도로 충분히 온도가 올라간다.

이런 무거운 별들의 바깥 껍질은 적색거성보다 훨씬 더 커진다. 이들은 반지름이 몇 AU인 적색초거성이 된다.

밤하늘에서 몇몇 밝은 별들은 맨눈으로도 알 수 있을 정도로 분명한 붉은색을 띤다. 주계열에 있는 붉은 별들은 광도가 낮기 때문에 맨눈으로 보이는 별이 없다. 반면에 적색거성은 크고 높은 광도를 가지기 때문에 멀리 있어도 볼 수 있다. 밤하늘에 보이는 밝은 붉은 별은 모두 적색거성(목동자리의 아크투루스나 황소자리의 알데바란)이거나 적색초거성(오리온자리의 베텔게우스)이다.

과학자들은 초super라는 말을 너무 자주 쓴다. 과학자들은 거의 모든 것 앞에 이것을 붙인다. 이전에 알고 있던 것보다 더 크고 화려한 것을 계속해서 발견하거나 만들어내기 때문이다. 초신성, 초거대질량 블랙홀 그리고 결코 완성되지 않는 입자가속기인 초전도 초강력 충돌기!

하늘에서 보이는 가장 유명한 적색초거성은 베텔게우스다. 이 별의 반지름은 태양의 약 1,000배이고 질량은 태양의 최소 10배다. 이 별의 핵에서는 헬륨이 융합하여 탄소와 산소를 포함한 무거운 원소가 만들어지고 있다. 핵의 바깥에는 얇고 거의 순수한 헬륨 껍질이 있다. 이것은 아직 탈 정도로 충분히 뜨겁거나 밀도가 높지 않기 때문에 비교적 조용한 상태로 있다. 그 껍질 밖에서는 수소가 타서 헬륨이 만들어지고 있고, 그 밖에는 별 부피의 대부분을 차지하는 수소와 헬륨의 거대한 껍질이 있다.

웰컴 투 더 유니버스

그림 8.3 왼쪽부터 라이먼 스피처, 마르틴 슈바르츠실트, 리처드 고트. 출처: J. Richard Gott

주계열 이후의 별의 진화에 대해서는 별의 핵에서 일어나는 핵물리학을 자세히 이해하고 이와 관련된 별의 구조에 대한 방정식을 컴퓨터를 이용하여 풀수 있게 된 1940년대와 1950년대에 자세하게 연구되었다. 대부분의 연구는 프린스턴 대학의 마르틴 슈바르츠실트Martin Schwarzschild 교수의 지도로 이루어졌다. 나와 닐 타이슨, 리처드 고트는 그분의 후년에 교류할 기회를 가질 수 있었다. 정말 훌륭한 분이었다.

〈그림 8.3〉은 슈바르츠실트와 라이먼 스피처Lyman Spitzer, 리처드 고트의 사진이다. (HR 다이어그램으로 유명한) 헨리 노리스 러셀이 1947년에 프린스턴 대학 천문대장에서 은퇴할 때 당시 30대였던 두 젊은 천문학자 마르틴 슈바르츠실트와 라이먼 스피처를 데려왔다. 천체물리학과 학과장이 된 스피처는 성간물질(별들 사이에 있는 기체와 먼지)에 대한 현대적인 이해의 많은 부분을 발전시켰고, 핵융합을 에너지원으로 이용하는 방법을 연구하는 프린스턴 플라즈마 물리

학 실험실을 만들었다. 스피처는 허블 우주망원경의 아버지로 대중들에게 기억될 것이다. 우주망원경에 대한 개념을 처음으로 제안하고 천문학계와 미국 의회에 우주망원경이 만들어져야 하는 이유를 수십 년 동안 설명했기 때문이다. 스피처와 슈바르츠실트는 이후 48년 동안 프린스턴 대학 천체물리학과에서 핵심적인 역할을 했다. 두 분은 1997년에 11일 차이로 세상을 떠났는데, 우리 모두에게 충격적인 일이었다.

1950년대에 슈바르츠실트와 그의 학생들은 내가 설명하고 있는 이야기의 모든 세부적인 내용에 대한 연구를 마쳤다. 그는 별들의 진화에 대한 전체적인 과정을 처음으로 이해한 사람들 중 하나였다. 마르틴의 아버지 칼 슈바르츠실트는 블랙홀 연구에서 핵심적인 역할을 했다. 그의 이름은 제20장에서 다시 등장할 것이다.

별에 대한 이야기를 계속하면, 전자들의 압력이 백색왜성이 수축하는 것을 막는다. 하지만 별의 핵의 질량이 1.4태양질량을 넘으면 이 압력도 중력을 버티기에 충분하지 못하게 된다. 중력에 눌려 전자와 양성자가 결합하여 중성자가 된다(그 과정에서 전자 중성미자가 방출된다). 그 결과 중성자별이 만들어진다. 이것은 사실 대부분 순수한 중성자로 이루어진 하나의 커다란 원자핵이다. 전자에게 적용된 파울리의 배타원리는 중성자에게도 적용된다. 이제 중성자의 압력이 중력에 대항하여 별을 유지한다. 하지만 중성자는 전자보다 훨씬 더 무겁기 때문에 평형을 이루는 중성자별의 크기(약 25킬로미터)는 백색왜성보다 훨씬 더 작다. 태양질량보다 더 많은 물질이 맨해튼 섬 크기의 부피에 몰려 있는 상황(혹은 제1장에서처럼 1억 마리의 코끼리가 골무 하나에 올라가 있는 경우)을 상상해 보라! 중성자별을 이루는 물질은 우리가 알고 있는 가장 밀도가 높은 물질이다. 중성자별의 중심부는 약 $10^{15}g/cm^3$의 밀도를 가질 수 있다.

무거운 별의 핵의 질량이 태양질량의 두 배 이상이 되면 중성자별도 불안정해진다. 중성자의 압력이 중력에 대항하여 별을 유지하지 못하고 블랙홀이 만들어진다. 핵이 수축하여 중성자별이 되든지 블랙홀이 되든지 간에 수축하는 물질은 강한 압력을 받아 핵융합이 다시 시작된다. (핵 바깥쪽의 물질은 아직 철보다 가벼운 원소들로 이루어져 있다는 것을 기억하자.) 갑자기 방출되는 에너지는 핵 바깥쪽의 모든 물질을 날려버리면서 초신성 폭발을 일으킬 수 있다. 주계열에서 최초의 질량이 태양질량의 8배 이상인 별은 초신성으로 폭발하며 죽고 그 과정에서 중성자별이나 블랙홀이 만들어진다. 폭발하는 질량이 큰 별은 II형 초신성이라고 불린다. 다른 방식으로 폭발하는 별도 있기 때문이다. 세 개의 별이 서로를 돌고 있고 그중 두 개가 백색왜성인 경우를 생각해보자. 서로간의 중력 때문에 두 개의 백색왜성이 충돌하는 경우가 생길 수 있다. 그러면 충돌에 의한 가열로 핵연료가 점화되어 초신성이 된다. 혹은 쌍성계의 적색거성이 백색왜성으로 질량을 넘겨주어 백색왜성이 질량한계인 1.4태양질량을 넘게 되면 붕괴하여 초신성이 만들어진다. 이런 초신성은 질량이 큰 별이 붕괴하여 폭발하는 경우와 구별하여 Ia형 초신성이라고 부른다. 이 초신성에 대해서는 제23장에서 다시 설명할 것이다. 이 초신성들은 우주의 가속 팽창을 발견하는 데 중요한 역할을 했기 때문이다.

어떤 경우든 초신성 폭발은 기체를 사방으로 날려 보낸다. 이것은 행성상 성운처럼 별의 바깥 부분을 천천히 날려 보내는 조용한 과정이 아니다. 그와 반대로 극도로 격렬한 폭발이다. 별의 대부분 혹은 전부가 폭발로 부서져서 잔해가 거의 빛의 10퍼센트의 속도로 날아간다. 별의 핵에서 만들어진 무거운 원소들은 이제 성간물질로 돌아가 다음 세대의 별과 행성들의 원료가 될 준비를 한다.

1054년 중국의 천문학자들은 우리가 지금 황소자리라고 부르는 별자리에서 새로운 별이 나타난 것을 발견했다. 고대 중국인들은 미래를 점치기 위한 목적으로 하늘을 유심히 관찰하였는데, 몇 주 동안 나타나면서 초기에는 낮에도 보일 정도로 밝은 이 '손님 별客星'은 특별히 신기한 것이었다. 이것은 몇 주 동안 하늘에서 가장 밝은 천체였을 텐데 희한하게도 유럽에는 이것에 대한 어떤 기록도 없다. 어쩌면 유럽에서는 이 기간 동안 날씨가 계속 흐렸거나 기록이 사라졌기 때문일 수도 있고, 그저 중국의 천문학자들이 특히 하늘을 더 유심히 관측했기 때문일 수도 있다.

수십 년의 간격을 두고 찍은 황소자리의 게성운Crab Nebula의 사진(〈그림 8.4〉)은 이 성운이 팽창하고 있다는 것을 분명하게 보여준다. 팽창하는 속도와 현재의 크기를 관측하면 이것이 언제 팽창을 시작했는지 알아낼 수 있다. 그 답은 약 1,000년 전으로 중국인들이 '손님 별'을 관측한 시기와 정확하게 일치한다. 그러므로 중국인들이 기록한 것과 정확하게 같은 위치에 있는 게성운은 그

그림 8.4 게성운. (1054년에 발견된) 초신성 폭발의 팽창하고 있는 잔해다. 출처: Hubble Space Telescope, NASA

웰컴 투 더 유니버스

들이 발견한 그 초신성의 잔해가 틀림없다. 수십만 년이 더 지나면 이 기체는 너무 넓게 퍼져서 거의 보이지 않게 될 것이고, 무거운 원소들이 포함된 기체는 성간물질에 섞이게 될 것이다.

게성운의 중심에서는 1초에 30회씩 빠르게 회전하고 있는 중성자별이 발견되었다. 별이 수축하면 각운동량이 보존되기 때문에 피겨 스케이팅 선수가 팔을 접을 때처럼 더 빠르게 회전한다. 그러면 자기장도 압축되며 더 강해진다. 게성운에 있는 중성자별 표면의 자기장은 지구 표면의 자기장보다 10^{12}배 더 강하다. 중성자별이 회전하면 자기 북극과 남극이 회전하기 때문에 중성자별은 마치 등대처럼 두 개의 전파 빔을 방출한다. 그래서 중성자별은 전파 펄사radio pulsar라고 불린다. 최초의 전파 펄사는 1967년 대학원생 조슬린 벨Jocelyn Bell이 발견했다. 이것은 1.33초의 주기로 회전했다. 그녀의 논문 지도교수 앤터니 휴이시Antony Hewish는 이 발견으로 노벨 물리학상을 받았다. 나는 그녀가 노벨상을 함께 받지 못한 것은 말도 안 된다고 생각한다.

게성운 펄사는 전파에서부터 감마선까지 전자기 스펙트럼에 있는 모든 전자기파를 방출한다. 이 펄사는 가시광선에서도 1초에 60번씩 깜빡이지만(등대의 두 빔이 각각 우리를 향할 때) 천문학자들은 전파의 깜빡임이 발견될 때까지 전혀 알아차리지 못했다. 이것은 그저 게성운 중심에 있는 어두운 별로만 보였다. 게성운은 약 6,500광년 떨어져 있으므로 실제 초신성 폭발은 기원전 5445년에 일어났고 그 빛은 1054년에 지구에 도착했다.

역제곱의 법칙을 다시 생각해보자. 가장 가까이 있는 항성계인 알파 센타우리는 4광년 떨어져 있다. 게성운은 훨씬 더 멀리 있지만 초신성은 밤하늘에서 어떤 별보다 밝게 빛났고 낮에도 쉽게 볼 수 있을 정도였다. 이 초신성의 최대 광도는 태양 광도의 약 25억 배였다.

초신성은 아주 드물다. 우리은하에서 가장 최근에 나타난 초신성은 갈릴레오가 처음으로 망원경을 하늘로 향하기도 전인 약 400년 전이다. 그래서 1987년에 우리은하의 작은 위성 은하인 대마젤란성운에서 초신성 폭발이 일어났을 때

천문학자들은 특히 흥분했다. 이것은 현대 역사에서 가장 가까운 곳에서 나타난 초신성이었다. 이것은 15만 광년이나 떨어져 있었지만 맨눈으로도 볼 수 있을 정도로 충분히 밝았다. 나는 운 좋게도 1987년 5월에 박사학위 연구를 위한 망원경 사용 때문에 칠레를 방문했다. 대마젤란성운에서 이 '새' 별을 보는 것은 나에게는 (아주 쉽고) 흥분되는 일이었다.

웰컴 투 더 유니버스

9

명왕성은 왜 행성이 아닌가

여기서는 명왕성이 어떻게 행성의 지위를 잃고 태양계 외곽의 얼음 덩어리로 강등되었는지에 대한 이야기를 할 것이다. 이것은 미국자연사박물관American Museum of Natural History의 지구와 우주 로즈 센터Rose Center for Earth and Space에서의 내 역할에 대한 이야기이기도 하다.

우리는 로즈 센터 건물 안에 우주의 아름다운 사진을 보여주는 것보다 더 뜻깊은 어떤 시설을 만들기로 했다. 사진은 인터넷에서도 얼마든지 볼 수 있다. 우리는 유리상자 안에 지름 26미터 구를 만들고 구조와 전시를 통해 우주 속을 걷는 느낌이 들도록 만들었다. 우리의 구는 완전한 구다. 대부분의 천체투영관은 반구로 되어 있고, 내부에는 프로젝터가 있고 내부를 둘러싸고 있는 복도에는 우주 사진들을 전시하고 있다. 대부분의 천체투영관이 이런 식으로 구성되어 있다. 사진들은 아름답지만 우리는 이제 우주가 단지 어떻게 구성되어 있는가보다 더 많은 것을 배울 때가 되었다고 생각했다. 그래서 우리는 우주의 가장 심오한 개념을 정리하여 전시로 만들었다.

우리는 건축가 짐 폴셰크Jim Polshek와 (아마도 워싱턴 DC의 홀로코스트 박물관으로 가장 유명한) 전시 디자이너 랠프 애펠바움Ralph Appelbaum의 팀과 함께 작업을 했다. 우주는 구를 사랑한다. 별에서 행성 그리고 원자에까지 물리학 법칙들이 구를 만들기 위해서 어떤 일을 하는지 이해한다면 당신은 우주에 대한 심오한 통찰을 얻을 수 있을 것이다. 그리고 대부분의 경우 구가 아닌 것에는 빠르게 회전하는 것과 같이 구가 되지 못하게 만드는 재미있는 이유가 있다. 구형의 건축물을 가지고 있다면 우리는 이것을 우주의 크기를 비교하는 전시물로 활용할 수 있다. 헤이든 천체투영관이 사용하고 있던 반구를 위쪽 절반으로 하는 구로 완성하여 우리는 완전히 새로운 전시 공간을 얻게 되었다. 이곳은 관람객들이 우주가 시작되는 모습의 시뮬레이션을 내려다볼 수 있는 빅뱅극장이 되었다.

지름 26미터 구의 둘레에는 '우주의 규모'를 체험할 수 있는 통로를 만들었다. 출발하면서 먼저 천체투영관 구를 관측 가능한 우주 전체로 생각한다. 철책에는 우리은하를 포함한 수천 개의 은하를 가지고 있는 초은하단을 보여주는 10센티미터 정도의 모형이 있다. 당신은 우주는 처녀자리 초은하단이라고 불리는 우주의 이 조각보다 훨씬 더 크다는 것을 알 수 있다. 몇 걸음 더 움직이면 크기의 개념을 바꾸어야 한다. 지름 26미터의 천체투영관 구가 이번에는 처녀자리 초은하단이 된다. 철책에는 우리은하와 안드로메다은하 그리고 몇몇 위성은하들을 포함하는 60센티미터 크기의 국부은하군 모형이 있을 것이다. 이제 천체투영관 구는 국부은하군이 된다. 그리고 철책에는 계란 프라이처럼 편평하고 중심부에 둥근 부분이 있는 몇십 미터 크기의 우리은하 모형을 볼 수 있을 것이다. 몇 걸음 더 가면 우리은하가 천체투영관 구가 되고 철책에는 수십만 개의 점들이 박힌 10여 센티미터 크기의 플렉시글라스 구가 있다. 이것은 우리은하에 있는 구상성단 하나를 표현한 것이다. 계속 가면 천체투영관 구가 구상성단이 되고 철책에는 15센티미터 크기의 구가 있을 것이다. 이것은 우리 태양계를 둘러싸고 있으며 혜성들을 공급해주는 오르트 구름이다.

오르트 구름에서 태양계 안쪽으로 쏟아지는 수많은 혜성들은 지구와 충돌할 위험이 가장 높은 천체들이다. 각각의 혜성들은 태양계 바깥에서부터 엄청난 운동에너지를 가지고 들어오며 태양에 가까워질수록 더 속도를 얻는다. 오르트 구름에서 온 혜성이 태양계 안쪽을 방문한 가장 최근 사건은 약 4만 년 이전으로 여겨진다. 그래서 우리는 이것에 대한 역사적인 정보를 가지고 있지 않다. 만일 그 혜성들 중 하나가 우리를 향한다면 우리는 뭔가 해볼 수 있는 시간이 많지 않다. 일반적인 소행성들은 수백 회의 궤도를 미리 예측할 수 있다. 우리는 소행성의 궤도와 지구의 궤도를 비교하여 수백 회의 궤도 후에 소행성이 우리와 충돌할지 아닐지 알 수 있다. 우리는 100년 정도 이것을 피할 수 있는 시간을 가질 수 있을 것이다. 하지만 해왕성 궤도 너머에서 혜성이 하나 나타나 우리를 향한다면 사전 경고를 받을 시간이 거의 없다.[1]

'우주의 규모' 통로의 다음 지점에는 천체투영관 구가 태양이 되고 행성들의 모형이 태양에 대한 정확한 상대적인 크기로 자리 잡고 있다. 이 과정은 점점 작은 방향으로 원자의 중심에 도착할 때까지 계속된다. 천체투영관 구가 수소 원자가 되면 그 핵은 1/50센티미터 크기의 작은 점이 된다. 원자의 대부분이 텅 빈 공간이라는 것을 알 수 있다.

천체투영관 구는 우주에 있는 물체들의 상대적인 크기를 비교하는 좋은 도구가 되었다.

현재의 로즈 센터는 야간에 특히 멋진 곳이 되었다(〈그림 9.1〉). 왼쪽에 천체투영관 구를 태양으로 보고 행성들의 크기를 비교해볼 수 있는 통로가 있다. 그림에서 (고리를 가진) 토성과 목성이 보인다면 그 다음에 있는 것은 당연히 천왕성과 해왕성이다. 수성, 금성, 지구, 화성은 그림에서는 너무 작아서 보이지 않는다. 야구공부터 포도 알 크기의 그 모형들은 천장에 실로 매달려 있지 않고 통로 아래쪽에 전시되어 있다. 여기에서 명왕성 문제가 시작되었다. 우리는 수성, 금성, 지구, 화성의 모형 옆에 명왕성 모형을 포함시키지 않았다. 그렇게 한 충분한 이유가 있었다.

우리는 본의 아니게 논쟁의 중심이 되었다. 우리의 전시물이 선을 보인 지 1년 후에 한 기자가 방문하여 행성들의 크기를 비교한 전시에 명왕성이 빠져 있다는 것을 발견하고 큰 기삿거리라고 생각했다. 그의 기사가 《뉴욕타임스》 머리기사로 실리면서 지옥문이 열렸다. 우리가 그렇게 한 배경과 이유는 다음과 같다.

명왕성 이야기는 트위드를 즐겨 입는 뉴잉글랜드 출신의 신사 퍼시벌 로웰 Percival Lowell에서 시작되었다. 그는 천문학을 좋아하고 부자였기 때문에 자신만의 천문대를 만들었고, 예상할 수 있겠지만 그 천문대는 로웰 천문대라고 불린다. 이 천문대는 애리조나의 해발 2,200미터에 자리 잡았다. 천문대는 '화성 언

그림 9.1 지구와 우주 로즈 센터의 야경. 야간에 지름 26미터의 구는 유리상자 안에서 푸른색의 빛에 싸여 있다. 태양이 된 큰 구 옆에 목성과 토성의 모형이 매달려 있는 것을 볼 수 있다. 이 전시에 명왕성 모형이 빠지면서 모든 논쟁이 시작되었다. 출처: Alfredo Gracombe

덕Mars Hill'이라고 불리는 이곳에 아직도 있다. 로웰은 화성에 광적이었다. 그는 화성을 너무도 사랑했고 화성에 생명체가 있을 것이라고 너무나 확신했기 때문에 이 주제에 대한 책을 세 권이나 썼다. 화성에 생명체가 있을 가능성에 대한 책을 쓰는 것은 아무 문제가 없지만, 그의 주장은 그리고 오직 그만의 주장은 자신이 망원경을 통해서 화성에 생명체가 있다는 증거를 실제로 보았다는 것이었다. 그는 식물의 계절에 따른 변화와 운하들을 보았고 운하들이 만나는 지점에는 오아시스가 있을 것이라고 생각했다. 그는 화성인들이 물이 부족하다고 생각했다. 그가 본 운하들은 극지방과 식물이 있는 지역을 연결하고 있었기 때문이었다. 화성의 극에는 극관이 있다. 그는 화성인들이 얼음을 녹여 운하를 통해 필요한 지역에 물을 공급한다고 생각했다. 이 거대한 공공 프로젝트 없이는 화성의 생명체들은 물 부족으로 파멸할 것이다. 사람의 상상력은 아주 강력하다. 그래서 우리는 우리의 가설들을 확인하는 과학적 방법이 필요한 것이다. 1877년 화성이 지구에 가까이 왔을 때 조반니 스키아파렐리Giovanni Schiaparelli는 화성에서 틈새 혹은 선들을 보고 카날리canali라고 불렀는데 이것은 영어의 '운하canal'로 쉽게 잘못 번역되었다. 틈새는 행성 표면에서 자연적으로 만들어질 수 있다. 운하는 지적 문명에 의해 만들어진다. 이 단어에는 두 가지 뜻이 있지만 이미 너무 늦었다. 로웰은 완벽한 운하 체계를 그렸다. 결국 다른 사람들은 망원경으로 운하를 보지 못했기 때문에 그것은 무작위한 모양을 선으로 연결시킨 착시의 결과라는 사실이 밝혀졌다. 현대의 사진에서는 어떤 운하의 모습도 보이지 않는다. '식물이 자라는 지역'은 어두운 현무암 지역인 것으로 밝혀졌다. 이곳은 화성의 붉은 사막에 비해 녹색으로 보이고 계절에 따라 바람에 날려온 먼지에 덮이기도 했다.

화성에 대한 관심 외에도 퍼시벌 로웰은 행성 X를 찾는 일도 처음 시작했다. 19세기가 시작될 때 행성은 8개가 있었다. 수성, 금성, 지구, 화성, 목성, 토성, 천왕성, 해왕성. 뉴턴의 법칙은 태양계 모든 행성들의 움직임을 완벽하게 설명해주었다. 해왕성은 예외였다. 어쩌면 해왕성의 경로에 영향을 주는 중력의 원인이 아직 발견되지 않고 있을지도 모른다. 발견되지 않은 행성이 있는 것이다. 로웰은 그 행성의 존재를 확신하고 이것을 행성 X라고 불렀다. 클라이드 톰보Clyde Tombaugh는 이것을 찾기 위해 고용되어, 알려진 행성들이 태양 주위를 도는 궤도인 황도 근처를 뒤지기 시작했다. 그는 며칠이나 몇 주 간격으로 찍은 사진을 비교하여 약간 움직인 천체가 있는지 살펴보았다. 먼 곳에서 태양을 도는 행성이라면 그렇게 움직일 것이기 때문이었다. 그는 깜빡임 비교기blink comparator라고 하는 천문학 역사에서 아주 중요한 기기를 사용했다. 지금은 이런 비교를 컴퓨터로 한다. 사진 한 장이 기기의 한쪽에 놓인다. 두 번째 사진이 다른 쪽에 놓이고, 두 개의 렌즈가 달린 장치를 통해 두 사진을 빠르게 차례로 본다. 불빛이 왔다 갔다 하면 보는 사람의 뇌는 두 사진을 하나의 사진으로 착각하고 두 사진에서 위치가 바뀐 물체만 달라져 보인다. 움직이는 것은 쉽게 알아볼 수가 있고 클라이드 톰보가 1930년에 명왕성을 발견한 것도 이 방법을 통해서였다.

명왕성Pluto이라는 이름은 학교에서 막 로마 신화에 대해서 배운 11살 소녀 버니셔 버니Venetia Burney가 지었다. 행성들은 로마 신화의 신들 이름이 붙여져 있었고, 플루토는 지하세계의 신이었다. 명왕성의 공식적인 기호는 P와 L(Pluto의 첫 두 철자)을 결합한 모양인데 우연히도 퍼시벌 로웰의 첫 글자와 일치한다. 거의 50년 뒤에 명왕성의 달이 발견되었다. 1978년에 촬영된 최초의 증거사진은 방울처럼 생긴 명왕성의 작은 돌기처럼 보였다. 몇 년 후 명왕성계를 관찰하기 좋은 각도가 되었을 때, 명왕성과 그 달이 서로를 가리며 어두워지는 식 현상을 관측할 수 있었다. 허블 우주망원경으로 더 높은 해상도의 사진을 찍는 것이 가능해진 후에 우리는 명왕성의 달 카론Charon을 직접 찍은 사진을 얻을 수 있었다. 카론은 스틱스 강을 건너 저승으로 영혼을 운반해주는 뱃사공의 이름을 딴 것이다. 명왕성은 달을 가지고 있다. 좋은 일이다. 행성의 일부로 대접받기에 좋은 시작이다. 아무 문제가 없다고 우리는 생각했다.

하지만 문제가 있었다. 우선 명왕성이 발견되었을 때, 우리는 해왕성에 영항을 주는 잃어버린 행성 X를 발견했다고 생각했다. 그러기 위해서는 행성 X는 해왕성이나 천왕성에 비해 무시할 수 없을 정도로 질량이 커야만 했다. 그러나 명왕성에 대한 자료를 더 많이 얻고 관측이 더 정확해질수록 명왕성의 크기와 질량은 더 작아졌다. 수십 년 동안 측정된 명왕성의 크기는 점점 작아졌다. 카론이 발견된 후에야 카론에 미치는 중력을 이용하여 명왕성의 질량을 정확하게 측정할 수 있었다. 그 결과는? 명왕성의 질량은 지구질량의 1/500밖에 되지 않고 해왕성의 궤도에 영향을 주기에는 너무 작았다. 우리는 더 이상 해왕성의 궤도를 설명하기 위해서 명왕성을 이용할 수 없었다. 그러면 해왕성에 영향을 주는 것은 무엇일까? 또 다른 행성 X가 있는 것일까? 그래서 사람들은 계속 찾았다. 1992년 마일스 스탠디시Myles Standish(최초의 미국 이주자 중 한 명)의 12번째 직계 후손인 또 다른 마일스 스탠디시라는 친구가 역사적인 자료를 분석하여 해왕성이 특이한 궤도를 가지고 있다는 사실을 알아낼 때까지 사람들은 계속 찾았다. 현대의 마일스 스탠디시는 캘리포니아 패서디나의 제트추진연구소에서 일하고 있는 천체물리학자. 그는 1980년대에 보이저 호가 근접비행을 하면서 목성, 토성, 천왕성, 해왕성의 질량을 더 정확하게 측정한 자료를 이용하여 1895년에서 1905년 사이에 미국 해군 천문대가 관측한 의심스러운 자료를 제외했다. 그렇게 하자 해왕성의 궤도는 뉴턴 법칙의 예측과 정확하게 일치했다. 해왕성에 영향을 미치는 의문의 중력은 필요가 없었다. 행성 X는 한순간에 영원히 사라지고 말았다.

그래서 명왕성은 어떻게 되었냐고? 그때까지 명왕성은 가장 작은 행성이었다. 태양계에는 명왕성보다 큰 위성이 7개가 있다. 지구의 달도 포함된다. 명왕성은 다른 행성의 궤도를 가로지르는 유일한 행성이다. 궤도가 너무 크게 일그러진 타원이기 때문이다. 명왕성은 대부분이 얼음으로 이루어져 있다. 부피의 55퍼센트가 얼음이다. 우리는 태양계의 얼음 덩어리들에 대한 용어를 가지고 있다. '얼음 공'이라고 부를 수도 있었겠지만 이들의 이름은 우리가 이들이 얼음으로 이루어져 있다는 사실을 알지 못할 때 붙여졌다. 혜성이다. 당시 사람들은 우주에 있는 물체들에게 시적인 이름을 붙이는 경향이 있었다. 이런 천체를 "하늘의 머리카락 같은 천체"라고 불렀다. 긴 머리카락을 가진 사람이 달리면 머리카락은 자연스럽게 뒤로 흐른다. 그들은 이런 천체를 '머리카락'이라고 불렀는데 그리스어로는 '코멧comet'이 된다. 혜성. 이것이 태양 주위를 도는 얼음 덩어리들을 부르는 용어다. 명왕성은 혜성과 공통점을 아주 많이 가지고 있다. 하지만 명왕성은 저기 떨어져 있다. 명왕성은 다른 혜성들처럼 태양에 가까이 왔다가 돌아나가지 않는다. 얼음 혜성이 태양 가까이에 오면 혜성의 수증기가 증발되어 긴 꼬리가 만들어진다. 명왕성은 결코 태양에 가까이 오지 않기 때문에 그런 일이 일어나지 않을 뿐이다. 이런 특이한 성질에도 불구하고 사람들은 명왕성을 행성으로 생각하는 데 불만이 없었다.

하지만 로즈 센터의 우리들은 최대한 오래 갈 수 있는 전시를 원했다. 그래서 행성의 분류는 우리에게 아주 중요한 문제였다. 명왕성은 수성, 금성, 지구, 화성 간의 차이보다 훨씬 더 달랐다. 수성, 금성, 지구, 화성은 모두 작은 바위 행성이다(〈그림 9.2〉). 이들은 모두 한 가족이다.

태양에서 가장 가까운 수성은 큰 철 핵을 가지고 있고, 대기는 거의 없으며 표면에는 많은 분화구가 있다. 금성은 구름으로 덮여 있다. 〈그림 9.2〉에서는 금성의 구름을 제거하고 멋진 산과 분화구를 가지고 있는 표면을 보여주고 있다. 금성은 두터운 이산화탄소CO_2 대기를 가지고 있고, 엄청난 온실효과 때문에 표면 온도가 아주 높다. 화성은 지구나 금성보다는 작고 수성보다는 크다. 화성은 온실효과를 거의 일으키지 않는 얇은 이산화탄소 대기를 가지고 있다. 여기에다 태양에서 멀리 떨어져 있기 때문에 화성은 지구보다 훨씬 더 춥다. 화성 표면의 대기압은 지구의 약 1/100이다. 그림에서 검게 보이는 부분은 모래로 덮이지 않은 현무암 지대다. 화성을 '붉은 행성'이라고 불리게 만든 붉은 영역은 모래사막이다. 화성에는 미국을 끝에서 끝까지 가로지를 수 있는 큰 계곡이 있다. 그리고 21킬로미터 높이의 엄청난 화산인 올림푸스 산이 있다. 화성의 양쪽 극은 대부분 얼음으로 되어 있고 위쪽은 드라이아이스(이산화탄소 얼음)로 덮여

그림 9.2 지구형/바위 행성들의 크기 비교(지구의 달을 비교를 위해 그렸음). 금성은 구름으로 덮인 대기를 제거하여 마젤란 탐사선이 레이더로 조사한 표면 모습을 볼 수 있도록 했다.

출처: Richard Gott, Robert J. Vanderbei(*Sizing Up the Universe*, National Geographic, 2011)

있는 극관이 있다. 화성은 지구를 제외하고는 생명체가 살 가능성이 가장 높은 행성이다.

　바깥쪽에는 무엇이 있는가? 목성, 토성, 천왕성, 해왕성이 있다. 이들은 모두 크고 기체로 되어 있다(〈그림 9.3〉). 이것은 또 다른 가족이다. 이들 역시 명왕성과는 전혀 다른 자신들만의 공통점을 가지고 있다.

　목성은 화성 바깥의 궤도를 돌고 대부분 수소와 헬륨으로 이루어져 있다. 목성의 바깥쪽 대기는 메탄과 암모니아 구름을 포함하고 있다. 목성의 띠는 구름대이며 그림에서 잘 보이는 대적점은 300년 이상 활동하고 있는 폭풍이다. 토성은 목성과 비슷하지만 멋진 고리들로 둘러싸여 있다. 이 고리들은 행성의 주위를 도는 얼음 입자들로 이루어져 있다. 천왕성과 해왕성은 조금 작다. 천왕성은 얇은 고리를 가지고 있다(그림에서 표현하지는 않았지만 목성도 얇은 고리를 가지고 있다). 1989년 보이저 2호는 해왕성에도 폭풍인 대흑점이 있다는 것을 발견했고, 이것은 그림에 표현되어 있다. 대흑점 바로 바깥쪽의 바람의 속도는 시속 2,400킬로미터에 달했다. 5년 후 허블 우주망원경이 관측했을 때 대흑점은 사라지고 없었다.

　지구형 행성들은 태양에 의해 따뜻해지고 수소나 헬륨 같은 가벼운 원소들이 높은 온도로 가열되어 행성의 중력을 벗어날 수 있게 되는 태양계 안쪽에서 만들어졌다. 태양계의 바깥쪽에서 만들어진 거대 기체 행성들은 더 차갑고 수소와 헬륨을 가지고 있을 수 있어서 아주 크게 만들어질 수 있었다. 지구형 행성과 거대 기체 행성은 두 개의 가족이 된다. 이들의 성질은 〈표 9.1〉에 정리했다.

　명왕성은 어느 쪽에도 끼지 못한다. 지난 수십 년 동안 우리는 명왕성에게 그저 관대했을 뿐이다. 어느 쪽에도 끼지 못한다는 걸 알면서도 행성 가족에 포함시켜주었던 것이다. 1970년대 말(명왕성의 크기와 질량을 드디어 알게 되었을 때)부터 1980년대까지의 교과서들을 보면 명왕성은 혜성이나 소행성, 혹은 다른 태양계의 작은 천체들과 묶이기 시작하고 있다. 이것이 명왕성의 순수한 행성으로서의 지위가 흔들리기 시작한 시초였다.

　명왕성의 궤도에도 문제가 있었다. 먼저, 앞에서 말한 대로 명왕성의 궤도는 해왕성의 궤도를 가로지른다. 이것은 행성의 행동이 아니다. 여기에는 변명

그림 9.3 거대 기체 행성들의 크기 비교(지구는 비교를 위해 그렸음).
출처: Richard Gott, Robert J. Vanderbei(*Sizing Up the Universe*, National Geographic, 2011)

웰컴 투 더 유니버스

의 여지가 없다. 두 번째로, 명왕성은 다른 모든 행성들의 궤도면에 비해 심하게 기울어진 궤도면을 가지고 있다. 이것도 역시 불편한 점이다. 명왕성은 한마디로 다른 행성들과는 다른 궤도 성질을 가지고 있다. 그러던 중 1992년에, 우리는 깜빡임 비교 사진들 중 하나에서 태양계 외곽에 위치가 시간에 따라 달라지는 또 다른 천체가 있다는 것을 발견했다. 해왕성 바깥쪽에서 궤도를 돌고 있는 또 다른 얼음 덩어리였다. 그때부터 우리는 이와 같은 천체를 1,000개도 넘게 발견했다. 이들의 궤도는 어떨까? 이들은 모두 해왕성보다 멀리 있었고, 그중 상당수의 궤도면과 궤도의 이심률이 명왕성의 궤도와 비슷했다. (이심률은 타원 모양이 원에서 얼마나 많이 벗어났는지를 측정하는 값이다.) 새롭게 발견된 천체들은 태양계의 완전히 새로운 자리를 차지하는 것이었다. 이 천체들은 제러드 카이퍼Gerard Kuiper가 예측한 대로 작은 얼음 덩어리였기 때문에 우리는 이곳을 카이퍼 벨트Kuiper Belt라고 부른다. 명왕성의 궤도는 대부분의 다른 얼음 덩어리들

표 9.1 태양계의 행성들

	지구형/바위 행성				거대 기체 행성			
	수성	금성	지구	화성	목성	토성	천왕성	해왕성
장반경(AU)	0.39	0.72	1.00	1.52	5.20	9.55	19.2	30.1
공전주기(년)	0.24	0.62	1.00	1.88	11.9	29.5	84.0	165
지름(지구 기준)	0.38	0.95	1.00	0.53	11.4	9.0	3.96	3.86
질량(지구 기준)	0.055	0.82	1.00	0.11	318	95.2	14.5	17.1
주요 원소	Fe, Si, O	(Fe, Si, O)?	Fe, Si, O, Mg	Fe, Ni, S, Si, O	H, He	H, He	H, He, CH_4	H, He, CH_4
대기 성분	미량의 O, Si, H, He	두터운 CO_2, N_2	O_2, N_2	얇은 CO_2	H_2, He	H_2 , He	H_2, He, CH_4	H_2, He, CH_4
온도(화씨)	-270 ~ +800	+820 ~ +860	-128 ~ +134	-220 ~ +95	-256	-310	-364	-368

주: 온도(화씨)는 바위 행성의 경우 (관찰 가능한 범위의) 지표면의 온도고, 거대 기체 행성의 경우 대기 상층부 근처의 온도다.

처럼 카이퍼 벨트의 안쪽 경계와 만난다. 명왕성의 존재는 이제 이해가 되었다. 명왕성은 형제가 있고 고향이 있다. 명왕성은 카이퍼 벨트 천체다.

명왕성이 알려진 카이퍼 벨트 천체들 중에 가장 큰 천체라면, 어떤 종류의 천체들 중에서 가장 먼저 발견된 천체가 가장 크고 가장 밝은 것은 충분히 일리가 있지 않은가? 소행성들 중에서 가장 먼저 발견된 세레스는 아직도 알려진 소행성들 중에서 가장 크다. 명왕성 지지자들은 처음에는 명왕성이 너무 크기 때문에 카이퍼 벨트 천체가 될 수 없다고 주장했다. 하지만 명왕성은 그들과 같은 먼 곳에 있고, 같은 재료로 만들어졌으며 비슷한 궤도 특징들을 가지고 있다. 카이퍼 벨트 천체들에 대하여 태양에서부터 각 천체까지의 평균 거리와 이심률 사이의 관계를 그리면 공전주기가 해왕성과 3:2의 공명에 있는 카이퍼 벨트 천체들을 찾을 수 있다. 해왕성이 세 번 공전할 때 카이퍼 벨트 천체는 두 번 공전하는 것으로 궤도가 맞는 것인데 이것은 명왕성과 정확하게 일치한다. 이런 성질을 가지고 있는 카이퍼 벨트 천체들을 명왕성족plutinos이라고 한다. 이들은 카이퍼 벨트에 있는 나머지 다른 천체들보다 명왕성과 훨씬 더 비슷하다.

그래서 로즈 센터에서 우리는 자연스럽게 명왕성을 카이퍼 벨트 전시에 포함시켰다. 명왕성이 행성이 아니라는 말은 하지도 않았다. 우리 전시에는 소속보다는 물리적인 성질이 더 중요했다.

그리고 1년 동안 아무 문제가 없었다. 2001년 1월 21일자《뉴욕타임스》에 과학작가 케네스 창Kenneth Chang이 "명왕성은 행성이 아니다? 오직 뉴욕에서만"이라는 제목의 운명의 기사를 쓸 때까지는.

로즈 센터의 행성들에 대한 전시를 둘러보던 애틀랜타에서 온 파멜라 커티스는 혼란에 빠져 눈을 비볐다. 행성이 모두 있는 것 같지가 않았다. 그녀는 수년 전에 아들이 학교에서 배운 기억법을 떠올리며 손가락으로 수를 세어보았다. 수금지화목토천해명. "나는 뭐가 빠졌는지 알아내기 위해서 전체를 다시 돌아봤어요." 그녀가 말했다. 명왕성이었다. 그곳에는 명왕성이 없었다. "수금지화목토천해에서 끝났어요." 커티스 씨가 말했다. "9번째가 없었어요." 조용히 그리고 아마도 주요 과학기관에서는 유일하게 미국자연사박물관에서는 명왕성을 행성의 신전에서 제외시켰다……
"그렇지는 않습니다." 박물관의 헤이든 천체투영관의 관장인 닐 디그래스 타이슨은 말했다. "명왕성을 찾으려면 주의 깊게 살펴보셔야 합니다."

나는 외교적으로 대응하려고 했다. 우리는 "행성은 8개밖에 없습니다"라거나 "우리는 태양계에서 명왕성을 제외시켰어요"라거나 "명왕성은 뉴욕에 있기에는 너무 작아요"라고 말하지 않았다. 우리는 그저 다른 방식으로 정보를 구성했을 뿐이었다. 그게 전부였다. 하지만《뉴욕타임스》는 이것을 큰 문제로 만들었다.

기사는 계속된다. "그래도 여전히 그 분류는 놀랍다. 박물관은 문자 그대로 명왕성을 퇴출시키고 해왕성 너머에 있는 카이퍼 벨트라는 영역에 속하는 300개가 넘는 얼음 덩어리들 중 하나로 분류해놓았기 때문이다."

명왕성은 이 얼음 덩어리들과 함께 돌고 있다. 그곳이 명왕성이 사는 곳이다. 우리는 명왕성과 같은 얼음 덩어리들이 많이 발견된 1990년대에 이 사실을 알게 되었고, 이것은 태양계가 어떻게 구성되어 있는지 이해할 수 있는 새로운 정보를 제공해주었다.

기사는 나의 동료인 MIT의 리처드 빈젤Richard Binzel 교수의 말을 인용했다 (우리는 대학원을 같이 다녔다). 그는 흥분했다. 그는 일생 동안 명왕성을 연구해왔기 때문이었다. 빈젤은 기사에서 이렇게 말했다. "명왕성을 퇴출시킨 것은 지나칩니다. 주류 천문학의 견해와는 다릅니다." 그리고 미국천문학회 행성분과의 분과장인 마크 사이크스Mark Sykes 박사는《뉴욕타임스》에 전화를 걸어 자신이 뉴욕에서 나와 논쟁을 할 예정이라고 이야기하며 그들을 그 논쟁에 초대했다. 그들은 초대에 응했다. 그들은 나의 사무실에서 있었던 사이크스와 나의 개인적인 논쟁을 취재하기 위하여 또 다른 기자와 또 다른 사진기자를 보냈고, 이

기사는 2001년 2월 13일자에 실렸다. 사진기자와 함께 거대 기체 행성들이 매달려 있는 통로를 걷다가 사이크스 박사가 장난스럽게 나의 멱살을 잡았다. 그 사진에는 이런 해설이 붙었다. "마크 사이크스 박사가 타이슨 박사에게 헤이든 천체투영관의 행성 전시에서 명왕성의 대우에 대한 설명을 요구하고 있다."

이것은 인터넷과 케이블 방송 뉴스로 퍼졌고, 보스턴닷컴에는 이렇게 실렸다. "로즈 센터가 명왕성의 행성 지위에 대한 의문을 제기하다." 난리가 났다. 나는 3개월 동안 다른 일은 아무것도 하지 못하고 언론의 질문에만 대답해야 했다. 온라인 채팅방에서의 대화를 몇 개 소개해보겠다.

"명왕성은 미국인이 발견한 진정한 미국의 행성입니다." 이것은 NASA 과학자가 한 말이다. 다른 사람은 이렇게 말했다. "그런 낭만적인 말은 객관적인 진리 탐구를 멈추어서는 안 되는 과학에는 맞지 않습니다. 애국주의도 마찬가지입니다." 우리 편에서 나온 또 다른 말이다. "지식인 사회가 시대에 뒤떨어진 분류 방법을 붙잡고 있는 점성술사들처럼 행동하는 것은 정말 실망스럽다." 천문학자를 화나게 하려면 그를 점성술사라고 부르면 된다. 그건 싸우자는 말이다.

이 말을 소개하지 않을 수 없다. "내 개인적인 생각은 명왕성에게 이중국적을 주는 것이 좋겠다는 것입니다." 이것은 국제천문연맹의 행성이름위원회 위원장이 한 말이다. 그는 아무도 자극하기를 원하지 않았다. 더 듣고 싶은가? "나는 이중국적에 동의하지 않습니다. 그것은 대중들에게 개념을 너무 복잡하게 만들 것이기 때문입니다." 이것은 다름 아닌 혜성 사냥꾼들의 대부라고 할 수 있는 데이비드 레비David Levy가 한 말이다. 그가 발견하여 그의 이름이 붙은 혜성은 20개가 넘는다. 1994년 목성에 충돌한 너무나 유명한 혜성 슈메이커-레비9의 공동 발견자이기도 하다. 데이비드 레비는 대중들에게 혼란을 주는 것은 좋지 않다고 생각했다. 나는 우리의 연구에는 혼란스러운 것이 많지만 단지 대중들의 혼란을 피하기 위해서 과학의 모습을 바꾸어서는 안 된다고 생각한다. 또 다른 사람은 이렇게 말했다. "우선 나는 천체물리학자인 타이슨이 그런 모험을 한 것이 놀랍다. 그렇다면 나는 행성 지질학자로서 똑같이 마젤란성운들을 현재의 지위인 우리은하의 위성은하에서 단지 하나의 성단으로 강등시킬 자격이 있다고 볼 수도 있다…… 그런 관점에서 보면 그는 완전히 헛소리를 하고 있다고 생각한다." 이 사람 역시 NASA에서 일하는 사람이었다.

여기 또 다른 의견도 있다. "갈릴레오 시대에 이것과 똑같은 방식으로 말하는 사람들을 상상하는 것은 어렵지 않다. '나는 어릴 때부터 지구가 우주의 중심이라고 배웠어요. 그것을 왜 바꾸죠? 나는 그냥 이대로가 좋아요.'"

과학자라면 지식이 변한다는 사실을 받아들여야 한다. 질문 그 자체를 사랑하는 법을 배워야 한다. 명왕성의 위성인 카론의 지름은 명왕성의 절반이 넘는다. 명왕성은 위성을 가진 행성이라기보다는 이중 행성에 가깝다고 쉽게 생각할 수 있을 것이다. 실제로 이들의 질량중심은 명왕성 내부에 있지도 않고 둘 사이의 우주공간에 있다. 비교해보자면 지구와 달의 질량중심은 지표면 약 1,500킬로미터 아래인 지구 안에 있다. 우리는 정지해 있고 달만이 주위를 도는 것이 아니다. 우리는 서로의 질량중심 주위를 돈다. 지구는 가볍게 움직일 뿐이지만 달은 큰 궤도를 그린다. 명왕성은 구 모양이 될 정도로 충분히 질량이 크다. 카론도 마찬가지다. 만일 명왕성을 행성으로 간주한다면 카론도 그렇게 해야 한다. 작지만 구형이 될 만큼 충분히 큰 많은 다른 천체들도 마찬가지다.

디즈니의 만화 캐릭터인 개 플루토는 클라이드 톰보가 명왕성을 발견한 1930년에 처음으로 등장했다. 그들은 미국인들의 정신 속에서 같은 나이를 먹었다. 디즈니는 우리 문화에서 중요한 위치를 차지하고 있다. 그래서 나는 아마 수성이 퇴출되었다면 아무도 신경 쓰지 않았을 것이라고 믿는다. 하지만 우리는 명왕성을 퇴출시켰다. 플루토가 누구인가? 미키 마우스의 개다. 이것은 미국인들에게는 중요하다. 그것은 우리의 문화다. 그런데 왜 미키 마우스가 플루토의 생쥐가 아니라 플루토가 미키 마우스의 개일까? 이런 생각을 해본 적이 있는가? 나는 디즈니의 세계에서는 옷을 입은 동물이 그렇지 않은 동물을 소유할 수 있다는 사실을 알게 되었다. 구피는 개지만 옷을 입고 말을 할 수 있기 때문에 누구의 소유도 아니다. 미키 마우스는 바지를 입고 있다. 플루토는 목걸이 외에는 아무것도 입지 않고 있고, 말을 거의 하지 않기 때문에 생쥐의 소유가 될 수 있다. 이것이 디즈니의 세계다.

이야기를 계속하자. 나는 많은 책을 가지고 있고 그중에는 수백 년이 된 것도 있다. 이것으로 우주에서 우리의 위치에 대한 생각의 변화를 추적할 수 있다. 하나는 1802년에 나온 것이다. 1801년에 무슨 일이 있었는지 아는가? 화성과 목성 사이의 간격이 너무 크기 때문에 사람들은 그 사이에 행성이 있어야 한다는 생각을 가지고 있었다. 그 간격은 행성이 없기에는 너무 컸다. 많은 노력 끝에 이탈리아의 천문학자 주세페 피아치Giuseppe Piazzi가 1801년에 그곳에서 행성을 하나 발견했다. 이 행성에는 로마 신화의 수확의 여신인 세레스Ceres라는 이름이 붙었다. 시리얼cereal이라는 단어가 세레스에서 온 것이다. 새로운 행성이 발견되었기 때문에 모두가 흥분했다. 그 행성의 이름을 들어본 적이 있는가? 없을 것이다. 당시의 한 책에는 다음 행성들의 궤도가 표현되어 있다. 수성, 금성, 지구, 화성, 세레스, 목성, 토성 그리고 행성 허셜(아직 천왕성으로 이름이 바뀌기 전이었다). 세레스가 목록에 들어 있었다.

1781년에 윌리엄 허셜이 발견한 행성은 나중에 천왕성으로 알려지게 되었다. 이 행성에 이름을 붙이는 과정에서 혼란이 있었다. 고대 이래로 새로운 행성이 발견된 적은 없기 때문이었다. (허셜에 대한 책에서 마이클 레모닉Michael Lemonick은 코페르니쿠스도 새로운 행성을 발견한 사람으로 인정받아야 한다고 주장하고 있다. 지구가 사실은 행성이라는 것을 발견했기 때문이다.) 모범적인 영국인으로서 허셜은 그의 새 행성에 조지 3세의 이름을 붙였다. 그는 그것을 조지움 시더스Georgium Sidus(조지의 별)라고 불렀다. 그는 미국 독립선언문에 포함되어 있는 조지 왕과 같은 사람이다. 조지 왕은 허셜이 윈저 궁에서 왕의 손님들에게 망원경으로 별을 보는 파티를 열어주는 조건으로 매년 200파운드를 지급했다. 그래서 행성의 목록은 다음과 같이 되었다. 수성, 금성, 지구, 화성, 목성, 토성 그리고 조지.

다행히 이성적인 사람들이 조지 행성의 이름에 적당한 로마 신들을 찾았다. 요한 보데Johann Bode가 그리스 신화의 하늘의 신인 우라노스Ouranos에서 따와서 '천왕성Uranus'을 제안했고 그렇게 굳어졌다. 독일의 화학자 마르틴 클라프로트Martin Klaproth는 이 이름이 너무나 마음에 들어 자신이 새로 발견한 원소에 '우라늄'이라는 이름을 붙였다. 보통은 행성들에 로마 신의 이름을 붙이고 위성들에는 로마 신에 해당되는 그리스 신과 관계가 있는 그리스 인물들의 이름을 붙였다. 예를 들어 목성Jupiter의 가장 큰 위성들의 이름은 이오Io, 에우로파Europa, 가니메데Ganymede, 칼리스토Callisto다. 이들은 주피터의 그리스 신에 해당되는 제우스와 관계가 있는 인물들이다. 이런 식으로 로마와 그리스 신화를 모두 존중하여 이름을 붙였다. 그런데 천왕성에는 영국 왕의 이름을 없애버린 것에 대해 영국인들을 위로하기 위해서 천왕성의 모든 달에는 영국 문학의 소설에 등장하는 인물들의 이름을 붙였다. 거의 모든 이름이 셰익스피어의 작품에서 왔다. 그중 하나인 미란다Miranda는 내가 딸의 이름으로 선택하기도 했다. 당시에 나는 그 이름을 천왕성의 위성 이름으로만 알고 아내에게 말했는데 아내는 이렇게 말했다. "'미란다'라는 이름 마음에 들어요. 셰익스피어의《템페스트》의 여주인공 말이죠?" 나는 이렇게 대답했다. "아, 그래…… 바로 그 이름이야."

다시 행성 세레스로 돌아가자. 이번에는 다른 책이다. 30년 뒤에 나온《천문학 이론의 요소들The Elements in the Theory of Astronomy》이라는 교과서다. 이제 행성은 10개가 되었다. 수성, 금성, 지구, 화성, 베스타, 주노, 세레스, 팔라스, 목성, 토성, 천왕성. 각 행성들마다 기호도 붙여졌다(금성은 ♀, 지구는 ⊕, 화성은 ♂ 등). 해왕성은 아직 발견되지 않았다. 4개의 새로운 행성이 등장하여 모두 10개의 행성이 되었고 새로운 기호가 필요하게 되었다. 무엇이 문제였을까? '행성'이라는 단어가 공식적으로 정의되지 않은 것이었다. 이 단어가 마지막으로 분명하게 정의된 것은 고대 그리스에서였다. '행성planet'은 그리스어로 '떠돌이'라는 의미였다. 밤하늘을 보았을 때 배경 별에 대하여 움직이는 것이 있으면 그것은 행성이다. 배경 별에 대하여 움직이는 것은 무엇일까? 수성, 금성, 화성, 목성, 토성 그리고 둘을 더하면 태양과 달이다. 우주에는 7개의 행성이 있다. 이것은 분명한 정의였다. 하지만 코페르니쿠스는 태양을 중심에 놓고 지구가 태양 주위를 도는 것으로 설명했다. 그러면 태양은 여전히 행성인가? 지구는 어떻게 되는가? 지구는 행성인가? 이제 행성은 태양 주위를 도는 천체가 되었다. 혜성도 태양 주위를 돌지만 희미하고 꼬리('머리카락')를 가지고 있기 때문에 행성이라고 부르지 않는다. 하지만 그 결정은 임의적인 것이었다. 화성과 목성 사이에 혜성과는 다른 새로운 천체들—베스타, 주노, 세레스, 팔라스—이 발견되었을 때 우리는 이들 역시 행성이라고 불렀다. 몇 년 뒤 이런 천체가 70개 더 발견되었다. 그리고 우리가 발견한 것이 무엇일까? 이들은 태양계 다른 어떤 천체들보다 자기들끼리의 공통점이 더 많으며 모두 같은 지역에서 궤도를 돌고 있다는 것이었다. 우리는 새로운 행성들을 발견한 것이 아니었다. 우리는 새로운 종류의 천체들이 모여 있는 태양계의 새로운 영역을 발견한 것이었다. 오늘날 우리는 이들을 윌리엄 허셜이 만든 소행성asteroids이라는 이름으로 부른다. 허셜은 이들이 기존 행성들보다 작고 새로운 종류로 이루어져 있다고 주장했다. 처음에 '행성'이라고 불리던 것도 나중에 새로운 이름이 붙여질 수 있고, 더 중요하게는 태양계의 구조에 대해 새롭게 배우게 된다. 우리의 지식이 확장되고 이해가 깊어지는 것이다. 이 모든 것이 《천문학 이론의 요소들》이 출판된 지 10년 뒤에 일어난 일이다. 그리고 내 생각에는 새로운 기호를 만들어내기도 힘들었을 것이다.

명왕성의 지름은 지구의 약 1/5이다. 다른 카이퍼 벨트 천체들처럼 작다(〈그림 9.4〉). (태양과 행성들을 제외한) 태양계의 천체들 중 지름이 254킬로미터보다 큰 천체들을 (지구와 비교하여) 그림으로 보였다. 지구의 달과 다른 행성들의 큰 위성들도 있다. 목성의 가장 큰 4개의 위성(갈릴레오가 처음 망원경으로 하늘을 보았을 때 발견한 위성)도 있다. 목성의 가장 큰 위성인 가니메데는 행성인 수성보다 약간 크지만 질량은 절반도 되지 않는다. 이오와 에우로파는 다른 위성들의 중력에 의해 이리저리 밀리고 목성의 조석력으로 가열된다. 이오는 활화산으로 덮여 있다. 에우로파에는 10킬로미터 두께의 얼음 아래에 80킬로미터 깊이의 물로 된 바다가 있다. 토성의 작은 위성인 엔켈라두스는 비슷한 이유로 남쪽의 얼음층 아래에 바다가 있고 수증기가 뿜어져 나오는 멋진 간헐천이 있다. 토성의 가장 큰 위성인 타이탄에는 얼어붙은 메탄의 강이 있다. 어두운 부분은 메탄과 에탄이 얼어 있는 곳이고 흰 부분은 물이 얼어 있는 곳이다. 해왕성의 얼음 위성인 트리톤에는 (아마도 질소를 쏟아내는) 멋진 간헐천들이 있다. 트리톤은 해왕성을 반대방향으로 회전하고 있다. 아마도 카이퍼 벨트 천체였다가 해왕성에 잡힌 것으로 보인다. 2010년까지 알려진 가장 큰 소행성들과 가장 큰 카이퍼 벨트 천체들도 그림에 보였다. 가장 큰 소행성인 세레스가 가장 먼저 발견되었다. 다음으로 큰 베스타는 철이 풍부하고, 오래전 다른 소행성과의 충돌로 표면이 날아간 것으로 보인다. 소행성들은 모두 바위로 이루어져 있다. 카이퍼 벨트 천체들은 얼음으로 이루어져 있다. 명왕성과 카론은 2010년에 예상된 모습으로 그려졌다. 밝기 변화는 서로가 서로를 가릴 때 알아낸 것이다. 에리스는 명왕성보다 약간 크게 그려졌다. 당시에는 그런 줄 알았기 때문이다. 하지만 2015년에 나아진 방법으로 측정해보니 에리스(지름 $2,326 \pm 12$km)는 명왕성(지름 $2,374 \pm 8$km)보다 약간 작았다. 카이퍼 벨트 천체들은 모두 우리의 달보다 작다.

지금까지 명왕성의 과학적 배경에 대해 이야기했다. 이제 우리의 이야기로 다시 돌아가 보자. 그래서 어떻게 되었을까? 사람들의 편지가 쏟아졌다. "명왕성이 행성으로 남으면 박물관은 명왕성의 모형을 만드는 비용이 들겠네요. 사람들은 새로운 포스터를 사야 하기 때문에 불평할지도 모르겠어요. 하지만 무슨 상관이에요? 겨우 3달러밖에 되지 않는데." 이것은 중학교 1학년이 보내온 편지다. "명왕성이 뭐가 문제인가요? 다르기 때문인가요? 그래서 명왕성을 행성으로 생각하지 않는 건가요? 그렇다면 그건 인종차별이에요." 인종차별?

또 다른 주제도 있다. "이제 선생님들은 행성이 8개라고 가르쳐야겠네요. 작년에는 9개라고 가르쳤는데 말이죠. 학생들, 특히 어린 학생들은 혼란스러울 거예요. 나는 행성을 수금지화목토천해명으로 기억하고 있었어요. 이것은 행성

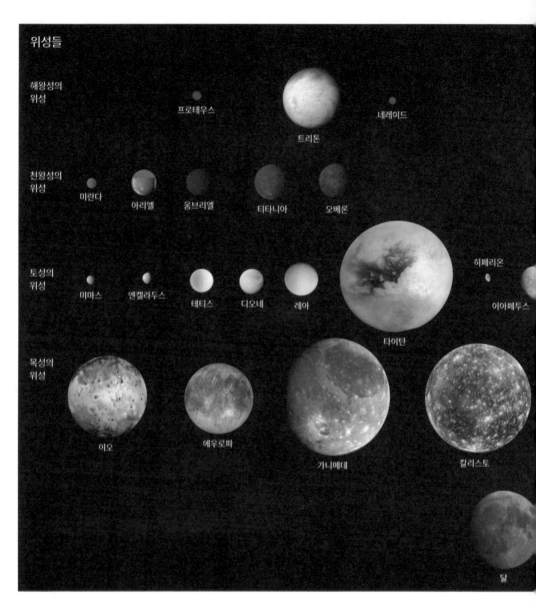

그림 9.4 (태양과 행성들을 제외한) 태양계 천체들. 지름이 254킬로미터보다 큰 것을 크기 비율로 보였다(지구는 비교를 위해 보였다). 출처: Richard Gott, Robert J. Vanderbei(*Sizing Up the Universe*, National Geographic, 2011)

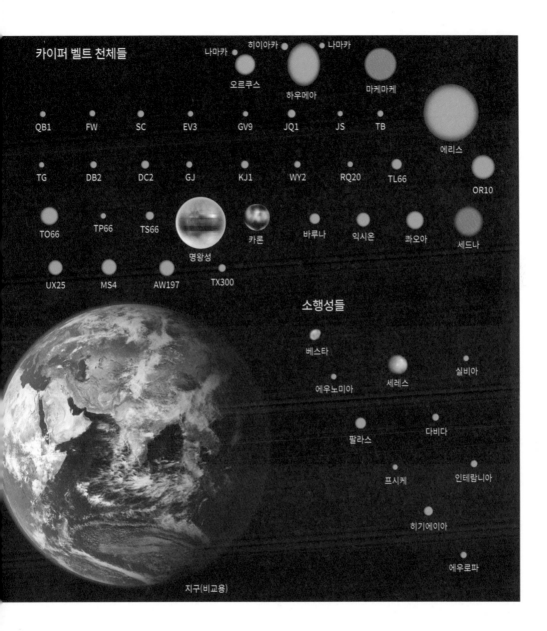

카이퍼 벨트 천체들

나마카　히이아카　나마카

오르쿠스　하우메아　마케마케

QB1　FW　SC　EV3　GV9　JQ1　JS　TB

에리스

TG　DB2　DC2　GJ　KJ1　WY2　RQ20　TL66

OR10

TO66　TP66　TS66　명왕성　카론　바루나　익시온　콰오아　세드나

UX25　MS4　AW197　TX300

소행성들

베스타

에우노미아　세레스　실비아

팔라스　다비다

프시케　인테람니아

히기에이아

에우로파

지구(비교용)

을 기억하는 데 아주 좋은 방법이에요. 이제 어떻게 가르쳐야 하죠? 나도 어리지만 어떻게 될지 알겠는데요."

　로즈 센터에서는 행성의 수를 세지 않는다. "태양에서 네 번째에 있는 행성이 무엇인가?"와 같은 시험문제는 없다. 여기에는 과학이 들어 있지 않다. 로즈 센터에서는 명왕성이 행성이 아니라고 말하지 않았다. 우리는 '행성'이라는 단어를 강조하지도 않는다. 우리가 말하는 것은 태양계에는 가족들이 있고, 그 가족들은—예를 들어 지구형 행성(수성, 금성, 지구, 화성)—다른 구성원들과 구별되는 공통의 성질들을 가지고 있다는 것이다. 소행성대는 작은 바위 천체인 또 하나의 가족이다. 기체 행성들의 가족도 있다. 카이퍼 벨트 천체들 역시 가장 안쪽에 있는 명왕성을 포함하여 모두 비슷한 성질을 가지고 있다. 이들은 또 다른 가족을 이룬다. 그리고 태양을 완전히 둘러싸고 있는 얼음 천체들의 구름이 있다. 혜성들이 모여 있는 오르트 구름이다. 우리는 태양 주위를 도는 천체들을 5개의 가족으로 나눈다. 이것이 우리의 교육 원칙이다. 중요한 것은 천체들이 어떤 공통점을 가지고 있느냐다. 3학년은 거대 기체 행성들이 크고 밀도가 낮다는 것을 배울 수 있다. 이것은 '밀도'라는 용어를 배우는 방법이기도 하다. 이들은 크고 기체로 되어 있다. 토성의 밀도는 물보다 낮다. 토성을 한 조각 잘라서 욕조에 넣는다면 물에 뜰 것이다. 나는 어릴 때 고무 오리보다는 토성 장난감을 원했다. 그게 훨씬 더 멋있다고 생각했다.

　나는 명왕성이 자기가 속한 카이퍼 벨트에서 더 행복해할 것이라고 생각한다. 명왕성을 행성으로 간주하면 그것의 기본적인 성질을 간과하게 된다. 명왕성을 지구의 위치에 가져오면 혜성처럼 꼬리가 만들어질 것이다. 이것은 확실히 행성의 행동은 아니다.

　명왕성의 작은 크기를 무시하기 전에 좀 겸손해져야 한다. 명왕성에 비해 지구가 큰 것보다 지구에 비해 목성이 더 크다(〈그림 9.3〉과 〈그림 9.4〉를 비교해보라). 만일에 목성에 사는 사람(혹은 다른 생명체)을 만나서 "태양계에는 몇 개의 행성이 있나요?"라고 묻는다면 뭐라고 대답할까. 4개라고 할 것이다. 그러면 당신은 되물을 것이다. "이런, 그럼 다른 행성들은? 지구랑……." 그러면 목성인은 이렇게 대답할 것이다. "그 돌덩어리들? 잔해들? 태양계의 방랑자들?" 그러니까 나의 주장은, 우리의 주장은, 명왕성을 제외하는 것은 단지 크기 때문이 아니라는 것이다. 더 중요한 것은 물리적인 성질과 궤도의 특징이다.

2005년 칼텍의 마이크 브라운Mike Brown과 그의 연구팀은 에리스라는 이름의 카이퍼 벨트 천체를 발견했다. 이것은 명왕성과 지름이 거의 같고 27퍼센트 더 무거웠다(〈그림 9.4〉). 에리스는 디스노미아라는 위성을 가지고 있어서 그 궤도를 이용하여 질량을 정확하게 측정할 수 있다. 에리스는 분명히 명왕성보다 무거웠다. 이것은 문제를 표면화시켰다. 명왕성이 행성이라면 에리스도 행성이어야 한다. 명왕성을 제외시키거나 에리스를 포함시켜야 한다. 이것을 공식적으로 결정하는 국제천문연맹International Astronomical Union, IAU은 2006년 모임에서 명왕성과 에리스 그리고 다른 카이퍼 벨트 천체들의 행성으로서의 지위를 투표로 결정하는 특별 회의를 열었다. 결과는? 명왕성은 행성이 아니라 왜소행성dwarf planet이 되었다. 이 소식은 전 세계로 퍼졌다. 교과서 집필자들도 알게 되었다. 행성이 되기 위해서는 (1)태양 주위를 돌아야 하고, (2)중력으로 정역학적 평형을 이루는 모양(거의 구형)이 될 정도로 충분히 무거워야 하고, (3)궤도의 다른 잔해들을 제거해야 한다. 명왕성은 세레스와 마찬가지로 세 번째 조건을 충족하지 못한다. 이들은 전체 질량이 자신들과 비슷한 정도의 다른 천체들과 같이 있기 때문이다. 마이크 브라운을 포함한 대부분의 천문학자들은 "다른 잔해들을 제거해야 한다"라는 말의 의미는 행성은 자신의 궤도에 있는 다른 천체들에 비해 질량이 월등히 커야 한다는 것이라고 설명한다. 목성도 사실 자신의 궤도의 60도 앞뒤에 있는 안정된 라그랑주 점Lagrange points에 모여 있는 5,000개가 넘는 트로이 소행성들과 같이 돌고 있다. 하지만 이 소행성들의 전체 질량은 목성질량에 비하면 미미할 뿐이다. 국제천문연맹은 목성을 강등시키지 않았다. 국제천문연맹은 태양계에는 8개의 행성이 있다는 것을 분명히 했다. 수성, 금성, 지구, 화성, 목성, 토성, 천왕성, 해왕성. 명왕성, 에리스, 세레스처럼 앞의 두 조

그림 9.5 뉴호라이즌 호가 2015년에 찍은 명왕성과 카론. 출처: NASA

건을 만족시키는 천체들은 '왜소행성'이라는 이름을 얻었다. 그러니까 로즈 센터는 6년 앞서서 명왕성을 강등시킨 것이다. 나는 이 과정을《명왕성 파일: 미국이 가장 좋아하는 행성의 흥망》(2009)이라는 책으로 썼다. 마이크 브라운은 에리스의 발견에 대한 매력적인 책《나는 어떻게 명왕성을 죽였고 왜 그래야만 했나》(2010)를 썼다. 우리는 이제 카론 이외에 더 작은 명왕성의 위성 4개를 발견했다. 에리스는 하나의 위성을 가지고 있고, (역시 국제천문연맹에 의해 왜소행성으로 지정된) 카이퍼 벨트 천체인 하우메아는 2개를 가지고 있다. 2006년 NASA는 명왕성을 향하여 뉴호라이즌 호를 발사했다. 여기에는 클라이드 톰보의 유해 일부가 실렸다. 이 탐사선은 2015년에 명왕성과 카론을 지나가며 두 천체가 함께 담긴 아름다운 사진을 찍었다(〈그림 9.5〉). 명왕성에서는 임시로 '톰보 지역'이라고 부르는 하트 모양의 얼음 지역을 볼 수 있고, 카론의 극지방에서는 비공식적으로《반지의 제왕》의 암흑지대인 '모르도르'라는 이름이 붙은 어두운 지역을 볼 수 있다. 명왕성은 이상 없다.

웰컴 투 더 유니버스

10

은하에서 생명체 찾기

우리는 살아있기 때문에 우주의 생명체에 특별한 관심을 가지고 있다. 우리가 우주를 살펴보며 어떤 별이 행성을 가지고 있는지, 이 행성에 생명체가 있는지 궁금하다면 우리가 알고 있는 생명체에서부터 질문을 해보는 것이 합리적이다. 지구의 생명체 말이다. 살아있는 생명체는 모두 공통적인 성질을 가지고 있는 듯 보인다. 우선 우리가 아는 생명체는 액체 상태의 물을 필요로 한다. 둘째, 생명체는 에너지를 소비한다. 화학 용어로 말하면 우리는 신진대사를 한다. 그리고 재미있는 부분으로 셋째, 생명체는 자신을 복제하는 방법을 가지고 있다. 나는 첫 번째에 집중할 것이다. 이것은 천체물리학의 방법과 도구로 알아볼 수 있는 것이기 때문이다. 우리가 해야 할 일은 액체 상태의 물을 찾아 우주를 뒤지는 것이다.

골디락스Goldilocks 이야기처럼 우리는 어떤 곳이 생명체가 살기에 너무 뜨겁거나, 너무 차갑거나, 꼭 알맞을 수 있다는 것을 알고 (이해하고) 있다. 태양을 보자. 우리는 태양이 특정한 광도를 가지고 있다는 것을 알고 있다. 태양에 가까이 다가가면 더 뜨거워지고 멀어지면 차가워진다. 생명체가 액체 상태의 물을 필요로 한다면, 태양에 너무 가까이 가면 물이 증발해버릴 것이다. 너무 멀리 가면? 얼어버릴 것이다. 이것은 액체 상태의 물을 가지기 위해서는 특정한 궤도 범위가 있다는 결론을 내리게 한다. 태양에 가까이 가면 수증기를, 멀리 가면 얼음을, 그 사이에서는 액체 상태의 물을 가지게 된다. 여기에 해당되는 이름이 있다. 거주가능지역habitable zone이다. 이 개념은 1960년대부터 반세기 이상 우리의 패러다임을 지배하고 있다. 별들은 광도에 따라 다른 크기의 거주가능지역을 가지고 있고, 이것은 우리에게 생각할 거리를 준다. 천체물리학자 프랭크 드레이크Frank Drake는 이 개념을 발전시켜 드레이크 방정식Drake Equation을 만들었다. 이것은 뉴턴의 법칙이 제공해주는 방정식과는 상당히 다른 방정식이다. 오히려 이것은 우주에 지적 생명체가 얼마나 있는지에 대한 우리의 무지를 알려주는 것이다.

드레이크 방정식을 알려주기 전에 우리가 생명체에 대해 알고 있는 모든 것에 기반하여 생명체는 행성을 필요로 한다는 것을 먼저 말해야겠다. 생명체는 별 주위를 도는 행성을 필요로 한다. 별이 있어야 하고, 행성이 있어야 하고, 지구의 생명체가 천천히 진화한 것을 생각하면 지적 생명체가 만들어지기 위해서는 수십억 년의 진화 시간이 필요하다. 그러므로 오래된 별이어야 한다. 모든 별이 오래 사는 것은 아니다. 10억 년을 살지 못하는 별도 있고, 1억 년도 살지 못하는 별도 있다. 가장 무거운 별은 1,000만 년도 살지 못하고 죽는다. 지구에서 일어난 상황으로 판단한다면 이런 별 주위에는 지적 생명체가 있을 가능성이 별로 없다. 우리는 오래된 별과 행성이 필요하다. 그냥 행성이 아니라 거주가능지역에 있는 행성이어야 한다.

이제 우리는 오래된 별과 거주가능지역에 있는 행성과 생명체, 그냥 생명체가 아닌 지적 생명체를 가진 행성을 찾아야 한다는 것을 알고 있다. 지구 역사의 대부분 시간 동안 '시아노박테리아'라는 미생물은 지구 대기를 크게 파괴해왔다. 사람들은 인류가 환경을 오염시키고, 오존 구멍을 만들고, 이산화탄소와 같은 온실기체를 방출한다고 불평한다. 하지만 우리가 미치는 영향은 30억 년 전에 시아노박테리아가 지구 대기에 미친 영향에 비하면 아무것도 아니다. 당시 지구에는 이산화탄소가 풍부했고 그 상태로 행복했다. 그런데 시아노박테리아가 나타나 이산화탄소를 먹어서 산소를 만들어내 대기의 화학성분과 균형을 완전히 바꿔놓았다. 지구는 산소가 풍부하고 이산화탄소가 거의 없는 대기를 가지게 되었다. 산소는 당시에 있던 많은 무산소성 유기체에게 독소였다. 온실기체인 이산화탄소가 줄어들자 온실효과가 감소하여 지구는 급격히 식기 시작했다. 당시에 환경운동이 있었다면 이렇게 항의했을 것이다. "지구에 해로운 산소 만들기를 중단하라!" 변화는 해롭기 때문이다. 지구는 여러 번에 걸쳐서 식고 얼어붙었다. 그러는 동안 태양은 수십억 년 동안 진화하면서 느리지만 꾸준히 더 밝아져 얼음 지구 시대가 끝났다. 결과적으로 대기의 산소는 인류를 포함한 다양한 동물이 나타날 수 있게 만들었다. 모든 변화가 모든 생명체에게 나쁜 것은 아니다.

우리는 소행성의 충돌을 걱정한다. 나는 이 일이 일어날 것이라고 예언한다. 언제일지 모르지만 일어날 것이다. 그리고 이것은 지구에 나쁜 일이 될 것이다. 지구에서 가장 최근에 있었던 큰 충돌을 생각해보라. 6,500만 년 전 소행성하나가 공룡을 멸종시켰다. 쥐 크기의 우리의 포유류 조상은 수풀 아래로 종종 걸음을 치다가 티라노사우루스를 비롯한 무서운 포식자들의 전채요리 역할을 주로 하면서 겨우 살아가고 있었다. 소행성 충돌의 여파로 티라노사우루스가 멸종하자 포유류는 좀 더 진취적으로 진화할 수 있게 되었다. 이런 사건은 결과적으로 우리가 지금 가지고 있는 사회와 문화를 만들어내는 일련의 사건들을 촉발시켰다. 무서운 공룡들을 사라지게 함으로써 우리에게 새로운 삶을 준 것이다. 그래서 나는 지구의 변화에 대해서 좀 더 전체적인 시각을 가지게 되었다.

이 이야기의 의미는 어떤 행성에 있는 생명체와 대화를 하려면 그것은 그냥 생명체라는 것만으로는 충분하지 않다는 것이다. 반드시 지적 생명체여야 한다. 사실은 그보다 더한 것이 필요하다. 뉴턴은 지적인 사람이다. 하지만 당신은 그와 은하계를 가로질러 대화할 수 없다. 그에게는 광활한 공간을 가로질러 신호를 보낼 수 있는 기술이 없다. 우리가 찾고 있는 지적 생명체는 우리가 관측을 하는 시기에 도착하는 신호를 보낼 수 있는 기술을 가지고 있어야 한다. 다시 말하면, 이들이 1,000광년 떨어진 곳에 있다면 이들은 정확하게 1,000년 전에 공간을 가로지르는 신호를 보냈어야 한다. 그래야 그 신호가 바로 지금 우리에게 도착한다. 스스로를 파괴할 수 있는 능력을 가진 기술에 대해 생각해보자. 어떤 자연현상보다 더 효과적으로 스스로를 파괴할 수 있는 기술이 무지하고 무책임한 사람들 손에 있다고 해보자. 서투른 힘으로 스스로를 파괴하는 데 걸리는 시간은 얼마나 될까? 100년 정도밖에 되지 않을 것이다. 그렇다면 우리는 은하계를 둘러보다가 행성이 별 주위를 도는 50억 년의 역사 중에서 100년 동안의 짧은 시기를 딱 맞게 볼 수 있을 정도로 운이 좋아야만 한다. 우주 펜팔을 할 수 있는 가능성은 더 줄어든다.

프랭크 드레이크는 이 모든 상황을 드레이크 방정식에 포함시켰다. 이것은 SETI라고 알려진 외계지적생명체탐색Search for Extraterrestrial Intelligence의 출발점이 되었다. 목표는 은하계에서 지금 우리가 통신할 수 있는 문명의 수 N_c를 측정하는 것이었다. 그는 여러 항의 곱으로 표현되는 방정식을 제안했다. 각 항은 현대 천체물리학으로 개별적으로 측정되는 값이다.

$$N_c = N_s \times f_{HP} \times f_L \times f_i \times f_c \times (L_c / \text{은하의 나이})$$

각 항의 의미는 다음과 같다.

- N_c = 현재 은하계에서 우리가 관측할 수 있는 통신 가능한 문명의 수
- N_s = 은하계의 별의 수. 약 3,000억 개
- f_{HP} = 거주가능지역에 행성을 가진 적당한 별의 비율. ~0.006
- f_L = 이 행성들에서 생명체가 등장하는 비율. 알 수 없지만 아마 1 근처

웰컴 투 더 유니버스

- f_i = 지적 생명체가 등장하는 비율. 알 수 없지만 아주 작을 것이다
- f_c = 항성간 통신기술을 개발할 지적 생명체의 비율. 알 수 없지만 아마 1 근처
- L_c = 통신 가능한 문명의 수명. 알 수 없지만 아마 은하의 나이 100억 년에 비하면 아주 작을 것이다

우리은하의 별의 수에서 시작하자. 약 3,000억 개다. 은하에 있는 모든 별이 (지적 생명체가 등장할 수 있을 정도로) 적당하지는 않을 것이므로 수명이 길고 거주가능지역에 행성을 가질 비율(f_{HP})을 곱해야 한다. 이것은 우리가 찾는 지적 생명체의 수를 줄일 것이다. 이 책이 출판될 시기에 150,000개가 넘는 별들을 열심히 조사한 결과 우리는 3,500개가 넘는 외계행성을 확인했다. 이것은 혁명적인 일이다.

별이 행성을 가지는 것은 보편적인 것으로 밝혀졌고, 많은 별들이 여러 개의 행성을 가지고 있었다. 행성을 가진 별들 중에서 우리는 거주가능지역에 있는 행복한 행성을 찾고 싶다. 우리는 자신의 별에 미치는 중력으로 외계행성을 발견할 수 있다. 외계행성이 일으키는 별의 시선속도의 변화를 관측한다. 가까이 있는 행성이 더 큰 중력을 미치므로 별의 시선속도에 더 큰 변화를 일으켜 더 쉽게 발견할 수 있다. 그러니 별에 가까이 있는 행성을 발견하기가 더 쉽지만 이런 행성들은 액체 상태의 물을 가지기에는 너무 뜨겁기 때문에 드레이크 방정식에 포함될 수 없는 행성이다. 외계행성을 찾기 위한 가장 큰 임무는 NASA의 케플러 우주망원경(당연히 요하네스 케플러의 이름을 딴 것이다)에 의해 수행되었다. 이것은 행성이 우리 시선방향으로 별 앞을 지나갈 때 별의 밝기가 약간 어두워지는 것을 관측하여 행성을 발견한다. 이것을 식 현상$_{transit}$이라고 부른다. 목성의 반지름은 태양의 약 10퍼센트이므로 투영된 면적(πr^2)은 태양의 1퍼센트가 된다. 그러므로 목성 크기의 행성이 태양과 같은 별 앞을 지나가면 별의 밝기가 1퍼센트 어두워진다. 반지름이 태양의 1퍼센트인 지구 크기

의 행성은 태양과 같은 별의 밝기를 겨우 0.01퍼센트만 어두워지게 만든다. 케플러 우주망원경의 임무는 지구와 유사한 행성을 찾는 것이기 때문에 원칙적으로는 이 정도 빛의 변화를 감지할 수 있을 정도로 충분히 정밀하긴 하지만 거의 한계에 가깝다. 케플러가 발견한 행성은 대부분 (우리가 알기로는 생명체가 살

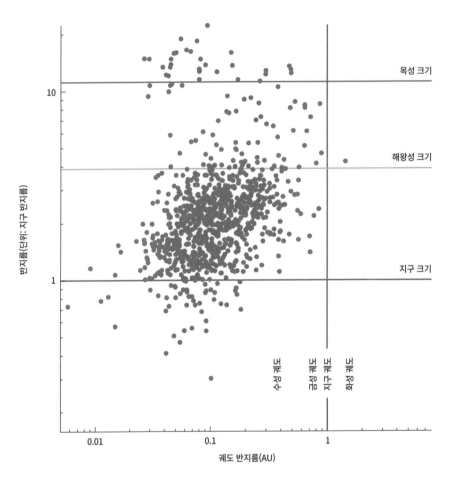

그림 10.1 2016년 2월까지 발견된 외계행성의 반지름과 별에서의 거리. 찍힌 점의 수는 1,100개 이상이고, 수직축은 반지름(지구 반지름 단위), 수평축은 별에서의 거리(AU 단위)다. 이 외계행성들은 별 앞을 지나갈 때 별빛이 약간 어두워지는 현상으로 발견한 것이다. 푸른색 선이 만나는 지점은 이 그래프에서 지구가 위치하는 곳이다. 출처: Michael A. Strauss, NASA

웰컴 투 더 유니버스

기에는 적합하지 않은) 목성이나 해왕성 정도 크기지만 지구와 비슷한 정도로 작은 행성들도 많이 발견했다. 〈그림 10.1〉은 케플러가 발견한 행성들이다. 수직축은 지구의 반지름을 단위로 한 행성의 반지름이고, 수평축은 행성의 궤도 반지름으로 단위는 AU다. 케플러가 발견한 행성은 대부분 태양과 같은 별의 주위를 돈다. 푸른색 선이 만나는 지점은 이 다이어그램에서 지구가 위치하는 곳이다. 우리는 이 지점 근처에 있는 외계행성을 찾고 있다.

식 현상은 행성이 별에 가까이 있을 때 더 잘 일어난다. 그래서 케플러가 발견한 행성은 대부분 생명체를 가지기에는 너무 뜨겁다. 행성이 거주 가능한 온도가 될 정도로 충분히 멀리 있다면, 우리가 식 현상을 볼 수 있는 정확한 방향으로 궤도를 가져야 하고 주기가 길기 때문에 식 현상이 자주 일어나지 않아서 발견할 가능성이 줄어든다. 지금까지 케플러가 발견한 행성 중에서 약 10개 정도만이 지구 반지름의 1~2배 범위에 있고 별에서 받는 복사의 양은 지구가 태양으로부터 받는 양의 4배 이내다. 발견한 숫자가 작은 것은 이런 행성을 식 현상 방법으로 발견하기가 어렵기 때문일 뿐이다.

그중 유력한 후보는 케플러 62e다(〈그림 10.2〉의 상상도 참고). 이것은 1,200광년 떨어져 있는 K형 별(케플러 62) 주위를 도는 5개의 행성 중 하나다. 별의 표면온도는 4,900K다. 행성 케플러 62e의 반지름은 지구의 1.61배고, 단위 면적당 받는 복사의 양은 지구가 태양으로부터 받는 양보다 겨우 20퍼센트 더 많다. 거주가능지역에 있는 것이 분명하다. 이것은 바위 행성이거나 표면이 바다로 덮인 얼음형 행성일 것으로 여겨진다. 이 행성계는 태양계보다 대략 25억 년 정도 더 오래되었다.

거주가능지역에 적당한 행성을 가지고 있는 별의 비율(f_{HP})은 얼마나 될까? 태양과 같은 G형 별은 우리은하에 있는 별의 약 8퍼센트를 이루고 있다. 이들은 생명체를 가지기에 적합하다. 태양이 그중 하나이기 때문이다. 태양보다 훨씬 더 밝은 별들은 연료를 너무 빨리 태우기 때문에 지구에서는 수십억 년이 걸린 복잡하고 지적인 생명체를 만들 수 있는 충분한 시간을 줄 수가 없다. 더 어두운 K형이나 M형 별들은 태양보다 훨씬 더 오래 살기 때문에 이 조건을 충분히 충족한다.

그런데 주계열의 M형 별은 광도가 너무 낮기 때문에 행성이 거주가능지역에 있으려면 별에 아주 가까이 있어야 하는데, 그러면 행성이 조석력으로 묶여서 언제나 한쪽 방향만 별을 향하게 된다. 조석력은 가까운 곳에서 더 강해진다. 이 조석력은 행성을 약간 타원형으로 만들고 행성의 자전 속도를 늦추어 결국에는 약간 길어진 쪽이 별의 방향을 향하면서 묶이게 만든다. (지구의 달은 이와 같은 이유로 언제나 한쪽면만 지구를 향하고 있다.) 행성은 아무 상관없겠지만 그 표면에 사는 생명체들은 상관있을 것이다. 항상 별을 향하는 방향의 표면은 너무 뜨거울 것이고 반대쪽 표면은 너무 차가울 것이다. 지구와 같은 대기는 차가운 쪽에서 얼어붙을 것이다. 뜨거운 쪽의 대기는 차가운 쪽으로 팽창하여 역시

그림 10.2 지구와 케플러 62e의 비교. 왼쪽이 지구, 오른쪽이 케플러 62e다. 케플러 62e는 상상도이지만 상대적인 크기는 정확하다. 궤도는 거주가능지역에 위치하고 있어 바다를 가지고 있을 수도 있다.
출처: PHL@UPRArecibo

웰컴 투 더 유니버스

얼어붙을 것이다. 이 과정은 계속 확대되어 결국에는 모든 대기가 차가운 쪽에서 얼어붙어 생명체가 살 수 없게 될 것이다. 유일한 희망은 행성의 대기가 공기를 순환할 수 있을 정도로 아주 두터워서 양쪽 면의 극단적인 온도 차이를 완화해주는 것이다. 이런 대기는 표면에서 매우 높은 압력을 가질 것이다. 더구나 M형 별은 태양과 같은 별에 비해 거대한 플레어가 훨씬 더 많은데 이것은 생명체에게 치명적일 수 있다. 이런 조건이 생명체의 존재를 불가능하게 만들지는 않겠지만, 생명체가 진화하기는 어렵게 만들 것이다.

이런 이유로 G형과 K형 별들이 가장 좋은 후보이고 이들은 우리은하에 있는 별의 20퍼센트를 차지하고 있다.

이런 별이 있을 때 거주가능지역에서 행성을 발견할 가능성은 얼마나 될까?

나는 지금 당신에게 우주에서 가장 아름다운 계산 하나를 보여주려고 한다. 하지만 판단은 스스로 해야 한다. 내가 보여주고 싶은 것은 이 계산에 사용되는 도구들이 얼마나 유용한가 하는 것이다. 태양은 광도를 가지고 있다. 지구도 역시 광도를 가지고 있다. 지구는 온도를 가지고 있고, 그 온도 때문에 주로 스펙트럼의 적외선 부분에서 복사를 방출한다. 이것을 흔히 열복사라고 부른다. 지구는 온도를 가지고 있기 때문에 그 온도에 해당하는 플랑크 곡선의 스펙트럼을 따라 복사를 방출한다. 지구의 전체 광도는 단위 면적 당 방출하는 에너지에 지구의 표면적을 곱한 것이다. 지구의 표면적은 $4\pi r_E{}^2$이고, 여기에 지구가 단위 면적 당 방출하는 에너지 $\sigma T_E{}^4$(열복사에 대한 슈테판-볼츠만의 법칙)를 곱하면 지구의 광도는 $L_E = 4\pi r_E{}^2 \sigma T_E{}^4$이 된다. 같은 방법으로 태양의 광도는 $L_S = 4\pi r_S{}^2 \sigma T_S{}^4$이 된다. 이제 태양의 광도 중 실제로 지구에 도착하는 양이 얼마가 되는지 알아야 한다. 지구의 온도는 변하지만 매우 안정적인 평균을 중심으로 변한다. 평형상태에서는 지구가 태양으로부터 받는 에너지는 지구 표면에서 방출되는 에너지와 균형을 이루어야 한다. 이것은 반드시 사실이어야 한다. 그렇지 않다면 지구는 우리가 관측하는 평균 온도를 유지하지 못하고 빠르게 뜨거워지거나 차가워져야 한다. 이 방정식은 앞에서도 보았지만 지금은 이것으로 새로운 목표를 달성할 것이다. 지구의 평형온도를 계산하는 것이다.

태양의 광도 L_S가 모두 지구에 도달하지는 않는다. 우리가 관심 있는 것은 태양에서 모든 방향으로 방출되는 전체 에너지가 아니라 지구에 도달하는 에너지다. 태양에서 나오는 모든 에너지는 지구 궤도 반지름(1AU)과 같은 크기의 반지름을 가지는 구의 표면을 지나간다. 우리는 이 전체 표면 중에서 지구가 막고 있는 비율이 얼마인지 알아야 한다. 지구에게 중요한 부분―지구가 막고 있는 부분―은 지구의 단면적과 같다.

태양의 복사가 지구에 도달하는 비율은 지구의 둥근 단면적 $\pi r_E{}^2$을 태양의 복사가 지나가는 반지름이 1AU인 큰 구의 표면적 $4\pi(1AU)^2$으로 나눈 $\pi r_E{}^2/4\pi(1AU)^2$이 된다. 그러므로 지구에 도달하는 전체 태양의 광도는 $L_S\pi r_E{}^2/4\pi(1AU)^2$이 되고 앞에서 구한 태양의 광도를 이용하면 $4\pi r_S{}^2\sigma T_S{}^4\pi r_E{}^2/4\pi(1AU)^2$이 된다. 지구가 평형상태라면 이 값은 지구가 방출하는 광도 $4\pi r_E{}^2\sigma T_E{}^4$와 같아야 하므로, $4\pi r_S{}^2\sigma T_S{}^4\pi r_E{}^2/4\pi(1AU)^2=4\pi r_E{}^2\sigma T_E{}^4$이 된다. 좌변의 $4\pi/4\pi$는 소거된다. 방정식의 양변에 나타나는 $\pi r_E{}^2$과 σ 역시 소거된다. 그러면 방정식은 $r_S{}^2T_S{}^4/(1AU)^2=4T_E{}^4$이 된다.

이제 우리는 지구의 평형온도 T_E를 구할 수 있다. 먼저 방정식을 다음과 같이 쓴다. $T_E{}^4=r_S{}^2T_S{}^4/4(1AU)^2$. 이것을 좀 더 예쁘게 보이게 하기 위해서 양변에 4제곱근을 취하면 다음 식이 된다.

$$T_{Earth}=T_{Sun}\sqrt{[r_{Sun}/(2AU)]}$$

이것은 이 방정식이 가질 수 있는 가장 단순한 모양이다. 그리고 이것이 바로 우리가 원하던 것, 지구의 온도를 알려주는 방정식이다. 공식에 숫자를 대입해보자. 태양의 반지름을 696,000km, 2AU=300,000,000km로 하자. 둘을 나눈 값은 0.00232가 되고 제곱근을 취하면 0.048이 된다. 태양의 온도 5,778K에 0.048을 곱하면 지구의 평형온도는 278K가 된다. 우리는 물이 어는점인 0℃가

273K라는 것을 안다. 그러므로 우리가 계산한 지구의 온도는 5℃가 된다. 지구의 평균 온도는 실제로 이 근처다. 하지만 잠깐. 내가 고려하지 않은 것이 있다. 나는 지구를 흑체인 것처럼 다루었다. 하지만 지구는 자기가 받는 에너지를 모두 흡수하지 않는다. 하얀 구름과 양극에 눈 덮인 얼음이 있다. 사실 지구는 도달하는 에너지의 40퍼센트를 반사해서 우주로 돌려보낸다. 이만큼의 에너지는 절대 지구가 흡수하지 않고 절대 지구의 온도에 기여하지 않는다. 이것을 고려하여 계산하면 지구의 평형온도는 내려간다. 실제 계산을 해보면 지구의 평형온도는 물이 어는점 아래로 내려간다. 그렇다. 당신은 제대로 읽고 있다. 태양에서 현재 거리의 우주공간에 있는 지구의 자연적인 평형온도는 물이 어는점보다 낮다. 그러면 지구에는 액체 상태의 물도 생명체도 없어야 한다. 하지만 지구에는 액체 상태의 물이 있고, 생명체도 넘쳐난다. 그러니까 뭔가가 온도를 높이고 있는 것이다. 추정할 수 있을 것이다. 바로 온실효과다. 지구의 표면에서 방출되는 적외선 복사는 곧바로 우주로 달아나지 않는다. 제2장에서 본 것처럼 대기에 흡수되어 대기를 가열한다. 대기에 잡힌 적외선 복사는 지구의 표면온도를 높인다. 지구의 대기에 의한 온실효과는 지구의 표면온도를 높인다. 지구의 온실효과는 지구에서 반사되는 효과를 거의 보완한다. 그래서 우리가 한 계산은 결국에는 거의 맞다.

우리의 멋진 방정식 $T_E = T_S \sqrt{[rs/(2AU)]}$을 보면 (특정한 반사율과 온실효과를 가지고 있는) 행성의 온도는 별에서의 거리의 제곱근에 반비례한다는 것을 분명하게 알 수 있다. 이 방정식은 특정한 행성의 거주가능지역의 안쪽과 바깥쪽 경계를 계산할 수 있게 해준다. 이 경계를 r_{min}과 r_{max}라고 하자. 행성의 거주가능지역 안쪽 경계, 별에서의 거리가 r_{min}에서는 물이 막 끓기 직전이다. 이 행성의 대기압이 지구와 같다면 물은 100℃ 혹은 373K에서 끓는다. 거주가능지역의 안쪽 경계에서는 행성의 표면온도가 373K가 된다. 물은 0℃ 혹은 273K에서 어는데 이곳이 거주가능지역의 바깥쪽 경계가 된다. 그러니까 거주가능지역의 안쪽 경계에 있는 행성은 바깥쪽 경계에 있는 행성에 비해 373/273배 만큼 더 뜨겁다. 그러면 거리의 비 r_{max}/r_{min}은 (373/273)의 제곱근인 1.87이 된다. 이 행성의 거주가능지역의 바깥쪽 경계는 안쪽 경계보다 87퍼센트밖에 크지 않다. 이것은 아주 좁은 범위다.

관측의 선택 효과를 보정한 케플러의 결과에 따르면 태양과 비슷한 별 (G형과 K형 별)의 약 10퍼센트가 지구가 받는 복사의 1/4에서 4배 사이를 받는 지구 크기의 행성(지구 반지름의 1배에서 2배 사이)을 가지고 있다. 그러니까 태양과 비슷한 별의 약 10퍼센트가 별에서 0.5AU에서 2AU 사이에 지구 크기의 행성을 가지고 있다. 이것은 별의 복사가 거리의 제곱근에 비례하여 줄어들기 때문이다. 2AU 거리에 있는 행성은 지구가 받는 복사의 1/4을 받고, 0.5AU 거리에 있는 행성은 4배를 받는다. 케플러 자료에 따르면 중심별에서 지구 크기의 행성들까지의 거리는 로그 스케일에 균일하게 분포되어 있다. 무슨 말이냐고? 0.5AU에서 2AU 사이에 있는 행성들 중에서 절반은 0.5AU에서 1AU 사이에, 나머지 절반은 1AU에서 2AU 사이에 있다는 말이다. 1AU는 0.5AU의 2배이고, 2AU는 1AU의 2배다. 같은 거리 비율 사이에는 같은 수의 행성이 있다는 말이다. 태양과 비슷한 별에서 0.5AU 거리에 있는 행성은 반사율이 높고 온실효과가 낮으면 거주 가능할 수가 있다. 하지만 만일 지구를 그곳에 놓는다면 바다가 끓어오를 것이다. 마찬가지로 지구를 2AU 거리에 놓는다면 바다가 얼어붙을 것이다. 하지만 반사율이 낮고 온실효과가 높은 행성을 그곳에 놓는다면 생명체를 유지할 수 있을 정도로 따뜻할 것이다. 특정한 반사율과 온실효과를 가진 행성의 거리 한계 비율 r_{max}/r_{min}은 1.87로 좁다. $1.87^{2.2} \approx 4$다. 즉 1.87을 2.2번 곱하면 4가 된다. 이것은 태양과 비슷한 별에서 0.5AU에서 2AU 범위를 모두 포함하는 값이다. 1.87배 범위 사이에 같은 수의 행성이 있다면, 0.5AU에서 2AU 사이에 지구 크기의 행성이 무작위로 분포하면 2.2분의 1의 확률(약 45%)로 r_{max}/r_{min} =1.87인 범위 사이에 존재할 수 있고, 이곳은 특정한 반사율과 온실효과에 대하여 거주 가능한 지역이다.

은하의 별 중 20퍼센트가 생명체에게 적당한 별—G형 또는 K형 별—이고, 그중 약 10퍼센트가 지구가 태양으로부터 받는 복사의 1/4에서 4배 사이의 복사를 받고, 그중 약 45퍼센트가 거주가능지역(특정한 반사율과 온실효과에서 표면에 액체 상태의 물을 가지는)에 있다면 $f_{HP} = 0.2 \times 0.1 \times 0.45 = 0.009$가 된다.

이 계산은 어렵긴 하지만 대단한 것이다. 우리는 생명체를 찾을 수 있는 위치를 수학과 천체물리학으로 알아낸 것이다.

하지만 행성이 생명체를 가진 후보가 되려면 다른 조건도 역시 만족해야 한다. 적당한 대기를 가져야 한다. 행성이 달처럼 작다면 중력이 너무 약해서 대기에 있는 분자들이 278K의 온도에서는 우주공간으로 달아나 행성은 대기를 잃게 될 것이다. 그래서 달에 대기가 거의 없는 것이다. 하지만 우리는 지금 지구 반지름의 1~2배인 행성을 이야기하고 있으므로 대기를 가지고 있을 것이 분명하다. 행성의 궤도가 너무 긴 타원이면 안 된다. 행성의 궤도가 이심률 e를 가지는 케플러 타원이면 별에서의 최대 거리 r_{max}와 최소 거리 r_{min}의 비율은 $r_{max}/r_{min} = (1+e)/(1-e)$이 된다. 그러면 $e = ([r_{max}/r_{min}]-1)/([r_{max}/r_{min}]+1)$이 된다. 행성의 궤도가 완벽한 원이면 $e = 0$이 된다. 타원이 길어지면 e는 1에 가까워진다. (혜성들의 경우가 대부분 그렇다.) 무슨 말을 하려는지 짐작이 될 것이다. 행성의 궤도가 $r_{max}/r_{min} > 1.87$이 될 수는 없다. 만일 그렇게 된다면 바다가 끓거나 얼어붙을 것이기 때문이다. 이것은 행성 궤도의 이심률이 반드시 $e < 0.30$이 되어 거주가능지역을 절대 벗어나지 않아야 한다는 말이다. 그렇지 않다면 소중한 액체 상태의 물이 끓거나 얼어붙어버릴 것이다. 만일 외계인을 만난다면 이렇게 말하라. "당신이 사는 행성의 궤도 이심률은 분명히 0.30보다 작을 겁니다." 아마 조금은 놀랄 것이다.

지구의 궤도 이심률은 $e = 0.017$이다. 이것은 우연이 아니다. 그래서 크게 변하지 않는 좋은 날씨를 가질 수 있는 것이다. 더 정확하게 말하면 우리가 작은 궤도 이심률을 가지는 행성에서 진화한 것은 우연이 아니다. 생명체를 찾는 데에는 다행하게도, 케플러 위성이 발견한 대부분의 지구와 비슷한 행성은 작은 이심률을 가지고 있다. 이들은 종종 여러 행성을 가진 행성계이고, 이런 경우 행성들 사이의 상호작용으로 궤도가 점점 원형이 되는 경향이 있다. 행성들은 서로 멀리 떨어진 상태로 있을 수 있는 궤도에 자리 잡기 때문이다. 케플러 위성은 여러 행성이 있을 경우 행성의 공전주기는 앞에 있는 행성보다 평균 2배 이상 크다는 사실을 발견했다. 케플러 제3법칙($P^2 = a^3$)을 이용하면 이런 경우 행성의 궤도는 앞에 있는 행성보다 평균 $2^{2/3}$, 즉 1.6배 이상 멀리 있다는 말이 된다. 이것은 특정한 행성의 거주가능지역의 r_{max}/r_{min} 범위인 1.87과 비슷하다. 운이 좋다면 이보다 더 가까이 있는 2개의 행성을 발견하거나, 안쪽에서 반사율이 높고 온실효과가 낮은 행성, 혹은 바깥쪽에서 반사율이 낮고 온실효과가 높은 행성을 찾을 수 있을 것이다. 하지만 평균적으로 우리는 하나의 별에서 최대 하나의 거주 가능 행성을 찾고 있다.

한때 쌍성계는 행성을 가지지 않을 것이라고 생각했다. 은하의 별들 중 절반 이상이 쌍성계이기 때문에 그렇게 되면 후보의 비율이 2배로 줄어든다. 그런데 케플러 위성은 쌍성계에서도 행성들을 발견했다. 0.1AU 떨어져서 서로를 돌고 있는 태양 2개의 태양형 별에서 $\sqrt{2}$AU =1.41AU 떨어져 있다면 거주가 가능하다는 말이다. 그러면 지구에서와 같은 양의 복사를 받는다. 그러면 하늘에는 두 개의 태양이 있게 된다(《스타워즈》 4편의 타투인 행성처럼). 두 별은 서로 단단히 묶여 있기 때문에 행성을 방해하지 않는다. 하지만 1AU 떨어진 태양형 별이 2개가 있다면 안정적인 행성 궤도를 유지할 수 있는 거주 가능 장소를 찾기가 매우 어려울 것이다. 행성에 중력을 크게 미치는 별이 이 별에서 저 별로 계속 바뀔 것이기 때문이다. 그런데 두 태양형 별이 10AU 이상 떨어져 있다면 다시 괜찮아진다. 그중 하나의 별을 1AU 거리에서 돌고 나머지 별은 멀리서 보면 되기 때문이다. 그렇게 멀리 있으면 그 별은 행성의 궤도를 불안정하게 만들지 않고 너무 뜨겁게 만들지도 않을 것이다. 혼자 있더라도 무거운 별 옆은 좋지 않다. 그 별은 지적 생명체가 진화할 시간이 되기 전에 적색거성이 되어 죽을 것이기 때문이다.

이 3가지 추가적인 요소들―대기, 이심률, 쌍성 문제―은 각각 거주가능 지역에 행성을 가지는 별의 가능성을 낮추지만 모구 합쳐도 f_{HP}를 2배 이상 낮추지는 않을 것이다. 그래서 나는 f_{HP}를 0.009에서 0.006으로 조금만 낮추겠다.

프랭크 드레이크가 이 방정식을 처음으로 만들었던 1960년대에는 다른 별 주위를 도는 단 하나의 행성도 발견하지 못했을 때였다. 그러므로 f_{HP}는 그저 추측일 뿐이었다. 하지만 이제 우리는 계산을 더 정확하게 만들어줄 자료를 가지고 있다. 이것이 이 방정식을 유용하게 만들어줄 수 있는 방법이다. 자료를 이용하여 항의 값을 구할 수 있는 것이다.

$f_{HP} \sim 0.006$이라는 결과는 고무적이다. 이것으로 무엇을 할 수 있는지 살펴보자. 가장 가까이 있는 별은 4광년 떨어져 있다. 10배 더 멀리가면 40광년이다. 반지름 40광년의 구는 반지름 4광년의 구보다 부피가 1,000배 더 크고, 별은 1,000배 더 많을 것이다. $f_{HP} \sim 0.006$이라면 우리는 이 반지름 안에 적어도 6개의 거주 가능한 행성이 있다고 기대할 수 있다. 그렇다. 태양에서 40광년 이내에 다른 별 주위를 도는 거주 가능한 행성이 있을 수 있는 것이다! 이것은 〈스타 트렉〉 첫 번째 시즌의 TV 신호가 빛의 속도로 퍼져나갔다면 표면에 액체 상태의 물을 가지고 있는 다른 거주 가능한 행성을 이미 쓸고 지나갔을 수 있다는 것을 의미한다.

1970년대에 영국행성간학회British Interplanetary Society는 성간 탐사선의 가능성을 알아보는 다이달로스Daedalus라는 프로젝트를 수행한 적이 있다. 이 프로젝트는 높이 190미터에 2층으로 되어 있고 50,000톤의 중수소와 헬륨-3을 이용한 핵융합 반응으로 가동되는 탐사선을 구상했다. 이것은 우주비행사들을 달로 보낼 때 사용했던 새턴V 로켓보다 2배 더 크고 16배 더 무거운 것이었다. 이 거대한 핵융합 로켓은 빛의 속도의 12퍼센트의 속도를 만들어낼 수 있고, 2개의 5미터 광학망원경과 2개의 20미터 전파망원경을 포함한 500톤의 과학장비를 탑재할 수 있다. 이 탐사선이 40광년을 가는 데에는 333년이 걸릴 것이다. 여기에서 보내는 신호가 지구에 도착하는 데에는 40년이 걸리므로 신호를 받는 데에는 총 373년이 걸릴 것이다.

　더 좋은 것은 같은 크기의 로켓에 물질과 반물질 연료를 사용하는 것이다. 기술적으로는 상당히 어렵겠지만—물질과 반물질이 엔진 안에서 만나기 전까지 잘 분리해두어야 하므로—이것은 아인슈타인의 방정식 $E=mc^2$에 따라 질량의 100퍼센트를 에너지로 만들 수 있다. 이것은 중수소와 헬륨-3이 융합하여 수소와 헬륨-4를 만들면서 연료의 겨우 0.5퍼센트만을 에너지로 바꾸는 핵융합 과정보다 훨씬 더 효율적이다. 물질-반물질 연료를 이용하는 같은 크기의 로켓은 10명의 우주비행사를 태우고 40광년 떨어진 곳에 있는 거주 가능한 행성에 도착할 수 있다. 로켓은 물질-반물질 연료를 이용하여 4.93년 동안 $1g$(9.8m/sec^2, 지구 표면에서 받는 중력가속도)로 가속하기 시작할 것이다. 그러면 지구에서처럼 우주선에서 움직일 수 있기 때문에 우주비행사들에게는 아주 좋을 것이다. 그러면 우주선은 빛의 98퍼센트 속도에 이르게 된다. 그리고 32.65년 동안 빛의 98퍼센트 속도를 유지하다가 로켓의 방향을 바꿔 4.93년 동안 $1g$로 감속한다. 우주비행사들은 발사 42.5년 만에 별에 도착한다. 아인슈타인의 상대성이론에 의한 효과 때문에(리처드 고트가 17장과 18장에서 자세히 설명할 것이다) 빛의 속도에 가깝게 여행하는 우주비행사들은 지구에서 42.5년이 지나는 동안 나이를 11.1년밖에 먹지 않는다. 물질-반물질 기술을 개발하는 데 추가로 200년이 더 걸리더라도 물질-반물질을 연료로 하는 우주선은 핵융합 로켓을 앞지를 수 있다.

　이 모든 계산이 쓸모가 있으려면 먼저 거주 가능한 행성을 찾아야 한다. 40광년은 12파섹이다. 40광년 거리에 있는 별에서 1AU 떨어진 행성은 우리가 하늘에서 보기에 별에서 1/12각초 떨어져 있는 것으로 보인다. 지름 2.4미터인 허블 우주망원경은 이미 0.1각초의 해상도를 가지고 있다. 직경 12미터 우주망원경의 해상도는 1/50각초가 될 것이다. 별빛이 퍼지는 효과를 최소화하도록 설계된 특별한 빛 가리개로 밝은 별의 상을 막으면 원칙적으로 별에서 1/12각초 떨어진 행성을 볼 수 있다. 지금 제작되고 있고 2018년에 발사될 예정인 제임스 웹 우주망원경은 여러 개의 거울로 직경 6.5미터를 만든다(제임스 웹 우주

웰컴 투 더 유니버스

망원경의 발사는 2021년으로 연기되었다—옮긴이 주). 그 이후의 다음 세대 우주망원경은 40광년 거리의 거주가능지역에 있는 지구와 비슷한 행성을 발견하고 사진을 찍을 수 있을 것이다. 식물 때문에 초록색일 수도 있고, 바다 때문에 푸른색일 수도 있다. 우리는 스펙트럼을 관측하여 광합성의 부산물로 생명체의 증거인 산소가 있는지 알아낼 수도 있고, 생명체가 존재하는 것을 알려주는 화학작용을 발견할 수도 있다.

은하에 있는 별의 수(3,000억)에 f_{HP}(0.006)를 곱하고 잠시 계산을 멈춰보자. 거주가능지역에 있는 행성의 수는 18억이라는 수가 나온다. 이것은 아주 큰 수다. 하지만 이것이 전부는 아니다. 거주가능지역에 있는 행성들 중에서 우리는 생명체를 가지고 있는 비율 f_L을 찾아야 한다. 하지만 그냥 생명체가 아니라 지적 생명체여야 한다. 생명체가 있는 행성들 중에서 지적 생명체를 가진 행성의 비율 f_i는 어떻게 될까? 조만간 다시 이 항들을 다루도록 하겠다.

이제 우리가 해야 할 것은? 지금까지 우리는 수명이 긴 별의 주위를 돌고 거주 가능한 지역에 있으며 지적 생명체를 가진 행성의 비율과, 성간을 가로질러 통신을 할 수 있는 기술을 개발한 비율 f_c를 다루었다.

드레이크 방정식의 마지막 항은 우리가 지금 관측할 수 있는 시기에 통신을 할 수 있는 문명의 비율이다. 이것은 은하의 나이 중에서 그들이 '켜져' 있는 시간의 비율이다. 우리은하를 무작위로 관측한다면 우리는 갓 태어나거나 중년이거나 늙은 행성들을 무작위로 볼 수 있을 것이다. 은하가 존재하는 동안의 무작위 시간에 통신이 가능한 시기의 행성을 발견할 비율은 전파통신이 가능한 문명이 지속되는 평균 시간을 은하의 나이로 나눈 것과 같다. 이것이 우리의 마지막 값이다. 이 모든 비율을 원래의 별의 수에 곱하면 우리가 지금 신호를 받을 수 있는 문명의 수인 N_c를 얻게 된다.

여기에는 드레이크 방정식의 핵심과 본질이 포함되어 있다. 이 항들 중 몇 개는 우리가 잘 알고 있다. 예를 들어 수명이 긴 별의 비율은 HR 다이어그램과 주계열성에 대한 이해에 기반하여 잘 안다. 그리고 행성들도 많이 발견했다. 지금까지는 아주 좋다. 이 행성들 중 얼마만큼의 비율이 지구 크기이며 거주가능지역에 위치할까? 우리는 이것을 케플러 위성에서 얻은 통계로 계산했다. 지금까지는 아주 순조롭다.

우리는 거주가능지역에 대한 논의에서 약점도 발견했다. 목성의 위성인 에우로파는 10킬로미터 두께의 얼음층 아래에 80킬로미터 깊이의 액체 상태의 물로 된 바다를 가지고 있다. 앞에서도 이야기했지만 에우로파의 바다는 지구의 모든 바다보다 더 많은 물을 가지고 있다. 하지만 에우로파는 태양의 거주가능지역보다 훨씬 더 바깥쪽에 있다. 이것은 어떻게 따뜻해졌을까? 에우로파는 다른 3개의 큰 위성과 함께 목성의 주위를 돈다. 이 위성들은 뉴턴의 법칙에 따라 에우로파의 궤도에 영향을 주어 에우로파를 목성에 가까이 다가가게도 하고 더 멀어지게도 한다. 에우로파가 목성에 가까이 다가가면 목성의 조석력이 이 불쌍한 위성을 좀 더 길쭉한 모양으로 만든다. 이런 과정이 지속되면 에우로파는 가열이 되어 얼음이 녹아 액체 바다가 유지된다. 누군가가 자금을 대어 에우로파로 탐사선을 보내 얼음층을 뚫고 얼음낚시를 해볼 필요가 있다. (플루토늄으로 열을 내어 얼음을 녹이고 들어갈 수 있는 작은 탐사선으로 가능하다.) 뭐가 나올지 보라. 만일 그곳에서 생명체가 발견된다면 우리는 이들을 '유럽인European'이라고 불러야 한다! 토성의 위성인 엔켈라두스 역시 얼음층 아래에 바다를 가지고 있다. 그러니까 별에 의해 가열되는 행성만으로 f_{HP}를 계산했다면 거주가능지역에서 훨씬 바깥쪽에 있지만 액체 상태의 물을 가지고 있는 에우로파와 같이 조석력으로 가열되는 위성을 고려할 수 있는 합리적인 방법을 찾아 계산에 포함시켜야 한다. 우리는 거주가능지역에 대한 개념을 좀 더 확장해야 한다.

거주 가능한 지역에서 생명체가 존재하는 비율 f_L은 어떻게 될까? 우리가 가진 유일한 자료는 지구다. 생물학자들은 지구 생명체의 다양성을 강조한다. 하지만 나는 우리가 만일 외계생명체를 만난다면 그것은 지구상의 어떠한 두 종이 서로 다른 것보다 더 다르지 않을까 생각한다.

지구에 있는 생명체는 얼마나 다양할까? 한번 생각해보자. 작은 박테리아

웰컴 투 더 유니버스

가 여기 있고 더 작은 바이러스가 저기에 있고, 해파리, 바닷가재, 북극곰이 있다. 또 다른 예도 있다. 당신은 지구에 가본 적이 없는 사람인데, 누군가 지구를 방문한 다음 흥분해서 이렇게 말한다. "정말 이상한 생명체를 봤어. 얘들은 적외선을 탐지해 먹이를 찾아. 팔도 다리도 없지만 먹이를 쫓아가서 잡는 무시무시한 포식자야. 더 놀라운 게 뭔지 알아? 자기 머리보다 5배나 더 큰 먹이를 먹을 수 있어." 그러면 당신은 대답할 것이다. "뻥치지 마." 그런데 지금 내가 설명한 것이 무엇일까? 뱀이다. 뱀은 팔도 다리도 없지만 살아가는 데 아무런 문제가 없고 턱을 크게 벌려서 자기 머리보다 더 큰 먹이를 먹는다.

또 뭐가 있을까? 참나무와 사람이다. 내가 말하고자 하는 것은 이런 다양성이 결국에는 같은 행성에 존재한다는 것이다. 우리는 좋든 싫든 같은 DNA를 공유하고 있다. 지구상의 모든 생명체는 다른 생명체와 몇 퍼센트의 DNA를 공유하고 있다. 우리는 모두 화학적 · 생물학적으로 연결되어 있다.

지구의 나이는 46억 년이다. 태양계 초기에 남은 잔해들이 행성의 표면에 쏟아졌다. 엄청난 에너지를 가지고 있는 큰 바위와 얼음들이 비처럼 떨어졌다. 운동에너지가 열로 바뀌어 바위 행성들의 표면을 녹이고 불모지대로 만들었다. 이것은 약 6억 년 동안 계속되었다. 지구에서 생명의 시계를 작동시키려면 46억 년 전에 시작하는 것은 공정하지 않다. 그때의 지구 표면은 생명체에게는 너무나 불리한 곳이었기 때문이다. 생명체가 얼마나 빨리 만들어지는지를 보려면 여기에서 시작하면 안 되고, 지구의 표면이 충분히 식어 액체 상태의 물과 복잡한 분자들이 만들어질 수 있게 된 약 40억 년 전에 시작해야 한다. 여기에서 스톱워치를 작동시켜야 한다.

예전에는 운동을 할 때 위쪽에 있는 버튼을 누르면 시계가 작동을 시작하고 버튼을 다시 누르면 멈추었기 때문에 스톱워치라고 불렀다. 일요일 밤에 방송되는 CBS 뉴스 프로그램 〈60분〉을 보면 시작할 때와 끝날 때 아직도 이 시계를 사용하고 있다. 이것은 음악 이외의 다른 것을 오프닝 테마로 사용하는 유일한 TV 프로그램이다. 스톱워치의 재깍거리는 소리 말이다.

40억 년 전에 스톱워치를 작동시키면 2억 년 후에 지구에서 최초의 생명체의 증거를 볼 수 있을 것이다. 우리는 38억 년 전 시아노박테리아의 증거를 가지고 있다. 수명이 긴 별 주위의 거주 가능한 지역에서 행성이 생명체를 가질 비율은 상당히 높을 것이다. 우리 행성에서는 최초의 생명체가 나타나는 데에는 가능한 시간 중에서 아주 짧은 시간밖에 걸리지 않았기 때문이다. 우리는 아직 이 과정이 어떻게 일어났는지 모른다(이것은 생물학의 최고 연구 주제로 남아 있다). 하지만 최고의 과학자들이 이것을 연구하고 있다고 확실하게 말할 수 있다. 우리는 이것이 전체 40억 년 중에서 약 2억 년 밖에 걸리지 않았다는 것을 알고 있다. 자연에서 생명체가 만들어지는 것이 오래 걸리고 어려운 일이라면 지구에서 생명체가 만들어지는 데 10억 년 혹은 어쩌면 수십억 년이 걸렸을 것이다. 하지만 그렇지 않다. 수억 년 밖에 걸리지 않았다. 이것은 드레이크 방정식에서 f_L이 상당히 높을 것이라는 자신감을 준다. 거의 1에 가까울 것이다.

물론 우리는 우리가 아는 형태의 생명체로 제한하고 있다. 우리는 이것을 다른 방법으로 어떻게 생각해야 할지 자신할 수 없다. 우리는 우리가 알지 못하는 생명체에 대해서 이야기할 수는 있을 것이다. 하지만 그러기에는 고려해야 할 것이 너무 많다. 그들은 7개의 다리와 3개의 눈, 2개의 입을 가지고 플루토늄으로 만들어졌을 수도 있다. 외계생명체는 우리가 모르는 형태일 수 있지만 우리는 올바른 질문을 찾아내기가 어렵다. 이것은 철학적인 것이 아니라 실용적인 문제다. 우리는 생명체의 예를 알고 있다. 우리다. 이것은 하나의 예이지만 실존하는 증거로 이루어져 있다. 당신은 뭔가가 존재한다는 것을 증명하려고 하고 셀카 화면에서 당신을 바라보고 있는 하나의 예를 가지고 있다. 증거는 이미 존재한다. 그러니까 그곳에서 시작하여 방법을 찾아보자. 우리는 우리가 우주에 아주 흔한 원자들로 이루어져 있다는 것도 알고 있다.

〈스타 트렉〉 오리지널 시리즈에서 엔터프라이즈 호 대원들은 탄소가 아니라 규소에 기반한 생명체를 만난다. 우리는 탄소에 기반한 생명체지만 우주에는 규소도 매우 흔하다. 〈스타 트렉〉에서 규소 생명체는 기본적으로 작은 돌무

웰컴 투 더 유니버스

더기이며 뒤뚱거리며 움직인다. 여기에는 창의적인 스토리텔링이 적용되었다. 〈스타 트렉〉 제작진들은 대원들이 은하에서 찾을 수 있는 생명체의 패러다임을 확장하려고 시도한 것이다. 규소는 주기율표에서 탄소 바로 아래에 있다. 당신은 아마 화학시간에 같은 열에 있는 원소들은 전자의 궤도 구조가 비슷하다는 것을 배웠을 것이다. 전자의 궤도 구조가 비슷하면 다른 원소들과 비슷하게 결합할 수 있다. 탄소 기반 생명체가 이미 존재한다면 규소 기반 생명체를 생각하지 못할 이유가 있을까? 원칙적으로는 아무런 문제가 없다. 하지만 실질적으로는, 우주에는 탄소가 규소보다 10배 더 많다. 그리고 규소 분자는 단단하게 묶인 상태로 있는 경향이 있어서 생명체에서 일어나는 화학작용의 세계에는 별로 적합하지 않다. 이산화탄소는 기체지만 이산화규소는 고체(모래)다. 그리고 우리는 우주공간에서 길게 이어진 탄소분자를 발견하기도 했다. 예를 들어 이런 것이다. $H-C\equiv C-C\equiv C-C\equiv C-C\equiv N$ (단일결합과 삼중결합으로 이루어져 있다). 아세톤$(CH_3)_2CO$, 벤젠C_6H_6, 아세트산CH_3COOH을 비롯한 많은 탄소분자들이 우주공간에 돌아다니고 있다. 기체구름들이 이 분자들을 스스로 만들어냈다. 러브조이 혜성에서는 알코올 기체가 뿜어져 나오는 것까지 발견되었다. 규소는 이런 복잡한 분자들을 만들지 못하기 때문에 탄소에 비해 화학적으로 훨씬 흥미가 덜하다. 그러므로 화학에 기반하여 생명체를 만든다면 해답이 되는 원소는 탄소다. 여기에는 의심의 여지가 없다. 은하에서 어떤 생명체가 만들어지든 생김새는 같지 않더라도 화학성분은 비슷할 것이라고 추정할 수 있다. 탄소는 우주에 풍부하고 결합성이 뛰어나기 때문이다.

지구는 태양계에서 생명체가 만들어진 하나의 예다. 그래서 나는 $(f_L)\sim$ 0.5라는 값에 충분히 만족한다. 이것은 0과 1의 중간이고, 확실하지 않은 반반의 가능성이다. 다음은? 수명이 긴 별의 거주가능지역에 있는 행성이 그냥 생명체가 아니라 지적 생명체를 가지고 있는 비율이다. 이것은 그렇게 좋아 보이지 않는다.

지구에서 지능을 측정한다면 어떤 방법을 사용하든 인간이 최고에 위치할 것이다. 큰 뇌가 중요한 것으로 보이고, 우리는 큰 뇌를 가지고 있다. 하지만 코끼리와 고래의 뇌는 훨씬 더 크다. 그러니까 그냥 크기만 중요한 것은 아닌 것 같다. 아마도 비율이 중요할 것이다. 몸의 질량에 대한 뇌의 질량비 말이다. 아마도 이것이 지능을 결정하는 것 같다. 인간은 동물의 왕국에서 몸에 비하여 가장 큰 뇌를 가지고 있다. 우리가 지능을 정의하고 스스로를 최고의 위치에 놓는다. 그런데 우리의 자만심이 다른 방법으로 생각하는 것을 방해하고 있을 수도 있다. 일단 우리가 지능이 있고 지능을 예를 들어 대수학을 할 수 있는 능력으로 정의해보자. 지능이 이런 식으로 정의된다면 우리는 지구에서 유일하게 지능이 있는 종이다. 돌고래가 물속에서 대수학을 하지는 않는다. 돌고래의 행동이 아무리 복잡하고 사려 깊다고 해도 대수학을 하지는 않는다. 역사상 우리를 제외한 어떤 종도 대수학을 한 적이 없으므로 우리만이 지능이 있다. 대화에 대해서도 이런 식으로 정의를 해보자. 우리가 대화를 할 수 있는 생명체를 찾는다면 영어가 아니라 범우주적인 언어를 사용할 것이다. 그것은 과학의 언어이자 수학의 언어가 될 것이다.

지능이 종의 생존에 중요하다면 그런 모습이 화석 기록에 좀 더 자주 나타나야 한다고 생각하지 않는가? 그런데 그렇지 않다. 지능이 생존에 정말로 중요한 것이 아니기 때문이다. 지구에 다시 대멸종이 일어난다면 바퀴벌레와 쥐는 살아남겠지만 우리는 멸종할 것이다. 그때까지 우리의 지능은 우리에게 좋은 일을 많이 했을 것이다.

지금은 우리의 지능이 이런 운명을 피할 수 있게 해줄 수도 있다. 프랭크 카섬이 그린 《뉴요커》지의 만화에 이런 것이 있다. 거대한 두 공룡이 대화를 나눈다. "내가 하고 싶은 말은 바로 지금이 소행성을 피할 수 있는 기술을 개발해야 할 때라는 거야." 우리가 알다시피 그러는 동안 그들을 영원히 사라지게 만들 소행성이 다가오고 있었다. 우리는 우주로 나가 소행성이 우리를 파괴하기 전에 방향을 바꾸어 우리 종의 수명을 연장하는 데 우리의 지능을 이용할 수도 있다. 우리가 NASA에 그런 일을 할 돈을 준다면 말이다. 하지만 그것이 유일한 위협은 아니다. 예상하지 못한 질병의 위협도 있다. 미국의 느릅나무에 일어난 일을 보자. 뉴잉글랜드의 대부분의 느릅나무가 느릅나무좀이 옮긴 곰팡이 때문에 죽었다. 이와 비슷한 것이 우리를 공격한다고 생각해보자. 악성의 플루 바이러스는 충분히 이런 일을 일으킬 수 있다.

지능은 생존을 보장해주지 못한다. 하지만 시각은 아주 중요해 보인다. 시각 조직은 많은 동물 종에서 자연선택되어 진화했다. 사람의 눈은 파리의 눈과 구조적으로 아무런 공통점이 없고 파리의 눈은 바다 가리비의 눈과 아무런 공통점이 없다. 눈을 만드는 최초의 유전자는 단 하나밖에 없는 것처럼 보이지만 이런 다른 종류의 눈들은 서로 다른 진화의 경로를 따라 등장했다. 시각은 생존에 매우 중요한 것이 틀림없다. 움직일 수 있는 운동능력은 어떨까? 단풍나무는 움직일 수 있는 다리는 없지만 씨앗에는 작은 날개가 달려서 바람에 의해 멀리 날아갈 수 있다. 운동능력은 중요해 보인다. 이것을 위한 너무나 많은 방법이 있기 때문이다. 뱀은 미끄러지듯 나아가고, 바닷가재는 걷고, 해파리는 추진력을 이용하고, 박테리아는 편모를 이용한다. 많은 곤충과 대부분의 새는 날 수 있다. 사람들은 걷고 달리고 헤엄치고, 자동차, 기차, 배, 비행기, 우주선을 탄다. 우리는 정말 많이 움직인다. 그런데 우리는 지구에서 대수학을 할 수 있는 유일한 종이다. 이것은 지능이 생명의 나무에서 필연적인 결과라고 생각하기 어렵게 만든다. 진화생물학자인 스티븐 제이 굴드Stephen Jay Gould도 비슷한 관점을 보였다. 결국 f_i는 아주 작을 것이다. $f_i < 0.1$로 놓지만 이보다 훨씬 더 작은 값일 수도 있다. 이것은 SETI 연구소에서 일하는 나의 동료들과는 다른 의견이다. 그들은 f_i값이 상당히 크기를 원한다. 아니면 그들이 뭘 찾을 수 있겠는가? 그들은 박테리아와 이야기하려는 것이 아니다.

지능이 진화했다면 기술은 필연적이다. 나는 $f_c \sim 1$로 놓아도 된다고 생각한다. 대수학을 할 수 있다면 호기심을 가진 뇌가 있고 삶을 더 편하게 만들고 휴가를 가지고 여가를 즐기기를 원할 것이다. 그러므로 지적 생명체가 기술을 개발하는 비율은 높을 것이다. 결국 우리가 알고 있는 대수학을 하는 유일한 종이 성간 거리의 통신을 할 수 있는 기술도 개발했다. 그런데 기술이 우리 스스로를 멸망시킬 씨앗을 가지고 있다면 어떻게 될까? (예를 들어 서로를 죽이고 우리 행성을 파괴할 수 있는 아주 똑똑한 방법을 찾아내는 것이다.) 그렇다면 안됐지만 소통 가능한 문화의 지속시간은 은하의 나이에 비해 아주 작을 것이다. 리처드 고트는 이 책의 마지막 장에서 코페르니쿠스의 원리에 기반한 주장을 하면서(전파통신 문명의 시민들 속에서 당신의 위치는 특별하지 않다는 것이다) 전파통신 문명의 평균 지속시간은 12,000년 이내일 것이라고 제안한다. 이것을 은하의 나이로 나누면 아주 작은 값이 된다.

핵심은 최종적으로 가장 적합한 수를 드레이크 방정식에 넣어서 통신 가능한 문명의 수가 얼마나 될지 알아내는 것이다. 이 방정식의 항들만 분석하는 책들도 있다. 이것이 우리가 생명체를 찾는 데 대한 생각을 정리한 것이다.

드레이크 방정식은 칼 세이건과 그의 아내 앤 드리앤Ann Druyan 원작의 1997년 영화 〈콘택트Contact〉에 카메오로 등장했다. (나는 최근에 앤 드리앤과 1980년 오리지널 시리즈의 작가 스티븐 소터Steven Soter와 함께 〈코스모스〉의 새로운 버전에 출연했다.) 〈콘택트〉는 외계인을 실제로 묘사하는 것을 현명하게 피했다. 그들이 어떻게 생겼을까? 그들은 어떻게 생겨야 할까? 우리는 모르기 때문이다. 1950년대의 B급 영화들은 언제나 외계인을 연기하는 사람이 있고, 다른 행성에서 온 모든 외계인들은 하나의 머리, 두 팔, 두 다리를 가지고 있고 두 발로 걸었다. 1982년의 영화 〈ET〉의 외계인은 귀엽고 재미있게 생겼지만 여전히 두 눈, 두 콧구멍, 이빨, 팔, 목, 다리, 무릎, 발, 손가락을 가지고 있다. 해파리에 비하면 ET는 사람과 거의 똑같다. 할리우드의 빈곤한 상상력이다. 앞에서도 얘기했지만 새로운 형태의 생명체를 상상하려면 지구에 있는 어떤 서로 다른 두 종보다 더 많이 다른 생명체를 상상하는 것이 좋다. 1979년의 우주 스릴러 영화 〈에일리언〉에 나오는 생명체는 창의적인 상상으로 많이 다르게 만들어졌지만 여전히 머리와 이빨을 가지고 있다.

〈콘택트〉로 돌아가 보자. 내가 영화 월드 프리미어에 처음 참가한 것이 〈콘택트)였다. 나는 칼 세이건, 앤 드리앤과 오래전부터 친했기 때문에 특별히 초대를 받았다. 여기에서 두 가지 당황스러운 일을 겪었다. 순전히 내가 할리우드에 잘 가지 않기 때문에 생긴 일이었다. 사진사들이 늘어서 있는 레드 카펫을 지나 극장으로 들어가니 영화 포스터와 여러 주제의 장식품들로 덮여 있었다. 그리고 당연히 팝콘과 음료수가 있었다. 나는 팝콘 한 봉지를 집고 판매대 뒤에 서 있는 사람에게 물었다. "얼마죠?" 그가 대답했다. "50달러입니다." 나는 깜짝 놀랐다. 나의 놀라는 모습을 잠시 즐긴 그가 말했다. "당연히 공짜죠." 5초 정도 이성적인 분석을 해본 후 나는 자신에게 말했다. 당연히 공짜겠지. 월드 프리미어에서 팝콘을 팔 리가 있겠어? 나는 동부에서 온 촌놈이라 그랬다고 말했다. 영화가 끝난 후에는 연회가 있었다. 모든 종류의 칵테일 테이블에는 작은 망원경을 비롯한 천문학 관련 장비들이 장식되어 있었다. 나는 이것이 아주 멋지다고 생각했고 이 장식품들을 어디서 구해왔을지 궁금했다. 어떤 아마추어 천문학 모임이 망원경들을 빌려준 것이 틀림없다고 생각했다. 그래서 나는 행사 기획자에게 물었다. "이 망원경들을 어디서 구했나요?" 그는 첫 마디를 "바보야" 라는 말로 시작했을 것 같은 표정으로 나를 잠시 쳐다보고는 대답했다. "마트에서 샀죠." 동부 촌놈의 두 번째 바보 같은 질문이었다. 그렇지. 요즘 마트에는 없는 것이 없지. 당연히 망원경도 있겠지.

영화에는 주인공 조디 포스터가 매튜 매커너히와 나란히 앉아서 별과 행성에 대해 설명해주는 장면이 있다. 그러고는 좀 더 가까이 앉아서 단순화된 드레이크 방정식에 대해 이야기하기 시작한다. 먼저 우리은하의 별이 4,000억 개라고 시작한다. 꽤 정확하다. 나는 3,000억 개라고 했지만 그것은 크게 중요한 것이 아니다. 그리고 계속한다. (그녀의 역할은 외계 지적 생명체를 찾는 과학자다.) "우리은하에만 4,000억 개의 별이 있어요. 100만 개 중 하나가 행성을 가지고, 그 100만 개 중 하나가 생명체를 가지고, 그 100만 개 중 하나가 지적 생명체를 가지고 있다면 우주에는 수백만 개의 문명이 있어요."

4,000억의 100만 분의 1은 40만이다. 두 번째 100만 분의 1이 적용되면?

0.4가 된다. 세 번째 100만 분의 1이 적용되면? 조디, 미안하지만 그렇게 하면 우리은하에는 수백만 개가 아니라 0.0000004개의 문명밖에 없어요. 이것은 월드 프리미어였으니 누가 참석했을지 짐작해보라. 바로 앞줄에 프랭크 드레이크가 있었다. 나는 이 계산 실수에 너무나 당황했지만 프랭크는 아무렇지 않았다. 아마도 그는 로맨스에 더 집중했던 것 같다. 이 대사 바로 다음 장면에서 두 사람은 키스를 하고 다음 장면에서 두 사람은 같이 침대에 있었다. 그러니까 그 순간에 드레이크 방정식을 이야기한 것은 분위기를 더 좋게 만드는 것이었다. 그것을 부인하지는 않는다. 하지만 나와는 다른 프랭크 드레이크의 반응은 내가 그런 것에 너무 과도하게 반응하는 것이 아닌가 하는 생각을 하게 만들었다.

아마도 조디 포스터는 조치를 취하기에는 너무 늦었을 때 그 실수에 대한 이야기를 들은 것 같다. 그녀는 당황했다. 그녀는 그 대사를 너무나 열심히 연습했고 어떻게 부드럽고 로맨틱하게 전달할지 많은 고민을 했기 때문이었다. 하지만 누가 그녀를 탓하겠는가? 조디 포스터는 대본을 정확하게 읽은 것으로 드러났다. 그러면 작가를 탓해야 할까? 그럴 수도 있다. 대본을 자문한 사람을? 그럴 수도 있다. 1년 전에 죽은 칼 세이건을? 당연히 그렇지 않다. 누구나 실수는 할 수 있다.[1]

전체적으로 나는 이 영화가 아주 훌륭하다고 생각한다. 지적으로 종교와 과학 사이의 경계를 잘 타고 있다(매커너히의 역할은 종교철학자다). 이 주제에 대해서는 사람들의 생각이 너무나 다양하다는 것을 잘 이해하고 있다. 이 영화는 별난 사람들을 포함해 대중문화가 외계 지적 생명체에 반응할 것이라는 사실도 정확하게 지적하고 있다. 별난 사람들은 우리가 아무것도 발견하지 못한 경우에도 반응한다. 나는 우주에 대한 자신들의 최신 이론을 설명하는 메일을 많이 받는다. 그중 하나는 이런 것이었다. "밤에 달을 보면 맥주 맛이 더 좋아요. 왜 그럴까요?"

그냥 재미로, 불확실성을 염두에 두면서, 우리가 논의한 것을 드레이크 방정식에 넣어서 계산을 해보자.

$$N_c = N_s \times f_{HP} \times f_L \times f_i \times f_c \times (L_c / \text{은하의 나이})$$

$$N_c = 3,000억 \times (0.006) \times (0.5) \times (<0.1) \times 1 \times (<12,000년 / 100억 년)$$

$$N_c < 108$$

가장 최신의 계산에 따르면 지금 전파통신을 할 수 있는 문명은 우리은하에 최대 100개가 있다고 기대할 수 있다. 우리의 가장 큰 전파망원경은 은하를 가로질러 그들의 신호를 받을 수 있다. 그러니까 우리는 가능성이 있다. 이제 시작일 뿐이다.

더구나 25억 광년 이내에 우리은하와 같은 은하가 약 5,000만 개 더 있다. 우리가 구한 값에 5,000만을 곱하면 전파를 방송할 수 있는 문명은 최대 50억 개가 될 수 있다. 이 범위에 있는 모든 행성들은 우리가 보는 시기에 이미 수십억 살이 된 것이다. 그러니까 지적 생명체가 생기기에는 충분한 시간이 있었다. 이 외부은하 문명 중에서 가장 멀리 있는 것은(25억 광년) 우리은하에서 발견할 수 있는 가장 먼 것보다(62,500광년) 약 40,000배 더 멀리 있다. 역제곱의 법칙에 따르면 외부은하 문명의 전파 밝기는 우리은하에 있는 문명의 1/1,600,000,000밖에 되지 않는다. 그래서 사람들은 주로 우리은하에서 외계 문명을 찾으려고 하는 것이다.

외부은하 문명을 찾는 것이 처음에 보이는 것처럼 그렇게 희망이 없지는 않다. 지적 문명은 하늘 전체에 신호를 보내거나 같은 양의 에너지를 하늘의 작은 영역에 집중하여 더 강한 신호를 보낼 수 있다. 하늘의 1/10 영역에 모든 에너지를 모아서 보내면 10배 더 밝게 보인다. 하늘의 500만 분의 1 영역에만 집중하여 500만 배 더 밝게 만들 수도 있다. 대부분의 관측자는 이 신호를 보지 못하겠지만 이 영역에 있는 관측자는 아주 멀리서도 신호를 볼 수 있을 것이다. 프랭크 드레이크가 실제로 이 전략을 1974년에 사용했다. 지름 300미터 아레시보 전파망원경으로 구상성단 M13을 향해 전파 신호를 보낸 것이다. (이 신호가 도착할 때는 M13이 그 자리에 있지 않을 것으로 밝혀졌다. 구상성단이 우리은하를 도는 움직임 때문에 신호가 도착할 때는 다른 곳에 있게 된다. 그 신호는 영원히 그 구상성단에 도착하지 못하겠지만 여기서 중요한 이야기는 아니다.) 문명들이 신호를 보내는 방법을 무작위로 선택한다면 어떤 문명은 모든 방향으로, 어떤 문명은 좁은 영역으로 보낼 것이다. 그러면 겉보기 광도가 지프의 법칙Zipf's law에 따라 자연스럽게 아주 넓게 분포하게 될 것이다. 겉보기 광도가 가장 높은 신호는 N 번째 높은 신호보다 약 N배 더 강하게 되는 것이다. 그러니까 5,000만 개의 은하 중에서 겉보기 광도가 가장 높은 문명은 우리은하에서 가장 높은 겉보기 광도를 가지는 문명보다 약 5,000만 배 더 밝게 보일 것이라는 말이다. 가능성이 5,000만 배 더 높아졌으므로 우리는 누군가의 아주 밝은 신호 범위에 들어갈 행운을 기대할 수 있는 것이다. 그러니까 가장 밝은 외부은하 문명의 겉보기 밝기는 우리은하에 있는 가장 밝은 것의 1/32(50,000,000/1,600,000,000)배의 밝기를 가지게 된다. 이렇게 보면 외부은하 문명 탐색도 역시 진행되어야 한다.

　마지막으로 드레이크 방정식의 약점이다. 거주가능지역은 우리가 생각한 것보다 훨씬 더 좁을 수도 있다. 지구가 지금보다 더 멀리 있다면 온도가 낮아서 극지방의 얼음이 더 많아질 것이고, 지구의 반사율이 높아져서 태양 빛을 더 적게 받아들이기 때문에 훨씬 더 추워질 것이다. 빙하기가 가속될 수 있는 것이다. 지구가 태양에 좀 더 가까이 가면 얼음이 녹고 반사율이 낮아져 지구가 훨씬 더 더워질 수 있다. 그러면 토탄에 잡혀 있는 메탄이 방출되어 온실효과가 더 강해질 수 있다.

　태양은 수십억 년 동안 진화하면서 점점 뜨거워지고 있다. 이것을 보상하고 문명이 기반하고 있는 온도 범위를 유지하기 위해서는 온실효과가 약해지거나 반사율이 높아져야 한다. 별의 광도가 수십억 년에 걸쳐서 높아진다면 거주가능지역은 바깥쪽으로 움직일 것인데, 지적 생명체가 등장하기 위해서는 행성이 거주가능지역에 충분히 오랫동안 머물러야 한다. 앞에서도 말했지만 우리는 지적 생명체가 진화하기에 충분한 시간을 가지기 위해서는 행성이 거주가능지역에 수십억 년 동안 계속 있어야 한다고 믿고 있다.

흥미롭게도, 생명 자체가 이 균형에 영향을 미칠 수도 있다. 별이 주계열 M형 별이고 100억 년 동안 크게 진화하지 않았다면 행성은 처음부터 단순한 생명체가 살기에는 적합할 수 있다. 하지만 생명체가 이산화탄소 대기를 산소가 풍부한 대기로 만들면 온실효과가 약해져 영원한 빙하기가 되어버릴 수 있다. 이것은 M형 별이 지적 생명체가 등장하기에 적합하지 않은 또 다른 이유다.

생명체는 거주가능지역에 다른 방법으로 영향을 미칠 수도 있다. 대기 중의 이산화탄소는 바다 동물의 껍질에 의해 탄화칼슘의 형태로 잡힐 수 있고, 이들이 죽으면 석회암이 되기 때문에 온실효과가 약해질 수 있다. 화산은 이산화탄소를 대기 중에 내보내 온실효과를 강하게 할 수 있다. 그리고 인간은 고대의 생명체가 만든 석유와 석탄 같은 화석연료를 파내 태움으로써 대기에 이산화탄소를 더할 수 있다. 그러니까 어떤 행성의 거주가능지역은 지질학, 기상학 그리고 심지어는 생물학에도 의존한다.

마이클 스트라우스

제2부   은하

Michael A. Strauss

11

성간물질

이제 개별적인 별과 행성에 대한 공부에서 조금 더 시야를 넓혀 별들이 은하에서 어떻게 자리 잡고 있는지, 별들 사이에 어떤 상호작용을 하고 있는지, 성간물질이라고 부르는 것은 무엇인지에 대해 이야기해보겠다. 지금까지 우리는 별들 사이의 공간에는 아무것도 없는 것처럼 이야기했다. 하지만 이 장에서 여러분께 확신시키고 싶은 것은 별들 사이의 넓은 공간에는 사실 많은 물질이 있다는 것이다. 그저 엷게 퍼져 있을 뿐이다. 성간Interstellar이란 별들 사이를 의미하므로 성간물질은 '별들 사이에 있는 물질'을 말한다.

천문학에서 가장 아름다운 사진을 많이 만들어내는 성간물질을 살펴보자.

〈그림 11.1〉은 여러 종류의 사진을 합쳐서 만든 우리은하 사진이다. 하늘 전체를 평면에 투영한 모습이다. 빛으로 된 띠는 우리가 밤하늘을 가로지르는 형태로 가끔씩 보는 은하수로, 실제로는 천구 전체를 두르는 원을 그리고 있고 이것을 따라가는 선을 은하의 적도galactic equator라고 부른다. 우리은하는 별들로 이루어진 원반이고 우리가 이 원반에 있기 때문에 우리은하를 보면 하늘을 두

그림 11.1 우리은하의 파노라마 사진. 은하수를 이루는 멀리 있는 별들은 은하의 적도를 따라 하늘에서 원을 그리는 빛의 띠를 만들고, 이 사진에서는 중심을 가로지르는 수평선으로 나타난다. 우리은하의 중심은 이 사진의 중심이다. 은하수를 따라 보이는 어두운 부분들은 먼지에 의해 뒤에 있는 별들이 가려진 부분이다.

출처: J. Richard Gott, Robert J. Vanderbei(*Sizing Up the Universe*, National Geographic, 2011)

웰컴 투 더 유니버스

르는 빛의 띠로 보인다. 은하수의 가장 밝은 부분(은하의 중심 방향, 이 그림의 중심)은 북반구 중위도에서는 잘 보이지 않는다. 남반구에 갈 일이 있다면 달이 없는 맑은 밤에 도시 불빛에서 멀리 떨어진 곳으로 가서 하늘을 올려다보라! 특히 3월에서 7월 사이에 남반구에서 보는 은하수는 정말 멋있고 북반구에서 보는 것보다 훨씬 더 밝다.

우리는 원반의 중심에서 벗어나 있기 때문에 우리은하를 보면 은하 밖에서 은하의 옆모습을 보는 것처럼 보인다. 사진을 보고 바로 알 수 있는 것은 은하수가 고르게 보이지 않고 군데군데 검은 부분들이 있다는 것이다. 망원경으로 본다면 (갈릴레오가 그랬던 것처럼) 은하수의 뿌연 빛이 사실은 수많은 별들에서 오는 것이며, 별이 보이지 않는 지역(검은 부분)이 있다는 것을 알 수 있을 것이다. 100년 전 천문학자들은 이 검은 부분들을 어떻게 설명할지 논쟁했다. 한 가지 가능성은 별의 분포가 원래 고르지 않아서 검은 부분은 그저 별이 거의 없는 부분일 뿐이라는 것이다. 혹은 (이것이 옳은 생각인데) 별들은 고르게 분포되어 있지만 뭔가가 가리고 있다는 것이다. 그 뭔가가 바로 성간물질이다.

성간물질이 스스로를 드러내는 한 가지 방법은 불투명하다는 것이다. 성간물질은 엷지만 공간을 차지하고 있는 부피가 크다. 지구 대기에서는 아주 엷은 안개나 적은 양의 연기도 멀리 있는 물체를 흐릿하게 만들 수 있다. 성간물질은 연기와 마찬가지로 작은 먼지 입자들이다. 사실 '먼지'는 천문학자들이 이 입자들을 표현할 때 사용하는 기술적인 용어다. 어쩌면 '연기'가 더 적합한 단어일 것이다. 이것은 아주 희박하지만 엄청난 거리를 지나면 효과가 누적되어 멀리 있는 별빛을 흡수할 수 있다. 어떤 방향으로는 먼지의 누적된 효과가 너무 커서 뒤에 있는 별빛을 완전히 가리기도 한다. 예를 들어 은하수의 가장 중심부는 먼지 때문에 가시광선이 완전히 가려진다.

먼지는 긴 파장보다 짧은 파장의 빛을 더 잘 가리는 것으로 밝혀졌다. 먼지는 파장이 긴 적외선을 가시광선보다 훨씬 더 적게 흡수하기 때문에 적외선이 가려지지 않은 은하수의 모습을 보여줄 수 있다. 〈그림 11.2〉는 2MASS(Two

그림 11.2 우리은하의 중심. 먼지는 긴 파장보다 짧은 파장의 빛을 더 많이 가리기 때문에 먼지 뒤에 있는 별들은 붉은색으로 보인다. 이 사진에는 약 1,000만 개의 별이 있고, 사진의 길이는 약 4,000광년이다. 우리은하의 정확한 중심은 왼쪽 위의 가장 밀집한 붉은 점이다.

출처: 매사추세츠 공대와 캘리포니아 공대 IPAC의 공동 프로젝트 2MASS

그림 11.3 석탄자루성운. 은하수의 이 지역은 높은 밀도의 먼지 구름 때문에 빛이 완전히 가려진다.
출처: Vic Winter and Jen Winter

Micron All-Sky Survey, 2MASS는 아주 적합한 약자다. 이 서베이는 U Mass 즉 매사
추세츠 대학의 천문학자들이 주도하고 있기 때문이다)로 찍은 우리은하의 중심부
확대 사진이다. 이름이 암시하는 것처럼 2MASS는 약 2마이크론(2×10^{-6}미터)
파장의 적외선을 이용한다. 가시광선(0.4~0.7마이크론)보다 훨씬 더 길다. 사진
의 빛이 각각의 별들에서 온다는 것을 볼 수 있다. 여전히 먼지의 효과는 보이
지만 가시광선에서처럼 심하게 보이지는 않는다. 푸른빛이 더 많이 가려지기
때문에 별은 더 붉게 보이게 된다. 그래서 먼지를 통과한 별은 원래 색에 비해
서 '적색화'되어 보인다. 왼쪽 위에 먼지를 뚫고 가장 밝게 보이는 붉은 지역이
바로 은하의 중심이다. 별들이 많이 모여 있고 태양질량 400만 배의 블랙홀이
있다.

〈그림 11.3〉은 석탄자루성운Coalsack Nebula이라고 불리는 어두운 부분을 보
여준다. 거대한 먼지 구름이 뒤의 별들을 완전히 가려서 맨눈으로도 분명히 볼
수 있는 하늘의 텅 빈 부분을 만든다. 오스트레일리아 원주민 천문학자들은 거
의 4만 년 전부터 석탄자루성운을 알고 있었다. 그것은 원주민 전승에서 유명했
던 하늘의 에뮤Emu라는 은하수의 어두운 별자리에서 머리 부분에 해당한다.

따라서 성간물질은 고르기는커녕 덩어리들이, 특히 밀도가 높은 구름이 많

웰컴 투 더 유니버스

그림 11.4 오리온성운. 이 별 생성 지역의 밝은 색들은 안에 있는 밝고 젊은 별들에 의해 기체가 발광하여 만들어진 것이다. 출처: NASA, ESA, T. Megeath(University of Toronto), and M. Robberto(STScI)

이 모여 있다. 여기에는 먼지뿐만 아니라 수소와 산소 그리고 여러 원소들로 이루어진 기체도 포함되어 있다. 우리는 이렇게 구름처럼 뿌옇게 보이는 천체들을 성운Nebula이라고 부르는데, 이것은 안개를 뜻하는 라틴어 nebula에서 온 것이다. 이 기체구름들은 그저 별빛을 가리기만 하는 것이 아니다. 〈그림 11.4〉은 우리가 맨눈으로도 볼 수 있는 오리온성운이다. 이것은 오리온의 허리띠에 매달린 칼의 맨 아래쪽에 있다. 망원경으로 봐도 뿌옇게 보일 뿐 별처럼 뚜렷하게 보이지 않는다. 뜨거운 별에서 나오는 자외선은 성간물질에 있는 기체를 들뜨게 할 수 있다. 성운 안에 있는 밝고 뜨거운 젊은 별들에서 나오는 광자들은 기체에 있는 원자들을 높은 에너지준위로 들뜨게 만든다. 전자가 낮은 에너지준위로 떨어질 때 원자는 제4장에서 본 것처럼 특정한 파장의 광자를 방출한다. 그래서 성운을 이렇게 멋진 색깔로 만든다. 이런 발광은 네온등 안에서 일어나는 것과 같은 과정이고, 실제로 네온은 성간물질에 포함되어 있는 원소이기도 하다.

오리온성운은 스펙트럼이 원자에서 다양한 전자 이동에 따른 방출선으로 이루어진 발광성운emission nebula의 예다. 우리는 방출선들의 파장을 조사하여 성운에 어떤 원소들이 있는지 알아낼 수 있다. 사진의 붉은색은 수소의 에너지준위 $n=3$에서 $n=2$로 전자가 떨어질 때 방출되는 광자에 의한 것이다(제6장에서 설명한 발머선 중 Hα). 녹색은 산소에 의한 것이고 다른 색들은 나머지 원소들이 만들어내는 것이다. 어두운 지역은 먼지와 기체가 섞여 있는 곳이다.

〈그림 11.5〉는 삼열성운Trifid Nebula이라고 불린다. 먼지로 만들어진 선으로 세 부분으로 나뉘어 있기 때문에 붙은 이름이다. 이 먼지선이 가리지 않았으면 성운은 연결되어 보였을 것이다. 앞에서처럼 안에 있는 뜨거운 별들이 기체를 빛나게 하고 있기 때문에 붉은색은 Hα로 인한 것이다. 오른쪽의 푸른색은 푸른 별에서 나온 빛이 거울과 같은 역할을 하는 먼지에 반사된 것이다. 이것을 반사성운reflection nebula이라고 한다. 앞에서 말했듯이 푸른색이 먼지를 지나가면 흡수된다. 그래서 먼지를 통과한 별빛은 붉게 보인다. 그 푸른색은 어딘가로 가야 한다. 이 빛은 흡수되거나 여러 방향으로 반사된다. 그래서 반사성운은 대체로 푸른색으로 보인다.

플레이아데스는 맨눈으로도 쉽게 볼 수 있는 젊은 성단이다. 큰 망원경으로 찍은 사진을 보면(〈그림 7.2〉) 플레이아데스의 별들이 먼지를 비추고, 그 결과 푸른색의 반사성운이 된다. 각각의 푸른 별이 희미한 푸른색에 둘러싸여 있다.

제8장에서 본 것처럼 성간물질은 별들이 만들어지는 재료다. 성간물질은

은하 전체에 걸쳐서 아주 엷게 퍼져 있지만, 발광성운이나 암흑 구름dark cloud처럼 어떤 지역은 상대적으로 밀도가 높다. 이런 지역이 별이 탄생하는 곳이다. 중력이 먼지와 기체구름을 당긴다. 구름이 수축하면 중력에 의한 위치에너지가 안쪽으로 떨어지는 운동에너지로 바뀌면서 가열된다. 결국에는 온도와 밀도가 충분히 높아져서 열핵융합이 일어나면 별이 태어난다. 삼열성운의 가장 중심부는 무겁고 뜨거운 푸른색 별들로 가득 차 있다. 이 별들은 빠르게 성장하여 일찍 죽는다. 그러니까 이 별들은 최근에 태어난 것이 틀림없다.

이런 일이 일어나는 규모는 어마어마하다. 오리온성운에서 약 700개의 별이 만들어지고 있는 것이 관측되었다. 이 중 많은 수가 기체와 먼지 원반으로 둘러싸여 있고 아마도 이것은 행성으로 만들어질 것이다. 오리온성운이나 삼열성운에서처럼 별들은 혼자 태어나기보다 큰 집단으로 태어나는 경우가 많다.

그림 11.5 삼열성운. 붉은빛은 수소 알파(Hα) 방출로 기체가 발광하는 것이고, 푸른빛은 대부분 많은 먼지에 의해 별빛이 반사된 것이다. 출처: Adam Block, Mt. Lemmon SkyCenter, University of Arizona

시간이 지나면 젊은 별에서 나오는 복사와 항성풍이 주위를 둘러싸고 있는 먼지를 날려 보내 차츰 별들이 모습을 드러낸다. 젊은 별들은 표면에서 뜨거운 기체로 이루어진 바람을 방출하는 경우도 많다. 우리 태양이 방출하는 태양풍과 비슷하다(하지만 훨씬 더 강하다). 이 바람은 주변의 기체와 먼지의 모양을 만들어 성운이 바람에 쏠린 것 같은 모양이 된다.

별이 만들어지는 자세한 과정은 아직 충분히 이해되지 않고 있다. 이것은 천문학에서 아직 풀리지 않은 가장 중요한 문제 중 하나다. 성간물질의 밀도가 높은 지역이 모두 수축하여 별로 만들어지는 것은 아니다. 우리는 왜 어떤 지역에서는 별이 만들어지고 어떤 지역에서는 만들어지지 않는지 완전하게 이해하지 못하고 있다. 우리는 처음으로 만들어지는 별이 주변의 기체와 먼지를 날려버려 다음 별이 만들어지는 것을 방해하게 된다는 사실을 알고 있다. 태양과 같은 별은 주변 별에 대해서 20km/sec의 속도로 무작위로 움직인다. 태양이 만들어진 지 46억 년이 지났기 때문에 태양은 처음 태어난 별의 요람stellar nursery에서 멀리 이동해왔다. (별의 요람은 실제로 사용하는 천문학 용어다!) 그래서 태양과 같이 태어난 형제별이 어떤 별인지 알아내는 것은 불가능하다. 수억 년 동안 별들은 흩어져 은하 전체로 퍼졌다. 우리은하에서 가장 오래된 별은 (태양처럼) 혼자 있거나, 쌍성으로 있거나, 아니면 아주 적은 수의 집단으로 있을 것이다.

우리는 이제 별의 탄생과 일생에 대해서 대략적인 밑그림을 그렸다. 별은 성간물질에서 만들어진다. 질량이 가장 작은 별들은 아직도 원래 가지고 있던 수소를 태우고 있다. 이들은 앞으로도 수조 년도 넘게 이렇게 소박하게 살아갈 것이다. 태양과 비슷하거나 조금 더 무거운 별들은 적색거성이 되었다가 자신의 일부를 행성상 성운의 형태로 성간물질로 돌려보낼 것이다. 핵의 질량이 태양질량의 2배 이상이 되는 별(주계열성 단계의 전체 질량은 태양질량의 8배 이상)은 초신성으로 훨씬 더 극적으로 폭발하여 자신이 만든 더 무거운 원소들을 성간물질로 보낼 것이다. 이 무거운 원소들은 다음 세대 별의 일부가 된다. 이 과정을 통해서 성간물질에는 수소와 헬륨보다 무거운 원소들이 점점 더 풍부해진다. 이 무거운 원소들은 우리 주변의 대부분의 세계를 구성한다. 예를 들어 지구는 주로 철, 산소, 규소, 마그네슘으로 이루어져 있다. 우리의 몸은 주로 수소, 탄소, 산소, 질소와 소량의 다른 무거운 원소들로 이루어져 있다. 철까지의 무거운 원소들은 죽어가는 별의 핵에서 핵융합으로 만들어진다. 이후 우라늄까지 자연에 존재하는 원소들은 적색거성의 핵이나, 폭발 직전의 별의 껍질이나, 가까이 있던 두 중성자별의 충돌 과정에서 중성자와의 결합으로 만들어진다. 자세한 과정은 아직 충분히 이해되지 못하고 있고 현재 연구되고 있는 분야다.

　은하는 별들이 살아가고 죽어가는 살아있는 생태계와 비슷하다. 각 세대의 별들은 성간물질에 재료를 제공하고 성간물질은 새로운 세대의 별이 된다. 무거운 원소들은—생명체가 살 수 있는 장소인—행성들의 재료다. 우리 몸을 이루는 대부분의 재료와 우리 주위의 모든 것이 별에서 핵융합으로 만들어졌다는 것은 우리를 겸손하게 만드는 경이로운 사실이다.

　철보다 무거운 원소를 만드는 방법 중 하나는 가까이 있던 두 중성자별이 충돌하는 것이라고 했다. 우리는 이렇게 가까이에서 서로를 돌고 있는 중성자별 쌍성이 있다는 것을 알고 있다. 러셀 헐스Russell Hulse와 조 테일러Joe Taylor는 질량이 각각 1.4태양질량이고 7.75시간마다 서로를 도는 두 중성자별을 발견했다. 궤도의 지름은 약 3광초로 태양의 지름보다도 약간 작다. 두 중성자별은 아인슈타인의 일반상대성이론으로 예측되는 중력파를 방출하기 때문에 천천히 서로 가까워지고 있다. 가까워지는 정도는 일반상대성이론의 예측과 아름다울 정도로 정확하게 일치했고, 테일러와 헐스는 이 발견으로 1993년 노벨 물리학상을 수상했다. 두 중성자별은 계속해서 서로에게 천천히 다가가 약 3억 년 후에는 충돌하여 합쳐질 것이다. 캘리포니아 대학 샌타크루즈의 엔리코 라미레즈-루이즈Enrico Ramirez-Ruiz는 이런 충돌 한 번은 목성질량 정도의 금을 만들어낼 수 있다고 계산했다. 생각해보라. 나의 결혼반지에 있는 금의 원자들은 수십억 년 전 두 중성자별의 충돌로 만들어진 것일 수 있다! (실제 중성자별의 충돌은 2017년 8월 중력파로 처음 관측되었다—옮긴이 주.)

12

우리은하

여러분이 맨눈으로 볼 수 있는 별들은 대부분 수십, 수백 혹은 수천 광년 떨어져 있다. 우리가 더 멀리 있는 천체들을 망원경을 통해 보고 이해할 수 있게 될 때까지는 여기까지가 우리가 알고 있는 우주의 전부였다. 천문학의 역사는 우주의 크기에 대한 이해가 발전해가는 과정이라고 할 수 있다.

코페르니쿠스 시대로 돌아가 보면, 우리 우주는 태양계로 이루어져 있었고, 그것은 우리가 거의 알지 못하는 멀리 있는 별들에 둘러싸여 있었다. 처음으로 망원경을 하늘로 향한 갈릴레오 갈릴레이는 은하수가 수많은 별들로 이루어져 있는 것을 보았다. 천문학자들은 우주에 대한 우리의 개념이 훨씬 더 넓어져야 한다는 사실을 금방 깨달았다.

(천왕성을 발견하기도 했던) 윌리엄 허셜은 1785년 망원경을 이용하여 여러 방향으로 보이는 별의 수를 세어 우리은하의 지도를 만들었다. 그는 어떤 방향으로 보이는 별의 수가 그 방향으로의 우리은하의 거리를 반영한다고 생각했다. 그는 우리은하가 납작한 렌즈 모양이며 우리는 중심 근처에 있다고 결론내

렸다. 1922년 네덜란드의 천문학자 야코부스 캅테인Jacobus Kapteyn은 우리은하를 좀 더 폭넓게 관측했다. 흐린 날씨로 유명한 네덜란드에서 그렇게 많은 훌륭한 천문학자들이 나왔다는 사실은 놀랍다! 캅테인도 허셜처럼 여러 방향으로 별의 수를 세었지만 사진을 이용하여 훨씬 더 정밀한 결과를 얻었다.

당연히 이것은 쉬운 일이 아니다. 밝기 B와 거리 d, 광도 L 사이의 역제곱의 법칙인 $B=L/(4\pi d^2)$을 기억하라. 밝은 별이 있으면 우리는 이 별이 멀리 있는 아주 밝은 별인지 가까이 있는 덜 밝은 별인지 그냥은 알 수 없다. 캅테인은 주계열성의 색깔이 광도를 알려줄 수 있는 헤르츠스프룽-러셀 다이어그램이 만들어지기 전에 이 일을 했다(제7장 참조). 캅테인은 최선을 다했고, 수년간의 정밀한 관측 끝에 허셜과 비슷한 당시 우주의 모형을 얻었다. 지름은 4만 광년이고 지구는 중심에서 겨우 2,000광년 떨어져 있다.

코페르니쿠스 이전에 사람들은 지구가 우주의 중심이라고 생각했다. 코페르니쿠스 이후에는 태양이 새로운 우주의 중심이 되었다. 수백 년 후 천문학자들은 태양도 밤에 보이는 별들과 같은 하나의 별이라는 사실을 이해하게 되었다. 하지만 캅테인은 여전히 태양을 그 중심 근처에 놓았다. 하지만 캅테인이 작업을 하고 있는 동안 천문학자들은 성간물질의 먼지가 별의 겉보기 밝기에 미치는 효과를 이해하기 시작했다(제11장 참조). 먼지가 가리는 효과를 적절히 고려하지 않으면 별의 분포를 잘못 이해할 수 있다. 먼지가 별빛을 가리는 지역에서는 더 적은 별이 보인다. 먼지가 너무 두터워 별을 완전히 보이지 않게 만들면 별의 분포에 구멍이 있다고 속을 수도 있다. 천문학자들은 우리은하에 먼지가 얼마나 많이 분포하고 있는지 이해하게 되면서 캅테인의 우주가 잘못되었다는 것을 알게 되었다.

하버드 대학의 교수 할로 섀플리Harlow Shapley는 다르게 접근했다. 우리은하 주위에는 최대 100만 개의 별들이 모여서 만들어진 구상성단이 약 150개가 있다. 구상성단은 〈그림 7.3〉의 M13 사진에서 볼 수 있듯이 아주 아름다운 천체다. 1918년 섀플리는 구상성단까지의 거리를 측정하여 이들의 3차원 지도를 그릴 수 있었다. 구상성단은 우리은하의 구성요소이기 때문에 이들은 캅테인이 만들려던 별들의 지도와 비슷하게 분포하고 있을 것이라고 짐작할 것이다. 그러니까 태양을 중심으로 대략 대칭적으로 분포할 것이라고 생각할 수 있다. 그런데 섀플리의 발견은 우주에 대한 우리의 개념을 바꾸어놓았다. 구상성단 분포의 중심은 (현대의 값을 사용하면) 태양에서 25,000광년 떨어진 곳이었다. 태양은 분명 중심에 있지 않았다. 섀플리의 구상성단은 태양이 알려진 우주의(섀플리에 따르면 우리은하의) 중심이 아니라 바깥쪽에 있으며 우리은하의 크기는 캅테인이 생각했던 것보다 몇 배나 더 크다는 것을 보여주었다. 캅테인은 먼지에게 완전히 속았던 것이다. 우리은하의 먼지는 대부분 은하 평면에 집중되어 있는 반면 구상성단은 대부분 은하 평면의 아래쪽이나 위쪽에 있었다. 구상성단은 은하 평면에 있지 않기 때문에 섀플리의 결과는 캅테인의 결과보다 먼지의 영향을 훨씬 적게 받았다. 섀플리의 결과는 또 하나의 코페르니쿠스 효과를 보여주었다. 태양은 우리은하의 중심, 그러니까 우리가 관측할 수 있는 우주의 중심이 아니라는 것이다.

섀플리가 약 100년 전에 생각했던 알려진 우주의 크기는 이것이었다. (우리은하는) 납작한 구조에 지름은 약 10만 광년이고 중심은 태양에서 25,000광년 떨어진 곳에 있다. 이것은 엄청난 규모다. 1광년은 10조 킬로미터이므로 10만 광년은 상상할 수 없을 정도로 커보였다. 하지만 제13장에서 살펴볼 1920년대에 이루어진 중요한 발견들은 보이는 우주의 크기가 거대한 우리은하보다 훨씬 더 크다는 사실을 분명하게 알려주었다.

우리은하가 얼마나 큰지 한번 시각화해보자. 가장 가까이 있는 별은 4광년 즉 4×10^{13} 킬로미터 떨어져 있다. 이것을 태양의 지름 140만 킬로미터로 나누어보자. 이것은 태양을 몇 개 붙여놓으면 가장 가까운 별에 닿을 수 있는지 알려준다. 3,000만 개다. 3,000만 개의 태양을 늘어놓으면 엄청난 거리가 될 것이다. 태양의 지름은 지구보다 약 100배 더 크다. 그러니까 가장 가까운 별까지의 거리는 지구 지름의 30억 배가 된다.

별은 별들 사이의 엄청난 거리에 비하면 작은 점일 뿐이다. 〈스타 트렉〉에서는 매번 엔터프라이즈 호가 'M형 행성'을 우연히 지나간다. 작가들이 별들 사이의 엄청난 거리를 잠시 잊은 것 같다. 아마도 이것이 그들이 그렇게 자주 워프 드라이브에 의존해야 했던 이유일 것이다! (외계인들이 언제나 완벽한 미국식 영어를 사용하고 있다는 사실은 언급하지 않겠다!)

4광년은 우리은하 별들 사이의 일반적인 거리라는 사실이 밝혀졌다. 우리는 이제 우리은하가 약 10만 광년의 지름에 두께는 1,000광년 정도밖에 되지 않는 아주 납작한 둥근 원반 모양이라는 것을 알고 있다. 1,000광년은 인간의 기준으로는 엄청난 거리지만 우리은하 전체 크기에 비하면 아주 작다. 우리은하에 있는 먼지와 성간물질의 대부분은 원반에서 발견된다. 우리은하의 크기는 별들 사이의 일반적인 거리보다 약 25,000배, 즉 지구의 지름보다 75조 배 더 크다.

궁수자리가 우리은하의 중심 방향에 있다. 성간물질의 먼지가 우리은하의 원반에 집중되어 있으므로 우리은하의 중심부는 먼지로 두텁게 싸여 볼 수가 없다. 은하수 사진에서 우리는 두터운 먼지가 뒤에 있는 별들을 가리고 있어서 별이 거의 보이지 않는 은하 원반 지역을 볼 수 있다. 태양은 이 원반 안에 있기 때문에 우리은하 원반에서 벗어난 방향을 보면 먼지가 거의 가리지 않으므로 우리은하 바깥의 우주를 깨끗하게 볼 수 있다.

지구와 태양은 우리은하 평면의 중간 가까이에 있다. 우리은하의 별들 역시 편평한 원반에 집중되어 있으므로 우리에게는 별들이 가장 밀집된 부분이 띠 모양으로 천구 전체를 둘러싼 원으로 보인다. 우리는 전체 원 중에서 지평선 위쪽 부분만 볼 수 있다. 나머지는 우리 발아래에 있어서 지구가 가리고 있다. 북반구에서는 우리은하 중심의 반대방향의 은하수를 가장 잘 볼 수 있다. 그런데 지구와 태양은 우리은하 중심에서 멀리 있기 때문에 그 방향으로는 별들이 많지 않아서 상대적으로 은하수가 희미하게 보인다. 하지만 남반구에서는 우리은하의 중심부를 똑바로 볼 수 있기 때문에 먼지의 효과가 있음에도 불구하고

그림 12.1 세로톨롤로 천문대에서 본 은하수. 칠레 안데스 산맥에 있는 세로톨롤로 천문대에서 본 밤하늘이다. 사진 중앙의 큰 돔에는 지름 4미터의 빅터 블랑코 망원경이 있다. 우리은하의 중심은 사진의 오른쪽 끝부분에 보인다. 약 15만 광년 떨어진 곳에 있는 우리은하의 동반은하인 대마젤란은하와 소마젤란은하는 왼쪽에 보인다. 출처: Roger Smith, AURA, NOAO, NSF

은하수가 훨씬 더 멋있게 보인다. 칠레에서 달빛이 없는 맑은 날 도시의 불빛에서 멀리 떨어진 곳에서는 기가 막힌 모습을 볼 수 있다. 칠레의 세로톨롤로 천문대에서 나중에 나와 결혼한 여인과 같이 은하수가 머리 위를 지나가는 멋진 밤하늘을 올려다본 것은 나의 가장 좋았던 기억으로 남아 있다.

은하수를 적외선으로 본다면 훨씬 더 멋진 장면을 볼 수 있다. 우리는 붉은 빛이 푸른빛보다 먼지에 훨씬 덜 막히고 적외선은 훨씬 덜 영향을 받는다는 사

웰컴 투 더 유니버스

그림 12.2 적외선으로 찍은 우리은하. 파장이 먼지에 의해 흐릿해지는 것이 덜한 2MASS 망원경으로 측정하여, 전체 하늘의 별들의 분포가 보인다. 우리은하 평면은 이 천체도의 중심에서 은하의 적도를 따라 수평으로 뻗어나간다. 대마젤란은하와 소마젤란은하는 아래쪽에 있다. 출처: 매사추세츠 공대와 캘리포니아 공대 IPAC의 공동 프로젝트 2MASS

실을 이미 알아보았다(제11장 참조). 〈그림 12.2〉는 2MASS 망원경으로 찍은 전체 하늘의 적외선 사진이다(〈그림 11.2〉에서 은하 중심부의 멋진 사진을 보여준 바로 그 망원경이다). 우리은하의 얇은 원반과 가운데에 은하의 중심부가 보인다.

이것은 가시광선으로 찍은 〈그림 11.1〉을 적외선으로 본 것이다. 중심의 수평 '적도'는 은하 평면으로 우리은하의 원반이고, 천구에서 완전한 원을 그린다. 〈그림 12.2〉는 적외선으로 찍은 것이지만 우리은하의 먼지는 여전히 영향을 미쳐서 원반을 따라 먼지 때문에 생기는 어두운 부분을 볼 수 있다. 마지막으로 우리은하 중심부의 팽대부를 보자. 약간 길쭉한 모양은 이것이 처음 생각했던 것처럼 구형이 아니라 감자 모양이라는 단서를 준다. 우리은하의 위성은하인 대마젤란은하와 소마젤란은하는 은하 평면 오른쪽 아래에서 볼 수 있다.

할로 섀플리는 우리은하의 3차원 구조를 이해하기 위해서는 (먼지가 가리는 효과가 너무 큰) 은하 평면에서 먼 곳을 볼 필요가 있다는 사실을 알아차렸다. 구상성단들은 이 평면에 집중되어 있지 않기 때문에 하늘 전체에서 볼 수 있다. 섀플리는 구상성단이 분포하는 3차원 지도를 만들려고 했는데 그러기 위해서는 구상성단까지의 거리를 측정해야 했다. 그 방법은 원칙적으로는 아주 간단하다. 밝기와 광도 사이의 역제곱의 법칙을 이용하는 것이다. $B = L/(4\pi d^2)$. 그러니까 구상성단 안에 있는 별의 밝기를 구하고(이것은 바로 구할 수 있다) 그 별의 원래 광도를 안다면(이것은 어렵다) 거리를 결정할 수 있다. 우리는 은하 평면에서 멀리 떨어진 구상성단을 보고 있기 때문에 먼지 효과에 대한 보정은 상대적으로 작을 것이다.

어떤 별의 광도를 어떻게 구할 수 있을까? 주계열성은 별의 색깔과 광도 사이의 관계를 보여준다(〈그림 7.1〉). 우리의 관측이 구상성단 안의 주계열성을 구별할 수 있을 정도로 정밀하다면 주계열성의 색깔로 광도를 결정할 수 있고, 이것을 측정한 밝기와 함께 역제곱의 법칙을 사용하면 구상성단의 거리를 구할 수 있다.

세상 일이 그렇게 간단하면 얼마나 좋겠는가. 구상성단에서 가장 관측하기 쉬운 별은 당연히 가장 밝은 별이다. 같은 구상성단 안에 있는 모든 별들은 우리에게 거의 같은 거리에 있기 때문에 우리에게 가장 밝게 보이는 별이 구상성단에서 가장 밝은 별이다. 그런데 이들은 주계열성이 아니라 같은 색깔에 큰 범위의 광도를 가지고 있는(같은 색깔이라도 크기가 아주 다르기 때문이다) 적색거성이다. 현대의 망원경은 구상성단 안의 아주 어두운 주계열성도 관측할 수 있는 정밀도를 가지고 있다. 하지만 섀플리가 연구하던 1918년에 이것은 그가 사용하던 망원경이나 관측기기로는 불가능한 일이었다. 그래서 그는 RR 라이레 변광성RR Lyrae variable star이라고 불리는 별을 이용했다. 이것은 태양보다 광도가 약 50배 더 높으며 주기적으로 밝기가 변하는 별이다.

변광성은 광도가(그래서 관측되는 밝기가) 일정하지 않다. RR 라이레 변광성은 하루 이내의 시간에 밝기가 약 2배 정도 변한다. 이들은 반지름이 일정하

웰컴 투 더 유니버스

게 커졌다 작아지는 진동을 한다. 이것은 구상성단에서 흔히 발견되는 변광성이다.

우리는 별이 스스로를 붙잡고 있는 중력과 내부의 열이 밖으로 밀어내는 압력이 평형을 이루고 있다고 알고 있다. 그런데 적색거성이 된 후에는 어떤 별들은 좀 더 푸른색이 되고 HR 다이어그램을 빠르게 가로질러 움직인다. 이 시기에 별은 핵에서는 헬륨이 타고 껍질에서는 수소가 타고 있으며, 별의 평형은 내부에서 만들어지는 에너지가 별 밖으로 나오는 방법에 영향을 받는다. 그래서 내부의 압력이 진동을 하게 되고 이에 따라 별의 크기와 광도(와 밝기)가 변한다.

천문학자들은 자신들이 연구하는 대상에 단순한 이름을 붙이는 것을 좋아하지만('적색거성'이나 '백색왜성'처럼) 변광성만은 예외다. 1800년대 초 천문학자들이 처음으로 변광성들의 목록을 만들기 시작할 때 그 변광성이 있는 별자리의 라틴어 이름을 붙였다. 거문고자리Lyra에서 처음 발견된 변광성의 이름은 R 라이레R Lyrae였다. A부터 Q까지는 이미 다른 종류의 별들에 붙어 있었다. 그 별자리에서 두 번째로 발견된 변광성은 당연히 S 라이레가 되었고 그 다음은 T 라이레 순서로 이어졌다. 그러다가 Z 라이레까지 붙이고 나자 더 이상 쓸 것이 없어졌다. 그래서 그 다음은 RR 라이레(이와 같은 종류의 변광성을 대표하는 이름이 되었다), 그 다음은 RS 라이레로 ZZ 라이레까지 이어졌다. 그런데 그것으로도 충분하지 않아서 다시 AA 라이레, AB 라이레로 돌아왔고 결국 QZ 라이레까지 이어졌다. (어떤 이유로 J는 사용하지 않았다.) 이렇게 하면 334개가 만들어지지만 변광성은 이보다 훨씬 더 흔하다! 거문고자리에서 다음으로 발견된 변광성의 이름은 V335 라이레가 되었다. 이 글을 쓸 때까지 천문학자들은 V826 라이레까지 발견했다. 변광성에는 여러 종류가 있기 때문에 이름도 아주 복잡하다. 사냥개자리 AM형, 오리온자리 FU형, 도마뱀자리 BL형(이것은 별이 아니라 은하의 핵이 변광하는 특이한 형태의 은하라고 밝혀졌다), 고래자리 ZZ형 등이다. 각 이름들은 그 종류의 변광성 중 처음으로 발견된 별의 이름을 따른다.

제13장에서 보게 될, 은하의 거리를 연구하는 데 핵심이 된 세페이드 변광성 Cepheid variable의 이름은 1700년대 후반에 발견된 케페우스자리 델타별Delta Cephei 에서 온 것이다.

샤플리는 RR 라이레 변광성을 구상성단까지의 거리를 측정하는 표준촉광으로 이용했다. 모든 RR 라이레 별들의 광도는 (변화를 모두 평균하고 나면) 거의 같다는 사실을 이용한 것이다. 구상성단 RR 라이레의 (평균) 밝기를 측정하면 광도를 알고, 그러면 그 별을 포함하고 있는 구상성단까지의 거리를 알 수 있다. 그렇게 얻은 구상성단의 3차원 지도를 가지고 그는 구상성단 분포의 중심이 되는 지점을 결정할 수 있었고, 태양이 우리은하의 중심에서 멀리 떨어져 있다는 사실을 발견했다.

표준촉광 방법을 우리은하 평면(대부분의 별들이 발견되는 곳)에 있는 별의 분포에 적용시켜 지도를 그리는 것은 먼지 효과 때문에 훨씬 더 어렵다. 수십 년 동안의 연구 끝에 우리는 이제 우리은하 전체 구조의 거의 완전한 그림을 그릴 수 있게 되었다. 대부분의 별들은 지름 약 10만 광년의 편평한 원반에 있다. 바깥쪽으로 뚜렷한 경계는 없고 멀어질수록 별의 밀도가 계속 줄어든다. 원반의 중심에는 약 2만 광년의 크기로 별들이 감자 모양으로 분포하고 있는 더 두꺼운 부분이 있다. 이것을 우리은하의 팽대부bulge라고 부른다. 원반의 별들은 팽대부에서 뻗어나가는 여러 개의 나선 팔을 따라 분포하고 있다. 여러분이 맨눈으로 볼 수 있는 대부분의 별들은 태양과 같은 나선 팔에 속해 있는 몇 천 광년 이내에 있는 별들이다.

우리은하가 나선은하이긴 하지만 우리가 하늘에서 나선 모양의 구조를 볼 수는 없다. 우리는 원반에 들어가 있기 때문에 나선 구조는 개개 별들의 거리를 측정하여 우리은하의 3차원 모습을 볼 때만 드러날 수 있다. 우리가 여기에서 수십만 광년 떨어진 곳에서 우리은하를 내려다볼 수 있다면 〈그림 12.3〉의 그림처럼 보일 것이다. 태양은 중심에서 바로 아래쪽(그림에서 6시 방향)의 중간 지점 나선 팔에 위치하고 있다. 우리은하의 팽대부는 막대 모양을 가지고 있기 때문에 우리은하는 막대나선은하barred spiral다. 나선 팔들은 막대의 끝에서 시작된다.

결혼 직후에 아내는 내가 가지고 있던 대학 시절의 모든 멍청한 티셔츠 착용을 금지시켰다. 내가 가장 아쉬웠던 것은 나선 팔을 가지고 있는 우리은하의 그림에 태양이 있는 지점을 화살표가 가리키며 "당신은 여기에"라고 적혀 있는 옷이었다.

우리은하의 모든 별이 나선 팔과 팽대부에만 있는 것은 아니다. 우리는 구

그림 12.3 위에서 본 우리은하의 상상도. 출처: NASA Chandra Satellite

상성단이 은하 평면의 아래와 위쪽까지 퍼져서 거의 구형으로 분포하고 있는 것을 보았다. 그리고 원반보다 훨씬 성기기는 하지만 은하 중심에서 약 5만 광년까지 별들도 구형으로 분포하고 있다. 우리는 이것을 우리은하의 헤일로halo라고 한다. 우리는 이 헤일로에 있는 별들이 은하의 중심에서부터 점차 줄어드는 방식으로 부드럽게 분포하고 있을 것이라고 생각하기 쉽다. 그런데 천문학자들이 어두운 별들의 분포를 아주 정밀한 지도로 만들어보니 헤일로의 별들은 전혀 부드럽게 분포하고 있지 않았다. 덩어리도 있고 선과 같은 구조도 있다. 이것은 작은 동반은하들이 우리은하로 끌려 들어와 조석 중력으로 부서진 잔해인 것으로 여겨진다.

팽대부에 있는 별과 특히 헤일로에 있는 별들은 대체로 수십억 년 전에 만들어진 늙은 별들이다. 그렇기 때문에 수명이 수백만 년밖에 되지 않는 가장 뜨거운 주계열성인 O형이나 B형 별들은 이곳에서 발견되지 않는다. 우리은하의 헤일로에서는 수십억 년 동안 새로운 별이 하나도 만들어지지 않았다. 젊고 뜨거운 별은 전적으로 지금도 별이 만들어지고 있는 원반의 나선 팔에서만 발견된다.

원반의 나선 팔 구조는 전체 구조가 회전하고 있다는 것을 암시한다. 실제로 정확하게 이런 일이 일어나고 있다. 전체 원반이 은하 중심 주위를 돌고 있고, 태양은 220km/sec 속도로 거의 원 궤도로 움직인다. 태양의 중력이 지구를 1년 주기의 궤도로 움직이게 만드는 것처럼 우리은하(적어도 태양 궤도 반지름의 안쪽 부분)의 중력이 태양과 행성들을 끌어당겨 은하 중심 주위를 돌게 한다. 220km/sec의 속도와 태양의 궤도 반지름 25,000광년을 이용하면 태양이 우리은하를 2억 5,000만 년마다 한 번씩 회전한다는 것을 간단하게 계산할 수 있다. 그러니까 태양은 지구가 만들어진 후 46억 년 동안 은하를 약 18회 회전했다.

우리은하가 태양에 미치는 중력을 계산하려면 우리은하의 질량이 모두 25,000광년 떨어진 은하의 중심에 모여 있다고 간주하면 된다. 지구의 질량이 6,400킬로미터 아래인 중심에 모두 모여 있는 것으로 간주하는 것과 마찬가지다. 계산에 필요한 질량은 태양 궤도의 안쪽에 있는 은하의 질량이다. 태양 바깥쪽에 있는 물질이 당기는 힘—각각이 다른 방향으로 당기는 힘—은 거의 상쇄된다.

이렇게 하면 계산을 할 수 있다. 뉴턴의 운동법칙과 중력법칙으로 우리는 제3장에서 태양의 질량 M_{Sun}과 태양 주위를 도는 지구의 궤도 속도 v_E와 지구의 궤도 반지름 r_E 사이의 관계를 발견했다.

$$GM_{Sun}/r_E{}^2 = v_E{}^2/r_E$$

여기서 G는 뉴턴의 중력상수다. 양변에 $r_E{}^2$을 곱하면

$$GM_{Sun} = v_E{}^2 r_E$$

가 된다. 이 식을 이용하여 우리은하의 질량 M_{MW}와 은하 중심을 도는 태양의 궤도 속도 v_S, 태양의 궤도 반지름 R_S 사이의 관계를 구할 수 있다.

$$GM_{MW} = v_S{}^2 R_S$$

두 번째 식을 첫 번째 식으로 나누면 중력상수 G가 소거된다.

$$M_{MW}/M_{Sun} = (v_S/v_E)^2 \ (R_S/r_E)$$

속도의 비는 $v_S/v_E = (220 \text{km/sec})/(30 \text{km/sec}) = 7$이다. 거리의 비는 R_S/r_E =25,000광년/1AU이다. 1광년은 약 60,000AU이므로 거리의 비는 $25,000 \times 60,000 = 1.5 \times 10^9$이 된다. 그러므로 질량의 비는

$$M_{MW} / M_{Sun} = 7^2 \times 1.5 \times 10^9 \sim 10^{11}$$

이 된다.

그러니까 우리은하(태양 궤도 반지름 안쪽)의 질량은 대략 태양질량의 1,000억 배 정도가 된다.

우리은하는 별로 이루어져 있으므로, 모든 별의 질량이 태양과 같다고 거칠게 가정하면 우리은하에는 대략 1,000억 개 정도의 별이 있다고 말할 수 있다. 실제로는 우리은하의 대부분의 별은 태양보다 약간 작은 질량을 가지고 있고, 우리는 태양보다 더 멀리 있는 별들을 고려하지 않았기 때문에 더 정확하게 측정하면 우리은하에는 약 3,000억 개 정도의 별이 있다. 칼 세이건은 고전적인 TV 시리즈 〈코스모스〉에서 멋진 목소리로 종종 "수십억보다 훨씬 더 많은"이라는 표현을 썼는데, 그것은 과장이 아니었다. 실제로 우리은하에는 수십억보다 훨씬 더 많은—약 3,000억 개의—별이 있다. 우리는 드레이크 방정식에서 이 숫자를 사용했다.

원반에 있는 별들은 모두 거의 원 궤도를 돈다. 별들은 경주용 트랙을 도는 차들과 비슷하다. 안쪽을 도는 차들이 바깥쪽 차들을 앞질러간다. 우리가 보는 나선 구조는 돌고 있는 별들의 교통체증 때문에 생긴 것이다. 고속도로를 달리다가 차의 속도가 평균보다 느려지는 교통체증 지역에 다가가면 속도를 줄이게 된다. 교통체증 지역을 통과하고 나면 다른 차들과 마찬가지로 당신도 속도를 높일 수 있다. 교통체증 지역은 차의 분포에서 밀도파density wave가 된다. 차들은 교통체증 지역에 가장 많이 몰려 있고, 개개의 차들은 계속해서 교통체증 지역을 통과하여 지나간다. 같은 방식으로 은하의 나선 밀도파는 중력이 더 많은 별들을 끌어당기는 중력 교통체증에 해당한다. 별들이 모일수록 성간 기체들도 중력으로 모이기 때문에 성간 구름이 중력으로 수축하여 새로운 별이 만들어진다. 그래서 나선 팔은 별이 활발하게 만들어지는 지역이 된다. 새롭게 만들어지는 별들 중에는 나선 팔의 교통체증 지역을 빠져나가는 데 걸리는 시간보다도 수명이 짧은 무겁고 밝은 푸른 별들도 있다. 그래서 은하들의 나선 팔들은 새롭게 태어난 무거운 푸른 별들에 의해 밝게 빛난다. 별들이 나선 경로를 따라 이동하는 것이 아니라 은하 중심을 도는 별들의 교통체증에 의해 만들어지는 별들 때문에 나선 팔이 밝게 빛난다.

우리가 방금 계산한 1,000억 태양질량이라는 질량은 우리은하에서 태양 궤도 안쪽 부분에 대한 것이다. 태양 궤도 바깥쪽의 여러 부분에서 미치는 중력은 우리를 반대방향으로 당긴다. 태양 궤도의 바로 바깥쪽의 우리 방향에 있는 물질은 우리를 바깥쪽으로 당기고, 태양 궤도 바깥쪽이면서 우리에게서 은하 중심의 반대방향에 있는 물질은 우리를 안쪽으로 당긴다. 이 반대방향의 힘들은 서로 상쇄되어 태양의 궤도에 아무런 영향을 미치지 않는다. 태양 안쪽의 물질은 지구의 질량을 생각할 때와 마찬가지로 모든 물질이 중심에 모여 있는 것처럼 행동한다. 그러니까 우리은하의 중심에서 여러 거리에서의 별의 궤도 속도를 측정하면 우리은하의 질량 분포를 은하의 중심에서 거리의 함수로 알 수 있다.

우리는 어떤 발견을 기대할 수 있을까? 태양은 은하 중심에서 바깥쪽으로 중간 정도에 있고 별의 밀도는 태양 바깥쪽으로 멀리 갈수록 크게 떨어진다. 별 세기로 보면 우리은하질량의 대부분은 태양 궤도 안쪽에 포함되어 있는 것으로 보인다. 그러니까 우리는 다음 방정식을 이용할 수 있다.

$$GM(<R) = v^2 R$$

여기서 $M(<R)$은 반지름 R 안쪽의 질량이다. 태양 궤도 반지름 바깥의 질량이 크지 않다면 $M(<R)$이 일정하고, 태양 궤도 바깥에서의 $v^2 R$은 거의 일정하다고 기대할 수 있다. 그러면 v^2은 $1/R$에 비례하게 된다. 이런 모습은 태양계에서 볼 수 있다. 태양계의 바깥쪽에 있는 행성들은 태양이 당기는 중력이 약하기 때문에 안쪽에 있는 행성들보다 더 느리게 궤도를 돈다. 우리는 별들이 도는 속도가 태양 궤도의 바깥쪽에서 더 느려질 것이라고 기대했다.

우리은하에서 이것을 관측하는 것은 쉽지 않았다. 은하 중심에서 거리에 따른 별과 기체의 궤도 속도 측정은 1980년대 중반이 되어서야 가능해졌다. 놀랍게도 궤도 속도는 은하 바깥쪽에서 줄어들지 않고, 관측이 가능한 바깥쪽까지 거의 일정하게 유지되었다.

우리 추론에서 뭐가 잘못되었을까? 우리는 태양보다 바깥쪽에서는 별빛을 거의 볼 수가 없다. 그래서 그 거리에서는 질량에 거의 기여하는 것이 없다고 추론했다. 이 추론에 의문을 제기할 필요가 있다. 우리는 태양의 궤도 속도를 우리은하의 질량을 계산하는 데 사용했다. 마찬가지로 멀리 있는 별들의 궤도 속도를 그 궤도 안에 있는 질량을 계산하는 데 사용할 수 있다. 방정식 $GM(<R)=v^2R$에서 속도 v가 일정하게 유지되면 R보다 안쪽의 질량은 R에 비례하여 증가한다. 멀리 갈수록 질량이 더 커지는 것이다. 우리은하에는 태양 궤도의 바깥쪽에 별의 형태로 눈에 보이지 않는 중요한 질량 성분이 있다. 우리는 이것을 암흑물질dark matter이라고 부른다. 이것의 존재는 별의 궤도에 미치는 효과만으로 추정할 수 있다.

우리은하에는 얼마나 많은 암흑물질이 있을까? 답은 우리은하가 얼마나 멀리 뻗어 있느냐에 달려 있다. 별들은 중심에서 40,000광년 거리 정도에서는 거의 없어진다. 하지만 이보다 훨씬 더 멀리 있는 얼마 없는 별이나 기체구름의 궤도 속도는 태양의 궤도 속도 220km/sec와 거의 같다. 현재의 가장 정확한 측정으로는 별과 성간물질은 우리은하 전체 질량의 아주 작은 비율, 아마도 약 10퍼센트밖에 설명하지 못한다. 우리은하질량의 거의 대부분, 약 1,000억 태양질량은 은하 중심에서 약 25만 광년까지 뻗어 있는 암흑물질의 형태로 존재한다. 우리는 다시 한 번 뉴턴의 중력법칙을 이용하여 우리은하와 안드로메다은하의 상호 궤도운동으로 같은 질량을 계산할 수 있다. 두 은하는 한때는 우주의 팽창에 따라 멀어지다가 지금은 약 100km/sec의 속도로 가까워지고 있어, 약 40억 년 후에는 충돌을 하게 된다.

칼텍의 천문학자 프리츠 츠비키Fritz Zwicky가 1933년 처음으로 암흑물질을

웰컴 투 더 유니버스

발견했다. 그는 코마 은하단의 반지름과 개개 은하들이 은하단 전체의 중력에 의해 움직이는 속도를 이용하여 $GM=v^2R$의 복잡한 형태의 방정식으로 코마 은하단의 전체 질량을 구했다. 그는 은하단의 질량이 은하들을 이루고 있는 우리가 볼 수 있는 별과 기체 전체의 질량보다 훨씬 더 크다고 결론내렸다. 그는 이것을 자신의 모국어인 독일어로 dunkle Materie라고 불렀는데, 바로 '암흑물질dark matter'이란 뜻이었다. 제15장에서 보겠지만 이 암흑물질은 대부분 보통원자들이 아니라 우리가 아직 발견하지 못한 기본 입자들로 구성되어 있는 것이 거의 확실하다.

우리은하에서 또 다른 빛을 내지 않는 재미있는 형태의 물질은 우리은하의 바로 중심에 있다. 적외선은 시야를 가리는 먼지를 뚫고 우리은하의 중심을 관측할 수 있다. 은하 가장 중심의 별들은 케플러 타원 궤도를 장반경 1,000AU(1/60광년), 주기 약 20년으로 움직이고 있다. 이 별들의 궤도 중심에 있는 물체는 눈에 보이지 않는다. 하지만 뉴턴의 법칙으로 질량은 계산할 수 있다. 질량은 태양질량의 400만 배나 된다. 이것은 아주 작기 때문에(주위를 도는 별들의 궤도보다 확실히 작다) 밀도는 어마어마하게 크고 눈에는 보이지 않는다. 이것은 블랙홀로 밝혀졌다. 우주에서 가장 흥미로운 이 블랙홀에 대해서는 제16장과 제20장에서 자세하게 다룰 것이다. 그러니까 우리은하에 대한 연구는 은하의 바깥쪽을 차지하고 있는 새로운 기본 입자들과 은하의 중심에 자리 잡고 있는 무거운 블랙홀까지 우리를 물리학의 최전선으로 이끈다.

13

은하들의 우주

100년 전 할로 섀플리가 우리은하의 모양과 그 속에서 우리의 위치를 결정하고 있을 때, 대부분의 천문학자들은 우리은하가 우주의 전부라고 생각하고 있었다. 실제로 섀플리가 우리은하의 크기를 수십만 광년으로 측정했을 때 그는 이렇게 엄청난 값은 자신이 우주 전체의 지도를 그렸다는 증거라고 확신했다. 하지만 천문학자들은 오랫동안 망원경으로 보이는 성운들에 대해서 궁금해해왔다. 별은 망원경으로 보면 점광원으로 보이지만 성운은 크기를 가지고 대체로 흐릿하게 보인다. 우리는 적색거성이 바깥층을 방출하여 만들어진 행성상 성운을 포함하여 여러 종류의 성운들을 이미 이 책에서 만났다. 별이 활발하게 만들어지고 있으며 젊고 뜨거운 별에서 나오는 빛으로 주위의 기체가 밝게 빛나고 있는 오리온성운과 뒤에 있는 별에서 나오는 빛을 가리는 먼지 구름인 암흑성운도 있었다. 그런데 생긴 모양 때문에 나선성운이라고 불리는 또 다른 종류의 성운도 있었다. 우리가 지금 알고 있는 우리은하와 아주 비슷하게 생긴 성운들이다. 우리은하 역시 흐릿하게 보인다. 하지만 우리은하 원반의 나선 구조는

그림 13.1 M101, 바람개비은하. 출처: NASA/HST

당연히 100년 전에는 알려져 있지 않았다. 우리는 원반 안에 살고 있기 때문에 3차원 구조를 알 수가 없었고, 그런 성운들과의 유사성도 알아차릴 수 없었다. 우리는 어떤 성운이 몇 백 광년 정도 거리에 있는 작은 성운인지 수백만 광년 떨어져 있는 엄청난 규모의 구조인지 그냥 보아서는 알 수가 없다. 〈그림 13.1〉은 정면으로 보이는 전형적인 나선성운 M101이다. 바람개비처럼 나선 팔이 뚜렷하게 보이기 때문에 천문학자들은 바람개비은하Pinwheel galaxy라고 부른다.

그림 13.2 슬론 디지털 스카이 서베이에서 촬영한 안드로메다은하. 안드로메다은하는 거의 옆으로 보이는 나선은하이고 두 개의 작은 타원은하를 위성은하로 가지고 있다. (아래쪽은 M32, 위쪽은 NGC205이다.) 출처: Sloan Digital Sky Survey and Doug Finkbeiner

나선성운들의 특징과 거리, 크기는 20세기 초반 천문학자들이 직면한 가장 중요한 의문이었다. 독일의 철학자 임마누엘 칸트는 이미 1755년에 나선성운들이 당시까지 전체 우주라고 여겨지던 우리은하만큼 큰 또 다른 '섬 우주island universes'라고 생각했다. 섀플리가 측정한 우리은하의 엄청난 크기와 나선성운들의 작은 겉보기 크기로 보면, 만일 칸트의 생각이 맞다면 이 성운들은 수백만 혹은 수천만 광년이나 되는 엄청난 거리에 있어야 한다.

섀플리는 이것이 말도 안 된다고 생각하면서 1920년 캘리포니아 릭 천문대의 천문학자 헤버 커티스Heber Curtis와 나선성운의 성질에 대하여 대중 앞에서 논쟁을 벌였다. 커티스는 나선성운이 우리은하와 같은 은하들이라는 가설이 옳다고 확신하고 있었고, 섀플리는 그렇게 되면 나선성운까지의 거리가 너무 멀기 때문에 믿을 수 없다고 말했다. 과학에서는 흔히 있는 일이지만, 이와 같은 논쟁은 새로운 더 좋은 자료로만 해결될 수 있지 논쟁으로는 결론이 나지 않는다. 관측을 통해 이 논쟁을 영원히 완벽하게 끝낸 사람은 캘리포니아 윌슨 산 천문대의 에드윈 허블Edwin Hubble이었다. 그는 변광성을 이용하여(제12장에 설명

웰컴 투 더 유니버스

한 방법) 하늘에서 가장 밝은 나선성운인 안드로메다성운까지의 거리를 구했다 (〈그림 13.2〉).

안드로메다성운은 좋은 환경(도시의 불빛에서 멀리 떨어진 맑고 달이 없는 밤)에서 맨눈으로 볼 수 있기 때문에 아주 옛날부터 알려져 있었다.

로스앤젤레스 분지를 내려다보는 샌게이브리얼 산맥에 자리 잡은 윌슨 산 천문대에는 주경의 지름이 2.5미터로 당시 세계에서 가장 큰 망원경이 있었다. 이 망원경으로 안드로메다성운의 사진을 찍은 허블은 갈릴레오가 300년 전 자신이 만든 원시적인 망원경으로 은하수를 보았을 때처럼 흐릿한 빛이 개개의 별들로 분해되는 것을 발견했다. 그 관측은 이미 허블에게 안드로메다성운이 아주 멀리 있는 것이 틀림없다고 이야기해주고 있었지만, 정확한 값을 얻기 위해서는 더 많은 일을 해야 했다. 안드로메다성운을 반복적으로 관측하여 허블은 주기적으로 밝아졌다 어두워지는 별 몇 개를 찾아낼 수 있었다. 세페이드 변광성이었다. 이 변광성은 RR 라이레 변광성보다 더 밝고 맥동주기는 며칠에서 몇 달이 된다. 1912년 하버드에서 일하던 헨리에타 리비트는(제7장 참조) 세페이드 변광성의 변광 주기와 광도 사이의 관계를 발견했다(〈그림 13.3〉). 허블은 변광성의 주기를 측정하고, 리비트의 관계를 이용하여 광도를 구하고, 밝기를 측정하여 거리를 구했다. 결과는 놀라웠다. 안드로메다성운은 당시로는 생각할 수도 없는 엄청난 거리인 약 100만 광년 떨어진 곳에 있었다. 알려진 우리은하의 범위보다 훨씬 밖이었다.

하늘에서 안드로메다성운의 바깥쪽 경계까지의 각 크기는 약 2도다. 원의 둘레는 반지름의 2π(6보다 조금 큰 수)배다. 그러니까 반지름이 100만 광년보

그림 13.3 가까운 은하들의 거리를 측정하는 데 열쇠가 된 세페이드 변광성의 주기와 광도 사이의 관계를 발견한 헨리에타 리비트. 출처: American Institute of Physics, Emilio Segrè Visual Archives

다 조금 작은 거대한 원의 둘레는 약 600만 광년이 된다. 2도는 전체 원 360도의 1/180이므로, 허블은 안드로메다은하의 지름을 약 600만 광년의 1/180, 즉 약 30,000광년으로 계산할 수 있었다. 그래서 허블은 두 가지 분명한 사실을 알아낼 수 있었다. (1)안드로메다성운은 거의 우리은하만큼이나 크다. (2)안드로메다성운은 우리은하 경계보다 훨씬 바깥에 있다.

더구나 하늘에는 안드로메다성운보다 훨씬 더 각 크기가 작고 어두운 나선성운들로 가득 차 있다. 이들도 안드로메다성운과 비슷한 것이라면 이들은 훨씬 더 멀리 있어야 한다. 이것은 우리가 우주를 이해해온 역사에서 결정적인 순간이었다. 허블은 안드로메다성운과 다른 나선성운들이 우리은하 전체의 크기와 비슷하고 우리가 상상하기도 힘들 정도로 멀리 있다는 것을 보였다. 나선성운이 우리은하만큼 큰 '섬 우주'라는 칸트의 가설은 맞는 것으로 밝혀졌다. 우주의 경계는 극적으로 확장되었다.

20년 후 천문학자들은 세페이드 변광성이 한 종류가 아니라는 사실을 알게 되었다. 모든 것이 수정되자 허블이 사실은 안드로메다성운까지의 거리를 크게 과소평가했다는 사실이 밝혀졌다. 현재 측정된 거리는 250만 광년이다. 더구나 망원경에 (필름 대신) 디지털카메라를 장착하여 찍은 사진은 안드로메다의 바깥쪽 어두운 영역이 약 3도까지 퍼져 있다는 것을 보여주었다. 이렇게 더 커진 값을 이용하면 안드로메다은하(이제 성운이 아니라 은하라고 부르겠다)의 지름은 우리은하보다 약간 더 큰 약 13만 광년으로 계산된다. 허블이 계산한 값은 더 작기는 하지만 안드로메다가 우리은하와 같은 또 다른 은하라는 그의 결론은 옳았다. 대략적인 측정만으로도 섀플리-커티스 논쟁에서 다뤘던 큰 의문에 대한 답을 하기에는 충분했다. 섀플리가 틀렸고 커티스가 옳았다.

안드로메다은하는 가장 가까이 있는 큰 은하일 뿐이다. 허블이 윌슨 산 천문대에서 찍은 사진은 하늘이 은하들로 가득 차 있다는 것을 보여주었다. 안드로메다은하는 나선은하임이 분명하지만 나선 팔은 명확하지 않고 따라가기가 어렵다. 그 이유 중 하나는 우리가 원반의 거의 옆면을 보고 있기 때문이다. 하지만 훨씬 더 극적이고 뚜렷한 나선 팔을 가지고 있는 은하들도 있다.

앞에서 본 바람개비은하를 생각해보자(〈그림 13.1〉). 우리는 이 은하를 거의 정면으로 보고 있기 때문에 나선 팔을 뚜렷하게 볼 수 있다. 이 은하는 우리은하와 기본적으로 같은 특징을 보여준다. (우리은하의 팽대부보다는 약간 작은) 중심의 팽대부와 중심에서 뻗어나오는 3개의 나선 팔이 있다. 바람개비은하의 나선 팔은 푸른색인데, 많은 수의 뜨거운, 그러니까 젊고 질량이 큰 별들이 있다는 신호다. 이것은 우리은하와 똑같이 나선 팔에서 별이 만들어지고 있다는 것을 말해준다. 나선 팔을 따라 가늘고 어두운 '잎맥'도 볼 수 있을 것이다. 이것은 우리은하와 마찬가지로 은하의 원반과 나선 팔에만 있는 먼지 구름이다. 중심의 팽대부는 노란색인데, 이것은 여기에 있는 별들은 나선 팔에 있는 별들보다 평균적으로 낮은 온도를 가진다는 것을 알려준다. 나선 팔에 보이는 뜨거운 젊은 별들은 팽대부에는 존재하지 않는다. 이것은 우리은하와 안드로메다은하를 포함하는 대부분의 나선은하에서 보이는 일반적인 경향이다. 젊은 별과 만들어지는 별은 원반과 나선 팔에서 보이고 늙은 별은 팽대부에 있다.

바람개비은하 전체에 많은 별들이 흩어져 있다. 이 별들은 바람개비은하의 별들이 아니다. 이 은하의 거리에서(2,000만 광년) 개개의 별들은 이보다 훨씬 더 어둡게 보인다. 이 별들은 같은 시선방향에 있는 우리은하의 별들이고 거리는 아마 수천 광년 정도일 것이다. 마치 차 앞 유리에 떨어진 빗방울과 같다. 이것은 우리가 보는 하늘은 2차원에 투영된 모습이라는 사실을 다시 한 번 상기시켜준다. 거리에 대한 정보가 없으면 어떤 것이 가까이 있고 어떤 것이 멀리 있는지 알 수가 없다. 실제로 이 사진 주변에 있는 어두운 천체들은 별이 아니고, 수백만 광년이 아니라 수십억 광년 거리에 있는 다른 은하들이다. 바람개비은하의 각 크기는 0.5도 정도이고 거리는 2,000만 광년이므로 지름은 약 17만 광년이 되어 우리은하의 두 배 정도가 된다.

솜브레로은하Sombrero galaxy라고 불리는 〈그림 13.4〉의 은하는 뚜렷하게 눈에 띄는 (우리은하의 팽대부보다 훨씬 큰) 거대한 팽대부를 가지고 있어서 창이

그림 13.4 솜브레로은하. 거의 측면으로 보이는 큰 팽대부를 가진 나선은하다.

출처: NASA and the Hubble Heritage Team(AURA/STScI) Hubble Space Telescope, ACS STScI-03-28

그림 13.5 슬론 디지털 스카이 서베이로 찍은 페르세우스은하단의 중심부.

출처: Sloan Digital Sky Survey and Robert Lupton

웰컴 투 더 유니버스

넓은 모자처럼 보인다. 이 은하는 원반이 거의 측면으로 보이기 때문에 나선 구조를 가리는 원반이 얼마나 얇은지 잘 보여준다. 이 은하의 측면 모습은 은하수에서 보이는 것과 똑같은 원반 가운데의 아름다운 검은 선을 만드는 먼지의 효과를 잘 보여준다.

모든 은하가 원반을 가지는 것은 아니다. 기체나 먼지가 거의 없고 늙은 별들이 대부분을 차지하는 팽대부만 가진 은하도 있다. 허블은 이런 은하를 타원은하elliptical galaxies라고 불렀다.

〈그림 13.5〉는 수백 개의 타원은하가 약 100만 광년 범위 안의 공간에 모여 있는 페르세우스은하단이다. 실제로 이 사진에 있는 거의 모든 은하가 타원은하다. 그리고 은하단의 앞에 있는 많은 별들을 볼 수 있는데, 페르세우스은하단이 우리은하의 별들이 많은 지역 뒤에 위치하기 때문이다.

대부분의 밝은 은하는 타원은하 아니면 나선은하다. 그런데 이 둘에 속하지 않는 은하도 있다. 이런 은하를 불규칙 은하irregular galaxies라고 부른다. 생긴 모양이 불규칙하기 때문이다. 약 16만 광년 거리에서 우리은하 주위를 도는 작은(약 14,000광년 크기) 위성은하인 대마젤란성운이 불규칙 은하에 속한다. 〈그림 12.1〉의 왼쪽 끝, 천문대 돔 옆에서 볼 수 있다. 아주 가까이 있기 때문에 맨눈으로도 쉽게 볼 수 있다.

우리은하와 안드로메다은하 사이의 거리(250만 광년)는 각 은하 자신의 크기의 약 25배다. 은하들은 자신들의 크기에 비하여 엄청나게 먼 거리만큼 떨어져 있다. 이것은 우주의 대부분이 은하 사이의 공간이라는 것을 의미한다. 그런데 제12장에서 우리는 태양에서 가장 가까운 별까지의 거리가 태양 지름의 약 3,000만 배라는 사실을 확인했다. 하지만 우리은하에서 가장 가까운 큰 은하는 우리은하 지름의 25배밖에 떨어져 있지 않다. 별의 크기에 대한 감을 잡는다 하더라도 별 사이의 거리를 상상하기는 쉽지 않다. 하지만 은하의 크기에 익숙해진다면 은하들 사이의 거리는 그에 비해서 그렇게 크지는 않다. 은하들이 자신들의 크기에 비하여 상대적으로 가까이 있다는 점을 고려하면 은하들이 자주 서로 충돌한다는 사실이 그렇게 놀랍지는 않을 것이다.

지구에서 약 4억 광년 떨어져 있는 올챙이은하Tadpole galaxy(〈그림 13.6〉)는 크고 작은 두 개의 나선은하가 충돌하여 만들어진 것이다. 작은 은하가 크게 부서져 왼쪽 위에 있는 큰 은하의 나선 팔 안에 있는 것이 보인다. 두 은하들 사이의 중력 상호작용은 큰 은하의 나선 팔 하나를 약 30만 광년 길이의 뜨거운 푸른 별들이 반짝이는 긴 꼬리로 만들었다. 큰 은하의 중심부에는 먼지가 많아 어두운 먼지선이 보인다. 현재 우리은하와 안드로메다은하는 서로의 중력의 영향을 받으며 가까워지고 있다. 약 40억 년 후 두 은하가 충돌하면 조석 중력이 올챙이은하에서 보이는 것과 같은 별들의 흐름을 만들어낼 것이다.

천문학자들은 이렇게 은하들이 합쳐지면 어떤 일이 일어날지에 대하여 오랫동안 논쟁해왔다. 수백만 년 후 안정이 되면 타원은하가 될까? 이것은 애초에 은하들이 어떻게 만들어졌는지에 대한 기본적인 의문을 불러일으켰다. 타원은하에 있는 별들은 나선은하에 있는 별들보다 나이가 많기 때문에 타원은하는 우주 역사에서 더 초기에 만들어졌다고 생각할 수 있다. 나선은하들의 팽대부는 타원은하와 비슷한 성질을 가지고 있으므로 이들은 어쩌면 같은 방식으로 만들어졌을 수 있다. 이미 만들어진 타원은하로 나중에 떨어지는 기체는 별로 만들어지기 전에 냉각이 된다. 냉각이 되면 기체는 에너지를 잃지만 각속도는 잃지 않기 때문에 회전하는 얇은 원반이 만들어진다. 이 과정으로 타원의 팽대부를 가진 나선은하가 만들어질 수 있다. 이 과정의 세부적인 부분은 아직 충분히 이해되지 않고 있어서 뜨거운 논쟁거리가 되고 있다.

이 올챙이은하의 사진에는 더 많은 내용이 포함되어 있다. 사진을 자세히 보면 아주 작은 은하들을 많이 볼 수 있다. 이들은 훨씬 더 멀리 있을 뿐이지(그래서 작고 어둡게 보인다) 충분히 큰 은하들이다. 어떤 은하는 수십억 광년 떨어져 있다. 그러니까 이 은하들의 빛은 우리에게 도착하는 데 수십억 년이 걸린 것이다. 우리는 이 은하들의 현재의 모습을 보는 것이 아니라 우주가 훨씬 더 젊었을 때의 모습을 보는 것이다. 망원경은 타임머신이다. 망원경은 먼 과거를

웰컴 투 더 유니버스

그림 13.6 허블 우주망원경으로 찍은 올챙이은하. 사실 이것은 두 은하가 합쳐져 긴 꼬리를 만들고 있는 중이다. 사진에는 훨씬 더 멀리 있는 어두운 은하들도 많이 보인다. 출처: ACS Science and Engineering Team, NASA

보여주고 은하들이 우주적 시간을 통해 진화해온 과정을 연구할 수 있게 해준다. 당연히 우리는 하나의 은하를 일생의 한 시기밖에 볼 수가 없다. 하지만 멀리 있는 은하들의 특징을 우리가 가까운 우주에서 보는 은하들과 비교함으로써, 은하의 수가 지난 수십억 년 동안 어떻게 변해왔는지 알아보고 은하들이 언제 만들어졌으며 왜 어떤 은하는 나선은하이고 어떤 은하는 타원은하인지와 같은 의문의 해결을 시도해볼 수 있다.

아주 오래 노출한 허블 우주망원경의 사진은 하늘의 불과 몇 분 영역 안에 수천 개의 어두운 멀리 있는 은하들을 보여준다(〈그림 7.7〉). 그러니까 관측 가능한 우주에는 1,000억 개 단위의 은하들이 있다. 겨우 보이는 작은 빛의 점 하나하나가 우리은하만큼 큰, 1,000억 개 이상의 별을 가진 완전한 은하들이다. 10^{11}개 은하가 각각 10^{11}개의 별을 가지고 있으므로 관측 가능한 우주에는 대략 10^{22}개의 별이 있다. 실로 엄청난 숫자다. 여기서 '관측 가능한 우주'란 무슨 의미일까? 그리고 이 모든 은하들은 어떻게 만들어졌을까? 이런 질문에 답하기 위해서는 우주 자체가 어떻게 진화했는지 이해하는 것이 필요하다. 이제 이 주제를 다룰 것이다.

14

팽창하는 우주

천문학에는 하늘에 있는 천체의 성질을 이해하는 두 가지 기본 전략이 있다. 하나는 천체의 사진을 찍어 크기와 밝기를 측정하는 것이다. 다른 하나는 천체의 스펙트럼을 관측하는 것이다. 우리는 별의 스펙트럼이 표면 온도와 구성 원소를 알 수 있게 해준다는 것을 보았다. 이것과 HR 다이어그램에 대한 이해를 바탕으로 우리는 별의 크기, 질량, 진화 상태를 결정할 수 있었다.

은하의 스펙트럼은 은하의 어떤 물리적 성질을 알려줄 수 있을까? 천문학자들은 은하의 스펙트럼을 약 100년 전인 1915년경부터 관측하기 시작했다. 은하들은 어둡고 당시의 망원경들은 작았으며 관측 장비는 지금 우리가 가진 것보다 훨씬 덜 민감했다. 그래서 은하의 스펙트럼을 관측하기 위해서는 오랜 시간 동안 노출을 해야 했다. 그런데 이 최초의 스펙트럼들은 별에서 보이는 것과 똑같은(특히 G형과 K형 별) 흡수선들을 보였기 때문에 천문학자들은 곧바로 은하들이 별로 이루어져 있다고 생각했다. 에드윈 허블도 10년 후 안드로메다성운의 정밀한 사진에서 분해된 별들을 보았을 때 같은 결론을 내렸다(제13장). 은하들의 스펙트럼은 별의 스펙트럼을 연구하는 천문학자들에게는 너무나 익숙한 모양이었다. 하지만 그들은 금방 중요한 차이가 있다는 것을 알아차렸다. 칼슘, 마그네슘, 나트륨과 같은 원소에서 만들어진 흡수선들이 별에서 보이는 것과 약간 다른 파장에 있었다. 은하에서 발견된 모든 스펙트럼선들은 전체적으로 붉은색으로 이동해 있었다. 이 현상을 적색이동redshift이라고 한다.

우리가 복잡한 시내 한구석에 서서 오토바이가 지나가는 소리를 들으면 적색이동이 어떻게 작동하는지 이해할 수 있다. 오토바이가 다가올 때는 높은 소리가 들릴 것이다. 그리고 당신 앞을 지나 멀어지기 시작하면 엔진 소리는 금방 알아차릴 수 있을 정도로 낮아진다.

오토바이에서 나오는 소리는 (빛처럼) 특정한 파장과 진동수를 가지는 공기의 압력파다. 진동수가 높을수록(파장이 짧을수록) 귀에 들리는 소리는 더 높다. 다가오는 오토바이는 연속적인 파동의 마루를 방출하는데, 점점 더 가까이 올수록 연속적인 파동의 마루가 몰려서 높은 음을 만든다. 반대로 오토바이가 멀어지면 귀에 도착하는 파동이 늘어나서 낮은 음이 된다. 1842년 오스트리아의 크리스티안 도플러Christian Doppler가 처음 설명한 이 효과는 소리의 파동뿐만 아니라 빛의 파동에도 적용된다. 멀리 있는 별이나 은하의 움직임은 스펙트럼에 파장의 전체적인 이동으로 기록된다. 그래서 우리는 은하들의 적색이동을 도플러 효과의 결과로 설명한다. 은하들이 우리에게서 멀어지고 있는 것이다. 어떤 속도로 움직이는 물체가 방출하는 파동의 파장 변화 비율은 물체의 속도를 소리의 속도(소리의 파동일 때)나 빛의 속도(물체에서 나오는 빛을 관측하고 있을 때)로 나눈 것과 같다. 지구에서 공기 중의 소리의 속도는 약 시속 1,200킬로미터이고 빠른 오토바이는 이것의 10분의 1의 속도로 쉽게 달릴 수 있다. 이 오토바이가 당신 앞을 지나갈 때 음높이의 변화는 약 20퍼센트다(소리 속도의 10퍼센트 속도로 접근하고 10퍼센트 속도로 멀어지므로). 이것은 충분히 알아차릴 수 있는 정도다.

빛의 파장은 색깔과 관련이 있다. 멀어지는 물체는 긴 파장으로 이동하므

웰컴 투 더 유니버스

로 더 붉어진다. 이 효과는 물체의 속도가 빛의 속도에 어느 정도 비교할 수 있어야 (맨눈으로) 알아차릴 수 있다. 오토바이의 속도는 빛의 속도에 비해 너무 작기 때문에 당신 앞을 지나갈 때 오토바이의 색깔이 푸른색에서 붉은색으로 바뀌는 것으로 보이지 않는다. 우리는 별이나 은하가 빠른 속도로 우리를 지나가는 것을 볼 수 없다. 하지만 이들은 특별한 스펙트럼 모양을 가지고 있다. 우리가 실험실에서 정확하게 파장을 알 수 있는 원소들의 흡수선들이다. 우리는 특정한 별이나 은하에서 같은 모양을 가진 스펙트럼의 파장을 측정할 수 있다. 실험실에서와 별이나 은하에서 이 원소들의 파장의 차이는 도플러 이동으로 설명되고, 그것으로 우리는 별이나 은하가 우리에게서 얼마나 빨리 움직이는지 알 수 있다.

1915년 로웰 천문대(나중에 명왕성을 발견한 곳)에서 일하던 베스토 슬라이퍼Vesto Slipher는 15개 은하의 도플러 이동을 측정했다. 안드로메다와 다른 두 은하는 우리를 향해 움직이고 있다고 알려주는 청색이동을 보였지만, 나머지 모든 은하는 적색이동을 보였다. 우리에게서 멀어지고 있는 것이었다. 우리는 적색이동 z를 다음과 같이 정의한다.

$$(\lambda_{obs} - \lambda_{lab}) / \lambda_{lab}$$

여기서 λ_{lab}은 실험실에서 측정한 원소의 방출선이나 흡수선의 파장이고, λ_{obs}은 은하 스펙트럼에서 관측된 그 원소의 방출선이나 흡수선의 파장이다. 가까이 있는 은하의 적색이동 z는 은하의 후퇴속도 v와 다음과 같은 관계가 있다. $z \approx v/c$. 그러니까 빛의 속도의 1퍼센트의 속도로 후퇴하는 은하는 적색이동 값 $z = 0.01$을 가지고, 모든 스펙트럼선들은 긴 파장 쪽으로 1퍼센트 이동한다. 지금까지 천문학계는 200만 개가 넘는 은하의 스펙트럼을 관측했다. 안드로메다와 같은 극히 일부를 제외하고는 모든 은하가 적색이동을 보인다. 그래서 우리는 실질적으로 우주의 모든 은하들이 우리은하에서 멀어지고 있다고 결론내릴 수 있다. 나는 망원경 옆에 있는 이상한 과학자가 허공으로 손을 흔들며 "은하들이 우리가 싫어서 도망가고 있어!"라고 말하는 우스꽝스러운 만화를 본 적이 있다. 이것은 정확한 설명이 아니다. 하지만 우리가 모든 은하들이 움직이는 중심이라는 특별한 위치에 있는 것처럼 보이는 것은 놀라운 일이다. 어떻게 된 일일까? 1920년대 후반과 1930년대 초에 이 적색이동을 현대적으로 이해할 수 있도록 해준 결정적인 관측을 한 사람은 또 다시 에드윈 허블이다.

세페이드 변광성을 이용하여 안드로메다은하까지의 거리를 측정한 후 허블은 다른 은하에 대한 연구를 계속하여 여러 가지 방법으로 은하들의 거리를 구했다. 더 멀리 있는 은하일수록 거리를 구하는 것은 더 어려워진다. 멀리 있는 은하일수록 개개의 별들을 분해하는 것이 점점 더 어려워지기 때문이다. 그의 측정은 지금 기준으로 보면 부정확했지만 1920년대 후반까지 그는 상당한 수의 은하들에 대한 대략의 거리를 측정했다. 그 은하들의 스펙트럼—따라서 적색이동과 속도—도 관측이 되었다. 그리고 그는 은하들의 거리와 속도를 비교하는 단순한 그림을 그렸다. 그는 경향성을 보았다. 멀리 있는 은하일수록 더 큰 속도를 가지고 있었다. 큰 관측오차에도 불구하고 그는 속도 v 와 거리 d 가 서로 비례관계에 있다는 결론을 내릴 수 있었다.

$$v = H_0 d$$

속도와 거리 사이의 이 비례관계는 지금은 허블의 법칙으로 알려져 있고, 비례상수 H_0 는 그의 이름을 따 허블상수라고 부른다. 허블상수는 특정한 시간에 우주의 모든 곳에서 실제로 상수다. 하지만 나중에 보겠지만 시간에 따라서는 변한다. H_0 는 현재의 허블상수의 값을 의미하는 것이다.

지금 돌아보면 허블이 그렇게 질이 좋지 않은 자료(그가 측정한 안드로메다은하까지의 거리는 2.5배나 작았다는 것을 기억하라)로 적색이동과 거리 사이의 비례관계를 알아낼 수 있었다는 것은 놀라운 일이다. 망원경과 관측 기술은

1929년 이후 크게 나아졌다. 실제로 허블 우주망원경의 핵심 프로젝트 중 하나는 여러 방법 중에서 바로 허블이 사용했던 방법인, 세페이드 변광성을 관측하여 멀리 있는 은하들의 정확한 거리를 측정하는 것이다. 이 관측은 허블이 옳았다는 것을 보여주었다. 은하들의 적색이동과 거리는 실제로 정확하게 비례관계였다. 획기적인 발견이 당시에 가능한 가장 앞선 방법으로 얻은 빈약한 자료로 이루어지는 것은 종종 있는 일이다. 허블의 최초의 자료는 속도가 약 1,000km/sec, 거리로는 약 5,000만 광년까지의 은하들만 포함하고 있었다. 1931년까지 허블은 동료인 밀턴 휴메이슨Milton Humason과 함께 후퇴속도가 20,000km/sec인 은하까지 자료를 확장시켜 이전 결과를 확인했다.

정말로 우리은하가 다른 모든 은하들이 멀어지고 있는 우주의 특별한 위치를 차지하고 있을까? 이 생각은 우리가 마주한 적이 있는, 흔히 코페르니쿠스의 원리Copernican Principle라고 불리는 개념에 반한다. 지구는 우주에서 특별한 위치에 있지 않다는 것 말이다. 프톨레마이오스를 비롯한 고대인들은 지구를 우주의 중심에 놓았지만 코페르니쿠스는 지구가 태양의 주위를 돈다고 말했다. 우리는 태양이 평범한 주계열성이라는 것을 알게 되었고, 캅테인이 처음에는 태양을 우리은하의 중심이라는 특별한 위치에 놓았지만 섀플리의 더 정밀한 연구로 태양이 우리은하 중심에서 바깥쪽으로 중간 정도에 있다는 것도 알게 되었다. 적색이동 관측은 처음 보면 우리은하를 특별한 위치에 놓는 것처럼 보인다. 팽창의 중심 말이다. 하지만 사실은 그렇지 않다.

일직선상에 같은 간격으로 놓인 4개의 은하를 생각해보자. 은하1이 가장 왼쪽에, 거기에서 1억 광년 거리에 우리은하, 거기에서 1억 광년 거리에 은하3, 다시 1억 광년 거리에 은하4가 있다. (그러니까 은하4는 은하1에서 3억 광년 떨어져 있다.) 허블의 법칙에 따르면, 은하1에서 보면(〈그림 14.1〉의 첫 번째 화살표 묶음을 보라) 우리은하는 약 2,000km/sec 속도로 멀어지고 있다. (은하1에서 우리은하보다 2배 더 멀리 있는) 은하3은 은하1에서 2배 더 빠른 4,000km/sec의 속도로 멀어지고, 3배 더 멀리 있는 은하4는 은하1에서 6,000km/sec의 속도로 멀어진

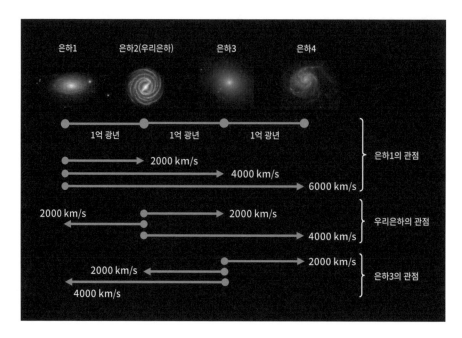

그림 14.1 팽창하는 선 위에 있는 은하들은 어떤 은하도 팽창하는 우주의 중심에 있지 않다는 것을 보여준다. 맨 위에 4개의 은하가 있고 두 번째 은하가 우리은하다. 은하들은 각각 1억 광년 간격으로 떨어져 있다. 허블의 법칙에 따라 은하들은 직선의 팽창에 따라 서로 멀어진다. 첫 번째 화살표 묶음은 은하1의 관점에서 본 상대적인 속도를 보여준다. 운동은 상대적이기 때문에 우리은하에 있는 관측자는 자신은 정지해 있고 다른 세 은하가 거리에 비례하는 속도로 멀어지고 있는 것으로 본다(두 번째 화살표 묶음). 은하3의 관점에서 보아도 마찬가지다. 모든 관측자는 독립적으로 자신은 정지해 있고 다른 모든 은하들이 허블의 법칙에 따른 속도로 멀어지고 있다고 결론내린다. 출처: Michael Strauss, 우리은하(NASA); 다른 은하 사진(Sloan Digital Sky Survey and Robert Lupton)

다. 이것이 우리은하에서는 어떻게 보일까? 이것은 두 번째 화살표 묶음에서 볼수 있다. 우리은하는 은하1에서 2,000km/sec의 속도로 멀어지고 있지만, 우리는 우리를 기준으로 보기 때문에 우리가 보기에는 은하1이 2,000km/sec의 속도로 왼쪽으로 우리에게서 멀어지고 있다. 우리가 보기에 은하3은 2,000km/sec의 속도로 반대방향인 오른쪽으로 멀어지고 있다. 두 은하는 우리은하에서 같은 거리에 있고 같은 속도로 멀어지고 있다. 은하4는 우리은하에서 4,000km/sec의 속도로 멀어지고 있다. 은하4는 우리은하에서 2배의 거리에 있고 2배 더 빠르게 멀어진다. 우리에게는 모든 은하가 우리에게서 달아나는 것으로 보이고 더 멀리 있을수록 더 빠르게 달아난다. 우리의 관측도 역시 허블의 법칙에 맞는다.

이제 은하3의 어떤 행성에 살고 있는 외계인의 관점으로 보자. 도플러 이동에 영향을 주는 것은 은하들의 상대적인 속도뿐이다. 이 외계인의 관점에서는 1억 광년 거리에 있는 우리은하는 (왼쪽으로) 2,000km/sec의 속도로 멀어진다. 반대방향으로 1억 광년 거리에 있는 은하4는 (반대방향으로) 2,000km/sec의 속도로 멀어진다. 마지막으로 은하1은 4,000km/sec의 속도로 멀어진다. 그 외계인이 보기에는 모든 은하들이 자신에게서 멀어지고 있으므로 그는 움직임의 중심에 있다고 결론내린다. 그 외계인은 우리가 우리은하가 정지해 있고 다른 모든 은하들이 우리에게서 달아나고 있다고 결론내린 것과 마찬가지로 자신은 정지해 있고 다른 모든 은하들이 달아나고 있다고 생각한다. 우리와 외계인은 모두 속도가 거리에 비례한다고 결론내린다. 우리은하도 은하3도 특별한 위치에 있지 않다.

허블의 법칙은 사실 두 가지를 말해준다. 첫째, 두 은하 사이의 거리는 증가한다. 즉 모든 은하들은 서로 멀어지고 있다. 허블은 우주가 팽창하고 있다는 사실을 발견한 것이다! 둘째, 팽창의 중심에 있는 특별한 은하는 없다. 어떤 은하에 있어도 다른 모든 은하들이 멀어지고 있다고 결론내릴 수 있다. 은하들은 늘어나는 고무 밴드 위에 파인 홈과 같다. 모든 홈들은 서로 멀어지고 있다. 팽창의 중심이 없다는 결론을 완성하기 위해서는 사실 조건이 하나 더 필요하다. 은하의 분포에는 끝이 없다는 것이다. 리처드 고트가 우주론에 적용된 아인슈타인의 일반상대성이론을 설명하는 제22장에서 다시 이 주제로 돌아올 것이다.

우리은하는 지름이 약 10만 광년이나 되지만 관측 가능한 우주에 있는 각각 약 1,000억 개의 별을 가지고 있는 1,000억 개의 은하들 중 하나일 뿐이다. 가장 가까이 있는 큰 은하인 안드로메다은하는 약 250만 광년 거리에 있고, 대부분의 은하들은 수억 광년 이상의 훨씬 먼 거리에 있다.

에드윈 허블은 은하들이 서로 떨어져 있는 거리에 비례하는 속도로 멀어지고 있다는 것을 발견했다. 이것으로 우리는 전체 우주가 팽창하고 있다는 결론을 내릴 수 있었다. 이것은 DNA의 구조를 발견하고 이것의 유전 암호로서의 역할을 발견한 것이나 아인슈타인의 상대성이론 발표에 버금갈 정도로 20세기에 이루어진 가장 위대한 과학 발견 중 하나일 것이다.

허블의 법칙은 은하까지의 거리를 구하는 쉬운 방법을 제공해준다. 은하의 적색이동과 거리 사이의 비례관계를 이용하면 은하의 적색이동(은하의 스펙트럼을 관측할 수 있다면 쉽게 구할 수 있다)을 구하여 곧바로 거리(이 방법이 아니면 구하기가 어렵다)를 알아낼 수 있다. 둘 사이를 연결시켜주는 비례상수 H_0만 안다면 이것은 아주 좋은 방법이다. 이 값을 결정하기 위해서는 먼저 샘플 은하들의 거리를 독립적인 방법으로 정확하게 측정해야 한다.

앞에서 보았듯이 천체의 거리를 측정하는 것은 이것을 이해하는 데 중요한 단계다. 거리를 구하면 이 천체의 광도와 크기를 포함한 많은 핵심적인 양들을 구할 수 있다. 그래서 천문학에서 많은 이야기의 중심에 거리를 측정하기 위하여 과학자들이 개발한 영리한 방법들이 있다. AU(지구와 태양 사이의 거리)를 물리적인 단위(미터와 같은)로 측정하는 것은 18세기와 19세기 과학에서 가장 중요한 문제 중 하나였다. 결국 이 문제는 태양 앞을 지나가는 금성을 관측하고, 지구의 서로 다른 위치에서 멀리 있는 별 근처를 지나가는 화성을 관측하여 해결했다(제2장). 이 시차 효과로 금성과 화성의 거리를 결정하고, 삼각법을 이용하여 AU를 결정했다. AU 결정으로 태양계 전체의 거리 규모를 알게 되었고, 지구가 태양 주위를 도는 궤도로 인한 시차 효과를 이용하여 가까이 있는 별들의 거리를 구했다. 너무 멀어서 시차를 볼 수 없는 별들—수백 광년 이상[1]—에 대해서는 별의 원래 광도와 하늘에서 관측되는 밝기 사이의 관계인 역제곱의 법칙을 이용했다. 광도가 알려진 천체가 하늘에서 어둡게 보일수록 더 멀리 있다.

여기에서 어려운 부분은 그 천체의 광도를 알아내는 것이다. 우리는 실제 광도를 알 수 있어서 역제곱의 법칙으로 거리를 알아낼 수 있도록 해주는 표준촉광의 예인 세페이드 변광성에 대하여 이야기했다. 좋은 표준촉광의 예는 다음과 같다.

1. 멀리서도 보일 정도로 충분히 밝아야 한다.

2. 다른 천체와 구별되어 알아볼 수 있어야 한다.

3. 충분한 수의 샘플이 가까이 있어서 절대 광도의 영점 조절이 가능해야 한다(시차와 같은 방법으로).

세페이드 변광성은 앞의 두 조건을 만족한다. 아주 밝고, 밝기의 변화는 별이 밀집한 곳에서도 구별이 가능하도록 해준다. 하지만 시차를 측정할 수 있을 정도로 충분히 가까이 있는 세페이드 변광성이 거의 없어서 실제 광도에 대해서는 논란이 많았다. 실제로 가까이 있는 다른 대상을 잘못 보는 바람에 헨리에타 리비트의 세페이드 변광성은 영점 조절이 잘못되어서 허블이 안드로메다은하까지의 거리를 너무 작게 측정하게 되었다. 가장 가까이 있는 세페이드 변광성은 약 400광년 거리에 있는 북극성이다.

주계열성은 온도와 광도 사이에 직접적인 연관성이 있다는 것을 보았다. 그러므로 별의 온도를 측정할 수 있으면(예를 들어 스펙트럼으로) 광도를 잘 알아낼 수 있다. 그러면 겉보기 밝기를 이용하여 거리를 구할 수 있다. 이 표준촉광은 가까운 별의 시차 측정으로 영점 조정이 꽤 잘 되어 있어서, 너무 멀리 있어 시차를 측정할 수 없는 별에 적용할 수 있다. 아주 밝은 별들만 먼 거리에서 보이는데 이렇게 아주 밝은 별들은 아주 드물기 때문에 시차를 측정할 수 있을 정도로 가까이 있는 별이 거의 없다.

주계열성을 표준촉광으로 이용하는 이 기본적인 방법은 한 번에 하나의 별에 적용하기보다는 한 집단에 있는 별 전체에 적용할 수 있다. 예를 들어 구상성단에 있는 모든 별은 실질적으로 같은 거리에 있다. 그러므로 구상성단에 있는 주계열성들을 (영점 조정이 된) 가까이 있는 주계열성들과 비교하여 구상성단의 거리를 직접적으로 구할 수 있다. 이렇게 하여 시차를 측정할 수 있을 정도로 가까운 별이 없는 드문 종류의 별도 그와 같은 종류의 별이 구상성단에 포함되어 있으면 거리를 구할 수 있다.

별과 마찬가지로 은하도 광도의 차이가 크다. 주계열성과 대략 비슷한 뭔가가 나선은하에도 있는 것처럼 보인다. 은하가 회전하는 속도(스펙트럼의 도플러 효과로 관측 가능하다)와 은하의 광도 사이의 관계다. 우리는 가까이 있는 나선은하들로 이 회전-광도 관계의 영점을 조정할 수 있다. 그리고 더 멀리 있는 나선은하들의 회전을 관측하여 원래 광도를 구하여(겉보기 밝기도 구해야 한다) 거리를 결정할 수 있다.

한 가지 형태의 천체의 거리를 이용하여 더 밝지만 드문 천체의 거리를 구하고, 이것으로 더 멀리 있는 천체의 거리를 구하는 단계적인 방법을 '우주의 거리 사다리'라고 부른다. 이 사다리가 조금 약하게 느껴진다면 제대로 본 것이다. 오차는 더 먼 거리로 갈수록 곱으로 커진다. 그래서 적색이동과 은하들의 거리 사이의 관계인 허블상수 H_0는 논란이 많다.

허블의 법칙 $v = H_0 d$는 허블상수 H_0의 단위가 우리에게서 멀어지는 속도(주로 km/sec로 측정된다)를 메가파섹(Mpc, 100만 파섹)으로 측정되는 거리로 나눈 것이라고 알려준다. 허블이 측정한 허블상수의 값은 약 500(km/sec)/Mpc이었다. (앞에서 본 대로 너무 큰 값이다. 세페이드 변광성의 영점 조정이 잘못되어 있어서 안드로메다은하까지의 거리를 너무 작게 측정했기 때문이었다.) 허블은 샌디에이고 근처의 팔로마 산에 직경 5미터의 대형 망원경이 완성된 직후인 1953년에 세상을 떠났다. 그의 조수였던 앨런 샌디지Allan Sandage가 은하들의 거리를 측정하는 일을 이어받았다.

이후 수십 년 동안 샌디지와 그의 동료들은 팔로마 5미터 망원경을 비롯한 전 세계의 여러 망원경을 이용하여 은하의 이해에 엄청난 발전을 이루어냈다. 1970년대가 되었을 때 은하들의 거리를 측정하여 허블상수를 구하는 데서 샌디지의 진정한 라이벌은 한 사람밖에 없었다. 텍사스 대학의 천문학자 제라르드 보클레르Gérard de Vaucouleurs였다. 1970년대에 샌디지와 드 보클레르가 이끄는 두 그룹은 자신들의 "허블상수로 가는 단계"에 대한 기념비적인 논문들을 썼다. 샌디지의 값은 약 50(km/sec)/Mpc였고(허블의 원래 값보다 10배나 작다), 드 보클레르의 값은 약 100(km/sec)/Mpc였다. 그들은 우주의 거리 사다리 단계의 모든 세부사항에서 달랐다. 천문학계의 모든 사람들이 그 결과에 큰 관심을 가졌다. 허블상수의 값은 우리 우주의 크기를 결정하기 때문이다. 은하의 적색이동은 스펙트럼을 이용하여 바로 구할 수 있다. 그러므로 허블상수를 안다면 적색이동을 거리로 바꿀 수 있다.

1980년대가 되자 많은 새로운 종류의 표준촉광과 발전된 관측 기술로 무장한 젊은 천문학자들이 용감하게 뛰어들었다. 허블 우주망원경의 목표 중 하나도 이 문제를 해결하는 것이었다. 허블 우주망원경은 대기의 방해를 받지 않기 때문에 높은 해상도로 3,000만에서 4000만 광년 거리 은하들의 세페이드 변광성을 찾아내어 정확하게 관측할 수 있었다. 웬디 프리드먼Wendy Freedman(샌디지가 일했던 패서디나에 있는 카네기 천문대 대장)이 이끄는 팀은 허블 우주망원경으로 많은 관측을 수행했다. 그들이 2001년에 발표한 결과는 $H_0 = 72 \pm 8$(km/sec)/Mpc로 샌디지와 드 보클레르 결과의 거의 정확한 중간값이었다. 재미있게도 리처드 고트와 그의 동료들이 2001년 그때까지 논문에 발표된(여러 방법이 사용되었다) 모든 허블상수 값을 종합하여 중간값을 구해보니 그 결과가 67(km/sec)/Mpc였다. 중간값은 직접적인 평균값보다 잘못된 값의 영향을 덜 받기 때문에 흔히 놀라울 정도로 좋은 지표가 된다. 10년 이상이 지난 지금, 플랑크 위성이 우주배경복사 관측을 이용하여 구한 가장 정확한 측정값은 67 ± 1(km/sec)/Mpc이다. 제23장에서 설명하겠지만 이 값은 슬론 디지털 스카이 서베이 팀이 초신성, 은하 분포, 우주배경복사의 결과를 결합하여 얻은 값 67.3 ± 1.1(km/sec)/Mpc로 다시 확인되었다.

우리 분야의 거인이었던 앨런 샌디지는 2010년 84세의 나이로 세상을 떠났다. 2007년에 발표된 마지막 논문에서 그는 허블상수의 값이 아마도 53에서 70(km/sec)/Mpc 사이에 있을 것이라고 말했다. 우리가 오늘날 측정한 값을 지지하는 것이었다.

이제 허블상수가 결정되었으므로 우리는 허블의 법칙의 결과와 우주의 팽창으로 돌아갈 수 있다.

우주를 오븐에서 부풀고 있는 거대한 건포도 빵에 비유할 수 있다. 건포도는 은하들이고 밀가루반죽은 은하들 사이의 공간이다. 빵이 부풀면(반죽이 팽창하면) 건포도들은 서로 멀어진다. 하나의 건포도에서 보면 다른 모든 건포도들은 그것에서 멀어진다. 그래서 모든 건포도(은하)는 자신이 빵(우주)의 중심에 있다고 (잘못) 결론내릴 수 있다. 첫 번째 건포도보다 두 배 더 멀리 있는 건포도는 두 배 더 빨리 멀어질 것이다. 그 사이의 반죽이 두 배 더 팽창하기 때문이다. 이 건포도 빵 우주는 허블의 법칙을 따른다.

이 비유는 완벽하지 않다. 건포도 빵은 경계가 있기 때문에 중심을 잘 정의할 수 있는 반면 실제 우주는 (적어도 우리의 측정 한계까지는) 무한하기 때문에 중심을 정의할 수 있는 경계가 없다. 제22장에서 우주의 모양에 대한 이 문제로 다시 돌아올 것이다.

허블의 법칙은 은하들이 전체적으로 서로 멀어지고 있어서 우주가 팽창하고 있다는 결론으로 이어진다. 그렇다면 개개의 은하들이 팽창하여 별들이 서로 멀어지고 있다는 말일까? 태양계도 팽창하고 있을까? 태양도? 우리 몸은? 살을 빼고 싶은 사람은 마지막 물음에 그렇다고 대답하고 싶겠지만, 사실 허블 팽창은 은하들 사이의 거리 규모로 보았을 때만 적용된다. 은하들은 건포도와 마찬가지로 스스로 팽창하지 않는다. 건포도 사이의 공간이 팽창하는 것이다. 개개의 은하들이나 별, 행성 그리고 우리들은 중력이나 다른 힘으로 서로 붙잡고 있기 때문에 팽창하지 않는다. 심지어 우리은하와 안드로메다은하도 중력으로 서로 묶여 있어서 멀어지는 것이 아니라 가까워지고 있다. 그래서 안드로메다은하는 청색이동을 보이는 극히 일부의 은하들 중 하나다.

우리은하와 안드로메다은하가 약 40억 년 후(우리 태양이 수소 핵융합을 끝내고 적색거성이 되기 전)에 충돌할 것이라고 이미 언급했다. 하지만 별들 사이의 거리는 별의 크기에 비하여 너무 멀기 때문에 두 은하는 별들끼리의 충돌은 거의 없이 통과하여 지나갈 것이다. 그러니까 할리우드에서 은하의 충돌과 같은 재난 블록버스터는 만들지 않을 것이다. 아니, 어쩌면 만들지도 모르겠다. 극적 효과를 위해 과학적 사실을 무시하는 것은 영화에서 흔히 있는 일이니까!

우주가 현재 팽창하고 있고 은하들 사이의 거리가 시간에 따라 커지고 있다면 과거에는 은하들이 더 가까이 있었을 것이다. 우리에게서 거리 d에 있는 은하를 생각해보자. 이 은하는 허블의 법칙이 주는 속도 $H_0 d$로 움직일 것이다. 이 속도가 시간에 대하여 일정하다고 거칠게 가정하면 이 은하가 거리 d만큼 이동하는 데 걸린 시간은 얼마일까? 다시 말해서 이 은하가 우리 바로 옆에 있던 시기는 언제였을까? 어떤 도시가 500킬로미터 떨어져 있고 그곳에서 누군가가 나를 만나기 위해 시속 50킬로미터의 속도로 오고 있다면, 그가 그 거리를 오는 데 걸리는 시간은 거리를 속도로 나누기만 하면 된다. 500/50=10시간이다. 우리가 알고 싶은 것은 은하가 바로 우리 옆에 있던 시기가 언제였는가 하는 것이다. 그동안 지나간 시간 t는 은하가 이동한 거리 d를 은하의 v(허블의 법칙에 따라 $H_0 d$와 같은 값)로 나누면 된다.

$$t = d/v = d/(H_0 d) = 1/H_0$$

이것은 간단해 보이는 식이고 실제로도 간단하다. 하지만 이 식은 우리에게 많은 것을 알려준다. 시간 t는 은하까지의 거리 d에 의존하지 않는다는 것에 주목하라. 그러니까 어떤 은하든 우리 바로 옆에 있던 시간은 같은 시간 t가 된다는 말이다. 마치 은하들이 모두 과거의 어떤 특정한 시간에 함께 모여 있었던 것처럼 보인다. 그 생각을 더 깊이 파고들기 전에 이것도 역시 우리가 팽창의 중심에 있다는 의미가 아니라는 것을 명심하자. 다른 어떤 은하에서도 같은 계산을 할 수 있고 같은 결과를 얻을 것이다. 우리는 우주에는 우주의 모든 물질이 한군데 모여 있던 시기가 있었다는 결론에 이르게 된다. 모든 '건포도들'이 한군데 모여 있었다. 그리고 우리는 그것이 언제였는지 안다! $1/H_0$시간 전이었다. 이것이 사람들이 허블상수 값에 그렇게 크게 관심을 가졌던 또 다른 이

유였다. 허블상수는 우주의 나이를 알려준다.

계산을 해보자. 플랑크 위성 팀이 구한 현재까지 가장 정확한 허블상수 값은 $67(km/sec)/Mpc$이므로, 그 역수 $1/H_0$는 $(1/67)sec \cdot Mpc/km$이다. $1Mpc = 3,086 \times 10^{19}km$이므로 이 수를 Mpc/km에 넣고 67을 나누면 $1/H_0$의 값은 4.6×10^{17}초가 된다. 초를 년으로 바꾸면 모든 은하들이 한군데 모여 있던 시기는 대략 146억 년 전이 된다.

우리는 이 시기를 빅뱅Big Bang이라고 한다. 1940년대에 프레드 호일Fred Hoyle이 붙인 이름이다. 호일은 평생 빅뱅이론에 반대했고 죽을 때까지 그 이론이 틀렸다고 확신했지만, 빅뱅이라는 이름은 지금까지 사용되고 있다. 1994년 칼 세이건, 과학저널리스트 티모시 페리스Timothy Ferris, TV 방송인 휴 다운스Hugh Downs는 캘빈(유명한 만화 주인공, 〈그림 14.2〉)처럼 현대 우주론을 이해하는 데 핵심이 되는 이런 중요한 개념은 '빅뱅'보다는 좀 더 그럴듯한 이름을 가져야 한다고 주장했다. 그들은 전 세계 사람들에게서 새로운 이름을 제안받았다. 그들은 13,000개가 넘는 제안서를 받아서 모두 검토한 다음 패배를 인정했다. 모든 새로운 이름을 검토해본 결과 '빅뱅'이라는 이름이 충분히 훌륭한 이름이라는 결론을 내렸다.

허블의 법칙은 약 146억 년 전 특정한 시간에 모든 우주가 한군데 모여 있다가 지금까지 팽창하고 있다는 결론으로 이끈다. 우리가 계산한 빅뱅 이후의 시간은 대략적인 것이다. 우리는 모든 은하가 일정한 속도로 움직인다고 가정했기 때문이다. 하지만 더 정밀하게 계산하여 얻은 현재의 값 138억 년과 크게 다르지 않다. 이렇게 계산한 우주의 나이는 타당한 것일까? (우리가 궁금한 것은 우주의 나이이기 때문이다.) 우리는 태양계의 나이를 알고 있다. 주로 달의 암석과 운석의 방사성 연대 측정으로 알아낸 것이다. 태양계의 나이는 46억 년이다. 이것은 팽창하는 우주의 나이보다 작기는 하지만 비슷한 단위다. 태양과 태양계에는 초기의 초신성에서 만들어진 무거운 원소들이 많이 있기 때문에 태양은 가장 초기에 만들어진 별이 아니라고 생각할 수 있다. 우리는 구상성단 HR 다

웰컴 투 더 유니버스

이어그램의 주계열성 전향점을 이용하여 성단의 나이를 결정하는 법을 알았다. 가장 오래된 구상성단의 나이는 120억 년에서 130억 년 사이다.

이렇게 3가지의 완전히 독립적인 우주의(그리고 우주에 있는 가장 오래된 천체들의) 나이 측정 방법이 서로 잘 일치한다는 것은 정말 놀라운 일이다! 우리는 이 방법들이 서로 3배 이내의 값에서 일치한다는 사실에 놀라워해야 한다. 이것은 우주가 어떻게 이루어졌는지에 대한 우리의 기본적인 생각이 너무나 성공적이라는 것을 의미한다. 이 값들이 모두 일치하는 범위에 있다는 사실은(그리고 우주에서 가장 오래된 천체들의 나이가 빅뱅 이후 지나간 시간보다 작다는 사실은) 우리의 물리학이 기본적으로 정확하다는 확실한 자신감을 준다.

이제 과거에는 우주가 어떻게 생겼을지 상상해보자. 우주는 팽창하고 있기

그림 14.2 만화《캘빈과 홉스》중에서 "끔찍한 우주 폭발."

때문에 우주의 밀도는 시간에 따라 감소한다. 일정한 양의 질량이 시간이 갈수록 더 큰 부피에 들어 있게 되는 것이다. 그러므로 더 이른 시간에는 밀도가 더 높았다. 별에서 보았듯이 뭔가의 밀도가 높아지면 더 뜨거워진다. 그러므로 과거의 우주는 지금보다 훨씬 더 뜨거웠다. (제15장에서 우주의 온도가 의미하는 것이 무엇인지에 대하여 이야기할 것이다. 사실 이 개념은 상당히 잘 정의된 것이다.) 가장 단순하게 추정하면, 약 138억 년 전 관측 가능한 우주 전체가 무한이 뜨겁고 무한히 밀집했던 적이 있고, 그때부터 지금까지 우주는 팽창하면서 식어왔다고 볼 수 있다. 우리는 138억 년보다 더 과거로 갈 수 없다. 이것이 우주의 탄생에 대한 우리의 정의다. 우주의 팽창은 빅뱅으로 시작되었고 지금까지도 허블의 법칙 형태로 관측되고 있다.

그러니까 빅뱅의 순간 우주는 무한히 밀집하고 무한히 뜨거웠던 것처럼 보인다. 그렇다면 무한히 작기도 했을까? 여기가 미묘해지는 지점이다. 답은 그렇지는 않다는 것이다. 적어도 우리가 흔히 사용하는 '작다'라는 의미로는 그렇다. 현재의 우주가 무한히 크다고 가정해보자. "잠깐!" 이렇게 항의할 수도 있다. "지금까지 이 책에서 관측 가능한 우주는 유한하고 반지름이 몇 백억 광년이라고 계속 이야기해오지 않았습니까?" 그렇다. 여기서 전체 우주와 우리가 지금 볼 수 있는 부분인 관측 가능한 우주를 구별해야 한다. 유한한 것은 관측 가능한 우주다. 우주는 팽창하고 있으므로 밀도는 감소하고 있다. 하지만 현재의 우주가 무한히 크다면 과거로 수축을 시켜도 여전히 무한하고, 빅뱅 순간까지 되돌려도 마찬가지다. 태초에 우주는 무한히 크고 무한히 밀집하고 무한히 뜨거웠다. 우주는 중심이 없고 밖으로 나가서 우주 전체를 볼 수 있는 경계도 없다.

이런 말들은 마치 말장난 같기도 하지만 초기 우주에 대한 현대적인 이해를 설명하는 가장 단순한 방법이다. 우리가 하고 있는 일은 적절한 아인슈타인의 일반상대성이론 방정식을 풀어서 나오는 결과를 말로 바꾸는 것이다. 이것은 다음 장들에서 다룰 것이다. 빅뱅은 폭발이 아니었다. 이것은 종종 아주 작고 밀집한 뭔가가 빈 공간으로 퍼져나가는 것으로 잘못 묘사된다. 이것은 폭탄 같은 것이 아니다. 우주에는 경계가 없기 때문에 팽창해 나갈 '바깥'의 빈 공간이 없다. 공간 그 자체가 팽창하는 것이다.

우주에 경계라는 것이 없다면 빅뱅 이전에는 뭐가 있었느냐는 질문은 할 수 있을까? 불행히도 우리의 방정식은 그럴 수 없다. 일반상대성이론은 빅뱅의 순간 무한한 밀도를 예측한다. 과학에서 어떤 방정식이 무한대라는 결과를 내놓는다면 그 이론은 불완전하다는 의미다. 방정식이 설명하는 것 이상의 물리학이 진행되고 있는 것이다.

일반상대성이론의 방정식은 빅뱅의 순간에 무너지기 때문에 방정식을 빅뱅 이전의 시간으로 연장시킬 수가 없다. "빅뱅 이전에는 무엇이 있었나요?"는 천문학자들이 항상 받는 질문이지만 불행히도 그것은 의미 없는 질문이라는 대답밖에 할 수 없다. 가끔은 그런 질문을 하는 것은 바보 같은 짓이라는 분위기를 만들기도 한다. 하지만 그것은 바보 같은 질문이 아니다. 방정식이 빅뱅에서 무너지는 것은 그 이론에 문제가 있다는 의미이지 질문에 문제가 있다는 의미가 아니다! 우리는 제22장과 23장에서 이 질문으로 다시 돌아올 것이다. 거기서 우리 우주의 전체적인 모양과 무엇이 빅뱅을 일으켰는지에 대한 질문을 다룰 것이다.

어쨌든 이런 문제 때문에 천문학자들은 시간이 빅뱅과 함께 시작되었다고 생각한다. 이것은 일종의 신화이지만 지금까지 우리가 우주를 관측하고 물리학을 이해한 결과다. 우주는 크기는 무한하지만 나이는 유한한 것으로 보인다. 우주의 나이가 유한하고 빛의 속도도 유한하기 때문에 우리는 우주의 유한한 부분밖에 볼 수가 없다. 예를 들어 빅뱅 138억 년 후 우리은하에 자리 잡고 있는 현재의 우리 상황을 생각해보자. 우주는 무한하지만 우리는 우주 전체를 볼 수 없다. 빛이 유한한 속도로 움직이기 때문이다. 우리가 지금 볼 수 있는 가장 먼 물질에서 온 빛은 우리를 향해 138억 년 동안 날아온 빛이므로 계속 팽창하는 우주를 가로질러 138억 광년 거리밖에 날아오지 않은 것이다. 하지만 우리가 보는 것은 그 빛이 원래 있던 곳에서의 과거의 모습이다. 그곳이 지금은 어디 있을까? 그동안 우주가 팽창했기 때문에 그 물질은(지금은 은하로 만들어진) 지금은 450억 광년 거리에 있다. 이것이 현재의 관측 가능한 우주의 경계다. 그 은하들보다 더 멀리 있는 은하들에서는 우리는 한 번도 광자를 받지 못했다. 앞으로 살펴보겠지만 그 은하들과 우리 사이의 공간은 너무나 빠르게 팽창하여 거기서 나오는 빛은 그 사이를 가로지를 시간이 없었다. 우리가 관측 가능한 우주의 모양을 현재까지 측정한 것과 현재의 우주론 모형을 믿는다면 관측 가능한 우주의 경계 밖에는 무한한 우주가 있다. 이것은 과학에서 가장 큰 유추라고 생각할 수 있다. 우리는 반지름이 '겨우' 450억 광년밖에 되지 않는 유한한 관측 가능한 우주만을 관측하고는 무한한 우주를 유추하고 있는 것이다!

15

초기의 우주

빅뱅 직후의 초기 우주는 매우 뜨겁고 밀도가 높았지만 팽창과 함께 식고 있었다. 우리는 방정식을 이용하여 초기 우주에서 예상되는 물질의 상태를 계산할 수 있다. 이것은 물리학자들에게는 비옥한 영역이다. 극단적으로 높은 온도와 밀도에서 물질의 성질에 대한 계산을 포함하기 때문이다. 더구나 초기 우주에서의 핵반응은 우리가 지금 보고 있는 원소들의 화학적 구성에 숨길 수 없는 흔적을 남겨놓았다. 우리는 빅뱅 물리학에서 예측한 가벼운 원소들의 양이 관측과 기가 막히게 잘 일치하는 것을 볼 것이다. 이것으로 우리는 빅뱅 이후 최초의 순간에 어떤 일이 일어났는지 실제로 이해하고 있다는 자신감을 가질 수 있다. 빅뱅 약 1초 후부터 이야기를 시작해보자. 우주의 온도는 10^{10}K(100억 도!) 정도로 엄청나게 뜨겁고, 밀도는 물의 45만 배로 우리의 기준으로는 엄청나게 높다. 은하와 별, 행성들은 아직 존재하지 않았다. 사실 원자나 분자, 심지어 원자핵조차도 만들어지기에는 너무 뜨거웠다. 이 순간에 존재한 우주의 보통물질은 전자, 양전자, 양성자, 중성자, 중성미자 그리고 당연히 많은 양의 흑체복사

(즉 광자)였다. 그리고 만일 지금 생각하는 것처럼 암흑물질이 아직 발견되지 않은 기본 입자로 구성되어 있다면 이 입자들도 이 순간의 우주에 많은 양이 존재했을 것이다.

하지만 2분 30초 후에 우주는 '겨우' 10억 도밖에 되지 않을 정도로 식었고, 광자는 흑체복사의 감마선에서 최대가 되었다. 10억 도는 양성자와 중성자가 서로 결합하는 핵융합 반응이 충분히 일어날 수 있는 온도다. 우리는 태양 내부의 높은 온도와 밀도에서 양성자가 융합하여 헬륨 핵이 되는 것을 보았다(제7장). 태양과 같은 별의 중심부에서는 10퍼센트의 수소가 헬륨으로 바뀌는 데 수십억 년이 걸린다. 초기 우주에서는 양성자뿐만 아니라 자유중성자가 있었기 때문에 핵반응이 훨씬 더 빨리 일어났다. 양성자와 양성자의 충돌에는 높은 에너지가 필요하다. 두 양성자 모두 양전하를 가지고 있어서 서로 밀어내므로 충돌이 잘 일어나지 않기 때문이다. 중성자는 전기적으로 중성이므로(그래서 양성자가 밀어내지 않으므로) 중성자와 양성자의 충돌은 더 자주 일어난다. 양성자에 중성자가 더해지면 헬륨이 만들어지는 융합이 일어날 수 있다. 이것은 태양의 융합 과정에서 느린 첫 번째 단계(양성자와 양성자의 충돌)를 건너뛸 수 있게 해 준다.

양성자와 중성자는 서로 뒤바뀔 수 있다. 중성자와 양전자가 결합하면 양성자와 반전자 중성미자가 만들어질 수 있고, 그 반대 과정도 가능하다. 그리고 중성자는 전자와 반전자 중성미자를 방출하면서 양성자로 붕괴할 수 있다. 100억 도(우주의 나이가 1초일 때의 온도)에서는 이 과정이 평형을 이룬다. 중성자는 양성자보다 약간 더 무거운데, 이것은 중성자를 만드는 데 약간 더 많은 에너지가 든다는 의미이므로 빅뱅 1초 후에는 중성자가 양성자보다 약간만 더 적다. 하지만 우주가 계속 팽창하여 10억 도로 식으면 더 많은 중성자가 가벼운 양성자로 바뀌어서 중성자 하나 당 양성자 7개가 된다. 10억 도에서는 양성자와 중성자 사이의 질량 차이를 만들 수 있는 열에너지($E=mc^2$)가 더 적기 때문에 중성자는 양성자보다 더 드물게 된다. 이 시점에는 우주가 충분히 식어서 양성

웰컴 투 더 유니버스

자와 중성자가 충돌하여 결합하여 중수소 핵(무거운 수소인 중수소의 핵)을 만들 수 있고, 이 중수소 핵은 다른 입자와 충돌하여도 쉽게 분리되지 않는다. 중수소 핵은 양성자 하나와 중성자 하나를 추가하는 핵반응을 계속하여 헬륨 핵(양성자 둘과 중성자 둘)이 된다. 불과 몇 분 동안의 핵반응으로 사실상 모든 중성자가 헬륨 핵 속으로 들어가게 되고, 그때쯤에는 우주가 충분히 식고 밀도가 낮아져서 핵반응은 멈춘다.

얼마만큼의 헬륨 핵이 만들어지는지 계산해보자. 헬륨 핵 하나에는 두 개의 중성자가 있다. 중성자 하나 당 7개의 양성자가 있다면 두 개의 중성자에는 14개의 양성자가 있다. 이 중 두 개의 양성자는 헬륨 핵에 포함되므로 12개의 양성자가 남는다. 그러므로 12개의 양성자(즉 수소 핵) 당 1개의 헬륨 핵이 만들어진다고 예측할 수 있다. 초기의 이 몇 분이 지난 후에는 우주가 너무 차갑고 밀도가 낮아져서 핵반응이 일어나지 않는다. 그러니까 빅뱅에서는 상당한 양의 헬륨 핵과 미량의 중수소 핵, 리튬과 (리튬으로 붕괴하는) 베릴륨 핵이 만들어지며 더 무거운 원소는 만들어지지 않는다.

이런 기본적인 계산은 1940년대에 조지 가모프George Gamow와 그의 학생 랠프 앨퍼Ralph Alpher가 처음으로 수행했다. 그들은 계산 결과를 발표하는 논문에 한스 베테Hans Bethe의 이름을 포함시키려는 유혹을 참지 못했고, 그 논문은 앨퍼-베테-가모프('알파-베타-감마') 논문으로 유명해졌다. 12개의 양성자 당 1개의 헬륨 핵은 별들이 수소 90퍼센트와 헬륨 8퍼센트로 이루어져 있다는 세실리아 페인-가포슈킨Cecilia Payne-Gaposchkin의 결과와 너무나 잘 맞았다(제6장). 그러니까 빅뱅 직후 몇 분 동안의 우주의 상태에 대한 예측으로 우주에 왜 수소와 헬륨이 가장 많은지 그리고 왜 지금과 같은 비율로 보이는지를 설명할 수 있는 것이다! 이것은 빅뱅 모형의 놀라운 성공이며 우주의 팽창을 빅뱅 직후 온도가 10억 도 정도일 때의 몇 분으로 거슬러 올라가는 과정이 제대로 되었다는 강력한 믿음을 주는 것이다.

원래 가모프와 앨퍼는 빅뱅으로 모든 원소들의 기원을 설명하려 했다. 하지만 그들의 계산은 핵반응이 가장 가벼운 원소들 사이에서만 진행된다는 것을 보여주었다. 모든 무거운 원소들은(우리 몸을 구성하는 탄소, 질소, 산소 그리고 지구를 구성하는 니켈, 철, 규소 등) 나중에 별의 핵에서 일어나는 핵반응을 통해 만들어졌다. 이 과정은 제7장과 8장에서 설명했다. 가모프의 라이벌이었던 프레드 호일은 정반대의 설명을 원했다. 무거운 원소와 가벼운 원소가 모두 우주의 역사 초기의 뜨겁고 밀도가 높은 상태 없이도 별의 핵에서 수소의 핵반응으로 만들어질 수 있다는 것이었다. 그는 자신의 연구 경력의 많은 시간을 이것을 증명하는 데 사용했다. 그는 별에서 무거운 원소가 만들어지는 과정의 많은 부분을 이해할 수 있게 해주었다. 하지만 별에서 만들어지는 헬륨의 양은 우리가 관측하는 양을 설명하기에는 너무 많이 부족했다.

현재의 우주에 약간의 중수소가 있다는 사실은 우주가 빅뱅에서 시작되었다는 방향을 가리키고 있다. (하나의 양성자와 하나의 중성자로 이루어진) 중수소는 부서지기 쉽고, 별의 핵에서 헬륨으로 융합되면서 없어지기만 하지 새롭게 만들어지지 않는다. 별은 중수소를 만들 수 없다. 우리가 아는 중수소를 만드는 유일한 방법은 빅뱅이다. 그리고 빅뱅 직후 몇 분 동안 만들어지는 중수소의 양을 계산한 값은(보통 수소 핵 40,000개 당 중수소 하나) 관측된 값과 아주 잘 일치한다. 빅뱅 이후의 핵반응은 우주의 밀도가 충분히 낮아졌을 때 갑자기 멈추어 헬륨으로의 융합을 '완성하지' 못한 적은 양의 중수소를 남겼다. 초기 우주가 너무나 빠르게 변하기 때문에 생긴 핵반응의 불균형은 지금까지 중수소가 남아 있는 데 핵심적인 역할을 했다. 가모프는 이것을 알았다. 가모프에게 우주에 남아 있는 중수소의 양은 빅뱅을 가리키는 스모킹 건이었다.

우주가 팽창하면서 공간이 늘어나고 우주공간을 이동하는 광자의 파장도 늘어났다. 이것이 바로 앞에서 이야기했던 적색이동 현상이다. 공간이 팽창하고 우리가 멀리 있는 은하들을 관측한다면 우리는 이 은하들에서 나오는 광자가 적색이동을 하는 것을 볼 것이다. 은하들이 우리에게서 멀어지고 있기 때문이고 이것은 도플러 이동으로 설명할 수 있다. 하지만 우리는 이것을 단순히 공간 자체가 늘어나는 것으로 설명할 수도 있다. 우리와 멀리 있는 은하 사이의 거리가 늘어나면 은하에서 우리에게 이동하는 광자의 파장도 늘어나는 것이다. 두꺼운 고무 밴드에 파동을 그리고 고무 밴드를 늘어뜨려 보자. 거기에 그린 파동의 파장도 늘어날 것이다. 적색이동에 대한 두 설명은 같은 것이다. 우리는 적색이동을 공간의 팽창 때문에 멀리 있는 물체가 우리에게서 멀어지는 도플러 이동으로 볼 수도 있고, 공간 자체의 팽창 때문에 파장이 늘어나는 것으로 설명할 수도 있다. 초기 우주에서 나온 광자는 자신의 (플랑크) 흑체 스펙트럼을 가지고 있다. 하지만 공간의 팽창 때문에 파장이 길어지면 광자의 온도도 낮아진다. 가모프와 그의 학생인 앨퍼와 허먼Herman은 뜨거운 빅뱅으로 시작된 다음 팽창을 계속하면서 식어가는 우주를 상상했다.

1917년경 우주 전체를 상상했던 아인슈타인은 우주론의 원리cosmological principle라는 것을 가정했다. 큰 규모로 보면 우주는 어떤 특정한 시간에는 어디에서 보든 거의 똑같이 보인다는 것이다. 우리가 충분히 멀리 떨어져서 충분히 큰 규모로 보면 우주의 물질은 균일하게 분포해야 한다. 우리는 아인슈타인의 가설 중 하나를 이미 보았다. 우주의 팽창은 어느 은하에서 보더라도 똑같이 보인다는 것이었다. 이것은 우주에 중심이 없다는 것을 의미하는 것이다. 마찬가지로 무한한 평면은 '중심'이라고 부를 수 있는 지점이 없고, 구와 같이 휘어진 표면도 '중심'이라고 이름 붙일 수 있는 지점이 없다. 구 표면의 모든 지점은 동등하기 때문이다.

지금 우주를 둘러보면 당연히 전혀 균일해 보이지 않는다! 우리 태양계의 질량은 태양과 행성들에 집중되어 있다. 별들은 그 크기에 비해서 엄청나게 먼 거리로 떨어져 있다. 별들은 은하들에 모여 있으며, 은하들은 서로 수백만 광년씩 떨어져 있고, 은하들끼리도 무리를 이루고 있다. 아인슈타인의 우주론의 원리를 보기 위해서는 훨씬 더 멀리 물러나야 한다. 수백만 개의 은하를 한꺼번에 볼 수 있는 규모로 가면 거의 균일한 우주를 볼 수 있을 것이다. 허블의 관측은 어두운 은하들의 수가 모든 방향으로 같다는 것을 보여주었다. 우주는 가장 큰 규모로 보면 실제로 균일하게 보인다.

프레드 호일은 여기서 한 걸음 더 나아갔다. 그는 우주는 공간적으로 균일하여 우리가 어디를 보더라도 거의 똑같을 뿐만 아니라 시간적으로도 균일하다고 주장했다. 우주의 과거를 보더라도 지금과 똑같아야 한다는 것이다. 물리학의 법칙은 시간에 따라 변하지 않는다. 그런데 왜 우주는 변해야 하겠는가? 이 개념을 그대로 받아들이면 우주는 빅뱅과 같은 시작이 없고 영원히 존재해온 것이다. 호일은 이것을 '완벽한 우주론의 원리'라고 불렀다. 은하들 사이의 거리가 우주의 팽창 때문에 시간에 따라 커지므로 호일은 은하들 사이의 공간에서 새로운 물질이 만들어져서 새로운 은하들을 만들 것이라는 가설을 세웠다. 말이 안 되게 여겨질 수 있겠지만 호일에게는 전 우주가 무한한 밀도와 온도를 가진 한 순간에서 만들어졌고 이것이 시간의 시작이라는 가설이 더 말이 안 되는 것이었다.

둘 중 어느 쪽이 맞을까? 빅뱅 모형의 예측을 계속 살펴보고 그것을 관측과 비교해보면 예측과 관측 자료가 일치하는 빅뱅이론의 경험적인 증거가 실제로 매우 강력하다는 것을 보게 될 것이다. 빅뱅 모형은 우주의 나이를 138억 년으로 예측하는데 우주에서 발견된 가장 오래된 별의 나이가 이보다 조금 더 적은 것도 잘 맞는다. 이것은 빅뱅 모형의 명백한 성공이다. 만일 나이가 1조 년인 별이 발견된다면 우리는 빅뱅 모형이 맞지 않다는 결론을 내릴 수밖에 없을 것이다. 실제로 과거에 바로 그런 위기가 있었다. 허블이 측정한 허블상수는 $H_0 = 500 \, (\mathrm{km/sec})/\mathrm{Mpc}$였는데, 그러면 빅뱅 이후 흐른 시간은 $(1/H_0)$ 20억 년밖에 되지 않는다. 1930년대에는 암석의 방사성 연대 측정으로 측정한 지구의 나이가 그보다 많다는 것이 분명해져 있었다. 이것은 빅뱅 모형의 나이와 맞지 않는다. 지구가 우주보다 나이가 많을 수는 없다! 이 불일치는 호일의 모형에는 유리한 것이었다. 그의 모형에서는 우주의 나이가 무한하며, 팽창하면서 생기는 공간에서 계속해서 새로운 은하들이 만들어지기 때문이다. 이 불일치는 1950년대와 1960년대에 은하들까지의 거리 측정이 훨씬 더 정확해지면서 해결되었다.

허블상수의 값이 크게 작아지면서 우주의 나이가($1/H_0$) 가장 나이가 많은 별보다 더 많아진 것이다.

우리는 우주에 헬륨 핵 하나 당 12개의 수소 핵이 있어야 하고, 중수소 핵 하나 당 40,000개의 수소 핵이 있어야 한다는 빅뱅의 예측이 관측과 정확하게 일치하는 것도 보았다. 이 방법이 꼭 필요하지는 않았다. 사실 분광학이 충분히 발전하고 세실리아 페인-가포슈킨 등이 태양이 대부분 수소로 이루어져 있다는 사실을 알아내기 전까지 사람들은 우주에 있는 원소들의 양에 대해서 거의 아무것도 알지 못했다.

빅뱅 직후 몇 분 동안의 원소들의 현황을 살펴보자. 실질적으로 모든 자유 중성자는 헬륨 핵으로 결합되었다. 핵반응은 멈추었다. 더 이상의 핵반응이 일어나기에는 우주가 너무 차갑고 밀도가 낮아졌기 때문이었다. 헬륨 핵과 함께 미량의 중수소 핵과 리튬 핵이 있었고, 양성자, 전자, 중성미자 그리고 광자가 있었다. 그전에 존재했던 양전자는 전자와 함께 소멸하여 추가적인 광자를 만들었고, 남은 전자는 모든 양성자를 상대로 전기적으로 중성을 만들기에 꼭 충분한 정도였다. 이들은 매우 뜨거웠고, 알다시피 뜨거운 물체는 광자를 방출하므로 광자는 충분히 많았다. 우주는 팽창하여 계속 식어가고 밀도는 낮아졌지만 이 구성은 약 38만 년 동안 변하지 않았다.

이때까지 우주를 구성하는 물질은 (태양의 내부와 마찬가지로) 플라즈마였다. 원자핵과 전자들이 서로 묶여 있지 않고 독립적으로 움직이는 상태다. 전자가 잠시 양성자에 잡혀 중성 수소를 만들면 곧바로 높은 에너지의 광자에게 맞아 전자가 떨어져 나간다. 더구나 광자는 자유전자(원자에 묶여 있지 않은 전자)와 너무나 강하게 상호작용하기 때문에 얼마 이동하지 못하고 다른 전자와 충돌하여 다른 방향으로 튀어나간다(전문용어로는 '산란된다'라고 한다). 다시 말해서 당시의 우주는 불투명했다. 마치 두꺼운 안개가 끼어서 앞을 볼 수 없는 것과 비슷한 상태였다. 이것은 별의 내부에서도 볼 수 있는 현상이다. 별의 내부는 불투명하여 핵에서 만들어지는 광자 형태의 에너지가 표면까지 나오는 데에는 수십만 년 정도로 긴 시간이 걸린다.

빅뱅 이후 약 38만 년이 지나 온도가 3,000K로 떨어지면 상황은 급격히 변한다. 이제 광자가 더 이상 수소를 이온화할 수 있을 정도로 충분한 에너지를 가지지 못하고, 전자와 양성자는 짝을 이루어 중성 원자가 된다. 중성 수소는 자유전자만큼 광자를 산란시키지 못하여 우주가 갑자기 투명해진다. 안개가 걷힌 것이다. 광자들은 이제 직선으로 움직일 수 있다.

이것은 현재 우주에 살고 있는 우리가 빅뱅 38만 년 후 우주가 투명해졌을 때부터 우리를 향해 날아온 광자들을 볼 수 있다는 것을 의미한다. 우주의 끝이 없다면 우리는 하늘의 모든 방향으로부터 광자를 받을 수 있어야 한다. 그러니까 우리가 어떤 방향을 보든지 빅뱅 38만년 후에 방출된 광자가 지금 막 우리에게 도착하기에 적당한 거리에 있는 재료가 있다는 말이다.

이 광자들은 온도 3,000K의 기체에서 방출되었기 때문에 그 온도에 맞는 흑체복사 스펙트럼을 가지고 있어야 한다. 그 복사는 파장이 약 1마이크론(10^{-6}미터)에서 최댓값을 가진다. 그런데 우리는 한 가지 중요한 요소를 고려해야 한다. 우주가 팽창하고 있다는 것이다! 이 3,000K 흑체복사는 적색이동을 한다. 우주는 38만 년부터 138억 년이 지난 지금까지 약 1,000배 정도 팽창했다. 공간이 팽창하면서 복사의 파장도 이 비율만큼 늘어났다. 그러므로 복사 파장의 최댓값은 지금은 1마이크론이 아니라 1밀리미터다. 파장의 최댓값이 1,000배 더 길어졌다면 온도는 같은 비율만큼 낮아졌다. 이것은 지금은 하늘의 모든 방향으로부터 약 3K 온도의 열복사가 보여야 한다는 것을 의미한다. 이것은 우주가 겨우 38만 년, 그러니까 현재 나이의 0.003퍼센트일 때 방출된 복사다.

1948년, 앨퍼는 가모프의 또 다른 제자인 로버트 허먼Robert Herman과 함께 현재의 우주가 빅뱅의 잔해인 열복사로 가득 차 있어야 한다고 예측하고, 지금은 그 온도가 약 5K로 떨어졌을 것이라고 계산했다. 이것은 정확한 값에 아주 가까운 것이다.

그러나 1960년대까지 앨퍼와 허먼의 예측은 완전히 잊혀져 있다가, 프린스턴 대학 물리학과의 밥 디키Bob Dicke, 짐 피블스Jim Peebles, 데이브 윌킨슨Dave Wilkinson, 피터 롤Peter Roll이 비슷한 추론으로 같은 예측을 제시했다. 그들은 여기서 한 걸음 더 나아가 1밀리미터에서 최댓값을 가지는 흑체복사는 디키가 개발한 전파망원경과 수신기로 실제로 관측할 수 있다는 것을 알아차렸다. (전자레인지에서 만드는 것과 비슷한 짧은 파장의 전파인 마이크로파를 관측할 수 있다는 의미다.) 그들은 빅뱅이론이 옳다면 이론적으로 반드시 존재해야만 하는 초기 우주의 흑체복사를 찾을 수 있는지 알아보기 위하여 프린스턴 대학 캠퍼스 건물의 옥상에 마이크로파 망원경을 만들기 시작했다.

　　결과적으로 그들은 한발 늦었다. 그때는 1964년으로 우주 시대의 초기였고, 벨 연구소는 장거리 통신에 인공위성을 사용할 수 있는 가능성에 대해서 생각하기 시작하고 있었다. 벨 연구소의 두 과학자 아노 펜지어스Arno Penzias와 로버트 윌슨Robert Wilson은 인공위성을 이용한 통신에 마이크로파가 사용될 수 있는지 연구하면서 하늘에서 나오는 그 파장의 신호를 조사하고 있었다. 그들은 뉴저지 홈델에 있는 벨 연구소의 큰 전파망원경을 이용했다. 놀랍게도 그들은 망원경을 겨냥하는 하늘의 모든 방향에서 마이크로파 복사가 나오고 있다는 것을 발견했다. 이 소식을 들은 프린스턴 대학 사람들은 펜지어스와 윌슨이 자신들이 예측한 우주배경복사를 발견했다는 사실을 바로 알아차렸다. 그들의 두 논문—예측을 한 프린스턴 대학의 논문과, 발견을 한 펜지어스와 윌슨의 논문—은 1965년 5월《천체물리학 저널》에 나란히 게재되었다.

　　이 결과와 함께 빅뱅 모형의 또 다른 기본적인 예측이 관측으로 확인되었다. 우주배경복사는 우주가 38만 년일 때 우주 전체에서 방출된 것이기 때문에 하늘의 모든 방향에서 같은 세기로 관측되어야 한다. 관측된 것은 정확하게 바로 이와 같았다. 이것은 빅뱅이 특정한 중심이 없이 모든 곳에서 일어났고, 그 결과로 남은 열복사가 모든 방향에서 동일하게 와야 한다는 것을 확인해준 관측이다. 1967년 펜지어스와 윌슨은 우주에서 방출되는 복사의 세기의 변화를 몇 퍼센트 범위로 발표했다. 기술이 발전하면서 측정은 더 정확해졌고, 앞으로 살펴보겠지만 복사는 실제로 10만 분의 1 이내에서 놀랍도록 균일하다.

1948년의 앨퍼와 허먼의 최초 논문에서 예측한 우주배경복사의 흑체복사 스펙트럼의 온도는 약 5K였다. 펜지어스와 윌슨은 그들의 첫 논문에서 3.5K의 온도를 발표했다(나중에 더 정확한 관측으로 2.725K로 수정되었다). 이것은 앨퍼와 허먼의 최초 예측과 놀라울 정도로 가깝다. 우주배경복사의 발견은 천문학계에 빅뱅 모형이 옳다는 확신을 심어주었다. 프레드 호일의 변하지 않는 우주 모형은 우주배경복사를 자연스럽게 설명할 방법이 없었다. 반면에 빅뱅 모형에서는 필연적이고 직접적으로 예측되는 것이었다. 이것이 과학이 발전하는 방식이다. 이렇게 계속해서 확인해가면서 과학자들은 자신들의 아이디어에 자신감을 얻어가는 것이다. 펜지어스와 윌슨은 이 발견으로 1978년 노벨 물리학상을 수상했다.

1965년에 피블스와 윌킨슨은 과학자로서 경력을 막 시작하고 있을 때였다. 우주배경복사의 발견으로 그들은 자신들의 경력을 우주 전체를 연구하는 학문인 우주론에 헌신하기로 결정했다. 짐 피블스는 이 분야에서 활동하는 가장 중요한 이론가 중 한 명이 되었다. 데이비드 윌킨슨은 우주배경복사를 점점 더 복잡한 방법으로 측정했다. 처음에는 지구에 있는 전파망원경을 이용하다가 결국에는 우주에서 자료를 얻는 인공위성을 발사했다. (여기서 나는 윌킨슨이 나의 학문적 할아버지라는 것을 언급해야겠다. 나의 박사학위 논문 지도교수인 마크 데이비스Marc Davis는 1974년에 데이비드 윌킨슨의 지도로 박사학위를 받았다.)

윌킨슨이 답을 얻고자 한 첫 질문은 이것이었다. 우주배경복사의 스펙트럼은 실제로 흑체복사인가? 윌킨슨은 우주배경복사의 스펙트럼을 높은 정밀도로 측정하도록 설계된 NASA의 위성인 코비Cosmic Background Explorer, COBE의 핵심 과학자 중 한 명이었다. 코비는 엄청난 성공을 거뒀다. 코비가 관측한 우주배경복사 스펙트럼은 (아주 작은) 오차범위 이내로 완벽하게 흑체복사 공식을 따랐다. 이것은 자연에서 관측한 가장 정확한 흑체복사였다(〈그림 15.1〉).

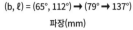

코비에서 얻은 최초의 우주배경복사 스펙트럼

$(b, \ell) = (65°, 112°) \rightarrow (79° \rightarrow 137°)$

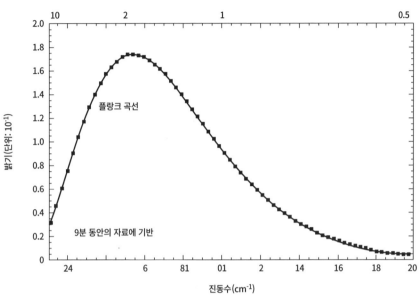

관측된 값들(상관관계는 없음)
오차범위는(최댓값의 ~1%) 측정기 온도 차이의 체계적인 효과로 측정됨
측정기 온도는 아직 ±2%까지 부정확함
이후 더 철저한 분석으로 오차가 줄어들 것

그림 15.1 코비에서 얻은 최초의 우주배경복사 스펙트럼. 데이비드 윌킨슨은 코비에서 얻은 이 우주배경복사 스펙트럼을 1990년에 프린스턴 대학에서 발표했고 청중들은 박수갈채를 보냈다. 이론적인 흑체복사의 플랑크 곡선과 놀라울 정도로 일치한다. (그림에서 플랑크 흑체복사 곡선(실선)은 선형 스케일로 그려져 있고, 관측 오차범위는 작은 상자로 표시되었다. 제4장과 5장에서 보인 플랑크 흑체복사 스펙트럼은 로그 스케일로 그려진 것이기 때문에 약간 다르게 보일 수 있다.) 출처: J. Richard Gott

　　다음으로 윌킨슨에게 중요한 질문은 이것이었다. 우주배경복사가 얼마나 균일한가, 즉 우주배경복사가 모든 방향으로 세기(혹은 같은 의미로 온도)가 같은가? 우주가 아주 큰 규모에서는 균일하다고 가정하는 우주론의 원리는 우주배경복사가 극도로 균일해야 한다고 예측한다. 펜지어스와 윌슨의 최초의 관측은 우주배경복사가 얼마나 균일한지에 대해서 대략적인(몇 퍼센트 범위로) 한계

밖에 주지 못했다. 그런데 1970년대 후반 경에 윌킨슨을 비롯한 과학자들은 우주배경복사의 온도가 모든 방향에서 정확하게 일치하지는 않고 방향에 따라 약 0.006K 정도의 변화를 보인다는 사실을 발견했다. 이 변화의 원인이 무엇인지는 금방 밝혀졌다. 우주 전체의 팽창에 의한 은하들의 상대적인 운동에 추가하여 은하들은 서로간의 중력 때문에 개별적으로 움직일 수도 있다. 여기에 태양은 우리은하의 중심에 대한 궤도운동을 한다. 이 운동들이 결합하여 만들어진 태양의 우주배경복사에 대한 상대적인 속도는 약 300km/sec이다. 이것은 우주배경복사에 약 1,000분의 1 정도의(300km/sec는 빛의 속도의 약 1,000분의 1이기 때문에) 도플러 이동을 만들어낸다. 우주배경복사는 우리가 움직이는 방향으로 약간 청색이동이 되고 반대방향으로 약간 적색이동이 되며 그 사이에서 부드럽게 변한다. 우리가 관측한 것이 바로 이것이다.

여기서 잠시 멈춰서 우리의 모든 움직임을 다시 살펴보자. 우리는 움직이지 않는 것처럼 느끼지만 실제로는 많은 움직임이 있다. 지구는 자전축을 중심으로 회전하는데, 미국의 위도에서는 270m/sec 정도의 속도가 된다. 지구는 태양 중심을 30km/sec의 속도로 공전한다. 태양은 은하의 중심에 대해서 220km/sec의 속도로 궤도운동을 하고, 우리은하는 안드로메다은하를 향하여 100km/sec의 속도로 다가간다. 마지막으로 우리은하와 안드로메다은하는 관측 가능한 우주의 모든 물질의 평균 속도에 대하여 상대적으로 600km/sec의 속도로 움직인다. 여러 방향으로의 이 모든 움직임을 종합하면 우주배경복사에 대하여 태양이 300km/sec의 속도로 움직인다는 결과를 얻을 수 있다. 이 모든 것을 그려보는 것은 사실 쉽지 않다. 더구나 중요한 것은 상대적인 운동인데, 이것은 갈릴레오가 제안하고 아인슈타인의 상대성이론이 정리한 것이다. 복잡한 천문학적인 관측 없이는 우리는 단순히 우리가 정지해 있는 것처럼 생각하게 된다.

우주배경복사에 대한 우리의 상대적인 운동 때문에 생기는 이 도플러 이동은 우주배경복사가 균일함에서 1,000분의 1만큼 살짝 벗어나게 만들고, 지금은 높은 정밀도로 관측이 되어 있다. 그러므로 이 효과는 제거할 수 있다. 윌킨슨의 다음 질문은 우리의 움직임 때문이 아니라 우주배경복사에 내재되어 있는 어떤 무늬가 있느냐 하는 것이었다. 빅뱅에 대한 우리의 이해가 옳다면 반드시 있어야만 한다. 초기 우주는 흠집 하나 없이 완벽하게 균일할 수 없었다. 완벽하게 균일한 우주가 균일하게 팽창했다면 어떤 구조도 만들어질 수 없었을 것이다. 은하도, 별도, 행성도 그리고 하늘을 올려다보며 이 모든 것의 의미가 무엇인지 궁금해하는 인간도 없었을 것이다. 우리가 지금 균일하지 않은 구조를 가진 우주에 살고 있다는 사실 자체가 초기 우주, 따라서 우주배경복사가 완벽하게 균일할 수 없다는 사실을 말해주고 있다.

우주의 구조는 어떻게 만들어졌을까? 초기 우주에서 물질의 밀도가 이웃한 영역보다 약간 더 높은 영역을 생각해보자. 이 영역은 질량도 약간 클 것이고, 그러면 주위보다 중력으로 당기는 힘이 약간 더 클 것이다. 수소 원자와 암흑물질 입자들이 그쪽으로 끌려갈 것이고, 그 영역은 주위보다 밀도가 증가할 것이다. 물질들이 이 영역으로 모여들고, 질량이 증가하고 중력이 더 강해지기 때문에 더 많은 물질들을 훨씬 더 효과적으로 끌어당길 것이다. 시간이 지나면서 이 과정은 물질 밀도의 약간의 변화를 우리가 지금 보고 있는 구조로 자라게 만들 것이다. 짐 피블스는 중력 불안정에 의한 이 과정을 "중력은 당긴다!"라고 표현했다.

현재 우리가 우주에서 관측하는 구조의 규모와 중력에 대한 물리학을 고려하면 초기 우주의 변화는(그러니까 우주배경복사에서 관측되는 무늬는) 얼마나 강해야 할까? 이것은 쉽지 않은 계산이다. 중력에 의해 물질들이 뭉치려고 하는 것과 동시에 우주는 팽창하고 있다는 사실 때문에 이야기가 복잡해진다. 암흑물질과 원자로 이루어진 보통물질 모두를 이해해야 한다. 우주가 아직 완전히 이온화되어 있을 때(빅뱅 후 38만 년이 지나기 전에) 광자는 우주의 자유전자와 계속해서 충돌하고 있었다고 했다. 이 광자들의 압력은 보통물질(전자와 양성자)의 분포의 변화가 중력으로 자라는 것을 방해했다. 이것이 이야기의 전부라면 중력에 의해 변화가 자라는 것은 우주가 중성이 된 후에야 가능했고, 그렇다면 우주배경복사에서 나타나는 불균형은 우리가 관측하는 것보다 더 커야 한다.

하지만 짐 피블스는 1980년대에 암흑물질이 이 불일치를 설명해줄 수 있다는 것을 깨달았다. 암흑물질은 광자와 상호작용하지 않기 때문에 암흑물질에서의 변화는 광자의 압력에 방해를 받지 않고 중력으로 자랄 수 있다. 우주가 중성이 된 후에는 보통물질이 이미 자라고 있던 암흑물질의 덩어리 속으로 끌려들어갈 수 있게 되었다. 그러므로 암흑물질이 있다면 보통물질만 있을 때보다 우주배경복사에서의 변화가 더 작은 상태에서 시작할 수 있다. 1980년대를 거치면서 우주배경복사에서 보이는 변화의 한계가 너무나 분명해져서 암흑물질을 고려하지 않은 모형은 제외되었다.

그러니까 은하의 회전에서 추론한 암흑물질이 우주배경복사를 이해하는 데에도 필요한 것이다. 암흑물질은 무엇일까? 헬륨과 특히 중수소의 양과 초기 우주에서 일어나는 과정에 대한 예측을 자세히 비교해보면 보통물질의(양성자, 중성자, 전자로 만들어진 물질) 밀도는 $4 \times 10^{-31} \text{g/cm}^3$밖에 되지 않는다. 이것은 4세제곱미터 당 양성자 하나가 있는 것과 같은 것이다! 은하에서 별들 사이 그리고 은하와 은하들 사이의 (대부분 텅 빈) 넓은 공간을 생각해보자. 은하의 움직임과 (앞으로 살펴보려고 하는) 우주배경복사의 변화로 보면 우주의 물질의 전체 밀도는 약 6배 더 커야 한다. 이 차이가 암흑물질이다. 우리는 암흑물질이 보통의 양성자, 중성자, 전자로 만들어진 것일 수가 없다고 결론내리고 있다. 우리는 암흑물질이 초기 우주의 극단적인 온도와 압력에서 만들어진 아직 발견되지 않은 보이지 않는 기본 입자로 이루어져 있지 않을까 추측하고 있다. 양성자, 중성자, 전자도 그런 상태에서 만들어졌다. 그런 기본 입자에는 어떤 것이 있을까에 대해서는 몇 가지 가설이 있다. 초대칭 이론에 따르면 우리가 관측하는 모든 입자는 무거운 초대칭 짝을 가지고 있어야 한다. 광자photon는 포티노photino, 전자electron는 셀렉트론selectron, 중력자graviton는 그래비티노gravitino와 같은 식으로. 거대 강입자 충돌기Large Hadron Collider, LHC가 이런 입자들을 찾고 있다. 그중 하나가 발견된다면 초대칭 이론이 증명되는 것이다. 1982년 짐 피블스는 암흑물질이 양성자보다 훨씬 더 무거운, 약하게 상호작용하는 무거운 입자(천문학자들은 윔프Weakly Interacting Massive Particles, WIMPs라고 부른다)로 이루어져 있을 것이라고 제안했다. 가장 가벼운 초대칭 짝이 답이 될 수도 있다. 조지 블루멘털George Blumenthal, 하인즈 파겔스Heinz Pagels, 조엘 프리맥Joel Primack은 1982년에 그래비티노를 제안했다. 이것이 가장 가벼워야 한다. 그 이론에 따르면 더 무거운 입자들은 안정할 수가 없기 때문이다. 그런 입자들은 더 가벼운 입자로 붕괴되기 때문에 가만히 있을 수 없다.

또 다른 가설은 암흑물질이 악시온axion이라는 기본 입자로 이루어져 있다는 것이다. 스위스와 프랑스의 국경에 있는 세계에서 가장 강력한 입자물리학 기기인 LHC가 이 후보들을 찾아서 알아낼 가장 유력한 희망이다. 그런데 우리 은하질량의 대부분이 암흑물질이라면 암흑물질 입자가 우리 주위에 어디에나 있어야 할 것이다. 암흑물질 입자는 바로 지금도 당신의 몸을 통과하고 있어야 한다. 하지만 이들은 (중력을 제외하고는) 보통물질과 거의 상호작용을 하지 않는다. 하지만 초대칭이나 악시온 모형은 아주 드물게 암흑물질 입자가 원자핵과 상호작용을 하여 우리가 관측할 수 있는 반응을 일으킨다고 예측한다. 이 반응을 찾기 위한 실험이 진행되고 있다. 이것은 아주 어려운 일이다. 그 실험 중 하나는 100킬로그램의 액체 제논으로 암흑물질 입자 하나가 제논 원자핵 하나와 충돌하면서 만들어지는 빛을 찾는 것이다. 이 실험실은 보통입자와의 상호작용 때문에 생기는 혼란을 최소화하기 위해서 깊은 광산에 위치하고 있다. 이런 실험들은 아직 암흑물질의 확실한 증거를 찾지 못했다. 하지만 실험의 한계가 이제야 입자물리학 모형이 예측하는 범위에 접근하고 있다. 암흑물질 입자를 찾는 과정은 우리를 입자물리학의 최전선으로 이끌어준다.

암흑물질을 고려하면 우주배경복사는 균일해야 하고 변화는 10만 분의 1 수준에서 나타난다. 코비 위성에 실린 기기는 이 정도 감도를 가질 수 있도록 설계되었다. 1992년에 나는 데이비드 윌킨슨이 프린스턴 대학의 천문학 모임에서 위성의 관측 결과를 설명하던 발표에 참가했다. (뜨거운 빅뱅 모형 우주에서 구조가 자라는 데 대한 우리의 이론에 따르면) 우주배경복사에 반드시 있어야만 하는 변화가 그 위성에 의해 발견된 것이다. 변화의 수준은 피블스를 비롯한 여러 사람들이 예측한 10만 분의 1과 일치했다.

그 시기에 윌킨슨은 이미 이 변화(혹은 비등방성)를 더 정밀하게 관측할 수 있는 기기를 갖춘 다음 세대의 위성을 구상하고 있었다. 윌킨슨은 코비 위성 연구에 참여한 베테랑들을 포함한 팀을 구성하여 마이크로파 비등방성 탐사선 Microwave Anisotropy Probe, MAP을 만들었다. MAP는 2001년에 발사되어 9년 동안 하늘을 관측했다.

안타깝게도 윌킨슨은 이 시기에 암으로 고통받고 있었다. 그는 2002년 9월 세상을 떠나기 직전에 그 위성의 최초 결과를 볼 수 있었다. 그 팀은 첫 1년의 결과를 2003년 2월에 발표했다. NASA는 그 위성에 윌킨슨의 이름을 붙이기로 결정했고, 그래서 그 위성의 이름은 윌킨슨 마이크로파 비등방성 탐사선, 줄여서 WMAP(더블유맵)으로 알려지게 되었다.

〈그림 15.2〉는 WMAP이 9년 동안 얻은 자료에서 구해진 우주배경복사 온도의 변화 지도다(2010년 발표). 하늘 전체가 타원 모양에 담겨 있다. 맨 위가 은하의 북극이고 아래는 은하의 남극 그리고 지도의 중심을 가로지르는 수평한 선이 우리은하의 평면을 따라가는 은하의 적도다. 우리은하의 성간물질에서 방출되는 빛과 우주배경복사에 대한 상대적인 움직임 때문에 생기는 1,000분의 1의 변화는 제거되었다.

이것은 우주가 태어난 직후의 모습을 직접 보는 진정한 우주의 아기 사진이다. 이 광자들은 우주의 나이 138억 년에서 38만 년을 뺀 시간 동안 우리를 향해 날아왔다. 이 지도는 명암비를 높인 것이기 때문에 가장 진한 붉은색과 푸른색의 변화는 ±0.001%가 넘는 경우도 있지만 대부분 ±0.001%(10만 분의 1) 정도다.

〈그림 15.3〉은 이 변화의 강도를 각 크기(아래쪽에 표시)의 함수로 나타낸 것이다. 이 관측은 유럽우주국European Space Agency, ESA이 발사한 후속 위성인 플

랑크와 여러 지상 망원경을 통해서 이루어진 것이다.

각 크기 1도에 있는 최댓값은 WMAP 사진에서 보이는 '덩어리들'의 대표적인 크기에 해당된다. 이 그래프는 예를 들면 18도 크기 덩어리의 온도 변화보다 1도 크기 덩어리의 온도 변화가 더 크다는 것을 말해준다. 오차 막대가 보이지 않는 곳은 관측 오차가 붉은 점의 크기보다 더 작은 곳이다.

점들을 관통하는 녹색의 곡선은 암흑물질, 암흑에너지 그리고 (제23장에서 살펴볼) 인플레이션 효과를 포함한 빅뱅이론에 기반하여 계산한 결과다. 각 크기가 큰 곳에서는 이론적인 예측 결과의 분산이 크기 때문에 선이 넓어진다. 이론과 관측 결과는 놀라울 정도로 잘 일치한다. 관측 결과는 이론적인 녹색 곡선을 오차범위 내에서 잘 따라간다. 빅뱅이론의 또 하나의 성공이다. 우주배경복사에서 나타나는 극히 정교한 변화를 정확하게 예측한 것이다.

재결합 이후, 물질은 더 높은 밀도의 덩어리로 모여서 최초의 별과 은하들을 만들기 시작한다. 하지만 우리가 관측하는 우주배경복사 구조의 각 크기로

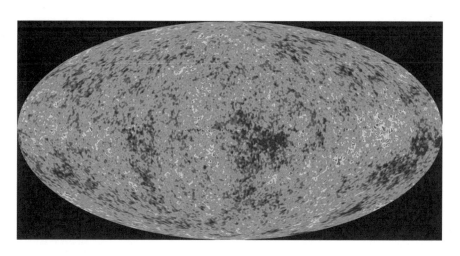

그림 15.2 2010년에 발표된, WMAP이 9년 동안 얻은 자료에 기반한 우주배경복사 지도. 〈그림 11.1〉이나 〈그림 12.2〉와 같은 방법으로 그려진 전체 하늘의 지도다. 우리은하 자체에서 나오는 마이크로파 복사와 우주배경복사에 대한 지구의 상대적인 움직임 때문에 생기는 도플러 이동은 제거되었다. 붉은색은 평균보다 온도가 약간 높은 곳, 푸른색은 낮은 곳, 녹색은 중간 온도를 의미한다. 출처: WMAP satellite, NASA

보면 우주에는 불과 10만 광년밖에 되지 않는 은하들보다 더 큰 규모의 구조가 있어야만 한다. 그러니까 은하들이 무작위로 분포하고 있는 것이 아니라 더 큰 구조로 조직화되어 있어야 한다는 것이다. 이 구조를 알아내기 위해서 우리는 허블의 법칙으로 다시 돌아간다. 천체 사진을 볼 때 우리는 하늘의 2차원 반구에 천체들이 그려져 있는 것처럼 본다. 거리에 대한 감이 없기 때문에 가까이 있는 은하와 멀리 있는 은하를 구별할 수가 없다. 하지만 허블의 법칙은 우리가 3차원을 만들 수 있도록 해준다. 은하들의 적색이동을 관측하면 거리를 알 수 있고 은하들이 공간적으로 어떻게 분포하고 있는지 알 수 있다.

1970년대 후반부터 천문학자들은 수많은 은하들의 적색이동을 관측하여 은하 분포의 3차원 지도를 만들 수 있었다. 그들은 은하들이 무작위로 분포하

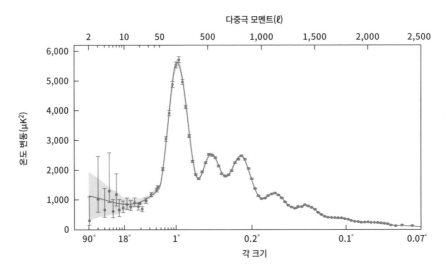

그림 15.3 우주배경복사 변화의 강도를 각 크기의 함수로 표시한 것(붉은 점)을 이론 곡선(녹색 곡선)과 비교한 것. 2013년 플랑크 팀 제공. 우주배경복사 온도 변화의 강도는 수직으로, 변화의 크기 각도의 함수로 찍혀 있다. 수직축의 단위는 마이크로켈빈의 제곱인데, 균일한 온도인 2.7325K에서의 변화를 10만 분의 1 단위로 나타낸 것이다. 곡선의 진동은 재결합 때까지 우주를 관통하던 음파 때문에 생긴 것이다. 관측 자료를 관통하는 곡선은 암흑물질, 암흑에너지, 인플레이션(제23장에서 더 자세히 살펴볼 것이다)을 포함한 빅뱅 모형으로 예측한 곡선이다. 예측과 관측 결과의 사실상 완벽한 일치는 빅뱅 모형이 옳다는 것을 분명하게 말해준다. NASA의 WMAP 위성의 결과도 거의 같은 결론을 내렸다. 출처: Courtesy ESA and the Planck Collaboration

고 있지 않다는 것을 금방 알 수 있었다. 그들은 수천 개의 은하들로 이루어져 있는 은하단들(최대 300만 광년 크기)과 은하들이 거의 완벽하게 없는 텅 빈 지역(3억 광년 크기의 공동)을 발견했다. 사실 이 초기의 지도들은 우주론의 원리에 의문을 품게 만들었다. 이 지도들에는 너무나 많은 구조가 보였기 때문에 더 큰 규모로 가면 우주가 균일하게 보이게 될지 아니면 더 큰 구조들이 보이게 될지 궁금해졌다. 슬론 디지털 스카이 서베이의 목적 중 하나는 이 질문에 답하는 것이었다. 이것은 하나의 망원경을 하늘의 지도를 만드는 데에만 사용하여 현재 200만 개가 넘는 은하들의 적색이동을 관측했다. 〈그림 15.4〉는 이 은하들 지도의 일부로 지구의 적도면을 따라 4도 두께로 자른 것이다. 모든 자료를 한꺼번에 다 그리면 점들의 밀도가 너무 높아 검은색 잉크만 보이게 되어 구조를 알아볼 수가 없게 된다.

5만 개가 넘는 모든 점 하나하나는 1,000억 개의 별을 가지고 있는 은하들이다. 이것이 얼마나 엄청난 수인지는 잠시 생각해볼 만하다.

그림에서는 두 개의 큰 파이 조각이 보인다. 우리은하가 그림의 중심에 있다. 오른쪽과 왼쪽의 빈 지역은 관측이 되지 않은 곳이다. 이곳은 우리은하의 먼지에 가려서 멀리 있는 은하를 관측하기가 어렵다.

이 그림의 반지름은 860Mpc로 약 30억 광년이다. 은하단들조차도 이 그림에서는 작게 보인다. 대부분의 은하들은 수억 광년 길이의 은하들의 선인 필라멘트filament를 따라 놓여 있다. 특히 눈에 띄는 필라멘트는 중심에서 약간 위쪽에 있는 것으로 슬론 그레이트월Sloan Great Wall이라고 불린다. 이것의 길이는 13억 7,000만 광년이다. 하지만 전체 영역에 걸쳐서 뻗어 있는 구조는 없다. 이것은 아주 큰 규모에서는 아인슈타인의 우주론의 원리가 유지된다는 것을 보여준다.

그림에서 은하들의 밀도가 지도의 가장자리로 가면서 급격히 떨어지는 것에 주목할 필요가 있다. 이것은 우주론의 원리가 틀렸다는 증거가 되지 않는다. 이것은 그저 이 지역의 은하들이 우리에게서 가장 멀리 있기 때문에 가장 어둡게 보인다는 사실을 알려주는 것일 뿐이다. 가장 멀리 있는 은하들의 일부만이 슬론 디지털 스카이 서베이에서 스펙트럼을 측정할 수 있을 정도로 밝아서 이 지도에 포함된 것이다.

이 지도를 WMAP에서 얻은 우주배경복사의 지도와 비교해보면, 중력 불안정에 의한 과정을 고려한다 하더라도 10만 분의 1 수준의 변화가 우리가 지금 보는 놀라운 구조를 가진 우주로 진화할 수 있다는 사실이 명확하지는 않다. (뉴

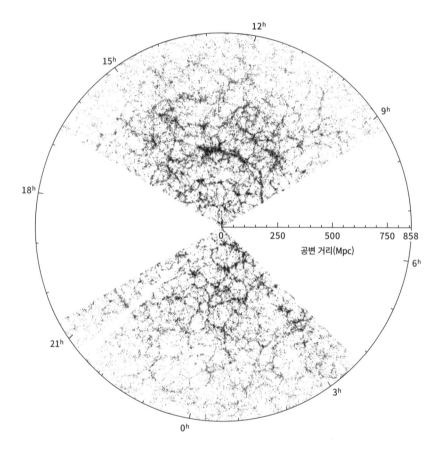

그림 15.4 적도 부근에서 자른 슬론 디지털 스카이 서베이에서의 은하들의 분포. 우리은하는 중심에 있고 각 점들은 은하를 표시한다. 두 개의 부채꼴 모양은 조사가 이루어진 지역이고 빈 지역은 조사를 하지 못한 곳이다. 그림의 반지름은 약 28억 광년이다. 출처: J. Richard Gott, M. Jurić, et al. 2005, *Astrophysical Journal* 624: 463 –484

턴의 중력법칙을 기본으로 하고 우주 팽창에 의한 복잡성이 더해진) 중력 불안정 방정식은 근사치로 풀릴 수 있으며 그 숫자들은 대체로 맞다. 하지만 계산을 정확하게 하고 우주의 모든 입자 덩어리들이 다른 입자 덩어리들과 중력으로 서로 묶여 있는 상황을 이해하기 위해서는 대규모의 컴퓨터가 필요하다. 먼저 물질을 우리가 우주배경복사에서 관측한 수준의 미세한 변화를 가지도록 분포시킨다. 그러고는 중력과 우주 팽창을 도입하여 그 구조를 138억 년 동안 컴퓨터로 진화시킨다. 이런 컴퓨터 시뮬레이션의 은하 분포 결과는 관측 결과와 크기와 명암이 정확하게 일치하는 은하단, 공동, 필라멘트와 같은 구조들을 보여준다.

물론 컴퓨터 시뮬레이션이 현재 우주와 정확하게 같은 구조를 만들어낼 것이라고 기대하지는 않는다. 통계적인 성질이 같다는 말이다. 우리가 우주배경복사에서 보는 우주는 우리에게서 아주 먼 곳이다. 우리 근처에 있는 은하들로 진화한 물질을 보고 있는 것이 아니라는 말이다. 하지만 우주배경복사의 변화와 전반적인 성질을 만들어낸 물질은 우리 주변에 있는 은하들을 만든 물질과 통계적으로 유사하다고 가정했다. 전체적으로 빅뱅 모형에 기반한 대규모의 컴퓨터 시뮬레이션은 우리가 관측하는 거미줄 같은 필라멘트 구조를 재현하는 데 놀라울 정도로 성공적이다.

이것은 빅뱅 모형의 최종적인 성공이다. 우리는 빅뱅 모형이 예측할 수 있는 것을 찾아서 우리가 할 수 있는 모든 방법으로 관측 결과와 비교했다. 우리는 우주가 138억 년 전에 태어났다고 추론했고, 이것은 가장 오래된 별의 나이와 너무나 잘 맞는다(우주의 나이가 약간 더 많다). 우리는 수소와 헬륨 핵이 빅뱅 직후 몇 분 동안 12:1의 비율로 만들어졌다고 결론내렸고, 이것은 관측 결과와 정확하게 일치한다. 그리고 우리는 중수소의 양도 예측할 수 있으며, 그것도 역시 관측 결과와 잘 맞는다. 우리는 우주배경복사의 존재와 그것의 스펙트럼, 온도, 놀라운 균일성과 같은 여러 성질들을 예측했고, 이것은 모두 관측과 정확하게 일치한다. 아마도 가장 인상적인 것은 우주배경복사가 완벽하게 균일해서는 안 되고 10만 분의 1 수준의 변화를 보여야 하며, 각 크기의 변화가 복잡한 곡선을 따라야 한다고 예측한 것이 아닐까 싶다. WMAP과 플랑크 위성의 관측은 이 예측도 확인해주었다. 마지막으로 이 변화가 중력 불안정 아래에서 어떻게 자라야 하는지 계산한 컴퓨터 모형은 은하들이 수억 광년 길이의 필라멘트를 따라 구조를 이루고 있어야 한다고 예측하는데 이것은 슬론 디지털 스카이 서베이가 보여준 지도와 정확하게 일치한다. 빅뱅 모형은 "단순한 하나의 이론"이 아니다. 이것은 수많은 경험적·정량적 증거로 뒷받침되고 있고 우리가 실시한 모든 검증을 통과한 이론이다.

16

퀘이사와 초거대질량 블랙홀

1950년대, 천체가 방출하는 1센티미터보다 긴 파장의 전자기파를 연구하는 전파천문학은 아직 초창기였다. 전파망원경은 최초의 하늘의 지도를 만들고 있었다. 우리가 보는 전파를 방출하는 천체가 어떤 것인지 결정하는 것은 아주 어려웠다. 당시의 전파망원경은 하늘에서 전파원의 위치를 정확하게 결정할 수 있을 정도로 해상도가 좋지 않았기 때문이다. 당시에는 전파원의 위치를 몇 도 정도의 범위로만 알 수 있었다. 그러므로 그 범위 안에 있는 수천 개의 별과 은하들 중에서 실제로 전파를 방출하는 것이 어떤 것인지 알 수가 없었다.

당시의 가장 좋은 하늘의 전파 지도는 영국에 있는 전파망원경을 이용하여 만든 것이었다. 그 조사를 실시한 케임브리지 대학의 천문학자들은 이 지도에서 발견된 전파원들의 목록을 발표했다. 우리의 이야기는 3C273이라고 불리는, 3번째 케임브리지 목록의 273번째 대상에서 시작한다. 마침 달의 경로가 3C273 앞을 지나갔기 때문에 이 전파원이 달의 뒤로 사라지는 시간을 정확하게 측정하여 그 위치를 훨씬 더 정확하게 알아낼 수 있었다. 그리고 천문학자들은 전파를 방출하는 것이 무엇인지 알아내기 위해서 그 영역을 가시광선으로 관측을 했다. 놀랍게도 3C273의 위치는 하나의 별처럼 보이는 천체와 일치했다. 이것은 너무 어두워서 맨눈으로는 보이지 않았지만 당시 세계에서 가장 큰 망원경인 팔로마 천문대의 200인치 망원경으로는 쉽게 관측할 수 있을 정도로 충분히 밝았다.

패서디나에 있는 칼텍의 젊은 천문학자 마르틴 슈미트Maarten Schmidt는 이것이 어떤 종류의 별인지 이해하기 위해서는 스펙트럼을 관측해야 한다는 것을 알았다. 그는 1963년에 200인치 망원경을 이용하여 스펙트럼을 얻었다. 하지만 그 자료를 처음 본 그는 이해할 수가 없었다.

그는 자신이 알고 있는 어떤 원소와도 일치하지 않는 파장을 가진 여러 개의 넓은 방출선을 보았다. 처음에는 아마도 특이한 형태의 백색왜성일 것이라고 생각했지만 곧 중요한 것을 깨달았다. 그는 이 방출선들이 익숙한 수소의 발머선들이라는 사실을 알아차렸다. 그 패턴은 별 연구를 통해 잘 알려져 있는 것이었다. 그런데 이 선들의 파장은 익숙한 위치에 있지 않고, 전체적으로 16퍼센트나 붉은 쪽으로 이동해 있었다(〈그림 16.1〉). 그러니까 스펙트럼의 파장이 지구의 실험실에서 관측되는 발머선보다 16퍼센트 더 길었다.

이것이 우주의 팽창 때문에 생긴 적색이동일까? 그 정도로 큰 적색이동은 (현재의 허블상수를 이용하면) 약 20억 광년의 거리에 해당된다. 당시에는 아주 소수의 은하들만이 그 정도로 큰 적색이동을 가지고 있는 것으로 알려져 있었다. 하지만 이 은하들은 너무나 어두워서 망원경으로 관측할 수 있는 한계에 가까웠다. 그런데 3C273은 이런 어두운 은하들보다 수백 배나 더 밝았다. 더구나 이것은 은하처럼 크기를 가지는 것이 아니라 별처럼 점으로 보였다. 이것을 설명할 수 있는 방법은 두 가지가 있었다. (1)이것은 20억 광년보다 훨씬 더 가까이 있고(심지어 우리은하 안에 있고) 적색이동은 우주의 팽창과는 상관없는 것이다. (2)이 별은 엄청나게 밝다. 밝기는 거리의 제곱에 반비례한다는 법칙을 적용하면, 3C273이 관측되는 밝기에 거리가 실제로 20억 광년이라면 이것은 10^{11}개의 별들을 가지고 있는 은하 전체보다 수백 배 더 밝아야 한다!

웰컴 투 더 유니버스

마르틴 슈미트는 동료인 제시 그린스타인Jesse Greenstein에게 자신이 발견한 것을 이야기했다. 그런데 알고 보니 그린슈타인 역시 3C48이라는 또 다른 전파원의 스펙트럼을 관측하고 있었다. 그린스타인은 곧바로 이들이 서로 비슷한 천체라는 사실을 알아차렸다. 그가 관측한 것은 붉은 쪽으로 훨씬 더 많이, 37퍼센트나 이동해 있었다. 슈미트는 이런 천체가 분명히 더 많이 있을 것이라고 짐작하고 이들을 찾는 것에 집중하는 것이 좋겠다고 생각했다. 그를 포함한 여러 사람들이 이런 큰 적색이동을 가지는 별과 같은 전파 방출 천체들을 더 많이 발견하게 되자 이 천체들을 부르는 이름이 필요하게 되었다. 그들이 처음 사용한 이름은 준항성 전파원quasi-stellar radio source이었지만, 너무 긴 이름이었기 때

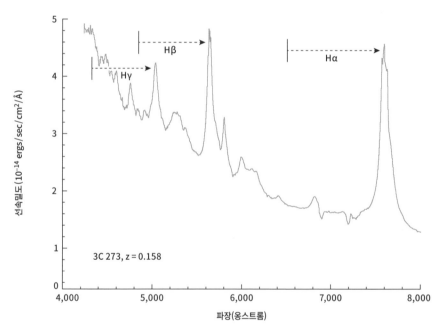

그림 16.1 퀘이사 3C273의 스펙트럼. 가장 강한 방출선들은 표시된 것처럼 수소의 발머선들이다. 방출선들이 원래 있어야 할 위치에서 관측된 위치까지 이동한 범위를 화살표로 표시했다. 모두 15.8퍼센트만큼 붉은 쪽으로 이동했다. 스펙트럼에 나타난 다른 방출선들은 산소, 헬륨, 철과 같은 원소들에 의한 것이다. 출처: Michael A. Strauss, the New Technology Telescope at La Silla, Chile, M. Türler et al. 2006, *Astronomy and Astrophysics* 451: L1-L4, http://isdc.unige.ch/3c273/#emmi, http://casswww.ucsd.edu/archive/public/tutorial/images/3C273z.gif 데이터 활용

문에 곧 줄여서 퀘이사quasar라고 부르게 되었다. 최초의 퀘이사들은 모두 전파를 통해 발견되었지만, (허블상수를 측정한 것으로 유명한) 앨런 샌디지가 곧 전파를 방출하지 않는 높은 적색이동의 별과 같은 천체들을 발견했다. 사실 대부분의 퀘이사들은 스펙트럼에서 전파 영역이 약하게 나타난다.

제12장에서 만났던 프리츠 츠비키는 슈미트, 그린스타인과 함께 칼텍에 같이 있었다. 그는 20세기 천문학사에서 가장 뛰어나고 괴팍한 성격의 소유자였다(〈그림 16.2〉). 그는 여러 발견들을 시대에 너무 앞서서 했기 때문에 다른 과학자들이 그를 따라 잡는 데 수십 년이 걸렸다. 앞에서 보았듯이 그는 1933년에 은하단에서 은하들의 움직임을 통해서 암흑물질의 존재를 최초로 주장했다. 그의 아이디어가 천문학계에 받아들여진 것은 모턴 로버츠Morton Roberts와 베라 루빈Vera Rubin이 은하들의 바깥 영역의 회전 속도를 관측하기 시작하고, 제레미아 오스트리커Jeremiah P. Ostriker, 짐 피블스, 에이모스 야힐Amos Yahil이 은하들이 안정되기 위해서는 많은 양의 암흑물질이 존재해야 한다고 주장하기 시작한

그림 16.2 자신의 은하 목록 앞에서 포즈를 취하고 있는 프리츠 츠비키. 출처: Archives Caltech

1970년대가 되어서였다. 츠비키와 그의 동료 발터 바데Walter Baade는 1934년에 초신성 폭발에서 중성자별이 만들어질 수 있다는 (정확한!) 가정을 했고, 이 가정은 30년 후 펄사가 발견되면서 증명되었다. 사실 초신성supernova이라는 말도 츠비키와 바데가 만든 용어다. 츠비키는 수십 년 후에 관측으로 밝혀진 또 다른 현상을 정확하게 예측했다. 아인슈타인의 일반상대성이론에서 빛이 휘어지는 효과가 멀리 있는 은하를 중력 렌즈 역할을 하게 만들어 더 멀리 있는 은하를 더 밝아지게 만드는 현상

웰컴 투 더 유니버스

이다. 그리고 그는 퀘이사를 처음 발견한 사람은 자신이라고 주장했다.

츠비키는 자신이 똑똑하다는 것을 잘 알았고, 다른 사람이 실수했다고 생각할 때 자신의 관점을 표현하기를 주저하지 않았다. 200인치 팔로마 망원경을 사용할 수가 없었던 츠비키는 팔로마의 18인치 서베이 망원경을 이용하여 대부분의 관측을 했다. 이 망원경을 이용하여 초신성을 발견하고(그의 일생 동안 100개가 넘게 발견했다) 은하들의 목록을 만들었다. 그는 자신의 목록 안에 있는 몇 개의 은하들이 아주 조밀해서 거의 별처럼 보인다는 사실을 알아차렸다. 하지만 그는 200인치 망원경을 사용할 수 없었기 때문에 이 은하들의 스펙트럼을 관측하여 물리적 성질을 결정할 수가 없었다. 그가 알아차린 몇몇 조밀한 은하들은 나중에 슈미트나 샌디지가 차례로 발견했던 것과 같은 종류의 퀘이사로 밝혀졌다. 츠비키는 (정당성을 가지고) 최초 발견자로 인정해 달라고 주장했다.

칼텍의 대학원생들은 칼텍 캠퍼스 천문학과 건물의 반지하 사무실 공간을 자신들과 나누어 썼던 츠비키를 아주 좋아했다. 츠비키는 1974년에 사망했는데, 1960년대에 칼텍의 대학원생이었던 나의 동료 짐 건Jim Gunn과 1973년부터 74년까지 그곳에서 박사 후 과정으로 있었던 리처드 고트는 그를 좋게 기억하고 있다.

츠비키의 통찰은 기본적으로 옳았다. 몇몇 조밀한 은하들은 은하의 중심에서 나오는 놀라울 정도로 밝은 분해되지 않는 점과 같은 광원(퀘이사)을 가지고 있었다. 이것은 은하 주변의 어두운 부분보다 훨씬 더 밝게 빛나서 은하가 별처럼 거의 점과 같이 보이게 만들었다.

이 현상은 허블 우주망원경이 찍은 퀘이사 사진에서 분명하게 보인다. 이 선명한 사진들은 퀘이사에서 나오는 빛과 그 퀘이사가 자리 잡고 있는 은하의 어두운 주변에서 나오는 빛을 구별할 수 있게 해준다. 이 사진들은 나의 아내인 소피아 키라코스Sofia Kirhakos가 동료인 존 바콜John Bahcall, 돈 슈나이더Don Schneider와 함께 찍은 사진이라 이 책에 소개하게 된 것을 더욱 기쁘게 생각한다(〈그림 16.3〉). 각 사진들의 중심에 있는 아주 밝은 점이 바로 퀘이사다. 이것은

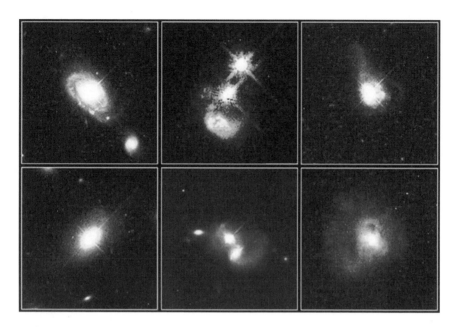

그림 16.3 퀘이사와 이를 포함하는 은하들. 허블 우주망원경으로 찍은 사진. 출처: J. Bahcall and M. Disney, NASA

은하에 둘러싸여 있고(그중 하나는 두 개의 은하가 충돌하고 있는 것처럼 보인다) 나선 팔이 보인다. 이런 사진들 덕분에 거리에 대한 논쟁이 해결되었다. 퀘이사는 실제로 (우리은하 안에 있는 이상한 형태의 별이 아니라) 적색이동이 의미하는 만큼 멀리 있고 엄청나게 밝은 것이었다.

퀘이사에서 일어나는 현상을 이해하기 위해서 3C273의 스펙트럼으로 돌아가자. 제6장에서 우리는 원자에서의 전이는 특정한 정밀한 에너지와 파장을 가진다고 배웠는데 3C273의 방출선은 넓고, 파장이 폭을 가진다. 우리는 이것을 도플러 이동의 결과로 이해한다. 퀘이사 안에서 기체들이 속도의 폭을 가지기 때문이다. 퀘이사 전체는 광속의 16퍼센트 속도로 멀어지고 있지만, 퀘이사 안에 있는 일부 기체는 우리를 향해서 움직이고(방출선이 평균보다 청색으로 이동) 일부는 우리에게서 멀어지는 방향으로 움직인다(방출선이 더 적색으로 이동). 이것 때문에 방출선이 넓어진다. 이 방출선이 질량중심 주위를 도는 기체에서

웰컴 투 더 유니버스

나오는 것이라고 생각해보자. 원형의 궤도 모든 곳에 기체가 있으면 위치에 따라 시선방향의 움직임이 모두 다를 것이다. 그러면 각기 다른 정도로 도플러 이동이 일어난다. 넓은 방출선은 이런 도플러 이동의 폭 때문에 만들어진 것이다.

여기서 한 걸음 더 나아가보자. 방출선의 넓이는 기체가 얼마나 빠르게 움직이는지 알려준다. 퀘이사에서의 일반적인 속도는 6,000km/sec이다. 뭔가가 기체를 이렇게 엄청난 속도로 움직이게 만들고 있다. 우리는 이 움직임의 원인이 중력이라고 가정할 것이다. 우리가 이해할 수 있는 이유로 기체가 중심 천체 주위를 돌고 있다고 보겠다는 것이다.

이 궤도의 반지름은 얼마나 될까? 이것을 결정할 수 있으면 뉴턴의 법칙과 알아낸 속도를 이용하여 중심부의 천체가 얼마나 무거운지 계산할 수 있다. 퀘이사는 별처럼 점으로 보이기 때문에 우리의 망원경으로 분해할 수 있는 정도보다 더 작다. 퀘이사의 크기에 대한 단서는 퀘이사가 변광한다는 것이 발견되면서 드러났다. 퀘이사의 밝기는 한 달 정도의 시간 범위에서 상당히 크게 변한다.

하나의 퀘이사에서 나오는 빛이 1광년 크기의 지역에서 나오고 있다고 가정해보자. 퀘이사의 앞쪽에서 나오는 빛은 뒤쪽에서 나오는 빛보다 (우리가 보기에) 1년 더 일찍 도착할 것이다. 퀘이사 전체가 동시에 밝기가 두 배가 되었다 하더라도 앞쪽의 빛이 먼저 도착하고 뒤쪽이 빛이 마지막으로 도착할 것이기 때문에 우리가 관측하는 밝기는 1년에 걸쳐서 점진적으로 밝아질 것이다. 그러므로 퀘이사의 밝기가 한 달 범위로 변한다는 사실은 그 크기가 1광월(빛이 한 달 동안 가는 거리)보다 더 클 수는 없다는 것을 말해준다. 이 크기는 놀라울 정도로 작은 것이다. 우리은하에 있는 별들은 서로 수 광년씩 떨어져 있다. 그런데 불과 1광월 크기의(혹은 그보다 더 작은) 물체가 평범한 은하 수백 개와 같은 에너지를 방출하고 있는 것이다.

우리는 퀘이사 안에서 움직이는 기체의 속도를 알고 있고, 기체를 중력으로 움직이게 하는 무언가가 대략 얼마만큼 떨어져 있는지도 안다. 우리는 제12장에서 은하 중심을 도는 태양의 궤도를 이용하여 우리은하의 질량을 구했던 것과 같은 계산을 할 수 있다. 질량은 속도의 제곱과 반지름의 곱에 비례한다. 퀘이사에 대해서 이 계산을 하면 태양질량의 2×10^8배라는 놀라운 질량이 나온다.

요약을 해보자. 은하들의 중심에서 퀘이사들이 발견된다. 크기는 1광월 혹은 그보다 작다. 밝기는 은하 전체의 밝기보다 수백 배 더 밝다. 그리고 질량은 태양질량보다 수억 배 더 무겁다. 이렇게 작은 부피에 이렇게 큰 질량을 가진다면 혹시 블랙홀이 아닐까? 그런데 블랙홀은—빛이 빠져나올 수 없기 때문에—검게 보여야 하는데, 퀘이사는 우주에서 가장 밝은 물체들 중 하나다. 더구나 우리가 아는 블랙홀을 만드는 유일한 방법은 무거운 별이 붕괴하는 것이다. 우리가 아는 가장 무거운 별은 대략 태양질량의 100배 정도다. 이 방법으로는 2억 태양질량의 블랙홀을 만들 수 없다. 어떻게 된 일일까?

블랙홀의 질량은 커질 수 있다. 기체가 블랙홀로 끌려들어가는 경우를 생각해보자. 직선으로 끌려들어간다면 기체는 단순히 블랙홀에 삼켜져서 흔적 없이 사라지며 블랙홀의 질량을 증가시키는 것 이외에는 아무런 흔적을 남기지 않을 것이다. 하지만 기체는 블랙홀에 대해서 옆 방향의 운동인 각운동량을 가지는 경우가 더 많다. 이 각운동량 때문에 기체는 블랙홀로 바로 끌려들어가지 않고 주위를 돈다. 우리은하에서 별들의 궤도와 같이 블랙홀 주변의 기체들도 회전하는 편평한 원반이 된다고 생각할 수 있다. 블랙홀의 중력은 매우 강하기 때문에 블랙홀에서 가장 가까이 있는 기체는 빛의 속도에 비해 무시할 수 없을 정도로 엄청나게 빠르게 움직인다. 블랙홀에 더 가까운 기체는 더 멀리 있는 기체보다 더 빠르게 움직여 서로 마찰이 일어난다. 이 마찰이 기체를 수억 도나 되는 엄청난 온도로 가열한다. 그리고 지금까지 여러 번 보아왔듯이, 뜨거운 물체는 에너지를 방출한다.

그러니까 블랙홀 그 자체는 보이지 않지만 주위에 있는 기체는 완전히 끌려들어가기 전에 엄청나게 밝을 수 있다. 퀘이사는 기체 원반에 둘러싸인 초거대질량 블랙홀이고, 주변을 둘러싸고 있는 기체는 너무나 뜨거워져서 자신을 포함하고 있는 은하 전체보다 더 밝게 빛난다. 무거운 별이 초신성으로 죽으며

만들어진 상대적으로 작은 블랙홀을 자라게 만드는 것이 바로 이렇게 끌려들어
가는 물질들이다. 물질들이 끌려 들어가면 원반의 물질은 퀘이사로 빛나고 블
랙홀에는 질량이 계속 더해진다. 퀘이사에서는 기체가 나선형으로 블랙홀의 중
력 우물로 점점 더 깊이 끌려들어가면서 중력에너지가 운동에너지로 바뀐다.
기체가 최종적으로 블랙홀 속으로 들어가면 블랙홀의 질량이 커진다. 수억 년
이상 진행된 이 과정을 통해 수백만에서 심지어 수십억 태양질량의 블랙홀이
만들어질 수 있다.

　　블랙홀에 가까이 있는 원반의 엄청난 에너지는 강한 에너지를 가진 입자들
을 튀어나가게 만든다. 이 입자들은 원반에 다시 막혀서 원반에 수직 방향으로
튀어나가는 제트$_{jet}$를 만들고 이 제트는 강한 자기장의 영향을 받는다. 이런 가
는 제트는 3C273의 허블 우주망원경 사진인 〈그림 16.4〉의 5시 방향에서 희미
한 선형으로 볼 수 있다. (퀘이사에서 나오는 가는 직선들은 망원경의 광학계 때문
에 나타나는 현상이다.)

　　이런 제트는 물질이 끌려들어가는 블랙홀의 전형적인 모습이다. 타원은하
M87은 가까운 우주에서 가장 질량
이 큰 블랙홀 중 하나를 가지고 있
다. 무려 태양질량의 30억 배나 된
다. 이 역시 약 5,000광년 길이의
제트를 방출하고 있다.

　　블랙홀에 대해서는 마치 우주
의 진공청소기처럼 근처의 모든 것
을 빨아들이는 이미지가 있다. 태
양이 내일 당장 갑자기 (질량은 그
대로인) 블랙홀로 바뀌었다고 생각
해보자. 이것은 당연히 우리에게
끔찍한 소식일 것이다. 태양으로부

그림 16.4 퀘이사 3C273과 그 제트.
출처: Hubble Space Telescope, NASA

터 열과 빛을 받지 못하여 지구가 얼어붙을 것이기 때문이다. 하지만 지구의 궤도는 바뀌지 않고 그대로다. 지구의 각운동량은 지난 46억 년 동안 그래왔던 것처럼 태양 주위를 계속 돌게 만들 것이다. 마찬가지로 우리은하 중심의 블랙홀 주위를 도는 별들이 빠른 시간 안에 블랙홀에 의해 삼켜지는 일은 없을 것이다. 이 블랙홀은 아마도 아주 먼 과거에 퀘이사 단계를 거치며 현재의 400만 태양 질량으로 자랐을 것이다. 우리는 이 블랙홀의 주위를 도는 별들의 궤도를 관측하여 블랙홀의 질량을 구할 수 있다. 하지만 지금 이 블랙홀에 끌려들어가며 만들어진 원반은 없다. 그러니까 이 블랙홀은 현재 조용한 상태이며 퀘이사처럼 빛나지 않는다.

퀘이사는 가까운 우주에서는 드물다. 실제로 20억 광년 거리에 있는 3C273은 가장 가까운 밝은 퀘이사들 중 하나다. 퀘이사는 초기 우주에서는 훨씬 더 흔했다. 그래서 대부분의 퀘이사는 높은 적색이동 위치, 즉 먼 거리에 있다. 이렇게 먼 퀘이사에서 오는 빛은 수십억 년 동안 여행을 해서 우리에게 도착한 것이다. 그러니까 우리는 우주가 지금보다 훨씬 더 젊었을 때의 퀘이사의 모습을 보고 있는 것이다. 퀘이사의 수가 시간에 따라 변하는 것은 우주가 진화한다는 직접적인 증거가 되고, 변하지 않는 우주를 가정하는 호일의 완벽한 우주론의 원리(제15장)에 반한다.

초기 우주에서 보이는 퀘이사의 수를 통해서 우리는 현재 우주에서 초거대 질량 블랙홀이 어디에나 있어야 한다고 예측할 수 있다. 결국 블랙홀은 자라기만 하며, 일단 만들어진 다음에는 없어지지 않는다. (제20장에서 우리는 블랙홀도 양자 효과로 결국에는 소멸할 수 있다는 것을 볼 것이다. 하지만 초거대질량 블랙홀에서는 이 과정이 너무 느려서 우리가 지금 논의하는 수십억 년 동안에는 무시할 수 있다.) 이런 블랙홀들이 오늘날 근처의 은하들에서 퀘이사처럼 빛나지 않는다는 사실은 이들이 현재는 기체가 끌려들어가지 않는 조용한 상태라는 것을 말해준다. 우리가 주변 별들의 움직임을 통해 그 존재를 알게 된 우리은하 중심의 초거대질량 블랙홀은 그 하나의 예일 뿐이다.

다른 은하들의 중심에서 블랙홀을 찾는 것은 쉽지 않은 일이다. 블랙홀이 주변 원반의 기체를 끌어당기지 않고 있다면 우리가 볼 수 있는 퀘이사와 같은 빛을 방출하지 않는다. 하지만 우리는 은하들의 중심 근처 별들의 도플러 이동을 이용하여 큰 중력을 가진 물체의 존재를 추론할 수 있다. 이것은 블랙홀의 중력이 별의 움직임을 지배하고 있으면서 중심부를 분해할 수 있는 가까운 은하들에서 가장 쉽게 이루어질 수 있다.

천문학자들은 현재 약 100개의 은하들의 블랙홀을 자세히 조사했다. 실질적으로 천문학자들이 관측할 수 있는 모든 은하들의 중심에 초거대질량 블랙홀이 존재한다는 증거가 발견되었다. 지금까지의 결과로 보면 사실상 충분히 큰 팽대부를 가지는 모든 큰 은하들은(타원은하와 대부분의 나선은하) 블랙홀을 가지고 있다. 겨우 400만 태양질량의 블랙홀을 가지고 있는 우리은하는 아무것도 아니다. 가까운 은하들 중에서 가장 무거운 블랙홀은 (M87에서 본 것처럼) 태양질량의 수십억 배나 된다. 그리고 더 큰 타원은하일수록(혹은 더 큰 중심부를 가지는 나선은하일수록) 더 큰 블랙홀을 가진다. 블랙홀의 질량은 대략 그 블랙홀을 포함하고 있는 팽대부 질량의 1/500 정도다.

퀘이사는 엄청난 광도를 가지고 있기 때문에 은하보다 훨씬 더 밝게 보인다. 그러므로 멀리 있는 퀘이사는 같은 거리에 있는 은하보다 더 찾기가 쉽다. 우주에서 우리가 볼 수 있는 가장 멀리 있는 퀘이사는 무엇일까? 다시 한 번 말하지만 빛의 속도는 일정하기 때문에 우리가 보는 멀리 있는 퀘이사에서 오는 빛은 우주가 지금보다 훨씬 더 젊을 때 출발한 것이다. 천문학에서 멀리 있는 천체를 보는 것은 과거를 보는 것이다. 우리의 망원경은 타임머신이 된다.

제15장에서 하늘의 사진을 찍고 200만 개의 은하들의 적색이동을 관측한 슬론 디지털 스카이 서베이에 대해서 설명했다. 여기에는 40만 개 이상의 퀘이사의 스펙트럼이 포함되어 있다. 이 자료를 통해서 퀘이사는 빅뱅 이후 20억에서 30억 년 사이에 가장 많았다는 것을 알 수 있다. 오늘날 큰 은하들에서 발견되는 초거대질량 블랙홀들은 대부분의 질량을 이 시기에 얻은 것이다. 빅뱅 이

후 20억 년, 즉 약 120억 년 전은 적색이동 값 3에 해당한다. 그러니까 퀘이사의 스펙트럼선이 우주가 팽창하지 않을 때에 비해서 파장이 4배(적색이동 값+1) 더 긴 곳에서 나타난다. 이 경우 적색이동은 미세한 현상이 아니라 커다란 효과다!

에드윈 허블은 은하들의 적색이동과 거리 사이의 선형적인 관계를 발견했다. 아주 큰 적색이동에서는 이 관계가 약간 복잡해진다. 적색이동 값이 3인 퀘이사는 현재 지구에서 200억 광년 떨어져 있는 것으로 밝혀졌다. 우주의 나이가 138억 년밖에 되지 않는데 어떻게 이런 일이 있을 수 있을까? 퀘이사의 빛이 출발한 후 지금까지 우주는 4배(역시 적색이동 값+1) 더 팽창하며 퀘이사를 멀리 이동시켜 지금은 200억 광년의 거리가 되는 것이다. (이것을 '함께 움직이는 거리'라고 한다.)

〈그림 16.5〉는 동료들과 내가 슬론 디지털 스카이 서베이에서 찾은 가장 멀리 있는 퀘이사의 스펙트럼이다. 파장 9,000옹스트롬(0.9마이크론)에 있는 매우 강한 방출선은 수소의 두 번째 에너지준위에서 바닥상태로 이동하는 것에 해당하는 라이먼 알파 선이다. 이 방출선의 푸른색 쪽은(파장이 짧은 쪽) 0으로 떨어진다. 이것은 퀘이사와 우리 사이에 분포하는 수소 기체에 의한 흡수 때문이다. 스펙트럼은 근적외선 파장에서 방출선이 있고 짧은 파장에서는 전혀 없으므로 이 천체는 엄청나게 붉게 보이는 것이다.

그러므로 가장 높은 적색이동의 퀘이사를 찾는 방법은 간단하다. 슬론 디지털 스카이 서베이 사진을 보고 가장 붉은 것을 찾으면 된다. 그런데 이것은 보기보다 쉽지는 않다. 서베이에는 약 5억 개의 천체가 있고 붉게 보이는 것이 자료 처리 과정에서의 오류의 결과가 아닌지 확인해야 하기 때문이다.

어려운 점은 또 있다. 별에 대해서 공부하면서 우리는 별의 온도가 낮을수록 더 붉게 보인다는 것을 배웠다. 1998년 슬론 디지털 스카이 서베이의 첫 번째 사진들이 사용 가능하게 되었을 때, 나는 나의 학생인 샤오후이 판Xiaohui Fan과 함께 자료에서 찾을 수 있는 가장 붉은 천체들의 스펙트럼을 찾아서 적색이동을 결정하고 그것이 퀘이사의 특징을 가지고 있는지 확인하기 위한 프로그램을 시작했다. 우리는 아파치 포인트 망원경을 이용했다(뉴멕시코 선스팟의 슬론 디지털 스카이 서베이 망원경과 같은 천문대에 있는 망원경). 이 망원경은 인터넷으로 원격 조정이 가능했다. 우리는 현장에 직접 가지 않고 집에서 이른 저녁을 먹고 연구실로 가서 2,000킬로미터 떨어진 곳에 있는 망원경으로 명령을 보내 관측을 수행했다.

아주 붉은 천체의 스펙트럼 관측을 시작하자마자 우리는 거의 곧바로 결과를 얻었다. 그런데 예상과는 다른 방향에서였다. 여러 높은 적색이동 퀘이사들과 함께 바로 우리은하 안에 있는 가장 차가운(질량이 가장 작은) 별들도 관측되

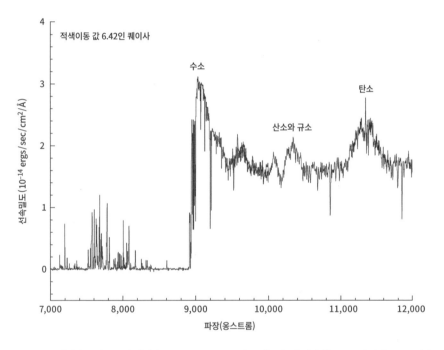

그림 16.5 적색이동 값 6.42인 퀘이사 SDSS J1148+5251의 스펙트럼. 이 퀘이사는 2001년 마이클 스트라우스와 샤오후이 판이 동료들과 함께 발견했으며, 2011년까지 가장 높은 적색이동을 가진 퀘이사였다. 이 퀘이사에서 나온 빛은 우주의 나이가 9억 년보다 작을 때 방출된 것이다. 가장 강한 방출선은 수소 원자에서 나온 것인데($n=2$에서 $n=1$로 전이할 때. 〈그림 6.2〉 참고), 정지 상태의 파장 1,216옹스트롬이 9,000옹스트롬으로 엄청나게 적색이동했다. 9,000옹스트롬보다 짧은 파장에서 스펙트럼이 급격히 약해지는 것은 퀘이사와 우리 사이에 있는 수소 기체의 흡수 때문이다. 출처: Michael A. Strauss, R. L. White, et al. 2003, *Astrophysical Journal* 126: 1, A. J. Barth et al. 2003, *Astrophysical Journal Letters* 594: L9 데이터 활용

었다. 사실 이들은 제8장에서 논의한 핵에서 수소를 태우기에는 질량이 너무 작은, 별보다 작은 천체들이었다. 이들의 온도는 1,000K 혹은 그보다 더 낮고, 처음 발견되기 시작했을 때는 스펙트럼의 형태가 익숙하지 않았다. 나는 새벽 3시에 그런 차가운 별들을 설명한 논문들을 몇 개 찾아서 스펙트럼을 관측하는 도중에 그것을 이해하려고 허우적거렸던 기억이 있다. 하룻밤 관측으로 우리는 불과 30광년 거리에 있는 당시까지 가장 어두운 별보다 작은 천체와 관측 가능한 우주의 끝에 가까이 있는 엄청나게 밝은 퀘이사들의 스펙트럼을 모두 관측했다. 이것은 천체사진만으로 얻을 수 있는 가장 극단적인 모습이다. 거리에 대한 개념이 없기 때문이다. 가장 가까운(천문학적인 관점에서) 천체와 비정상적으로 멀리 있는 천체가 똑같이 어두운 붉은 점으로 보인다. 그 둘을 구별하기 위해서는 자세한 스펙트럼이 필요하다.

사진의 오류를 제거하는 기술이 발전하면서 우리는 더 붉은 천체에 대한 관측을 계속했다. 우리는 퀘이사의 적색이동 기록을(우리가 시작할 때는 4.9였다) 여러 번 깨뜨렸다. 기록을 깰 때마다, 우리는 동료인 짐 건(슬론 디지털 스카이 서베이의 프로젝트 과학자이자 그 자신도 퀘이사 연구의 선구자였다)에게 전화를 했다. 우리는 깊은 잠에서 그를 깨우고는(보통 새벽 3시경이었으니까!) 이렇게 말했다. "짐, 우리가 또 기록을 깼어요!" 그는 이렇게 대답했다. "잘했어요, 친구들. 이런 소식으로 잠을 깨는 건 언제나 좋아요!" 그러고는 다시 잠에 빠졌다.

우리의 가장 먼 천체의 스펙트럼인 〈그림 16.5〉에서의 라이먼 알파 수소선은 일반적으로 1,216옹스트롬에서 나타나는 것이다. 여기서는 9,000옹스트롬인 근적외선 부분까지 적색이동을 했다. 적색이동 값은 (9,000Å-1,216Å)/1,216Å =6.42로 현재 거리는 280억 광년에 해당한다. 이것은 2001년 우리가 발견할 당시 가장 높은 적색이동 퀘이사였다. 아마도 더 인상적인 것은 우리가 관측한 빛이 우주의 나이가 겨우 8억 5,000만 년일 때인 약 130억 년 전에 출발했다는 사실일 것이다. 우주배경복사가 우주가 갓난아기일 때 나온 것이라면 우리는 우주가 유치원생일 때를 연구하고 있는 것이다.

이것은 우주의 또 하나의 의문점을 일깨웠다. 앞에서 설명했던 것처럼 우리는 퀘이사의 스펙트럼을 이용하여 퀘이사에 에너지를 공급하는 블랙홀의 질량을 계산할 수 있다. 가장 멀리 있는 퀘이사들의 일반적인 값은 약 40억 태양질량으로, 우리가 현재 우주에서 관측하는 가장 큰 블랙홀의 질량과 비슷하다. 그런데 균일한 우주배경복사는 우주의 아주 초기에 우주가 거의 완벽하게 균일했다는 것을 말해준다. 거의 아무런 구조도 없던 상태에서 우리는 겨우 8억 5,000만 년 만에 가장 밀도가 높은 초거대질량 블랙홀을 만들어내야만 하는 것이다. 이런 블랙홀을 만들기 위해서는 먼저 최초의 별들이 만들어져 초신성으로 폭발한 다음 별 질량 블랙홀들이 만들어져야 한다. 그런 다음 이 블랙홀들이 물질을 엄청난 속도로 끌어들여 이런 어마어마한 블랙홀을 만들어야 한다. 이론적인 모형으로는 이것은 이상적인 환경에서 극히 드물게 일어난다. 그러니까 이런 높은 적색이동 퀘이사들은 매우 드물어야 한다. 실제로도 그렇다. 10년 이상 관측한 결과, 우리는 겨우 몇 십 개의 아주 높은 적색이동 퀘이사들을 발견했을 뿐이다.

가장 멀리 있는 퀘이사를 찾는 작업은 계속되었다. 2011년, 슬론 서베이보다 더 긴 파장에(적외선으로 더 깊이 들어간 파장) 민감한 서베이를 이용하여 적색이동 값 7.08인 퀘이사가 발견되면서 우리의 기록은 극적으로 깨졌다.

이 퀘이사가 우리가 지금 관측하는 빛을 방출한 이후 우주는 8.08배 더 커졌다. 또 다른 팀들은 더 높은 적색이동의 퀘이사를 발견하기 위하여 허블 우주 망원경이나 하와이의 스바루 망원경과 같은 망원경들을 사용하고 있다. 적색이동의 기록이 계속 깨진다면 은하 형성과 블랙홀 성장 모형이 미래의 발견들을 설명할 수 있을지는 불확실하다. 흥미로운 시간이 기다리고 있다!

천문학에서 흥미로운 점은 하늘을 새로운 방법으로 볼 때마다 기본적으로 새롭고 기대하지 않았던 발견들을 하게 된다는 것이다. 이 장과 제15장에서 소개한 슬론 디지털 스카이 서베이의 발견이 이것의 좋은 예다. 나는 현재 이것을 계승하는 거대 종합 서베이 망원경Large Synoptic Survey Telescope 계획에 참여하고 있다. 이 망원경은 현재 칠레의 안데스 산맥 산꼭대기에 건설 중이다. 이것은 슬론 망원경보다 빛을 모으는 능력이 훨씬 뛰어나고, 10년의 서베이 기간 동안 어두운 은하와 퀘이사들을 관측하고 은하들의 모양을 일그러트리는 중력 렌즈 현상을 통해 암흑물질의 분포 지도를 그릴 것이며 수많은 초신성을 포함한 별의 여러 진화 단계에 있는 현상들을 발견할 것이다. 이 망원경은 10년간 1,000개의 완전한 프레임으로 전체 하늘 4분의 1의 영화를 만들 것이다. 이 서베이는 수많은 카이퍼 벨트 천체들을 발견하고 지구에 접근하는 소행성을 찾아낼 것이다. 하지만 가장 흥미로운 발견은 아마도 우리가 아직 상상하지도 못한 것, 도널드 럼스펠드의 유명한 표현인 "뭘 모르는지도 모르는 것unknown unknowns"일 것이다.

J. 리처드 고트

제3부   아인슈타인과 우주

J. Richard Gott

17

상대성이론을 향한 아인슈타인의 여정

아인슈타인의 이름은 천재와 동의어로 통한다. "어이, 아인슈타인 이리 와봐!" 는 "어이, 천재, 이리 와봐!"이고 "그는 아인슈타인이 아니야"는 "그는 천재가 아니야"라는 의미다. 아인슈타인은 천재로 유명하다. 뉴턴도 천재였다. 그리고 이 세상과 역사 속에는 다른 천재들도 많이 있다. 영국의 문학가 중에서 누가 가장 뛰어날까? 셰익스피어다! 셰익스피어는 희곡과 시를 통해서 세계 역사에서 가장 많은 단어를 보여준 사람으로 흔히 인용된다. 그의 저작에는 31,534개의 단어들이 있다. 그의 저작을 통계적으로 연구한 브래들리 에프런Bradley Efron 과 로널드 티스테드Ronald Thisted는 셰익스피어가 실재로는 66,000개 이상의 단어를 알았을 것이라고 주장한다. 셰익스피어는 SAT의 언어 영역에서 뉴턴을 이길 것이다! 반면에 뉴턴은 아마도 수학에서 셰익스피어를 이길 것이다. 뉴턴은 중력과 광학에 대한 연구뿐만 아니라 미적분학을 발명하여 수학에 중요한 기여를 했다는 점에서 종종 아인슈타인보다 높은 평가를 받는다. 하지만 뉴턴은 적당한 시기에 적당한 장소에 있었다는 행운도 있었다. 바로 그런 문제들이 논의되고 있던 시기에 유럽에 있었기 때문이다. 뉴턴의 멘토이자 케임브리지에서 그의 스승이었던 아이작 배로Issac Barrow는 물통과 같은 물체의 부피를 계산하는 데 관심이 있었다. 적분이 적용될 수 있는 분야다. 분명, 미적분학이 발견되기 적당한 시기였다. 실제로 철학자이자 수학자인 고트프리트 빌헬름 라이프니츠Gottfried Wilhelm Leibniz도 유럽에서 미적분학을 독자적으로 발명했다. 세계지도를 보면 뉴턴과 라이프니츠가 거의 같은 시기에 불과 몇 백 킬로미터 떨어진 곳에서 살았다는 것을 알 수 있을 것이다. 이것은 단순한 우연이 아니다. 유럽은 그 시기에 이런 생각을 하고 있었다.

17세기 후반의 세계는 위대한 발견으로 대표된다. 케플러는 티코 브라헤의 600페이지에 걸친 행성들의 위치에 대한 관측 기록을 정량화하여 수학적으로 분석할 수 있는 3개의 간단한 행성 운동의 법칙으로 만들었다. 마이클이 제3장에서 이야기했듯이 뉴턴은 케플러의 세 번째 법칙을 이용하여 r^2에 반비례하는 중력법칙을 유도했다. 비슷한 방법으로 20세기에 수소의 발머 계열 파장의 실험 자료는 수소 원자의 에너지준위를 설명하는 공식을 만드는 데 단서를 주었고 닐스 보어Neils Bohr와 에르빈 슈뢰딩거Erwin Schrödinger가 원자를 양자적으로 이해하는 길을 닦아주었다.

《타임》지는 아인슈타인을 20세기의 가장 영향력 있는 인물인 "세기의 인물"로 뽑았다. 구텐베르크, 엘리자베스 1세, 제퍼슨, 에디슨이 《타임》지에 의해 각각 그들의 세기에 가장 중요한 인물로 뽑혔다. 셰익스피어는 아깝게 떨어졌다. 《타임》지가 뉴턴을 "17세기의 인물"로 뽑았기 때문이다.

케임브리지 대학의 트리니티 칼리지에는 뉴턴의 멋진 실물 크기의 상이 있다. 윌리엄 워즈워스는 이 상에 대해서 다음과 같은 시를 썼다.

　홀로 미지의 사상의 바다를
　영원히 항해하고 있는 정신

그 상에는 다음과 같은 글귀가 새겨져 있다. *Newton Qui genus humanum ingenio superavit.* 번역하면 다음과 같다. "뉴턴, 인류를 뛰어넘은 천재." 뉴턴을 세계에서 가장 똑똑한 사람이라고 믿는 닐 타이슨과 같은 사람들에게 이곳은 그에 적합한 실제 증거가 있는 곳이다. 워싱턴 D.C. 베트남전 기념관과 근처 국립과학아카데미 앞에는 실물보다 더 큰 아인슈타인의 상이 있다. 그는 앉아 있지만 상의 크기는 그래도 3.6미터나 되고 아이들이 와서 그의 무릎 위에서 논다.

아인슈타인과 뉴턴을 좀 더 비교해보자. 나는 뉴턴이 역사상 가장 위대한 과학자였다는 닐의 믿음을 시험하려는 것이 아니다. 나는 뉴턴을 충분히 높이 평가한다. 하지만 나는 아인슈타인도 이 타이틀을 놓고 경쟁할 수 있는 사람, 뉴턴과 동급의 사람이라고 주장하려 한다.

뉴턴의 가장 유명한 방정식은 무엇일까?

$$F = ma$$

아인슈타인의 가장 유명한 방정식은?

$$E = mc^2$$

둘 중 어느 방정식이 더 유명할까? 우리가 제3장에서 논의했던 뉴턴의 방정식은 질량이 더 큰 물체는 더 가속하기가 어렵다는 것을 말해준다. 역학에서 중요한 것이지만 꽤 간단하다. 하모니카보다 피아노를 움직이기가 더 어렵다. 아인슈타인의 방정식은 아주 작은 질량도 엄청난 양의 에너지로 바뀔 수 있다는 것을 말해준다. 이것이 원자폭탄에 숨어 있는 비밀이다. 이것은 태양이 어떻게 빛나는지 알려준다. 어떤 방정식이 당신에게 더 중요해 보이는가?

뉴턴은 또 다른 중요한 방정식을 가지고 있다. 질량 m과 M인 두 입자 사이의 중력인 $F = GmM/r^2$이다. 이것도 아주 중요하다. 아인슈타인도 또 다른 방정식을 가지고 있다. $E=hv$. 광자라고 하는 에너지 입자로 오는 빛의 에너지는 플랑크상수 h와 광자의 진동수 v의 곱과 같다는 것이다. 뉴턴도 빛이 입자로 이루어져 있다고 믿었지만, 아인슈타인은 그것을 증명했다고 말할 수 있다. 빛은 파동의 성질뿐만 아니라 입자의 성질도 가지고 있다. 이것은 양자역학에서 대단히 중요한 개념이다.

둘 다 새로운 물건을 발명했다. 뉴턴은 반사망원경을 발명했다. 현재의 모든 대형 망원경들은 반사망원경이다. 허블 우주망원경과 켁Keck 망원경도 반사망원경이다. 아인슈타인은 레이저의 원리를 발명했다. 당신이 CD나 DVD를 플레이할 때마다 아인슈타인의 발명품을 사용하고 있는 것이다. 두 사람 다 정부 일도 했다. 뉴턴은 영국 조폐국장을 지냈다. 뉴턴은 동전 가장자리의 울퉁불퉁한 밀링을 발명했는데 이것은 지금도 사용되고 있다. 이것은 은화의 가장자리에서 은을 긁어낸 후 은화를 원래 가치로 사용하는 것을 막는 방법이었다. 밀링은 긁어내면 표시가 나기 때문에 알 수 있다. 동전을 사용할 때마다 뉴턴의 흔적을 볼 수 있다. 국제 문제에 대한 아인슈타인의 결정적인 역할은 잘 알려져 있다. 그는 프랭클린 루스벨트 대통령에게 제2차 세계대전을 끝내게 한 원자폭탄을 만든 맨해튼 프로젝트를 시작하게 하는 결정적인 편지를 썼다. 당시에 아인슈타인이 한 일은 너무나 중요한 일이어서 그 결과는 아직도 우리에게 영향을 미치고 있다.

아인슈타인은 너무나 유명한 인물이라 사람들은 그에 대한 일화들을 이야기하기를 좋아했고 그것은 그에 대한 신비감을 더 강화시켜주었다. 그중 하나는(아마도 사실이 아닌 듯한) 이런 식이다. 아인슈타인이 프린스턴 고등과학원에서 어떤 사람과 이야기를 하고 있었다. 그 사람은 갑자기 코트 안주머니에서 작은 공책을 꺼내더니 뭔가를 적기 시작했다. 아인슈타인이 물었다. "그게 뭐죠?" "아, 이건 제 공책입니다. 저는 이걸 어디나 가지고 다니면서 좋은 아이디어가 있으면 잊어버리지 않도록 기록을 하죠." 그 사람이 대답했다. "저는 한 번도 그런 공책이 필요 없었습니다." 아인슈타인은 이렇게 말했다. "저에게는 좋은 아

웰컴 투 더 유니버스

이디어가 세 개밖에 없었거든요." 그렇다면 이 아이디어들은 무엇이며 아인슈타인은 어떻게 그런 아이디어를 가지게 되었을까?

첫 번째는 $E = mc^2$을 만들어낸 특수상대성이론이다. 두 번째는 $E = h\nu$와 관련된 광전효과이고, 이것으로 아인슈타인은 1921년 노벨 물리학상을 받았다. 그리고 세 번째는 휘어진 시공간으로 중력을 설명하는 이론인 일반상대성이론이다. 그는 방정식을 완성한 다음 태양 근처의 휘어진 시공간에서 빛이 휘어질 것이라고 예측하고 어느 정도 휘어질지도 예측했다. 일식 동안 태양 근처에서 보이는 별들은 몇 달 전에 태양이 근처에 없을 때 찍은 사진들에 비해서 위치가 약간 달라져 있어야 한다. 아인슈타인이 예측한 휘어지는 양은(태양의 가장자리 근처에 있는 별은 약 1.75각초) 뉴턴의 이론으로 빛의 속도로 날아가는 입자에 대해서 예측한 값의 두 배였다. 아서 에딩턴 경Sir Arthur Eddington이 이것을 측정하는 영국 탐험대를 이끌었다. 아인슈타인의 예측은 맞고 뉴턴의 예측은 틀린 것으로 밝혀졌다. 오늘날 우리는 뉴턴의 이론이 아니라 아인슈타인의 이론을 믿고 있다. 잠시 그것에 감사하자!

20세기가 끝나갈 무렵에 나는 스포츠에서 가장 위대한 순간에 대한 프로그램을 보았다. 1936년 베를린 올림픽에서 제시 오언스가 100미터를 우승할 때, 세크리테어리엇Secretariat이 벨몬트 스테이크스에서 우승하여 경마의 트리플 크라운을 완성할 때, 무하마드 알리가 자이레에서 조지 포먼을 KO시키고 다시 헤비급 세계 챔피언이 될 때였다. 20세기 과학에서 가장 위대한 순간은 무엇일까? 뉴턴과 아인슈타인이 농구 코트에 있다고 상상해보자.

뉴턴이 공을 잡고 드리블을 하여 코트를 가로지르고 있다. 그 공은 그냥 공이 아니라 그가 가장 자랑스러워하는 중력이론이다! 아인슈타인이 다가와 공을 빼앗아 슛을 던진다. 공은 깨끗하게 그물을 가른다! 이것이 20세기 과학에서 가장 위대한 순간이다.

나는 아인슈타인이 어떻게 그런 위대한 아이디어를 떠올렸는지 설명하려 한다. 아인슈타인은 학교 성적이 우수했다. 그는 과학에서 좋은 성적을 받았다.

아인슈타인이 학교에서 좋은 성적을 받지 못했다는 이야기를 들은 적이 있다면 모두 잊어라. 그는 아버지가 나침반을 보여준 4살 때 처음 과학을 접했다. 아인슈타인은 나침반에 사로잡혔고 이때부터 과학을 시작했다. 그는 12살 때 미적분학을 혼자 공부했다. 똑똑한 아이였다. 그리고 16살 때 당시 가장 흥미로운 물리학 이론에 대해서 고민하기 시작했다. 맥스웰의 전자기 이론이었다. 맥스웰은 모든 전기와 자기 법칙을 종합하여 정리했다.

전하는 양일 수도 있고 음일 수도 있다. 반대 전하는 서로 끌어당기고 같은 전하는 서로 r^2에 반비례하는 힘으로 밀어낸다. 두 양전하는 서로 밀어내고, 두 음전하도 서로 밀어내지만 양전하와 음전하는 서로 끌어당긴다. 이것이 쿨롱의 법칙Coulomb's law이다. 전하는 정전기를 만들어낸다. 전하는 주위 공간을 채우는 전기장을 만들어내고, 전하를 띤 물체가 있으면 전기장은 그 물체를 가속시킨다. 전기장이 r^2에 반비례하는 힘을 만든다. 이것이 겨울에 여러분의 옷에 정전기를 일으킨다. 그리고 움직이는 전하는 자기장을 만들고, 자기장은 움직이는 전하에 영향을 준다. 전하가 움직이지 않으면 여기에 미치는 자기장은 0이다. 하지만 전하가 움직이면 자기장이 생기고 전하에 자기력이 미치게 된다. 이 아이디어는 몇몇 추가적인 물리법칙으로 설명된다. 앙페르의 법칙Ampère's law은 움직이는 전하가(예를 들어 전선을 흐르는 전류) 어떻게 자기장을 만드는지 알려주고, 특정 지점에서의 자기장과 전기장을 알면 그 지점에서 움직이는 전하의 전기력과 자기력을 계산할 수 있게 해준다. 패러데이의 법칙Faraday's law은 변화하는 자기장이 어떻게 전기장을 만들어내는지 설명해준다. 그리고 '자하magnetic charge'라는 것은 없는 것으로 알려져 있다. 그러니까 독립된 북극이나 남극이 있어서 여기서 자기장이 퍼져나가는 것은 절대 발견할 수 없다는 말이다. 전하량 보존법칙은 전하의 총량이(양전하에서 음전하를 뺀 양) 일정하다는 것이다. 예를 들어 한 영역에 10개의 양전하와 9개의 음전하가 있다면 전체 전하는 +1이다. 양전하 하나와 음전하 하나는 서로를 상쇄하므로 9개의 양전하와 8개의 음전하가 있으면 상쇄되고 남는 전하량은 +1이 된다.

웰컴 투 더 유니버스

맥스웰은 알려진 전자기학 법칙들을 살펴보고 이 법칙들이 전하량 보존법칙과 맞지 않는다는 것을 알아차렸다. 이것을 바로잡기 위해서 그는 새로운 효과가 더해져야 한다는 것을 보였다. 변화하는 전기장이 자기장을 만든다는 것이었다. 그는 이 모든 효과들을 종합하여 4개의 방정식으로 정리했다. 바로 맥스웰 방정식이다. (가끔씩 물리학과 학생들의 티셔츠에서 볼 수 있다!)

맥스웰 방정식에는 전기력과 자기력의 세기의 비율과 관련되는 c 라는 상수가 포함되어 있다. v 의 속도로 움직이는 전하들의 덩어리가 있다면 이들이 만드는 자기력과 전기력의 비는 v^2/c^2 이 되고, 여기서 c 는 속도가 된다. 그러고는 그는 상수 c 값을 얻기 위해서 실험실에서 자기력과 전기력을 비교하는 실험을 했는데 아주 큰 값을 얻었다. 그는 상수 c 를 310,740km/sec로 측정했다. 그는 또한 자신의 방정식에서 아주 재미있는 해를 발견했다. 빈 공간을 c 의 속도로 나아가는 전자기파였다.

자기장과 전기장은 파동의 속도에 수직이었다. 파동은 사인곡선이었고 사인파가 당신 옆을 지나가면 전기장과 자기장은 당신의 자리에서 진동했다. 그래서 전기장과 자기장이 모두 변했다. 변화하는 전기장은 자기장을 만들고 변화하는 자기장은 전기장을 만든다. 이들은 서로를 만들어내며 빈 공간을 c =310,740km/sec의 속도로 나아갔다.

유레카! 맥스웰은 그 속도가 무엇인지 알아차렸다. 그것은 빛의 속도였다! 빛은 전자기파가 틀림없다! 이것은 과학에서 가장 위대한 순간들 중 하나였다. 맥스웰은 빛의 속도를 어떻게 알았을까? 그것은 천문학자들이—나는 여기서 천문학자들을 강조한다—빛의 속도를 측정해놓았기 때문이다. 1676년 덴마크의 천문학자 올레 뢰머Ole Rømer는 목성의 위성인 이오가 목성에 의해 가려지는 시간 간격이 지구가 목성을 향해 다가갈 때는 짧아지고 목성에서 멀어질 때는 길어진다는 사실을 발견했다. 위성이 목성 주위를 도는 것을 보는 것은 거대한 시계를 보는 것과 같았다. 우리가 목성을 향해 다가가면 시계가 빠르게 가고 목성에서 멀어지면 느리게 가는 것이었다. 뢰머는 이것이 빛의 속도가 유한하기 때문이라고 정확하게 판단했다. 우리가 목성을 향해 다가가면 목성까지의 거리가 짧아져서 이오가 가려지는 모습이 우리에게 보이는 데 점점 짧은 거리를 이동해오기 때문에 점점 빨리 보인다. 연속적으로 가려지는 현상이 합쳐지면 마치 도플러 이동과 비슷한 효과로 보인다. 뢰머는 빛이 지구 궤도의 반지름을 가로지르는 데 약 11분이 걸린다고 계산했다. 실제는 8분이므로 뢰머는 꽤 정확했다. 지구가 목성에 가장 가까울 때는 목성 시계가 약 8분 빠르고, 가장 멀리 있을 때는 목성 시계가 약 8분 느리다. 제8장에서 설명한 것처럼 1672년에 조반니 카시니는 시차로 화성까지의 거리를 구하여 지구 궤도의 반지름을 구할 수 있었다. 뢰머의 자료와 알고 있는 지구 궤도의 반지름을 이용하여 크리스티안 하위헌스Christiaan Huygens는 빛의 속도를 계산할 수 있었다. 그가 계산한 값은 220,000km/sec였다. (실제 값인 299,792km/sec보다 불과 27퍼센트밖에 작지 않다.)

1728년 또 다른 천문학자 제임스 브래들리James Bradley는 다른 방법으로 빛의 속도를 구했다. 머리 바로 위에 있는 별 하나를 생각해보자. 이 별의 빛은 마치 비처럼 수직으로 떨어진다. 만일 차를 몰고 가고 있다면 비는 창문을 비스듬히 때릴 것이다. 지구는 태양 주위를 30km/sec의 속도로 돌고 있다. 이것은 차를 타고 움직이는 것과 비슷하다. 만일 망원경을 수직으로 향한다면 별빛은 바닥에 있는 접안렌즈에 닿지 못하고 망원경의 옆면을 때릴 것이다. 망원경이 움직이고 있기 때문이다. 이 별을 보기 위해서는 달리는 차에서 빗줄기를 보는 것처럼 빛의 기울기만큼 망원경을 기울여야 한다. 얼마만큼일까? 약 20각초만큼 기울여야 한다. 만일 이 별을 6개월 후에 본다면 망원경을 반대방향으로 20각초만큼 기울여야 한다. 브래들리는 광행차stellar aberration라고 하는 이 효과를 관측하는 데 성공했다. 이 기울기는 v_{Earth}/v_{light}로 브래들리가 구한 값은 약 10,000분의 1이었다. 그래서 그는 빛의 속도는 지구의 궤도 속도인 30km/sec보다 10,000배 더 빠른 300,000km/sec라는 값을 얻을 수 있었다. 그래서 1865년 맥스웰이 빈 공간을 이동하는 전자기파의 속도가 약 310,740km/sec라고 예측했을 때 그는 이것이 천문학자들이 이미 측정한 빛의 속도와(300,000km/sec) 유사하다는 것을 알아차릴 수 있었다. 예측에서 나오는 오차와(전기력과 자기력을 측정할 때 생긴 오차) 천문학적인 관측 오차의 범위 내에서 두 값은 잘 일치했다. 빛은 전자기파였다. 맥스웰은 전자기파의 파장이 가시광선보다 훨씬 길 수도, 훨씬 짧을 수도 있다는 것을 알았다. 지금 우리는 파장이 더 짧은 전자기파를 자외선, 엑스선, 감마선이라고 부르고 더 긴 전자기파를 적외선, 마이크로파, 전파라고 부른다. 1886년 하인리히 헤르츠Heinrich Hertz는 방을 가로질러 전파를 보내고 받음으로써 전자기파가 존재하는 것을 증명했다. 맥스웰의 이론은 아인슈타인 시대에 가장 흥미로운 과학 이론이었고 아인슈타인도 이 이론에 열광했다.

아인슈타인은 불과 17살인 1896년에 다음과 같은 사고실험을 했다. 그는 시계탑에서 빛의 속도로 멀어지는 상상을 했다. 고개를 돌려 시계를 보면 시계는 정오에 멈춰 있다. 정오인 것을 보여주는 빛이 자신과 함께 이동하고 있기 때문이다. 그렇다면 빛의 속도로 움직이면 시간이 멈춘 것일까? 그는 자신과 나란히 이동하고 있는 빛을 보는 상상을 했다. 전기장과 자기장의 파동이 밭의 고랑처럼 보일 것이다. 이들은 움직이지 않는 것처럼 보인다. 그는 파동과 같은 속도로 이동하고 있기 때문에 파동은 멈춰 있는 것으로 보일 것이다. 하지만 전기장과 자기장이 빈 공간에서 그런 정지 상태의 파동으로 존재하는 것은 맥스웰의 장방정식에서 허용되지 않는다. 그가 상상의 우주선에서 창밖을 내다보는 것은 불가능해 보였다. 아인슈타인은 여기에 역설이 있다는 것을 알았다. 뭔가가 분명히 잘못되었다. 그는 이것을 해결하는 데 9년이 걸렸다.

아인슈타인이 한 일은 아주 창의적인 것이었다. 1905년 그는 두 가지 명제를 받아들이기로 했다.

1. 운동은 상대적이다. 물리학 법칙은 균일한 운동(일정한 방향을 일정한 속력으로 움직이며 방향을 바꾸지 않는 운동)을 하는 모든 관찰자에게 똑같이 보여야 한다.
2. 빈 공간에서 빛의 속도는 일정하다. 빈 공간에서 빛의 속도 c는 균일한

운동을 하는 모든 관찰자에게 똑같이 관측되어야 한다.

이 두 명제는 아인슈타인의 특수상대성이론의 기반이다. "운동은 상대적"이기 때문에(첫 번째 명제) 상대성이론이며 균일한 운동이기 때문에 특수가 붙었다. 첫 번째 명제는 여러분이 직접 확인해볼 수 있다. 시속 800킬로미터로 (방향을 바꾸지 않고 직선으로) 이동하며 빛 가리개는 내려져 있는 비행기를 타본 적이 있는가? 아마 지상에 있는 것과 똑같은 느낌이 들 것이다. 비행기는 움직이고 있지만 가만히 있는 것과 똑같이 느껴지는 것이다. 바로 지금 우리는 태양 주위를 30km/sec 속도로 돌고 있지만 가만히 있는 것처럼 느낀다. 첫 번째 명제는 상대성의 원칙이다. 오직 상대적인 운동만 중요하고 정지에 대한 절대적인 기준을 결정할 수 없다는 것이다. 뉴턴의 중력법칙도 이 명제를 따른다. 이 이론에서는 두 물체의 가속도(속도의 변화)는 서로 간의 거리에 의존하고 그들의 속도에는 아무런 상관이 없다. 그러므로 태양계는 태양이 정지해 있고 행성들이 그 주위를 도는 경우와 태양계 전체가 100,000km/sec의 속도로 움직이고 있는 경우가 똑같다. 뉴턴에게는 두 경우가 구별되지 않는다. 태양계에서의 중력 실험으로 태양계 전체가 움직이고 있는지 아닌지 알아낼 수 없다. 실제로 태양계는 움직이고 있다. 우리은하 중심을 220km/sec의 속도로 돌고 있다. 뉴턴의 이론은 첫 번째 명제를 따르고, 아인슈타인은 맥스웰 방정식도 이 명제를 따라야 한다고 생각했다. 모든 물리학 법칙은 이 명제를 따라야 한다.

두 번째 명제는 특이한 것이다. 이것은 내가 내 옆을 지나가는 빛의 속도를 300,000km/sec로 측정해야 한다는 것을 의미한다. 그런데 어떤 사람이 나의 옆을 빛과 같은 방향으로 100,000km/sec의 속도로 지나가면서 빛의 속도를 측정하면 예상과 달리 빛의 속도가 200,000km/sec로 측정되지 않는다. 빛의 속도는 내가 측정하는 것과 같은 300,000km/sec로 측정되어야 한다. 말도 안 된다!

이것은 상식과 맞지 않다. 속도는 반드시 더하거나 빼져야 한다. 상식에 맞추는 유일한 방법은 그의 시계가 나와 다르게 가고 거리도 다르게 측정되는 것이다. 아인슈타인이 한 일은 이 두 명제를 받아들이고 상식을 창밖으로 던져버린 것이다! 체스에서는 이런 것을 "천재적인 움직임"이라고 한다. 17수 뒤에 체크메이트로 이어지는 움직임과 같은 것이다. 아인슈타인은 이 두 명제가 사실이라고 가정하고 여기에서 유도되는 사고실험에 기반한 이론을 증명하여 어떤 결과가 나오는지 보려고 했다. 이 이론이 관측으로 확인되어 옳다고 밝혀진다면 이것은 이 명제들이 옳다는 증거가 될 것이다. 이것은 놀라운 것이었다. 이전의 누구도 이런 일을 해보지 않았다. 아인슈타인의 명제는 잘못될 수도 있는 것이었다.[1] 만일 아인슈타인의 이론이 관측과 맞지 않는 답을 준다면 그의 이론은 틀린 것으로 판명날 것이다. 이론이 관측과 일치한다면 이것은 명제가 옳다는 것을 증명하는 것은 아니지만 분명히 그것을 지지하는 증거를 제공해주는 것이다.

아인슈타인은 왜 두 번째 명제를 믿었을까? 맥스웰 방정식에서 빛의 속도가 일정했기 때문이었다. 맥스웰 방정식에서 빛의 속도는 실험실에서 측정할 수 있는 자기력과 전기력의 비와 연관되어 있었고, 맥스웰은 빛의 파동이 빈 공간을 약 300,000km/sec로 이동한다고 계산했다. 만일 당신이 다른 속도(예를 들어 200,000km/sec)로 빛이 이동하는 것을 본다면 당신은 자신이 100,000km/sec로 움직이고 있다는 것을 알아낼 수 있고, 결국 당신이 움직이고 있다는 것을 알아낼 수 있다. 이것은 첫 번째 명제에 어긋난다. 1887년 앨버트 마이컬슨Albert Michelson과 에드워드 몰리Edward Morley는 유명한 실험에서 빛이 거울에 반사되는 것을 이용하여 태양 주위를 도는 지구의 속도를 측정하려고 시도했다. 그들은 지구의 속도와 나란한 방향과 수직한 방향으로 이동하는 빛의 속도를 자신들의 실험실에 대한 상대속도로 측정했다. 그들은 지구가 태양을 도는 속도인 30km/sec에 민감한 정도로 충분한 정밀도를 달성했다. 그런데 놀랍게도 그들은 지구의 속도가 0이라는 결과를 얻었다. 마치 지구가 정지해 있고 모든 방향의 빛은 실험실에 대해서 같은 속도로 이동하는 것처럼 보였다. 하지만 우리는 지구가 움직이고 있다는 것을 알고 있다. 우리는 별의 광행차를 본다. 이것은 혼란스러운 결과였다. 하지만 그들의 결과는 아인슈타인의 두 번째 명제가 예측한 것과 정확하게 일치했다. 지구가 움직이든 말든 당신은 언제나 똑같은 빛의 속도를 측정하게 될 것이다. 두 번째 명제를 믿는다면 마이컬슨과 몰리가 0이라는 결과를 얻을 것이라는 예측을 할 수 있었을 것이다.

그래서 아인슈타인은 자신의 두 가지 명제를 믿고 거기에 기반하여 자신의 이론을 증명하려고 했다. 그 결과 중 하나가 이것이다. 당신은 빛보다 빠르게 이동하는 우주선을 만들 수 없다. 왜 그럴까? 내가 거실에서 벽으로 레이저를 쏜다고 생각해보자. 레이저 빛은 벽을 때리고 나는 내가 정지해 있다는 것을 알 수 있다. 그런데 만일 당신이 빛보다 더 빠른 우주선을 만들어 그 우주선에 타고 같은 실험을 한다면 결과는 달라질 것이다. 만일 당신이 우주선의 가운데 앉아서 앞쪽 벽으로 레이저를 쏜다면 그 빛은 절대로 벽에 닿지 못할 것이다. 자신보다 빠른 사람이 먼저 출발했다면 절대 그 사람을 따라잡지 못한다는 것은 당연하다. 레이저 빛은 절대 우주선의 앞쪽 벽에 도착하지 못한다. 우주선은 (빛보다 더) 빠르고 더 먼저 출발했기 때문이다. 그러니까 당신이 이 실험을 우주선에서 한다면 레이저 빛은 우주선의 앞쪽 벽에 절대 도착하지 못할 것이고 당신은 당신이 (빛보다 더 빠르게) 움직이고 있다는 사실을 알 수 있다는 말이다. 그런데 이것은 첫 번째 명제에 어긋나는 것이다. 당신은 방향을 바꾸지 않고 일정한 속도로 움직이고 있기 때문에 당신은 당신이 움직이고 있다는 사실을 알 수 없어야 한다. 당신은 거실에서 얻었던 것과 같은 결과를 얻어야 한다. 이것으로 당신은 빛보다 더 빠르게 움직이는 우주선을 만들 수 없다는 결론이 나온다. 이상한 결론이지만 두 명제를 믿는다면 이 결과도 역시 믿어야 한다. 당신이 빛보다 더 느리게 움직인다면 레이저 빛은 결국에는 우주선의 앞쪽 벽에 도착할 것이다. 시간은 오래 걸릴 수 있지만 당신의 시계가 느리게 간다면 별로 문제가 되지 않을 것이다. 빛보다 느리게 가는 우주선을 만드는 것은 아무런 문제가 없지만 빛보다 빠른 우주선은 만들 수가 없다. 우리는 이것을 전자나 양성자와 같은 입자들을 점점 더 빠르게 가속하는 입자가속기에서 확인했다. 입자들을 빛의 속도에 아주 가깝게 만들 수는 있지만 절대 빛의 속도에 도달할 수는 없다.

또 다른 이야기도 있다. 천장에 하나, 바닥에 하나 놓여 있는 두 거울 사이를 빛이 수직으로 이동하면서 반사되는 '빛 시계'를 생각해보자. 한 번 반사될 때마다 시간이 한 단위 가는 것이다. 빛은 300,000km/sec, 혹은 1나노초 동안 1피트(30cm)를 움직인다. 1나노초는 10억 분의 1초다. 두 거울이 수직으로 3피트 떨어져 있다면 이 시계는 3나노초에 한 번씩 움직일 것이다(〈그림 17.1〉).

이것은 아주 **빠른** 시계다. 빛은 위에서 아래로, 아래에서 위로 두 거울 사이를 움직인다. 빛은 거울을 3나노초에 한 번씩 때린다. 이것은 나의 시계다. 이제 나와 같은 시계를 들고 나를 왼쪽에서 오른쪽으로 빛의 속도의 80퍼센트로 지나가는 우주비행사를 생각해보자(〈그림 17.1〉). 이것은 빛의 속도보다 느리기 때문에 가능한 일이다. 우주비행사의 관점에서 보면 자신의 빛 시계는 3나노초에 한 번씩 위 아래로 빛이 정상적으로 움직인다. 하지만 내가 우주선 창문을 통해 빛의 속도의 80퍼센트로 우주선과 같이 움직이고 있는 우주비행사의 빛 시계를 보면 빛이 비스듬한 경로로 움직이는 것으로 보인다. 빛은 바닥에서 출발하지만 위로 3피트 움직이는 동안 위쪽의 거울은 왼쪽에서 오른쪽으로 4피트만큼 움직였다. 빛은 비스듬한 경로를 따라 5피트만큼 움직였다. 수직이 3피트, 수평이 4피트, 빗변이 5피트인 직각삼각형이 만들어진 것이다. 이것은 피타고라스 정리 $3^2 + 4^2 = 5^2$을 만족한다. 빛이 나에 대해서 왼쪽 아래에서 오른쪽 위로 비스듬히 5피트를 움직이는 동안 우주비행사는 왼쪽에서 오른쪽으로 4피트를 움직였다. 그러므로 우주비행사는 나에 대해서 빛의 속도의 4/5, 즉 80퍼센트로 움직인 것이다. 나에게는 빛이 1나노초에 1피트만큼 움직이는 것으로 보이기 때문에(두 번째 명제에 따라), 나는 내가 보는 왼쪽 아래에서 오른쪽 위로의 비스듬한 경로 5피트를 따라 빛이 이동하는 데 5나노초가 걸린 것으로 보인다. 나에게는 빛이 다시 처음 출발한 곳에서 8피트 오른쪽에 위치한 지점으로 내려오는데 다시 5나노초가 걸리는 것으로 보인다. 그러므로 나는 우주비행사의 시계는 3나노초가 아니라 5나노초에 한 번씩 움직인다고 할 수밖에 없다. 나에게는 우주비행사의 시계가 (나보다 3/5만큼) 느리게 가는 것으로 보이는 것이다.

이제 재미있는 부분이다. 나에게는 우주비행사의 심장도 (역시 나보다 3/5만큼) 느리게 뛰는 것으로 보여야 한다. 그렇지 않다면 우주비행사가 자신의 시계가 자신의 심장보다 느리게 가는 것을 알아차리고 자신이 움직이고 있다는 사실을 알 수 있게 되는데 이것은 첫 번째 명제에 어긋난다. 우주비행사가

나의 빛 시계

우주비행사의 빛 시계

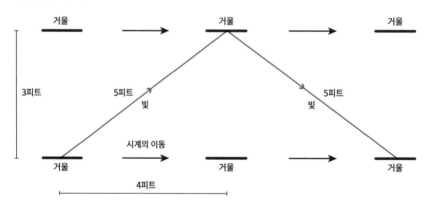

그림 17.1 빛 시계. 이 시계는 3나노초에 한 번씩 움직인다. 나에 대해서 상대적으로 빛의 속도의 80퍼센트로 움직이는 우주비행사가 같은 빛 시계를 가지고 있다. 빛은 1나노초에 1피트씩 일정한 속도로 움직인다. 나에게는 우주비행사의 시계의 빛이 5피트 길이의 비스듬한 경로를 따라 움직이는 것으로 보인다. 그러므로 내가 보기에 우주비행사의 시계는 5나노초에 한 번씩 움직인다. 출처: J. Richard Gott(*Time Travel in Einstein's Universe*, Houghton Mifflin, 2001)

웰컴 투 더 유니버스

가지고 있는 모든 시계도 역시 3/5만큼 느리게 가야 한다. 그렇지 않다면 우주 비행사가 자신이 움직이고 있다는 사실을 알 수 있게 되기 때문이다. 만일 우주 비행사가 붕괴하고 있는 뮤온(전자보다 무거운 불안정한 기본 입자)을 가지고 있다면 이것도 역시 천천히 붕괴해야 한다. 우주비행사는 나이도 천천히 먹는다. 저녁도 천천히 먹고, 말도…… 천천히…… 한다. 우주선에서의 모든 일은 천천히 진행된다.

얼마나 천천히 시간이 가는지는 우주비행사의 속도 v에 달려 있다. 만일 내가 10살을 먹었다면 빛 시계를 이용한 계산을 해보면 우주비행사의 나이는 10 곱하기 $\sqrt{1-(v^2/c^2)}$ 만큼 먹게 된다.[2] 우리의 일상생활에서처럼 빛의 속도에 비해서 작은 속도에서는 이 항이 거의 정확하게 1이 된다. v/c가 1보다 아주 작다면 (v^2/c^2)은 훨씬 더 작아질 것이고, 1에서 이렇게 작은 값을 빼면 그 값은 여전히 거의 1과 같고, 1의 제곱근도 역시 1이 된다. 결국 이 항은 우주비행사의 나이 변화에 거의 영향을 미치지 않는다는 말이다. 그러니까 우주비행사도 10살을 먹을 것이고 나는 둘 사이의 차이를 알아채지 못할 것이다. 이것이 우리가 평소에 움직이는 시계가 느리게 가는 것을 알아채지 못하는 이유다. 그런데 만일 우주비행사가 빛의 속도에 아주 가까운 속도, 즉 빛의 속도의 99.995퍼센트의 속도로 움직인다면 $v/c=0.99995$가 되고 $\sqrt{1-(v^2/c^2)}$는 0.01밖에 되지 않는다. 내가 10살을 먹을 때 우주비행사는 1/10년 밖에 나이를 먹지 않은 것으로 보인다. 우주선의 속도가 빛의 속도에 ᅟᅠ근ᅟᅠ 우주선의 시ᅟ은ᅟ 극적으로 드러난다.

우리는 이 방정식을 믿는다. 실제 실험으로 확인해봤기 때문이다. 물리학자들은 비행기에 원자시계를 실어 세계를 돌아다니게 했다. 지구의 자전 속도를 비행기에 더하기 위하여 동쪽으로 움직였다. 그들은 원자시계가 활주로에 남겨진 원자시계보다 (약 59나노초 정도) 느려지는 것을 확인했다. 아인슈타인이 예측한 것과 정확하게 같은 값이었다. 실험실에서 뮤온의 반감기는 2.2마이크로초다. 뮤온의 절반이 2.2마이크로초 만에 붕괴한다는 말이다. 하지만 (우주선cosmic rays으로) 지구를 향해 거의 빛의 속도로 움직이는 뮤온은 아인슈타인의 방정식에 따라 훨씬 느리게 붕괴한다. 우리는 이 방정식을 믿는다. 아주 여러 번 확인해봤기 때문이다. 우리 우주는 놀라운 방식으로 작동하는 이상한 곳으로 보이겠지만 우리가 그런 곳에 살고 있는 것이다. 다음 장에서 우리는 이 명제들이 $E=mc^2$이라는 결론에 이르는 것을 살펴볼 것이다. 이것은 원자폭탄으로 증명되었다. 정말 놀라운 결과다. 이 결과들이 놀라운 이유는 명제들이 놀랍기 때문이다. 이 모든 이론을 더 많이 확인하면 할수록 이 명제들이 참이라는 것을 더 믿게 될 것이다.

웰컴 투 더 유니버스

18

특수상대성이론의 의미

아인슈타인의 특수상대성이론은 시간과 공간에 대한 우리의 생각을 혁명적으로 바꾸었다. 이것은 시간이 네 번째 차원이 되어 공간에 더해질 수 있다고 보았다. 재미있게도 아인슈타인의 특수상대성이론을 이용하여 시간과 공간의 이런 기하학적인 그림을 개발하여 1907년에 그 결과를 발표한 사람은 아인슈타인의 스승인 헤르만 민코프스키Hermann Minkowski였다. 아인슈타인은 곧바로 이 관점을 받아들였다. 우리는 4차원 우주에 살고 있다. 이 말의 의미는 무엇일까? 지구의 표면은 2차원이라고 할 수 있다. 지구의 표면에서 한 지점을 표시하려면 경도와 위도 두 개의 좌표가 필요하다. 경도와 위도를 안다면 지구 표면에서 자신의 위치를 알 수 있다. 그런데 우주는 4차원이다. 우리가 어디에 있는지 알려면 4개의 좌표가 필요하다는 말이다. 내가 당신을 파티에 초청하려면 가야 할 위도와 경도를 알려주어야 한다. 그리고 고도도 말해주어야 한다. 파티는 20층에서 이뤄지고 있는데 4층으로 가면 안 될 것이다. 그리고 몇 시에 와야 하는지도 알려주어야 한다. 엉뚱한 시간에 온다면 엉뚱한 층으로 가는 것과 똑같이 파티를 놓칠 것이다. 모든 사건은 예를 들어 올해 송년 파티를 34번가 5애비뉴 54층에서 개최한다고 하는 식과 같이 4개의 좌표가 필요하다. 지구 표면에서의 위치를 알려주는 위도와 경도, 고도 그리고 시간. 4개의 좌표가 필요하기 때문에 우리는 우리가 4차원의 우주에 살고 있다는 것을 알 수 있다.

우리는 이 아이디어를 이용하여 시공간 다이어그램을 그릴 수 있다. 아마도 틀림없이 책에서 지구가 태양 주위를 도는 그림을 본 적이 있을 것이다. 태양은 중앙의 흰 점으로 표시되어 있고 지구의 궤도는 그 주위의 원으로 표시되어 있다(지구의 타원 궤도는 거의 원에 가깝다). 지구의 1월 1일은 원의 12시 지점에 작은 푸른 점으로 표시될 수 있다. 지구가 태양 주위를 도는 것을 보고 싶다면 지구가 반시계방향으로 움직이는 연속 그림이 필요하다. 2월 1일에는 11시 위치, 3월 1일에는 10시 위치로 갈 것이다. 각각의 그림을 연속하여 영상을 만들 수도 있다. 영상이 상영되면 지구가 태양 주위를 도는 모습을 볼 수 있다.

이제 이 필름을 개별 프레임으로 잘라서 수직으로 쌓아보자. 각각의 프레임은 한 순간을 의미하고 높은 쪽에 있는 프레임일수록 나중 시간을 의미한다. 이런 방법으로 지구가 태양 주위를 도는 시공간 그림을 만들 수 있다. 시간은 쌓여진 프레임의 수직 차원이다. 미래는 위쪽이고 과거는 아래쪽이다. 수평의 두 방향은 공간의 두 차원을 의미한다(지구가 태양 주위를 도는 그림은 2차원으로 보이기 때문이다). 태양은 움직이지 않고 언제나 중심에 있으므로 태양의 그림은 수직으로 올라가는 흰색 막대가 된다. 각각의 프레임에서 지구는 태양 주위를 반시계방향으로 돌면서 계속 움직여 새로운 위치로 이동한다. 그래서 지구의 그림은 흰색 막대를 타고 올라가는 푸른색 나선 모양이 된다. 이 푸른색 나선의 반지름은 지구 궤도의 반지름인 8광분이다. 나선은 수직방향으로 태양을 일 년에 한 바퀴 돈다. 수직의 흰색 막대를 타고 올라가는 푸른색 나선은 시공간 다이어그램이 된다. 이 다이어그램에 수성과 금성, 화성의 궤도를 추가할 수도 있다. 태양을 나타내는 수직한 막대 주위를 도는 나선을 추가하면 된다. 이 다이어그램은 3차원이다. 다이어그램을 그리기 쉽게 공간 차원 하나를 생략한 것이다.

이 다이어그램이 4차원이라면 당신은 그릴 수가 없을 것이다. 우리는 오직 3차원만을 볼 수 있기 때문이다. 〈그림 18.1〉는 이 다이어그램을 입체쌍 그림을 이용하여 3차원으로 보여주고 있다. 그림을 약간 다른 방향에서 보거나 (〈그림 4.2〉에서 소개한 것처럼) 두 눈을 이용하여 3차원으로 볼 수 있다.

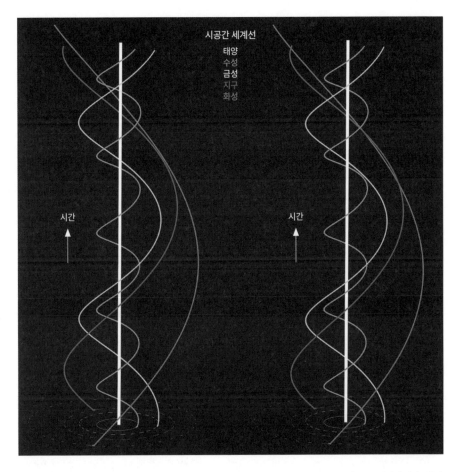

그림 18.1 태양계 안쪽 행성들의 시공간 다이어그램. 시간은 수직방향이고 2차원 공간은 수평방향이다. 이것은 2차원 그림이기 때문에 입체쌍 그림으로 만들었다. 〈그림 4.2〉에서 소개한 것과 같은 방법으로 보면 된다. 태양의 세계선은 중앙의 수직한 흰색 선이다. 반시계방향으로 도는 지구는 태양의 앞쪽을 먼저 지난 다음 뒤쪽을 (다이어그램의 위쪽으로) 지나간다. 수성, 금성, 지구, 화성 순으로 공전주기가 길기 때문에 나선이 점점 느슨해진다. 출처: Robert J. Vanderbei and J. Richard Gott

수직의 흰 막대는 태양의 세계선worldline이라고 부르며 시간과 공간을 지나가는 경로다. 이것이 흰색인 이유는 제4장에서 보았듯이 태양은 (노란색이 아니라) 흰색이기 때문이다. 푸른색 나선은 지구가 시공간을 지나가는 경로인 세계선이다. 푸른색 나선이 태양의 수직한 세계선의 앞과 뒤를 어떻게 지나가는지 잘 보라. 태양 주위를 가까이 감싸고 있는 오렌지색 나선은 수성의 세계선이다. 수성은 태양을 88일 만에 한 바퀴 돈다. 회색 나선은 금성, 붉은색 나선은 화성이다. 행성이 멀수록 태양을 감고 있는 나선은 느슨하다. 4차원적으로 생각하려면 지구를 구로 생각하면 안 되고, 태양을 감싸는 나선을 이루는 긴 스파게티 조각으로 생각해야 한다. 지구는 시간적으로 늘어져 있다.

여러분도 세계선을 가지고 있다. 여러분이 태어날 때 시작하여 인생의 모든 사건을 지나 죽음으로 끝이 난다. 여러분의 세계선은 앞뒤로 1피트, 옆으로 2피트, 높이 6피트 정도이며, 운이 좋다면 기간은 80년 정도 될 것이다. 이것은 움직이지 않는 세계선이 정지해 있는 4차원 시공간과 결합된 시공간 다이어그램이다.

시공간 다이어그램을 아인슈타인이 동시성 개념 위에 제안한 사고실험으로 그려볼 수도 있다. 내가 폭 30피트의 실험실 가운데에 앉아 있다고 가정하자. 나는 지구인이다. 나의 실험실은 지구에 대해 정지해 있고, 나도 실험실의 가운데에 정지해 있다. 시공간 다이어그램에서 수평 좌표는 공간이고 수직 좌표는 시간이다. 나는 시간적으로는 앞으로 나아가고 있지만 공간적으로는 (왼쪽에서 오른쪽으로, 혹은 오른쪽에서 왼쪽으로) 움직이지 않기 때문에 나의 세계선은 수직으로 위로 올라간다. 나의 실험실 앞쪽 벽은 움직이지 않기 때문에 마찬가지로 수직한 세계선을 가지며 뒤쪽 벽도 마찬가지다. 실험실 뒤쪽 벽, 나(지구인) 그리고 실험실 앞쪽 벽의 세계선은 세 개의 평행한 수직선이 된다. 앞쪽 벽의 세계선은 오른쪽이고 뒤쪽 벽은 왼쪽이다. 수평과 수직축의 좌표 단위로는 피트와 나노초를 사용하겠다. 빛은 진공에서 1나노초에 1피트를 이동한다. 다이어그램에서(〈그림 18.2〉) 빛은 수직에서 45도 기울어진 선이 된다.

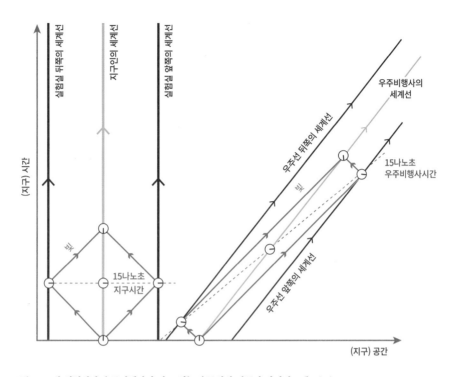

그림 18.2 내 실험실과 우주비행사가 타고 있는 우주선의 시공간 다이어그램. 출처: J. Richard Gott(*Time Travel in Einstein's Universe*, Houghton Mifflin, 2001)

$t=0$인 시간(지구시간, 나의 세계선에서 수직 위쪽으로 바늘이 향하고 있는 작은 시계로 측정하는 시간)에 나의 왼쪽과 오른쪽 두 방향으로 레이저를 쏘아 내 실험실의 앞쪽과 뒤쪽 벽에 있는 거울에 반사시킨다. 이 두 빛의 세계선은 45도 기울어진 선이 된다. 이 선은 15나노초(지구시간)에 (같은 거리인 15피트를 이동하여) 실험실 앞쪽과 뒤쪽 벽에 동시에 도착한다. 두 개의 작은 60나노초짜리 시계는 두 레이저가 실험실 앞쪽과 뒤쪽 벽에 도착할 때 모두 15나노초(지구시간)를 표시한다. 지구인(나)의 세계선 역시 15나노초(지구시간)를 가리키는 작은 시계를 가지고 있다. 이 세 개의 작은 시계를 연결하는 수평한 점선은 15나노초를 표시한다. 수평한 선은 나와 동시에 일어난 사건을 연결한다. 실험실의 앞쪽과 뒤쪽 벽의 거울에 반사된 레이저는 나에게로 돌아온다. 두 레이저는 모두 출

발 후 30나노초 후인 같은 시간에 돌아온다. 레이저가 나에게 도착했을 때 나의 시계도 30나노초를 가리킨다. 레이저는 빛의 속도로 15피트를 갔다가 15피트를 돌아와 모두 30피트를 30나노초 동안 이동했다. 지금까지는 좋다.

이번에는 아인슈타인의 주장을 따라 빛의 속도의 80퍼센트로 (왼쪽에서 오른쪽으로) 움직이는 우주선을 타고 있는 우주비행사를 생각해보자. 우주비행사의 세계선은 반드시 기울어져야 한다. 오른쪽으로 4피트 움직일 때마다 시간으로는 5나노초씩 위로 움직인다. 우주선의 앞쪽과 뒤쪽은 같은 속도로 움직이고 같은 정도로 기울어져 있다. 우주선의 뒤쪽의 세계선, 우주비행사의 세계선 그리고 우주선의 앞쪽의 세계선은 모두 평행하다. 이들은 서로에 대해서 움직이지 않는다. 이제 우주선의 가운데 앉아 있는 우주비행사가 내가 실험실에서 했던 것처럼 우주선의 앞쪽과 뒤쪽으로 레이저를 쏘는 경우를 생각해보자. 내가 측정하는 우주선의 길이는 18피트다. 여기에 대해서는 나중에 더 설명할 것이다. 우주비행사가 왼쪽으로 보낸 빛은 (18피트의 절반인) 9피트를 날아가서 우주선의 뒤쪽에 도착한다. 나는 이 실험을 우주선의 창문을 통해 보고 있다. 나에게는 우주선의 뒤쪽이 5나노초 동안 오른쪽으로 4피트 이동한 것으로 보이고 레이저는 같은 5나노초 동안 왼쪽으로 5피트 이동한 것으로 보인다. 4피트 더하기 5피트는 9피트이므로 우주비행사의 레이저가 원래 거리인 9피트 떨어진 우주선 뒤쪽에 도착하는 데에는 5나노초가 걸린다. 우주비행사의 레이저는 내가 보기에 5나노초 지구시간 만에 우주선의 뒤쪽에 도착하는 것이다. 왼쪽으로 가는 레이저와 오른쪽으로 가는 우주선은 내가 보기에는(즉 나의 관점에서는) 서로 가까워져 빠르게 충돌한다.

우주비행사가 오른쪽으로 쏜 레이저는 멀어지고 있는 우주선의 앞쪽을 따라잡아야 하기 때문에 내가 보기에는 도착하는 데 더 긴 시간이 걸린다. 레이저는 45나노초(지구시간) 동안 45피트를 움직이는 반면(아인슈타인의 두 번째 명제에 따르면 빛은 1나노초에 1피트의 일정한 속도로 움직인다), 우주선의 앞쪽은 9피트 짧은 36피트만(45피트의 4/5) 움직인다. 하지만 우주선의 앞쪽은 9피트 앞에서 출발했다. 그러므로 우주비행사의 레이저는 우주선의 앞쪽에 45나노초(지구시간) 후에 도착한다. 이것은 나에게는 우주선의 뒤쪽으로 향한 레이저는 앞쪽으로 향한 레이저보다 먼저 벽에 도착하는 것으로 보인다는 것을 의미한다. 레이저가 우주선의 앞쪽과 뒤쪽에 도착하는 것은 나에게는 동시에 일어나는 일이 아니다.

우주비행사가 보는 것은 어떨까? 우주비행사는 일정한 속도로 일정한 방향으로 움직이고 있다. 아인슈타인의 첫 번째 명제에 따르면 우주비행사는 자신이 정지해 있는 것으로 생각해야 한다. 그는 실제로 정지해 있는 것으로 생각한다. 그는 역시 정지해 있는 것으로 보이는 우주선의 가운데 앉아서 앞쪽과 뒤쪽을 향하여 레이저를 쏜다. 그는 우주선의 가운데에 있고 우주선은 움직이지 않으므로 그는 빛의 속도로 움직이는 두 레이저가 같은 시간에 우주선의 앞쪽과 뒤쪽에 도착할 것이라고 생각해야 한다. 그의 관점에서는 레이저가 우주선의 앞쪽에 도착하는 것과 뒤쪽에 도착하는 두 사건이 동시에 일어나는 사건으로 보여야 한다. 지구인인 나는 두 사건이 동시에 일어나지 않았다고 생각한다. 나에게는 레이저가 뒤쪽에 먼저 도착하고 앞쪽에 나중에 도착하는 순서로 보인다. 우리는 어떤 사건이 동시에 일어났는지에 대해 동의하지 못한다. 이것은 상식에 어긋나지만 특수상대성이론 명제의 직접적인 결과다.

재미있게도, 아인슈타인이 이 사고실험을 고안했을 때 그는 앞쪽과 뒤쪽에 거울이 있는 우주선에 타고 있는 우주비행사를 생각한 것이 아니라 앞쪽과 뒤쪽에 거울이 있는 기차를 타고 있는 사람을 생각했다. 1905년에는 시속 190킬로미터 정도로 달리는 기차가 가장 빠른 운송수단이었다.

나의 시공간은 우주비행사의 시공간과는 다르게 잘린다. 4차원의 시공간을 빵 덩어리로 생각해보자. 나는 빵 덩어리를 미국식 빵처럼 얇게 자른다. 잘린 조각이 수평이 되도록 빵 덩어리를 놓는다. 수평한 조각들은 각각의 지구시간이 되고 각 조각은 나에게는 동시에 일어난 사건들을 포함하고 있다. 우주비행사의 시공간은 다르게 잘린다. 그의 이름을 자크라고 하자(프랑스 사람이다). 그는

시공간을 프랑스식 빵처럼 비스듬히 자른다. 그의 비스듬한 빵조각은 우주비행
사시간이 된다. 자크와 나는 동시에 일어난 사건에 대해서 동의하지 못한다. 그
러니까 어떤 사건이 같은 조각에 있는지 동의하지 못하는 것이다. 우리는 빵 덩
어리를 다르게 잘랐지만 같은 빵 덩어리를 보고 있다. 아인슈타인에 따르면 실
재하는 존재는 관측자에 독립적이어야 한다. 독립된 시간과 공간은 실재하는
것이 아니다. 나는 현재가 수평한 미국식 빵조각이라고 말하고 자크는 현재가
비스듬한 프랑스식 빵조각이라고 말한다. 그는 나에 대해서 움직이고 있기 때
문에 우리는 어떤 것이 현재인지 동의하지 못한다. 그래서 우리는 어떤 사건이
과거와 현재에 놓여 있는지 동의하지 못한다. 하지만 우리는 시공간 덩어리에
는 동의한다. 실재하는 것은 전체 4차원 시공간이다.

다시 내가 자크의 우주선을 보는 관점으로 돌아가 보자. 내가 보기에는 자
크가 쏜 레이저는 우주선 앞쪽의 거울에 반사한 뒤 겨우 5나노초 만에 그에게로
돌아온다. 내가 보기에는 빛과 우주비행사가 서로 가까워지고 있다. 빛이 5피트
를 움직이는 데에는 5나노초 밖에 걸리지 않고 우주선이 앞쪽으로 4피트를 이
동하여 전체 거리 9피트가 된다. 나의 관점에서 앞쪽으로 향한 레이저는 갔다가
돌아오는 데 총 45나노초＋5나노초＝50나노초가 걸린다. 뒤쪽의 거울에 반사
된 레이저가 우주비행사를 따라잡는 데에는 45나노초가 걸린다. 나의 관점에서
뒤쪽으로 갔다가 돌아오는 데 걸린 시간은 지구시간으로 5＋45＝50나노초가
된다. 그러니까 내가 보기에 두 레이저는 동시에 우주비행사에게 돌아온다. 그
가 보기에도 역시 두 레이저는 동시에 돌아와야 한다. 두 레이저는 실제로 동시
에 같은 장소로 돌아오기 때문이다.

내가 보기에 자크가 쏜 레이저가 돌아오는 데 걸린 시간은 50나노초다. 그
런데 그는 빛의 속도의 80퍼센트로($v/c=0.8$) 움직이고 있으므로 나는 그의 시
계가 나의 시계보다 60퍼센트($\sqrt{1-(v^2/c^2)}$) 더 느리게 움직이는 것으로 보아야
한다. 나의 시계가 흐른 시간이 50나노초이므로 내가 본 우주비행사의 시계는
30나노초밖에 흐르지 않아야 한다. 우주비행사가 자신이 쏜 레이저가 돌아오는

웰컴 투 더 유니버스

것을 본다면 그는 그 사건이 우주비행사시간으로 30나노초 만에 일어났다고 말할 것이다. 그의 시계는 30나노초가 흘렀기 때문이다. 그가 쏜 레이저는 우주선의 앞쪽과 뒤쪽에 우주비행사시간 15나노초 후에 동시에 도착해야 한다. 프랑스식으로 잘린 빵조각에는 '15나노초 우주비행사시간'이라고 붙어 있다. 이것은 우주비행사가 보기에 동시에 일어난 사건을 연결한다. 우주비행사는 자신이 정지해 있다고 생각하고, 그가 보는 상황은 내가 지구에서 실험실에서 보는 것과 정확하게 일치한다. 그가 보기에 레이저가 갔다가 돌아오는 데 걸린 시간이 30나노초이므로 그는 우주선의 길이가 30피트라는 결론을 내려야 한다.

우주비행사가 쏜 두 레이저가 우주선의 앞쪽과 뒤쪽에 도착하는 사건은 나에게는 거리로는 50피트, 시간으로는 40나노초 분리된 사건으로 보인다. 빛의 속도(1나노초에 1피트)를 이용하여 공간거리와 시간거리를 비교하면, 내가 보기에 이 두 사건은 공간거리가 시간거리보다 더 먼 것으로 보인다. 시간거리보다 공간거리가 더 멀리 있는 두 사건을 우리는 공간꼴 분리spacelike separation라고 부른다. 빠른 속도로(빛의 속도보다는 느리지만) 움직이는 우주비행사는 이 두 사건이 동시에 일어나는 것으로 본다. 우주비행사는 두 사건이 공간거리는 있지만 시간거리는 없는 것으로 본다. 아인슈타인은 두 관측자가 본 두 사건의 공간거리의 제곱에서 시간거리의 제곱을 뺀 값은 같다는 것을 보였다. 우리는 이 값을 ds^2이라고 한다. 빛의 속도를 1로 놓으면 나에게 두 사건의 공간거리는 50이고 시간거리는 40이므로 ds^2은 $50^2-40^2=2,500-1,600=900$이 된다. 우주비행사 자크에게는 두 사건의 시간거리는 0이고 공간거리는 30이므로(그가 우주선의 길이를 30피트로 판단했다는 것을 기억하라) 그가 계산한 ds^2 값은 $30^2-0^2=900$으로 내가 계산한 값과 같다. 우리는 서로 시간과 거리에 대해서는 동의하지 않지만 놀랍게도 중요한 뭔가에 대해서는 여전히 동의하게 되는 것이다.

이제 우주비행사가 보낸 빛이 우주선의 뒤쪽에 도착하는 사건을 생각해보자. 내가 본 이 사건의 공간거리는 5피트이고 시간거리는 5나노초다. 그러므로 내가 계산한 $ds^2=$ (공간거리)^2 - (시간거리)^2 값은 $5^2-5^2=0$이 된다. 우주비행사가 본 이 사건의 공간거리는 15피트이고 시간거리는 15나노초이므로 그가 계산한 $ds^2 = 15^2 - 15^2 = 0$으로 내가 계산한 값과 같다. 빛으로 연결된 사건들은 언제 어떤 관측자가 보더라도 $ds^2 = 0$이 된다. 아인슈타인의 두 번째 명제에 따르면 모든 관측자는 빛이 일정한 속도로 움직이는 것으로 보아야 한다. 그러므로 시간거리와 공간거리는 같아야 하고 ds^2은 반드시 0이 되어야 한다. 실제로 ds^2 공식에서 시간거리 앞에 붙은 마이너스 부호는 두 번째 명제가 언제나 맞도록 구성된 것이다.

피타고라스 정리에 따르면 직교좌표계 (x, y) 평면에서 두 점이 dx와 dy 거리만큼 떨어져 있다면 $(공간거리)^2 = dx^2 + dy^2$이 된다. 직각삼각형의 빗변의 제곱은 다른 두 변의 제곱의 합과 같다. x, y, z축을 가지는 3차원 공간 직교좌표계에서는 피타고라스 정리가 다음과 같이 일반화된다. $(공간거리)^2 = dx^2 + dy^2 + dz^2$. 이것은 고등학교에서 배우는 유클리드 기하학이다. 하지만 아인슈타인은 $ds^2 = (공간거리)^2 - (시간거리)^2$이라고 한다. 그러면 $ds^2 = dx^2 + dy^2 + dz^2 - (시간거리)^2$이 된다. 시간거리를 dt로 쓰면 $ds^2 = dx^2 + dy^2 + dz^2 - dt^2$이 된다. 그러니까 이것은 시간의 차원과 3차원 공간 중 하나(x 또는 y 또는 z) 사이의 차이다. dt^2 앞에는 마이너스 부호가 있다. 이것은 모든 것을 다르게 만드는 마이너스 부호다. 이 마이너스 부호는 우리가 아는 시간을 평범한 공간 차원과 다르게 만들고 빛의 속도를 일정하게 만든다.

휴! 수식이 정말 많다. 하지만 이것은 우리에게 중요한 점을 알려준다. 시간과 공간 차원 사이의 차이다.

내가 우주비행사의 우주선 길이를 18피트로 측정한 것에서 시작했다는 것을 기억하라. 그러니까 나는 우주비행사가 생각하는 우주선의 길이(30피트)보다 짧게 본 것이다. 나는 우주선의 길이를 우주비행사가 생각하는 길이의 $\sqrt{1 - (v^2/c^2)}$로 본다. 우리의 시계는 일치하지 않고 자도 일치하지 않는다. 그리고 빛의 속도는 언제나 1(1나노초에 1피트)로 관측된다. 우주선의 세계선의 길이가 어떻게 달라질까? 이것은 우리가 다른 '조각'을 통과하기 때문이다. 나는 우주선의 길이를 특정한 지구시간에 측정하고, 우주비행사는 특정한 우주비행사 시간에 측정한다. 나는 우주선의 세계선을 수평한 미국식 빵조각으로 지나가고 우주비행사는 비스듬한 프랑스식 빵조각으로 지나간다. 다른 비유를 사용하면, 나는 나무줄기를 수평하게 자르면서 "나무줄기의 두께는 6인치"라고 말하고, 다른 사람은 이것을 비스듬히 자르면서 10인치라고 말하는 것과 같다. 하지만 나무 그 자체는 똑같다. 우리는 다르게 잘랐을 뿐이다. 우주비행사와 나는 우주선의 세계선을 그냥 다르게 자른 것뿐이다.

이것이 왜 중요할까? 우주비행사가 지구에 있는 나의 옆을 빛의 속도의 99.995퍼센트의 속도로 지나가는 극단적인 경우를 생각해보자. 그러면 마법의 항 $\sqrt{1-(v^2/c^2)}$의 값이 1/100이 된다. 나는 그 우주비행사가 500광년 떨어져 있는 베텔게우스 별을 향해 날아가는 것을 본다. 나는 그가 약 500년 후에 그곳에 도착하는 것을 보게 될 것이다. 그는 거의 빛의 속도로 날아가고, 베텔게우스는 500광년 떨어진 곳에 있으므로 그곳에 도착하는 데에는 지구시간으로 500년이 걸려야 한다. 내가 보기에 그는 이 여행 동안 1/100×500＝5년밖에 늙지 않을 것이다. 그는 너무나 빠르게 움직이기 때문에 내가 보는 그의 시계는 아주 느리게 움직일 것이다. 그가 하는 모든 일이 나에게는 느리게 보일 것이다. 아침을 먹는 데 100시간이 걸리는 것으로 보일 것이다! 그가 베텔게우스에 도착하면 그는 실제로 5년밖에 늙지 않는다.

여행을 하는 동안 그는 어떻게 느낄까? 자기는 정지해 있고, 지구와 베텔게우스가 빛의 속도의 99.995퍼센트의 속도로 움직이는 것처럼 보일 것이다. 먼저 그는 지구가 휙 지나가는 것을 보고, 5년 후에 베텔게우스가 휙 지나가는 것을 볼 것이다. 지구와 베텔게우스는 기본적으로 평행한 세계선 위에서 서로 정지해 있다. 지구＋베텔게우스 시스템은 우주비행사에게는 지구가 앞쪽 끝이고 베텔게우스가 뒤쪽 끝인 긴 우주선처럼 보인다. 이 우주선은 거의 빛의 속도로 그를 지나치기 때문에 지나가는 데 5년밖에 걸리지 않고, 그는 지구＋베텔게우스 우주선의 길이가 5광년이라고 결론내릴 것이다. 그는 지구와 베텔게우스 사이의 거리가 5광년밖에 되지 않는 것으로 판단하게 되는 것이다. 결국 그는 지구와 베텔게우스 사이의 거리를 내가 보는 거리의 1/100로 판단한다. 그에게는 길이가 압축되어 보인다. 내가 보는 길이의 1/100로 본다. 압축되어 보이는 길이의 비율은 $\sqrt{1-(v^2/c^2)}$로 내가 그의 시간이 느리게 가는 것으로 보이는 비율과 같아야 한다. 이것은 특수상대성이론의 놀라운 결과 중 하나이고 아름다운 대칭과 명확한 논리를 보여주는 것이다.

관측자에 따라 동시성이 달라진다는 사실은 역설을 해결해준다. 다시 빛의 속도의 80퍼센트로 움직이는 원래의 우주비행사 자크에게로 돌아가 보자. 이번에는 그가 장대높이뛰기 선수가 되어 30피트 길이의 장대를 움직이는 방향으로 향하고 있다. 그가 내 앞을 지나갈 때 나에게는 그의 장대의 길이가 18피트밖에 되지 않는 것으로 보인다. 이번에는 30피트 길이의 차고를 생각해보자. 차고의 앞문은 열려 있고 뒷문은 닫혀 있다. 앞문으로 들어온 자크가 차고의 가운데 왔을 때 내가 문을 닫으면 그의 18피트 장대는 30피트 길이의 차고 안에 갇힐 것이다. 그리고 뒷문을 열면 그는 문으로 나갈 것이다. 그런데 이것이 자크에게는 어떻게 보일까? 그가 차고의 가운데에 오면 그에게는 자신의 30피트 장대가 18피트 길이의 차고 앞뒤로 삐져나온 것으로 보일 것이다. 양쪽 문이 함께 닫혀서 장대를 가둘 수 없는 것이다. 이것은 역설처럼 보인다. 하지만 답은 이렇다. 나는 장대가 안에 있는 상태에서 동시에 문을 닫는다. 그런데 이것은 자크에게는 동시에 일어나는 일이 아니다. 그는 시공간을 다른 방법으로, 비스듬히 자른다. 그는 내가 차고의 문을 다른 시간에 차례차례로 닫는 것으로 본다. 그가 보기에는 양쪽 문이 동시에 닫힌 적이 없기 때문에 그는 양쪽 문이 모두 열린 상태에서 장대가 밖으로 삐져나온 모습을 볼 수 있다.

이것은 아인슈타인이 자신의 사고실험을 완벽하게 성공적으로 설명한 방법이다. 명제에 기반한 사고실험을 아인슈타인 같은 방법으로 수행했던 사람은 아무도 없었다. 이것은 그가 했던 가장 창의적인 설명들 중 하나다.

이제 또 다른 역설을 만나볼 시간이다. 그 유명한 쌍둥이 역설이다. 쌍둥이 언니 엘사는 지구에 있는 집에 머물러 있고, 동생 아스트라는 4광년 떨어져 있는 알파 센타우리까지 빛의 속도의 80퍼센트로 갔다가 같은 속도로 돌아온다. 엘사에게 아스트라는 빛의 속도의 4/5로 움직이는 것으로 보이므로 엘사는 아스트라가 지구시간으로 5년 만에 알파 센타우리에 도착하고 5년 동안 돌아오는 것으로 본다. 아스트라가 돌아왔을 때 엘사는 10살을 먹었다. 엘사는 아스트라가 빛의 속도의 80퍼센트로 움직이는 것으로 보기 때문에 우리의 공식 $\sqrt{1-(v^2/c^2)}$에 따라 아스트라가 자신보다 60퍼센트의 비율로 느리게 나이를 먹는 것으로 보아야 한다. 아스트라가 돌아왔을 때 엘사는 아스트라가 6살밖에 먹지 않았을 것이라고 예상한다. 여기까지는 좋다. 그런데 아스트라의 관점에서 보면 어떨까? 움직이는 것은 상대적인데 왜 아스트라는 엘사가 빛의 속도의 80퍼센트로 갔다가 돌아왔다고 생각하여 결과적으로 엘사가 더 적게 나이를 먹을 것이라고 예상하면 안 될까? 답은 아스트라가 여행 도중에 가속을 했다는 데 있다. 아스트라는 알파 센타우리에서 멈추기 위해 브레이크를 잡았고 다시 돌아오기 위해 출발을 했다. 아스트라의 모든 물건이 우주선의 앞쪽 창문으로 날아갔을 것이다. 아스트라는 속도를 바꾸었다. 방향을 되돌린 것이다. 아스트라는 관측자가 방향을 바꾸지 않고 일정하게 움직여야 한다는 첫 번째 명제의 요구에 맞지 않는 것이다(〈그림 18.3〉).

첫 번째 절반의 여행 동안 아스트라는 지구에서 멀어지고 아스트라의 시간 AT은 프랑스식 빵처럼 비스듬히 그려진다. 아스트라가 알파 센타우리에 도착하면 시계는 3년을 가리키고 이것이 아스트라가 먹은 나이가 된다. 그런데 '3AT'와 같은 시각의 선은 기울어져 있기 때문에 지구와는 출발한 지 불과 1.8년 후와 만난다. 알파 센타우리에 도착할 때 아스트라는 지구에서는 출발한 지 1.8년 후와 같은 시간이라고 생각하는 것이다. 아스트라는 엘사가 겨우 1.8살 먹는 동안 자신은 3살을 먹었다고 생각한다. 1.8년은 3년의 60퍼센트다. 그러니까 아스트라는 엘사가 더 천천히 나이를 먹는 것으로 보는 것이다. 아스트라는 자신이 정지해 있고 엘사가 빛의 속도의 80퍼센트로 멀어지고 있는 것으로 보기 때문

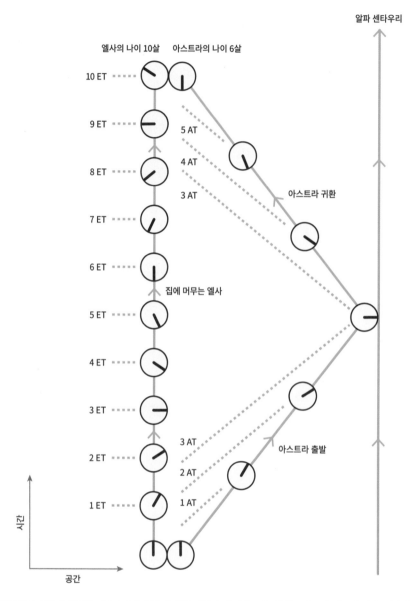

알파 센타우리

엘사의 나이 10살 아스트라의 나이 6살

10 ET

9 ET   5 AT

8 ET   4 AT

              3 AT   아스트라 귀환

7 ET

6 ET

              집에 머무는 엘사

5 ET

4 ET

3 ET

              3 AT
2 ET   2 AT   아스트라 출발

              1 AT
1 ET

시간

공간

그림 18.3 쌍둥이 엘사와 아스트라의 쌍둥이 역설 시공간 다이어그램. 엘사는 지구에 머물러 있다. 엘사의 세계선은 직선이다. 알파 센타우리까지 다녀온 아스트라의 세계선은 구부러져 있다. 아스트라는 엘사보다 적게 나이를 먹는다. 시계는 1년 단위를 보여준다. 점선은 엘사의 시간(ET)과 아스트라의 시간(AT)을 보여준다.
출처: J. Richard Gott

이다. 여기까지 아스트라는 엘사가 더 적게 나이를 먹었다고 생각한다. 그러나! 이제 아스트라가 브레이크를 잡아서 멈춘 다음 방향을 바꾸었다. 아스트라의 세계선은 이 지점에서 구부러진다. 아스트라는 속도를 바꾸었기 때문에 동시성에 대한 개념도 급격하게 바뀌었다. 아스트라가 알파 센타우리를 떠날 때 아스트라의 시계는 여전히 '3AT'다. 하지만 이제 반대방향으로 움직이기 때문에 '3AT'와 같은 시각의 선은 반대방향으로 기울어져 지구와는 출발한 지 8.2년 후와 만난다. 아스트라가 방향을 바꾸면 자신이 알파 센타우리에서 출발하는 것은 엘사가 8.2살 더 먹은 것과 동시가 된다고 생각하게 된다. 돌아가는 동안 아스트라는 자신이 3살을 먹는 동안 엘사가 1.8살 더 먹는 것을 보게 된다. 결과적으로 엘사는 처음보다 8.2+1.8=10살을 더 먹었고, 아스트라는 3+3=6살을 더 먹은 것이 된다. 그러니까 아스트라도 엘사와 만났을 때 자신이 더 적게 나이를 먹었다는 것에 동의하게 된다. 엘사는 직선인 세계선으로 움직였고 아스트라는 구부러진 세계선으로 움직였다. 이것이 쌍둥이 역설의 해결책이다. 여기서 동시성의 개념은 매우 중요하다.

쌍둥이 역설은 미래로의 여행을 가능하게 해준다. 지금부터 1,000년 후의 지구를 방문하고 싶으면 우주선을 타고 빛의 속도의 99.995퍼센트로 500광년 떨어진 곳에 있는 베텔게우스로 여행하면 된다. 당신의 시계는 지구 시계의 1/100 속도로 간다. 당신이 그곳에 도착하는 데 지구시간으로는 500년이 지나겠지만 당신은 5살밖에 먹지 않는다. 빛의 속도의 99.995퍼센트로 돌아오면 다시 5살의 나이를 먹는다. 하지만 돌아오면 1,000년이 지난 지구를 만나게 된다. 미래로 시간여행을 한 것이다. 이런 여행은 현재 NASA의 예산(!)보다 훨씬 더 비싸고, 그렇게 빠른 우주선을 만드는 기술도 아직 존재하지 않는다. 하지만 이것이 물리학의 법칙 아래에서 가능한 것은 분명하다. 우리는 입자가속기에서 양성자를 이보다 더 빠른 속도로 가속시키고 있으므로 이런 속도가 가능한 것도 분명하다. 이것은 단지 돈과 기술의 문제일 뿐이다. NASA는 기억해주기 바란다.

방향을 바꾸는 순간의 높은 가속도 때문에 죽을 수도 있다는 사실을 지적할 수 있을 것이다. 하지만 지구의 표면에서와 같은 1g의 가속도로도 이 여행이 가능하다는 사실이 밝혀졌다. 우주선이 가속되기 때문에 우주비행사인 당신의 발은 중력으로 바닥을 누르는 것과 똑같이 바닥을 누를 것이다. 이렇게 하면 여행하는 시간은 길어지겠지만 더 편안할 것이다. 베텔게우스로 갈 때 우주선의 시간으로 6년 3주 동안 가속하면 빛의 속도의 99.9992퍼센트에 이르게 된다. 그러면 베텔게우스까지의 중간 지점에 도착한다. 여기서 6년 3주 동안 감속을 하면 베텔게우스에 도착한다. 지구를 향해 6년 3주 동안 가속하고 다시 6년 3주 동안 감속하면 지구로 돌아올 수 있다. 당신은 24년 12주가 지났지만 지구는 1,000년이 지나 있을 것이다. 편안한 여행을 위해서 조금만 더 시간을 투자하면(10년이 아닌 24년) 되는 것이다. 마르코 폴로가 중국을 방문하고 유럽으로 돌아온 그 유명한 여행이 24년 걸렸다. 마르코 폴로가 투자했던 시간만큼만 투자하면 당신은 미래로 여행할 수 있는 것이다. 지금부터 천년 후의 지구로의 여행이다.

지금까지 가장 뛰어난 시간여행자는 러시아의 우주비행사 겐나디 파달카 Gennady Padalka다. 그는 러시아의 우주정거장 미르와 국제우주정거장을 방문하여 879일 동안 빠르게 지구 주위를 돌아 지구에 있는 경우보다 1/44초 더 적게 나이를 먹었다. (이 계산은 높은 고도 때문에 생기는 일반상대성이론에 의한 더 작은 효과를 포함한 것이다.) 그가 돌아왔을 때 지구는 1/44초만큼 더 미래로 가 있었던 것이다. 그는 1/44초 미래로 여행한 것이다. 비웃을지도 모르겠다. 그러나 대단한 여행은 아니지만 어쨌든 미래로 여행을 한 것이다. 내가 라디오 프로그램에서 인터뷰를 했을 때 공간을 여행하는 것은 그렇게 쉬운데 시간을 여행하는 것은 왜 그렇게 어려운가라는 질문을 받았다. 나는 사실은 우리는 공간으로도 그렇게 멀리 가지 못했다고 대답했다. 아인슈타인은 공간거리와 시간거리를 비교할 때는 빛의 속도를 이용해야 한다는 것을 보여주었다. 그래서 천문학자들은 알파 센타우리가 4광년 떨어져 있다고 말한다. 빛의 속도로 4년이 걸리는 거리이기 때문이다. 우리의 우주비행사가 가장 멀리 간 곳은 달이다. 달은 겨우

웰컴 투 더 유니버스

1.3광초 떨어져 있다. 인간은 공간으로 1.3광초, 시간으로 1/44초 미래로 여행한 것이다. 이 둘은 서로 비슷한 수준이다.

재미있게도 지금은 실제로 쌍둥이 역설을 보여줄 일란성 쌍둥이 우주비행사가 있다. 마크 켈리Mark Kelly는 지구의 저궤도에서 54일을 있었고, 그의 쌍둥이 형제 스콧 켈리Scott Kelly는 519일을 있었다. 스콧이 지구의 저궤도에서 빠른 속도로 돌며 더 오래 머물렀기 때문에 그는 자신의 쌍둥이 형제 마크보다 1/87초 더 젊다.

우주비행사가 수성에서 30년을 살고 지구로 돌아오면 지구에 있었을 경우보다 22초 더 젊을 것이라고 지적한 적이 있다. 수성에서의 시계는 지구보다 느리게 간다. 수성은 태양 주위를 더 빠르게 돌고(특수상대성이론 효과), 태양의 중력장에 더 깊이 들어가 있기 때문(일반상대성이론 효과)이다.[1]

1905년 아인슈타인은 미래로의 시간여행이 가능하다는 것을 보였다. 이것은 H. G. 웰스가 1895년에 《타임머신》에서 시간여행의 아이디어를 제안한 지 불과 10년 후였다. 뉴턴의 물리법칙에서는 있을 수 없는 일이다. 뉴턴의 물리법칙에서 모든 사람의 시간은 같고, 모든 사람이 '현재'에 동의하고 미래로의 시간여행은 불가능하다. 하지만 아인슈타인은 관측자들이 '현재' 일어나는 일에 대해서 언제나 동의하지는 않는다는 것을 보였다. 시간은 유연하고 움직이는 시계는 느리게 간다. 아인슈타인은 우주에 대한 완전히 새로운 그림을 제공했다. 3차원의 공간과 1차원의 시간을 가지는 우주다.

이제 아인슈타인의 유명한 방정식 $E=mc^2$을 유도해보자. 실험실 안에서 입자 하나가 빛의 속도보다 훨씬 느린 속도 v로(즉 $v \ll c$로) 왼쪽에서 오른쪽으로 움직이고 있다고 하자. 이 입자의 질량이 m이라면 뉴턴의 법칙에 따르면 이 입자의 운동량은 오른쪽 방향으로 $P=mv$가 된다. 이 입자가 에너지 $E=hv_0$인 광자 두 개를 하나는 오른쪽, 다른 하나는 왼쪽으로 방출한다고 하자. 여기서 사용한 것은 아인슈타인의 유명한 광자의 에너지 방정식으로 h는 플랑크상수이고 v_0(그리스 문자로 '뉴'라고 읽는다)는 입자가 측정하는 광자의 진동수다. 입자는 두 광자가 가지고 나가는 에너지와 같은 $\Delta E = 2hv_0$만큼의 에너지를 잃어버린다. 아인슈타인은 광자가 에너지뿐만 아니라 운동량도 가지고 있다는 것을 보였다. 광자의 운동량은 에너지를 빛의 속도 c로 나눈 것과 같다. 입자의 입장에서는 두 광자가 같은 양의 운동량을 반대방향으로 가지고 나가기 때문에 두 광자가 가지고 나가는 전체 운동량은 0으로 보인다. 입자는 자신이 정지해 있고(첫 번째 명제에 따라), 두 개의 같은 광자를 반대방향으로 내보낸다고 '생각'한다. 대칭성에 의해서 정지해 있는 입자가 같은 진동수의 두 광자를 서로 반대방향으로 내보내면 정지 상태를 유지한다. 두 광자가 입자에 미치는 반작용은 서로 상쇄된다. 입자의 세계선은 직선을 유지하고 속도는 바뀌지 않는다(〈그림 18.4〉).

이제 이 두 광자에게 어떤 일이 생기는지 살펴보자. 오른쪽으로 향하는 광자는 결국 실험실 오른쪽 벽에 부딪힐 것이다. 광자가 벽에 부딪히면 벽은 오른쪽으로 아주 약간 밀린다. 아인슈타인은 광자가 에너지를 빛의 속도로 나눈 값과 같은 운동량을 가지는 것을 보였다. 이것을 광압효과라고 한다. 벽은 광자의 운동량을 흡수하여 오른쪽으로 밀리는 것이다. 오른쪽 벽에 앉아 있는 관측자는 오른쪽으로 날아오는 광자가 방출될 때의 진동수보다 더 높은 진동수로 오른쪽 벽에 부딪히는 모습을 볼 것이다. 입자가 관측자를 향해서 다가오기 때문이다. 이것은 앞에서 언급했던 도플러 효과에 의한 것이다. 반면 왼쪽 벽에 앉아 있는 관측자에게는 왼쪽으로 날아오는 광자가 방출될 때보다 진동수가 더 낮은 적색이동된 모습으로 보일 것이다. 높은 진동수의 (더 푸른) 광자는 낮은 진동수의 (더 붉은) 광자보다 더 큰 운동량을 가지고 있다. 그러므로 오른쪽 벽이 오른쪽으로 받는 충격은 왼쪽 벽이 왼쪽으로 받는 충격보다 더 강할 것이다. 두 충격은 상쇄되지 않기 때문에 실험실은 전체적으로 오른쪽으로 충격을 받는다. 실험실이 약간의 운동량을 받는 것이다. 뉴턴이 가정했듯이 운동량은 보존되어야 하므로(그렇지 않다면 물리적으로 불가능한 다양한 비행기구를 만들 수 있을 것이다!) 이 운동량은 어딘가에서 와야 한다. 운동량이 올 수 있는 유일한 곳은 입자뿐이다.

입자의 속도는 $v \ll c$이므로 입자의 운동량은 뉴턴의 공식인 mv로 주어져야 한다. 실험실이 운동량을 얻었으므로 입자는 운동량을 잃어야만 한다. 하지만 입자의 세계선은 구부러지지 않고 직선을 유지한다(〈그림 18.4〉). 입자의 속도

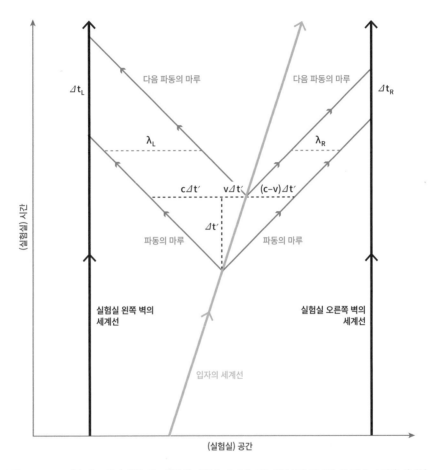

그림 18.4 $E=mc^2$을 유도하기 위한 사고실험의 시공간 다이어그램. 실험실의 정지한 두 벽은 수직한 세계선을 가진다. 입자는 왼쪽에서 오른쪽으로 v의 속도로 움직이고 그 세계선은 기울어져 있다. 이 입자는 왼쪽으로 광자 하나를 방출하고(이 광자의 파동은 45도 왼쪽 위로 움직인다), 같은 종류의 광자를 오른쪽으로 방출한다(이 광자의 파동은 45도 오른쪽 위로 움직인다). 입자가 파동의 두 마루를 방출하는 시간의 차이는 $\Delta t'$이며 수직의 점선으로 표시되어 있다. 이 시간 동안 왼쪽으로 향한 첫 번째 파동은 $c\Delta t'$만큼 왼쪽으로 이동했고, 입자는 $v\Delta t'$만큼 오른쪽으로 이동했다. 왼쪽으로 움직이는 광자의 파장(두 마루 사이의 거리)은 $\lambda_L = (c+v)\Delta t'$가 된다. 오른쪽으로 움직이는 광자의 파동은 도플러 이동 때문에 더 짧아져서 $\lambda_R = (c-v)\Delta t'$가 된다. 출처: J. Richard Gott

는 변하지 않는다. 입자의 운동량 mv가 작아지고 속도 v가 변하지 않는다면 질량 m이 작아져야 한다. 입자는 (두 개의 광자 형태로) 에너지를 잃었으므로 질량을 잃어야 한다. 질량의 일부가 에너지로 바뀐 것이다! 와우! 이것은 엄청나게 과감한 결론이다. 방출되는 에너지의 양과 잃어버리는 질량의 양의 관계는 어떻게 될까? 이것은 두 광자의 도플러 이동만 계산하면 된다. 실험실 벽이 얻은 오른쪽으로의 운동량은 $2hv_0(v/c^2)$이다. 전체 계산 과정은 책 뒤의 부록1에 있다. 두 광자의 형태로 입자가 방출하는 에너지는 $\Delta E = 2hv_0$이다. 그러므로 실험실 벽이 얻은 전체적인 오른쪽으로의 운동량은 $\Delta E(v/c^2)$이다. v/c^2항은 도플러 이동에서 온 v/c와 입자에 의해 운반되는 운동량과 에너지의 비 $1/c$항이 곱해진 것이다. 실험실 벽이 얻은 전체적인 오른쪽으로의 운동량 $\Delta E(v/c^2)$은 입자가 잃어버리는 운동량 $(\Delta m)v$와 같아야 한다. 그러면 $\Delta E(v/c^2) = (\Delta m)v$가 된다. 양변을 v로 나누면(입자의 속도는 상쇄된다!) $\Delta E/c^2 = \Delta m$이 된다. 이제 양변에 c^2을 곱하면 $\Delta E = \Delta mc^2$이 된다. Δ를 없애면 $E = mc^2$이 된다.

이 사고실험에서 두 광자를 방출하여 에너지를 잃은 입자는 질량을 잃는다. 질량을 잃은 입자는 에너지를 방출한다. 방출되는 에너지와 잃어버리는 질량의 관계는 $E = mc^2$이 된다. 이것은 단순하지만 강력한 것이다. 방정식에 c^2항이 나타나는 이유는 도플러 이동과 운동량의 계산은 모두 빛을 포함하고 있고 빛의 속도가 c이기 때문이다.

알다시피 c는 아주 큰 값이기 때문에(300,000km/sec) 작은 양의 질량도 엄청나게 큰 에너지로 바꿀 수 있다. 뉴턴의 법칙에 따르면 트럭의 운동에너지는 $\frac{1}{2}mv^2$이다. m은 트럭의 질량이고 v는 트럭의 속도다. $v \ll c$인 조건에서는 이것은 정확하다. 시속 100마일로 달리는 트럭의 속도는 0.045km/sec이다(이것은 0.00000015c에 불과하다). 두 트럭이 시속 100마일로 정면충돌한다면 모든 운동에너지($\frac{1}{2}mv^2$의 2배)가 거대한 폭발로 방출될 것이다. 트럭의 파편이 사방으로 날아갈 것이다. 그런데 이번에는 보통물질로 만들어진 트럭이 반물질로 만들어진 트럭과 충돌한다고 해보자. 두 트럭은 서로 소멸하여 트럭의 모든 질량이 에너지로 바뀔 것이다. 아주 극단적인 경우다. 이 경우에는 $2 \times (mc^2)$의 에너지가 방출될 것이고 이것은 보통 트럭들이 충돌하는 경우의 mv^2보다 매우 크다. 얼마나 클까? $2/(0.00000015)^2 = 89$조 배만큼 크다! 물질-반물질 폭발은 두 보통 트럭이 시속 100마일로 충돌하는 경우보다 폭발의 에너지가 89조 배나 큰 것이다. 보통물질의 질량에는 어마어마한 에너지가 갇혀 있는 것이다.

　이것이 원자폭탄의 비밀이다. 우라늄이나 플루토늄 원자는 분열하여 원래의 원자보다 질량이 약간 더 작은 물질을 만들며 엄청난 에너지를 방출할 수 있다. 태양에서는 4개의 수소 핵이 융합하여 전체적으로 약간 더 가벼운 하나의 헬륨 핵이 되면서 에너지를 방출한다. 이것이 태양이 지난 46억 년 동안 방출한 에너지의 원천이다. 화학자들은 원소들의 정확한 질량을 측정하여 서로 다른 원소에서 핵 하나의 질량이 조금씩 다르다는 것을 알아냈다. 결과적으로 가벼운 원소가 융합하거나 무거운 원소가 분열할 때 얼마만큼의 핵에너지가 만들어지는지 계산할 수 있게 되었다. 철은 핵자 하나당 질량이 가장 작다. 그래서 제7장에서 이야기한 것처럼 철에서는 핵에너지를 끄집어낼 수 없다.

　아인슈타인은 다른 물리학자들과 마찬가지로 이 방정식이 원자핵을 분열시켜 원자폭탄을 만들 수 있다는 의미라는 것을 깨닫고 1939년 8월 2일에 루스벨트 대통령에게 히틀러가 만들기 전에 원자폭탄을 만들어야 한다고 독촉하는 중요한 편지를 보냈다. 그래서 맨해튼 프로젝트가 탄생했고 미국과 유럽의 망명 물리학자들은 원자폭탄을 만들어냈다. 나중에 미국은 독일이 실제로 아인슈타인이 염려했던 대로 원자폭탄을 만드는 프로그램을 가지고 있었지만 목표를 달성하지 못하고 실패했다는 사실을 알게 되었다. 미국이 원자폭탄을 뉴멕시코에서 실험할 즈음에 독일은 이미 항복을 했다. 하지만 결국 두 개의 원자폭탄이 일본에 떨어졌다. 일본은 곧바로 항복했고 제2차 세계대전이 끝났다. 파괴력은 어마어마했다. 약 20만 명이 폭발과 방사능과 같은 후속 효과로 사망했다. 맨해튼 프로젝트를 이끈 로버트 오펜하이머Robert Oppenheimer는 나중에 원자폭탄의 첫 번째 실험은 《바가바드기타》의 문구를 연상시킨다고 말했다. "이제 나는 세상의 죽음의 파괴자가 되었다." 원자폭탄을 투하한 모든 책임은 트루먼 대통령에게 있었다. 그는 제2차 세계대전을 최대한 신속히 끝내기 위해 원자폭탄을 사용할 필요가 있다고 생각했다. 하지만 트루먼은 "나는 원자폭탄의 비극적 의미를 알고 있었다"라고 말했다. 한참 후 트루먼의 개인 서재에서 발견된 원자폭탄에 대한 책에는《햄릿》의 호레이쇼의 마지막 대사에 밑줄이 쳐져 있었다. "자초지종을 알지 못하는 이들에게 제가 설명하게 해주십시오. 음탕하고 잔인하고 패륜적인 행동, 우발적인 판단, 무심한 살육, 간계와 마지못한 이유에 의한 죽음, 그리하여 결국 그 고안자들의 머리에 떨어지고 만 어긋난 의도에 대해 들려드리겠습니다." 전쟁이 끝난 후 아인슈타인은 핵무기 감축을 위한 활동에 헌신했다.

아인슈타인은 당시로서는 실현이 불가능했던, 빛의 속도에 가깝게 움직이는 경우를 생각하여 역사의 경로를 바꾸는 원리를 발견해냈다. 아인슈타인의 기적의 해인 1905년의 연구는 그를 마리 퀴리나 막스 플랑크와 같은 수준의 최고 과학자의 반열에 올려놓았다. 하지만 그의 가장 위대한 업적은 아직 등장하지 않았다.

19

아인슈타인의 일반상대성이론

아인슈타인의 가장 위대한 과학 업적은 일반상대성이론이었다. 이것은 뉴턴의 중력이론을 대체하는 이론으로 중력을 휘어진 시공간으로 설명하는 이론이다.

아인슈타인은 다음과 같은 문제를 생각했다. 무거운 공과 가벼운 공을 동시에 떨어뜨리면 두 공은 동시에 바닥에 닿는다. 갈릴레오도 이것을 알았다. 뉴턴은 어떻게 설명했을까? 공과 지구 사이의 중력은 $F = G\dfrac{m_b M_E}{r_E^2}$이고, $F = m_b a_b$이므로 공의 가속도 a_b은 공에 미치는 힘을 공의 질량으로 나눈 것이다. 두 방정식을 결합하면 $a_b = G\dfrac{M_E}{r_E^2}$이 된다. 공의 질량은 상쇄된다. 공의 가속도는 공의 질량과 무관하므로 무거운 공과 가벼운 공이 같은 속도로 떨어져야 하는 것이다. 뉴턴에 따르면 무거운 공은 지구를 향해 더 큰 중력으로 끌린다. 하지만 무거운 공은 $F = ma$로 인해 가속하기가 힘들기 때문에 이것이 더 큰 중력을 상쇄하여 두 공의 가속도가 정확하게 같아진다. 우리가 중력 방정식에서 이용하는 질량(중력질량)과 $F = ma$에서 이용하는 질량(관성질량)이 같은 것은 대단한 우연이다.

아인슈타인은 이 문제를 다르게 생각했다. 그는 중력이 없는 우주공간에서 가속하고 있는 우주선을 타고 있으면 어떤 일이 일어날지 생각해보았다. (제 10장에서 닐 타이슨이 설명했던 물질-반물질을 연료로 가속되고 있는 우주선과 같은 우주선이다.) 정지해 있는 우주선에서 두 공을 놓으면 서로 나란히 떠 있을 것이다. 그런 다음 우주선의 로켓을 점화하여 위쪽으로 가속하면 우주선의 바닥이 위쪽으로 가속되어 떠 있는 두 공에 부딪힐 것이다. 두 공은 자연스럽게 동시에 바닥에 부딪힌다. 공들은 그냥 그 자리에 떠 있었을 뿐이고 올라와서 그들을 때린 것은 우주선의 바닥이다. 간단하다. 두 공이 동시에 바닥에 부딪힌 것은 우연이 아니다. 다시 지구에서 떨어지고 있는 두 공을 생각해보자. 이번에는 공들은 그냥 제자리에 떠 있고 바닥이 올라와서 부딪히는 것이라고 생각해보자. 사람들은 가속하는 우주선에서 보이는 현상은 지구에 있는 것과 같다는 것을 알고 있었다. 그런데 아인슈타인은 가속하는 우주선에서의 실험이 중력과 똑같이 보인다면 그것은 중력이어야 한다고 말했다. 그는 이것을 등가원리Equivalence Principle라고 불렀다. 그는 이것이 그에게 가장 행복했던 아이디어라고 말했다. 그가 이 아이디어를 떠올린 것은 1907년이었다. 두 현상이 정확하게 똑같이 보인다면 그것은 같은 것이어야 한다. 이것은 아주 과감한 생각이었다.

아인슈타인은 이 추론을 전에도 사용했다. 자석 근처에서 움직이는 전하는 자기장에 의해 가속된다. 하지만 전하가 정지해 있고 자석이 움직여도 전하는 똑같이 가속된다. 맥스웰 방정식에 따르면 두 번째 경우의 가속은 자기장의 변화 때문에 생긴 전기장에 의해 만들어진 것이다. 아인슈타인은 두 현상은 반드시 같아야 하고, 중요한 것은 상대적인 움직임뿐이라고 생각했다. 이것은 전기장과 자기장이라는 별도의 개념이 전자기장이라는 하나의 개념으로 대체되어야 한다는 것을 의미한다. 마찬가지로 아인슈타인은 분리되어 있는 시간과 공간이라는 개념은 4차원의 시공간이라는 개념으로 대체되어야 한다는 것을 발견했다. 과학에서의 획기적인 발전은 종종 어떤 사람이 서로 다른 두 개가 사실은 같다는 것을 깨달을 때 일어난다. 뉴턴은 사과를 떨어지게 하는 힘과 달이 궤도를 움직이는 힘이 같은 힘이라는 것을 깨달았다. 아리스토텔레스는 중력이 사과를 지구로 떨어지게 한다는 것은 알았지만 달이 궤도를 움직이는 힘은 뭔가 다른 천상의 힘일 것이라고 생각했다. 뉴턴은 둘이 같은 현상이라는 것을 알아차렸다.

아인슈타인은 등가원리에 대단한 믿음을 가지고 있었다. 무거운 공과 가벼운 공을 떨어뜨리면 공들은 그냥 공중에 떠 있고 지구의 표면이 위로 가속되어 두 공과 동시에 부딪힌다는 것이었다. 유일한 문제는 아무리 봐도 그렇게 보이지 않는다는 것이었다. 지구가 커지는 것도 아닌데 어떻게 지구의 표면이 모든 곳에서 위로 가속될 수가 있다는 말인가? 지구가 풍선처럼 커진다면 공에 가서 부딪힐 수 있겠지만 지구는 커지지 않기 때문에 이 생각은 말이 되지 않는 것처럼 보인다. 이것은 유클리드 기하학이 적용되지 않는 휘어진 시공간을 도입해야 설명이 가능하다.

곡면에 대해 생각해보자. 〈그림 19.1〉은 지구본이다. 표면은 휘어져 있기 때문에 유클리드 기하학이 적용되지 않는다. 유클리드는 모든 삼각형의 세 각의 합은 180도라고 했다. 구에서 그릴 수 있는 가장 똑바른 선은 대원great circle의 경로에 있고 이것은 두 점 사이의 가장 짧은 거리가 된다. 대원은 구의 중심이 원의 중심에 있으면서 구의 표면에 그려지는 원이다. 지구의 적도도 대원이고, 경도도 대원이다. 뉴욕에서 북극까지의 가장 가까운 거리는 뉴욕과 북극을 연결하는 자오선의 길이다. 지구본에서 우리는 북극과 적도 위에서 90도 떨어져 있는 두 점을 연결하는 삼각형을 그릴 수 있다. 이 (대원의 일부로 만들어진) 삼각형은 세 각이 모두 90도가 되어 합은 270도가 된다.

북극에서 남쪽으로 내려가다가 적도 위에 있는 첫 번째 점에 도착하면 90도 방향을 틀어 적도를 따라 서쪽으로 간다. 그리고 적도 위의 두 번째 점에 도착하여 다시 90도 북쪽으로 방향을 틀면 북극으로 돌아갈 수 있다. 북극에 돌아가서 보면 삼각형의 두 변은 북극에서 90도로 만난다. 이 두 변은 90도 떨어져 있는 두 개의 자오선이기 때문이다. 당신은 세 개의 직각을 가진 삼각형을 그린 것이다. 유클리드 기하학에서는 불가능한 것이다. 구의 표면은 휘어져 있기 때문에 편평한 유클리드 평면과는 결과가 다르다.

지구본 위에 북극을 중심으로 하는 원을 그려보자. 원의 반지름은 구의 표면을 따라 북극에서 적도까지의 거리(이것은 지구 둘레의 1/4이다)와 같게 하자. (북극을 중심으로 한) 이 원의 둘레는 적도가 될 것이다. 적도의 길이는 지구의 둘레와 같으므로 당신이 그린 원의 반지름은 지구 둘레의 1/4이 되어야 한다. 그러므로 이 경우에는 당신이 그린 원의 둘레는 반지름의 4배가 되어 유클리드 기하학에서 원의 둘레인 반지름의 2π배보다 작다. 여기에서도 휘어진 구의 표면은 유클리드 평면 기하학의 법칙을 따르지 않는다.

아인슈타인은 회전하는 레코드판을 생각했다. 개미 한 마리가 회전하는 레

그림 19.1 지구본 위에서 세 개의 직각을 가진 삼각형. 출처: J. Richard Gott

웰컴 투 더 유니버스

코드판 위에 서 있다. 이 개미는 제자리에 있기 위하여 레코드판에 딱 붙어 있다. 이 개미는 레코드판에 붙어 있기 위해서 (바닥을 단단히 잡아) 구심가속도를 만들어야 하고, 바깥쪽으로 당기는 '중력'을 느낄 것이다. 놀이공원에도 이것과 비슷한 것이 있다. 회전하는 원통 안에 있으면 원통의 벽 쪽으로 중력을 느낄 것이다. 심지어는 발이 바닥에서 떨어질 수도 있다. 회전하는 레코드판이나 회전하는 원통처럼 가속되는 원운동은 가속되는 우주선과 똑같이 중력을 흉내낸다. 우리는 레코드판이 편평할 것이라고 기대한다. 하지만 아인슈타인은 레코드판의 바깥쪽이 빠르게 움직이기 때문에 여기에 놓인 막대는 회전하는 레코드판의 끝에 앉아 있는 사람과 중심에 정지해 있는 사람에게 다른 길이로 측정된다는 것을 알았다. 회전하는 레코드판 위에 있는 사람이 측정한 레코드판의 둘레는 유클리드 평면 기하학에서 기대하는 값인 반지름의 2π배와 달라야 한다. 아인슈타인은 회전하는 레코드판의 기하학은 바로 회전하고 있기 때문에 (곡면을 가져) 유클리드 기하학이 적용되지 않고 중력의 효과가 만들어진다고 결론내렸다. 중력의 효과가 바로 중력이라면(이것이 아인슈타인의 등가원리다) 휘어진 시공간은 그 자체로 중력을 만들어낼 수 있을 것이다.

내가 뉴욕에서 도쿄로 가려면 가능한 가장 짧은 경로인 대원 경로로 가야 한다. 지구본 위에서 줄로 두 도시 사이를 팽팽히 연결하면 대원 경로는 북알래스카를 지나간다(〈그림 19.2〉). 지구본을 가지고 확인해보라. 이것이 비행기가 가는 경로다. 이것은 두 도시 사이를 가장 똑바르게 연결한 경로이기도 한다. 장난감 트럭으로 두 도시 사이를 움직이면서 설명할 수 있을 것이다. 트럭의 바퀴를 정면으로 향하게 고정하고 뉴욕에서 도쿄를 향하여 방향을 정확하게 잡았다면 트럭은 대원을 따라 북알래스카를 지나 목적지에 도착할 것이다. 우리는 이 똑바른 선을 측지선geodesic이라고 부른다. 트럭을 적도 위에서 서쪽을 향하여 똑바로 가게 하면 적도를 한 바퀴 돌게 될 것이다. 어떤 방향을 향하여 출발하더라도 도중에 방향을 바꾸지 않는다면 측지선을 따라가게 될 것이다. 지구의 편평한 메르카토르 지도를 보면 뉴욕과 도쿄를 연결하는 대원 경로는 휘어져 보

그림 19.2 뉴욕과 도쿄를 연결하는 지구본 위의 대원 경로. 출처: J. Richard Gott

일 것이다. 두 도시는 모두 위도 40도 근처에 있기 때문에 메르카토르 지도에서는 뉴욕에서 도쿄로 가는 가장 좋은 방법은 위도선을 따라 서쪽으로 가는 것처럼 보일 것이다. 하지만 이 경로는 구에서는 더 길고, 똑바른 선도 아니다. 위도선은 지구본에서 작은 원이다. 이것은 둘레는 적도보다 작고, (지구 내부에 있는) 그 중심은 지구 중심의 북쪽에 있다. 이것은 대원이 아니다. (오대호를 지나) 서쪽으로 향하는 미국과 캐나다의 국경은 이 작은 원의 일부다. 이 국경을 따라 트럭을 타고 동쪽으로 가면 핸들을 살짝 왼쪽으로 돌려야 경로를 벗어나지 않는다. 지구의 편평한 지도에서는 어떤 좌표계를 사용하느냐에 따라 다르지만 똑바른 측지선이 휘어진 것처럼 보인다.

농구공을 골대로 던지면 공은 위에서 아래로 호를 그리며 골대로 날아간

웰컴 투 더 유니버스

다. 이것은 휘어진 경로인 포물선을 따라가는 것처럼 보인다. 이 경로는 몇 피트 정도 휘어진 것으로 보인다. 이것은 뉴욕과 도쿄 사이의 측지선이 메르카토르 지도에서 휘어진 모습과 똑같아 보인다. 아인슈타인의 아이디어는 농구공처럼 자유낙하하는 물체는 휘어진 시공간의 측지선을 따라 움직인다는 것이었다. (전자기력과 같은 다른 힘의 영향을 받지 않는 한) 따라갈 수 있는 가장 똑바른 경로를 택한다는 것이다. 물체가 받은 명령은 아주 간단하다. 그저 똑바로 나아가라는 것이다. 물체는 뉴턴이 말한 것과는 달리 모든 방향에 있는 서로 다른 질량들로부터 어떤 힘도 받지 않는다. 그저 똑바로 나아갈 뿐이다. 시공간이 휘어져 있고 이 휘어짐이 중력을 만들어낸다. 태양의 세계선은 수직한 막대이고 지구의 세계선은 이것을 감고 있는 나선인 〈그림 18.1〉의 시공간 다이어그램을 기억해보자. 이것은 사실 꽤 긴 나선이다. 반지름은 8광분이고 한 바퀴 동안 올라가는 높이는 1광년이다. 아인슈타인의 생각은 태양의 질량이 주위의 시공간을 약간 휘어지게 만들고 지구의 나선형 세계선은 뉴욕에서 도쿄까지 똑바로 나아가는 트럭과 같이 휘어진 시공간을 똑바로 나아가는 경로를 따라가고 있다는 것이다. 〈그림 18.1〉의 좌표계에서는 지구의 세계선이 휘어진 것처럼 보이지만, 사실은 휘어진 시공간에서 가장 똑바른 측지선 경로라는 것이다. 휘어진 정도를 안다면 태양 주위를 지구가 움직이는 측지선 경로를 계산할 수 있을 것이다.

이것이 아인슈타인이 중력을 설명하려고 한 방법이다. 뉴턴의 설명에 따르면 두 질량을 우주공간에 정지한 상태로 놓으면 이들의 중력이 서로 끌어당기기 때문에 서로의 방향으로 가속되어 결국 부딪히게 된다. 뉴턴은 두 질량이 먼 거리에서 서로 힘을 작용하여 끌어당기기 때문이라고 설명할 것이다. 아인슈타인은 두 질량이 주변의 시공간을 휘어지게 했다고 말할 것이다. 이렇게 휘어진 공간에서 두 물체는 그저 가능한 가장 똑바른 경로를 따라 움직여 충돌하는 것이다.

두 대의 트럭이 적도에서 어느 정도 떨어진 곳에서 모두 북쪽으로 향하고 있는 경우를 생각해보자(〈그림 19.3〉). 이들은 처음에는 서로 가까워지지도 멀어

그림 19.3 북쪽으로 향한 두 트럭은 지구본의 곡면 때문에 가까워지다가 북극에서 충돌한다. 출처: J. Richard Gott

웰컴 투 더 유니버스

지지도 않는 평행한 경로로 출발하지만 지구의 평면이 휘어져 있기 때문에 평행한 경로를 유지하지 못한다. 두 트럭이 모두 자오선을 따라(이것은 측지선이 된다) 북쪽으로 똑바로 움직인다고 하자. 이들은 처음에는 평행하게 움직이지만 계속 북쪽으로 분리된 자오선을 따라 움직이면 서로 점점 가까워지다가 결국에는 북극에서 충돌하게 된다.

아인슈타인은 물체의 질량이 지구의 표면처럼 시공간을 휘어지게 만든다고 말한다. '북쪽' 방향은 미래를 향한 시간의 방향이다. 이들이 따라가는 자오선은 두 물체의 세계선이다. 가능한 똑바로 나아가는 두 물체의 세계선은 휘어진 시공간 때문에 만나게 된다. 만일 두 트럭이 편평한 책상 위에서 평행한 경로를 따라 출발했다면 서로 평행한 상태를 유지했을 것이고 그들의 측지선도 같은 거리를 유지했을 것이다. 아인슈타인의 이론에서 중력에 의한 인력은 휘어진 시공간 때문에 만들어진다.

질량과 에너지는 시공간을 휘어지게 한다. 하지만 어떻게? 아인슈타인은 이 아이디어를 발전시키기 시작했다. 그는 수학자 친구에게 물었다. "내가 리만의 곡률 텐서를 공부해야 할까?" "안됐지만 그래." 친구가 대답했다. 베른하르트 리만Bernhard Riemann은 다차원에서의 곡면에 대한 이론을 연구했다. 리만은 칼 프리드리히 가우스Carl Friedrich Gauss의 지도로 박사논문을 시작했다. 가우스는 지구의 표면과 같은 2차원 곡면(가우스 곡면)에 대한 이론을 연구한 위대한 수학자였다. 가우스는 리만에게 세 개의 가능한 논문 주제를 제안했고 리만이 세 번째로 마음에 들었던 것이 높은 차원의 곡면이라는 주제였다. 가우스가 말했다. "그걸 연구해보게." 리만은 그것을 연구했고 그것은 그의 역작이 되었다. 리만은 다차원에서의 곡면을 이해하기 위해서는 우리가 지금 리만 곡률 텐서($R^\alpha{}_{\beta\gamma\delta}$)라고 부르는 뭔가를 이해해야 한다는 것을 보였다. 4차원에서 이것은 256개의 항을 포함하는 수학의 괴물이었다.[1] 다행히 이 항들 중 많은 것이 같은 것이어서 20개의 독립적인 항으로 줄일 수 있다. 하지만 여전히 많다. 이것이 아인슈타인이 이해해야 하는 수학적인 곡면이었다. 아인슈타인은 맥스웰의 전자기장과 정확하게 대응될 만한 중력장의 장방정식을 구하기를 원했다. 에너지와 질량이 어떻게 시공간을 휘게 하는가? 어떤 기하학이 가능한가? 그는 자신의 이론이 이런 근원적인 질문에 답을 주기를 원했다. 하지만 동시에 낮은 속도와 작은 곡률에서는 뉴턴의 이론과 같아지기를 원했다. 이런 조건에서 뉴턴의 이론은 아주 잘 맞기 때문이었다.

아인슈타인은 이 문제를 1907년부터 1915년까지 연구했다. 이것은 매우 어려운 수학을 필요로 했다. 그는 여러 번 실패했지만 결코 포기하지 않았다. 드디어 1915년 말에 그는 정확한 장방정식을 찾아냈다. 여기에 이 방정식이 어떻게 생겼는지 소개한다.

$R_{\mu\nu} - \frac{1}{2} g_{\mu\nu} R = 8\pi T_{\mu\nu}$ (뉴턴의 중력상수 G와 빛의 속도 c가 1이 되도록 단위를 조절한 것이다.) 방정식의 오른쪽은 시공간에 위치한 '물질'(질량, 복사 등)을 나타내고 방정식의 왼쪽은 그 위치에서 시공간이 어떻게 휘어졌는지 알려준다.[2] 우주의 물질은 시공간에게 어떻게 휘어질지 알려준다. 아인슈타인은 뉴턴의 신비한 '원격작용'을 없애버렸다. 우주의 물질(질량, 복사)은 그 위치에서의 시공간이 특정한 방식으로 휘어지도록 만든다. 물체와 행성들은 지역적인 명령을 받는다. 그저 휘어진 시공간에서 똑바로 나아가는 것이다. 이 방정식을 유도하는 것은 매우 어려운 일이다. 아인슈타인은 처음에는 올바른 방정식이 $R_{\mu\nu} = 8\pi T_{\mu\nu}$ 라고 생각했다. 하나의 항을 빠뜨린 것이었다. 재미있게도 이 방정식은 텅 빈 공간에서는 정확하다. 아인슈타인은 텅 빈 공간에는 물질이 없기 때문에 $T_{\mu\nu} = 0$이 된다고 생각했다. 그래서 텅 빈 공간에서는 $R_{\mu\nu}$ 역시 0이 된다고 결론내렸다. 그런데 텅 빈 공간에서 $R_{\mu\nu} = 0$이 되면 ($R_{\mu\nu}$에서 계산되는) R 역시 0이 되어 추가적인 항 $-\frac{1}{2} g_{\mu\nu} R$을 포함하는 1915년의 정확한 장방정식 역시 만족하게 된다. 추가적인 항 역시 텅 빈 공간일 경우에는 0이 되기 때문이다. 아인슈타인이 처음에 틀린 장방정식을 만들어냈지만 운 좋게도 텅 빈 공간에서는 맞았다. 일주일 후 그는 국지적인 에너지 보존을 위해서 추가적인 항 $-\frac{1}{2} g_{\mu\nu} R$이 필요하다는 사실을 알아차렸다. 국지적인 에너지 보존에 따르면 방 안의 전체 질량-에너지

웰컴 투 더 유니버스

를 증가시키는 유일한 방법은 문으로 뭔가가 들어와야 한다는 것이다. 이것은 방정식이 가지기에 아주 좋은 성질이다. 이것은 맥스웰이 전하 보존을 위해서 자신의 방정식에 항을 추가해야 한다는 사실을 깨달은 것과 아주 비슷하다. 맥스웰의 경우에 이 추가적인 항은 빛이 전자기파라는 유명한 결과를 직접적으로 이끌어냈다.

아인슈타인은 자신의 장방정식으로 몇 가지 계산을 했다. 그는 태양 주위의 빈 공간에서 예상되는 곡률을 계산했다. 그러고는 행성의 세계선을 표시하는 나선의 측지선을 계산했다. 그는 일반적으로 휘어진 시공간에 있는 행성들은 케플러가 예상했던 단순한 타원 궤도를 따르지 않고 세차운동을 한다는 것을 발견했다. 행성들은 똑같은 타원을 계속해서 도는 것이 아니라 행성들의 타원이 조금씩 회전하는 것이다. 태양에서 멀리 있는 대부분의 행성들은 이 효과가 아주 작지만 곡률이 가장 큰, 태양에서 가장 가까운 궤도를 도는 수성은 그 효과가 측정할 수 있는 정도였다. 아인슈타인은 수성의 타원 궤도가 100년에 43각초만큼 회전한다고 계산했다. 유레카! 이것은 아인슈타인도 알고 있었고 천문학자들이 측정했던, 수성의 궤도에서 설명되지 않던 회전과 같은 값이었다. 이것은 뉴턴 이론으로는 설명되지 않는 것이었다.

아인슈타인은 이 계산을 하면서 너무나 흥분하여 심장이 떨렸을 정도라고 말했다. 그의 방정식은 자연의 말에 대한 정확한 답(100년에 43각초)을 주었다. 그는 이 계산을 1915년 11월 18일에 했다. 당시 그는 부정확한 장방정식인 $R_{\mu v} = 8\pi T_{\mu v}$을 사용했지만 다행히도 태양 주변의 빈 공간의 특수한 경우 덕분에 완벽하게 잘 맞았다.

같은 날, 그는 태양 근처에서 빛이 휘어지는 정도를 계산했다. 그는 태양 주위의 휘어진 빈 공간에서 빛이 택할 측지선 경로를 계산했다. 그가 얻은 답은 멀리 있는 별에서 오는 빛이 태양 가장자리 근처에서 1.75각초만큼 휘어진다는 것이었다. 이것은 뉴턴이 빛을 300,000km/sec로 날아가는 작은 질량을 가진 알갱이라고 생각했을 때 계산할 수 있는 값의 두 배가 되는 양이었다. 뉴턴은 휘어지는 값을 0.875각초로 계산했을 것이다. 그런데 빛은 질량을 가진 알갱이가 아닐 수도 있었기 때문에 뉴턴의 이론으로는 빛이 전혀 휘어지지 않는 결과도 가능했다. 하지만 아인슈타인의 이론으로는 선택의 여지가 없었다. 측지선 위를 움직이는 빛은 반드시 1.75각초만큼 휘어져야 한다. 이 각은 관측될 수 있었다. 태양의 가장자리 근처에 있는 별을 어떻게 관측할 수 있을까? 태양에서 나오는 밝은 빛을 달이 가리는 일식을 기다려야 한다. 일식 동안 찍은 사진 건판에서 별들의 위치를 측정하고, 별들이 태양의 반대편으로 가는 6개월 후에 다시 사진을 찍어 두 건판을 비교하여 위치의 변화를 측정하는 것이다. 아인슈타인의 방정식에 따르면 태양의 가장자리 근처에서 별들의 위치가 1.75각초 변해야 한다. 아인슈타인은 이것을 일식 동안 확인할 수 있을 것이라고 제안했다.

아인슈타인은 운이 좋았다. 그는 장방정식을 완성하기 전에 가속되는 우주선에서 등가원리를 이용하여 정성적인 설명을 한 적이 있다. 우주선 안에서 수평으로 똑바로 나아가는 빛은 우주선이 가속되면 휘어지게 보일 것이다. 우주선이 위로 가속되면 수평으로 똑바로 나아가는 빛은 바닥에 부딪힐 것이기 때문이다. 이와 마찬가지로 그는 빛이 중력에 의해 휘어질 것이라고 주장했다. 이 주장은 시간에서의 곡률을 정확하게 설명한다. 하지만 공간에서의 곡률은 완성된 장방정식을 필요로 했다. 그러니까 아인슈타인은 반만 맞은 것이었다. 그가 얻은 값은 뉴턴이 구했을 값과 같은 0.875각초였다. 아인슈타인은 이것을 발표하며 1914년의 일식 동안 사람들에게 관측해보라고 제안했다. 그러나 제1차 세계대전이 발발하여 관측을 위한 원정은 이루어질 수 없었다. 아인슈타인에게는 다행이었다. 1915년에 그는 시공간이 휘어진 값이 1.75각초라는 정확한 값을 얻었고, 이것은 뉴턴이 구했을 값과는 다른 값이었다. 휘어지는 값이 1.75각초로 관측된다면 아인슈타인이 맞고 뉴턴이 틀린 것으로 판명날 것이었다. 0.875각초로 관측되면 뉴턴이 맞고 아인슈타인이 틀릴 것이다. 휘어지는 것이 관측되지 않으면 아인슈타인은 틀리고 뉴턴은 맞을 수도 있다. 뉴턴은 질량이 질량을 끌어당기므로 빛이 질량이 없으면 끌어당기지 않는다고 말할 수 있기 때문이다. 뉴턴은 여전히 살아남을 가능성이 있었고 이것은 결정적인 시험이었다. 수성의 궤도 회전에 대한 아인슈타인의 계산은 사후에 한 것이었다. 이것은 이미 알려진 사실에 대해서 뉴턴은 할 수 없었던 설명을 한 것이었다. 하지만 이번에는 예측을 한 것이다. 훨씬 더 극적이다.

영국의 두 탐험대가 1919년 3월 29일의 일식을 관측하기 위하여 떠났다. 한쪽은 브라질의 수브랄에서 관측을 하고 다른 한쪽은 아프리카 해안의 프린시페 섬에서 관측을 했다. 아서 에딩턴 경이 그 결과를 1919년 11월 6일에 열린 왕립학회와 왕립천문학회의 공동 학술회의에서 발표했다. 수브랄에서는 1.98 ± 0.30각초가 관측되었고 프린시페에서는 1.61 ± 0.30각초가 관측되었다. 두 값은 모두 아인슈타인의 값 1.75각초와 관측 오차범위 ± 0.30각초 이내에서 일치했고 모두 뉴턴의 값과는 맞지 않았다. 전자를 발견하여 노벨상을 수상한 J. J. 톰슨은 회의의 사회를 보면서 이렇게 선언했다. "이것은 뉴턴 시대 이후 중력이론과 연관된 결과 중에서 가장 중요한 것입니다…… 이것은 인류의 정신에서 가장 위대한 성과 중 하나일 것입니다."

다음날 아인슈타인은 "과학의 혁명"이라는 제목 아래 《런던타임스》에 등장했다. 그리고 이틀 후에는 《뉴욕타임스》에 등장했다. 이때가 아인슈타인이 당대의 가장 위대한 과학자들 중 한 명에서 누구나 아는 세계적인 유명인사로 등극하는 순간이었다. 그리고 아이작 뉴턴과 동급이 된 순간이기도 했다.

빛이 휘어지는 에딩턴의 결과는 1922년 오스트레일리아에서 일식 때 W. W. 캠벨Campbell과 R. 트럼플러Trumpler가 독자적으로 행한 관측에 의해 더 정확하게 확인되었다. 그들은 1.82 ± 0.20각초라는 값을 얻었는데 역시 아인슈타인이 예측한 1.75각초와 잘 맞았다.

아인슈타인은 1907년부터 1915년까지 자신의 이론을 정리하는 동안의 고생에 대해 다음과 같이 말했다. "어둠 속에서 느껴지긴 하지만 표현할 수는 없는 진리를 찾아 헤매며 명확한 이해에 도달할 때까지의 강렬한 열망과 자신감과 불안감의 반복은 경험해본 사람만이 이해할 수 있다."[3]

20

블랙홀

이 장은 우주에서 가장 신비한 물체인 블랙홀에 대한 것이다. 아인슈타인의 일반상대성이론 방정식에서 얻어진 최초의 정확한 해 중 하나는 블랙홀에 대한 것이다. 아인슈타인 방정식의 정확한 해는 곡률을 가지는 시공간의 각 점에서 국지적으로 방정식을 풀어서 구할 수 있다. 특히 관심이 있는 것은 점 질량 근처의 빈 공간에서의 해다. 이것은 빈 공간에 적용되는 것이기 때문에 진공 장방정식의 해라고 불린다. 이것은 아인슈타인이 수성의 궤도와 태양 근처의 빈 공간에서 빛이 휘어지는 것을 연구할 때 풀려고 했던 바로 그 방정식이다. 하지만 이 해는 찾기가 어려웠다. 해의 기하학적 구조가 어떨지 알 수 없기 때문이었다. 그래서 아인슈타인은 근사 해를 구했다. 그의 근사 해에서 시공간은 특수상대성이론에서처럼 거의 편평하고 (편평함에서 벗어나는) 약간의 변화만 있었다. 작은 변화만 있는 방정식은 풀기가 더 쉽다. 편평한 기하학적 구조에서 시작하면 된다는 것을 알기 때문에 여기에 약간의 수정을 가하는 방정식은 풀기가 더 쉽다. 태양 주위를 도는 천체의 속도는 빛의 속도에 비하여 아주 작기 때문에 태양 주위의 기하학적 구조는 약간만 휘어져 있다. 아인슈타인의 근사 해는 수성의 궤도나 태양 주변에서 빛이 휘어지는 경우처럼 꽤 정확했다. 아마도 아인슈타인은 정확한 해를 구하는 것은 너무 어려울 것이라고 생각했던 것 같다. 그는 근사 해만으로도 충분히 만족했다.

점 질량 주변의 빈 공간에서의 아인슈타인 장방정식의 정확한 해를 처음으로 구한 사람은 독일의 천문학자 칼 슈바르츠실트Karl Schwarzschild였다. 그가 찾은 것은 빈 공간에 점 질량만 있는 것, 즉 블랙홀의 해였다. 아인슈타인이 일반상대성이론에 관한 이론을 발표할 때 그는 세계에서 이것을 이해할 사람은 12명 정도일 것이라고 추정했다. 칼 슈바르츠실트가 그중 한 명이었다. 1900년에 슈바르츠실트는 휘어진 공간에 대한 논문을 썼다. 이것은 특수상대성이론이 나오기도 전이었다. 그는 공간이 공의 표면처럼 양으로 휘어지거나 말안장의 표면처럼 음으로 휘어질 수 있다고 추론했다. 그는 당시의 천문 관측 결과에서 곡률의 반지름이 얼마나 클지 궁금해했다. 그는 이미 휘어진 공간에 대해서 생각하고 있었던 것이다. 아인슈타인의 논문이 발표되자 그는 그것을 바로 받아들였다. 그는 논문을 이해했을 뿐만 아니라 리만 곡률 텐서를 포함하는 어려운 수학을 다룰 줄 알았다. 그는 뭔가 새롭고 창의적인 일을 하는 데 필요한 모든 도구를 가지고 있었다. 슈바르츠실트는 문제를 풀 수 있었다. 그는 이 복잡한 방정식들을 풀 수 있는 기발한 좌표계를 생각해냈기 때문이었다. 이 문제가 구대칭이고 시간에 따라 변하지 않는다는 점을 이용한 것이었다. 점 질량 주변의 빈 공간에 대한 아인슈타인 진공 장방정식의 정확한 해는 블랙홀 바깥 영역의 지도인 것으로 밝혀졌다.

제1차 세계대전 참전 도중 슈바르츠실트는 희귀한 피부병에 걸렸고 치명적인 것으로 밝혀졌다. 그는 1916년에 집으로 보내졌고 이 시기에 아인슈타인의 논문을 보고 해를 찾았다. 그는 전쟁의 와중에 "약간의 시간을 당신의 아이디어 속에서 보낸 것"이 즐거웠다는 말과 함께 자신이 구한 해를 아인슈타인에게 보냈다. 슈바르츠실트는 몇 달 후에 세상을 떠났다.

진공 장방정식의 정확한 종합 해를 찾는 것은 천을 이어 붙여 옷을 만드는 것과 아주 비슷하다. 국지적으로 다른 곡률을 가지고 있고 종합하면 0이 되는 시공간의 모든 지점에서 조각을 이어 붙이는 것이다. 방정식은 조각을 이어 붙이는 규칙을 알려준다. 계속 이어 붙이며 작은 조각들을 더해나가기만 하면 되는 것이다. 그러면 결국에는 모든 지점에서 규칙을 만족하는 종합 해(완성된 옷)가 만들어진다. 이것은 꽤 어려운 일이다. 슈바르츠실트는 점 질량 주변의 휘어진 공간에서 이 작업을 처음으로 한 사람이었다.

칼 슈바르츠실트의 아들 마르틴 슈바르츠실트는 프린스턴 대학에서 우리의 오랜 동료였다(〈그림 8.3〉). 그도 역시 많은 중요한 일을 한 천문학자다. 특히 마르틴은 태양과 같은 별은 결국에는 적색거성이 된다는 것을 알아냈다. 그는 분명하게 아버지의 발자취를 따라갔다. 그의 아버지는 그가 4살 때 돌아가셨기 때문에 그는 아버지에 대한 기억이 없었다. 재미있게도 칼은 제1차 세계대전 때 독일 쪽에서 싸웠지만 그의 아들 마르틴은 히틀러가 권력을 잡았을 때 독일을 탈출하여 제2차 세계대전 때 미국 쪽에서 독일에 대항하여 싸웠다.

블랙홀을 이해하기 위해서 먼저 뉴턴의 중력으로 돌아가 보자. 내가 공을 공중으로 던지면 어떻게 될까? 당연히 올라가다가 떨어질 것이다. 심지어 이런 속담까지 있다. "올라간 것은 반드시 내려오기 마련이다." 이 속담의 가장 큰 문제점은 이것이 맞지 않다는 것이다. 공기의 저항을 무시하고, 공을 지구의 탈출속도인 시속 25,000마일보다 빠른 속도로 던지면 공은 지구의 중력장을 벗어나 결코 돌아오지 않는다. 아폴로 우주비행사들은 달에 가기 위해서 이와 비슷한 속도로 날아가야 했다. 뉴턴의 이론에서 탈출속도의 방정식은 다음과 같다. $v_{es}^2 = \dfrac{2GM}{r}$. 여기서 G는 뉴턴의 중력상수, M은 지구의 질량, r은 지구의 반지름이다. 지구를 눌러서 더 작은 크기로 만들었다고 생각해보자. 탈출속도는 어떻게 변할까? 지구의 질량은 그대로이고 반지름이 작아졌으므로 표면에서의 탈출속도는 커지게 된다. 지구를 충분히 작게 만들면 결국에는 탈출속도가 빛의 속도 c와 같아질 수 있다. 얼마나 작아야 할까? r을 구하려면

$v_{es}^2 = c^2 = \dfrac{2GM}{r}$ 로 놓기만 하면 된다. 그러면 $r = \dfrac{2GM}{c^2}$ 이 된다. 이것은 칼 슈바르츠실트의 이름을 따서 '슈바르츠실트 반지름'이라고 부른다. 지구질량일 때 슈바르츠실트 반지름은 8.88밀리미터가 된다. 이것은 대략 큰 구슬의 크기다. 지구의 반지름을 이보다 더 작게 만들면 탈출속도가 빛의 속도보다 커져서 어떤 것도, 심지어 빛도 탈출할 수가 없다. 아인슈타인은 어떤 것도 빛보다 빠르게 움직일 수 없다는 것을 보였다. 지구의 반지름을 슈바르츠실트 반지름보다 작게 만들면 어떤 것도 빠져 나올 수 없다. 블랙홀이 된 것이다. 어떤 빛도 빠져나올 수 없기 때문에 우리는 이것을 '블랙홀'이라고 부른다. 질량은 더 작은 크기로 수축을 계속할 것이다. 중력은 더 강하게 끌어당겨 탈출속도를 더 크게 만들 것이다. 슈바르츠실트 반지름 안에서는 중력이 다른 모든 힘을 이기고 질량은 한 점으로 수축한다. 중심은 무한한 곡률을 가진 특이점singularity이 된다. 일반상대성이론에서 이 점의 크기는 0이다. 하지만 우리는 양자 효과가 결국 이 점의 크기를 아마도 1.6×10^{-33}cm로 만들 것이라고 믿고 있다. 이것을 플랑크 길이Planck length라고 부른다(이 숫자가 어떻게 나왔는지는 제24장에서 볼 것이다). 이것은 원자핵보다 훨씬 더 작은 크기다. 우리는 휘어진 빈 시공간에 둘러싸인, 실질적으로 크기가 0인 점 질량의 중심에 도착했다.

슈바르츠실트 반지름 안쪽으로 들어갔다가 다시 밖으로 나올 수 있을까? 그럴 수 없다. 그러기 위해서는 빛보다 빠르게 움직여야 하는데 아인슈타인이 그것은 불가능하다는 것을 보였다.

블랙홀의 슈바르츠실트 반지름은 질량에 비례한다. 질량이 클수록 슈바르츠실트 반지름은 커진다. 실제로는 지구를 슈바르츠실트 반지름보다 작게 만드는 것은 매우 어렵다. 하지만 질량이 큰 별은 내부의 핵연료가 모두 떨어지면 밀도가 높은 핵은 슈바르츠실트보다 작아질 위험에 빠진다. 태양이 죽으면 적색거성이 되었다가 껍질을 모두 내보내고 지구 정도 크기의 백색왜성으로 남을 것이다. 죽어가는 별의 핵이 태양질량의 1.4배보다 크고 2배보다 작다면 백색왜성은 반지름 약 12킬로미터의 중성자별이 될 것이다. 중성자별의 크기는 슈바르츠실트 반지름의 2~3배밖에 되지 않기 때문에 아주 위험한 위치에 있는 것이다. 질량이 태양질량의 2배보다 큰 중성자별을 만들려고 한다면 이것은 불안정해져서 수축하여 슈바르츠실트 반지름보다 작아진다. 중력이 완전히 장악하여 블랙홀이 만들어지는 것이다. 질량이 매우 큰 별이 수명을 다하고 수축하여 만들어진 10태양질량 블랙홀의 슈바르츠실트 반지름은 30킬로미터다. 우리은하의 중심에서 발견한 400만 태양질량 블랙홀의 슈바르츠실트 반지름은 1,200만 킬로미터다(1AU의 1/10보다 조금 작다). 우리가 발견한 가장 큰 블랙홀 중 하나는 거대 타원은하 M87의 중심에 있는 것이다. 이것의 질량은 30억 태양질량이고 반지름은 90억 킬로미터다. 이것은 해왕성 궤도 반지름의 두 배 정도다.

태양질량 30억 배의 슈바르츠실트 블랙홀 내부를 탐험하는 상상을 해보자. 교수와 대학원생이 있고, 교수는 블랙홀의 내부에서 일어나는 일을 알고 싶어 대학원생을 보내 조사하게 한다. 교수는 블랙홀 밖에서 로켓을 가동하여 슈바르츠실트 반지름의 1.25배 거리에서 머무른다. 교수는 일정한 거리에 머무르게 해주는 로켓 때문에 가속을 느끼지만 떨어지지는 않는다. 교수는 블랙홀 밖에 있으므로 아무 문제가 없다. 그런데 용감한 대학원생은 블랙홀을 조사하기 위해서 자유낙하를 시작한다. 아아아! 대학원생은 낙하를 하면서 밖으로 교수에게 전파 신호를 보내 어떤 일이 일어나고 있는지 알려준다. 그가 보내는 신호는 "여기"로 시작한다. 전파 신호는 빛의 속도로 밖으로 나간다.

대학원생은 더 안으로 떨어지고 전파 신호는 교수에게 도착한다. 그는 두 번째 신호를 보낸다. "상황은." 이 신호는 슈바르츠실트 반지름 바로 바깥에서 보내졌다. 이것은 빛의 속도로 나가지만 밖으로 빠져나가서 교수에게 도착하는 데에는 긴 시간이 걸린다. 교수는 떨어지지 않기 위하여 로켓을 계속 가동하고 있으므로 사실은 가속을 하고 있는 것이기 때문에 "상황은"이라는 신호가 그를 따라잡는 데 긴 시간이 걸리는 것이다.

그러는 동안 대학원생은 슈바르츠실트 반지름을 지났다. 괜찮을까? 그렇지 않다. 대학원생은 돌아와 교수를 만날 수 있을까? 아니, 불행히도 그러지 못한다. 그는 돌아올 수 없는 지점을 지나는 동안 아무런 특별한 표지판을 보지 못한다. 여기서는 대학원생에게 아무런 특별한 일이 일어나지 않는다. 대학원생은 좋지 않은 일이 일어났다는 것을 알지 못한다. 그에게는 모든 것이 정상으로 보인다. 사실 당신이 바로 지금 거대한 블랙홀의 슈바르츠실트 반지름 안으로 들어간다 하더라도 이 책을 읽고 있는 당신의 방에서는 아무것도 알아채지 못할 것이다. 국지적으로 작은 시공간 조각은 편평하게 보인다. 그래서 국지적인 관측으로는 종합 해가 어떻게 보일지 전혀 알 수 없다. 대학원생은 슈바르츠실트 반지름을 지나는 순간에 세 번째 신호를 보낸다. "점점." 두 번째 신호 "상황은"은 아직 교수를 향해 가고 있는 중이다. 지금까지 교수는 "여기"라는 신호만 받았다. 이제 대학원생은 슈바르츠실트 반지름 안으로 들어갔다. "점점"이라는 신호는 빛의 속도로 계속 밖으로 나가고 있다. 하지만 이것은 내려오는 에스컬레이터에서 위로 올라가는 아이처럼 앞으로 나가지 못한다. 슈바르츠실트 반지름에서의 탈출속도는 빛의 속도다. 빛의 속도로 나가는 전파 신호는 슈바르츠실트 반지름에 정확하게 머무르며 앞으로 나가지 못한다. "상황은"이라는 신호는 계속 밖으로 나간다.

대학원생이 슈바르츠실트 반지름 안쪽으로 점점 깊이 들어가면 뭔가 일이 생기기 시작한다. 대학원생은 발부터 떨어지고 있다. 그의 발은 머리보다 중심에 더 가깝다. 중력은 $1/r^2$인 힘이기 때문에 중심의 질량은 그의 발을 머리보다 더 강하게 당긴다. 몸의 중심부는 중간 힘으로 당긴다. 그의 머리와 발은 이 차등 중력으로 늘어난다. 여기에다 대학원생의 양쪽 어깨는 안쪽으로 모여든다. 그의 어깨는 블랙홀의 중심을 향하는 선에 점점 더 가까워진다. 그는 마지막 신호를 보낸다. "나빠져요." "여기 상황은 점점 나빠져요."

중심으로 가면 갈수록 힘은 점점 커진다. 그는 옆에서 눌리고 아래위로 늘어나 스파게티 면처럼 된다. 이것을 스파게티화spaghettification라고 한다. 이것은 이 상황을 설명하기 위해서 천문학자들이 실제로 사용하는 용어다! 결국 대학원생은 눌려지고 찢어져서 중심으로 들어간다. 중심의 질량은 이제 30억 태양 질량에서 조금 늘어났다! 슈바르츠실트 반지름은 아주 약간 밖으로 움직였다. "상황은" 신호는 아직 교수를 향해서 밖으로 나가고 있다. "점점" 신호는 아직 슈바르츠실트 반지름 위치에서 달리고 있다. "나빠져요" 신호는 빛의 속도로 밖으로 나가고 있지만 이것은 내려오는 에스컬레이터에서 아이가 위로 올라가고 있는데 아이보다 에스컬레이터의 속도가 더 빠른 경우와 같다. 아이는 위로 달리고 있지만 점점 아래로 내려간다. "나빠져요" 신호는 밖으로 향하고 있지만 거꾸로 중심으로 빨려 들어가 역시 특이점으로 들어간다.

한참 후에 결국 "상황은" 신호는 교수에게 도착한다. 교수는 "여기 상…황…은"이라는 신호를 받았다. 나머지 "점점 나빠져요" 신호는 절대 받지 못한다. "점점"은 여전히 슈바르츠실트 반지름 위치에 묶여 있고, "나빠져요"는 대학원생과 함께 중심의 특이점으로 빨려 들어갔다. "나빠져요"는 슈바르츠실트 반지름 안에서 일어난 사건이다. 이 신호는 결코 교수에게 도착하지 못하고, 교수는 이 반지름 안에서 무슨 일이 일어나는지 절대 알 수 없다. 교수는 슈바르츠실트 반지름 안에서 일어나는 사건을 절대 볼 수 없다. 그래서 이것을 사건의 지평선event horizon이라고 부른다. 교수가 볼 수 없는 모든 사건을 포함하는 영역의 경계를 말한다. 교수는 사건의 지평선 안쪽을 볼 수 없다. 마찬가지로 지구에서도 사건의 지평선 안쪽을 볼 수 없다. 여기가 우리가 볼 수 있는 한계가 된다. 블랙홀의 사건의 지평선 밖에 있는 관측자는 사건의 지평선 안쪽을 결코 볼 수 없다.

불쌍한 대학원생에게 어떤 일이 일어났는지 정 궁금하다면 교수는 블랙홀 밖에 머무를 수 있게 해주는 로켓을 끄고 직접 블랙홀 안으로 떨어져보면 된다. 사건의 지평선을 지나갈 때 그는 여전히 그곳에 머물러 있는 "점점" 신호를 볼 것이다. '에스컬레이터'를 타고 아래로 내려가면 "점점" 신호가 빛의 속도로 지나가는 것을 볼 것이다. 빛은 언제나 300,000 km/sec로 그를 지나갈 것이다. 그리고 그는 블랙홀의 중심으로 떨어져 마찬가지로 죽게 될 것이다.

웰컴 투 더 유니버스

태양질량 30억 배의 슈바르츠실트 블랙홀에서 대학원생이 자유낙하하여 중심에 도착하여 죽는 데 걸리는 시간은 그의 시계로는 5.5시간이 걸릴 것이다. 다행스럽게도 스파게티화 과정, 차등 중력이 그에게 작용하기 시작하여 그를 완전히 찢어서 죽이는 데 걸리는 시간은 0.09초밖에 되지 않는다. 그나마 마지막은 간단하게 끝난다.

블랙홀 바깥의 휘어진 공간이 어떻게 생겼는지 아마 궁금할 것이다. 나는 전에 TV 뉴스 프로그램에 출연한 적이 있다. 천문학자들이 허블 우주망원경을 이용하여 M87에 거대한 블랙홀이 있다는 증거를 발견했기 때문에 킵 손Kip Thorne과 함께 시청자들에게 그 내용을 설명했다. 나는 이렇게 설명했다. 블랙홀의 중심을 관통하여 평면으로 자르면 농구 코트처럼 2차원의 편평한 평면이 되고 중심에 특이점이 있으며 슈바르츠실트 반지름이 원을 그리고 있는 모습이 될 거라고 기대할 것이다. 그러나 그렇지 않다. 블랙홀을 자른 2차원 평면은 실제로는 휘어져 있다. 이것은 위로 향하고 있는 트럼펫의 앞부분처럼 보인다(〈그림 20.1〉). 여기에서 세 번째 차원은 깔때기 모양의 2차원 표면이 휘어져 있는 것을 보여주기 위한 것일 뿐이다. 여기에서 세 번째 차원은 실재하지 않는 것이다. 깔때기의 위쪽과 아래쪽 공간은 무시하고 깔때기 모양 그 자체만 실재하는 것이라고 생각하라. 먼 곳에서는 깔때기는 편평하여 농구 코트처럼 보인다. 구멍에서 먼 곳에서는 곡률이 작다. 깔때기의 경사는 구멍으로 가까이 갈수록 급격하게 커진다. 슈바르츠실트 반지름에서는 경사가 수직이 된다. 슈바르츠실트 반지름은 깔때기의 가장 좁은 지점이 된다. 이것이 우리가 그것을 '검은 구멍'이라는 의미로 블랙홀이라고 부르는 이유다. 그것은 실제로 구멍이다. 칼 슈바르츠실트가 만들어낸 좌표계에서 좌표 r은 둘레 반지름이라고 한다. 그 지점에서 둘레는 $2\pi r$이 되기 때문이다. 이 둘레는 깔때기의 표면에 있다. 깔때기는 크기가 점점 작아지다가 바닥에서 가장 작아지는 원들의 모임이라고 생각할 수 있다. (바닥에서는 둘레가 슈바르츠실트 반지름의 2π배가 된다.) 슈바르츠실트 반지름은 깔때기 바닥에서의 구멍의 반지름이다. 〈그림 20.1〉에서 바닥의 받침대는 무시

그림 20.1 블랙홀 깔때기. 블랙홀 주변의 공간은 농구 코트처럼 편평한 것이 아니라 깔때기처럼 휘어져 있다. 깔때기는 붉은색으로 표시된 슈바르츠실트 반지름에서 수직이 된다. 붉은색 띠의 둘레는 슈바르츠실트 반지름의 2π 배다. 우주비행사가 안으로 떨어져서 슈바르츠실트 반지름을 지나면 돌아올 수 없다. 밑바닥의 받침대는 무시하라. 깔때기의 안쪽과 바깥쪽도 무시해야 한다. 실재하는 것은 깔때기 모양 그 자체뿐이다. 출처: J. Richard Gott

웰컴 투 더 유니버스

하기 바란다. 깔때기 모형을 세워놓기 위한 것일 뿐이다.)

　　TV 출연을 위해서 나는 트럼펫 모양의 깔때기를 준비했다. 나는 깔때기를 세워 입구가 위로, 가장 좁은 부분이 아래로 가게 했다(〈그림 20.1〉). 천문학자들은 M87의 블랙홀 주위를 빠르게 도는 기체를 발견했다. 나는 이것을 깔때기 옆으로 구슬을 굴려 돌게 하여 천천히 나선형으로 내려가서 구멍으로 빠지는 것으로 설명하려 했다. 기체도 이렇게 블랙홀 주변을 회전하는데, 빠르게 회전하는 기체와 더 느리게 회전하는 기체가 마찰을 하게 된다. 마찰을 하면 기체의 온도가 올라가 빛이 난다. 우리는 이 빛을 볼 수 있다. 이것은 사건의 지평선 바깥에서 나오는 것이기 때문이다. 그러는 동안 이렇게 발생하는 에너지 때문에 기체는 에너지를 잃고 블랙홀로 나선형으로 들어간다. 이것이 퀘이사의 에너지원이다. 초거대질량 블랙홀로 나선형으로 끌려들어가는 기체인 것이다. 우리는 이 뜨거운 기체가 사건의 지평선을 향해 나선형으로 가는 동안은 볼 수 있다. 하지만 사건의 지평선을 지나면 더 이상 볼 수 없다. 나는 이 모든 것을 보여줄 수 있도록 준비했다. 나는 이 설명이 아주 훌륭하다고 생각하고 뉴스 촬영을 위한 준비를 마쳤다. 그리고 당시 7살이었던 딸에게 이것을 보여주었다. 그러자 딸은 "우주비행사를 떨어뜨리는 게 어때?"라고 하더니 자기 방으로 가서 우주복을 입고 작은 미국 국기를 든 1인치 크기의 귀여운 아폴로 우주인을 가지고 왔다. 나는 딸이 그런 장난감을 가지고 있는지도 몰랐다. 구슬처럼 블랙홀 주변을 돌고 있으면 블랙홀로 천천히 나선형으로 떨어질 것이고, 아까의 대학원생처럼 그냥 똑바로 떨어질 수도 있다. 나는 장난감 우주비행사를 깔때기의 위쪽 가장자리에 놓고 똑바로 떨어뜨려 아래쪽 구멍으로 미끄러져 사라지게 했다. 완벽했다. 블랙홀은 들어갈 수는 있지만 나올 수는 없는 곳이다. 똑바로 떨어지는 우주비행사의 경로는 깔때기 안으로 똑바로 들어가는 휘어진 선이다(측지선이다). 내가 우주비행사를 떨어뜨리자 우주비행사는 이 선을 따라 똑바로 떨어졌다. 아주 좋은 설명 방법이었다. TV 출연을 위해서 녹화를 하면 보통 몇 시간 동안 수많은 장면을 촬영하지만 뉴스에는 편집된 짧은 장면만 나온다. 나선형으로 돌면서 떨어지는 구슬을 포함한 나의 모든 설명을 촬영해간 후 결국에는 어떤 것이 방송되었을까? 작은 우주비행사가 똑바로 떨어지는 장면이었다. 당연하지! 이제 블랙홀 바깥의 공간이 어떻게 생겼는지 알았을 것이다. 바닥에 구멍이 있는 깔때기처럼 생겼다.

1916년에 칼 슈바르츠실트가 발견한 슈바르츠실트 해는 이 깔때기의 모양을 알려준다. 그러나 슈바르츠실트의 좌표계는 기발하긴 하지만 슈바르츠실트 반지름에서 끝난다. 그의 해는 슈바르츠실트 반지름 밖에서의 구조는 보여주지만 그 안에서 일어나는 일은 보여주지 못한다. 이것은 북반구만 보여주고 적도 남쪽에는 아무것도 없는 지도를 가지고 있는 것과 비슷하다. 사람들은 바깥쪽의 해가 전부일 것이라고 생각했다. 그런데 1960년대 중반 프린스턴 대학의 고등 수학과에 있는 나의 동료인 마틴 크러스컬Martin Kruskal과 뉴사우스웨일스 대학의 죄르지 세케레슈George Szekeres가 독립적으로 그 좌표계를 블랙홀 안쪽까지 확장할 수 있는 방법을 찾아냈다. 우리는 지금은 크러스컬 다이어그램Kruskan diagram이라고 불리는 그 해의 시공간 다이어그램을 볼 수 있다(〈그림 20.2〉).

이 2차원 다이어그램의 수평방향은 공간의 한 차원이고 수직방향은 시간을 나타낸다. 위쪽으로 갈수록 미래가 된다. 이 다이어그램에서 빛은 45도 기울어진 직선으로 나아간다. 빛의 속도는 일정하고 45도의 일정한 기울기로 표현된다. 앞에서의 교수와 안타까운 대학원생으로 설명해보자. 교수의 세계선은 검은 선으로 그렸다(그림 참고). 이것은 직선이 아니다. 교수는 로켓으로 가속을 하여 블랙홀에서 슈바르츠실트 반지름의 1.25배만큼 떨어진 곳에 머무르고 있기 때문이다. 교수는 블랙홀 밖에 머물러 있다. 교수의 세계선은 중간지점에서 수직이 되었다가 오른쪽으로 휘어진다. 편평한 시공간에서 이것은 중간지점에 정지해 있다가 가속되어 오른쪽으로 움직이며 속도가 커지는 입자의 세계선이 된다. 교수의 전체 세계선은 쌍곡선이 된다. 이것은 휘어져서 먼 미래에는 빛의 속도에 가까워져서 약 45도로 위로 올라간다. 등가원리를 기억하라. 중력장에 있는 정지한 관측자(교수)는 편평한 시공간에서 가속하는 관측자와 같다. 교수

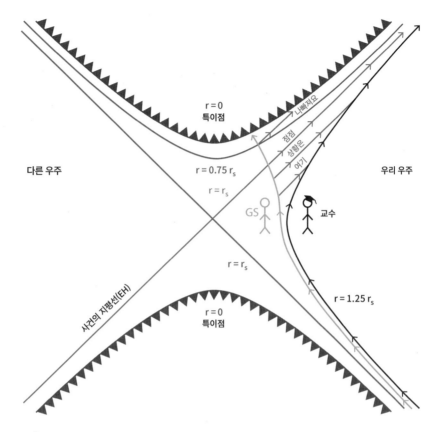

다른 우주   r = 0
특이점

r = 0.75 r_s

r = r_s

나빠져요

점점
상황은
여기

우리 우주

GS

교수

r = r_s

사건의 지평선(EH)

r = 0
특이점

r = 1.25 r_s

그림 20.2 크러스컬 다이어그램. (회전하지 않는) 슈바르츠실트 블랙홀의 안쪽과 바깥쪽을 같이 보여주는 시공간 다이어그램이다. 위쪽이 미래가 된다. 이 다이어그램은 영원히 지속되는 점 질량 주위의 휘어진 빈 공간을 표현한다. 우리 우주는 오른쪽에 있다. 교수의 세계선과 대학원생의 세계선(GS)이 표시되어 있다. 교수는 블랙홀 밖 1.25슈바르츠실트 반지름(1.25r_s)에 안전하게 머물러 있다. 대학원생은 블랙홀 안으로 떨어져 $r = 0$에서 특이점과 만난다. 사건의 지평선(EH)은 반지름이 슈바르츠실트 반지름과 같은 선($r = r_s$)을 따라간다.

출처: J. Richard Gott

의 세계선은 크러스컬 다이어그램에서 쌍곡선처럼 휘어진다.

45도 기울어진 두 선이 만나는 중심 X에서 오른쪽으로 수평한 선은 깔때기의 바닥에 있는 구멍에서 똑바로 빠져나오는 바깥 방향의 빛을 한 순간에 포착한 것을 표현한다. (깔때기의 또 다른 차원인 주위를 두르는 방향은 이 다이어그램에서는 생략되었다.)

대학원생의 세계선('GS'로 표시된 선)은 녹색으로 표시했다. 그는 처음에는 교수와 함께 움직였다. 다이어그램의 아래쪽에서 두 세계선이 나란히 가는 부분이 그때다. 그러다가 교수의 세계선이 중간지점에서 수직이 되는 순간에 대학원생은 교수를 떠났다. 대학원생은 자유낙하를 한다. 그의 세계선은 블랙홀로 떨어진다. 교수는 오른쪽으로 가속해서 벗어난다. 사건의 지평선('EH'로 표시되어 있고, 슈바르츠실트 반지름과 같은 반지름이기 때문에 $r = r_s$로도 표시되어 있다)은 45도 기울어져 있고 먼 미래에 교수의 세계선과 거의 근접한다. 이것은 교수의 세계선과 절대 만나지 않는다. "점점"이라는 신호의 빛은(이 경우에 전파는) 사건의 지평선과 나란히 가기 때문에 45도 기울어져 있다. 대학원생의 세계선은 "점점"이라는 신호를 보내는 순간 사건의 지평선을 가로지른다. 교수는 결코 이 신호를 받지 못할 것이다. 교수의 세계선은 r이 슈바르츠실트 반지름의 1.25배 되는 점들을 따라간다. 빛(전파) 신호 "여기"와 "상황은"은 45도 기울어져서 대학원생이 사건의 지평선을 지나기 전에 나왔다. 이 두 신호는 교수의 세계선과 만난다. 교수는 이 신호들을 받는다. 이제 "상황은" 신호가 교수에게 도착하는데 왜 그렇게 오랜 시간이 걸렸는지 알 수 있을 것이다.

슈바르츠실트 반지름의 0.75배인 지점들은 어디 있을까? 이 지점들은 사건의 지평선 위에 떠 있는 웃는 모습처럼 포물선을 만들고 있다. 오른쪽 위에서 이 선은 사건의 지평선에 접근하지만 절대 만나지 않는다. $r = 0$인 특이점 역시 $r = 0.75$ 위에 웃는 모습의 포물선으로 있다. 대학원생의 세계선은 이 미소와 만난다. 우리는 이 미소에 이빨을 그려넣었다. 이것은 대학원생을 삼켜서 잡아먹을 것이기 때문이다. 시공간은 너무나 많이 휘어져 있어서 왼쪽 끝에 수직한 선으로 있을 것 같은 특이점이 미래를 향해 휘어진 형태로 있다. 일단 대학원생이 사건의 지평선을 지나면 이 포물선이 대학원생의 미래에 나타난다. 당신이 다음 화요일이 오는 것을 피할 수 없는 것처럼 그는 이것을 피할 수 없다. 아무리 로켓을 쏘아도 빛보다 빨리 달릴 수 없기 때문에 그는 45도보다 위쪽으로 올라갈 수밖에 없다. 대학원생이 일단 사건의 지평선을 지나면 특이점을 표시하

웰컴 투 더 유니버스

는 포물선이 ±45도보다 넓게 퍼져서 나타나 그의 세계선과 만나게 된다. 대학원생은 최후를 맞는다. 마찬가지로 그가 사건의 지평선을 지난 직후에 오른쪽 45도로 보낸 "나빠져요" 신호도 $r=0$인 특이점에서 이빨과 만난다.

우리는 크루스컬 다이어그램을 완성하여 점 질량의 완전한 해를 얻을 수 있다. 이것은 텅 빈 우주에서 무한한 과거에 시작하여 무한한 미래까지 지속되는 점 질량을 표현한다. 직선인 사건의 지평선 EH는 다른 방향의 직선과 다이어그램의 중심에서 만나 큰 X자를 만든다. 이 X자는 시공간을 네 개의 영역으로 나눈다. 교수가 있는 블랙홀의 바깥은 X의 오른쪽이다. 여기가 우리 우주다. X의 위쪽은 미래의 맨 위에서 특이점이 나타나는 블랙홀의 안쪽이다. X의 아래쪽은 $r=0$으로 표시된 초기 특이점이다. 과거의 바닥에서 찡그린 표정처럼 보인다. 왼쪽은 우리 우주와 같은 다른 우주다. 이 우주는 우리 우주와 중간의 웜홀wormhole로 연결되어 있다. 이 시공간의 중심을 수평으로 자르면 그 순간의 조각을 얻을 수 있다. 이것의 모양은 가장 좁은 부분이 맞닿아 있는 두 개의 깔때기와 비슷하다. 오른쪽 끝은 깔때기에서 둘레가 가장 큰 곳이다. 구멍에서 먼 반지름이 큰 곳을 의미한다. 왼쪽으로 갈수록 점점 좁아져 X의 중심의 사건의 지평선에서 둘레가 $2\pi r_s$가 된다. 그리고 다시 반지름이 커지면서 X 왼쪽의 다른 우주로 간다. 두 깔때기는 만나서 웜홀을 만든다. 구멍에서 아주 먼 곳에서 깔때기는 농구 코트처럼 편평해져 무한히 뻗어간다. 건물 2층에 농구 코트가 있고 코트가 깔때기처럼 아래쪽으로 휘어져 중앙에 있는 구멍으로(골프장의 구멍처럼) 향하는 경우를 생각해보라. 이 깔때기는 아래층의 천장에서 다시 펴져서 편평해진다. 농구 코트는 우리 우주고 아래층의 천장은 우리 우주와 작은 구멍으로 연결된 다른 우주다. 두 우주는 다이어그램에서 수평한 선으로 표현되는 순간에 웜홀로 연결된다. 하지만 당신은 이 웜홀을 통해서 다른 우주로 갈 수 없다. X자를 만드는 두 선들이 정확하게 45도만큼 기울어져 있기 때문이다. X의 오른쪽(우리 우주)에서 X의 왼쪽(다른 우주)으로 가기 위해서는 45도보다 더 기울어진 세계선을 가져야 한다. 이것은 빛보다 빠르게 움직여야 한다는 것을 의미하는데, 이것은 불가능하다. 하지만 원칙적으로 당신은 블랙홀 안의 위쪽 영역(미래)에서 다른 우주에서 온 외계인을 만날 수 있다. 심지어 악수도 할 수 있다. 당신들은 미래에 웃고 있는 특이점에 도착하여 죽기 전에 "우리는 큰일 났어"라는 말을 나눌 수도 있다. 당신들은 유한한 시간 내에 특이점에 도착할 것이다.

아래쪽에 있는 과거의 특이점은 우리 우주가 시작될 때의 빅뱅 특이점과 비슷하다. 이 부분의 해는 화이트홀white hole이라고 부른다. 이것은 영상을 뒤로 돌리는 것처럼 블랙홀의 시간을 거꾸로 돌린 형태다. 입자가 아래쪽의 화이트홀의 특이점에서 만들어져 우리 우주로 나오는 세계선을 가질 수 있다. 입자가 블랙홀로 떨어질 수 있다면 화이트홀에서 나올 수 있다.

이제 만나게 되는 블랙홀들은 영원히 존재하는 것이 아니다. 현실에서 블랙홀은 별이 붕괴하여 만들어진다. 크러스컬 다이어그램의 시공간에서 붕괴하는 별의 표면이 대학원생의 발 바로 아래에 있다고 생각하자. 그가 교수와 같이 있을 때 그리고 떨어지기 시작할 때 바로 발아래에 있다는 것이다. 이것은 별의 표면이 슈바르츠실트 반지름의 1.25배 반지름을 오랫동안 가지고 있다가 대학원생이 떨어지기 시작할 때 대학원생의 발 바로 아래에서 떨어지기 시작하는 상황이다. 별 표면의 세계선은 대학원생의 세계선과 나란하며 약간 왼쪽에 있다. 떨어지는 대학원생의 아래는 별의 내부이고, 이곳은 물질의 밀도가 0보다 크기 때문에 크러스컬 다이어그램의 진공에서의 해가 적용되지 않는다. 대학원생의 세계선의 왼쪽 영역은 그냥 무시하자. 웜홀도, 다른 우주도, 아래쪽의 화이트홀 특이점도 없다. 하지만 대학원생의 세계선의 오른쪽은 진공이기 때문에 무슨 일이 일어나고 있는지 설명할 수 있다. 대학원생은 그의 세계선이 $r=0$의 특이점에 도착하는 순간 부서진다. 당신이 만일 별 안에서 살고 있다면(에어컨이 있는 작은 방 안에서) 별의 부피가 0이 되고 밀도가 무한대가 될 때 부서지게 될 것이다. 당신의 미래에도 역시 특이점이 기다리고 있다. 당신은 당신 별의 크기가 0으로 붕괴할 때 $r=0$에 도착할 것이다.

그림 20.3 슈바르츠실트 블랙홀을 시뮬레이션한 그림. 뒤쪽의 별들에서 오는 빛이 중력 렌즈로 휘어져 검은 원반을 둘러싸고 있는 것처럼 보일 것이다. 은하수는 두 개로 보일 것이다. 하나는 블랙홀에 의해 빛이 휘어져서 블랙홀의 반대편에서 보인다. 출처: Andrew Hamilton(배경의 우리은하 이미지; Axel Mellinger)

몇 가지 충고하겠다. 슈바르츠실트 반지름 밖에 머무르기만 하면 문제없다. 블랙홀의 사건의 지평선 밖에서는 안전하게 궤도를 돌 수 있다. 태양이 붕괴하여 블랙홀이 된다 하더라도 지구는 현재 궤도에 그대로 머물 것이다. 당신은 하늘에서 검은 원반 형태의 블랙홀을 볼 수 있을 것이다. 이 블랙홀은 뒤쪽의 별들이 중력 렌즈로 휘어진 빛에 둘러싸여 있을 것이다(〈그림 20.3〉).

1963년 로이 커Roy Kerr는 회전하는 블랙홀(각운동량을 가지는 블랙홀)의 아인슈타인 장방정식에 대한 정확한 해를 구했다. 이것은 제21장에서 설명하겠지만 사건의 지평선 안쪽의 모습이 훨씬 더 복잡하다. 하지만 사건의 지평선은 슈바르츠실트 블랙홀과 똑같이 돌아올 수 없는 경계가 된다. 커의 해는 2015년 9월 14일 라이고Laser Interferometer Gravitational-Wave Observatory; LIGO에서 태양질량 29배의 블랙홀과 태양질량 36배의 블랙홀이 충돌하여 태양질량 62배의 회전하는 커 블랙홀이 만들어지는 것을 관측하는 순간 멋지게 입증되었다. 두 블랙홀은 가까이에서 나선형으로 다가가며 중력파를 방출하여 에너지를 잃었다. 시공간에 만들어진 이 중력 물결을 이용하여 천문학자들은 블랙홀들의 질량을 알아낼 수 있었다. 두 블랙홀은 서로의 주위를 돌면서 궤도 각운동량을 가지고 있었기 때문에 중심에 회전하는 블랙홀이 만들어진 것은 놀라운 일이 아니다. 최종적으로 만들어진 블랙홀이 진동하다가 조용해지는 과정은 커 블랙홀에서 예상한 진동의 안정과 정확하게 일치했다. 천문학자들은 심지어 이 커 블랙홀이 이 질량의 블랙홀이 가질 수 있는 최대 각운동량의 약 67퍼센트의 각운동량을 가지고 있다는 것도 알아냈다. 중력파 방출을 포함한 전체 충돌 과정은 슈퍼컴퓨터로 시뮬레이션되고 아인슈타인 방정식을 풀어 시공간의 구조를 계산할 수 있다. 컴퓨터 시뮬레이션과 관측된 중력파 무늬의 일치는 아인슈타인 방정식이 심하게 휘어진 시공간에서도 잘 작동한다는 것을 보여준다. 이것은 아주 중요한 결과다.

1974년 스티븐 호킹은 블랙홀이 사실은 열복사를 방출한다는 놀랍고 유명한 발견을 했다. 그러니까 에너지가 블랙홀에서 빠져나올 수 있다는 것이다. 이 발견은 어떻게 이루어졌을까? 프린스턴 대학의 대학원생 야코브 베켄슈타인은 자신의 박사과정 지도교수 존 아치볼트 휠러John Archibald Wheeler와 이야기를 하고 있었다. 휠러는 '블랙홀'이라는 이름을 만들어낸 사람이다. 그리고 이것은 아주 좋은 이름이다! 블랙홀은 구멍이고 검다. 빛을 방출하지 않기 때문이다. 닐 타이슨이 말했듯이 천문학자들은 단순한 이름을 좋아한다. "이것은 검고 구멍이니까 그냥 '블랙홀'이라고 부르면 되잖아?" 휠러는 블랙홀 연구의 대부였고 1960년대에 일반상대성이론에 대한 열기를 되살리는 역할을 했다. 그는 사람들에게 이 주제에 대한 연구에 관심을 가지게 하고 찰스 W. 미스너Charles W. Misner와 킵 손에게 중요한 교과서를 쓰게 했다. 나는 대학원생 때 이 교과서로 공부했다. 크러스컬은 자신의 다이어그램을 만든 후 그것을 휠러에게 보내 의견을 묻고는 휴가를 떠났다. 휠러는 그 논문을 읽고 이것이 너무나 중요하다고 생각하여 자신이 직접 논문을 완성하여 크러스컬을 단독 저자로 하여 바로《피지컬 리뷰》지에 보냈다! 크러스컬은 휴가에서 돌아와 자신의 논문이 이미 그 저널에 보내졌다는 사실을 알게 되었다.

휠러는 자신의 학생인 베켄슈타인을 불러 이야기를 나눴다. 그는 뜨거운 차가 담긴 컵을 가져와 차가운 물을 약간 부었다. 그리고 이렇게 말했다. "나는 방금 나쁜 일을 했네. 우주의 엔트로피(무질서)를 증가시켰어. 되돌릴 수는 없네. 차와 물을 다시 분리할 수 없으니까." 베켄슈타인은 우주의 엔트로피가 시간에 따라 언제나 증가한다는 것을 알고 있었다. 당신의 꽃병을 깨뜨리면 우주의 엔트로피는 증가한다. 깨진 조각이 튀어 올라 다시 꽃병이 되는 경우는 볼 수 없다. 이 장면을 찍은 영상을 거꾸로 돌리면 재미있게 보일 것이다. 당신은 이런 일이 일어날 수 없다는 것을 잘 알기 때문이다. 그런 일이 일어날 가능성이 있긴 하다. 하지만 너무 작다. 전체적으로 우리는 우주의 무질서가 시간에 따라 증가하는 것을 본다. 이것은 열역학 제2법칙으로 불린다. 사람들은 질서를 좋아한다. 아름다운 꽃병을 깨뜨리는 것은 안타까운 일이다. 이 논리에 따르면 차와 물을 섞는 것과 같이 엔트로피를 증가시키는 행위는 나쁜 일로 여겨질 수 있다. 휠러는 계속해서 말했다. "하지만 나는 미지근한 차와 물을 블랙홀 속으로 던져 증거를 없앨 수 있어. 그러면 블랙홀의 질량이 증가하겠지. 원래 질량에 차와 물의 질량이 더해질 거야. 하지만 내가 차와 물을 따로 따로 던졌을 때의 질량보다 더 많이 늘어나지는 않을 거야. 내가 애초에 차와 물을 섞지 않고 던졌을 때와 같은 결과가 나오는 거지. 그런데 이건 열역학 제2법칙을 깨뜨리는 것처럼 보여. 한번 생각해보게!"

　베켄슈타인은 휠러의 아이디어를 진지하게 받아들여서 그것에 대해 생각했다. 그 결과로 나온 논문은 너무나 기발해서 나는 충격을 받았다. 베켄슈타인은 호킹이 우주의 모든 사건의 지평선의 전체 면적은 모든 곳의 질량 밀도가 음이 아니라면 시간에 따라 언제나 증가한다는 타당해 보이는 정리를 증명했다고 말했다. 블랙홀에 질량이 더해지면 블랙홀의 질량은 증가하고 슈바르츠실트 반지름도 증가한다. 사건의 지평선의 면적 $4\pi r_S{}^2$도 역시 증가한다. LIGO에 의해 발견된 것처럼 두 블랙홀이 충돌한다면 사건의 지평선의 전체 면적이 충돌하기 전의 두 블랙홀의 사건의 지평선 면적의 합보다 더 큰 블랙홀이 만들어진다. LIGO의 경우 계산 결과는 최종적으로 만들어진 태양질량 62배의 회전하는 커 블랙홀의 사건의 지평선의 면적은 원래의 태양질량 29배와 36배 블랙홀의 사건의 지평선 면적의 합보다 적어도 1.5배 더 크다. 베켄슈타인에게 사건의 지평선의 면적이 시간에 따라 언제나 증가하는 이 현상은 역시 시간에 따라 언제나 증가하는 엔트로피와 같은 것처럼 보였다.

　베켄슈타인은 사고실험을 했다. 그는 줄에 매달린 입자를 최대한 천천히 슈바르츠실트 블랙홀로 넣고 블랙홀의 면적이 얼마나 증가하는지 계산했다. 그는 이것이 1비트의 정보를 잃어버리는 것과 같다고 보았다. 그 입자가 존재하느냐 존재하지 않느냐에 대한 정보다. 그의 사고실험에서 잃어버린 정보는 엔트로피의 증가와 같기 때문에 그는 잃어버리는 정보의 양과 블랙홀의 사건의 지평선 면적 증가 사이의 관계를 계산할 수 있었다. 그는 1비트의 정보 손실은 $(1.6\times10^{-33}\text{cm})^2 = hG/2\pi c^3$ 정도의 약간의 면적 증가와 같다는 것을 알아냈다 (낯익은 값들이 나온다. 플랑크상수 h, 뉴턴의 중력상수 G 그리고 빛의 속도 c). 우리는 플랑크 길이라고 불리는 길이 $1.6\times10^{-33}\text{cm}$를 제24장에서 다시 만날 것이다. 이것은 시공간의 구조가 양자역학의 하이젠베르크의 불확정성의 원리 때문에 불확실해지는 스케일이다. 휠러가 미지근한 차와 물을 블랙홀로 던졌을 때 그는 블랙홀의 사건의 지평선의 면적과 엔트로피를 증가시킨 것이다. 우주의 엔트로피는 여전히 적절히 증가했다. 블랙홀은 엔트로피를 가지고 있고 차와 섞인 물이 들어왔을 때 증가했기 때문이다. 베켄슈타인은 블랙홀은 크긴 하지만 무한하지 않은 엔트로피를 가지고 있다고 결론내렸다.

재미있게도 베켄슈타인의 연구는 지름 6인치 하드드라이브가 저장할 수 있는 정보량의 한계를 설정해주었다. 10^{68}비트=1.16×10^{58}기가바이트다. 여기에 이보다 더 많은 정보를 넣으려고 하면 이것은 너무 무거워 붕괴하여 블랙홀이 될 것이다(이 과정을 더 자세히 알고 싶으면 부록2를 보라). 베켄슈타인의 연구는 관측 가능한 우주의 한정된 반지름 속에 놓을 수 있는 정보의 양에도 한계를 제공해주었다. 우리 우주와 같은 크기와 에너지의 우주가 기질 수 있는 정보는 $10^{(10^{124})}$비트다. 제1장에서 닐 타이슨이 말했던 아주 큰 수다. 베켄슈타인의 논문은 응용할 곳이 많다.

하지만 호킹은 나와 달리 베켄슈타인의 논문이 틀렸다고 생각했다. 만일 블랙홀에 특정한 양의 에너지를 더하여 특정한 양의 엔트로피를 증가시킨다면 이것을 간단한 열역학 논리로 블랙홀이 특정한 온도를 갖는다는 것을 의미할 수 있다. 호킹은 이것이 맞지 않다고 생각했다. 블랙홀은 특정한 온도를 갖는 물체처럼 빛나지 않는다. 블랙홀은 검은색이고 온도는 0이다.

로저 펜로즈Roger Penrose는 회전하는 블랙홀의 특별한 경우에 입자가 블랙홀의 사건의 지평선 바로 밖의 영역에서 두 개의 입자로 붕괴하여 한 입자는 사건의 지평선 안으로 블랙홀과 반대방향으로 회전하며 떨어져 블랙홀의 각운동량을 줄이고, 다른 입자는 원래 입자가 가지고 있던 에너지보다 더 많은 에너지를 가지고 밖으로 나올 수 있다는 것을 보였다. 회전하는 블랙홀에서는 블랙홀 질량의 일부가 회전 에너지와 엮여 있어서 마지막에는 블랙홀의 회전이 느려져 전체 질량이 더 작아진다. 블랙홀의 에너지 감소는 두 번째 입자가 높은 에너지를 가지고 탈출할 수 있는 에너지로 제공된다. 이 과정에서 회전하는 블랙홀의 사건의 지평선 면적은 약간 증가한다. 휠러의 또 다른 제자인 데메트리오스 크리스토둘루Demetrios Christodoulou는 이런 의문들을 조사하여 회전하는 블랙홀에서 얼마만큼의 에너지를 빼낼 수 있는지 한계를 정했다. 소련에서는 야코프 젤도비치Yakov Zeldovich가 이 아이디어를 전자기파에 적용했다. 그는 회전하는 블랙홀의 근처에 있는 전자기파는 펜로즈의 탈출하는 입자처럼 증폭되어 더 많은 에너지를 얻을 수 있다고 주장했다. 이것은 아인슈타인이 발견한 레이저의 효과인 유도 방출stimulated emission처럼 보였다. 이 논리에 따르면 회전하는 블랙홀은 자연 방출도 해야 하고, 전자기파를 방출하면서 서서히 회전 에너지를 잃는다. 알렉세이 스타로빈스키Alexei Starobinski는 회전하는 커 블랙홀에서의 이 효과를 계산했다.

그의 학생이었던 돈 페이지Don Page[1]가 말한 것처럼 호킹은 이런 아이디어들을 좀 더 튼튼한 기초 위에 놓기를 원했다. 호킹은 양자역학을 휘어진 시공간에 적용하려고 시도했다. 휘어진 슈바르츠실트 시공간에서 입자의 생성과 소멸을 계산하여 회전하지 않는 블랙홀이 정말로 복사를 방출하는지 알아보기 위해서였다. 호킹은 스스로도 놀랍게도 입자들이 생성된다는 것을 발견했다. 블랙홀이 열복사를 방출하는 것이었다. 블랙홀이 결국은 특정한 온도를 가지고 있는 것이다! 호킹은 빈 공간의 진공 속에서 입자쌍은 언제나 생성되고 서로 결합하여 다시 소멸한다는 사실을 이용했다. 이것을 가상 입자쌍virtual pairs이라고 부른다. 이들은 언제나 나타났다가 사라진다. 하이젠베르크의 양자역학의 불확정성 원리에 따르면 시스템의 에너지는 아주 짧은 시간 동안에 심하게 불확실하다. 그래서 전자와 반전자(둘 다 필요하다. 전체 전하량은 여전히 보존되어야 한다)가 만들어지는 데 필요한 에너지를 아주 짧은 시간 동안에 진공에서 "빌려올" 수 있다. 그러므로 전자-반전자 쌍은 진공에서 만들어져 아주 짧은 시간 후(대략 3×10^{-22}초 정도)에 다시 소멸될 수 있다. 하지만 블랙홀의 경우에는 전자가 사건의 지평선 약간 안쪽에서 만들어지고 양전자는 사건의 지평선 약간 바깥쪽에서 만들어질 수 있다. 사건의 지평선 안쪽에서 만들어진 전자는 밖으로 나가 바깥쪽에 있는 양전자와 재결합할 수 없다. 전자는 블랙홀로 떨어지고 양전자는 탈출한다. 사건의 지평선 안쪽에서 만들어진 전자는 크기는 정지 질량 에너지 $E=mc^2$보다 크고 부호가 음인 중력 위치에너지를 가진다. 그러므로 전체 에너지는 0보다 작아서 이것이 안으로 들어가면 블랙홀로부터 약간의 에너지, 그러니까 약간의 질량을 빼앗게 된다. 이것이 방출되는 양전자의 질량과 에너지를 만든다. 블랙홀 주변에는 약간의 음의 에너지 밀도를 가지는 양자 진공 상태(지금은 하틀-호킹 진공Hartle-Hawking vacuum이라고 부른다)가 존재한다. 이것은 호킹의 면적 증가 이론이 기반을 둔 양의 에너지 가정을 깨뜨리는 것이다. 이 경우에는 사건의 지평선의 면적은 양전자가 탈출하면서 약간 줄어든다. 반대로 양전자가 끌려들어가고 전자가 탈출할 수도 있다. 같은 효과로 광자의 쌍이 만들어질 수도 있다. 사건의 지평선 바로 안쪽에서 만들어진 광자는 끌려들어가고 바로 바깥쪽에서 만들어진 광자는 탈출한다. 호킹은 블랙홀이 열복사(지금은 호킹 복사Hawking radiation라고 부른다)를 방출한다는 것을 발견했다. 이것은 블랙홀을 수축시키고 궁극적으로는 증발시킨다. 이 열복사의 최대 파장(λ_{max})은 블랙홀의 슈바르츠실트 반지름의 약 2.5배다. 태양질량 10배의 블랙홀에서 이 복사는 파장 75킬로미터의 전파가 되어 관측하기에 너무 약하다. 이 열복사는 $6\times10^{-9}\text{K}$의 아주 낮은 온도를 가진다(아주 적은 양전자와 전자가 섞여 있다). 이것이 스티븐 호킹이 아직 노벨상을 받지 못한 이유다. 그 복사가 지금 관측될 수 있을 정도로 충분히 강하다면 그는 분명 바로 스톡홀름으로 갈 것이다(스티븐 호킹은 이 책의 번역출판 작업이 진행되던 중인 2018년 3월 14일에 76세의 나이로 사망했다. 노벨상은 생존해 있는 사람에게만 수여하게 때문에 호킹은 노벨상을 받을 수 없게 되었다—옮긴이 주). 아마도 그 복사가 존재한다는 것을 의심하는 과학자는 없을 것이다. 하지만 그 복사는 너무나 약할 것으로 예측되고 있다. 별 질량 블랙홀이나 더 큰 블랙홀들은 사실은 우주배경복사로부터 흡수하는 복사가 방출하는 복사보다 더 많다. 아주 먼 미래가 되어서야 우주배경복사가 적색이동을 하고 충분히 식어서 블랙홀의 증발 과정이 진행될 것이다.

블랙홀이 증발하는 데에는 오랜 시간이 걸린다. M87에 있는 태양질량 3×10^9배 블랙홀과 같은 경우에는 온도 약 $2\times10^{-17}\text{K}$에 해당되는 열복사를 방출하고 있다. 대부분 광자와 중력자의 형태다. 돈 페이지의 계산에 따르면 태양질량 3×10^9배 블랙홀이 증발하는 데에는 3×10^{95}년이 걸린다. 현재는 우주배경복사에서 흡수하는 복사가 방출하는 복사보다 더 많다. 이 블랙홀의 질량 감소는 우주배경복사의 온도가 2×10^{-17}K보다 아래로 떨어지기 전까지는 시작되지 않을 것이다. 이것은 지금부터 7,000억 년 후가 된다. 궁극적으로 증발에 의해 이 블랙홀은 10^{-33}cm로 수축할 것이고 그런 다음 초고에너지 감마선을 방출하며 사라질 것이다. 블랙홀이 만들어질 때 잃어버렸던 정보는 증발할 때 방출되는 호킹 복사로 결국 다시 빠져나온다고 생각된다. 하지만 뒤죽박죽이 된 형태일 것이다.

이 증발이 블랙홀의 내부에 어떤 영향을 줄 것인지에 대한 세부 사항은 아직도 열띤 논쟁 중에 있다. 어떤 물리학자들은 사건의 지평선 바깥에서 방출되는 호킹 입자(혹은 반입자)와 짝을 이루어 사건의 지평선 바로 안쪽에서 만들어지는 반입자(혹은 입자)는 뜨거운 광자로 이루어진 벽을 만들어 안으로 떨어진 우주비행사를 죽일 것이라고 믿고 있다. 이 효과는 아마도 블랙홀이 자신의 질량을 절반 이상 증발시킨 이후에나 중요해질 것이다. 이것은 아주 먼 미래에 일어날 일이다. 세부 사항은 블랙홀 주변에 만들어지는 양자 진공 상태에 달려 있다.

제임스 하틀James Hartle과 스티븐 호킹은 블랙홀의 사건의 지평선에서 폭발하지 않고 안으로 떨어지는 우주비행사가 불에 타지 않고 지나갈 수 있는 양자 진공 상태를 발견했다. 입자와 반입자(예를 들면 전자와 양전자)가 진공에서 만들어지면 그들의 양자 상태는 서로 얽혀 있다. 두 입자는 서로 반대방향으로 회전하는 각운동량을 가지고 있다. 만일 한 입자가 어떤 방향으로 회전하는지 알아낸다면 곧바로 다른 입자는 반대방향으로 회전하고 있다는 사실을 알 수 있다. 이것은 입자들이 아주 멀리 떨어져 있을 때도 성립된다. 이 효과가 아인슈타인을 당혹스럽게 했다. 그는 이것을 "먼 곳까지 미치는 유령 작용spooky action at a distance"이라고 불렀다. 이것이 양자역학에 대해서 아인슈타인이 불편하게 생각했던 것 중 하나다. 최근의 논문에서 이 분야의 대가인 후안 말다세나Juan

웰컴 투 더 유니버스

Maldacena와 레너드 서스킨드Leonard Susskind는 방출되는 입자와 사건의 지평선 안쪽에 있는 짝 사이의 양자 얽힘은 하틀과 호킹이 의도했던 것처럼 안으로 떨어지는 우주비행사의 상태를 그대로 유지할 수 있게 해준다고 주장했다. 그들은 입자와 그 반입자가 작은 미시 웜홀로 연결되어 있다고 주장했다. 그들은 보통의 공간에서는 멀리 떨어져 있지만 웜홀을 통해서 실질적으로 서로 접촉하고 있는 것이다. 웜홀은 개미가 테이블 표면 위에서 아래로 이동할 수 있게 해주는 구멍과 같은 것이다. 웜홀의 양쪽 입구는 테이블 표면을 따라 이동하면 멀리 떨어져 있다. 개미가 이 길을 따라간다면 위쪽의 웜홀 입구에서 아래쪽의 입구로 이동하기 위하여 먼 거리를 기어가야 한다. 일단 테이블 위쪽의 가장자리에 도착한 다음 옆면을 따라 내려와 아래쪽으로 간 다음 아래쪽 웜홀 입구까지 가야 한다. 이 경로를 따라 이동한 개미는 웜홀의 위쪽 입구와 아래쪽 입구가 멀리 떨어져 있다고 말하겠지만 웜홀을 통과한 개미는 이 둘이 실제로는 아주 가까이 있다는 사실을 알 것이다. 이것으로 아인슈타인의 "먼 곳까지 미치는 유령 작용" 문제를 해결할 수 있다. 입자와 반입자는 웜홀을 통해서 언제나 가까이 있는 것이다. 재미있게도 휠러는 웜홀 입구로 모이는 전기력선은 (테이블 아래쪽에서) 전자처럼 보이지만, 테이블 위쪽으로 나와서 퍼지면 양전자처럼 보인다고 이미 언급했다. 그래서 그는 입자와 반입자들이 우리가 앞에서 크로스컬 다이어그램에서 두 우주를 연결하는 경우에서 본 것처럼(이런 경우를 아인슈타인-로젠 다리Einstein-Rosen bridge라고 한다) 블랙홀 안에서 만들어지는 것과 같은 웜홀로 연결될 수 있다고 주장했다. 먼 곳까지 미치는 유령 작용에 대한 아인슈타인의 논문은 네이선 로젠Nathan Rosen과 보리스 포돌스키Boris Podolski와 함께 썼다. 그런데 말다세나와 서스킨드는 아인슈타인, 로젠, 포돌스키의 먼 곳까지 미치는 유령 작용 역설은 미시 아인슈타인-로젠 다리를 이용하여 해결할 수 있다고 주장했다! 놀랍게도 아인슈타인과 로젠은(그리고 다른 모든 사람들도) 그 연관성을 놓쳤다! 이 그림이 맞다면 호킹이 처음 주장했던 것처럼 사건의 지평선을 지나는 대학원생은 안전해 보인다. 이 예는 호킹의 연구가 밝혀낸 깊은 연결 고리를 보여준다.

나는 호킹이 칼텍에 와서 블랙홀이 증발한다는 자신의 발견에 대해서 흥분하며 이야기하던 모습을 잘 기억하고 있다. 블랙홀에 대해 세계 최고의 전문가 중 한 명인 킵 손이 그를 소개했다. 청중 중에는 노벨상 수상자인 머리 겔맨 Murray Gell-Mann도 있었다. 킵 손은 이 연구의 혁명적인 중요성에 대해서 자세히 설명했다. 나는 동의한다. 이것은 아인슈타인 시대 이후 일반상대성이론에 대한 가장 중요한 결과다. 당신은 스티븐 호킹이라는 이름을 들어보았을 것이다. 그가 유명해진 것은 이것 때문이다. 이 흥미로운 사건은 2014년에 영화 〈모든 것에 대한 이론〉에서 잘 소개되었다. 강렬하고 정확하게 호킹을 연기했던 에디 레드메인은 오스카상을 수상했다.

21

우주의 끈, 웜홀 그리고 시간여행

내가 일반상대성이론으로 시간여행에 대해 연구를 하기 때문에 이웃집 아이들은 우리 집 차고에 타임머신이 있을 것이라고 생각한다. 언젠가 캘리포니아에서 열린 우주론 학회에 참가했을 때 나는 우연히 청록색 스포츠 코트를 입고 있었다. 당시 하버드 대학 천문학과 학과장이던 나의 동료 로버트 커시너Robert Kirshner가 다가와 말했다. "리치, 자네 그 코트 미래에서 사서 가져온 거지? 아직 그런 색은 만들어지지 않았잖아!" 그때부터 그 코트는 "미래에서 온 코트"가 되었고, 나는 시간여행에 대한 강연을 할 때마다 그 코트를 입었다.

나는 시간에 대한 강연을 시작할 때 주로 이 청록색 스포츠 코트를 입고 갈색 서류가방을 가지고 먼저 간다. 나는 서류가방을 캐비닛에 숨겨놓고 급히 나온다. 그리고 티셔츠를 입고 돌아온다. 나는 청중들에게 내가 다른 미팅에 참석해야 해서 강연을 대신해줄 사람을 초대했다고 설명하고 다시 나온다. 그리고 청록색 스포츠 코트를 입고 다시 들어가 사람들에게 이것이 "미래에서 온 코트"라고 말한다. 나는 같은 시간에 다른 미팅에 가야 해서 강연을 할 수 없었지만, 나는 타임머신이 있기 때문에 미팅을 마치고 미래로 가서 코트를 사서 강연을 하기 위해 시간에 맞춰 과거의 나로 돌아왔다고 설명했다!

그런데 나는 시간여행 강의를 위한 자료를 깜빡 잊고 가지고 오지 않았다는 것을 깨닫는다. 어떻게 할까? 나는 타임머신이 있기 때문에 (강연이 끝난 후인) 다음날로 가서 자료를 가지고 더 일찍 돌아와 자료가 든 서류가방을 교실 어딘가에 둘 수 있다. 나는 주위를 둘러보지만 가방은 보이지 않는다. 그렇다면 내가 가방을 숨겨둔 것이 틀림없다. 가방을 숨길 만한 곳이 어딜까? 아마도 캐비닛일 것이다. 나는 캐비닛을 열고 서류가방을 찾아내어 가방을 연다. 그렇지! 시간여행 강연 자료가 가방 안에 있다.

어떻게 진행된 일인지 시공간 다이어그램에서 세계선을 따라가며 살펴보자. 공간은 수평방향이고 시간은 수직방향이며 위쪽이 미래다. 내가 강연을 하는 교실은 가운데 있는 수직 화살표다. 나의 세계선은 〈그림 21.1〉처럼 그려진다. (실제 세계선이 아니라 방금 만들어낸 이야기의 세계선이다―옮긴이 주.)

시공간 다이어그램에서 나는 교실 밖에서 흰색의 티셔츠를 입고 있다. 나는 교실에 잠깐 들어가서 다른 미팅에 참석해야 하기 때문에 강연을 할 수 없다고 말한다. 나는 나와서 미팅에 참석한 다음 미래로 가서 "미래에서 온 코트"를 산다. 이제 나의 세계선은 청록색으로 바뀐다. 나는 현재로 돌아와 다시 방으로 들어가 강연을 한다. 강연이 끝난 다음 시간여행 자료를 방에다 두기 위해서 강연 직전의 시간으로 돌아간다. 나는 방으로 들어가 티셔츠를 입은 더 젊은 나 자신이 들어오기 직전에 나온다. 나는 미래로의 나의 인생을 계속 살아간다. 나의 세계선은 복잡하다.

그렇다면 서류가방의 세계선은 어떨까? 나는 서류가방을 캐비닛에서 찾은 직후부터 서류가방을 가지고 있다. 내가 서류가방을 계속 들고 있다면 서류가방은 나와 함께 과거로 돌아가 방으로 들어가서 내가 찾을 때까지 캐비닛에 있다. 서류가방의 세계선(오렌지색)은 닫혀 있다. 서류가방의 세계선은 이상하다. 시작도 끝도 없기 때문이다. 나의 세계선은 내가 태어날 때 시작하여 내가 죽을

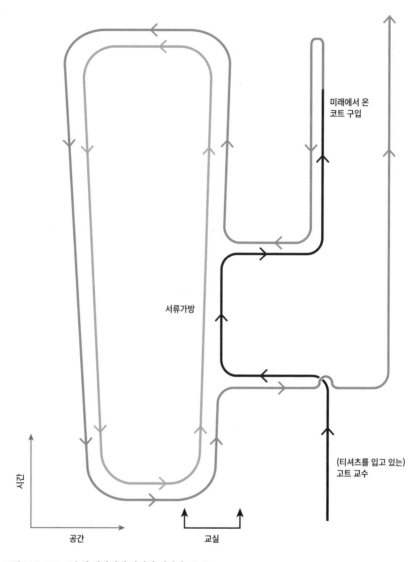

미래에서 온
코트 구입

서류가방

(티셔츠를 입고 있는)
고트 교수

시간

공간

교실

그림 21.1 고트 교수의 시간여행 강연의 세계선. 출처: J. Richard Gott

때 끝나지만 서류가방의 세계선은 닫혀 있다. 서류가방은 우리가 진_{jinn} 입자라
고 부르는 것이다. 진 혹은 지니_{genie}라는 난데없이 불쑥 나타나는 요정의 이름
을 딴 것이다.

서류가방은 나의 시야를 벗어나지 않는다. 서류가방은 가방 공장에 가본 적이 없다. 과거로의 시간여행을 연구하는 물리학자는 양자 효과를 적용할 때 진 입자들을 고려해야 한다. 강의가 끝난 후 내가 서류가방을 가지고 있을 때 가방에 흠집이 났다면 어떻게 될까? 이고르 노비코프Igor Novikov는 진 입자에 생긴 문제는 어떤 지점에서 원래 상태로 되돌려져야 한다고 지적했다. 나의 서류가방도 예외가 아니다. 이것은 엔트로피의 법칙을 거스르지 않는다. 서류가방은 고립된 계가 아니기 때문이다. 밖에서 온 에너지가 서류가방을 원래 상태로 되돌리는 데 사용되었다.

정보도 역시 진이 될 수 있다. 내가 1915년으로 돌아가 아인슈타인에게 정확한 일반상대성이론의 장방정식을 건네주었다고 생각해보자. 그러면 아인슈타인은 그것을 정리하여 발표할 수 있다. 그러면 정보는 어디에서 온 것일까? 나는 그의 논문을 읽어 그것을 알았다. 그리고 그는 나를 통해서 알았다. 닫힌 세계선이다.

진 입자는 물리법칙에서 가능하다(가능하지 않아 보일 뿐이다). 그리고 진 입자의 질량이 크고 복잡할수록 더 가능하지 않아 보인다. 내가 강의실 바닥에서 클립을 발견하여 서류가방 대신 클립을 가지고 과거로 돌아가 내가 발견한 곳에 클립을 두는 경우에도 같은 이야기가 성립된다. 그러면 클립이 진이 되고, 이것은 서류가방보다 더 가볍고 단순할 것이다. 더 단순하게, 전자를 발견하여 과거로 돌아가 강의실에 둘 수도 있다. 서류가방과 같이 무겁고 복잡한 물체를 발견하는 것은 더 가능하지 않아 보이고 강연에 필요한 자료를 담고 있는 것을 발견하는 것은 특히 행운으로 보인다. 나는 이런 복잡한 진이 가능하지만 일어나기는 아주 어렵다고 생각한다.

과거로의 시간여행은 과거로 돌아가는 세계선을 가질 때 일어난다. 일반적인 경우는 〈그림 18.1〉에서처럼 태양의 세계선 주위를 나선형으로 도는 지구와 다른 행성들의 세계선으로 표현된다. 어떤 것도 빛보다 빠르게 움직일 수 없고, 세계선은 모두 미래로 나아간다. 〈그림 21.2〉는 과거로 시간여행을 할 때의 상황을 보여준다. 시간여행자의 세계선은 과거로 돌아가서 자신의 과거의 사건과 만난다.

시간여행자는 바닥인 과거에서 시작하여 위로 올라가서 "이봐! 나는 미래의 너야! 인사하려고 과거로 왔어!"라고 말하는 미래의 자신의 세계선과 만난다. 그는 "정말?"이라고 대답하고 과거로 돌아간다. 그러고는 과거의 자신을 만나 "이봐! 나는 미래의 너야! 인사하려고 과거로 왔어!"라고 말한다. 과거의 그는 "정말?"이라고 대답한다. 시간여행자는 이 장면을 두 번 경험한다. 한 번은 미래의 자신으로, 한 번은 과거의 자신으로. 하지만 그 장면은 오직 한 번만 일

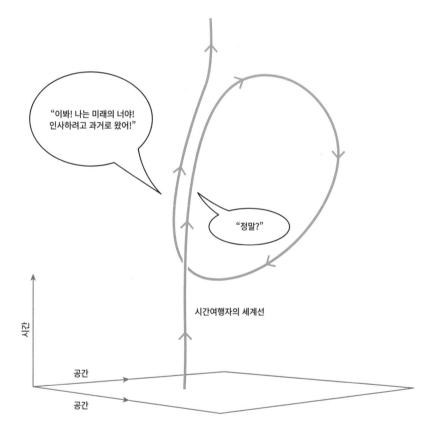

그림 21.2 시간여행자의 세계선의 시공간 다이어그램.

출처: J. Richard Gott(*Time Travel in Einstein's Universe*, Houghton Mifflin, 2001)

어난다. 이것은 세계선이 그려져 있는 4차원의 조각품으로 생각할 수 있다. 이것은 변하지 않는다. 그것이 그림이 보이는 모습이다. 이것을 경험하는 것이 어떨지 궁금하다면 세계선을 따라가면서 어떤 세계선에 가까워지는지 보면 된다.

이것은 유명한 '할머니 역설'로 이어진다. 내가 과거로 돌아가서 잘못하여 할머니가 나의 어머니를 낳기 전에 할머니를 죽인다면 어떻게 될까? 그러면 할머니는 나의 어머니를 낳지 못할 것이고 어머니가 나를 낳지 못할 것이기 때문에 나는 존재할 수 없다. 그러므로 나는 과거로 돌아가 할머니를 죽일 수 없고, 그렇다면 할머니는 문제없이 나의 어머니를 낳고 어머니는 결국 나를 낳는다. 이것은 역설이다. 할머니 역설의 보수적인 해법은 시간여행자가 과거를 바꿀 수 없다는 것이다. 그들은 언제나 과거의 한 부분이다. 당신은 과거로 돌아가서 소녀인 당신의 할머니와 과자와 차를 마실 수는 있지만 할머니를 죽일 수는 없다. 할머니는 당신을 낳을 당신의 어머니를 낳았기 때문이다. 해법은 자기 일관성이 있어야 한다. 킵 손과 이고르 노비코프를 비롯한 과학자들은 시간여행하며 서로 충돌하는 당구공들이 역설에서 벗어나 언제나 자기 일관성이 있는 해를 찾는 것처럼 보이는 일련의 사고실험을 구상했다.

당신은 과거를 바꾸는 것을 걱정할 필요가 없다. 아무리 열심히 노력하더라도 아무것도 바꿀 수 없다. 당신이 타이타닉 호로 가서 선장에게 빙산을 경고하더라도 선장은 다른 모든 빙산에 대한 경고를 무시했듯이 당신의 경고를 무시할 것이다. 왜냐하면 우리는 타이타닉이 침몰한 것을 알고 있기 때문이다. 당신은 사건을 바꾸는 것이 불가능하다는 것을 발견할 것이다. 영화 〈빌과 테드의 멋진 모험Bill and Ted's Excellent Adventure〉(국내 개봉 제목: '엑설런트 어드벤쳐')에서의 시간여행은 바로 이 자기 일관성의 원리에 기반한 것이다.

할머니 역설에 대한 다른 해법은 양자역학의 다중세계 이론many world theory이다. 물리학자들은 여기에 동의하지 않지만 일단 어떤 것인지는 알아보자. 다중세계 이론에서는 많은 세계가 철로가 교차하는 곳에 있는 철로들처럼 동시에 존재한다. 우리는 하나의 철로를 따라가는 하나의 역사를 볼 수 있다. 우리가 보는 사건들은 우리가 지나가는 역과 같다. 여기는 제2차 세계대전, 여기는 인간이 달에 내리던 순간, 이런 식이다. 하지만 다른 세계도 많이 있다. 제2차 세계대전이 일어나지 않은 세계도 있다. 이것은 양자역학에 대한 리처드 파인만 Richard Feynman의 다중역사 접근에 기반하고 있다. 그는 미래의 실험 결과의 가능성을 계산하기 위해서는 나타날 수 있는 모든 가능한 역사를 고려해야 한다는 것을 발견했다. 이것은 그저 양자역학 계산을 할 때 나타나는 이상한 규칙들 중 하나일 뿐이라고 생각할 수 있겠지만, 다중세계 모형을 지지하는 사람들은 이 모든 역사가 실재이며 서로 상호작용한다고 생각한다. 데이비드 도이치David Deutsch는 시간여행자가 과거로 가서 소녀인 자신의 할머니를 죽일 수 있다고 주장한다. 이것은 새로운 경로를 만들어내게 된다. 이 새로운 역사에서는 시간여행자는 있고 할머니는 죽는다. 시간여행자가 태어나고 그의 할머니가 살아있는 경로는 분리되어 여전히 존재한다. 그는 여전히 새로운 경로로 오기 전에 있었던 자신의 역사를 기억한다. 두 경로가 모두 존재한다.

우리는 이제 할머니 역설에 대한 두 가지 해법이 있다. 모두 이것을 해결한다. 보수적인 해법은 하나의 자기 일관성을 가지는 변하지 않는 하나의 4차원 조각 우주이고, 좀 더 급진적인 해법은 양자역학의 다중세계 이론이다. 두 해법이 모두 가능하다.

이제 과거로 순환하는 시간여행자의 세계선으로 다시 돌아가 보면 한 가지가 잘못되어 있다는 것을 알 수 있다. 빛은 이 다이어그램에서 45도 기울기로 움직인다. 시간여행자가 순환의 꼭대기에서 과거로 돌아가기 시작하면 어떤 지점에서는 시간 축에 대한 그의 세계선이 45도보다 더 기울어져야 한다. 이것은 어떤 지점에서는 그가 빛보다 빠르게 움직여야 한다는 것을 의미한다. 꼭대기에서 내려오자마자 그는 무한한 속도를 가져야 한다. 빛보다 빠르게 움직일 수 있다면 과거로 시간여행을 할 수 있다는 것은 A. H. R. 뷸러Buller의 시에 표현되어 있다.

브라이트라는 젊은 숙녀가 있었네.

빛보다 훨씬 빠르게 움직여

어느 날 출발하여

어떤 길을 따라

전날 밤의 집으로 돌아왔네.

여기서 문제는 아인슈타인이 특수상대성이론에서 보였듯이 빛보다 빨리 움직이는 우주선을 만들 수 없다는 것이다. 빛보다 언제나 느리게 움직인다면 당신의 세계선은 시간 축에서 절대 45도보다 더 기울어질 수 없고, 과거로 시간여행을 할 수 없다. 하지만 시공간이 휘어져 있는 일반상대성이론에서는 웜홀을 통과하거나 (앞으로 보게 될) 우주의 고리를 따라가는 지름길을 이용하여 빛을 앞지를 수 있다. 빛을 앞지를 수 있다면 브라이트 양처럼 과거로 여행할 수 있다.

당신이 공간의 한 차원을 수평으로, 시간의 차원을 수직으로 표시한 종이 한 장을 가지고 있다고 하자(〈그림 21.3〉). 당신의 세계선은 이 종이 위에서 수직인 직선이 된다. 게으른 당신은 그냥 집에만 있기 때문에 세계선은 종이의 바닥에서 꼭대기까지 수직으로 이어진다. 하지만 휘어진 시공간에서는 규칙이 바뀐다. 종이를 수평으로 말아서 아래와 위가 만나도록 해보자. 이제 당신의 세계선은 과거로 가는 원이 된다.

당신은 언제나 미래로만 가지만 당신의 세계선은 과거로 간다. 마젤란의 탐험대에게도 같은 일이 일어났다. 그들은 서쪽으로만 여행했지만 지구의 휘어진 표면을 따라 다시 유럽으로 돌아왔다. 이것은 지구의 표면이 편평했다면 절대 일어날 수 없는 일이었다. 마찬가지로 시간여행자는 언제나 미래로 여행하지만 시공간이 충분히 휘어져 있다면 자신의 과거의 사건으로 돌아갈 수 있다.

일반상대성이론의 여러 해들이 이것을 허용한다. 그것을 설명하기 전에 먼저 우주의 끈cosmic strings에 대해서 설명하겠다. 1985년 나는 우주의 끈 주위의

웰컴 투 더 유니버스

구조에 대한 아인슈타인 장방정식의 정확한 해를 발견했다. 터프츠 대학의 알렉스 빌렌킨Alex Vilenkin은 근사 해를 구했고 나는 정확한 해를 구했다. 몬태나 주립대학의 윌리엄 히스콕William Hiscock이 똑같은 정확한 해를 독립적으로 구했기 때문에 우리는 이 발견에 대한 권리를 공동으로 가지고 있다. 이 해는 우주의

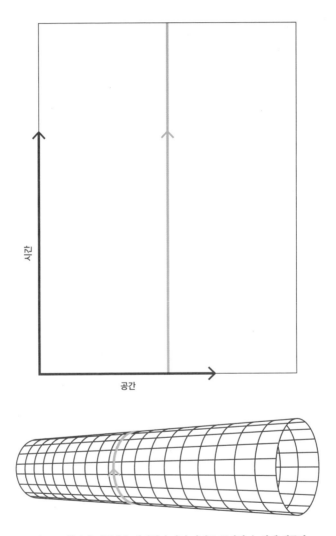

그림 21.3 휘어진 시공간은 세계선이 다시 과거로 돌아갈 수 있게 해준다.
출처: J. Richard Gott(*Time Travel in Einstein's Universe*, Houghton Mifflin, 2001)

끈 주위의 구조가 어떻게 생겼는지 알려준다.

그런데 우주의 끈이 무엇일까? 이것은 빅뱅 이후에 남겨진, 장력을 받고 있는 양자 진공에너지의 고에너지 밀도를 지닌 가는(원자핵보다 더 가는) 실이다. 이런 끈은 많은 입자물리학 이론에서 예측되었다. 아직 발견하지는 못했지만 열심히 찾고 있다.

물리학자들은 진공(입자나 광자가 없는 텅 빈 공간)이 장이 퍼져 있는 공간에서 에너지를 얻을 수 있다는 것을 알고 있었다. 이 개념은 예를 들면 최근의 힉스장과 이와 연관된 입자인 힉스 보손Higgs boson의 발견에 적용되었다. 힉스 보손이 거대 강입자 충돌기LHC에서 발견된 후 프랑수아 앙글레르François Englert와 피터 힉스Peter Higgs는 그 존재를 예측한 공로로 2013년 노벨 물리학상을 받았다. 제23장에서 설명하겠지만 우리는 이제 아주 초기 우주는 높은 진공에너지를 가지고 있었다고 믿고 있다. 이 진공에너지가 보통의 입자로 붕괴할 때 이 중 일부가 높은 진공에너지의 가는 실, 즉 우주의 끈으로 남았을 수 있다. 이것은 운동장의 눈이 녹을 때 몇몇 눈사람들이 마지막까지 남아 있는 것과 비슷하다. 마찬가지로 우주의 끈은 초기 우주에서 남은 진공에너지로 만들어진 것이다.

우주의 끈은 끝이 없다. 우주가 무한하다면 무한한 길이를 가질 것이고 혹은 고리를 만들 것이다. (무한히 긴) 스파게티 면과 동그랗게 말린 스파게티 면을 상상하면 된다. 우리는 무한히 긴 끈과 고리가 모두 존재할 것이라고 기대한다. 우주의 끈의 연결망 질량의 대부분은 무한히 긴 끈들이 차지하고 있다.

우주의 끈 주위 공간의 구조에 대해서는 다음과 같은 질문이 필요하다. 끈을 자른 단면은 어떤 모습일까? 당신은 아마도 중간에 끈이 지나가는 부분이 점으로 찍힌 종잇조각과 같은 모습을 기대할 것이다. 하지만 우주의 끈은 질량이 아주 클 것으로 예상된다(1센티미터 당 약 10^{15}톤 정도). 그러므로 끈은 공간을 심하게 휘어지게 한다. 중간에 점이 찍힌 종이가 아니라 한 조각이 떨어져 나간 피자처럼 보일 것이다(〈그림 21.4〉).

우선 피자에서 한 조각을 떼어내는 것부터 시작하자. 그건 그냥 먹자. 그냥

웰컴 투 더 유니버스

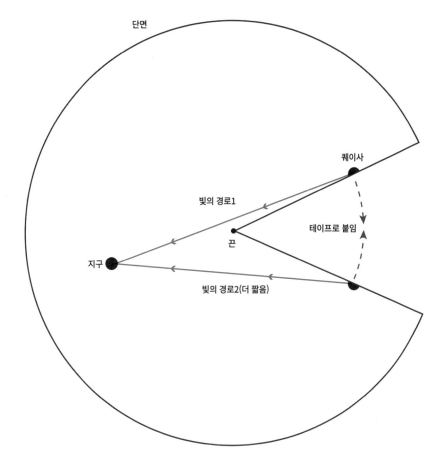

그림 21.4 우주의 끈 주위의 구조. 출처: J. Richard Gott(*Time Travel in Einstein's Universe*, Houghton Mifflin, 2001)

없애버려라. 이건 완전히 사라졌다. 남은 피자에서 조각이 떨어져나간 양쪽 끝을 조심해서 잡는다. 이 두 끝을 연결하여 피자를 원뿔 모양으로 만든다. 이것이 우주의 끈 주위의 단면 구조가 된다. 이것은 원뿔처럼 생겼다. 우주의 끈은 피자의 중심을 지나간다. 원뿔 모양의 구조는 둘레가 피자의 반지름의 2π배보다 작다는 것을 보여준다. 한 조각이 사라졌기 때문에 둘레는 원래의 피자보다 더 작아진다. 이것은 편평한 평면에서의 유클리드 기하학의 법칙을 따르지 않는다는 말이다.

떨어져나간 조각의 각 크기는 끈의 단위 길이 당 질량에 비례한다. 우주의 끈은 초기 우주에서 실제로 만들어질 수 있다. (입자물리학의 대통합 모형은 우주의 끈이 약력, 강력, 전자기력이 나눠지기 시작하던 시기에 만들어진다고 예측한다.) 이 각은 사실 상당히 작다. 아마 0.5각초나 그보다 더 작을 것이다. 이것은 아주 작기는 하지만 관측은 가능하다.

〈그림 21.4〉에서 끈은 중심에 있고 두 가장자리가 묶이는 곳에서 떨어져나간 조각을 볼 수 있다. 내가 지구에서 끈 뒤에 있는 퀘이사를 보고 있다고 가정하자. 빛은 끈의 양쪽을 지나가는 두 개의 직선 경로(경로1과 경로2)를 따라 나에게 온다. 떨어져나간 조각의 양쪽 끝을 붙여서 종이를 원뿔 모양으로 만들면 빛의 두 경로는 끈의 양쪽으로 휘어진다. 그 경로들은 중력 렌즈 효과로 휘어진다. 이것은 제19장에서 설명했던, 태양 근처를 지나가는 빛이 휘어지는 것과 같은 효과다. 하지만 그 경로 자체는 직선이다. 나는 자를 이용하여 그 선들을 그렸다. 종이 피자가 원뿔 모양이 되어도 작은 트럭은 경로1이나 경로2를 따라 퀘이사에서 지구까지 똑바로 올 수 있다. 두 경로 모두 측지선이다. 두 빛이 모두 퀘이사에서 지구까지 직선으로 오기 때문에 우리는 우주의 끈 양쪽에 퀘이사의 쌍둥이 모양을 볼 수 있다. 우리는 하늘에서 우주의 끈 양쪽에 쌍으로 보이는 퀘이사를 찾으면 우주의 끈을 찾을 수 있다. 아직 우주의 끈 때문에 렌즈 현상이 일어난 것을 발견하지는 못했지만 계속 찾고 있다.

이 그림에서 주목할 만한 것은 빛의 두 경로의 길이가 다르다는 것이다. 〈그림 21.4〉에서는 경로2가 경로1보다 약간 짧다. 그러니까 내가 퀘이사에서 지구까지 경로2를 따라 빛의 속도의 99.9999999999퍼센트인 우주선을 타고 날아온다면 경로1을 따라오는 빛을 이길 수 있다. 경로1을 따라오는 빛은 더 먼 거리를 이동해야 하기 때문이다. 나는 지름길을 이용해서 빛의 속도를 이길 수 있는 것이다!

우리는 아직 우주의 끈을 보지는 못했지만 이런 종류의 중력 렌즈 현상은 퀘이사와 우리 사이에 있는 은하를 통해서 실제로 관측된다. 멀리 있는 퀘이사

웰컴 투 더 유니버스

QSO 0957+561의 상은 은하의 양쪽에서 보인다. 은하에 의해 휘어진 시공간은 우주의 끈과 같은 방법으로 빛을 휘어지게 한다. 이 경우에는 뒤에 있는 퀘이사의 밝기가 변한다. 에드 터너Ed Turner, 토미슬라프 쿤디치Tomislav Kundić, 웨스 콜리Wes Colley가 이끌고 나도 참여한 천문학자들의 팀은 양쪽 퀘이사 상에서의 같은 밝기 변화를 측정하여 두 상 사이의 시간 차이가 417일이라는 사실을 알아낼 수 있었다. 이것은 빛이 이동한 전체 시간인 89억 광년에 비하면 아주 작은 비율이다. 빛보다 빠르게 이동하는 것이 가능한지 알고 싶다면 이 경우에는 그렇다가 답이다. 가능하다! 하나의 빛이 다른 빛보다 417일 빨랐다. 텅 빈 공간에서의 공정한 경쟁이었고 단지 지름길을 택했을 뿐이다.

그러니까 퀘이사의 이중 상을 찾는 것이 우주의 끈을 찾는 한 가지 방법이다. 지금까지의 모든 경우는 은하의 렌즈로 설명이 된다. 하지만 끈이 렌즈가 된 퀘이사는 더 드물 것으로 예상하고 있으므로 이것은 놀라운 일이 아니다. 우리는 계속 찾고 있다.

우주의 끈들은 팽팽한 상태에서 주로 약 빛의 속도의 절반 속도로 이리저리 돌아다닌다. 빛이 우주의 끈의 양쪽을 지나가면서 서로를 향해 휘어지는 것처럼 정지해 있는 두 대의 우주선은 우주의 끈이 둘 사이를 빠르게 지나가면 서로를 향해 이끌릴 것이다. 두 우주선은 끈이 둘 사이를 지나가면 서로를 향해 속도를 얻는다. 이제 하나의 우주선을 지구, 다른 하나의 우주선을 우주배경복사라고 해보자. 우주의 끈이 움직이면 뒤에 멀리 있는 우주배경복사에 도플러 이동을 일으킨다. 끈이 우주배경복사와 우리 사이를 왼쪽에서 오른쪽으로 지나가면 우주배경복사의 한쪽(왼쪽)이 끈의 반대쪽보다 약간 뜨겁게 보인다. 우리는 이런 효과들을 찾고 있다. 떨리는 고무 밴드처럼 진동하는 끈의 고리는 중력파를 만들어낼 수 있는데 우리는 미래에 우주에 있는 LIGO와 같은 방식의 기기를 이용하여 이 중력파도 찾을 수 있을 것이다. 그러니까 우리는 우주의 끈들을 찾을 수 있는 몇 가지 유력한 방법들이 있는 것이다.

하나의 우주의 끈에서 보이는 지름길 효과를 어떻게 이용할 수 있을까?

1991년에 나는 움직이는 두 개의 우주의 끈에 대한 아인슈타인의 일반상대성이론 장방정식의 정확한 해를 발견했다. 이 해에서는 두 평행한 우주의 끈이 마치 밤중에 돛대를 세운 배가 서로 지나가듯이 지나갈 수 있다. 수직인 끈1은 왼쪽에서 오른쪽으로, 역시 수직인 끈2는 오른쪽에서 왼쪽으로 움직인다. 이 두 우주의 끈 주위의 구조는 어떻게 보일까?

당연히 이번에는 시간의 두 조각이 떨어져나간다. 두 우주의 끈의 단면은 두 조각이 떨어져나간 종이와 같고 이것을 접으면 작은 종이배를 만들 수 있다(〈그림 21.5〉). 펼치면 두 조각이 떨어져 나간 것을 볼 수 있고 끈1 때문에 떨어진 조각은 위쪽에, 끈2 때문에 떨어진 조각은 아래쪽에 있다(두 끈은 면에 수직하여 당신 방향으로 뻗어 있다). 이제 두 개의 지름길이 있다. 당신이 그림의 행성 A에서 출발한다면 경로2라고 표시되어 있는, 두 우주의 끈 사이를 직선으로 지나가는 경로를 따라 행성B로 갈 수 있다. 하지만 끈1을 돌아 행성B까지 더 빠르게 갈 수 있는 더 짧은 직선 경로인 경로1이 있다. 마찬가지로 또 다른 지름길인 경로3은 당신을 행성B에서 행성A로 경로2를 따라가는 것보다 더 빠르게 돌아갈 수 있게 해줄 것이다. 당신이 행성A에서 행성B로 빛의 속도의 99.9999999퍼센트의 속도로 경로1을 따라 이동한다면 경로2를 따라 직선으로 이동하는 빛을 앞지를 수 있다. 경로1은 경로2보다 더 짧다. '피자 조각'이 떨어져 나갔기 때문이다. 당신은 경로2를 따라가는 빛이 행성A에서 출발한 후에 출발해도 그 빛이 행성B에 도착하기 전에 먼저 도착할 수 있다. 당신이 행성A에서 출발하는 것과 행성B에 도착하는 것은 경로2를 따라 공간꼴 분리spacelike separation를 가지고 있는 두 개의 사건이다. 이 둘은 시간의 년보다 공간의 광년으로 더 멀리 떨어져 있다. 당신은 빛을 앞질렀으므로 실질적으로 빛보다 빠르게 움직인 것이다. 지름길을 택했기 때문이다. 왼쪽으로 빠르게 움직이는 누군가가—이 사람의 이름을 코스모라고 하자—있다면 그는 이 두 사건이 동시에 일어났다고 판단할 것이다. 그의 (빛보다 느린) 속도 때문에 그는 시공간을 프랑스 빵처럼 비스듬히 잘라서 행성A에서 당신이 출발하는 것과 행성B에 당신이 도착하는 것을 동시

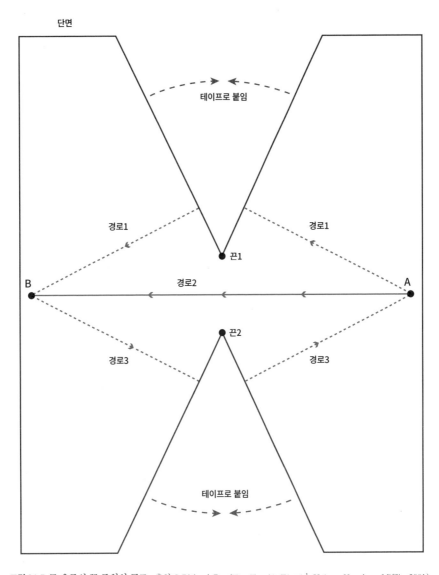

단면

테이프로 붙임

경로1

경로1

끈1

B

경로2

A

끈2

경로3

경로3

테이프로 붙임

그림 21.5 두 우주의 끈 주위의 구조. 출처: J. Richard Gott(*Time Travel in Einstein's Universe*, Houghton Mifflin, 2001)

라고 판단할 것이다.

이제 그림의 위쪽 절반을 끈1과 코스모를 태운 상태로 오른쪽으로 빠르게 움직이자. 이제 끈1은 정지해 있는 것이 아니라 오른쪽으로 빠르게 움직이고 있고, 운동은 상대적이기 때문에 코스모는 더 이상 왼쪽으로 움직이지 않고 중심에 그대로 서 있다. 코스모는 당신이 오후 12시에 행성A를 출발하고 오후 12시에 행성B에 도착하는 것을 볼 것이다. 당신이 이 속임수를 한 번 할 수 있다면 두 번도 할 수 있다. 그림의 아래쪽 절반을 끈2를 태운 상태로 왼쪽으로 똑같이 빠른 속도로(하지만 빛보다는 느린 속도로) 움직여보자. 당신은 행성B를 출발하여 지름길인 경로3을 따라 이동하여 경로2를 따라간 빛보다 먼저 행성A로 갈 수 있다. 당신이 행성B를 출발하는 것과 행성A로 돌아오는 것은 시간의 년보다 공간의 광년으로 더 멀리 떨어질 것이다. 해의 아래쪽 절반이 충분히 빠른 속도로(하지만 여전히 빛보다는 느린 속도로) 움직인다면 끈2는 코스모가 보기에 거의 빛의 속도로 움직이는 것으로 보이고, 코스모는 당신이 행성B에서 출발하는 것과 행성A에 도착하는 것을 동시에 관측할 것이다. 그러니까 그가 당신이 오후 12시에 행성B에서 출발하는 것을 보았다면 오후 12시에 행성A로 돌아오는 것을 볼 것이다. 그런데 당신은 처음에 행성A를 오후 12시에 출발했다. 당신이 행성A를 출발한 것과 행성A에 돌아오는 것은 동시에 같은 장소에서 일어난다. 당신은 당신이 출발하는 시간에 돌아와 더 젊은 당신 자신과 악수를 할 수 있다! 당신은 자신의 과거 사건으로 시간여행을 한 것이다. 이것이 진정한 과거로의 시간여행이다.

이것은 당신에게는 이렇게 보인다. 당신은 행성A에 도착한다. 그러면 더 늙은 당신이 도착하여 이렇게 말한다. "안녕, 나는 끈들을 한 번 돌았어!" 당신이 대답한다. "정말?" 그리고 당신은 우주선을 타고 끈1 주위를 돌아 경로1을 따라 행성B에 도착한다. 그리고 곧바로 행성B를 출발하여 끈2 주위를 돌아 행성A로 돌아와 더 젊은 당신 자신을 만난다. 그리고 이렇게 말한다. "안녕, 나는 끈들을 한 번 돌았어!" 그러면 더 젊은 당신이 대답한다. "정말?"

더 젊은 당신 자신을 만나는 것이 에너지 보존법칙에 어긋날까? 결국, 원래 당신은 하나이지만 이 만남에서 당신은 둘이 되었으니까. 하지만 에너지 보존법칙에 어긋나지 않는다. 일반상대성이론에서는 국지적으로만 에너지가 보존된다. 뭔가가 방으로 들어와야만 방의 질량-에너지는 높아진다는 말이다. 시간 여행자로서 당신은 방에 들어가는 다른 사람과 같다. 당신이 들어갔기 때문에 방의 질량-에너지는 증가한다. 그러므로 여기에서는 국지적인 에너지 보존이 성립한다.

　　두 끈이 서로 다른 방향으로 움직이는 것이 중요하다. 그러면 당신이 해야 할 일은 우주선을 타고 끈 주위를 돌아서 이동하는 것뿐이다. 그러면 당신은 당신이 출발한 시간과 장소로 돌아갈 수 있다. 마이클 레모닉Michael Lemonick은《타임》지에 나의 타임머신에 대한 기사를 썼다. 그 기사에 그는 내가 두 개의 끈과 하나의 작은 모형 우주선을 들고 있는 사진을 함께 실었다.

　　칼텍의 커트 커틀러Curt Cutler는 나의 두 끈 해에서 아주 재미있는 성질을 발견했다. 과거로의 시간여행이 일어나지 않는 기간이 있다는 것이었다. 끈들이 아주 멀리 떨어져 있는 먼 과거에는 끈들 주위를 도는 데 많은 시간이 걸려서 당신은 언제나 당신이 출발한 후에 행성A로 돌아오게 된다. 하지만 끈들이 서로 지나칠 정도로 충분히 가까워지면 당신은 끈들을 돌아 당신 자신의 과거 사건으로 제시간에 돌아갈 수 있다. 이 사건은 시간여행 지역에 있다. 〈그림 21.6〉은 이것에 대한 3차원 시공간 다이어그램이다.

　　시간은 수직방향이고 공간의 두 차원이 수평방향으로 표시되었다. 끈1은 오른쪽으로 움직이기 때문에 세계선은 오른쪽으로 기울어진 직선이다. 끈2는 왼쪽으로 움직이기 때문에 세계선은 왼쪽으로 기울어진 직선이다. 시간여행자의 세계선도 표시하였다. 시간여행자는 천천히 움직이기 때문에 세계선은 행성 A에 도착할 때까지 거의 수직이다. 당신은 시간여행자가 정오에 출발하여 두 끈을 돈 다음 정오에 돌아오는 것을 볼 수 있다. 시간여행자는 더 젊은 자신에게 인사한다. 그러고는 나머지 생을 계속 살아가므로 세계선은 다시 거의 수직이 된다. 커틀러는 시간여행 지역이 서로 맞붙은 두 개의 램프의 갓처럼 생긴 코시 지평선Cauchy horizon이라고 하는 표면으로 구별된다는 것을 발견했다. 행성 A로 접근하는 시간여행자는 과거로의 시간여행이 불가능한 먼 과거에서 출발

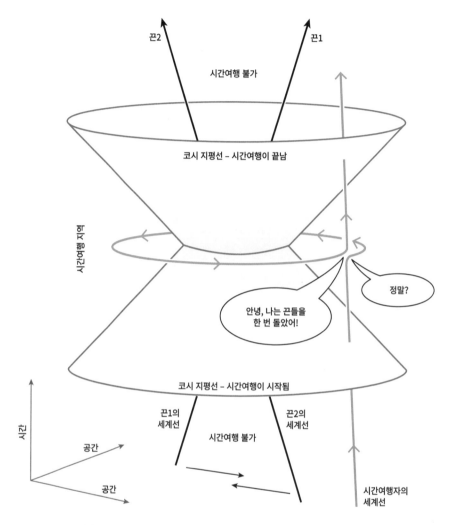

그림 21.6 두 끈 타임머신의 시공간 다이어그램.

출처: J. Richard Gott(*Time Travel in Einstein's Universe*, Houghton Mifflin, 2001)

했다는 것을 기억하자. 그런 후에 시간여행이 시작되는 코시 지평선을 지나간다. 그 지점을 지나면 미래에서 오는 시간여행자들을 볼 수 있다. 잠시 동안은 시간여행이 가능하지만 다시 과거로의 시간여행이 중지되는 두 번째 코시 지평선을 지나가게 된다. 그 이후에는 더 이상 미래에서 오는 시간여행자들과 마주치지 않을 것이다. 거기서는 두 끈이 너무 멀리 떨어져 있어서 시간여행자가 더 이상 끈들의 주위를 돌아 자신이 출발하는 똑같은 시간에 돌아올 수 없다.

이것은 스티븐 호킹의 유명한 질문에 답을 준다. "그럼 시간여행자들은 모두 어디에 있는가?" 시간여행이 가능하다면 왜 유명한 역사적인 사건들에 미래에서 온 시간여행 관광객들이 붐비지 않는가? 왜 케네디의 암살 장면에서 먼 미래에서 온 비디오카메라를 들고 은빛 우주복을 입은 사람들을 볼 수 없는가? 그 답은 당신이 미래에 시공간을 비틀어 타임머신을 만들면 코시 지평선이 만들어지고 오직 그때부터만 미래에서 오는 시간여행자를 볼 수 있기 때문이다. 하지만 이 시간여행자들은 타임머신이 만들어지기 전으로는 여행할 수 없다. 당신이 서기 3000년에 타임머신을 만든다면 원칙적으로 3002년에서 3001년으로는 돌아갈 수 있지만, 3000년보다 더 전으로 돌아갈 수는 없다. 타임머신이 그때 만들어졌기 때문이다. 우리가 시간여행자들을 볼 수 없는 이유는 우리가 아직 타임머신을 만들지 못했기 때문이다! 이것은 우리가 곧 알아볼, 웜홀과 워프 드라이브를 이용한 타임머신에서도 마찬가지다. 하지만 이것은 우리가 비록 과거를 조사해서는 미래에서 온 시간여행자들을 발견할 수 없지만, 미래의 언젠가에는 코시 지평선을 가로질러 미래에서 온 시간여행자들이 갑자기 나타날 가능성은 있다는 것을 의미한다.

우리는 우주의 끈들이 (유한한 끈의 고리들과 함께) 지금까지 살펴본 것처럼 무한하게 보일 것이라고 예상한다. 그리고 그 끈들은 팽팽한 상태이기 때문에 우리는 무한한 우주의 끈들이 빛의 속도의 절반 정도의 속도로 돌아다닐 것이라고 예상한다. 하지만 실제로는 두 개의 무한한 우주의 끈들이 타임머신을 만들어낼 수 있는 적당한 속도로 서로를 스쳐 지나가는 것을 발견할 행운을 기대하기는 어렵다. 대통합 우주의 끈들이 타임머신을 만들기 위해서는 최소한 빛의 속도의 99.99999999996퍼센트의 속도(빛의 속도보다는 느리지만 아주 빠른 속도)로 움직여야 한다. 하지만 끈의 고리를 발견하여 이것을 무거운 우주선의 중력으로 조종하여 끈이 자신의 장력으로 수축하게 하는 것은 언제나 가능하다.

끈의 고리는 고무 밴드와 비슷하다. 무거운 우주선이 근처를 지나가면 이것을 조종하여 고리의 긴 직선 부분이 타임머신을 만들어낼 수 있을 정도로 충분히 빠른 속도로 서로 스쳐 지나가게 만들 수 있다. 나는 (1991년《피지컬 리뷰 레터》지에 실은 우주의 끈 타임머신에 대한 논문에서) 이 경우의 우주의 끈은 그 근처에 만들어지는 블랙홀 안쪽의 수축하는 지점에 있다는 것을 보였다. 이것은 좋지 않다!

나는 이것은 시간여행 영역이 블랙홀의 안쪽에 잡혀 있는 것이 가능하다는 것을 보였다. 리신 리Li-Xin Li와 나는 나중에 타임머신 안에 있는 끈들의 주위를 도는 우주선의 추가적인 질량은 우주선 주위에 블랙홀이 만들어지는 것을 도와줄 수 있다는 것을 보였다.

끈의 고리는 서로 반대방향으로 빠른 속도로 스쳐 지나가는 두 개의 긴 직선 부분을 가지고 있고, 그러면 고리는 각운동량을 가지기 때문에 만들어지는 블랙홀은 회전하는 블랙홀이 될 것이다.

그러면 이제 회전하는 블랙홀에 대해서 알아보자. 제20장에서 언급했듯이 회전하는 블랙홀에 대한 아인슈타인 장방정식의 정확한 해는 1963년에 로이 커에 의해 발견되었다. 회전하는 블랙홀 해의 안쪽(사건의 지평선 안쪽)에서 일어나는 일에 대해서 연구한 사람은 브랜던 카터Brandon Carter였다. 커의 해는 두 개의 중요한 반지름을 가지고 있다. r_+는 사건의 지평선을 표시하고, r_-는 더 작은 코시 지평선을 표시한다.

커 블랙홀의 중심에서는 점과 같은 특이점이 아니라 고리 특이점ring singularity이 발견된다. 곡률은 이 고리 위에서만 무한대가 된다. (사실은 거의 무한대다. 양자 효과가 약간 흐리게 만들기 때문이다.) 당신이 그 고리를 건드린다면 조석력이 (제20장에서 설명했듯, 납작하게 만든 후 찢어서) 당신을 죽일 것이다. 하지만 재미있게도 회전하는 블랙홀 안쪽으로 떨어진 대학원생은 고리 특이점에 닿는 것을 피할 수 있다. 이것은 미래로 가는 그의 길을 막지 않는다. 대학원생은 먼저 r_+(사건의 지평선) 안쪽으로 들어가고 다음에는 r_-(코시 지평선) 안쪽으로 들어간다. 고리 특이점은 코시 지평선 안쪽에 있고 대학원생은 코시 지평선을 지나는 순간 이것을 볼 수 있다. 만일 대학원생이 훌라후프를 통과하듯이 고리를 통과하여 지나간다면 완전히 새로운 큰 우주(우주1)로 들어가게 된다. 카터는 만일 대학원생이 고리를 통과하여 우주1로 들어가서 반대편에서 특별한 방법으로 고리의 원주를 돌면 실제로 고리를 통과하여 그가 들어가기 전의 이쪽 편으로 돌아올 수 있다는 것을 보였다. 대학원생은 과거로 짧은 시간여행을 하여 과거의 자신이 고리로 뛰어들기 직전에 인사를 할 수 있다. 물론 블랙홀 밖에 있는 사람은 아무것도 볼 수 없다. 이것은 모두 사건의 지평선 안쪽에서 일어나는 일이기 때문이다. 일단 대학원생이 코시 지평선 안쪽으로 들어가면 〈그림 21.6〉에서 본 것처럼 과거로의 시간여행이 가능한 영역으로 들어간 것이다. 이 코시 지평선은 시간여행이 가능한 시기가 시작되는 점을 표시한다. 이 시기는 전적으로 블랙홀의 사건의 지평선 안쪽에 갇혀 있다. 대학원생은 절대 우리 우주로 돌아와서 친구들에게 자신의 시간여행 모험을 자랑할 수 없다. 그는 미래로 여행할 수 있다. 이 시공간 다이어그램에서 고리 특이점은 한쪽으로 떨어져 있기 때문에 대학원생의 미래로 향한 길을 막고 있지 않다. 그는 두 번째 코시 지평선을 지나면 시간여행 영역을 벗어나 (역시 〈그림 21.6〉처럼) 우리 우주와 같은 또 다른 큰 우주(우주2)로 나갈 수 있다. 그는 회전하는 화이트홀rotating white hole을 통과하여 우주2로 나간다. 그는 그곳에서 남은 생을 살거나 구멍으로 다시 뛰어들어 또 다른 우주로의 여행을 계속할 수 있다. 이것은 높은 건물의 엘리베이터를 타는 것과 비슷하다. 당신이 1층에서 엘리베이터를 탄다고 하자. 이것이 우리 우주다. 문이 닫히고 당신은 위로 올라간다. 1층 우주로는 더 이상 돌아가지 않는다. 당신은 당신의 과거를 떠났다. 문이 열리고 당신은 새로운 우주(우주1)를 본다. 당신은 고리 특이점을 통과하여 엘리베이터에서 내려 우주1을 방문할 수 있다. 당신은 죽을 때까지 우주1에서 머물 수도 있고, 다시 고리를 통과하여 엘리베이터로 돌아갈 수도 있다. 그렇게 했다면 엘리베이터는 계속 올라가서 다음 우주(우주2)로의 문을 연다. 당신은 거기서 내려서 살거나 그냥 엘리베이터에 머물러 미래로의 여행을 계속할 수 있다. 새로운 우주로 열리고 닫히는 엘리베이터 문을 영원히 지켜볼 수도 있다. 하지만 당신은 절대 1층 우주(우리 우주)로 돌아올 수 없다. 커의 해는 우리 우주의 특정한 과거에 실제로 만들어진 회전하는 블랙홀에서 이것이 모두 일어날 수 있다는 것을 보여준다.

하지만 우리는 몇 가지 약점도 고려해야 한다.

제20장에서처럼 교수는 블랙홀 밖에 안전하게 머무르고 있다. 교수가 보내어 블랙홀로 떨어진 광자는 대학원생이 사건의 지평선을 지난 후에도 받을 수 있다. 교수는 대학원생에게 "잘 하고 있어"라든가 "계속 가보면 훌륭한 논문을 쓸 수 있을 거야"와 같은 메시지를 보낼 수 있다. 대학원생은 메시지들을 모두 받을 것이다. 그가 사건의 지평선을 지난 다음 코시 지평선을 지나가기까지의 시간, 대학원생에게는 유한한 이 시간—태양질량의 수십억 배인 블랙홀에서는 몇 시간이 된다—사이에 그는 블랙홀 바깥 우리 우주의 무한한 미래 역사를 보게 된다. 뉴스의 헤드라인이 대학원생에게 점점 빠르게 보일 것이다. 커의 해에 따르면 이론적으로 대학원생은 코시 지평선을 지나가기까지의 유한한 시간 동안에 무한한 수의 뉴스를 받게 될 것이다.

이것은 역사학자에게는 좋은 일일 것이다. 대학원생이 우리 우주의 미래가 궁금하다면 그는 우리 우주의 무한한 미래의 역사를 유한한 시간 동안에 알 수 있다. 하지만 이것은 위험하다! 이 빨라진 뉴스들은 청색으로 많이 이동된 광자에 실려서 빠른 순서로 들어온다. 광자들은 블랙홀로 떨어져서 에너지를 얻었기 때문에 청색으로 이동된다. 광자들은 자신들이 싣고 오는 뉴스가 빨라지는 것과 같은 비율로 청색이동된다. 이와 같은 높은 에너지의 광자는 감마선이고 대학원생을 죽일 수 있다. 대학원생이 코시 지평선을 지날 때 광자들은 엄청나게(무한대에 가까울 정도로) 청색이동이 된다. 그러고는 코시 지평선을 따라 휘어진 특이점을 만들어 시간여행 영역과 다른 우주로 가는 미래로의 길을 막는다.

하지만 코시 지평선을 따라가는 이 특이점은 아마도 약할 것이다. 아모스 오리Amos Ori의 계산에 따르면 그곳에서의 조석력은 아마도 당신의 몸을 찢지

웰컴 투 더 유니버스

못할 것이다. 조석력은 무한대로 쌓일 수 있지만 아주 짧은 시간 동안만 그곳에 머문다. 이것은 과속 방지턱 위를 지나가는 것과 비슷하다. 대학원생은 충격을 받겠지만 죽지는 않을 것이다. 대학원생의 몸은 무한히 늘어나는(스파게티화되는) 것이 아니라 척추안마를 받을 때처럼 아주 약간만 늘어날 것이다. 알지 못하는 또 다른 것은 코시 지평선이 불안정해 보인다는 것이다. 코시 지평선에서의 섭동은 자라서 해의 일부를 새로운 예측할 수 없는 방향으로 보낼 수 있다. 대학원생에게 한 가지 좋은 소식은 우리가—미시 규모에서의 중력의 작용을 알려주는—양자 중력의 법칙을 알지 못한다는 것이다. 아인슈타인의 일반상대성이론에 대한 커의 해는 양자 효과를 고려하지 않고 있다. 우리는 미시 규모에서는 양자 효과가 중요해져서 특이점을 흐리게 만들 것이라고 기대한다. 이것은 대학원생이 통과하는 데 도움이 될 수 있다. 하지만 우리는 양자 중력의 법칙을 알지 못하기 때문에 확실히 어떻게 될지는 알 수 없다. 입자물리학의 대통합 이론을 갖게 되면 이 의문에 답을 얻을 수 있을 것이다. 그동안은 회전하는 블랙홀은 비밀을 품고 있다. 비밀을 알아내는 한 가지 방법은 뛰어들어 보는 것이다!

이제 회전하는 블랙홀 안으로 들어가 타임머신이 된 끈의 고리로 다시 돌아가 보자. 커틀러가 발견한 끈 주위의 시간여행을 위한 코시 지평선은 회전하는 커 블랙홀의 코시 지평선과 일치하게 될 것이다. 일단 코시 지평선을 지나가면 시간여행 영역으로 들어가게 된다. 우리는 우리를 이끌어줄, 수축하는 끈의 고리에 대한 정확한 해를 가지고 있지 않다. 하지만 재미있게도 1999년 쇠렌 홀스트Sören Holst와 한스-위르겐 마출Hans-Jürgen Matschull이 유사한 낮은 차원의 경우(평면세계)에서 정확한 해를 발견했다. 여기에서는 휘어진 시공간에서 빠르게 서로 지나가는 두 입자(우주의 끈과 똑같이 원뿔 모양의 외부 형태를 가진)가 회전하는 블랙홀 안에 잡힌 타임머신을 만들어낸다!

끈의 고리의 경우 우리는 일어날 수 있는 몇 가지 가능성들을 고려해야 한다. 당신은 끈의 고리를 돌아 더 젊은 당신과 악수를 나눌 수도 있다. 하지만 당신은 자신이 블랙홀 안에 있다는 것을 알게 될 것이고 밖으로 돌아가 당신의 모험을 이야기할 수 없을 것이다. 그러고는 특이점으로 떨어져 죽게 된다. 만일 운이 좋다면 다른 우주로 나갈 수도 있다. 하지만 그래도 역시 친구들이 있는 곳으로 돌아가지는 못할 것이다. 더 나쁘게는 애초에 시간여행을 하기도 전에 특이점으로 떨어져 죽을 수도 있다. 이 가능성들 중에 어떤 것이 실현될지 우리는 알지 못한다.

스티븐 호킹은 코시 시간여행 지평선이 유한한 영역에서 나타나고 물질의 밀도가 절대 음이 되지 않으면 특이점은 코시 지평선 위 어딘가에서 만들어져야 한다는 것을 증명했다. 기본적으로 이것은 당신의 차고에서 보통의 재료로 시공간만 부드럽게 휘어서 (특이점을 만들지 않고) 타임머신을 만드는 것은 어렵다는 이론이다. 두 무한한 끈이 서로를 지나가는 경우에 에너지 밀도는 모든 곳에서 언제나 음이 아니다. 하지만 끈이 무한하기 때문에 코시 지평선은 무한히 뻗어 있고 호킹의 이론은 적용되지 않는다. 하지만 우리가 실제로 타임머신을 만드는 것으로 상상하는 우주의 끈 고리 해에서는 특이점이 블랙홀 안쪽의 코시 지평선 위에 만들어진다고 생각할 수 있다. 이것은 당신의 길을 꼭 막지는 않지만 적어도 당신이 코시 지평선을 지날 때 멀찍이서 볼 수는 있을 것이다. 하지만 이 코시 지평선이 (내가 예상하는 것처럼) 블랙홀의 안쪽에 갇혀 있고 블랙홀이 호킹 복사를 통해 증발한다면(반드시 그래야 한다), 블랙홀 바깥쪽의 양자 진공 상태는 작은 음의 에너지 밀도를 가지게 되어(사건의 지평선을 수축시킨다) 호킹의 이론이 역시 적용되지 않는다. 그러므로 당신이 코시 지평선을 지나기 전에 특이점에 의해 죽지 않는 회전하는 블랙홀 안쪽에 갇혀 있는 타임머신을 만들기 위해서 어떤 이론도 위배할 필요가 없다.

블랙홀이 유한한 시간에 증발한다는 사실은 당신이 코시 지평선에 도착할 때 지평선을 지나기 전에 우리 우주의 전체 미래를 볼 수 없다는 것을 의미한다. (블랙홀의 사건의 지평선이 증발로 0의 크기가 되기 바로 전에 일어나는 일만 볼 수 있다.) 그러므로 당신이 떨어질 때 밖에서 온 크게 청색이동된 임의의 광자에 맞게 되지는 않는다. 이것도 역시 다행이다.

코시 지평선은 불안정하지만 우리는 능숙한 조종사가 조종할 수 있는 불안정한 평면을 만들어 맞설 수 있다. 마치 긴 연필을 손가락 끝에 거꾸로 세우고 빠르게 움직이면서 균형을 잡는 것과 비슷하다. 이것을 아주 잘 하는 사람도 있다. 원칙적으로는 뛰어난 문명에서는 코시 지평선을 잘 조정하여 안정시킬 수도 있다.

만일 수축하는 끈의 고리를 한 번만 돌아서 1년 과거로 여행하기를 원한다면 (블랙홀 안에서) 우리은하질량의 절반 정도 질량을 가진 끈의 고리를 찾아서 조정해야 한다. 이것은 엄청나게 발전된 문명에서나 시도라도 해볼 수 있는 일이다.

당신은 시간여행을 하기도 전에 죽게 될까? 회전하는 블랙홀 안에서 살아남아서 당신 자신의 과거로 시간여행을 할 수 있을까? 이 질문에 답을 얻기 위해서는 결국에는 미시적인 스케일에서 중력이 어떻게 작동하는지 알 수 있는 양자 중력 법칙을 이해해야 한다. 이것이 이 문제가 그렇게 재미있는 이유 중 하나다.

우주의 끈들을 움직이는 것이 시간여행을 할 수 있는 아인슈타인 일반상대성이론 방정식의 유일한 해는 아니다. 첫 번째 해는 유명한 수학자 쿠르트 괴델Kurt Gödel이 1949년에 제안한 팽창하지 않고 회전하는 우주다. 우리 우주는 회전하지 않고 팽창하고 있지만 괴델의 해는 일반상대성이론에서 과거로의 시간여행이 원칙적으로는 가능하다는 것을 보여주었다. 하나의 해가 존재한다면 다른 해도 존재할 수 있다. 1974년 프랭크 티플러Frank Tipler는 무한히 긴 회전하는 실린더가 과거로의 시간여행을 가능하게 해줄 수 있다는 것을 보였다. 1988년 킵 손과 그의 제자 마이크 모리스Mike Morris, 울비 우르트시버Ulvi Urtsever는 통과 가능한 웜홀을 이용한 타임머신을 제안했다. 일반상대성이론에서 웜홀은 휘어진 시공간에서 멀리 있는 두 점을 연결하는 짧은 터널이다. 통과 가능한 웜홀이란 당신이 통과할 수 있을 정도로 충분히 오래 열려 있는 웜홀을 말한다(제20장에서 본 크러스컬 다이어그램에서의 웜홀과는 다르다). 우리가 일반상대성이론을

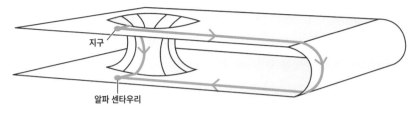

지구

알파 센타우리

웜홀은 지구와 알파 센타우리 사이의 지름길을 만든다.

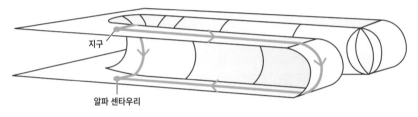

지구

알파 센타우리

워프 드라이브는 시공간에 U자 모양의 왜곡을 만들어
역시 지구와 알파 센타우리 사이의 지름길을 만든다.

그림 21.7 웜홀과 워프 드라이브. 출처: J. Richard Gott(*Time Travel in Einstein's Universe*, Houghton Mifflin, 2001)

이해하고 있는 바에 따르면 아직 발견되지는 않았지만 이런 터널은 존재할 수 있다. 터널의 한쪽 끝은 지구 근처에 있고 다른 쪽 끝은 4광년 떨어진 알파 센타우리에 있을 수 있다. 하지만 그 터널의 길이는 10피트밖에 되지 않을 수도 있다(〈그림 21.7〉).

지구에서 알파 센타우리로 빛을 보내면 도착하는 데 4년이 걸릴 것이다. 하지만 웜홀을 통과하면 불과 몇 초 후에 알파 센타우리에 도착할 수 있다. 이렇게 하면 알파 센타우리까지 빛보다 빠르게 갈 수 있다. 웜홀의 입구는 어떻게 생겼을까? 다이어그램에서는 원으로 보이지만 이 다이어그램은 2차원 공간만 보여줄 뿐이다. 실제 웜홀의 입구는 구처럼 생겼다. 반짝이는 구슬처럼 보일 것이다. 이것은 킵 손이 자문한 영화 〈인터스텔라Interstellar〉에 정확하게 묘사되어 있다. 하지만 이 구슬에 지구가 반사되어 보일 것이라고는 기대하지 말라. 그 대신 알파 센타우리 주위를 도는 행성이 보일 것이다. 지구에서 그 공으로 뛰어들

웰컴 투 더 유니버스

면 알파 센타우리 근처 어딘가로 나올 것이다.

이 웜홀을 타임머신으로 만드는 방법은 다음과 같다. 이런 웜홀을 3000년 1월 1일에 발견했다고 하자. 웜홀을 들여다보면 알파 센타우리가 보일 것이다. 그런데 언제의 모습일까? 두 입구(웜홀 터널의 양쪽 끝)가 잘 맞춰졌다면 알파 센타우리의 시계 역시 3000년 1월 1일을 가리키고 있을 것이다. 여기에 시간여행은 없다. 이제 거대한 우주선으로 지구 근처에 있는 웜홀 입구를 중력으로 끌어당겨 2.5광년의 거리를 빛의 속도의 99.5퍼센트로 왕복한다고 생각해보자. 지구에 있는 사람들은 이 왕복 여행이 5년 조금 더 걸리는 것으로 보여 3005년 1월 10일에 지구에 도착하게 된다.

우주비행사가 웜홀 터널 중간에 앉아 있었다고 하자. 그는 빛의 속도의 99.5퍼센트로 움직이고 있기 때문에 우리가 보기에 10배 더 느리게 나이를 먹는다. 그 여행 동안 그는 5년의 10분의 1, 즉 6개월밖에 나이를 먹지 않을 것이다. 그가 돌아왔을 때 그의 시계는 3000년 7월 1일일 것이다. 하지만 웜홀 터널의 길이는 여전히 10피트다. 웜홀 터널의 길이는 여행 동안 변하지 않는다. 웜홀 터널의 구조는 내부에 있는 물질에 의해 결정이 되는데 그것은 변하지 않았기 때문이다. 그리고 우주비행사는 알파 센타우리 쪽에 있는 웜홀 입구에 대해서는 움직이지 않았고, 그 웜홀 입구는 알파 센타우리에 대해서 움직이지 않았다. 그쪽에서는 아무것도 움직이지 않았기 때문이다. 그러므로 우주비행사의 시계는 알파 센타우리와 같이 유지되어야 한다. 당신이 우주비행사가 돌아왔을 때 웜홀 안에 있는 그의 시계를 보면 3000년 7월 1일일 것이다. 그의 어깨 너머로 뒤에 있는 알파 센타우리의 시계를 보면 그것도 역시 3000년 7월 1일일 것이다. 이제 당신에게는 방법이 있다. 당신이 웜홀을 통과하면 알파 센타우리의 3000년 7월 1일로 가게 된다. 그리고 우주선을 타고 지구로 빛의 속도의 99.5퍼센트로 돌아온다. 보통의 공간으로 이 여행은 4년이 조금 넘게 걸릴 것이다. 그러므로 지구에는 3004년 7월 8일에 도착한다. 그런데 당신은 3005년 1월 10일에 여행을 시작했으므로 당신이 출발하기 전에 도착한 것이다. 당신은 과거로 시간여행을 한 것이다. 당신은 당신 자신의 과거를 볼 수 있다. 당신은 3004년 7월 8일에 여행을 시작하기 전의 더 젊은 당신과 악수를 나눌 수 있다. 당신은 지구 근처의 웜홀 입구가 여행을 하기 시작했을 때보다 이전, 그러니까 타임머신이 만들어지기 전의 과거로 웜홀을 이용하여 돌아갈 수 없다. 웜홀의 양쪽 입구의 시간이 어긋나기 전인 3000년 이전으로는 돌아갈 수가 없는 것이다.

이와 같은 연구 주제는 칼 세이건에게서 영감을 받은 것이다. 그는 《콘택트》라는 SF 소설을 쓰고 있었다. 그 영화 버전에 대해서는 제10장에서 닐 타이슨이 이야기한 바 있다. 이야기 구성을 위해서 칼 세이건은 여주인공(영화에서 조디 포스터)이 웜홀로 들어가 25광년 떨어져 있는 베가 근처로 나오기를 원했다. 칼 세이건은 물리적으로 정확한 답을 얻기 위해서 친구인 킵 손에게 연락을 했다. 동료들과 함께 웜홀의 물리학을 연구한 킵 손은 웜홀이 열리기 위해서는 음의 에너지 물질—에너지가 0보다 작아서 밀어내는 중력을 가진 물질이 필요하다는 사실을 발견했다. 빛은 웜홀로 모여 웜홀 터널을 통과하여 반대쪽으로 나온다. 이것은 음의 에너지 물질의 반중력 효과의 특성이다. 크루스컬 다이어그램에서 블랙홀과 연결된 웜홀을 생각해보라. 당신은 여기를 통과하여 반대편으로 갈 수 없다. 특이점에 부딪혀 찢어지기 전에 다른 우주로 갈 수가 없는 것이다. 하지만 음의 에너지 물질이 있으면 웜홀을 열 수 있기 때문에 지나갈 수가 있다. 하지만 음의 에너지 물질을 어디서 찾을 수 있을까?

재미있게도 카시미르 효과Casimir effect라고 불리는 양자 효과는 실제로 음의 에너지 효과를 만들어낸다. 전도 금속판 두 개를 평행하게 놓으면 두 판 사이의 양자 진공 상태는 음의 에너지 밀도를 가진다. 카시미르 효과와 관련된 압력 효과는 M. J. 스파르나이Sparnaay와 S. K. 라모로Lamoreaux에 의해 실험으로 확인되었다. 블랙홀 주변에서의 하틀-호킹 양자 진공 상태 역시 작은 음의 에너지 밀도를 가져 블랙홀이 시간이 지나면 증발하여 사건의 지평선 면적이 감소되게 한다. 이 두 가지 예는 음의 에너지 물질을 만들 수 있다는 것을 보여준다. 킵 손과 그의 동료들은 두 구형의 판이 웜홀 터널 안에서 10^{-10}cm 간격을 두고 서로 등지고 있으면서 웜홀 터널을 막고 있으면 두 판 사이의 카시미르 효과가 웜홀을 열어둘 수 있다는 것을 보았다. 판에 지나갈 수 있는 뒷문을 열어두면 된다. (이 해는 음의 에너지 물질을 포함하고 있기 때문에 특이점에 구애받지 않는 한정된 지역에 타임머신을 만들 수 있다. 내가 앞에서 설명한 호킹의 이론이 적용되지 않기 때문이다.)

킵 손과 동료들이 제안한 타임머신은 웜홀 입구가 각각 1억 태양질량이고 반지름은 1AU다. 이런 웜홀을 만드는 것은 엄청나게 앞선 문명에서나 시도라도 해볼 수 있는 대단한 프로젝트일 것이다. 이것을 하는 유일한 방법은 미시 스케일에서 존재한다고 여겨지는 양자 시공간 거품의 일부인 1.6×10^{-33}cm 떨어져 있고 지름이 1.6×10^{-33}cm인 미시 양자 웜홀을 찾는 것이다. 그런 다음 이들을 떼어서 천천히 각각을 1억 태양질량의 크기로 키우는 것이다. 이것은 차고에서 간단하게 해볼 수 있는 일이 아니다! 하지만 말다세나와 서스킨드의 최근 연구는 양자적으로 얽혀 있는 입자들을 연결하는 미시 중력이 적어도 시작점은 될 수 있다고 제안한다.

또 다른 유명한 타임머신은 〈스타 트렉〉에 나오는 워프 드라이브다. 이것은 공간이 U자 모양으로 왜곡된 것으로 역시 공간을 통과하는 지름길을 만든다. 이것은 구멍이 아니라 단지 U자 모양의 왜곡이다(〈그림 21.7〉). 물리학자 미겔 알쿠비에레Miguel Alcubierre는 일반상대성이론의 관점에서 이것을 살펴보고 이것을 만들기 위해서는 양의 에너지 물질과 함께 음의 에너지 물질이 필요하지만 이론적으로 가능하긴 하다는 것을 발견했다.

아모스 오리는 최근 도넛 모양의 타임머신을 제안했다. 시간여행을 포함하는 창의적인 일반상대성이론의 해는 지금도 계속 발견되고 있다.

스티븐 호킹은 일반상대성이론은 시간여행을 허용하지만 아직 발견되지 않은 양자 효과가 아마도 모든 시간여행을 금지할 것이라고 생각한다. 그는 물리학 법칙이 어떻게든 과거로의 시간여행을 금지할 것이라는 연대 보호 추론Chronology Protection Conjecture을 제안했다. 물론 이것은 추론일 뿐이다. 그는 코시 지평선과 시간여행 영역에 접근하면 양자 진공 상태가 붕괴할 수 있다는(무한대가 되는) 몇몇 징후에 기반하고 있다. 리신 리와 나는 코시 지평선에서 붕괴하지 않는 다른 양자 진공 상태를 가지는 반례를 발견했다. 호킹의 제자인 마이클 J. 캐시디Michael J. Cassidy도 다른 방법으로 같은 예를 발견했다. 그러니까 어떤 상황에서는 시간여행이 가능할 수도 있을 것으로 보인다. 다시 한 번 확실히 알기 위해서는 양자 중력 법칙이 필요하다.

1895년 H. G. 웰스는《타임머신》이라는 소설을 출판했다. 당시의 물리학 법칙이었던 뉴턴의 법칙에 따르면 모두가 동의하는 보편적인 시간이라는 것이 있어서 과거나 미래로의 시간여행은 금지되어 있었다. 불과 10년 후인 1905년 아인슈타인은 미래로의 시간여행이 가능하다는 것을 증명했다. 우주비행사 겐나디 파달카는 이미 1/44초 미래로 시간여행을 했다(제18장). 1915년 휘어진 시공간에 기반을 둔 아인슈타인의 일반상대성이론은 시간보다 빠르게 이동하는 지름길을 허용하여 과거로의 시간여행이 가능한 문을 열었다. 현재 아인슈타인 방정식의 몇몇 해는 원칙적으로 과거로의 시간여행을 허용하는 것으로 알려져 있다. 우리의 현재 상황은 H. G. 웰스가《타임머신》을 쓸 때의 상황과 정반대다. 아인슈타인의 일반상대성이론은 지금까지 우리가 고안해낸 모든 검증을 통과한 가장 훌륭한 중력이론이고, 그 방법은 엄청나게 앞선 문명에서나 시도해볼 수 있지만 과거로의 시간여행이 원칙적으로는 가능하다는 해를 가지고 있다. 우리는 거시 스케일에서는 중력이 어떻게 작동하는지 알지만 미시 스케일에서는 양자 효과가 중요하다는 것도 알기 때문에 양자 중력이 필요하다는 것을 안다. 과거를 방문할 수 있는 타임머신을 만드는 것이 가능한지 이해하기 위해서는 일반상대성이론과 양자역학을 성공적으로 결합시켜야 한다. 현재까지 이해한 바로는 물리학 법칙이 과거로의 여행을 허용하는 것처럼 보이지만 우리가 미래에 발견하게 될 어떤 물리학 법칙이 그런 시간여행을 금지할 수도 있다는 가능성은 열려 있다.

나는 나의 책《아인슈타인 우주로의 시간여행Time Travel in Einstein's Universe》

(2001)(우리나라에서는 리처드 고트의 제자인 경북대학교 박명구 교수의 번역으로 출판되었다—옮긴이 주)에서 시간여행의 가능성에 대한 특수상대성이론과 일반상대성이론의 아이디어를 다루었다. 우리는 지금 당장 타임머신을 만들기 위해서가 아니라 우주가 어떻게 구성되어 있는지 단서를 발견하기 위해서 일반상대성이론에서 과거로의 시간여행을 연구한다. 시간여행의 해는 물리학 법칙을 극단적인 상황으로 몰아넣는다. 제23장에서 나는 우주가 시작될 때의 극단적인 상황에서의 시간여행을 다시 다룰 것이다.

우주의 모양과 빅뱅

우주의 모양을 이야기하기 위해서는 먼저 우주가 몇 개의 차원을 가지고 있는 지에 대한 질문으로 다시 돌아갈 필요가 있다. 이미 말했듯이 우리는 4차원 우주에 살고 있다. 당신이 어떤 사건을 정의하기 위해서는 4개의 좌표가 필요하다. 3개의 공간 차원과 1개의 시간 차원이다. 특수상대성이론에서 아인슈타인은 사건들 사이의 간격이 (적어도 편평한 시공간에서는) $ds^2 = -dt^2 + dx^2 + dy^2 + dz^2$으로 측정될 수 있다는 것을 보였다. dt^2항 앞의 음의 부호는 시간의 차원을 공간의 차원과는 다르게 만들고, 모든 관측자가 빛의 속도가 일정하다는 것에 동의하는 것을 보장해준다.

우리는 시공간 차원의 수가 다른 우주를 상상해볼 수 있다. 2개의 공간 차원과 1개의 시간 차원을 가지고 있는 우주에서는 사건들 사이의 간격이 $ds^2 = -dt^2 + dx^2 + dy^2$으로 측정될 것이다. 그 우주에 사는 사람들은 z 좌표가 무엇인지 모를 것이다. 위와 아래를 모르는 것이다. 이 사람들은 평면세상에 살고 있다. 〈그림 22.1〉은 평면세상에 살고 있는 사람을 보여주고 있다. 그의 집 앞쪽에는 문이 있고, 뒤뜰에는 수영장이 있을 수도 있다. 하지만 그가 수영을 하고 싶다면 앞문으로 나가서 지붕 위로 올라간 다음 지붕에서 수영장으로 뛰어내려야한다. 그는 눈이 하나고 앞쪽에 수정체, 뒤쪽에 망막이 있다. 우리는 그의 몸 단면 전체를 볼 수 있다. 우리는 그의 몸 내부를 완전히 볼 수 있다. 우리는 무엇이 그를 괴롭히는지 잘 진단할 수 있는 위치에 있다. 그의 몸속을 모두 볼 수 있기 때문이다. 그는 입과 식도, 그리고 위를 가지고 있지만 몸을 관통하는 소화기관은 가지고 있지 않다. 만일 그것이 있었다면 그는 두 조각으로 나누어졌을 것이다! 그는 위에서 음식을 소화하고 남은 것은 토해내야 한다. 그는 신문을 한 장들고 있다. 우리의 신문은 2차원으로 된 종이지만 그의 신문은 선과 같은 1차원이다. 그의 신문은 모스 부호처럼 점과 선으로 되어 있다. 만일 그가 침대에 눕고 싶다면 뒤로 쓰러지기만 하면 된다. 그의 뇌는 어떻게 작동할까? 평면세상에

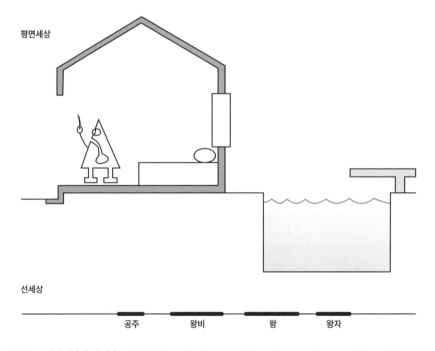

그림 22.1 평면세상과 선세상. 출처: J. Richard Gott(*Time Travel in Einstein's Universe*, Houghton Mifflin, 2001)

서는 서로 교차하는 뉴런을(혹은 전선을) 만들 수 없다. 하지만 전자기 신호들은 평면세상에서도 서로 교차할 수 있으므로 세포들끼리 신호를 주고받는 데에는 뉴런 대신 전자기파를 사용하면 된다.[1] 원칙적으로는 평면세상 사람도 뇌를 가질 수는 있지만 사용하기는 아주 힘들 것이다.

1880년 에드윈 애벗Edwin Abbott은《평면세상Flatland》이라는 아주 훌륭한 책을 썼다. 2개의 공간 차원을 가진 세상에서 사는 사람들에 대한 이야기다. 화자는 사각형이었다.[2]

1개의 공간 차원과 1개의 시간 차원밖에 없다면 어떻게 될까? 이것은 선세상이 될 것이다(역시 〈그림 22.1〉에 보였다). 모든 것이 하나의 선 위에 있을 것이다. 그러면 $ds^2 = -dt^2 + dx^2$이 될 것이다. 사람들은 선분이 된다. 여기에는 왕과 왕비 그리고 왕자와 공주도 있을 수 있지만 당신이 선세상에 있다면 오른쪽과 왼쪽밖에 보지 못할 것이고 그들은 점처럼 보일 것이다. 당신은 그들과 친하게 지내는 것이 좋을 것이다. 다른 사람은 아무도 볼 수 없을 것이기 때문이다. 평면세상에서 지적 생명체가 나타나는 것은 어려워 보이고, 선세상에서는 불가능해 보인다.

우리는 우리가 보는 것보다 더 많은 공간 차원을 가진 시공간도 상상할 수 있다. 공간에 하나의 차원을 더해보자. 그러면 $ds^2 = -dt^2 + dx^2 + dy^2 + dz^2 + dw^2$이 될 것이다. 이것은 4개의 공간 차원과 1개의 시간 차원을 가진 시공간이다. 이것은 하나의 추가 차원(w)을 가지고 있다. 1919년 테오도어 칼루차Theodor Kaluza는 그런 추가 차원이 존재할 수 있다고 제안했다. 왜? 그는 놀라운 것을 발견했다. 만일 당신이 아인슈타인의 일반상대성이론 방정식을 믿고 이것을 5차원 시공간에 적용시키고 해가 w 방향으로 균일하다고 한다면 당신은 4차원에서의 아인슈타인의 일반상대성이론 방정식(보통의 중력)과 (특수상대성이론으로 아인슈타인이 업데이트한) 맥스웰 방정식을 합친 것을 얻게 될 것이다! 이건 기적이다! 전자기력은 추가 차원에서의 중력의 작용과 같은 것이다. 이것은 중력과 전자기력을 통합하는 것이다. 추가 차원을 가진 아인슈타인의 일반상대성이론이 자동적으로 맥스웰 방정식을 만든다는 것은 우연이라고 하기에는 너무 지나쳐 보인다.

이 발견은 매력적이긴 하지만 이 이론에는 한 가지 큰 문제가 있다. 상식적으로 이해가 되지 않는다는 것이다. 우리는 왜 추가 차원을 보지 못하는가? 1926년에 오스카르 클레인Oskar Klein이 답을 알아냈다. 그는 추가 차원이 빨대처럼 말려 있다는 아이디어를 냈다. 빨대는 2차원 표면을 가진 실린더다. 이것은 2차원의 종잇조각으로도 만들 수 있다. 빨대 표면 위에 사는 생명체가 있다면 이것은 2차원 생물, 즉 평면세상 생물이다. 빨대 위에서 당신의 위치를 표시하려면 2개의 좌표만 있으면 된다. 빨대 위쪽으로 얼마나 올라가 있는가 하는 수직 좌표와 빨대 둘레의 어디에 있는가를 알려주는 각도 좌표다. 하지만 빨대가 아주 얇고 이것을 멀리서 본다면 마치 선세상처럼 1차원으로 보일 것이다. 우리는 빨대의 크기가 큰 차원, 즉 길이 방향의 차원밖에 볼 수 없을 것이다. 만일 빨대의 둘레가 원자보다 작다면 우리는 그 둘레를 전혀 볼 수 없을 것이다.

칼루차-클레인 이론은 전자기력을 설명한다. 양으로 대전된 입자는 빨대 주위를 반시계방향으로 돌고 음으로 대전된 입자는 시계방향으로 돌며, 중성자와 같은 중성의 입자는 빨대 주위를 돌지 않는다. 만일 빨대가 낫처럼 굽어 있다면 시계방향과 반시계방향의 측지선은 크기가 큰 차원에서 다르게 휘어질 수 있다. 작은 추가 차원에서 서로 다른 출발 속도를 가지고 있기 때문이다. 이것은 전기장 안에 있는 양으로 대전된 입자들이 왜 음으로 대전된 입자들과 반대 방향으로 가속되는지 설명해준다. 작은 둘레 방향으로의 속도가 다르기 때문에 다른 측지선으로 움직이는 것이다. 이것은 전하가 왜 양자화되어 있는지도 설명해준다. 입자가 파동으로 표현된다면 파장의 정수배(1, 2, 3······)만이 빨대의 둘레를 돌 수 있다는 것을 의미한다. 이것은 (입자의 파장에 의존하고 전하량과 같은) w 방향으로의 입자의 운동량이 양성자나 전자 전하의 정수배가 되어야 한다는 것을 의미한다. 관측된 양성자와 전자의 전하량으로 우리는 빨대의 둘레를 계산할 수 있다. 그것은 8×10^{-31} 센티미터다. 이것은 원자핵보다 더 작고 우리가 왜 추가 차원을 볼 수 없는지를 설명해준다.

아인슈타인은 일반상대성이론을 만든 후에 자연의 모든 힘을 통합하는 물리학의 대통합 이론을 만드는 것을 꿈꿨다. 칼루차와 클레인은 그 방향으로 어느 정도 진전을 이뤘다고 평가해줄 수 있다. 그들은 전자기력과 중력을 통합했다. 전자기력은 말려 있는 추가 차원에서 작동하는 중력일 뿐이었다. 하지만 칼루차-클레인 이론에는 뭔가가 더 있었다. 그 빨대의 둘레는 시간과 장소에 따라 달라질 수 있었다. 이것은 시공간의 장소에 따라 달라질 수 있는 스칼라 장을 가지는 것과 같다. 스칼라 장은 크기는 가지고 있지만 특정한 방향을 가지지는 않는 장이다. 온도는 스칼라 장이다. 바람의 속도는 벡터 장이다. 바람은 속력과 특정한 방향(예를 들면 북쪽과 같은)을 가지기 때문이다. 이 경우에 스칼라 장은 그 지점에서의 추가 차원의 둘레의 길이가 되고, 결국 그 위치에서 전자의 전하량이 된다. 만일 일반상대성이론과 맥스웰 방정식만을 원한다면 둘레가 고정되어 있고 변하지 않으면 된다. 우리는 전자를 어디에서 발견하든 언제나 같은 전하량을 관측하기 때문이다. 만일 둘레의 길이가 변한다면 전자의 전하량이 변할 것인데 이것은 관측되지 않는다. 빨대의 둘레를 고정시키는 것이 무엇인지는 명확하지 않다. 그것이 고정되어 있다면, 아마도 그런 것 같은데, 그들의 이론은 새로운 예측을 할 수가 없다. 이것은 표준 일반상대성이론과 표준 맥스웰 방정식을 합친 것과 같은 예측밖에 할 수가 없다. 아인슈타인은 운이 좋았다. 그의 일반상대성이론은 뉴턴의 이론과 다른 예측(수성의 궤도나 빛이 휘어지는 것)을 했고, 그것은 검증될 수 있었다. 하지만 칼루차와 클레인은 아무런 새로운 예측을 하지 못했으므로 그들의 이론은 검증될 수가 없었고, 노벨상도 받지 못했다.

오늘날 우리는 4개의 힘을 알고 있다. 강한 핵력, 약한 핵력, 전자기력, 중력이다. 강한 핵력은 원자핵을 만드는 힘이고, 약한 핵력은 방사성 붕괴를 할 때 중요한 힘이다. 스티븐 와인버그Steven Weinberg, 압두스 살람Abdus Salam, 셸던 글래쇼Sheldon Glashow는 약한 핵력과 전자기력을 통합한 공로로 1979년 노벨 물리학상을 수상했다. 그들의 이론은 광자가 전자기력을 전달하는 매개체인 것처럼 무거운 W_+, W_-, Z_0 입자가 약한 핵력을 전달하는 매개체라고 예측했다. 이 입자들은 (제네바 근처에 있는) CERN의 입자가속기에서 발견되었다. 카를로 루비아Carlo Rubbia와 시몬 반 데르 메르Simon van der Meer는 이 업적으로 1984년 노벨 물리학상을 수상했다. 강한 핵력, 약한 핵력, 전자기력은 모두 입자물리학의 표준모형 안에서 다루어진다. 최근 유럽의 거대 강입자 충돌기LHC는 이론이 예측한 힉스 보손을 발견했다. 힉스 보손은 공간에 퍼져서 W_+, W_-, Z_0 입자에게 질량을 부여해주는 스칼라 장인 힉스장과 연관된 입자다. 입자물리학의 표준모형은 매우 성공적이었지만 현재로서는 암흑물질이나 중성미자가 질량을 가지는 것에 대해서 설명하지 못하고 있다. 그리고 강한 핵력, 약한 핵력, 전자기력은 아직 중력과 통합되지 않았다.

현재 4가지 힘을 모두 통합하는 대통합 이론의 가장 강력한 후보는 초끈 이론superstring theory이다. 이것은 기본 입자들이 점이 아니라 약 10^{-33}센티미터 길이의 끈으로 이루어져 있다는 아이디어에 기반하고 있다. 이 끈들은 앞에서 이야기했던 우주의 끈과 비슷하다. 이 끈들은 양의 질량을 가지고 있고 길이를 따라서 장력을 가지고 있다. 하지만 우주의 끈은 미시 규모의 두께를 가지는 반면 초끈들은 두께를 가지지 않는다. 끈의 진동 상태에 따라 다른 기본 입자(쿼크, 전자 등)들이 만들어진다. 에드 위튼Ed Witten은 다섯 종류의 초끈 이론과 하나의 초중력 이론이라고 불리는 이론이 사실은 하나의 통합적인 이론의 제한적인 경우라는 사실을 보이고 그 이론을 M-이론M-theory이라고 불렀다. M-이론에서 시공간은 11차원이다. 10개의 공간 차원과 1개의 시간 차원을 가진다. 이것은 우리가 알고 있는 규모가 큰 3개의 공간차원과 작게 말려 있는 7개의 공간차원으로 구성된다. 만일 내가 선세상 사람에게 빨대가 어떻게 생겼는지 설명한다면, 나는 이것이 선과 같지만 선 위의 모든 점이 사실은 점이 아니라 작은 원이라고 설명할 것이다. 만일 우리가 2개의 추가 공간 차원을 가지고 있다면 이것은 작은 2차원 평면이 될 것이다. 원이 아니라 아마도 작은 도넛의 표면과 같을 것이다. M-이론에서는 7개의 말려 있는 차원들은 작은 프레첼 과자 모양이 되고, 이것은 강한 핵력, 약한 핵력, 전자기력을 설명해야 한다. 당신이 생각하는 공간의 모든 점은 사실은 말려 있는 7차원의 작은 프레첼 모양이다. 여러 종류의 모양이 가능하다. 목표는 우리가 관측하는 입자물리학을 설명할 수 있는 올바른 모양을 찾는 것이다.

이것은 DNA 분자의 구조를 알아내려고 노력하던 왓슨Watson과 크릭Crick이 직면했던 것과 비슷한 어려운 문제다. 많은 구조들이 가능해 보인다. 하지만 어떤 것이 맞는 것일까? 그들이 드디어 그 문제를 풀었을 때, 그 결과는 염색체가 어떻게 나누어지고 어떻게 분리되어 똑같은 복제본을 만드는지를 잘 설명해주는 구조였다. 그 답은 DNA 이중나선 구조로, 나누어진 다음 대응되는 짝을 끌어들여 두 개의 똑같은 나선구조를 만들 수 있는 것이었다. 물리학에서도 마찬가지로 우리가 알고 있는 물리학을 설명해줄 수 있는 추가 공간의 미시 구조를 발견하기를 희망한다. 현재 많은 사람들이 칼루차와 클레인이 만들어놓은 길을 따라 연구를 하고 있다. 리사 랜들Lisa Randall과 라만 선드럼Raman Sundrum은 중력이 다른 힘들에 비해서 왜 그렇게 약한가에 대하여 크게 휘어진 추가 차원이 어떻게 설명해줄 수 있는지를 연구하고 있다. 누군가 검증 가능한 예측을 할 수 있는 M-이론을 만들어내고 그것이 관측과 일치한다면 그 사람은 입자물리학의 통합 이론을 만들어내려고 한 아인슈타인의 꿈을 이루고 뉴턴이나 아인슈타인과 같은 급으로 올라설 것이다. 이것은 정말 대단한 일이다.

이제 우리는 미시 우주에 대한 탐구를 끝내고 거대 우주로 눈을 돌릴 준비가 되었다. 우리는 전체 우주를 포함하는 단 하나의 지도를 만들기를 원한다. 그것은 지구의 저궤도에 있는 허블 우주망원경에서부터 태양과 행성들, 별과 은하들, 멀리 있는 퀘이사들 그리고 우리가 볼 수 있는 가장 먼 대상인 우주배경 복사까지 재미있는 것들을 보여줄 것이다. 문제는 우리은하가 관측 가능한 우주의 크기에 비해 너무나 작고, 태양계는 우리은하에 비하면 작은 점에 불과하다는 것이다. 그러므로 우리가 관심 있는 모든 것을 표시하는 하나의 우주 지도

웰컴 투 더 유니버스

를 만드는 것은 쉬운 일이 아니다.

〈그림 22.2〉는 관측 가능한 우주 전체 지도를 지구의 적도를 따라 자른 단면이다. 지구는 지도의 중심에 있다. 우리가 관측 가능한 우주의 중심에 있는 이유는 우리의 위치가 특별해서가 아니라, 당연하게도 우리는 우리가 볼 수 있는 영역의 중심에 있기 때문이다. 만일 당신이 엠파이어스테이트 빌딩의 꼭대

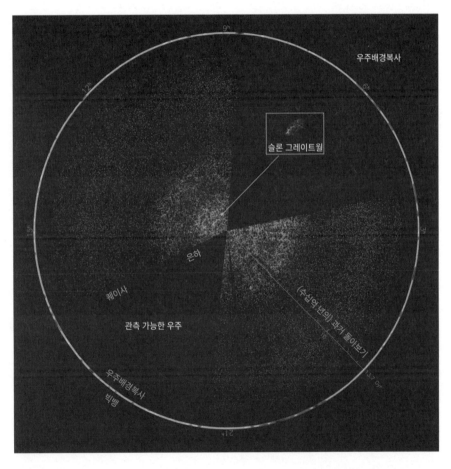

그림 22.2 관측 가능한 우주를 지구의 적도를 따라 자른 단면. 우리는 우리가 볼 수 있는 영역의 중심에 있다. 각각의 점들은 슬론 디지털 스카이 서베이가 측정한 적색이동에 따라 표시된 은하(녹색)와 퀘이사(오렌지색)들이다. (이 그림의 중심부는 〈그림 15.4〉에서 이미 보여주었다.) 우주배경복사가 경계를 형성하고 있다.

출처: J. Richard Gott, Robert J. Vanderbei(*Sizing Up the Universe*, National Geographic, 2011)

기에 올라가서 주위를 본다면 엠파이어스테이트 빌딩을 중심으로 하여 지평선이 경계가 되는 원형의 영역을 보게 되는 것과 마찬가지다. 에펠탑의 꼭대기라면 에펠탑이 중심이 될 것이다. 이 관측 가능한 우주의 지도에서 원의 경계가되는 것은 우리가 볼 수 있는 가장 멀리 있는 대상인 (WMAP 위성이 관측한 것과 같은) 우주배경복사다. 이 원의 안에는 슬론 디지털 스카이 서베이로 관측한 126,594개의 은하와 퀘이사들이 점으로 표시되어 있다. 점으로 가득 차 있는 두개의 부채꼴 모양은 이 서베이가 관측한 영역이다. 검은 부채꼴 영역은 이 서베이가 관측하지 못한 곳이다. 이 그림에서는 (제15장에서 이야기한) 슬론 그레이트월을 볼 수 있다. 퀘이사들은 은하들보다 더 먼 거리에서 보인다. 알다시피 우주에서 멀리 보는 것은 과거를 보는 것이다. 과거로 수십억 년이 이 그림에 나타나 있다. 우리은하는 이 그림에서 중앙에 있는 하나의 점에 불과하다. 그리고우리 가까이에 있는 별이나 은하들은 모두 너무 작아서 보이지 않는다.

우리가 정말로 원하는 지도는 사울 스타인버그Saul Steinberg가 《뉴요커》 표지로 만든 유명한 "9번가에서 본 세상"과 같은 것이다. 이것은 세상을 보는 뉴욕인들의 관점을 보여준다. 맨해튼의 빌딩들이 앞쪽에 크게 있다. 허드슨 강은더 작고 '저지Jersey' 주는 건너편의 조그만 조각일 뿐이다. 미국 중서부는 허드슨 강 정도의 폭으로 축소되어 있고 태평양도 같은 정도의 좁은 강처럼 보이며그 너머 경계에 아시아가 있다. 뉴욕인들에게 중요한 것들은 크게 보이고 멀리있는 곳은 작게 보인다. 이것이 바로 우리가 보고 싶어하는 관측 가능한 우주전체의 지도다. 우리는 우리에게 중요한 태양계 천체들은 크게, 멀리 있는 천체들은 작게 보이는 것을 원한다.

내가 대학원생이었던 1970년대에 나는 바로 이것과 같은 지도를 만들었다.그리고 시간이 지나면서 다른 형태의 지도를 만들었다. 1990년에는 포켓 버전의 지도를 만들었다.

이 우주의 지도는 우주의 정각 도법 지도다. 정각 도법은 메르카토르 도법지도처럼 지역의 모양을 유지하는 방법이다. 메르카토르 도법 지도에서 아이슬

란드는 쿠바와 마찬가지로 정확한 모양을 가지고 있다. 각 지역의 모양은 눌려지거나 늘어지지 않고 실제 모양 그대로 보인다. 이것이 구글 맵이 메르카토르 도법 지도를 이용하는 이유다. 한 지역을 더 자세히 보기 위하여 확대를 해도 모양은 유지될 것이다. 하지만 크기는 맞지 않다. 메르카토르 도법 지도에서 그린란드는 남아메리카와 거의 같은 크기로 보인다. 하지만 실제로는 1/8 크기다. 내 지도도 비슷하다. 지구에서 멀리 있는 천체들은 작은 크기로 그려져 있지만 모양은 정확하다.

마리오 유리치Mario Jurić와 나는 2003년에 이 지도의 큰 전문적인 버전을 만들었다. 이것은 《뉴사이언티스트》와 《뉴욕타임스》에 실렸고 150만 부가 인쇄되었다. 그리고 2005년에 《천체물리학 저널》에 실렸다. 《로스앤젤레스타임스》는 메르카토르의 지도와 바빌로니아인들의 지도와 비교하면서 이 지도를 "아마도 오늘날까지 가장 환상적인 지도"라고 불렀다. 밥 밴더베이Bob Vanderbei와 나는 이 지도를 큰 스케일의 완전 컬러로 만들었다. (이것을 90도로 회전시켜 〈그림 22.3〉에 양면 3페이지에 걸쳐 보였다.)

이것은 지구의 적도에서 왼쪽에서 오른쪽으로 360도 회전하며 본 것이다. 수평 좌표는 천구의 적경이다. 수직 좌표는 지구에서부터의 거리를 나타내며, 각각의 큰 눈금은 지구의 중심에서 10배씩 더 멀어지는 것을 의미한다. 10배 멀리 있는 천체는 1/10 축척으로 표시했다. 멀리 있는 천체일수록 더 작게 그려져 있다. 적도에서의 지구의 표면은 직선으로 그려져 있다. 달, 태양, 행성들도 볼 수 있다. 더 먼 곳에는 별들이 있다. 프록시마 센타우리에서 시작하여 알파 센타우리, 시리우스가 있다. 더 멀리 가면 우리은하의 끝이 나오고 그 너머에 M31과 M81 은하가 있다. 그리고 M87 은하가 나온다. 마거릿 J. 겔러Margaret J. Geller와 존 허크러John Huchra가 발견한 그레이트월은 은하들의 커다란 필라멘트 혹은 띠다. 그 너머로 지도의 꼭대기 선은 우리가 볼 수 있는 가장 먼 대상인 우주배경복사로 우리 주위를 360도 둘러싸고 있다.

이 지도는 그리니치 표준시로 2003년 8월 12일 4시 48분에 지구의 적도면

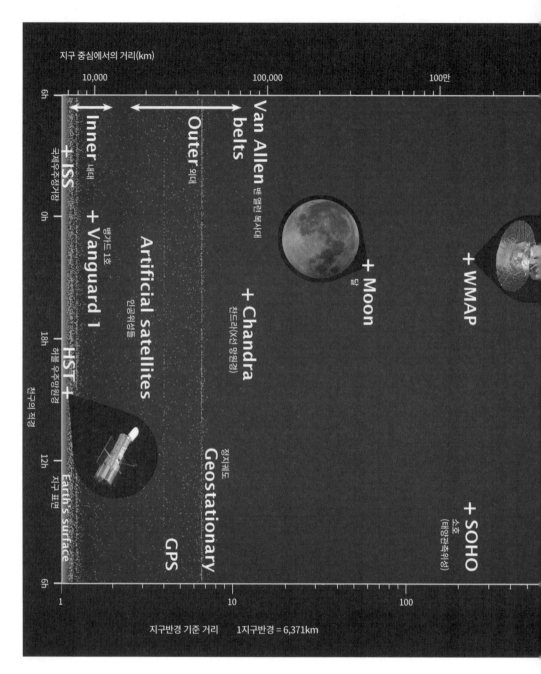

지구 중심에서의 거리(km)

10,000   100,000   100만

Van Allen belts 밴 앨런 복사대

Inner 내대

Outer 외대

+ ISS 국제우주정거장

+ Vanguard 1 뱅가드 1호

Artificial satellites 인공위성들

+ HST 허블 우주망원경

+ Chandra 찬드라(X선 망원경)

+ Moon 달

+ WMAP

+ SOHO 소호 (태양관측위성)

Geostationary 정지궤도

GPS

Earth's surface 지구 표면

지구반경 기준 거리   1지구반경 = 6,371km

그림 22.3 우주의 지도 출처: J. Richard Gott, Robert J. Vanderbei(*Sizing Up the Universe*, National Geographic, 2011)

            웰컴 투 더 유니버스

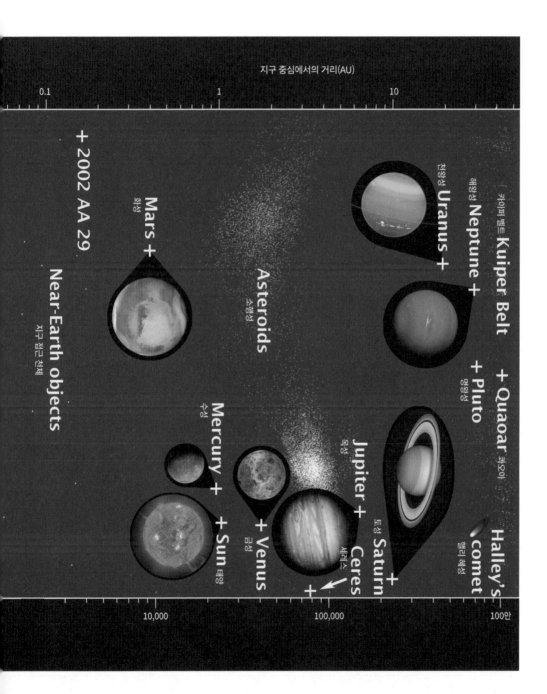

지구 중심에서의 거리(AU)

0.1   1   10

+ 2002 AA 29

Near-Earth objects
지구 접근 천체

Mars +
화성

Asteroids
소행성

Kuiper Belt
카이퍼 벨트

천왕성 Uranus +

해왕성 Neptune +

+ Quaoar 콰오아

+ Pluto
명왕성

Mercury +
수성

Jupiter +
목성

Ceres
세레스

토성 Saturn +

Halley's
comet
핼리 혜성

+ Sun 태양

+ Venus
금성

10,000   100,000   100만

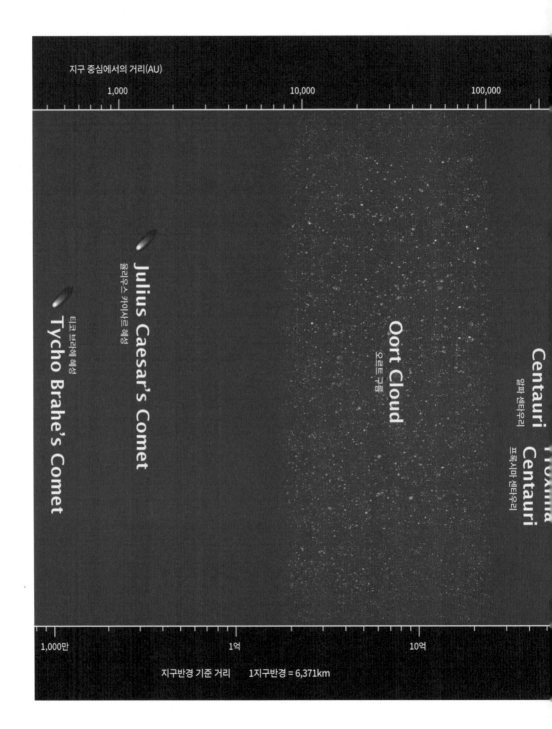

지구 중심에서의 거리(AU)

1,000   10,000   100,000

Tycho Brahe's Comet
티코 브라헤 혜성

Julius Caesar's Comet
율리우스 카이사르 혜성

Oort Cloud
오르트 구름

Centauri Centauri
Proxima Centauri
알파 센타우리 프록시마 센타우리

1,000만   1억   10억

지구반경 기준 거리   1지구반경 = 6,371km

웰컴 투 더 유니버스

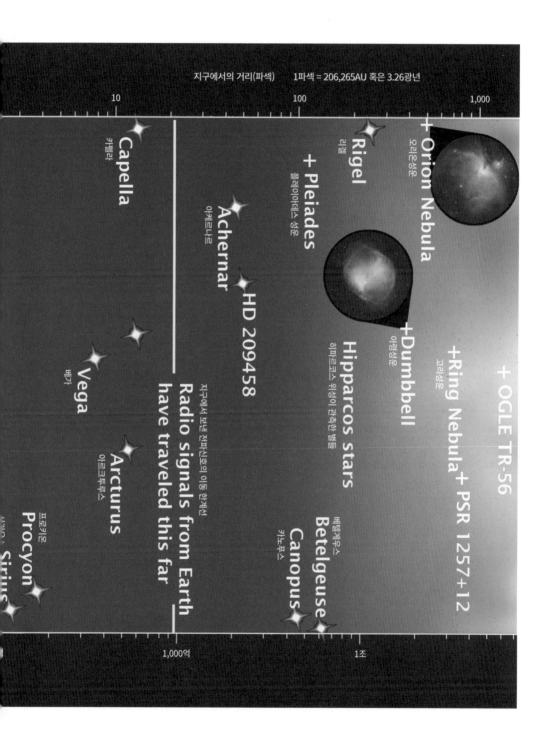

지구에서의 거리(파섹)   1파섹 = 206,265AU 혹은 3.26광년

10   100   1,000

Capella
카펠라

Rigel
리겔

+ Orion Nebula
오리온성운

+ Pleiades
플레이아데스성운

Achernar
아케르나르

HD 209458

+Dumbbell
아령성운

+Ring Nebula
고리성운

+ PSR 1257+12

+ OGLE TR-56

Hipparcos stars
히파르코스 위성이 관측한 별들

Vega
베가

Radio signals from Earth
have traveled this far
지구에서 보낸 전파신호의 이동 한계선

Arcturus
아크투루스

Betelgeuse
베텔게우스

Canopus
카노푸스

Procyon
프로키온

Sirius

1,000억   1조

제22장 우주의 모양과 빅뱅   **419**

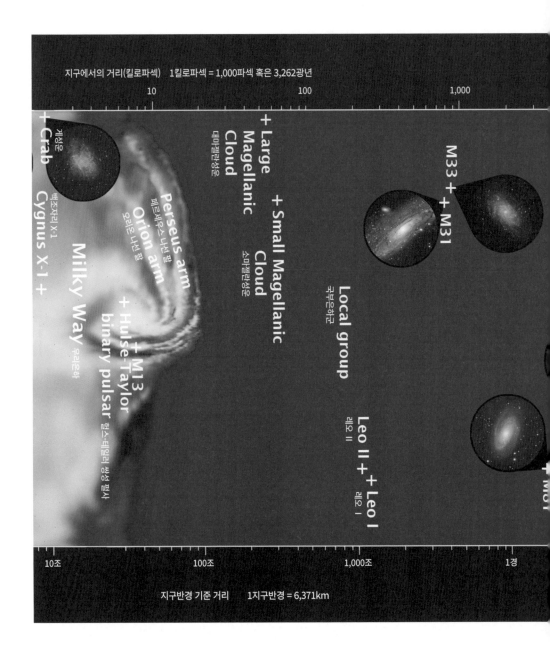

+ 게성운
+ Crab

빼조자리 X-1
Cygnus X-1 +

Milky Way 우리은하

페르세우스나선팔
Perseus arm

오리온 나선팔
Orion arm

+ Large
Magellanic
Cloud
대마젤란성운

+ Small Magellanic
Cloud
소마젤란성운

+ M13
+ Hulse-Taylor
binary pulsar
헐스-테일러 쌍성 펄사

Local group
국부은하군

M33 +
+ M31

Leo II +
레오 II

+ Leo I
레오 I

+ M81

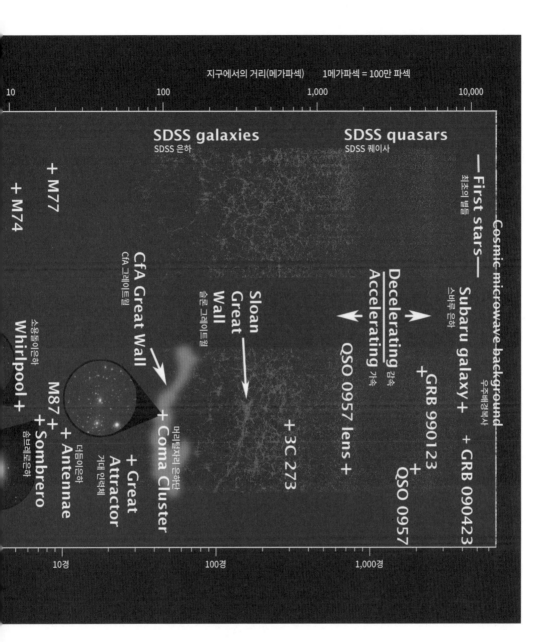

지구에서의 거리(메가파섹)   1메가파섹 = 100만 파섹

10   100   1,000   10,000

SDSS galaxies
SDSS 은하

SDSS quasars
SDSS 퀘이사

First stars
최초의 별들

Cosmic microwave background
우주배경복사

+ M77

+ M74

CfA Great Wall
CfA 그레이트월

Sloan
Great
Wall
슬론 그레이트월

Decelerating 감속
Accelerating 가속

Subaru galaxy +
스바루 은하

+ GRB 990123

+ GRB 090423

QSO 0957 lens +

+
QSO 0957

Whirlpool +
소용돌이은하

M87 +

+ Antennae
더듬이은하

+ Coma Cluster
머리털자리 은하단

+ Great
Attractor
거대 인력체

+ 3C 273

+ Sombrero
솜브레로은하

10경   100경   1,000경

제22장 우주의 모양과 빅뱅   **421**

을 중심으로 4도 넓이의 관측 가능한 우주를 그린 것이다. (이 범위 밖에 있는 유명한 천체들도 몇 개 그리긴 했다.) 위성과 행성들은 그 시간에 있는 위치이고 은하들은 이 시간에 있었을 거리에 표시했다. 우리는 당시에 알려진 모든 카이퍼벨트 천체들을 표시했다. 우리는 적도면에서 2도 범위 내에 있는 모든 알려진 소행성들을 표시했다. 지구의 표면 아래에는 지구의 맨틀과 핵이 있을 것이다. 지구의 대기는 지구 표면 위에 얇은 푸른 선으로 보였고, 전리층까지 뻗어 있다. 우리는 지구를 돌고 있는 8,420개의 인공위성을 모두 표시했다. 국제우주정거장ISS과 허블 우주망원경도 볼 수 있다. 달은 보름달로 태양과 180도 떨어져 있다. 화성은 지구에 가장 가까이 접근한 궤도를 표시했고, 수성, 금성, 목성, 토성, 천왕성, 해왕성도 표시했다. 이 지도는 가까운 궤도를 도는 목성 크기의 행성을 가진 HD 209458과 같이 행성을 가지고 있는 별들도 몇 개 표시했다. 가장 큰 소행성인 세레스(지름 945km)도 표시했다. 태양질량 7배의 블랙홀 백조자리 X-1과 중심에 태양질량 30억 배의 블랙홀을 가지고 있는 M87 은하도 표시했다. 제11장에서 언급한 헐스-테일러 쌍성 펄사는 서로 가까운 궤도를 돌고 있는 두 개의 중성자별 시스템이다. 이들은 아인슈타인이 정확하게 예측한 대로 중력파를 방출하고 있기 때문에 천천히 서로 가까워지고 있다. 헐스와 테일러는 이 발견으로 1993년 노벨 물리학상을 받았다. 지도의 꼭대기 근처에는 슬론 디지털 스카이 서베이SDSS로 관측한 126,594개의 은하와 퀘이사들이 있다. 이들은 중간에 빈 영역이 있는 두 개의 수직한 띠로 나타난다. 빈 영역은 서베이가 관측하지 못한 곳이다. 이 지도에는 은하들의 슬론 그레이트월도 포함하고 있다. 이것은 마리오 유리치와 내가 2003년에 길이가 13억 7,000만 광년으로 측정한, 당시까지 알려진 우주에서 가장 큰 구조였다. 이것은 겔러와 허크러가 발견한 그레이트월보다 약 두 배가 길다. 하지만 이것은 3배 더 멀리 있기 때문에 지도에서는 3분의 1 스케일로 그려졌다. 그래서 이것이 실제로는 겔러와 허크러의 그레이트월보다 두 배 더 길지만 이 지도에서는 3분의 2 길이로 보인다. 슬론 그레이트월은 2006년 기네스북에 우주에서 가장 큰 구조로 기록되었다.

나는 내 이름이 기네스북에 기록될 것이라고는 한 번도 기대해본 적이 없다. 나는 10분에 68개의 핫도그를 먹은 적도, 가장 큰 끈 뭉치를 모은 적도 없는데 말이다! 이 기록은 더 먼 서베이로 더 긴 벽이 발견된 2015년까지 유지되었다.

이 지도에는 제16장에서 언급한, 거리가 측정된 최초의 퀘이사인 3C 273도 표시되었다. 우리는 당시까지 알려진 가장 먼 은하인 스바루Subaru 은하와 당시까지 알려진 가장 멀리 있는 천체(아마도 초신성일 것으로 보이는)인 감마선 폭발체 GRB 090423도 표시했다. 지도의 꼭대기는 우리가 볼 수 있는 가장 먼 대상인 우주배경복사다. 나는 8살 때부터 천문학에 관심을 가졌다. 당시에는 (명왕성을 제외하고는) 발견된 카이퍼 벨트 천체도 없었고, 외계행성도, 펄사도, 블랙홀도, 퀘이사도, 감마선 폭발도 없었고 우주배경복사도 관측되지 않았다. 이 지도는 불과 천문학의 한 세대 동안 얼마나 많은 발전이 이루어졌는지를 잘 보여준다.

이제 큰 규모의 우주의 모습에 대해서 이야기해보자. 아인슈타인은 일반상대성이론 방정식을 완성한 다음 그것을 우주론에 적용시키고 싶어했다. 그의 방정식은 에너지 밀도와 압력이 시공간을 어떻게 휘어지게 하는지 알려준다. 그의 방정식의 해들 중 하나는 텅 빈 편평한 우주였다. 하지만 그는 (우주 전체에 적용할 수 있는) 우주론적인 해를 찾고 싶었다. 문제는 그의 방정식이 정적인 해를 만들지 못한다는 것이었다. 뉴턴은 별들이 무한한 공간에 대체로 균일한 밀도로 분포하고 있는 정적인 우주를 상정했다. 모든 별은 다른 모든 별들로부터 중력을 받지만 이 힘들이 모든 방향으로 동일하기 때문에 서로 상쇄되어 그 자리에 머물러 있는 것이라고 생각했다. 이것은 정지한 우주 모형이 되었고, 사람들은 이것이 우주를 정확하게 묘사한 것이라고 믿었다. 뉴턴 시대의 사람들은 은하를 몰랐다. 힘이 서로 반대방향으로 작용하여 서로 상쇄한다는 생각은 뉴턴이 생각했던 절대 공간에서는 적용될 수도 있다. 하지만 아인슈타인의 이론에서는 처음에 정지되어 있는 모형을 만들면 모든 은하들이 서로 끌어당기기 때문에 우주는 수축하기 시작한다. 하지만 아인슈타인도 역시 우주는 정지해 있다고 생각했다. (이것은 그가 일반상대성이론을 만든 1915년 직후에 있었던 일이다. 은하를 관측하여 우주의 팽창을 알아낸 허블의 결과는 10년도 더 후에 나왔다.) 아인슈타인은 (우리은하 안에 있는) 별들밖에 알지 못했다. 이 별들이 태양을 기준으로 움직이는 속도는 빛의 속도에 비해 아주 작았기 때문에 아인슈타인은 기본적으로 정지해 있는 것이라고 생각했다. 이 문제를 해결하기 위해서 아인슈타인은 흔치 않은 일을 했다. 자신의 방정식에 하나의 항을 추가한 것이다! 이것은 우주상수cosmological constant라고 불리고, 우주가 중력으로 수축하는 것을 막아주는 역할을 한다.

오늘날의 물리학자들은 이것이 아인슈타인이 빈 공간의 진공이 사실은 작은 양의 에너지 밀도를 가지고 있다는 제안을 한 것이라고 이야기한다. (조르주 르메트르Georges Lemaître가 1934년에 처음으로 제안했다.) 이것이 무슨 의미일까? 당신이 방 안의 모든 물건—사람들, 의자 그리고 방을 채우고 있는 공기의 모든 원소들—을 밖으로 내보내고, 모든 광자와 다른 입자들을 모두 내보내면 방은 빈 공간 즉 진공이 된다. 우리는 이곳의 에너지 밀도는 0이라고 기대할 것이다. 그런데 빈 공간의 진공이 양의 에너지 밀도를 가진다고 가정해보자. 그러면 서로 다른 속도로 우주선을 타고 이동하는 우주비행사들은 같은 에너지 밀도를 측정할 것이다(우선시되는 정지된 기준이 없기 때문에). 진공은 공간의 세 방향으로 똑같이 작용하는 음의 압력도 가져야만 한다. 이 진공 압력은 (에너지 밀도와 반대인) 음의 부호를 가져야 한다. 방정식 $ds^2 = -dt^2 + dx^2 + dy^2 + dz^2$ 을 다시 생각해보면, 시간의 방향을 표현하는 항($-dt^2$)은 공간의 3차원에 해당하는 항과 반대 부호를 가진다. ds^2을 구하는 방정식은 움직이는 우주비행사와 같은 형태를 가진다. 이것은 정지된 표준 좌표가 없다. 마찬가지로 (아인슈타인 이론의 시간 차원과 관련된) 양의 에너지 밀도와 x, y, z 방향으로 같은 크기를 가지는 음의 압력도 그렇다. 이제 만일 이 진공의 일부를 상자 안에 넣는다면 음의 압력은 상자의 벽들을 끌어당겨 상자를 수축하게 만든다. 하지만 진공이 균일하게 퍼져 있다면 당신은 알아채지 못할 것이다. 당신의 방에서 공기의 압력은 1기압이지만 당신은 알아차리지 못한다. 이것은 균일하기 때문에 당신을 특정한 방향으로 밀어붙이지 않는다. 마찬가지로 진공의 압력은 공간 전체에서 균일하기 때문에 유체역학적인 힘을 만들어내지 않는다. 하지만 이것은 중력적인 영향을 가지고 있다.

에너지 밀도는 물체를 끌어당긴다. 아인슈타인 방정식에서 압력은 에너지 밀도처럼 중력으로 작용한다. 이것은 뉴턴은 생각하지 못했던 것이다. 하지만 아인슈타인 방정식에서 시공간을 휘어지게 만드는 것은 응력 에너지 텐서 $T_{\mu\nu}$이고, 이것은 에너지 밀도 항뿐만 아니라 압력 항도 가진다. 그러므로 아인슈타인의 이론에서 압력은 중력으로 작용한다. 양의 압력은 끌어당기고 음의 압력은 밀어낸다. 진공에서 압력은 세 방향으로 작용하기 때문에 음의 압력이 밀어내는 중력 효과는 진공의 양의 에너지 밀도가 당기는 중력보다 3배 더 크다. 그래서 진공의 전체적인 중력 효과는 밀어내는 쪽이 된다. 현재 우리는 이 0이 아닌 진공에너지 밀도(음의 압력을 포함한)를 암흑에너지dark energy라고 부른다. 이것은 보이지 않기 때문에 암흑이라고 하고, 진공은 양의 에너지를 가지기 때문에 에너지라고 한다. 닐 타이슨이 강조했듯이 천문학자들은 단순한 이름을 좋아한다.

1917년의 우주 모형을 만들기 위하여 아인슈타인은 별이 우주공간에 균일하게 퍼져 있다고 가정했다. 별들은 중력으로 서로 끌어당기기 때문에 그는 우주상수의 밀어내는 중력으로 균형을 맞췄다. 이것은 특정한 모양을 가진 정적인 모형이 된다. 아인슈타인의 정적인 우주의 시공간 다이어그램은 원통의 표면처럼 생겼다(〈그림 22.4〉).

이 다이어그램에서 우리는 시간 차원과 1개의 공간 차원만 보여주고 있다. 그림으로 그리기 위해서 다른 2개의 공간 차원은 일단 생략했다. 시간은 수직축이고 원통은 수직으로 서 있다. 특정한 시간에 원통은 원형의 단면을 가진다. 이 원은 하나의 공간 차원을 표현한다. 이것은 원형세상이다. 선세상 사람은 무한한 직선인 선세상에 살지 않을 수도 있다. 원의 둘레인 원형세상에 살 수도 있는 것이다. 선세상에 사는 사람은 자신이 원형세상에 살고 있는지 아닌지 어떻게 알 수 있을까? 한쪽 방향으로 $2\pi r$ 만큼 이동하면 자신이 출발한 자리로 돌아오는 것으로 알 수 있다. 이것은 우주가 자체적으로 원을 만드는 닫힌 우주 모형이다. 별(또는 은하)들의 세계선은 원통 위쪽으로 올라가는 녹색 직선들이다. 이것은 최대한 직선인 측지선이다. 당신은 핸들을 돌리지 않고 원통의 위쪽으로 똑바로 올라갈 수 있다. 은하의 세계선들은 평행하다. 은하들은 시간에 따라 가까워지지도 멀어지지도 않는다. 우주의 둘레는 시간에 따라 변하지 않는다. 이것은 원의 반지름이 시간에 따라 변하지 않는 원형세상이다. 이 모든 성질은 이것이 정적인 모형이라는 것을 확인해준다. 은하들이 중력으로 끌어당기는 효과는 (지금은 '암흑에너지'라고 부르는) 중력상수의 밀어내는 중력 효과와 정확하게 균형을 이룬다.

이제 다이어그램에 표현하지 않은 나머지 두 공간 차원을 생각해보자. 사실 이 우주의 모양은 원도 구도 아닌 3구체3-sphere라고 하는 것이다. 3구체가 무엇일까? 원은 유클리드 평면 위의 중심점에서 거리가 r 인 점들의 집합이다. 구는 3차원 유클리드 공간의 중심점에서 거리가 r 인 점

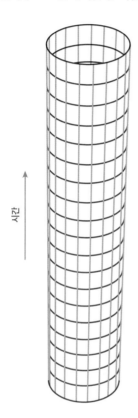

그림 22.4 아인슈타인의 정적인 우주의 시공간 다이어그램. 시간은 수직 차원이고 위쪽이 미래가 된다. 여기서는 1개의 공간 차원(원통의 표면 둘레)과 1개의 시간 차원(수직 방향)만 보였다. 이 모형에서 별(또는 은하)들의 세계선은 원통 위쪽으로 똑바로 올라가는 녹색 직선(측지선)이다. 원통의 둘레는 시간에 따라 변하지 않는다. 그래서 정적인 모형이다. 이 그림에서 유일하게 존재하는 것은 원통 그 자체다. 원통의 안쪽과 바깥쪽은 중요하지 않다.

출처: J. Richard Gott(*Time Travel in Einstein's Universe*, Houghton Mifflin, 2001)

웰컴 투 더 유니버스

들의 집합이다. 구 그 자체는 2차원 평면이다. 평면세상 사람은 구의 표면에서 살 수 있다. 그는 한 방향으로 계속 $2\pi r$만큼 계속 가면 자신이 출발한 지점으로 돌아온다는 것을 발견할 것이다. 그는 북극점과 적도 위에서 90도 떨어져 있는 두 점을 연결하는, 세 개의 직각을 가지는 삼각형을 그려서(〈그림 19.1〉처럼) 자신이 구형세상에 살고 있다는 사실을 발견할 수도 있다. 이것은 유클리드의 평면이 아니다. 구의 단면은 원이다. (재미있게도 마크 앨퍼트Mark Alpert와 나는 만일 아인슈타인이 점 질량이 서로 중력으로 끌어당기지 않는 평면세상에 살았다면 우주상수를 도입하지 않고도 구형세상의 정적인 우주를 만들 수 있다는 것을 발견했다. 하지만 아인슈타인은 평면세상에 살지 않았기 때문에, 한 차원 더 높은 구를 사용해야 했다!) 원과 구는 각각 1구체와 2구체로 불릴 수 있다. 3구체는 그저 구보다 한 차원 더 높은 것일 뿐이다. 이것은 4차원 유클리드 공간의 중심점에서 거리가 r인 점들의 집합이다. 이 4차원 유클리드 공간에서 점들 사이의 거리는 $ds^2 = dx^2 + dy^2 + dz^2 + dw^2$으로 측정된다(여기에는 시간의 차원은 없다). 우리는 추가의 공간과 같은 차원을 의미하는 w항을 추가했다. 3구체는 $r^2 = x^2 + y^2 + z^2 + w^2$인 점들의 집합이다.

원이 휘어진 1차원 닫힌 선인 것처럼 구는 휘어진 2차원 평면이고 3구체는 휘어진 3차원 체적이다. 원은 유한한 둘레를 가지고($2\pi r$), 구는 유한한 표면적을 가지고($4\pi r^2$), 3구체는 유한한 표면 체적을 가진다($2\pi^2 r^3$). 만일 당신이 3구체 우주에 살고 있다면 북쪽으로 계속해서 $2\pi r$만큼 날아가면 출발한 곳으로 다시 돌아올 것이다. 당신은 우주를 한 바퀴 돈 후 남쪽으로 돌아올 것이다. 만일 당신이 동쪽으로 출발하여 계속해서 $2\pi r$만큼 날아간다면 우주를 한 바퀴 돈 후 서쪽으로 돌아올 것이다. 만일 당신이 위쪽으로 출발한다면 역시 $2\pi r$만큼 이동한 후 아래쪽으로 돌아올 것이다. 이것은 우리 우주와 같이 남북, 동서, 위아래 3쌍의 방향을 가지고 있는 3차원 우주다. 하지만 어느 방향으로 출발하더라도 출발한 곳으로 되돌아온다. 아인슈타인의 3구체 우주의 용감한 여행자는 어느 방향으로든 측지선을 따라 똑바로 가기만 하면 멀리 있는 은하를 탐험하고 틀림없이 집으로 돌아올 수 있다. 마치 부메랑처럼 언제나 집으로 돌아온다. 공간은 유한하지만 여행을 멈추게 할 끝이나 경계는 없다.

3구체 우주는 유한한 부피와 유한한 수의 은하를 가진 닫힌 우주다. 예를 들어 은하들이 평균 2,400만 광년 간격으로 떨어져 있다면 은하 하나의 평균 부피는 (2,400만 광년)^{3}이 될 것이다. 만일 정적인 3구체 우주의 곡률 반지름이 24억 광년이라면 3구체 우주의 부피는 $2\pi^2$(24억 광년)^{3}이 될 것이다. 그러면 (24억)^3/(2,400만)^{3}은 100^3 즉 100만이 된다. 이것은 이 우주에 $2\pi^2 \times 100$만 개, 즉 약 2,000만 개의 은하가 있다는 의미가 된다. 만일 당신이 아인슈타인의 정적인 우주에 살고 있다면 은하들이 서로 멀어지지 않고 유한한 수가 있다는 것을 발견할 것이다. 그런 우주에 살고 있는 천문학자들은 모든 은하를 찾아내어 셀 수 있을 것이다.

3구체 우주에서는 특별한 관측자가 없다. 모든 은하의 위치는 다른 모든 은하와 비슷하다. 구의 표면에 특별한 점이 없는 것과 마찬가지다. 지구 위의 모든 관측자는 자신이 중심에 있다고(구의 꼭대기에 앉아 있다고) 생각할 수 있다. 지구에 있는 우리에게는 우리가 바로 지금 세상의 꼭대기에 서 있는 것처럼 보인다. 우리가 똑바로 서 있으므로 다른 모든 사람들은 옆에 매달려 있어야 한다! 오스트레일리아에 있는 사람들은 거꾸로 매달려 있어야 한다! 하지만 모든 사람이 자기가 중심에 있다고 생각할 수 있다. 베이징에는 세상의 중심을 표시하는 원형의 판이 있다. 영국에는 경도 0도인 선—'본초 자오선'—이 런던 근교의 그리니치 천문대를 통과하여 지나간다. 모든 사람이 자신이 중심에 있다고 생각할 수 있다. 모든 점이 동등하기 때문이다. 중요한 것은 당신이 3구체 우주에 살고 있고 은하의 수를 셀 수 있다면 모든 방향으로 같은 수의 은하를 발견할 것이라는 사실이다. 은하는 등방isotropic하다. 즉 허블이 발견한 것처럼 방향에 무관하다.

아인슈타인은 정적인 우주론을 1917년에 발표했다. 그가 자신의 방정식에 추가한 우주상수는 빈 공간에 추가적인 곡률을 제공했지만, 아주 작았기 때문에 일반상대성이론을 태양계에서 검증하는 것을 방해하지 않았다. 더구나 이 항을 추가하는 것이 방정식에서 국지적으로 에너지가 보존된다는 사실도 방해하지 않았다! 아인슈타인은 아마도 당시로는 그런 수정이 정적인 우주를 만들어낸다는 사실을 이해하는 유일한 사람이었을 것이다.

한편, 러시아에서는 1922년 알렉산드르 프리드만Alexander Friedmann이 아인슈타인의 장방정식의 (우주상수가 없는) 우주론의 해를 발견했다. 프리드만의 해에는 평범한 별들(혹은 은하들)만 존재했다. 이것은 (정적이지 않은) 역동적인 해라 풀기가 더 어려웠다. 그의 모형에서 우주의 모양은 아인슈타인이 제안한 것과 마찬가지로 3구체이지만 반지름이 시간에 따라 변할 수 있었다. 그는 시공간 다이어그램이 세워놓은 럭비공처럼 생긴 해를 발견했다(〈그림 22.5〉).

이 다이어그램에서 시간은 수직축으로 흐르고 위쪽이 미래다. 여기서는 1개의 시간 차원과 1개의 공간 차원만 보였다. 공간의 차원은 반지름이 시간에 따라 변하는 원형의 단면(원형세상)으로 보인다. 3구체 우주는 (맨 아래의) 빅뱅에서 반지름 0으로 시작한다. 그러고는 시간에 따라 팽창하여 럭비공의 중간에서 최대가 될 때까지 둘레가 커진 다음 다시 줄어들기 시작하여 결국에는 반지름 0인 '빅 크런치Big Crunch'가 된다. 은하의 세계선들은 빅뱅에서 출발하여 빅 크런치에서 끝나는 녹색의 측지선들이다. 이 세계선들은 곧게 뻗어 있다. 트럭을 몰고 가면 핸들을 돌릴 필요가 없다. 이것은 아인슈타인의 방정식이 가장 잘 작동하는 것을 보여준다. 은하들의 질량이 시공간을 휘어지게 하고, 시공간의 곡률이 은하들의 세계선을 휘어지게 한다. 이것은 아래에서 시작하여 퍼져나가는 것처럼 보이지만 럭비공 표면의 곡률은 다시 빅 크런치로 모이게 한다. 빅뱅에서는 모든 은하들이 서로 멀어져 날아간다. 하지만 당기는 중력(곡률)이 팽창을 늦추어 중간에서 멈추게 하고, 결국에는 공의 위쪽 부분에서 은하들을 서로 모이게 만든다. 은하들 사이의 거리는 우주의 둘레가 줄어들기 시작하면서 가까워지기 시작한다. 은하들은 빅 크런치에서 모두 뭉친다. 그때는 현장에 없는 것이 좋다! 우주의 부피가 0으로 줄어들면 당신도 뭉칠 것이다. 당신은 블랙홀의 특이점과 같이 곡률이 무한대가 되는 빅 크런치 특이점을 만나게 된다.

여기서 실재하는 것은 공의 표면 그 자체뿐이라는 것을 강조해야겠다. 공의 안은 실재가 아니고, 공의 바깥도 실재가 아니다. 우리는 공을 볼 수 있게 하기 위해서 더 높은 공간 차원에서 그린 것뿐이다.

시간은 빅뱅과 함께 시작된다. 그곳은 곡률이 무한대인 특이점이다. 우리는 제14장에서 빅뱅을 설명하기 시작했다. 빅뱅 전에는 무슨 일이 있었을까? 이 질문은 일반상대성이론의 범위에서는 무의미하다. 시간과 공간은 빅뱅으로 만들어졌기 때문이다. 이것은 남극점보다 남쪽에 무엇이 있느냐고 묻는 것과 같다. 당신이 계속해서 남쪽으로 간다면 결국 남극점에 닿을 것이다. 하지만 남극점보다 더 남쪽으로 갈 수는 없다. 마찬가지로 시간을 따라 점점 과거로 가면 결국 빅뱅에 닿을 것이다. 여기는 시간과 공간이 시작된 곳이다. 그러므로 시간으로 갈 수 있는 가장 먼 곳이다. 아리스토텔레스는 무한한 나이의 우주를 좋아했다. 우주가 어떻게 시작되었

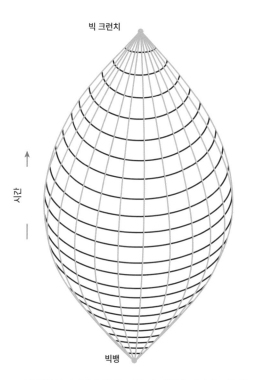

그림 22.5 프리드만 빅뱅 모형. 이 시공간 다이어그램 역시 1개의 공간 차원(럭비공 모양의 둘레)과 1개의 시간 차원(수직방향)만 보여준다. 은하의 세계선들은 수직의 초록색 선이다. 이 선들은 측지선—표면에서 그릴 수 있는 직선—이다. 은하들의 질량이 휘어진 모양을 만들고 세계선들은 휘어진 표면의 측지선을 따라간다. 우주는 역동적이고 빅뱅으로 시작된다. 은하들은 처음에는 우주의 둘레가 시간에 따라 커지면서 멀어진다. 이것은 팽창하는 우주다. 하지만 결국에는 은하들이 중력으로 끌어당겨 우주는 수축하기 시작하고 빅 크런치로 끝난다. 이 그림에서 실재하는 것은 공의 표면 그 자체뿐이다. 공의 안쪽과 바깥쪽은 중요하지 않다. 출처: J. Richard Gott(*Time Travel in Einstein's Universe*, Houghton Mifflin, 2001)

는지 생각할 필요가 없기 때문이었다. 그는 우주에 시작이 있다면 그 원인이 무엇인지 설명해야 한다고 생각했다. 아인슈타인과 뉴턴도 무한한 나이의 우주를 좋아했다. 하지만 프리드만의 우주는 과거의 유한한 시간에 공간과 우주가 함께 만들어진 빅뱅으로 시작되었다.

프리드만은 1922년에 이 해를 발표했지만 아무도 관심을 기울이지 않았다. 아인슈타인은 이것을 자신의 장방정식에 대한 흥미로운 수학적 해라고 생각했지만 실제 우주에는 그의 정적인 모형이 적용된다고 믿었다. 그러고는 제14장에서 본 것처럼 1929년에 허블이 우주가 팽창하는 것을 발견했다. 프리드만의 모형은 우주가 팽창하거나 수축해야만 한다고 예측했다. 그리고 허블이 은하의 세계선들이 실제로 멀어지고 있다는 것을 발견했다. 그러면 우리는 프리드만의 모형 어디에 놓여 있을까? 우리는 수직으로 선 럭비공의 아래쪽에 있다. 은하의 세계선들이 멀어지고 있는 팽창하는 구간이다. 더 많은 자료를 이용하여 허블과 휴메이슨은 1931년 멀리 있는 은하가 최고 20,000km/sec의 속도로 멀어지고 있다는 것을 발견했다. 우주가 팽창하고 있다는 것을 더 확실하게 한 것이다.

허블의 1931년 결과를 듣고 아인슈타인은 조지 가모프에게 우주상수가 자기 일생의 가장 큰 실수라고 말했다. 왜 그럴까? 프리드만의 논문에는 아무도 관심을 가지지 않았다. 하지만 아인슈타인이 우주상수를 생각하지 않았더라면 그는 정지한 우주 모형을 포기하고 프리드만의 모형을 자신이 발견할 수도 있었을 것이다. 만일 프리드만이 발표한 모델을 아인슈타인이 발표했다면 전 세계가 관심을 가졌을 것이다. 아인슈타인은 우주가 정지해 있지 않고 팽창하거나 수축해야만 한다는 것을 미리 예측한 사람이 될 수 있었다. 그러면 우주가 팽창한다는 허블의 발견은 아인슈타인의 일반상대성이론을 더 확실하게 증명해주는 것이 되었을 것이다. 이것은 아인슈타인의 가장 큰 승리가 될 수도 있었다. 팽창하는 우주와 같은 이야기는 이전에 그 누구도 하지 않았다. 사람들은 흔히 묻는다. 어디로 팽창하는가? 그런데 아인슈타인의 이론에서는 휘어진 공간 그자체가 팽창할 수 있다. 이것은 어딘가를 향해서 팽창하는 것이 아니라(공의 안쪽과 바깥쪽이라는 것은 없고 공 그 자체만 있다) 그냥 늘어나는 것이다. 모든 은하들을 연결하는 공간 그 자체가 점점 커지는 것이다. 놀라운 일이다. 이 모든 것을 제대로 인식한 아인슈타인은 우주상수가 자신의 최대 실수라고 선언했다. 아인슈타인이 다시 살아 돌아온다면 자신의 결론을 되살릴 이유를 찾을 수도 있다는 사실을 제23장에서 보여주겠다.

프리드만의 모형이 당신이 상상할 수 있는 (음의 압력, 즉 암흑에너지를 전혀 갖지 않는) 보통의 물질들만을 이용한 유일한 모형은 아니다. 당신이 만들 수 있는 이런 형태의 가장 일반적인 모형은 어떤 것이겠는가? 우리에게 우주는 등방하게(모든 방향으로 같이) 보인다. 허블은 모든 방향으로 같은 수의 은하를 관측했고, 은하들이 모든 방향으로 동일하게 멀어지는 것을 관측했다. 마이클 스트라우스가 제14장에서 논의한 것처럼 당신은 이것이 우리가 대폭발의 중심에 있는 것을 의미한다고 생각할 수도 있다. 만일 당신이 어느 한쪽 방향으로 치우쳐 있다면 당신은 중심의 반대방향보다 중심방향으로 더 많은 은하들을 보게 될 것이라고 예상할 것이다. 하지만 당신이 중심에 있다면 모든 방향으로 같은 수의 은하들을 볼 것이라고 예상할 것이다. 하지만 코페르니쿠스 이후로 우리는 그런 것을 믿지 않게 되었다. 그렇지 않다. 우리가 다른 모든 은하들과 다른, 우주의 중심에 있는 특별한 은하에 있을 리는 없다. 코페르니쿠스의 원리를 적용한다면 우주에서의 우리의 위치는 특별할 가능성이 없다. 그렇다면 우주는 어떤 은하에 있는 관측자가 보더라도 등방하게 보여야 한다. (그렇지 않다면 우리가 특별한 것이다.) 저 멀리 있는 은하에서도 우주는 역시 등방하게 보여야 한다. 모든 관측자들에게 우주가 모든 방향으로 똑같이 보인다면 우주는 반드시 균일해야 한다.

만일 한 지역의 은하의 밀도가 다른 지역보다 높다면 이 지역 바로 옆에 있는 관측자에게는 밀도가 높은 방향으로 반대방향보다 더 많은 은하들이 보일 것이다. 그러면 등방한 것이 아니다. 물론 작은 규모에서는 은하단들이 보이기도 한다. 하지만 큰 규모로는 모든 방향으로 같은 수의 은하들이 보인다. 그러므

웰컴 투 더 유니버스

로 큰 규모에서 우주는 등방하고 균일해야 한다. 일반상대성이론에서 유일하게 등방하고 균일한 모형은 균일한 곡률을 가지는 모형이다. 곡률이 특정한 시기에 어떤 지역이 다른 지역보다 더 크다면 모든 관측자들에게 모든 방향으로 똑같이 보이지 않을 것이다. 등방 모형에서는 이 곡률에 특별한 방향성이 없고 모든 방향으로 같은 곡률을 가져야 하므로 곡률이 상수가 된다. 프리드만의 3구체 모형은 이런 해들 중 하나다. 이것은 균일한 양의 곡률을 가진다. 3구체는 구(2구체)와 같은 양의 곡률을 가지고 특별한 지점이나 특별한 방향이 없다.

칼 프리드리히 가우스는 2차원 표면의 곡률을 $1/r_1r_2$로 정의했다. 여기서 r_1과 r_2는 주곡률반지름이다. 구는 가우스 곡률이 $1/r_0^2$이고, 여기서 r_0는 구의 반지름이다. 두 곡률반지름은 같은 부호를 가져야 한다. 만일 당신이 구의 꼭대기에 앉아 있다면 좌우 방향의 측지선과 앞뒤 방향의 측지선이 모두 아래 방향으로 휘어지기 때문이다. 두 음수는 서로 곱하면 양수가 되므로 r_1r_2는 양수가 되고 $1/r_1r_2$도 양수가 된다. 그러므로 구의 표면의 곡률은 언제나 양수가 된다.

하지만 두 가지 가능성(곡률이 0이거나 음의 곡률인 경우)이 더 있다. 먼저, 우주가 어떤 특정한 시기에 곡률이 0이 될 수 있다. 마치 무한한 평면과 같은 편평한 모양을 가질 수 있다는 말이다. (우리가 우주를 '편평하다'라고 표현할 때는 평면 세상과 같은 2차원을 의미하는 것이 아니고 '휘어지지 않았다'라는 것을 의미한다. 이것은 유클리드의 기하학 법칙을 따르는 무한한 3차원 우주다.) 이 우주는 무한히 뻗어 있고 무한한 수의 은하들을 가진다. (제14장에서 설명한 것처럼 중심은 없다.)

세 번째 경우는 곡률이 음수인 경우다. 특정한 시기의 우주의 모양이 무한히 큰 서양식 안장처럼 음으로 휘어진 것이다. 서양식 안장은 좌우 방향으로는 아래로 휘어져 다리를 뻗을 수 있다. 하지만 앞뒤 방향으로는 위로 휘어져 말의 등에 놓인다. 그러므로 두 방향의 곡률은 서로 반대이고, 양수와 음수를 곱하면 음수가 되므로 곡률 $1/r_1r_2$는 음수가 된다. 서양식 안장 위에 원을 그리면 둘레가 $2\pi r$보다 클 것이다. 앞에서 본 대로 구 위에서는 말안장과는 반대로 원의 둘레가 $2\pi r$보다 작다. 서양식 안장 위에서는 당신이 거리 r만큼 움직이면 당신의 경로는 원의 둘레를 따라 위아래로 움직일 것이다. 그러므로 원의 둘레는 평면에서의 $2\pi r$ 보다 더 크다.

음으로 휘어진 표면은 무한한 우주를 만들고 따라서 은하의 수도 무한하다. 음으로 휘어진 경우는 〈그림 22.6〉에 보인 것처럼 특수상대성이론의 평범한 편평한 시공간에 있는 그릇 모양의 표면과 같은 쌍곡선 우주hyperbolic universe다. 그림에서 시간은 수직축이고 위쪽이 미래다. 2개의 공간 차원도 수평의 붉은색 화살표로 표시했다.

만일 당신이 그릇 바닥의 중심에서 시작하여 테이프로 그릇 꼭대기의 둘레를 측정한다면, 표면을 따라 그린 반지름의 길이가 둘레에 비해 예상하지 못할 정도로 짧다는 사실을 발견할 것이다. 이것은 측정하는 테이프가 공간으로 밖으로 나갈 뿐만 아니라 시간으로도 위로 움직이기 때문이다. 측정된 거리는 측정 테이프로 얻어지는 값 ds^2에서 $-dt^2$항이 빠지기 때문에 짧아진다. 그릇에서 만들어지는 원의 반지름이 그릇의 둘레에 비해 짧다는 것은 음의 곡률의 특징

그림 22.6 보통의 공간에서 쌍곡선으로 음으로 휘어진 공간. 시간은 수직축이고 위로 올라갈수록 미래가 된다. 공간 차원은 수평의 화살표로 표시했다. 출처: Lars H. Rohwedder

웰컴 투 더 유니버스

이다. (서양식 안장은 원의 둘레가 반지름에 비해 더 큰 것을 보여주는 비유로 사용되지만 앞뒤 좌우의 특별한 방향성을 가진다. 그러나 쌍곡선 우주는 방향성을 가지지 않고 모든 방향으로 똑같다.) 이 쌍곡선 우주는 무한히 늘어나고 무한한 부피를 가지며 무한한 수의 은하를 포함한다. 프리드만은 이런 형태의 모형을 1924년에 조사했다. 그는 이것은 빅뱅으로 태어나 영원히 팽창한다는 것을 알아냈다. 나중에 하워드 로버트슨Howard Robertson은 곡률이 0인 평면 우주를 조사하여 이것도 역시 빅뱅으로 태어나 영원히 팽창한다는 것을 알아냈다.

이 결과들을 요약해보자(〈표 22.1〉). 양으로 휘어진 우주에서는 특정한 시기에 그려진 삼각형의 각의 합은 구와 같이 180도가 넘는다. 곡률이 0인 평면 우주에서는 특정한 시기의 삼각형의 각의 합이 180도가 된다. 음으로 휘어진 우주에서는 특정한 시기에 그려진 삼각형의 각의 합은 180도보다 작다. 양으로 휘어진 프리드만의 우주는 공간적으로나 시간적으로 유한하다. 이것은 공간적으로 닫힌 표면을 가지고 시간적으로도 닫혀서 빅 크런치로 끝을 맺는다. 편평하거나 음으로 휘어진 프리드만의 우주는 공간적으로 무한하고 무한한 수의 은하를 가지며 시간적으로도 무한하여 영원히 미래로 팽창한다.

표 22.1 프리드만식 빅뱅 모형의 특징들

모형	3구체	평면	쌍곡선
곡률	양	0	음
원주	< 2πr	= 2πr	> 2πr
삼각형의 각의 합	> 180°	= 180°	< 180°
은하의 수	유한	무한	무한
시작	빅뱅	빅뱅	빅뱅
미래	유한	무한	무한
팽창의 역사	팽창 후 수축, 빅 크런치로 끝남	영원히 팽창	영원히 팽창

1965년 펜지어스와 윌슨의 우주배경복사 발견 이후, 이 모형들 중에 어느 것이 우리 우주를 가장 잘 설명해주는지 찾는 작업이 시작되었다. WMAP과 플랑크 위성의 자료는 1퍼센트 이내의 정확도로 곡률이 0인 우주를 지지한다. 하지만 우리는 우주의 역동성은 프리드만이 생각했던 것보다 훨씬 더 복잡하다는 것을 알아냈다. 허블의 관측이 프리드만의 모형이 예측했던 우주의 팽창을 증명한 후 몇 가지 의문이 남았다. 빅뱅 이전에는 정말로 아무것도 없었을까? 무엇이 빅뱅을 만들었을까? 그리고 우주배경복사가 어떻게 이렇게 균일할 수가 있을까? 이런 의문들에 답하기 위해서는 우주의 아주 초기의 역사를 다시 살펴보아야 한다.

인플레이션 그리고 우주론의 최근 발전

이 장에서는 아주 초기의 우주—빅뱅 그리고 심지어 그 이전까지—를 탐험할 것이다. 앞에서 이야기했듯이 1948년 조지 가모프는 우주가 막 태어난 직후에 어땠을지 궁금해했다. 가모프는 우주가 빅뱅 가까이에서는 압축되어 매우 뜨겁고, 뜨거운 열복사로 가득 차 있을 것이라고 생각했다. 이 복사는 우주의 팽창과 함께 식었다.

우리는 3구체 프리드만 우주를 도입하여 이것을 설명할 수 있다. 각각의 시기에 이것은 유한한 둘레를 가지고 이 3구체 우주가 팽창할수록 둘레는 커진다. 원형의 트랙을 도는 경주용 자동차처럼 우주의 둘레를 도는 광자를 생각해보자. 트랙의 둘레는 자동차들이 트랙을 도는 시간에 따라 커진다. 12개의 광자들이 마치 시계의 12개의 숫자처럼 일정한 간격으로 원형의 둘레에 놓여 있다고 생각해보자. 트랙이 팽창하는 동안 자동차들은 모두 같은 속도, 빛의 속도로 달린다. 이들이 각각 앞차와 트랙의 1/12만큼 떨어진 일정한 간격으로 출발했다면 트랙이 팽창하는 동안에도 같은 간격으로 남아 있을 것이다. 모두 좋은 차들이라 어떤 차가 다른 차를 따라잡지도 못하고 어떤 차가 뒤로 처지지도 않는다. 차들이 같은 간격으로 있다면 트랙의 둘레가 커지면 차들 사이의 거리도 증가할 것이다. 트랙의 크기가 두 배가 되면 차들 사이의 거리도 두 배가 된다. 이제 시계방향으로 둘레를 도는 전자기파를 생각해보자. 12개의 광자를 각자 파동의 마루에 위치시킨다. 광자와 파동의 마루는 모두 빛의 속도로 움직이므로 광자는 파동이 움직이는 동안 마루 위에 머무른다. 그러므로 트랙의 둘레가 팽창하면 파동의 마루 사이의 거리는 같은 비율로 증가한다. 우주의 둘레가 두 배가 되면 파동의 파장(마루 사이의 거리)도 두 배가 된다.

이것은 왜 빛이 우주의 팽창에 따라 적색으로 이동하는지 설명해준다. 공간이 늘어나기 때문이다. 이 적색이동은 초기 우주의 뜨거운 열복사가 우주의 팽창에 따라 식어감(더 긴 파장이 됨)을 의미한다. 최초의 3분간 일어난 핵반응을 계산하고 우리가 지금 발견한 중수소의 양과 비교하여, 가모프의 제자였던 랠프 앨퍼와 로버트 허먼은 우주가 그 이후로 얼마나 팽창했는지를 추정하여 현재의 복사가 가지는 온도를 계산할 수 있었다. 그들은 현재의 온도를 5K로 구했다. 제15장에서 본 것처럼 1960년대에 프린스턴 대학의 로버트 디키가 같은 생각을 하여 비슷한 결론을 내리고 그 복사를 찾기로 했다. 그런데 펜지어스와 윌슨이 디키의 팀을 무너뜨렸다.

우주배경복사를 자세히 관측하기 위해서 1989년에 발사된 코비COBE 위성은 2.725K의 (가모프가 예측한 대로) 거의 완벽한 흑체복사 스펙트럼을 얻었다. 조지 스무트George Smoot와 존 매더John Mather는 코비에 대한 업적으로 2006년 노벨 물리학상을 수상했다.

우주배경복사의 존재에 대한 가모프와 앨퍼의 예측과 그 온도가 5K일 것이라는 앨퍼와 허먼의 계산은 과학 역사에서 나중에 확인된 가장 중요한 예측들 중 하나라고 할 수 있다. 이것은 지름 5미터짜리 비행접시가 백악관 잔디밭에 착륙할 것이라고 예측했는데 2.7미터짜리 비행접시가 실제로 착륙한 것과 같다. 이것은 우리의 위치가 특별하지 않다는 코페르니쿠스의 원리를 입증하는 중요한 증거이기도 하다. 우주가 등방하다는 허블의 관측과 코페르니쿠스의 원리로부터 곧바로 아인슈타인 장방정식에 대한 균일하고 등방한 프리드만의 빅뱅 해로 이어질 수 있고, 가모프와 그의 동료들은 그것에 기반하여 우주배경복사를 예측했다.

프리드만의 빅뱅 모형은 놀라울 정도로 성공적이었지만 몇 가지 문제들도 남아 있었다. 우주에는 빅뱅이라는 시작이 있다. 그렇다면 빅뱅 이전에는 무슨 일이 있었을까? 모범 답안은 (제22장에서 말했지만) 공간뿐만 아니라 시간도 빅뱅으로 만들어졌기 때문에 빅뱅 이전에는 시간이 없었다는 것이다. 하지만 아직 의문이 있다. 빅뱅은 왜 그렇게 균일할까? 우리가 어떤 방향을 보더라도 우주배경복사는 10만 분의 1까지 균일하다. 이 서로 다른 지역들은 어떻게 똑같은 온도를 '알았'을까? 우리가 어느 한쪽 방향을 보면 138억 광년까지 본다. 그런데 시간으로는 우주가 겨우 38만 년일 때의 시기를 보는 것이다. 표준 빅뱅 모형에서는 어떤 지역은 그곳에서 38만 광년보다 멀지 않은 곳에서 영향을 받은 것이다. 그런데 우리가 하늘에서 180도 떨어진 반대방향으로 138억 광년을 보아도 똑같은 온도가 보인다. 표준 빅뱅 모형에서는 (우리가 볼 때) 하늘에서 반대쪽에 있는 이 두 지역은 빅뱅 38만 년 후에는 8,600만 광년 거리만큼 떨어져 있고 태어난 후 38만 년 동안 서로 정보를 교환할 시간이 없었다. 일반적으로 두 지역이 같은 온도를 가지고 있다면 그것은 이 지역이 서로 정보를 교환하여 열평형에 도달할 시간이 있었기 때문이다. 하지만 표준 빅뱅 모형에서는 하늘에서 멀리 떨어져 있는 지역은 서로 접촉할 시간이 없었다. 프리드만 모형에서는 우주의 다른 지역들은 모든 곳에서 기적적으로 같은 온도로 균일한 팽창을 시작해야만 한다. 어떻게 이것이 가능할까?

그런데 코비는 하늘의 다른 지역에서 10만 분의 1 수준의 작은 온도 변화를 발견했다. 만일 우주가 완벽하게 균일했다면 밀도의 차이가 생기지 않아서 나중에 은하나 은하단들이 만들어질 수 없었을 것이다. 우리의 존재는 우주가 처음에 작은 변화가 있었기 때문에 가능했다. 이 작은 변화가 중력으로 자라나

그림 23.1 프리드만 빅뱅 우주(럭비공)를 시작하는 급팽창(트럼펫). 출처: J. Richard Gott

서 우리가 지금 관측하는 은하들이 된 것이다. 우주는 거의 완벽하게 균일해야 하지만 완벽해서는 안 된다. 이것은 미스터리였다. 이것은 나에게 대공황 시대의 격언을 떠오르게 한다. "베이컨만 있다면 아침으로 베이컨 에그를 먹을 텐데. 달걀도 있다면!" 우리는 먼저 전체적인 균일함을, 그리고 나서 작은 변화를 설명해야 한다.

1981년 앨런 구스Alan Guth가 이 문제에 대한 답을 제안했다. 그가 제안한 모형은 우주가 짧은 시간 동안 그가 인플레이션inflation이라고 이름 붙인 가속적인 팽창으로 시작했다는 것이었다. 시공간 다이어그램에서 이것은 골프의 티처럼 위로 향한 작은 트럼펫처럼 생겼고 그 위에 프리드만의 럭비공 시공간이 얹혀져 있다. 입을 대는 쪽 근처에서는 작은 원으로 시작했지만 시간이 지나 위로 올라가면서 나팔 모양으로 급격히 커지는 모양이다. 프리드만 럭비공의 아래쪽은 작은 트럼펫 입으로 대체되고 그 둘레는 약 3×10^{-27}센티미터밖에 되지 않는다(〈그림 23.1〉). 트럼펫 시기는 럭비공의 끝에 빅뱅만 있는 경우보다 약간 더 오래 지속되고 이 길어진 시간은 오늘날 우리가 보는 서로 다른 지역이 접촉할 수 있는 충분한 시간을 제공해준다. 시작할 때의 크기가 아주 작았기 때문에 이렇게 작은 추가 시간 동안 접촉을 한 후 가속적으로 팽창하여 서로 멀어졌다. 그래서 정보를 교환할 시간이 부족했을 것처럼 보이지만 실제로는 이미 정보를 교환했다.

이 모형에 대한 구스의 근거는 무엇일까? 그는 초기 우주에는 높은 에너지 밀도를 가지는―그래서 높은 음의 압력을 가지는―진공 상태가 있고 이것

웰컴 투 더 유니버스

이 아인슈타인의 유명한 우주상수가 의미하는 빈 공간의 곡률을 흉내낸다고 생각했다. 하지만 구스는 아주 큰 우주상수의 값을 원했다. 우리는 흔히 빈 공간은 0의 밀도를 가져야 한다고 생각한다. 이것은 결국 입자와 복사가 전혀 없는 곳이다. 하지만 빈 공간의 진공은 우주를 채우고 있는 힉스장과 같은 장들 때문에 에너지 밀도를 가질 수 있다. 나타나는 진공에너지의 양은 물리법칙에 의존한다. 구스는 초기 우주에는 강한 핵력과 약한 핵력 그리고 전자기력이 하나의 힘으로 통합되어 있었고, (물리법칙이 지금과 달랐던) 그때의 진공에너지는 오늘날 보이는 작은 값보다 훨씬 더 컸다고 주장했다. 그래서 우주상수가 (아인슈타인이 가정했던 것처럼) 상수가 아니라 시간에 따라 변했다는 것이다. 아주 초기 우주에서는 진공에너지 밀도가 아주 높았을 수 있었다. 이런 높은 에너지 밀도에 동반되는 것은 큰 음의 압력이고, 이것은 특수상대성이론의 법칙에 따라 다른 속도로 공간을 이동하는 관측자들에게 진공에너지가 같아 보이게 한다. 앞에서 살펴본 것처럼 진공에너지 밀도는 인력을 만들지만 세 방향으로 작동하는 음의 압력은 세 배 더 큰 밀어내는 중력을 만든다. 아인슈타인의 방정식에 따르면 이것은 구스가 원했던 우주의 가속 팽창을 시작하게 만들었다. 우리가 '빅뱅'이라고 부르는 최초의 팽창을 만든 것은 바로 이 밀어내는 중력이었다.

사실 아인슈타인 장방정식의 이 트럼펫 모양의 해는 1917년에 빌렘 드 지터Willem de Sitter에 의해 발견되었다. 그는 아인슈타인의 방정식을 우주상수가 있는 빈 공간에서만 풀었고 다른 경우는 풀지 않았다. 우주상수의 밀어내는 효과와 균형을 맞출 보통의 물질이 없었으므로 이 해는 팽창이 가속되는 우주를 만들었다. 이 해는 드 지터 공간de Sitter Space이라고 불린다. 이 시공간은 무한한 과거에서 무한한 반지름을 가지고 시작하는 3구체 우주다. 이것은 거의 빛의 속도로 수축한다. 하지만 우주상수의 밀어내는 효과로 수축이 느려지기 시작하여—둘레가 최소인 허리 지점인—최소 반지름에서 멈추고 팽창하기 시작한다. 이것은 우주상수의 밀어내는 효과가 지속되면서 점점 더 빠르게 팽창한다. 이 우주는 점점 빛의 속도에 가까운 속도로 계속 팽창하여 무한한 미래에는 무

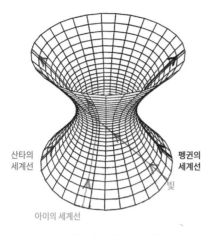

산타의
세계선

펭귄의
세계선

빛

아이의 세계선

그림 23.2 드 지터 공간의 시공간 다이어그램. 〈그림 22.4〉와 〈그림 22.5〉에서처럼 1개의 공간 차원과 1개의 시간 차원을 보여준다. 출처: J. Richard Gott

한한 크기로 팽창한다. 드 지터 시공간의 시공간 다이어그램은 좁은 허리를 가진 코르셋처럼 생겼다(〈그림 23.2〉). 이 다이어그램은 수평의 둘레 방향으로 1개의 공간 차원과 수직 방향으로 시간 차원을 보여준다. 아래쪽의 스커트는 수축하는 시기를 보여주고, 중심의 허리 부분은 우주의 반지름이 최소일 때를 보여준다. 그리고 위쪽에서는 트럼펫의 나팔처럼 퍼진다.

프리드만 시공간 모형에서처럼 여기에서도 주의를 기울여야 할 유일한 곳은 코르셋 모양의 표면 그 자체뿐이다. 안쪽과 바깥쪽은 생각하지 말라. 코르셋 모양의 시공간은 개별 시간 조각에서는 원형의 단면을 가진다. 이것은 특정한 우주시간에서 3구체 우주의 둘레를 보여준다. 이 원들은 바닥에서 가장 크고 허리에서 최소가 되었다가 위쪽에서 다시 커진다. 이것은 3구체 우주의 크기가 수축했다가 다시 팽창하는 것을 보여준다. 수직의 '코르셋 심지들'은 입자들의 가능한 세계선들을 표시한다. 이것은 작은 트럭들이 코르셋의 표면을 따라 똑바로 이동할 수 있는 측지선들이다. 코르셋 심지들은 아래쪽 절반에서 모이기 시작하여 허리에서 최소 거리가 되었다가 위쪽 절반에서 퍼져나간다. 위쪽 절반에서 시공간의 곡률은 이 입자들이 서로 점점 빠르게 멀어지게 만든다. 입자들이 멀어지는 동안 이들의 시계는 빛의 속도에 접근할수록 지수함수로 느려진다. 시계가 느…려……진………다. 나중에는 시계 바늘이 한 번 움직이는 동안 둘레가 엄청나게 팽창한다. 다이어그램에서 공간은 빛의 속도에 가깝게 거의 선형적으로 팽창하는 것처럼 보이지만(나팔 모양이 거의 45도로 열림) 입자 자신이 가지고 있는 지수함수로 느려지고 있는 시계로 측정하면 둘레가 각 시

웰컴 투 더 유니버스

간 간격마다 두 배로 커지는 것으로 보인다. 1, 2, 4, 8, 16, 32, 64, 128, 256, 512, 1,024……배로 증가하여 지수함수로 가속되는 팽창을 한다. 이것은 경제에서의 인플레이션과 비슷해서 구스는 이 모형을 인플레이션이라고 불렀다.

허리를 보자. 이것은 가장 많이 수축했을 때의 3구체 우주를 나타내는 원이다. 이것이 사실은 3구체라는 것을 명심하자. 우리는 이 원의 왼쪽 끝 지점을 이 우주의 '북극'이라고 볼 수 있다. 산타가 그곳에 살 것이다. 왼쪽의 붉은색 코르셋 심지를 생각해보자. 이것은 3구체 우주의 북극에 앉아 있는 산타의 세계선이다. 180도 떨어져 있는 오른쪽의 검은색 코르셋 심지는 남극에 있는 펭귄의 세계선이다. 세계선이 북극에 있는 산타는 남극에 살고 있는 펭귄을 절대 볼 수 없다. 무한한 과거에 펭귄에게서 출발한 빛은 45도로 왼쪽 위로 똑바로 나아간다. 이것은 코르셋 앞쪽을 가로질러 비스듬히 위로 지나가지만 왼쪽에 있는 산타의 세계선과는 절대 만나지 않는다. 이 우주에는 사건의 지평선이 존재한다. 산타는 펭귄에게 일어난 일을 절대 보지 못한다. 그는 빛이 지나가는 선의 오른쪽 위는 절대 볼 수 없다. 〈그림 23.2〉에 녹색으로 표시된, 산타 근처에서 사는 아이를 생각해보자. 아이에게서 나간 빛은 산타에게 도착할 수 있다. 산타는 자신에게서 점점 빠르게 멀어지는 아이를 볼 것이다. 아이에게서 오는 빛은 점점 더 적색이동될 것이다. 만일 아이가 산타에게 "모든 것이 잘 되고 있어요"라는 메시지를 보낸다면 산타는 "모든 것이 잘"까지는 받을 것이다. 하지만 "되고 있어요"라는 신호는 절대 받지 못할 것이다. "되고" 신호는 45도를 따라 이동하기 때문에 절대 도착하지 못한다. 산타에게는 아이가 마치 블랙홀로 빠지고 있는 것처럼 보인다. 아이의 세계선이 산타의 사건의 지평선인 45도 기울어진 선을 지나면 아이의 신호는 더 이상 도착하지 않는다. 산타와 아이 사이의 공간은 너무나 빠르게 늘어나서 비스듬한 선 반대편에서 나온 "있어요" 신호는 산타와 아이 사이의 넓어지고 있는 거리를 가로지르지 못한다. 이것은 특수상대성이론에 위배되지 않는다. 특수상대성이론은 다른 누군가의 우주선이 빛의 속도보다 빠르게 당신을 지나칠 수 없다고 말할 뿐이다. 하지만 일반상대성이론은 두 입자 사이의 공간이 너무나 빠르게 멀어져서 빛이 그 사이의 넓어지고 있는 간격을 가로지르지 못하는 것을 허용한다. 드 지터의 시공간은 입자들이 어떻게 허리 근처에서 정보를 교환하여 열평형에 이른 다음 먼 거리로 퍼졌는지 설명해 준다.

구스는 결국 우리가 지금은 대략 3×10^{-27} 센티미터로 추정하는 작은 둘레를 가지는 드 지터 우주의 허리에서 우리 우주가 시작되었다고 제안하는 것이다. 그는 무한히 수축되는 상태(전체 시공간의 아래쪽 절반)를 제외하고 있다. 그는 약간의 높은 밀도의 진공 상태를 시작 지점으로 필요로 할 뿐이다. 큰 음의 압력의 밀어내는 효과가 시공간을 팽창시키기 시작할 것이고, 매 10^{-38}초마다 우주의 크기가 두 배가 되도록 점점 더 빠르게 팽창시킬 것이다. 우주가 팽창하는 동안 진공 상태의 에너지 밀도는 똑같이 유지될 것이다. 우주상수는 일정하게 유지될 것이다. 높은 에너지 밀도의 작은 영역은 팽창하여 똑같은 높은 에너지 밀도를 가지는 큰 영역이 될 것이다.

흥미롭게도 이것은 국지적인 에너지 보존에 위배되지 않는다. 내가 높은 밀도의 음의 압력의 유체가 담긴 상자를 가지고 있다면, 내가 상자의 벽을 팽창시키려면 나는 팽창에 저항하는 음의 압력에 대항하여 벽을 끌어당기는 일을 해주어야 한다. 내가 이 (빨아들이는) 음의 압력에 대항하여 벽을 끌어당기는 일은 유체에 에너지를 더해주고 이것은 상자의 부피가 팽창하는 동안 똑같은 높은 수준의 에너지 밀도를 유지하기에 꼭 맞는 에너지다. 그러므로 에너지는 국지적으로 보존된다. 하지만 우주에서는 무엇이 나의 상자의 벽을 끌어당기는 것일까? 이것은 바로 옆에 있는 또 다른 작은 비슷한 상자에서 오는 음의 압력이다. 압력이 우주 전체에 균일한 이상 팽창 그 자체가 일을 하는 것이다.

일반상대성이론의 우주론에서는 전체 에너지가 보존되지 않는다. 자리를 잡고 서서 에너지의 표준을 정립할 편평한 곳(특수상대성이론의 시공간을 가정할 수 있는 곳)이 없기 때문이다. 그러므로 음의 압력이 있다면 우주 전체의 에너지 양은 시간에 따라 증가할 수 있다. 그래서 구스는 자신의 인플레이션 모형을 높은 밀도 진공의 작은 조각에서 시작하여 같은 밀도의 진공 상태를 가지는 큰 우주로 자연스럽게 자라게 할 수 있었다. 이런 방법으로 진공 상태는 "자체 재생산"되었고 작은 시작에서 지수함수로 커졌다. 이것 때문에 구스는 우주가 "궁극적인 공짜 점심"이라고 말했다. 결국 강한 핵력, 약한 핵력, 전자기력이 분리되면서 진공 상태는 붕괴했다. 빈 공간의 진공의 에너지 밀도가 낮은 값으로 떨어지면서 진공에너지는 기본 입자의 형태로 넘어갔다. 우주는 기본 입자들의 열적 분포로 가득 찼다.

여기가 우주가 시작할 때의 트럼펫 인플레이션이 프리드만 빅뱅 모형의 럭비공 모양의 바닥과 만나는 지점이다. 우주의 팽창은 이제 럭비공 모형에서처럼 감속되기 시작한다. 압력은 이제 입자들의 평범한 열 압력이고 양의 값이다. 가속 팽창하는 트럼펫 인플레이션 동안 (산타와 아이처럼) 서로 "안녕"이라고 말한 세계선들은 프리드만 상태의 감속이 시작된 후 "다시 안녕"이라고 말할 것이다. 인플레이션은 프리드만 빅뱅 모형의 초기 상태가 어떻게 자연스럽게 만들어질 수 있는지 보여주었다. 초기의 진공 상태의 밀어내는 중력의 효과가 (음의 압력을 통해서) 빅뱅을 시작하게 한 것이다! 빅뱅은 특이점에서 시작할 필요가 없이 작고 높은 밀도의 진공에서 시작할 수 있다. 인플레이션은 우주가 왜 그렇게 크고 왜 그렇게 균일한지를 설명해준다. 어떤 주름도 우주가 엄청나게 커지면서 펴져버렸다. 이것은 우리가 관측하는 10만 분의 1 수준의 작은 변화도 설명해준다. 이것은 하이젠베르크의 불확정성의 원리에 의한 작은 무작위 양자 요동이다. 우주가 시작할 때 매 10^{-38}초마다 두 배씩 커졌다. 이렇게 짧은 시간 동안에는 불확정성의 원리가 어떤 장에서건 에너지의 무작위 요동을 만든다. 사실 우리가 지금 보고 있는 은하단들의—우주의 거미줄cosmic web이라고 하는—스펀지 모양의 패턴도 우주배경복사의 뜨겁고 차가운 점들의 패턴과 마찬가지로 초기의 상태가 인플레이션에서 예상하는 무작위 양자 요동에서 예측하는 것과 정확하게 같은 형태로 나타난다. (나의 책《우주의 거미줄The Cosmic Web》(2016)을 보라.)

하지만 인플레이션에는 구스도 알고 있었던 한 가지 문제가 있다. 시작할 때의 높은 밀도 진공 상태는 모두 동시에 기본 입자들로 붕괴할 것으로 예측되지 않는다. 이 높은 밀도의 급팽창하는 바다는 낮은 밀도 진공의 거품들로 붕괴할 것이다. 이것은 시드니 콜먼Sidney Coleman이 연구한 현상이다. 이것은 물이 끓는 것과 같다. 물은 모두 동시에 수증기로 바뀌지 않는다. 물속에서 수증기의 거품들이 만들어진다. 하지만 이것은 균일하게 분포하지 않는다. 우리가 기대하는 균일한 우주가 아니다. 그래서 구스는 이것을 문제라고 말했다. 1982년에 나는 인플레이션이 거품 우주들을 만들고 각각의 거품이 우리 우주와 마찬가지로 별도의 우주를 만든다고 제안했다(〈그림 23.3〉).

나의 이론적인 모형에서는 우리는 낮은 밀도의 거품들 중 하나에 살고 있다. 내가 알아차린 것은 거품이 만들어진 후에 진공에너지가 붕괴하는 데 약간 시간이 걸린다면 이것은 쌍곡선 표면으로 붕괴하여 음으로 휘어진 균일한 쌍곡선 프리드만 우주(〈그림 22.6〉)를 만든다는 것이었다. 거품의 안에서 우리는 과거의 시간과 공간을 볼 수 있기 때문에 우리의 거품 우주와 균일한 팽창하는 바다가 만들어지기 전에 볼 수 있다. 우리에게는 모든 것이 균일하게 보이기 때문에 구스의 불균일 문제를 해결할 수 있다. 거품은 거의 빛의 속도로 팽창한다. 하지만 팽창하는 바다는 너무나 빨리 팽창하기 때문에 거품들은 우주 전체에 스며들지 못한다. 새로운 거품 우주가 계속적으로 만들어지고, 팽창하는 바다는 그 사이에서 팽창하여 더 많은 새로운 거품 우주들이 만들어질 수 있는 공간을 만들어준다. 나는 영원히 팽창하는 바다에서 무한한 수의 거품 우주가 만들어지는 모습을 상상한다. 지금은 이것을 다중우주multiverse라고 부른다.[1] 이 거품 우주들은 안쪽이 음의 곡률을 가지고 영원히 팽창하는 쌍곡선 프리드만 우주가 될 것이다. 변화 없는 시기의 표면들은 팽창하는 거품의 안쪽에 위치한 쌍곡선들이다. 변화 없는 시기의 표면surface of constant epoch은 개별 입자들의 알람시계가 모두 꺼지고 거품이 만들어진 사건 이후로 같은 시간을 보여주는 것을 말한다. 이것의 모양은 쌍곡선이다. 더 빠르게 움직이는 입자들의 시계는 더 느리게 가고, 그래서 이 시계들이 꺼지는 시간이 늦춰지기 때문이다(〈그림 22.6〉과 비교해보라). 이것은 팽창하는 거품의 벽 안쪽에서 위쪽으로 구부러져 있기 때문에 무한히 뻗어가는 쌍곡선 모양을 만든다. 결국 거품이 무한한 미래에 무한한 부피로 팽창하면 무한한 수의 은하들이 만들어진다. 그러니까 무한한 수의 무한한 거품 우주들이 작고 높은 밀도의 드 지터 공간에서부터 만들어질 수 있는 것이다.

　　이것은 이상해 보인다. 어떻게 단 하나의 유한한 시작에서 각각 무한한 크기를 가지는 무한한 수의 우주들이 만들어질 수 있는가? 드 지터의 시공간은 나팔이 위를 향하는 트럼펫처럼 생겼다. 드 지터 공간의 허리를 트럼펫의 나팔에서 수평으로 자르면 원형이 된다. 이것은 아인슈타인이 생각했던 것과 같은 유한한 둘레와 유한한 부피를 가지는 작은 3구체 우주다. 하지만 트럼펫의 윗부분은 원뿔 모양이고, 원뿔은 어떻게 자르느냐에 따라서 원, 포물선 혹은 쌍곡선으로 자를 수 있다. 드 지터 시공간을 수평으로 자르면 원이 되고 이것은 3구체 우

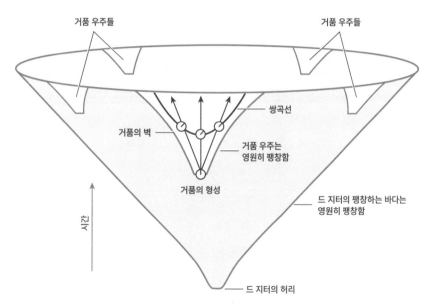

그림 23.3 팽창하는 바다에서 만들어지고 있는 거품 우주들—다중우주.
출처: J. Richard Gott(*Time Travel in Einstein's Universe*, Houghton Mifflin, 2001)

주다. 45도 비스듬히 자르면 포물선이 되고 이것은 무한하고 편평한 우주다. 수직으로 자르면 쌍곡선이 되고 이것은 무한하고 음으로 휘어진 우주가 된다. 이것은 장님들과 코끼리에 대한 옛이야기와 비슷하다. 한 사람은 코끼리의 코를 만지고는 코끼리는 뱀처럼 생겼다고 말한다. 다른 사람은 코끼리의 다리를 만지고는 코끼리는 굵은 나무처럼 생겼다고 말한다. 또 다른 사람은 코끼리의 몸통을 만지고는 코끼리는 벽처럼 생겼다고 말한다. 마찬가지로 드 지터 공간의 모양은 어떻게 자르느냐에 달렸다. 무한히 뻗어 있는 거품 우주 안쪽을 쌍곡선으로 자르면 무한한 공간 조각을 만들 수 있고 팽창하는 드 지터 진공이 끝나고 에너지를 입자로 전달하여 프리드만 모형이 시작되는 시기를 표시할 수 있다. 미국식이나 프랑스식 조각 어느 것으로도 자를 수 있는 빵조각과 비슷하다. 실재하는 것은 빵조각 그 자체다. 우리가 인플레이션 모형의 드 지터 공간의 시공간 모양을 본다면 이것은 허리에서 유한한 3구체 우주로 시작하여 영원히 팽창하여 무한히 커지는 것을 볼 수 있을 것이다. 인플레이션이 영원히 계속되고 공간이 무한히 커지는 이 놀라운 시공간 모양은 영원한 인플레이션의 바다에서 무한한 수의 무한한 거품 우주의 탄생을 가능하게 한다.

서로 다른 거품들이 다르게 터널링을 하여 다른 계곡을 따라 굴러 내려가고, 이 계곡의 여러 장들의 값이 다르다면 다른 거품 우주는 서로 다른 물리법칙을 가질 수 있다. 안드레이 린데Andrei Linde와 마틴 리스Martin Rees가 강조한 것처럼 우리 우주에서 우리가 보는 물리법칙들은 단지 국지적인 법칙들일 뿐이다.

드 지터의 인플레이션 우주가 허리에서 시작하는 것은 중요하다. 우리는 그 앞에 무한히 수축하는 시기를 원하지 않는다. 아르빈 보르데Arvin Borde와 빌렌킨이 그 이유를 보였다. 수축하는 시기에도 거품은 만들어진다. 그러면 그 거품들은 수축하는 공간에서 팽창할 것이다. 낮은 밀도의 거품들이 서로 충돌하여 공간을 채워 인플레이션의 바다를 끝내고 공간이 허리에 도착하여 팽창하는 시기가 되는 것을 방해한다. 우리는 오직 빅 크런치 특이점만 가지게 될 것이다. 거품들은 허리에서 반전을 일으키는 내부의 음의 압력을 가지지 못한다. 그래서

웰컴 투 더 유니버스

보르데와 빌렌킨은 인플레이션 다중우주는 시작점에서 유한한 인플레이션의 바다의 조각에서 시작된다고 결론내렸다. 이것은 아주 작을 수 있다. 3×10^{-27} 센티미터까지 작을 수 있다. 이것은 아무것도 없는 것이 아니다. 하지만 우리가 얻을 수 있는 어떤 것보다도 아무것도 없는 것에 가깝다.

진공에너지 밀도는 풍경에서 높이에 해당한다고 볼 수 있다. 높이는 진공에너지 밀도를 나타낸다. 빈 공간의 에너지 밀도다. 다른 장소들은 진공에너지를 만드는 (힉스장과 같은) 장들의 서로 다른 값에 해당한다. 다른 위치들(장들의 다른 값들)은 다른 높이(진공에너지 밀도의 다른 값들)에 해당한다. 현재 우리는 아주 낮은 진공에너지 밀도를 가지고 있다. 거의 해수면에 가깝다. 하지만 초기 우주에서는 진공에너지 밀도가 높은 산속의 계곡에 갇혀 있는 것처럼 높을 수 있다(〈그림 23.4〉).

높은 산속의 계곡에 갇힌 공은 궁극적으로 불안정하다. 이것은 갈 수 있는 더 낮은 에너지 상태를 가지고 있다. 해수면이다. 하지만 모든 면이 산으로 둘러싸여 있으면 공은 갇힐 수 있다. 뉴턴의 우주에서는 공은 굴러 내려올 방법이

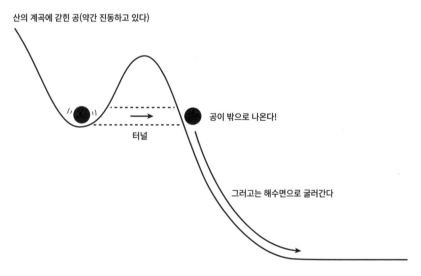

산의 계곡에 갇힌 공(약간 진동하고 있다)

터널

공이 밖으로 나온다!

그러고는 해수면으로 굴러간다

그림 23.4 양자 터널. 출처: J. Richard Gott(*Time Travel in Einstein's Universe*, Houghton Mifflin, 2001)

없다. 하지만 양자 터널이라고 하는 양자역학의 과정은 산을 통과하여 해수면으로 굴러갈 수 있도록 허용한다.[2]

양자 터널은 조지 가모프에 의해 발견된 과정이다. 이것은 우라늄의 방사성 붕괴를 설명한다. 우라늄 핵은 알파 입자(두 개의 양성자과 두 개의 중성자를 가진 헬륨 핵)를 방출하면서 붕괴한다. 알파 입자는 핵 속에서 자신을 다른 양성자와 중성자에게로 끌어당기는 강한 핵력에 의해 잡혀 있다. 이 강한 핵력은 계곡을 둘러싸고 있는 산처럼 알파 입자를 핵 속에 잡고 있다. 하지만 강한 핵력은 짧은 범위의 힘이다. 알파 입자가 어떻게든 핵 밖으로 나올 수 있다면 강한 핵력이 당기는 영향력을 벗어나서 탈출할 수 있다. 그러면 알파 입자는 양의 전하를 가지고 있기 때문에 양으로 대전된 핵에 의해 밀려난다. 이것은 언덕을 굴러 내려와 핵에서 멀어지고, 이것이 얻는 운동에너지는 전기적인 반발력에서 온 것이다. 우라늄이 붕괴할 때 방출된 알파 입자가 가지고 있는 에너지를 측정하여 과학자들은 이 입자가 언덕의 얼마나 높은 곳에서 출발했는지 계산할 수 있다. 알파 입자는 우라늄 핵의 밖에서 방출되었다는 것이 밝혀졌다! 알파 입자는 어떻게 핵에서 빠져나왔을까? 양자역학은 빛이 파동과 입자의 성질을 모두 가지는 것처럼 알파 입자와 같이 우리가 '입자'라고 부르는 물체도 마찬가지라는 것을 말해준다. 알파 입자의 파동의 성질이란 하이젠베르크의 불확정성 원리에서 보이는 것처럼 이것이 분명하게 분리되어 있지 않다는 것을 의미한다. 가모프는 알파 입자가 자신을 우라늄 핵 속에 붙잡아 두는 산을 '터널처럼' 통과하여 갑자기 핵에서 바깥의 먼 곳에 나타나 전기적인 힘에 밀려 언덕을 굴러 내려가게 될 가능성이 있다는 것을 발견했다. 이것은 나에게 이런 선문답을 떠올리게 한다. 오리가 어떻게 (오리가 나오기에는 목이 너무 좁은) 병 밖으로 나왔을까? 답은 이렇다. 오리는 나왔다! 그러니까 알파 입자는 산을 양자 터널 효과로 통과했고 "알파 입자는 나왔다." 이것은 가모프가 노벨상을 받을 수도 있었던 또 하나의 예다.

거품 우주의 경우에 산 속의 계곡은 높은 진공에너지 밀도를 가지고 있는

(드 지터 공간의 허리에 있는) 인플레이션 우주를 나타낸다. 이것은 높은 밀도의 영원히 팽창하는 상태에 행복하게 머물러 있을 수 있었다. 하지만 긴 시간이 흐른 후, 이것은 산을 터널처럼 통과하여 해수면으로 굴러가 진공에너지를 운동에너지로 방출하여 보통의 기본 입자들을 만들어냈다. 터널 효과는 바깥의 진공에너지 밀도보다 약간 낮은 진공에너지 밀도를 가지는 작은 거품이 갑자기 만들어지는 것을 나타낸다. 거품 바깥쪽의 음의 압력이 거품 안쪽의 음의 압력보다 더 강하여 그 차이가 거품의 벽을 바깥쪽으로 밀어낸다. 이것은 점점 더 빨리 팽창하여 결국에는 빛의 속도에 이른다. 그러는 동안 거품의 안쪽에서는 진공에너지 밀도가 해수면을 향하여 천천히 언덕 아래로 구른다. 인플레이션은 거품이 언덕을 굴러 내려가는 잠깐 동안 계속된다. 거품이 해수면으로 굴러 내려가 진공에너지를 입자의 형태로 바꾸면 인플레이션이 멈추고 프리드만 시기가 시작된다. 이것이 안드레이 린데와 안드레아스 알브레히트Andreas Albrecht와 폴 스타인하르트Paul Steinhardt가 나의 논문이 나온 직후에 독립적으로 발표한 시나리오였다. 거품의 바깥쪽에서는 산속의 계곡 위에 진공 상태가 남아 있고 끝없는 인플레이션의 바다가 빠른 가속 팽창을 계속하고 있다. 나는 우리가 오늘날 '다중우주'라고 부르는 거품 우주의 형성을 설명하는 기하학과 일반상대성이론을 발표했고, 린데, 알브레히트, 스타인하르트는 실제로 거품 우주가 만들어지게 하는 자세한 입자물리학 시나리오를 독립적으로 제안했다. 나는 우리가 살고 있는 우주를 만들기 위해서 거품 우주에서 인플레이션이 잠시 동안 계속되는 것을 필요로 했다. 린데, 알브레히트, 스타인하르트의 모형에서는 이것이 거품 속의 진공에너지 밀도가 해수면을 향해서 언덕을 천천히 내려가는 동안 자연스럽게 일어났다. 이후 1982년에 스티븐 호킹은 거품 우주 아이디어를 받아들이고 초기의 양자 요동이 인플레이션으로 우주적인 규모로 팽창하여 우주의 은하와 은하단들이 만들어지는 데 필요한 씨앗을 만들었다는 것을 보여주는 논문을 발표했다.[3] 제15장에서 우리가 설명한, 우주배경복사와 은하의 분포에서 모두 관측되는 구조는 인플레이션 이론의 예측과 아름답게 들어맞는다.

• 이웃한 거품 우주가 우리 우주와 먼 미래에(약 10^{1800}년 후에, 하늘에 갑자기 뜨거운 점이 만들어지고 여기에서 나온 방사선이 아마도 그 시대에 살고 있는 모든 생명체를 죽일 것이다) 충돌할 가능성은 있지만 다중우주의 대부분의 다른 우주들은 우리의 시야에서 사건의 지평선 너머에 숨겨져 있다. 이 우주들은 너무나 멀리 있어서 여기서 나온 빛은 우리와 그들 사이의 영원히 급팽창하는 지역을 결코 가로지를 수 없다. 현재에는 인플레이션이 일단 시작되면 멈추기가 어렵다는 것이 분명하다. 이것은 영원히 팽창을 계속하여 무한한 수의 우리 우주와 같은 다중우주를 만들 것이다. 1983년 린데는 혼돈 인플레이션chaotic inflation을 제안했다. 이것도 역시 영원히 팽창하는 인플레이션의 바다에서 낮은 밀도의 우주들인 다중우주를 만들어낸다. 린데의 혼돈 인플레이션 모형은 무작위로 여기저기를 움직이는 양자 요동에 의존한다. 양자 요동은 당신을 진공에너지 밀도가 높은 언덕이나 산 위로 움직이게 해줄 수 있다. 고도가 높을수록 에너지 밀도가 높고 팽창이 두 배가 되는 시간이 짧다. 고도가 높은 지역에서는 높은 인플레이션 비율에 의해 더 많은 높은 진공에너지 밀도를 가지는 공간이 더 빨리 만들어지고 있다. 높은 고도에 있는 지역이 더 빨리 재생산을 하는 것이다. 이것은 높은 고도에 사는 사람들이 더 많은 아이를 낳는 것과 비슷하다. 몇 세대가 지나면 거의 모든 사람들이 산 위에 살고 있을 것이다. 전체 다중우주는 높은 속도로 급팽창하고 있을 것이다. 그러면 개별 영역들은 계곡으로 굴러 내려가 우리 우주와 같은 별개의 우주를 만들 수 있다. 대부분의 공간은 빠르게 팽창하는 산 지역에 있지만, 언제나 해수면으로 굴러 내려가서 만들어지는 조각들(개별 우주들)이 있다. 그러니까 실제로 산속 계곡에서 시작할 필요가 없다. 일반적인 곳에서 우리는 언제나 영원히 급팽창하는 다중우주에서 우리 우주와 같은 낮은 밀도의 우주가 만들어지는 것을 기대할 수 있다.

우리는 다중우주의 이 다른 우주들을 볼 수는 없지만 이들이 존재한다고 생각할 이유는 있다. 다른 우주들은 인플레이션 이론으로 피할 수 없이 예측되고, 인플레이션 이론은 많은 관측 자료들을 설명해주기 때문이다.

인플레이션 이론은 WMAP과 플랑크 위성이 결과를 만들어내면서 크게 부상했다. 우주배경복사의 다른 각 크기에서의 온도 변화의 세기는 인플레이션 이론에서 기대하는 패턴과 정확하게 일치했다(〈그림 15.3〉에서 보였다). WMAP과 플랑크 위성 관측 결과는 우주의 곡률이 거의 0이라는 것도 보였다. 양으로 휘어진 우주에서는 우리는 우주배경복사 지도에서 더 적은 점들을 볼 것이다. 큰 원의 둘레가 유클리드 기하학에서 기대하는 $2\pi r$ 보다 더 작기 때문이다. 우주가 음으로 휘어졌다면 둘레는 $2\pi r$ 보다 크고 점들은 더 많을 것이다. 그리고 그 점들은 유클리드 기하학에서 기대하는 것보다 더 작은 각 크기를 가질 것이다. 관측은 온도 변화의 세기가 최대가 되는 각 크기가 약 1도라는 것을 보여준다. 이것은 곡률이 0인 우주의 예측과 일치한다.

이것은 우리가 실제로는 곡률의 부호를 모른다는 것을 의미한다. 우주의 곡률은 그저 너무 작아서 우리가 측정할 수가 없다. 우리가 가진 현재의 자료는 관측 가능한 우주가 1퍼센트보다 더 높은 정확도로 편평하다는 것을 보여준다. 마찬가지로 우리는 농구 코트가 지구의 표면과 같은 곡률을 가지고 있다는 것을 알고 있지만 농구 코트는 편평하게 보인다. 지구의 반지름이 농구 코트보다 훨씬 더 크기 때문에 농구 코트의 곡률을 알아차릴 수 없을 뿐이다. 우리는 옛날 사람들이 지구를 편평하다고 생각했다는 것을 알고 있다. 그들이 볼 수 있는 지구의 작은 부분은 거의 편평하게 보이기 때문이다. 우리가 실제로 알고 있는 것은 우주의 곡률의 반지름이 우주배경복사로 볼 수 있는 거리―우리가 볼 수 있는 138억 광년의 반지름―보다 훨씬 더 크다는 것이 전부다. 구스는 우주가 처음에 어떻게 생겼든(양으로 휘어졌건 음으로 휘어졌건) 가장 단순한 인플레이션 모형은 우리가 볼 수 있는 부분보다 훨씬 더 큰 우주를 만들기에 충분하다는 것을 강조했다. 구스는 우리가 거의 편평한 우주를 발견할 것이라고 예측했고 그가 옳았다. 우리 우주가 거품 우주라면 이것은 단순히 진공 상태가 터널 효과로 나온 이후 언덕을 굴러 내려가는 긴 시간 동안 우리 우주가 거품 안에서 인플레이션을 계속했다는 것을 의미한다. 인플레이션을 하는 '긴 시간'은 거품의 안쪽에서 보기에 크기가 1,000번 두 배가 되는 시간이고 이것은 10^{-38}초마다 두 배가 된다면 10^{-35}초 동안이면 된다. 이것은 현재의 우주의 곡률 반지름을 우리가 볼 수 있는 부분보다 10^{274}배 더 크게 만들었을 것이고 그러므로 우리가 볼 수 있는 부분은 편평하게 보인다.

현재의 우주론 모형들은 Ω_m, Ω_Λ이라는 두 개의 변수로 정의된다. 이 변수들의 값은 우주 팽창의 역사와 우주가 (3구체처럼) 유한한지 아니면 무한한지를 결정한다. 첫 번째 변수는 물질의 밀도를 의미하고 $\Omega_m = 8\pi G\rho_m/3H_0^2$으로 주어진다. 여기서 G는 뉴턴의 중력상수, ρ_m은 현재 우주에 있는 물질의 평균 밀도(보통물질과 암흑물질을 모두 포함), H_0는 우주가 얼마나 빠르게 팽창하고 있는지를 정량화하는 현재의 허블상수다. 분자($8\pi G\rho_m$)는 우주의 밀도(당기는 중력의 양)를 의미하고, 분모($3H_0^2$)는 팽창하는 운동에너지를 의미한다. 물질만 포함된 단순한 프리드만 모형에서 Ω_m은 우주가 영원히 팽창할 것인지 아닌지를 알려준다. $\Omega_m > 1$이면 당기는 중력이 팽창의 운동에너지를 이겨 우주는 결국에는 수축한다. 이것이 〈그림 22.5〉에 묘사된 프리드만의 3구체 럭비공 모양 시공간이다. $\Omega_m < 1$이면 팽창의 운동에너지가 당기는 중력을 이겨 영원히 팽창하는 음으로 휘어진 프리드만 우주가 된다. $\Omega_m = 1$이면 운동에너지와 당기는 중력이 평형을 이루어 편평한 모형이 된다. 이것은 밀도가 낮아지면서 영원히 점점 느리게 팽창하고 팽창의 운동에너지는 시간에 따라 작아진다. 이 프리드만 모형들은 모두 $\Omega_\Lambda = 0$이다. 빈 공간의 진공에너지 밀도가 없는 것으로 〈그림 23.5〉의 맨 아래쪽을 따라서 있다.

현재 우주에 진공에너지가 존재한다면 두 번째 변수의 값을 고려해야 한다. 진공에너지 밀도는 $\Omega_\Lambda = 8\pi G\rho_{vac}/3H_0^2$로 주어진다. 여기서 ρ_{vac}는 현재 우주의 진공에너지 밀도(암흑에너지의 에너지 밀도)다. 우리는 암흑에너지가 아인슈타인의 우주상수 Λ처럼 행동한다는 것을 상기시키기 위해 Λ를 첨자로 사용했다. 우리는 모든 가능한 우주 모형들을 하나의 평면에 나타낼 수 있다. 수평축은 Ω_m(물질 밀도)값을 나타내고, 수직축은 Ω_Λ(진공에너지-암흑에너지) 값을

웰컴 투 더 유니버스

나타낸다. 특정한 우주 모형은 〈그림 23.5〉의 평면에서 수평과 수직 좌표 (Ω_m, Ω_Λ)를 가지는 점으로 표시된다. 현재의 물질 밀도와 암흑에너지 밀도의 값을 의미하는 것이다.

Ω_Λ가 0이 아니라면 다이어그램을 가득 채우는 모형들을 얻을 수 있다. 비

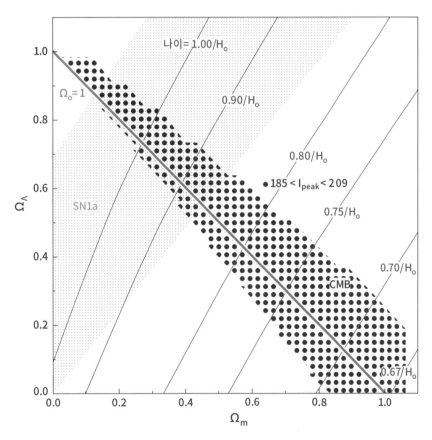

그림 23.5 우주 모형의 (Ω_m, Ω_Λ). 다이어그램의 각 점들은 특정한 물질 밀도의 값(수평축 Ω_m)과 암흑에너지 밀도의 값(수직축 Ω_Λ)을 나타낸다. 초록색 점들은 Ia형 초신성 관측(SN1a)으로 결정된 영역으로 우주가 가속 팽창하고 있음을 보여준다. 검은색 점들은 2000년의 부머랭 풍선 프로젝트에서 관측한 우주배경복사(CMB)로 결정된 영역으로 첫 논문들 중 하나는 우주배경복사와 초신성 관측을 결합하면 $\Omega_m \approx 0.30$, $\Omega_\Lambda \approx 0.70$인 평평한 우주($\Omega_0 = \Omega_m + \Omega_\Lambda = 1$)가 되는 것을 보여주고 있다. 암흑에너지가 우주의 70퍼센트를 차지하고 있다. 이어진 WMAP과 플랑크 위성의 관측 결과는 이 결론을 훨씬 더 강하게 뒷받침해주었다. 출처: MacMillan Publishers Ltd: *Nature*, 404, P. de Bernardis, et al. April 27, 2000

스듬한 붉은 선은 $\Omega_0 = \Omega_m + \Omega_A = 1$인 모형을 표시한다. 이것은 인플레이션 이론이 예측한 편평한 우주다. 붉은 선의 왼쪽에 있는 모형들은 말안장 모양의 무한한 우주이고, 오른쪽에 있는 모형들은 3구체 우주다. 검은 점이 있는 넥타이 모양은 남극에서 실시한 부머랭Boomerang 고고도 풍선 망원경 프로젝트에서 얻은 우주배경복사 자료와 맞는 모형이 되는 영역이다. 이것은 붉은 선을 그대로 따라가고 있어 우주배경복사 자료가 편평한 모형과 잘 맞는 것을 보여준다. 우리는 멀리 있는 천체들의 거리와 적색이동 사이의 관계를 관측하여 우주 팽창의 역사를 직접 측정하여 우주론 모형의 또 다른 조건을 얻을 수 있다. 과학자들은 좋은 표준촉광인 Ia형 초신성을 이용한다. (Ω_m, Ω_A)평면에서 Ia형 초신성 관측이 허용하는 영역은 초록색으로 표시했다. 이 자료는 우주의 팽창이 가속된다는 것을 보여준다. 이 발견으로 솔 펄머터Saul Perlmutter, 브라이언 슈미트Brian Schmidt, 애덤 리스Adam Riess가 2011년 노벨 물리학상을 수상했다. $\Omega_A > \Omega_m/2$인 모형은 암흑에너지의 밀어내는 중력이 물질의 당기는 중력보다 더 강하여 현재 팽창이 가속되고 있다. 초신성 자료로 구한 녹색 영역은 이 부등식을 만족하여 현재 가속 팽창을 하고 있다는 것을 보여준다. ($\Omega_A < \Omega_m/2$인 모형은 현재 감속하고 있다.) 검은 넥타이 영역은 녹색 영역과 $\Omega_m \approx 0.30$, $\Omega_A \approx 0.70$ 근처의 작은 영역에서 겹친다. 이 값들이 우주배경복사와 초신성 자료가 모두 잘 맞는 값들이다.

재미있게도 겹치는 영역은 은하단들의 질량과 개별 은하들을 운동 그리고 우주의 구조가 자라난 과정에 기반을 둔 역학적인 결과에서 얻은 값 $\Omega_m \approx 0.30$과도 잘 맞는다. 이것은 보통물질(중입자baryon — 양성자와 중성자)과 암흑물질을 모두 포함하는 것이다. 허블상수가 약 67(km/sec)/Mpc라는 것을 안다면 〈그림 15.3〉의 피크들을 이용하여 Ω_m과 Ω_{baryon}을 직접 구할 수 있다. 그 답은 $\Omega_{baryon} \approx 0.05$, $\Omega_m \approx 0.30$이다. 우주배경복사에서 얻은 이 결과는 제15장에서 이야기한 가모프의 핵 합성 이론의 결과와 잘 맞고 우주의 대부분의 물질은 보통물질(중입자)로는 이루어질 수 없는 암흑물질로($\Omega_{darkmatter} \approx 0.25$) 이루어져 있다는 사실을 말해준다. 마이클 스트라우스가 설명했듯이 암흑물질의 세부적인 성질을 알아내려는 연구는 진행 중이다.

〈그림 23.5〉의 푸른색 선들은 $1/H_0$로 계산한 우주의 나이다. 적합한 우주 모형은 "나이=$1/H_0$"라고 표시된 선 근처에 있다.

2000년의 부머랭 결과 이후로 WMAP 위성이 우주배경복사를 높은 정밀도로 관측하고 이 값들을 구하여 모든 관측에서의 제한을 만족하는 표준 우주 모형을 만들었다. 플랑크 위성은 이 값들을 더 정확하게 구했다. H_0 =67(km/sec)/Mpc, 우주의 나이=138억 년, 우주의 밀도는 1퍼센트의 오차범위 이내로 편평한 우주를 의미하는 $\Omega_m + \Omega_\Lambda$ =1이었다.

WMAP의 결과는 초신성을 비롯한 다른 결과들과 결합하여 우주 팽창의 역사도 추적할 수 있게 해주었고, 아인슈타인의 방정식을 적용하여 간단하게는 w라고 부르는 '암흑에너지의 압력 대 에너지 밀도의 비율'도 구할 수 있게 해주었다. WMAP이 발견한 값은 w =-1.073±0.09로 아인슈타인의 우주상수 모형에서 예측한 값인 -1과 관측 오차범위 내에서 일치했다. 플랑크 위성도 비슷한 값을 얻었다. 최근에는 슬론 디지털 스카이 서베이가 현재의 값을 측정하여 w_0 =-0.95±0.07을 얻었다. 이것은 은하단에 관한 자료와 잭 슬레피언Zack Slepian과 내가 개발한 맞추기 공식을 이용하여 얻은 것이다. 같은 자료와 공식을 이용하고 앞에 있는 은하들에 의한 배경 은하들의 중력 렌즈 관측 자료를 더하여 플랑크 팀은 w_0 =-1.008±0.068을 얻었다. 이 모든 값들은 관측 오차 내에서 진공에너지(암흑에너지)로 예측되는 값인 w =-1과 잘 일치한다. 우리는 암흑에너지의 에너지 밀도가 양이라는 것을 알고 있다. (우리가 관측하는) 우주가 편평하기 위해서는 보통물질과 암흑물질의 에너지 밀도보다 높은 양의 에너지 밀도가 필요하기 때문이다. 우리는 암흑에너지의 압력이 음이라는 것을 알고 있다. 암흑에너지의 에너지 밀도가 반드시 양이어야 한다면 암흑에너지의 압력은 음이라야만 우리가 관측하는 가속 팽창하는 우주에 필요한 밀어내는 중력을 만들 수 있기 때문이다. 우리는 심지어 이 음의 압력의 양을 정확하게 측정하여 그 값이 관측 오차범위 내에서 암흑에너지의 에너지 밀도에 -1을 곱한 것과 같다는 사실까지 알 수 있다. 아인슈타인이 기뻐할 것이다! 그의 우주상수 항은 결국 잘못된 것이 아니었다!

사람들은 흔히 암흑에너지가 현재의 우주 팽창을 가속시키는 의문의 힘이고 우리는 암흑에너지에 대해서 아무것도 모른다고 말한다. 그것은 정확한 사실이 아니다. 우주 팽창을 가속시키는 힘은 그저 중력일 뿐이다. 그리고 이것은 암흑에너지와 관련된 음의 압력 때문에 밀어내는 힘이 된다. 우리는 암흑에너지가 아인슈타인 방정식의 왼쪽 편에 중력법칙의 일부로 나타나기보다는 우주의 물질을 의미하는 아인슈타인 방정식의 오른쪽에 위치할 것이라고 강하게 추정한다. 초기 우주에 다른 (더 큰) 양의 암흑에너지가 인플레이션을 만들었다고 추정하기 때문이다. 우리는 암흑에너지가 장이나 장들에 의해 만들어지는 진공에너지의 형태일 것이라고 추정한다. 하지만 어떤 장일지는 모른다. 우리는 암흑에너지의 양은 시간에 대하여 거의 일정하다는 것을 알고 있다. 하지만 이것이 천천히 낮아지는지(언덕을 굴러 내려가는지) 아니면 높아지는지(언덕을 굴러 올라가는지) 모른다. 이것은 현재 연구의 핵심적인 부분이다.

슬론 디지털 스카이 서베이는 〈그림 15.3〉의 우주배경복사 요동에서 본 진동에 해당하는 은하 집단의 특징적인 크기를 이용하여 허블상수를 정확하게 측정할 수 있었다. 이런 방법으로 그것은 세페이드 변광성을 대신하여 전체적인 거리 측정의 기준이 될 수 있었다. 반면에 초신성 자료를 이용하면 허블상수의 시간에 따른 상세한 변화를 알 수 있다. 그것은 현재의 허블상수 값이 $H_0 = 67.3 \pm 1.1$ (km/sec)/Mpc라는 것을 알아냈다. 이것은 암흑에너지의 밀도가 6.9×10^{-30} g/cm^{3}이라는 것을 의미한다. 만일 우리를 중심에 놓고 달의 궤도와 같은 반지름으로 구를 그린다면 이 구 안에 포함된 암흑에너지의 질량은 1.6킬로그램이 될 것이다. 이것은 지구의 질량에 비하면 너무나 작아서 태양의 궤도에서는 암흑에너지의 어떤 중력 효과나 암흑에너지의 음의 압력에 의한 밀어내는 중력 효과도 느낄 수 없을 것이다. 하지만 물질의 평균 밀도가 3×10^{-30} g/cm^{3}에 불과한 우주적인 규모에서의 효과는 엄청나다.

우주 모형을 이렇게 작은 오차로 만들 수 있는 것은 대단한 성과다. WMAP 과 플랑크는 우주배경복사의 각 크기에 따른 변화의 크기를 정확하게 관측했고, 이것은 인플레이션 이론이 예측한 세부적인 결과와(〈그림 15.3〉) 놀랍도록 잘 일치했다. 이것은 인플레이션 이론을 극적으로 뒷받침하는 것이다. 그리고 우리가 오늘날 보는 암흑에너지는 초기 우주의 인플레이션에 필요한 것과 정확하게 같은 형태다. 단지 밀도만 크게 낮을 뿐이다.

인플레이션 이론에 대한 새로운 독립적인 검증 방법이 최근에 제안되었다. 인플레이션이 약 10^{-38}초마다 우주의 크기를 두 배로 만들었다면, 초기에는 10^{-38}광초 혹은 3×10^{-28}센티미터밖에 볼 수 없었을 것이다. 이 거리는 아주 작으므로 하이젠베르크의 양자역학 불확정성의 원리에 따라 시공간의 요동이 만들어져 아인슈타인의 방정식에 따라 빛의 속도로 나아가게 되는데, 이것을 중력파라고 한다. 이것은 우주배경복사에 원칙적으로는 관측 가능한 소용돌이 모양의 편광 무늬를 남긴다. 아직은 이것을 발견하는 것이 쉽지 않다. 플랑크 위성과 켁Keck이나 바이셉2BICEP2의 최대 한계는 가장 단순한 린데의 혼돈 인플레이션 모형의 예측보다 약간 아래에 있다. 만들어지는 중력파의 진폭은 굴러 내려오는 언덕의 세부적인 모양에 의해 결정된다(〈그림 23.4〉). 플랑크 팀이 자료와 가장 잘 맞는다고 생각하는 인플레이션 모형은 알렉세이 스타로빈스키의 모형이다. 이 모형에서 두 배가 되는 시간은 인플레이션 시기의 끝부분에서 3×10^{-38}초이고, 가장 단순한 린데의 모형에서는 5×10^{-39}초다. 6배 덜 격렬한 팽창은 진폭이 6배 작은 중력파를 만든다. 이것은 현재 최대 한계보다 아래에 있다. 높은 고도 풍선이나 남극의 지상 실험과 같이 관측 오차를 줄이고 인플레이션 모형을 더 깊이 검증하기 위한 노력들이 진행되고 있다. 천문학자들은 이 관측들이 초기 우주에 대한 새로운 창을 열어줄 것인지 크게 기대하고 있다.

20세기에 우주론을 연구하던 초기의 천문학자들 중에서 현재의 우주론과 비교했을 때 진실에 가장 가까이 다가간 사람은 조르주 르메트르였다. 1931년에 그는 빅뱅으로 시작하여 프리드만 모형처럼 팽창하는 우주를 제안했다. 우주는 아인슈타인의 정지 우주와 유사하게 우주상수가 물질 밀도와 정확하게 균형을 맞추는 관성 시기coasting phase가 잠시 되었다가 다시 더 팽창하여 물질이 옅어지면서 우주상수가 우주를 지배하게 된다. 이 모형의 시공간 다이어그램은 아래쪽에서는 럭비공의 아래쪽 절반처럼 생겼다가(프리드만 시기), 실린더 모양을 거쳐(아인슈타인의 정지 시기), 결국에는 트럼펫의 나팔처럼 위로 열린다(드 지터 공간 시기). 중간의 관성 시기만 제외하면 르메트르는 정확했다. 르메트르는 은하들에 대한 허블의 거리와 베스토 슬라이퍼의 적색이동을 결합하여 우주의 팽창 속도를 처음으로 계산한 사람이었다. 그는 또한 아인슈타인의 우주상수가 양의 에너지 밀도와 음의 압력을 가지고 있는 진공 상태로 보일 수 있다고 처음으로 제안하기도 했다. 한 사람이 한 일로는 대단한 것이다!

인플레이션 이론은 우리가 보고 있는 우주의 구조를 매우 성공적으로 설명하고 있다. 우리는 인플레이션이 어떻게 시작되었는지 모른다. 우주는 급격히 팽창하여 초기의 요소들을 사라지게 하기 때문에 인플레이션은 자신의 초기 조건을 '잊어버린다.' 하지만 인플레이션이 어떻게 시작되었는지에 대한 몇몇 추론들은 있다.

인플레이션은 둘레가 약 3×10^{-27}센티미터에 불과한 작은 드 지터 3구체 '허리' 우주에서 시작할 수 있다. 여기서부터 팽창을 시작한다. 그런데 그것은 어디서 왔을까? 알렉스 빌렌킨은 그것이 거품 우주들이 만들어질 때 일어나는 과정인 양자 터널 효과로 올 수 있다고 생각했다. 이번에는 산속 계곡에 정지해 있는 공이 크기가 0인 3구체 우주가 된다. 이것이 산을 터널 효과로 통과하여 갑자기 밖의 경사면으로 나오게 된다. 이것이 유한한 크기의 3구체 우주─드 지터 허리다. 그리고 이것이 언덕을 굴러 내려오면 드 지터 깔때기 시기가 된다. 이 우주의 시공간 다이어그램은 어떻게 생겼을까?

빌렌킨은 이것이 배드민턴 셔틀콕처럼 생겼다는 것을 보여줬다(〈그림 23.6〉). 맨 아래의 점은 시작이 되는 크기가 0인 점과 같은 우주다. 셔틀콕의 깔때기 모양의 깃털 부분은 그 끝에 일어나는 드 지터 팽창이다. 맨 아래의 점과

웰컴 투 더 유니버스

맨 위의 커지는 깔때기를 연결하는 것은 검은색의 반구형 모양이다. 이것은 산을 통과하는 터널 효과 동안의 구조를 나타낸다. 터널의 '지하'에 있는 것은 시간 차원 앞에 음의 부호를 넣는 이유가 된다. 공은 산속의 계곡에 있다가 갑자기 밖으로 나온다. 제임스 하틀과 스티븐 호킹은 이것과 같은 모형을 연구하여 이 반구의 바닥에 있는 시작점―남극점―은 표면의 다른 점들과 다르지 않다는 아이디어를 추가했다. 이것은 지구 표면에 있는 다른 지점과 다르지 않은 지구의 남극점과 정확하게 같다. 이 우주는 바닥에 경계가 없다. 호킹은 이것을 무경계조건no boundary condition이라고 불렀다.

호킹은 이 초기 영역을 허수 시간을 가지고 있는 것으로 말했다. 허수 i는 -1의 제곱근이다. 일반적으로 $ds^2 = -dt^2 + dx^2 + dy^2 + dz^2$인데 허수 시간 it를 가진다면, $i^2 = -1$이므로 $-d(it)^2$은 $+dt^2$이 되어 $ds^2 = dt^2 + dx^2 + dy^2 + dz^2$이

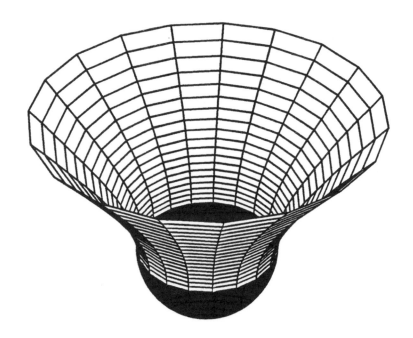

그림 23.6 아무것도 없는 것에서 터널 효과로 나타난 우주의 시공간 다이어그램.

출처: J. Richard Gott(*Time Travel in Einstein's Universe*, Houghton Mifflin, 2001)

된다. 허수 시간은 이상하게 들리겠지만 이것은 시간을 또 하나의 평범한 공간 차원으로 만드는 것일 뿐이다. 우리는 이 영역에서는 3개의 공간 차원과 하나의 시간 차원 대신 4개의 공간 차원을 갖게 된다.

양자 터널 효과는 확실히 이상한 것이다. 우리는 우주의 시작에서 일어난 무언가 이상한 것을 찾고 있다. 그때 일어난 것은 분명히 대단한 것이기 때문이다. 이것은 양자 터널 효과일 수도 있다. 하지만 정말로 아무것도 없는 것에서 시작하지는 않는다. 물리학과 양자역학에 대한 모든 법칙들을 알고 있는 크기가 0인 우주에 해당하는 양자 상태에서 시작한다. 어떻게 아무것도 없는 것이 물리법칙을 알 수 있는가? 물리법칙은 단순히 물질이 행동하는 규칙이다. 물질이 없다면 물리법칙의 의미는 무엇인가? 이것은 아무것도 없는 것에서 우주를 만들려는 시도에서 생기는 문제들 중 하나다.

한편, 안드레이 린데는 급팽창하는 우주는 양자 요동을 통해서 또 다른 급팽창하는 우주를 만들 수 있다고 했다. 드 지터의 급팽창하는 트럼펫의 나팔은 나무에서 자라는 나뭇가지처럼 거기서 나와서 자라는 또 다른 급팽창하는 트럼펫 나팔을 만들 수 있다. 이 가지는 급팽창하여 나무의 몸통만큼 자라서 다시 가지들을 자라게 할 수 있다. 가지들은 계속 가지를 만들어 하나의 원래 줄기에서 무한한 프랙탈 우주를 만든다. 개별 가지들은 모두 거품 우주들을 만들 수 있는 깔때기다(〈그림 23.3〉). 우리는 그 가지들 중 하나에 있는 하나의 거품 우주에서 살고 있는 것이다. 하지만 당신은 여전히 물을 것이다. 그 최초의 나무는 어디서 온 것인가?

리신 리와 나는 이 질문에 대답을 시도했다. 우리는 가지들 중 하나가 시간을 되돌아가서 나무줄기로 자랐다고 제안했다. 우리의 모형은 〈그림 23.7〉에 표현되어 있다. 위쪽에 왼쪽부터 1, 2, 3, 4번으로 붙은 깔때기 모양의 4개의 드 지터 급팽창 우주가 있다. 2번 우주에서 1번과 3번 우주가 나왔고, 3번 우주에서 4번 우주가 나왔다. 4번 우주는 2번 우주의 손녀 우주다. 이 가지들은 계속 팽창하고 계속 무한히 새로운 우주를 낳을 것이다. 깔때기들은 서로 부딪히지 않는

웰컴 투 더 유니버스

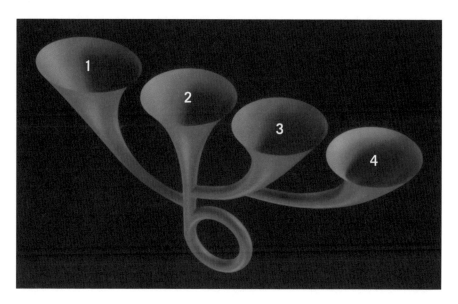

그림 23.7 고트와 리의 스스로 창조하는 다중우주. 아래쪽에 있는 고리는 우주가 스스로를 태어나게 하는 타임 머신을 나타낸다. 출처: J. Richard Gott, Robert J. Vanderbei(*Sizing Up the Universe*, National Geographic, 2011)

다. 더 높은 차원의 공간에 있어서 서로 보이지 않는다고 상상하면 된다. 앞의 다이어그램들과 마찬가지로 이 시공간 다이어그램에서도 표면만 실재하는 것이다.

이제 이 모형의 가장 놀라운 측면을 보게 된다. 2번 우주는 또 하나의 가지를 낳는데, 이것은 시간을 되감아 자라나서 줄기가 된다. 이것은 시작 부분에 숫자 '6'처럼 생긴 작은 시간의 고리를 만든다. 2번 우주가 자신의 어머니인 것이다! 앞에서 이야기했듯이 일반상대성이론은 시공간의 고리를 허용한다. 이 모형에는 곡면의 특이점들이 없다. 우리는 스스로 존재 가능하고 안정적인 이 우주의 양자 진공 상태를 발견할 수 있다. 시간의 고리는 시간여행이 끝나는 경계를 표시하는 코시 지평선을 가지고 있다. 이것은 가지가 나무를 떠나는 곳 바로 위를 45도로 자른 것이다. 당신은 '6'자 모양의 고리 아래쪽에서는 원하는 만큼 얼마든지 계속 돌 수 있다. 하지만 '6'자 위쪽의 가지로 일단 나오고 나면 다시는 돌아갈 수 없다. 당신이 코시 지평선을 지나기 전이라면 가지 밖으로 나와서 다른 고리의 과거로 돌아가 자신의 과거를 만날 수 있다. 하지만 일단 코시 지평선을 지나고 나면 가지를 펼 수 있는 지점을 지난 것이기 때문에 깔때기의 위쪽으로 계속 갈 수밖에 없다. 이 우주는 시작 지점에 닫힌 작은 타임머신을 가지고 있는 것이다. 신기하게도 그런 타임머신이 존재하는 것은 안정적이고 우주의 시작을 만드는 것을 더 쉽게 만든다.

이것은 재미있는 일이다. 우주의 시작에 타임머신을 놓는 것은 최초의 원인 문제를 설명하고 싶은 곳에 타임머신을 놓는다는 말이기 때문이다. 이 우주의 모든 사건에는 앞선 사건이 있다. 당신이 시간의 고리 어디에 있든 당신의 반시계방향에는 당신에게 평범하게 보이는 이전의 사건이 있다. 이 다중우주는 과거로 유한하지만 가장 빠른 사건은 없다. 이것은 일반상대성이론의 휘어진 시공간에서는 일어날 수 있다.

이 이론적인 모형은 초끈 이론과도 잘 맞는 것처럼 보인다. 초끈 이론 혹은 M-이론은 11차원의 시공간을 상정하는데, 이것은 1개의 큰 시간 차원과 3개의 큰 공간 차원 그리고 칼루차와 클레인이 좋아했을 7개의 말려 있는 작은 공간 차원으로 이루어져 있다. 복잡한 작은 차원들의 모양이 물리법칙들을 결정한다. 흥미롭게도 인플레이션 이론은 현재 우리가 보고 있는 3개의 큰 공간 차원도 원래는 대략 칼루차-클레인의 작은 차원만큼 작았다고 제안한다. 드 지터 허리의 크기로 약 3×10^{-27}센티미터다. 이 작은 드 지터 둘레는 우주가 팽창하면서 급격히 팽창했다. 처음에는 10개의 말려 있는 작은 차원이 있었는데, 7개는 작게 말린 채로 남아 있고 3개만 크기가 커진 것이다. 우리(리처드 고트와 리신 리)의 모형은 처음에는 시간도 역시 작은 시간의 고리로 말려 있었다고 제안하는 것이다. 시간의 고리는 우리가 제안한 스스로 존재 가능한 양자 진공 상태를 가지고 있다면 모든 곳에서 5×10^{-44}초에서 10^{-37} 사이 정도의 (고리를 반시계방향으로 도는) 짧은 시간의 둘레를 가졌을 것이다. 시간의 고리 안에서는 시간 차원뿐만 아니라 10개의 차원 모두가 작게 말려 있다.

인플레이션 이론에서 멋진 내용 중 하나는 급팽창하는 진공 상태의 작은 조각이 팽창하여 커지고, 모든 작은 조각들이 우리가 시작된 조각과 정확하게 똑같아 보인다는 것이다. 이 작은 조각들 중 하나가 우리가 시작한 조각이라면 우리는 시간의 고리를 가지고 있는 것이다. 그러므로 우리 이론에서 우주는 아무것도 없는 것에서 시작되지 않고 무언가에서 시작되었다. 스스로를 만든 작은 조각이다. 우주는 스스로의 엄마가 될 수 있다. 시간여행은 낯설지만 일반상대성이론에 의해 허용되는 것으로 보인다. 어쩌면 바로 이것이 우주가 어떻게 시작되었는지 설명하는 데 필요한 것일 수도 있다.

나는 인플레이션 이론이 아주 좋은 모양을 갖추고 있다고 말할 수 있다. 이것은 우리가 보는 우주배경복사에서의 변화를 자세히 설명해준다(〈그림 15.3〉). 인플레이션이 일어났다는 것을 의심한다면 우리가 현재 낮은 수준의 인플레이션이 진행되는 것을 보고 있다는 사실을 기억하라. 우주의 팽창은 가속되고 있다. 가장 가능성이 높은 원인은 1세제곱센티미터 당 6.9×10^{-30}그램의 밀도를 가진 낮은 밀도 진공 상태(암흑에너지)다. 인플레이션 역시 우주 초기에 많은 양의 암흑에너지에 의해 일어난 것이다. 인플레이션은 불가피하게 다중우주를 만들어내는 것으로 보인다. 과학자들은 여기에 대해 얼마나 확신을 가지고 있을까? 왕립 천문학자인 마틴 리스 경은 한 컨퍼런스에서 우리가 다중우주 속에 살고 있다는 것을 얼마나 확신하느냐는 질문을 받은 적이 있다. 그는 거기에 자신의 목숨을 걸 생각까지는 없고, 현재로서는 자신의 개의 목숨은 걸 수 있다고 대답했다. 그러자 린데가 일어나서 자신은 다중우주 아이디어에 수십 년의 인생을 바쳤기 때문에 거기에 자신의 목숨을 걸 수 있다고 자신했다. 노벨상 수상자인 스티븐 와인버그는 자신은 거기에 린데의 목숨과 마틴 리스의 개의 목숨을 걸겠다고 말했다!

인플레이션은 어떻게 시작되었을까? 우리는 모른다. 아무것도 없는 것에서 양자 터널 효과로 나타났을까(이것이 가장 인기 있는 모형일 것이다), 아니면 더 이상하게도 시작 지점에 작은 시간의 고리가 있었을까? 페드로 곤잘레스-디아스Pedro González-Díaz는 우리가 진정한 양자 중력이론을 갖게 되면 이 두 모형이 같은 것으로 밝혀질 것이라고 생각한다. 폴 스타인하르트와 닐 튜록Neil Turok의 또 다른 이론에 따르면 빅뱅은 11차원에 떠 있는 두 우주가 충돌하여 갑자기 뜨거워지면서 일어났다. 폭발은 반복적으로 일어날 수 있다. (이것은—평면세상 우주를 의미하는—두 종잇조각이 3차원 공간에서 반복적으로 부딪히는 것과 같다. 이런 일은 M-이론에서는 원칙적으로 일어날 수 있다.) 리 스몰린Lee Smolin은 우리 우주가 앞선 우주의 블랙홀 내부에서 태어났다고 생각한다. 별이 수축하여 블랙홀이 만들어지면 블랙홀의 내부 밀도는 점점 커져서 높은 밀도의 진공 상태가 만들어지고, 이것은 밀어내는 중력 성질에 의해 드 지터의 허리에서 튕겨져 클로드 바라베스Claude Barrabès와 발레리 프롤로프Valeri Frolov가 지적한 다중우주를 만들 수 있는 팽창하는 인플레이션 상태를 만든다. 이 모든 것이 블랙홀 내부에서 일어날 수 있다. 크러스컬 다이어그램의 웃는 특이점은 드 지터 팽창 시기의 시작으로 대체된다.

　이 이론들은 궁극적인 질문에 도전하는 물리학자들의 아이디어들이다. 우주는 어떻게 시작되었을까? 이 이론들 중에서 아마도 아무것도 없는 것에서 터널 효과로 시작되었다는 것이 현재로서는 가장 인기가 있지만 어느 것이 맞는지는 아무도 모른다. 일반상대성이론과 양자역학 그리고 강한 핵력, 약한 핵력, 전자기력을 모두 통합하는 '모든 것의 이론'이 발견된다면 답을 알 수도 있을 것이다. '모든 것의 이론' 방정식이 있다면 이 방정식의 우주론 해를 찾을 수 있을 것이다. 이것이 우리가 기초 물리학을 연구하는 이유다. 우리는 우주가 어떻게 작동하는지, 더 나아가서는 우주가 어떻게 시작되었는지에 대한 단서들을 찾고 있다.

우주에서 우리의 미래

이 장은 우주의 미래에 대한 이야기다. 나는 과거와 미래를 모두 포함하는 우주 역사에서 중요한 사건의 연대표를 만들 것이다. 이것은 먼 미래의 긴 시간과 우주 초기의 아주 짧은 시간들을 포함할 것이다. 우리가 말할 수 있는 우주 초기의 가장 이른 시간은 언제일까?

　여기에 대답하기 위해서는 두 개의 연관된 질문에 대답해야 한다. 우리가 측정할 수 있는 가장 짧은 시간은 얼마인가? 우리가 상상할 수 있는 가장 빠른 시계는 무엇인가? 모든 시계는, 심지어 전자시계까지도 옛날의 괘종시계와 같이 앞뒤로 움직이는 뭔가가 있어야 한다. 가능한 가장 빠른 시계를 원한다면 앞뒤로 가장 빠르게 움직이는 것이 필요하다. 무엇을 이용해야 할까? 빛이다! 빛은 앞뒤로 움직일 수 있는 가장 빠른 것이다. 사실 우리에게 필요한 것은 〈그림 17.1〉에 있는, 빛이 두 거울 사이를 왕복하는 빛 시계뿐이다. 이 시계를 더 빨리 가게 하기 위해서는 어떻게 해야 할까? 두 거울을 더 가까이 놓으면 된다. 두 거울이 더 가까워지면 질수록 시계는 더 빨리 갈 것이다. 우리는 하나의 광자가 아래위로 움직이는 시계를 생각할 것이다.

시계를 아주 작게 만들면 어떤 일이 일어날까? 문제가 생긴다. 적어도 광자의 파장 λ 하나는 시계 안으로 들어와야 한다. 시계의 거울 사이의 거리를 L이라고 하면 가장 작은 시계는 $L=\lambda$가 된다. 광자의 파장과 진동수는 $\lambda=c/\nu$의 관계가 있다. 파장이 짧아질수록 진동수가 커진다. 우리가 시계의 크기 L을 작게 할수록 그 안에 들어가는 광자의 파장도 짧아져야 하므로 광자의 진동수는 커져야 한다. 진동수가 커진다는 것은 에너지가 커진다는 말이다. 광자의 에너지는 $E=h\nu$이기 때문이다. 그리고 우리는 아인슈타인의 방정식 $E=mc^2$을 잊어서는 안 된다. 광자의 에너지는 특정한 양의 질량에 해당된다. 그러므로 시계가 작을수록 광자의 에너지는 커지고 시계의 질량도 커진다. 결국에는 시계의 질량이 너무나 커져서 그렇게 작은 L 안에 들어가면 이 크기는 그 질량의 슈바르츠실트 반지름보다 작아져서 블랙홀이 만들어진다! 시계의 길이가 $L=1.6\times10^{-33}$센티미터가 되어 5.4×10^{-44}초마다 한 번씩 움직이게 되면 이런 식으로 수축하여 블랙홀이 만들어진다. 이 시간을 플랑크 시간Planck time이라고 한다. 이것이 우리가 측정할 수 있는 가장 짧은 시간이다. 길이 $L=1.6\times10^{-33}$센티미터는 앞에서 본 적이 있을 것이다. 나는 슈바르츠실트 블랙홀의 중심에서의 특이점의 크기가 정확하게 0이 아니라고 말했다. 이것은 양자 효과에 의해 퍼져서 약 1.6×10^{-33}센티미터가 된다. 이 길이는 플랑크 길이Planck length라고 불리며 우리가 측정할 수 있는 가장 짧은 길이가 된다. 끈 이론으로 예측되는 추가적인 공간 차원들의 둘레 길이가 약 10^{-33}센티미터 정도라고 설명했는데 이것도 역시 플랑크 길이에 해당되는 것이다.

우리는 플랑크 시간보다 짧은 시간을 측정할 수 없다. 리신 리와 내가 우주의 시작에 대해 이야기할 때 말했던 시간의 고리도 아마 이 정도 길이일 것이다(제23장 참조). 사실 일반적인 시공간을 1.6×10^{-33}센티미터 스케일과 5.4×10^{-44}초 정도로 본다면 시공간의 구조는 불확정성의 원리에 따라 불확실해질 것이다. 이런 스케일로 보면 시공간은 스펀지처럼 되어 복잡하게 연결되어 있을 것이다.

우리는 기본적인 상수들을 이용하여 플랑크 길이를 다음과 같이 계산할 수 있다. $L_{planck} = (Gh/2\pi c^3)^{1/2} = 1.6 \times 10^{-33}$센티미터. 여기서 우리는 오랜 친구들을 만난다. 블랙홀의 슈바르츠실트 반지름을 계산할 때 사용했던 뉴턴의 중력상수 G, 광자의 에너지 $E = hv$를 계산할 때 사용했던 플랑크상수 h, 광자의 에너지($E = mc^2$)에 해당하는 질량을 계산할 때 사용했던 빛의 속도 c. 플랑크 시간 $T_{planck} = L_{planck}/c$은 빛이 플랑크 길이만큼 나아갈 때 걸리는 시간과 같다. 2π항을 무시하면 이것은 블랙홀로 수축하기 직전의 가장 빠른 시계의 크기와 같다. 이 작고 가장 빠른 시계의 질량은 2.2×10^{-5}그램으로 플랑크 질량Planck mass이라고 하고 이 시계의 밀도는 5×10^{93}g/cm^{3}로 플랑크 밀도Planck density라고 한다. 이것은 양자역학이 작동하기 전에 블랙홀의 특이점에서 만들어질 수 있는 밀도다. 플랑크 스케일들은 양자역학이 일반상대성이론에서 역할을 하기 시작하는 지점이고, 앞에서 말했듯이 우리는 통합된 양자 중력 모형을 가지고 있지 않다. 그러므로 플랑크 스케일(길이 혹은 시간)은 현재 우리의 지식으로 이해할 수 있는 한계가 된다.

플랑크 시간 5.4×10^{-44}초는 우리가 측정할 수 있는 가장 짧은 시간이고 우리가 우주에 대해서 말할 수 있는 가장 빠른 시간이다. 내가 앞에서 말했듯이 우리 우주는 무한히 오래된 다중우주를 구성하는 무한히 많은 우주의 프랙탈 가지 중 하나인 급팽창하는 나팔에 있는 거품(혹은 덩어리)일 뿐일 수 있다. 하지만 나는 우리의 작은 거품 우주가 만들어진 이후의 시간은 말할 수 있다. 〈표 24.1〉에 각 시대에 어떤 일이 일어났는지 정리되어 있다.

10^{-35}초 정도에 인플레이션이 끝나면 초기 우주를 높은 밀도의 암흑에너지로 채우고 있던 진공 상태가 붕괴되어 열복사가 된다. 이 열복사는 매우 뜨겁고 광자(전자기력의 전달자)뿐만 아니라 쿼크, 반쿼크, 전자, 반전자, 뮤온, 반뮤온, 타우온tauon(뮤온의 무거운 짝), 반타우온, 중성미자, 반중성미자, 글루온gluon(강한 핵력의 전달자), X-보손(몇몇 이론에서 예측되는 가상의 입자, 비대칭적 붕괴로 오늘날 우주에 반물질보다 물질이 더 많아지게 만든 입자), W와 Z 입자(약한 핵력의 전

표 24.1 우주의 시간

시작 이후 시간	일어난 일
5×10^{-44}초	플랑크 시간
10^{-35}초	인플레이션이 끝남. 은하를 만들어내는 무작위 양자 요동이 이미 완료됨. 물질이 만들어짐. 쿼크의 수프 상태
10^{-6}초	쿼크가 양성자와 중성자로 묶임
3분	헬륨 핵융합. 가벼운 원소들이 만들어짐
38만 년	재결합 시기. 전자가 양성자와 결합하여 수소 원자를 만듦. 우주배경복사
10억 년	은하가 만들어짐
100억 년	지구에서 생명이 태어남
138억 년	현재
220억 년	태양이 주계열성의 수명을 끝내고 백색왜성이 됨
8,500억 년	우주가 기번스와 호킹 온도로 냉각됨
10^{14}년	별이 사라짐. 마지막 적색왜성이 죽음
10^{17}년	행성의 분리. 별들끼리 스쳐지나가며 행성들을 분리해냄. 백색왜성 혹은 중성자별 태양계가 부서짐
10^{21}년	은하질량 블랙홀 형성. 대부분의 별과 행성들이 튀어나감
10^{64}년	이때까지는 양성자들이 붕괴해야 함. 블랙홀, 전자, 반전자, 광자, 중성미자 그리고 중력자가 남음
10^{100}년	은하질량 블랙홀이 증발함

달자), 힉스 보손(입자들에게 질량을 주는 힉스장과 연관된 입자), 중력자(광자가 전자기장의 전달자인 것처럼 중력자는 중력장의 전달자)도 포함하고 있다. 그리고 초대칭 이론이 맞다면 이 목록에 있는 입자들의 초대칭 짝들도 있을 것이다.

중력자에 대해 첨언할 것이 있다. 아인슈타인은 빈 공간을 빛의 속도로 나아가는 시공간 구조의 물결인 중력파가 자신의 일반상대성이론 장방정식의 해라는 것을 발견했다. 비슷한 방법으로 맥스웰도 빈 공간에 빛의 속도로 나아가는 전자기파가 자신의 전자기학 장방정식의 해라는 것을 발견했다. 우리는 테일러와 헐스의 쌍성 펄사로부터 (아마도 중력자로 이루어져 있는) 중력파의 간접적인 증거를 얻었다. 이 쌍성 펄사는 점점 가까워지고 있는데, 이것은 궤도를 도는 중성자별이 중력파를 방출하면 나타나는 현상으로 그 결과는 아인슈타인이 예측한 것과 정확하게 일치한다. 2015년 9월 14일, LIGO는 중력파를 처음으로 직접 관측했다. 중력파가 지나가면 거울 사이의 거리가 진동하는 것을 감지하는 극도로 정밀한(양성자 지름의 1/1,000) 레이저 간섭계를 이용한 것이었다. 아인슈타인이 예측한 중력파를 레이저를 이용하여 관측한 것은 너무나 적절하다. 레이저의 원리 역시 아인슈타인이 발견했기 때문이다. 중력파의 근원은 근접 쌍성계로 있던 29태양질량 블랙홀과 36태양질량 블랙홀이 서로 끌려 들어가다가 충돌하여 62태양질량 블랙홀로 합쳐지는 과정이었다. 결국 중력파는 존재했다. 그리고 그 결과는 빛의 속도로 이동하는 중력자의 존재와도 잘 맞는다. 중력은 너무나 약한 힘이기 때문에 아직 우리는 중력자를 발견하지 못했다. 하지만 우리는 중력파를 발견했기 때문에 중력자가 반드시 존재할 것이라고 기대한다. 그리고 전자기파와 광자처럼 중력파와 중력자에도 파동-입자 이중성이 존재할 것이라고 기대한다.

우리는 모든 기본입자들이 섞여서 돌아다니던 이 시기를 쿼크 수프quark soup라고 부른다. 쿼크들은 3개의 묶음으로 묶여 있지 않고 자유롭게 돌아다닌다. 불확정성의 원리 때문에 양자 진공 상태의 어떤 영역은 다른 곳보다 빠르게, 어떤 영역은 다른 곳보다 느리게 붕괴하여 양자 진공 상태가 붕괴할 때 만들어지는 열복사에 무작위적인 밀도 요동이 일어났다.

밀도 요동은 인플레이션이 끝나는 10^{-35}초 동안 유지되었다. 이 요동들이 씨앗이 되어 138억 년 동안의 중력의 작용으로 우리가 오늘날 보는 은하와 은하단들이 만들어졌다. 거대한 은하단들이 은하들의 필라멘트로 구성되어 있는, 우주의 거미줄cosmic web이라고 불리는 현재의 스펀지 같은 은하들의 모습은(〈그림 15.4〉) 우주의 나이가 겨우 10^{-35}초일 때 만들어진 초기 양자 요동의 (크게 팽창된) 결과물이다.[1]

우주가 팽창하면서 뜨거운 수프는 식었고 무거운 입자들은 가벼운 입자들로 붕괴했다. 처음에는 우주에 같은 양의 입자와 반입자가 있었지만, 반입자보다 입자를 더 많이 만드는 무거운 X-보손의 비대칭적인 붕괴로 인해 반입자보다 입자가 약간 더 많아진 것으로 생각된다. 입자와 반입자는 서로 소멸하여 같은 수의 광자를 만들었고, 결과적으로 입자가 더 많이 남게 되었다. 오늘날 우주에서 반입자는 아주 드물고, 언제든지 더 많이 있는 입자와 만나 소멸할 위험에 처해 있다. 현재 우주에는 반입자보다 입자가 월등히 많다.

10^{-6}초에는 복사가 많이 냉각되어 쿼크들이 모여 양성자와 중성자가 만들어졌다. 쿼크는 6가지 맛을 가지고 있다. 업up, 다운down, 스트레인지strange, 참charm, 톱top, 보텀bottom이다. 가장 가벼운 쿼크는 업과 다운 쿼크다. 양성자는 두 개의 업 쿼크와 한 개의 다운 쿼크로 이루어진다. 이들은 3개의 글루온을 서로 주고받으며 묶여 있다. 중성자는 두 개의 다운 쿼크와 한 개의 업 쿼크로 이루어져 있으며 역시 3개의 글루온을 서로 주고받고 있다. ('p'로 시작하는 양성자proton는 p로 끝나는 업up 쿼크를 더 많이 가지고 있고, 'n'으로 시작하는 중성자neutron은 n으로 끝나는 다운down 쿼크를 더 많이 가지고 있다고 생각하면 더 쉽게 기억할 수 있을 것이다.) 업 쿼크의 전하량은 +2/3이고, 다운 쿼크의 전하량은 -1/3이다. 그래서 양성자의 전하량은 +1이 되고, 중성자의 전하량은 중성인 0이 된다.

3분 동안에는 제15장에서 설명한 헬륨 핵융합이 일어난다. 우주는 양성자와 중성자가 융합하여 가벼운 원소들을 만들 수 있는 온도까지 냉각되었다. 가장 많은 원소는 수소(양성자)지만 꽤 많은 양의 헬륨이 만들어졌고 적은 양의 중수소와 리튬도 만들어졌다. 이때가 가모프와 그의 제자들이 우주배경복사의 존재를 예측할 때 이용했던 시기다.

38만 년 후 우주는 3,000K 정도로 냉각되었다. 이 온도에서는 전자가 양성자에 잡혀 수소 원자를 만들 수 있다. 이 과정은 앞에서도 언급했듯이 재결합recombination이라고 불린다. 우주는 대부분 전하를 가진 양성자(+)와 전자(-)로 이루어진 대전된 플라즈마에서 대부분 수소로 이루어진 전기적으로 중성인 기체로 바뀌었다. 각각의 양성자가 전자 하나씩을 붙잡아 수소 원자가 된 것이다.

웰컴 투 더 유니버스

이 시기 이전에는 광자들이 전하를 가진 양성자나 전자에 계속해서 부딪혀 '술 취한' 마구잡이 운동을 하고 있었다. 광자는 멀리 나아가지 못하고 계속해서 부 딪혔다. 하지만 재결합 시기 이후에는 광자들이 먼 거리를 방해받지 않고 똑바 로 나아갈 수 있었다. 광자들이 자유롭게 움직일 수 있게 되었기 때문에 우리는 우주배경복사를 통해서 이 시기를 직접 들여다볼 수 있다.

10억 년 후 일반적인 은하들이 만들어지기 시작했다. 제16장에서 소개한 높 은 적색이동 퀘이사들은 이보다 약간 이전 시기에 만들어진 초기 은하들이다.

우주는 이제 138억 년이 되었다.

220억 년이 되면 태양은 주계열성으로의 수명을 끝내고 백색왜성이 될 것 이다. 안드로메다은하는 우리은하와 충돌을 할 것이다.

8,500억 년이 되면 우주는 냉각되어 게리 기번스Gary Gibbons와 호킹이 말한 과정으로 일정한 온도를 유지하게 될 것이다. 제23장에서 이야기한 것처럼 관 측에 의하면 우주는 해당되는 에너지 밀도와 크기는 같지만 음의 압력을 가지 는 암흑에너지로 가득 차 있다. (역학적으로는 아인슈타인의 우주상수와 같다.) 우 주의 물질은 팽창 때문에 엷어지지만 암흑에너지는 같은 밀도를 유지하기 때문 에 우주는 먼 미래에는 암흑에너지가 훨씬 더 우세하게 될 것이다. 그러므로 미 래의 우주의 구조는 깔때기 모양의 드 지터 공간과 비슷해질 것이다. 우주는 계 속 팽창해야 한다. 현재는 소통이 가능한 은하들도 점점 더 빠르게 멀어질 것이 다. 그리고 결국에는 두 은하 사이의 공간이 너무나 빨리 팽창하여 빛도 그 사 이의 거리를 가로지르지 못하게 될 것이다. 사건의 지평선이 만들어지는 것이 다. 멀리 있는 은하는 블랙홀로 떨어지는 것과 똑같이 보일 것이다. 은하는 점점 붉어진다. 멀리 있는 은하의 외계인이 우리에게 "모든 것이 잘 되고 있어요"라 는 신호를 보낸다면 이것은 우리에게는 "모든 것…이……"로 들릴 것이다. "잘 되고 있어요"라는 신호는 절대 받을 수 없을 것이다. 먼 은하에서 이후에 일어 나는 사건들은 우리의 사건의 지평선 밖이기 때문에 우리는 절대 볼 수 없을 것 이다(〈그림 23.2〉를 기억하라).

호킹은 사건의 지평선이 호킹 복사를 만들어낸다는 것을 보였다. 기번스와 호킹은 나중의 드 지터 공간에서는 관측자들은 기번스-호킹 복사라는 이름의 열복사를 결과물로 보게 될 것이라고 계산했다. 우리 우주에서 미래에 보게 될 이 열복사는 약 220억 광년의 파장(λ_{max})을 가질 것이다. 우주가 지수함수로 팽창함에 따라 파장이 계속 길어지는 우주배경복사는 122억 년마다 파장이 두 배가 될 것이다. 8,500억 년 후에는 우주배경복사의 파장이 220억 광년보다 길어지기 때문에 사건의 지평선에서 만들어지는 기번스-호킹 복사보다 덜 중요하게 될 것이다. 그때가 되면 우주의 온도는 냉각을 멈추고 기번스-호킹 온도인 7×10^{-31}K로 일정해질 것이다. 이것은 아주 낮은 온도지만 그래도 절대 0도보다는 높다.

이 아이디어들은 실제로 검증 가능하다. 기번스-호킹 복사는 우주 초기의 인플레이션 시기에도 만들어진다. 이것은 전자기복사와 중력복사를 모두 포함한다. 만일 우주 초기의 그런 중력복사가 제23장에서 이야기한 우주배경복사의 편광에 남아서 관측된다면, 내가 보기에는 이것은 호킹 복사 메커니즘의 중요한 실험적인 검증이 될 수 있다. 이런 중력파는 LIGO에서 관측된 중력파처럼 움직이는 물체에 의해 만들어지는 것이 아니라 호킹 메커니즘이라고 하는 양자역학적인 과정으로 만들어진다. 이것은 새롭고 흥분되는 사건이다.

우리가 먼 미래에 보게 될 것이라고 기대하는 기번스-호킹 복사는 지적 생명체에게는 별로 좋지 않은 것이다. 프리먼 다이슨Freeman Dyson은 지적 생명체는 쓰고 난 열을 영원한 더 차가운 온도 쓰레기장에 버릴 수만 있다면 유한한 양의 에너지로 영원히 지속될 수 있다는 것을 보인 적이 있다. 만일 내가 300K 온도의 극장에서 가시광의 광자를 이용하여 영화를 보여주었다면 얼마만큼의 에너지를 사용해야 했을 것이다. 하지만 만일 극장 안의 모든 것의 속도를 늦추고 가시광의 광자보다 파장이 두 배 더 긴 적외선 광자를 이용하여 영화를 보여준다면, 같은 영화를 절반의 에너지를 이용하여 보여줄 수 있을 것이다(각각의 광자가 절반의 에너지를 가지기 때문에). 그리고 영화의 길이는 두 배가 되었을 것

웰컴 투 더 유니버스

이다(광자의 파장이 두 배이기 때문에). 극장 안의 열복사 광자의 파장도 역시 두 배가 될 것이기 때문에 극장 안의 온도도 300K가 아니라 150K가 될 것이다. 지적 생명체는 훨씬 더 느……리……게…… 생각하고 소통하여 에너지를 보존할 수 있다. 심지어 생각을 계속해서 느리게 만들어서 유한한 양의 에너지로 무한한 수의 생각을 할 수도 있다. 이것은 쓰레기 열(생각하는 과정을 포함한 모든 생물학적 과정이 만들어내는)을 가끔씩 멈추면서 시간에 따라 영원히 온도가 낮아지는 우주배경복사로 버릴 수 있다면 가능한 일이다. 우주배경복사가 절대 0도를 향해 식어가는 한은 이것은 가능하다. 하지만 8,500억 년 후에 우주는 기번스-호킹 온도와 같은 평형온도에 도달하고 그 이후로는 변하지 않을 것이다. 그렇게 되면 그보다 낮은 온도에서 뭔가를 작동하여 에너지를 절약할 수 없다. 남은 에너지를 아주 빠르게 사용할 수 있는 냉장고가 필요할 것이다. 거기에다 다른 은하들은 사건의 지평선 너머로 달아나버렸기 때문에 쓰레기통에는 유한한 에너지만 남아 있을 것이다. 지적 생명체에게 에너지 문제가 시작되고 곧 완전히 사라져버릴 것이다.

또 다른 문제도 있다. 10^{14}년에는 마지막 작은 질량의 별들이 수소 연료를 모두 소모하고 죽게 되어 별들이 사라질 것이다. 우주는 어두워진다. 별의 잔해인 백색왜성, 중성자별, 블랙홀만 남을 것이다. 일부 행성들은 여전히 그 주위를 돌 것이다. 하지만 10^{17}년이 되면 별들이 서로 가까이 만나는 효과가 누적되어 행성들이 떨어져나가 성간 공간으로 날아가게 될 것이다.

10^{21}년에는 은하질량 블랙홀이 만들어진다. 두 물체 사이의 중력 상호작용으로 일부의 별은 은하 밖으로 날아가고 나머지는 중심의 블랙홀로 떨어질 것이다. 중력복사 때문에 별들은 블랙홀을 향해 나선형으로 떨어질 것이다.

10^{64}년이 되면 (아직 남은 것이 있다면) 호킹의 이론에 따라 양성자들이 플랑크 크기의 블랙홀 내부로 떨어지는 드문 과정을 통해서(불확정성의 원리에 따른 과정) 붕괴하게 되고, 블랙홀이 호킹 복사로 빠르게 붕괴하게 될 것이다. 블랙홀은 중입자(양성자나 중성자)를 보존하지 않고—양성자로 만들어졌는지 반

양성자로 만들어졌는지 기억하지 않는다―그 전하량을 기억하지 않는다. 그러므로 (양성자보다 더 가벼운) 반양성자가 양성자가 사라진 블랙홀이 붕괴하는 과정에서 방출될 수 있다. 양성자가 붕괴하면 가장 무거운 입자로 전자와 반양성자가 남는다. 양성자는 이보다 더 빠른 시기인 10^{34}년 정도 안에 붕괴될 수도 있다. 어쨌든 10^{64}년까지는 모두 붕괴할 것이다.

10^{100}년에는 은하질량 블랙홀들이 호킹 복사로 증발한다.

그 다음에는 어떤 일이 생길까? 물리학자들이 가지고 있는 표준적인 그림은 현재 우주의 가속 팽창을 일으키고 있는 암흑에너지가 일정한 양positive의 에너지 밀도(음의 압력)의 진공 상태를 표현한다는 것이다. 스티븐 와인버그는 우리의 현재 상태를 해수면 바로 위에 있는 계곡에 살고 있는 것으로 비유한다. 우리의 해발 고도는 진공 속의 암흑에너지의 양을 의미한다. 우리는 이 계곡의 바닥으로 굴러들어가 거기에 가만히 있는 것이다. 진공 속에서의 에너지―암흑에너지―양은 시간에 따라 변하지 않는다. 이것은 아주 오랜 시간 동안 우주를 122억 년마다 두 배의 크기로 만들 것이다.

시간이 충분히 주어지면 암흑에너지를 만드는 우리의 진공 상태는 낮은 에너지 상태(계곡 바깥에 있는 낮은 고도의 지역)로 (계곡의 벽을 통과하여) 양자 터널 이동을 할 수 있다. 이것은 우리의 관측 가능한 우주 어딘가에 더 낮은 밀도의 진공 상태의 거품을 만들 수 있다. 거품 바깥쪽의 음의 압력은 안쪽보다 더 음으로 크기 때문에 거품의 벽을 바깥쪽으로 당긴다. 약간의 시간이 지나면 거품의 벽은 거의 빛의 속도로 바깥쪽으로 움직인다. 이것은 영원히 팽창한다. 거품 안쪽의 물리법칙은 우리와 다를 것이고 거품의 벽이 당신을 때리면 당신은 죽게 된다.

우리는 단위 시간 당 바깥의 낮은 고도 지역으로 양자 터널 이동으로 계곡을 빠져나올 확률을 계산할 수 있다. 우리는 더 낮은 밀도의 진공 거품이 '겨우' 10^{138}년 만에, 알려진 힉스 진공의 불안정으로 만들어지는 것을 볼 수 있다. 하지만 많은 물리학자들은 힉스 진공이 더 높은 에너지 효과로 안정화될 것이라고 생각한다. 이런 경우에는 안드레이 린데의 멋진 계산에 따르면 더 낮은 에너지 밀도의 진공 거품은 $10^{(10^{34})}$년 이후에야 만들어지기 시작할 수 있다! 이 거품들은 만들어질 것이다. 그리고 〈그림 23.3〉의 거품 우주들과 같이 절대 공간 전체를 채우지는 못할 것이다. 영원히 팽창하는 진공 상태는 매 122억 년마다 크기가 두 배가 되고 부피는 끝없이 증가할 것이다. 만들어지는 거품이 끼어드는 영원히 팽창하는 바다다. 나중에 우리 우주는 영원히 거품이 나오는 샴페인 같을 것이다.

더 드물게는 린데와 빌렌킨이 제안한 것처럼 양자 요동이 관측 가능한 우주 전체를 높은 진공에너지 밀도로 올라가게 만들어 새로운 빠르게 팽창하는 높은 밀도의 인플레이션 우주를 만들 수도 있다. 이것은 우리 우주가 시작될 때 본 높은 에너지 인플레이션과 비슷하게 새로운 우주를 만들어낼 것이다. 약 $10^{(10^{120})}$년 후에는 일어날 수 있다!

또 다른 것으로는 우리가 계곡에서 살고 있는 것이 아니라 경사면에 있어서 천천히 해수면으로 굴러간다는 것이다. 이것은 천천히 구르는 암흑에너지라고 한다. 바라트 라트라Bharat Ratra, 짐 피블스, 잭 슬레피언Zack Slepian 그리고 나를 포함한 많은 사람들이 연구한 것처럼 이것은 암흑에너지의 양을 수십억 년에 걸쳐서 줄어들게 만들어 결국에는 에너지 밀도가 0인 진공 상태로 굴러가게 한다. 이렇게 굴러 내려가는 것은 아주 높은 밀도의 암흑에너지 상태가 우리가 지금 보는 낮은 에너지 진공으로 굴러 내려간 인플레이션 전에 일어났다. 이것은 다시 일어나 우리를 결국에는 0의 진공에너지인 해수면으로 굴러 내려가게 만들 수 있다. 이 시나리오는 지금까지의 우주 팽창의 역사를 정밀하게 관측하여 조사해볼 수 있다. 이것은 우리가 아인슈타인의 방정식을 이용해서 암흑에너지의 압력과 에너지의 비율인 w를 측정할 수 있게 해준다. w가 정확하게 -1이라면 아인슈타인의 우주상수와 역학적으로 동일하고 '계곡에 갇힌' 시나리오를 지지한다. 암흑에너지가 현재 값을 유지하며 매 122억 년마다 두 배의 크기로 영원히 팽창하는 것이다. 하지만 w가 -1보다 더 크다면 우리는 해수면으로 천천히 굴러 내려가고 가속 팽창은 결국에는 선형적인 팽창률에 가까워질 것이다. 우주는 선형적인 팽창률로 영원히 팽창할 것이다. 그러면 우주의 팽창은 시간에 따라 1, 2, 3, 4, 5, 6……으로 될 것이다.

로버트 콜드웰Robert Caldwell, 마크 카미온코프스키Mark Kamionkowski, 네빈 와인버그Nevin Weinberg의 급진적인 제안은 w가 -1보다 작을 수 있다는 것이다. 이것은 유령에너지phantom energy라고 불린다. 이것은 우주가 팽창할수록 증가하는 진공에너지를 만들어 점점 더 빠르게 팽창하여 은하, 별, 행성들을 불과 1조 년 만에 찢어버리는 미래의 특이점(빅립Big Rip)을 만들 것이다. 이 '유령'에너지는 암흑에너지를 조정하는 장의 구르는 운동에 음의 운동에너지를 필요로 한다. 나에게는 물리학적으로 가능할 것 같아 보이지 않는다. 이 시나리오에서는 우리가 지금 보는 암흑에너지는 초기의 인플레이션의 암흑에너지와는 전혀 다른 것이다. 그래서 가능하긴 하지만 내가 보기에는 다른 두 시나리오보다는 있을 법하지 않다. 하지만 많은 물리학자들이 '유령에너지'를 진지하게 받아들인다.[2]

제23장에서 이야기했지만 현재 측정한 가장 정확한 w의 값은(플랑크 위성 팀이 슬론 디지털 스카이 서베이를 포함하여 가능한 모든 자료를 이용하여 구한 값) $w_0 = -1.008 \pm 0.068$이다. 분명히 이것은 오차범위 이내에서 단순한 값인 -1(아인슈타인의 우주상수와 가까운)과 일치한다. 우리가 계곡의 바닥에 있다는 모형에 해당하는 것이다. 이 결과는 암흑에너지가 양의 에너지와 음의 압력을 가진 진공 상태를 의미한다는 일반적인 아이디어를 강하게 지지하지만, 이런 관측들은 우리가 계곡의 바닥에 있다는 모형과 언덕을 천천히 굴러 내려가고(혹은 올라가고) 있다는 모형을 아직 분명하게 구별하지 못한다. 후자의 경우 w_0는 -1에 가깝지만 정확하게 -1은 아니고 약간 크거나 작을 것이다. 미래에 w가 정확하게 측정되고 그것이 분명히 -1에서 벗어난다면 우리는 천천히 구르는 암흑에너지나 유령에너지 모형이 맞는지 알 수 있게 될 것이다. 하지만 관측이 점점 더 발전하고 오차가 계속 줄어들면서도 $w_0 = -1$이 유지된다면 우리는 "계곡의 바닥에 있다"는 모형의 승리를 선언할 수 있을 것이다. w_0의 오차를 10배 이상

줄일 수 있는 몇 개의 실험 프로그램들이 진행되고 있거나 제안되고 있다. 이 프로그램들이 우리 우주의 운명을 알게 해주기를 기대한다.

지금까지 우주가 미래에 어떻게 될지에 대한 가장 유력한 예상이 무엇인지 알아보았다. 그런데 우주 속에서 우리의 미래는 어떻게 될까? 우리에게는 어떤 일이 일어날까? 먼 미래에 우리 호모 사피엔스는 어떻게 될까? 이것이 바로 우리가 정말 알고 싶은 것이다.

먼저 나는 우리가 지금 아주 살기 좋은 시기에 살고 있다는 것을 지적해야 겠다. 우주는 살기 좋을 정도로 냉각되었다. 탄소를 비롯한 생명체에 필요한 원소들이 만들어지기에 충분한 시간이 있었고, 별은 안정적으로 빛나면서 온기와 에너지를 제공해준다. 지금은 지능을 가진 관찰자를 찾을 수도 있다는 기대를 할 수 있는 시기다. 별들이 사라지면 지적 생명체를 찾기는 더 힘들 것이다. 〈표 24.1〉을 보면 우리가 살기 좋은 시기에 있다는 사실을 알 수 있을 것이다. 로버트 디키가 제안하고 브랜던 카터가 이름을 붙이고 정교하게 다듬은 약한 인류원리Weak Anthropic Principle에 따르면 지능을 가진 관찰자들은 당연히 자신들이 살기 좋은 시기에 살기 좋은 위치에 있어야 한다. (논리적으로 생존이 불가능한 시기에는 살아서 질문을 할 수가 없다!) 실제로 우리는 우주의 역사에서 가장 살기 좋은 시기의 한복판에 살고 있다.

하지만 지금까지 우주에서 우리가 만난 유일한 지능을 가진 관찰자로서 우리는 우리의 미래가 얼마나 오래 지속될지 궁금하다. 우리는 이 질문에 어떻게 대답할 수 있을까?

1969년에 나는 동독과 서독을 나누는 베를린 장벽을 방문한 적이 있다. 당시의 사람들은 베를린 장벽이 얼마나 지속될지 궁금해했다. 어떤 사람들은 이것은 임시적인 것이고 금방 사라질 것이라고 생각했다. 하지만 어떤 사람들은 그 벽이 현대 유럽의 영원한 모습으로 남아 있을 것이라고 생각했다.

〈그림 24.1〉은 1969년에 베를린 장벽에 서 있는 나의 사진이다. 베를린 장벽이 지속될 시간을 예측하기 위해서 나는 코페르니쿠스의 원리를 적용시켰다.

그림 24.1 1969년 베를린 장벽에서의 리처드 고트. 오른발은 동베를린, 왼발은 서베를린에 있다.
출처: J. Richard Gott

나는 이렇게 생각했다. 나는 특별하지 않다. 나의 방문은 특별하지 않다. 나는 단지 대학을 마치고 유럽을 여행하는 것일 뿐이다. 당시에는 "유럽, 하루에 5달러"였다. 나는 마침 베를린에 왔기 때문에 베를린 장벽을 방문한 것이고 베를린 장벽은 마침 거기에 있었다. 나는 역사의 어떤 시점에도 여기에 올 수 있었다. 나의 방문이 특별하지 않다면 나는 이 벽의 시작과 끝 사이의 임의의 시점에 여기를 방문한 것이어야 한다. (베를린 장벽이 없어져서 끝이 날 수도 있고, 벽을 볼 사람이 아무도 남지 않아서 끝이 날 수도 있다.) 그러므로 내가 벽이 존재하고 있는 기간의 중간 절반 기간—4등분 중 중간의 두 기간—에 방문하고 있을 확률은 50퍼센트다. 내가 중간 50퍼센트의 시작 시점에 방문하고 있다면 벽은 전체 지속기간의 1/4이 지났고 3/4이 남아 있다. 이 경우에 벽이 지속할 기간은 지나온

웰컴 투 더 유니버스

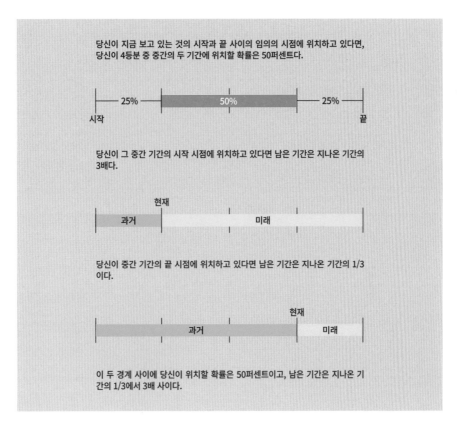

당신이 지금 보고 있는 것의 시작과 끝 사이의 임의의 시점에 위치하고 있다면, 당신이 4등분 중 중간의 두 기간에 위치할 확률은 50퍼센트다.

25% 시작 | 50% | 25% 끝

당신이 그 중간 기간의 시작 시점에 위치하고 있다면 남은 기간은 지나온 기간의 3배다.

현재 과거 미래

당신이 중간 기간의 끝 시점에 위치하고 있다면 남은 기간은 지나온 기간의 1/3 이다.

현재 과거 미래

이 두 경계 사이에 당신이 위치할 확률은 50퍼센트이고, 남은 기간은 지나온 기간의 1/3에서 3배 사이다.

그림 24.2 코페르니쿠스의 공식(신뢰도 50%) 출처: J. Richard Gott

기간의 3배가 된다. 반대로 내가 중간 50퍼센트의 끝 시점에 방문하고 있다면 벽은 전체 지속기간의 3/4이 지났고 1/4이 남았으므로 남은 기간은 지나온 기간의 1/3이 된다.

그래서 나는 내가 이 두 경계 사이에 방문했을 확률이 50퍼센트이고 벽이 지속될 기간은 지나온 기간의 1/3에서 3배 사이라고 추론했다(〈그림 24.2〉). 내가 방문했을 때 벽은 생긴 지 8년이 되어 있었다. 나는 그 벽에 서서 친구인 척 앨런Chuck Allen에게 이 벽이 지속될 기간은 2.66년에서 24년 사이일 것이라고 예측했다.

20년 후 나는 TV를 보다가 친구에게 전화를 했다. "척, 내가 베를린 장벽에 대해 예측했던 거 기억나? TV를 켜봐. NBC 뉴스 앵커 톰 브로코가 베를린 장벽이 무너지고 있다고 말하고 있어!" 척은 나의 예측을 기억하고 있었다. 베를린 장벽은 20년 후에 무너졌다. 내가 예측했던 2.66년에서 24년 범위 안이었다. 내가 방문했던 시기는 냉전시대의 한가운데였다. 원자폭탄이 언제라도 벽을(그리고 나를) 때릴 수도 있었다. 반면 중국의 만리장성과 같은 몇몇 유명한 벽은 수천 년 동안 지속되어왔다. 나의 예측 범위는 꽤 좁았지만 그래도 올바른 답을 주었다.

과학자들은 대체로 50퍼센트 이상의 확률로 예측하기를 원한다. 그들은 95퍼센트의 정확도로 예측하는 것을 좋아한다. 과학 논문에서 주로 사용되는 것이 95퍼센트의 신뢰도다. 그렇게 하면 어떻게 달라질까? 코페르니쿠스의 원리를 적용할 때는 시간에서의 당신의 위치가 특별하지 않다는 것을 기억하라. 당신은 당신이 보고 있는 뭔가가 지속되는 기간의 중간 95퍼센트 어딘가의 시점에 있을 확률이 95퍼센트다. 처음 2.5퍼센트도 마지막 2.5퍼센트 기간도 아니라는 말이다(〈그림 24.3〉).

비율로 표현하면 2.5퍼센트는 1/40이다. 당신이 중간 95퍼센트가 시작될 때—시작된 지 겨우 2.5퍼센트 지났을 때—뭔가를 보고 있다면 전체 기간의 1/40이 과거이고 남은 기간이 39/40이다. 이 경우에 남은 기간은 지나온 기간의 39배가 된다. 당신이 끝나기 불과 2.5퍼센트 전에 있다면 지나온 기간은 39/40이고 남은 기간은 1/40이다. 남은 기간은 지나온 기간의 1/39이다. 당신이 두 경계 사이 95퍼센트 기간에 있다면(그럴 확률은 95퍼센트다) 남은 기간은 지나온 기간의 1/39에서 39배 사이가 된다. 그러므로

당신이 보고 있는 뭔가가 지속될 기간은 지나온 기간의 1/39에서 39배 사이다(95퍼센트의 신뢰도로).

나는 이것을 좀 더 중요한 곳에 적용시켜보기로 했다. 호모 사피엔스의 미래 말이다. 우리 종의 나이는 20만 년이다. 우리 종의 역사에서 우리가 시간적으로 특별한 위치에 있지 않다면, 우리의 공식은 95퍼센트의 신뢰도로 우리 종 호모 사피엔스의 미래 지속기간은 최소 5,100년(200,000/39)에서 780만 년(200,000×39)이 되어야 한다고 알려준다.[3] 우리는 다른 지능을 가진 종(그런 질문을 해볼 수 있는 종)의 실제 자료를 가지고 있지 않기 때문에, 현재로서는 이것이 우리가 할 수 있는 최선이다. 미래의 지속기간 예측의 범위는 이렇게 넓다. 우리가 95퍼센트의 확률을 원하기 때문이다. 하지만 많은 전문가들이 이 범위

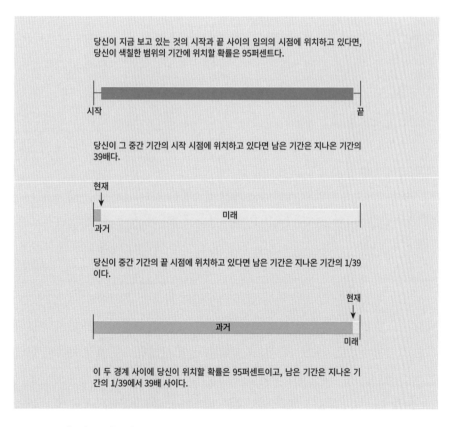

그림 24.3 코페르니쿠스의 공식(신뢰도 95%) 출처: J. Richard Gott

를 벗어나는 예측을 한다. 어떤 사람들은 우리가 100년 이내에 멸종할 수도 있다고 말한다. 그 말이 사실이라면 우리는 인류 역사의 맨 끝에 위치한 아주 불운한 사람들이다. 낙관적인 사람들은 우리가 은하를 식민지화하고 수조 년 동안 지속될 것이라고 말한다. 그 말이 사실이라면 우리는 인류 역사의 맨 앞에 위치한 아주 운 좋은 사람들이다. 그러므로 비록 범위가 넓긴 하지만 코페르니쿠스의 원리에 기반한 공식은 꽤 유용하다. 다른 것보다는 가능성의 범위를 상당히 좁혀준다.

확실히 천문학에서 알게 된 모든 사실은 우리가 코페르니쿠스의 원리(당신의 위치가 특별하지 않다는)를 진지하게 받아들여야 한다고 말하고 있다. 우리는 우리가 우주의 중심이라는 특별한 위치를 차지하고 있다고 생각하는 것에서 시작했다. 하지만 우리는 우리 행성이 태양의 주위를 도는 여러 행성들 중 하나일 뿐이라는 사실을 알게 되었다. 그리고 태양도 우리은하의 중심에 위치하지 않고 바깥으로 중간 정도의 어떤 특별하지 않은 위치에 있는 평범한 별들 중 하나라는 사실을 알게 되었다. 그리고 우리은하도 초은하단에 포함된 평범한 은하들 중 하나라는 사실을 알게 되었다. 더 많은 것을 발견할수록 우리의 위치는 더 특별하지 않은 것으로 드러났다.

코페르니쿠스의 원리는 역사상 가장 성공적인 과학 가설들 중 하나라는 것을 여러 다양한 분야에서 반복해서 보여주고 있다. 크리스티안 하위헌스는 별까지의 거리를 예측하는 데 이것을 이용했다. 그는 태양이 왜 우주에서 가장 밝은 빛이어야 하는지 의문을 가졌다. 그는 별들도 우리 태양과 같은 또 다른 태양이라고 생각했다. 다른 별들이 원래 태양만큼 밝다면(태양이 특별하지 않다고 가정하면) 별들이 태양보다 훨씬 더 어둡게 보이는 것은 아주 멀리 있기 때문이라고 생각했다. 그는 밤하늘에서 가장 밝은 별인 시리우스가 가장 가까이 있다고 생각했다. 그는 태양과 시리우스의 밝기를 비교하여 시리우스가 태양보다 27,664배 더 멀리 있다고 계산했다. 그는 실제로 20배 이내 범위에서 맞는 거리를 구했다. 큰 불확실성이 포함된 것을 고려하면 훌륭한 성공이다. 하위헌스는 별들 사이의 거리는 태양계의 크기에 비해서 아주 크다는 사실을 정확하게 알아냈다.

허블이 다른 은하들이 모든 방향으로 똑같이 우리에게서 멀어지고 있는 것을 발견했을 때 그는 우리가 거대한 폭발의 중심이라는 특별한 위치에 있다는 결론을 내릴 수도 있었다. 하지만 코페르니쿠스 이후부터 우리는 그런 실수를 범하지 않는다. 그렇게 많은 은하들 중에서 우리가 그 중심에 있는 행운을 가질 가능성은 별로 없다. 우리에게 그렇게 보인다면 다른 모든 은하에 있는 관측자들에게도 똑같이 보여야 한다. 아니라면 우리가 특별하다는 말이다. 이것은 일반상대성이론에 기반한 균일하고 등방한 빅뱅 모형으로 이끌었다. 가모프, 허먼, 앨퍼는 이것을 펜지어스와 윌슨이 발견하기 17년 전에 우주배경복사의 존재를 예측하는 데 이용했다. 이것은 과학 역사에서 증명된 가장 위대한 예측 중 하나다. 이런 성공은 코페르니쿠스의 원리를 진지하게 받아들이고 그것이 이끄는 방향으로 따라가서 얻은 결과다.

재미있게도 코페르니쿠스 공식으로 예측한 우리 종의 전체 지속기간은 실제 지구의 다른 종들의 지속기간과 놀랍도록 잘 일치한다. 내가 95퍼센트의 신뢰도로 계산한 호모 사피엔스의 전체 지속기간은 205,100년에서 800만 년 사이다. (남은 지속기간 5,100년에서 780만 년 사이에 이미 지난 기간 200,000년을 더한 것뿐이다.) 우리의 선조 종인 호모 에렉투스는 160만 년 동안 지속했고 네안데르탈인은 겨우 30만 년 지속했다. 포유류 종들의 평균 지속기간은 200만 년이고 지구의 다른 종들의 평균 지속기간은 100만 년에서 1,000만 년 사이다. 무시무시한 티라노사우루스 렉스도 겨우 250만 년 지속하고 멸종했다. 6,500만 년 전 운석의 충돌로 사라져버렸다.

내가 코페르니쿠스의 원리를 이용하여 예측한 것은 지능이 있는 종─자의식을 가지고 이와 같은 질문을 할 수 있는 종─으로서의 우리의 과거에만 기반한 것임을 기억하라. 닐 타이슨이 말했던, 대수학을 할 수 있는 종 말이다. 우리가 정말로 수조 년 동안 지속한다면 우리는 겨우 20만 년밖에 되지 않은 우리

종 역사의 아주 초기에 존재하고 있는 대단한 행운을 누리고 있으면서 동시에 우리가 지나온 시기로 예측한 우리 종의 전체 지속기간이 다른 종들과 잘 일치하는 시기에 있는 것이다. 우리가 수조 년의 역사 중 임의의 시기에 있다면, 예를 들어 지금부터 4,000억 년 후에 있다면 우리는 우리 종이 다른 종들보다 훨씬 더 오래 지속해왔다는 것을 이미 알고 있으므로 미래에도 오래 지속될 것이라고 예측할 수 있을 것이다. 인류가 20만 년이 아니라 이미 4억 년을 지속해왔다면 나도 우리의 미래에 대해서 훨씬 더 낙관적일 것이다.

호모 사피엔스는 원리적으로는 지능을 가진 종이라는 이유 때문에 다른 종들보다 훨씬 더 오래 지속할 수도 있다. 하지만 우리는 어쨌든 포유류고 코페르니쿠스의 원리로 예측한 지속기간은 다른 포유류들의 지속기간과 잘 일치한다. 포유류는 다른 종들보다 평균적으로 훨씬 더 영리하지만 이들의 지속기간은 특별히 길지 않고 다른 인류들(호모 에렉투스나 네안데르탈인들과 같은)은 일반적인 포유류 종들보다 오래 지속하지 못했다. 지능과 지속기간은 연관이 없어 보인다. 이 사실은 우리를 신중하게 만든다.

실제로 단순히 다른 포유류 종들의 통계자료를 이용하여 우리의 미래를 예측하면 우리의 지속기간은 50,600년에서 740만 년 사이가 된다(95퍼센트의 신뢰도로). 이 범위는 지능을 가진 종인 우리 종만의 과거 지속기간에 기반하여 코페르니쿠스의 원리로 계산한 범위 안에 포함된다. 우리가 지구에 살고 있는 한 우리는 다른 종들을 멸종시킨 것과 같은 위험을 가지고 있고, 우리가 겨우 20만 년밖에 지나지 않았다는 사실은 우리의 지능이 다른 종들에 비해서 우리의 운명을 더 낫게 만들지는 않을 것이라는 생각을 하게 한다. 아인슈타인은 지능이 아주 뛰어났지만 다른 사람들보다 더 오래 살지 못했다. 지능은 종의 지속기간에 그렇게 도움이 되지 않아 보인다.

당신은 그건 상관없다고 생각할 수도 있다. 그래, 호모 사피엔스는 멸종할 거야. 하지만 괜찮아. 우리는 미래에 우리를 대체할 훨씬 더 높은 지능을 가진 종들을 탄생시킬 거니까. 하지만 다윈은 대부분의 종들이 후손이 되는 종을 전혀 남기지 않는다는 것을 지적했다. 일부 종들은 많은 후손을 남기고 그들은 잘 살아남는다. 하지만 대부분의 종들은 후손 없이 사라진다. 이런 관점에서 인류의 가족인 모든 다른 종들(네안데르탈인, 호모 하이델베르겐시스, 호모 에렉투스, 호모 하빌리스, 오스트랄로피테쿠스 등)은 모두 멸종했다는 사실을 생각해보라. 우리는 유일하게 남은 인류 종이다. 반면 설치류는 현재 1,600종이 살아있다. 이들은 잘 살아가고 있고 살아남을 가능성이 높다. 두걸 딕슨Dougal Dixon은 《인간 이후After Man》라는 훌륭한 책에서 앞으로 5,000만 년 동안 진화가 계속되면 어떤 일이 일어날 것인지를 다루었는데 우리가 좋아할 만하지는 않다. 인류는 100만 년 이내에 사라진다. 5,000만 년 후에는 토끼들이 사슴만큼 커진 모습으로 번성하고 있으며 현재의 설치류들의 후손인 쥐처럼 생긴 동물들이 토끼를 사냥한다. 이 책의 무서운 점은 이 책이 상상하는 미래 세계가 너무나 타당해 보이고, 분명 우리가 듣고 싶은 이야기는 아니라는 것이다. 지구에 남아 있는 어떤 종도 "우리 종이 얼마 동안이나 지속할까?"와 같은 질문을 할 수 있는 지능을 가진 관찰자가 아니다. 물론 두걸 딕슨의 특정한 동물에 대한 예측이 사실이 될 가능성은 낮다. 진화에는 많은 길이 있기 때문이다. 하지만 이 책은 대부분의 경우 먼 미래에는 지능을 가진 관찰자가 포함되지 않는다는 점을 분명하게 지적하고 있다. 스티븐 제이 굴드는 이와 비슷한 관점으로 우리가 진화의 크리스마스트리에 있는 "하나의 장식일 뿐"이라고 말했다.

같은 코페르니쿠스의 원리를 전체 지능을 가진 혈통에 적용해보자. 우리 종과 미래에 우리의 뒤를 이을 수 있는 지능을 가진 종을 생각해본다. 우리는 이 혈통에서 최초의 지능을 가진 종이므로 전체 지능을 가진 혈통의 나이는 20만 년(우주의 나이의 1/65,000)밖에 되지 않았고, 그러므로 전체 지능을 가진 혈통은 영원히 지속될 것으로 보이지 않으며 미래의 수명은 우리 종과 같은 범위를 가져야 한다.[4] 우리가 최초의 종이므로 우리는 우리 혈통의 유일한 지능을 가진 종이 될 수도 있다. 이것은 대부분의 종이 멸종될 때 후손을 남기지 않는다는 다윈의 관측과 잘 일치한다.

이 공식을 사용해서는 안 되는 경우도 있다. 결혼 서약을 한 지 1분 후에 결혼이 지속될 기간이 39분밖에 남지 않았다고 예측하는 데 사용해서는 안 된다! 당신은 새 출발을 지켜볼 수 있는 특별한 시간에 초대된 것이다. 하지만 대부분의 경우에는 코페르니쿠스의 공식을 사용할 수 있다. 이 공식은 여러 번 검증되었고 브로드웨이 연극과 뮤지컬 공연 기간에서부터 정부와 세계 지도자들의 집권 기간까지 성공적으로 예측했다.[5] 또 다른 예외도 있다. 이것을 우주의 미래 지속기간을 예측하는 데 사용하지 말라. 당신은 지능을 가진 관찰자이기 때문에 특별한 (살기 좋은) 시기에 살고 있을 수 있다. (지능을 가진 관찰자는 뜨거운 초기 우주에는 존재하지 않았고 주계열성이 다 타고 나면 사라질 것이다.) 하지만 지능을 가진 관찰자들 중에서 시공간에서 당신의 위치는 특별하지 않다. 지능을 가진 관찰자가 있는 모든 장소들 중에서 몇몇 장소만 특별하고 특별하지 않은 많은 곳이 있기 때문에 일반적으로 코페르니쿠스의 공식은 잘 적용된다. 당신은 그저 특별하지 않은 많은 곳에 살고 있을 가능성이 높은 것이다. 그리고 당신이 관찰하고 있는 것이 지능을 가진 관찰자들이 관찰하는 여러 목록들 중에서 특별한 것일 가능성은 별로 없다.

우리는 우주의 지능을 가진 종들의 지속기간에 대한 통계적인 자료를 가지고 있지 않다. 우리는 그들이 얼마나 지속되는지에 대한 자료가 없다. 하지만 우리는 지능을 가진 종으로서 우리가 지나온 기간을 안다. 그리고 우리는 이 중요한 자료를 무시해서는 안 된다. 코페르니쿠스의 공식은 이 정보를 이용하여 어떻게 우리의 미래 지속기간을 95퍼센트의 신뢰도로 계산할 수 있는지 알려준다.

당신이 특별하지 않다면 당신은 인류의 연대기 속에서 임의의 한 시점에 태어났다고 생각해야 한다. 지난 20만 년 동안 약 700억 명의 사람이 태어났다. 코페르니쿠스의 공식에 따르면 미래에 태어날 사람의 수는 95퍼센트의 확률로 18억 명에서 2조 7,000억 명 사이에 있어야 한다. 나는 나의 1993년 《네이처》 논문의 심사자였던 인류 원리로 유명한 브랜든 카터로부터 그와 존 레슬리John Leslie, 홀가 닐슨Holgar Nielson도 역시 우리가 이제껏 태어난 전체 인류 중에서 최초의 작은 비율에 포함될 가능성은 크지 않다는 지적을 했다는 사실을 알게 되었다. 카터(그리고 나중에 그의 연구를 다듬은 레슬리)는 베이즈 통계기법Bayesian statistics을 이용하여 이런 결론에 이르렀고, 닐슨은 독립적으로 나의 추론과 같이 우리가 인류의 연대기 속에서 임의의 한 시점을 차지하고 있다는 아이디어를 이용하여 같은 결론에 도달했다. 나는 마음이 통한 동료들을 발견했다.

당신은 중간값보다 많은 인구를 가진 나라에서 태어났을 가능성이 높다. 전 세계 190개국 중에서 절반이 700만 명보다 적은 인구를 가지고 있다. 하지만 더 많은 사람들이 인구가 더 많은 나라에 살고 있기 때문에 전 세계 인구의 약 97퍼센트가 중간값보다 많은 인구를 가진 나라에 살고 있다. 당신은 인구가 700만 명보다 많은 나라에서 태어났는가? 당신이 중간값보다 인구가 더 많은 나라에서 살고 있을 가능성이 높은 것과 똑같은 이유로 당신은 인구가 많은 세기에 살고 있을 가능성이 높다. 실제로 당신은 역사상 인구가 가장 많은 세기에 살고 있다. 당신은 (농업의 발견과 같은) 인구가 크게 증가하게 만든 사건 직후이면서 인구를 줄일 수 있는 사건 전에 살고 있을 수 있다. 당신은 인구가 특별히 많은 시기, 인구가 중간값보다 많은 세기에 살고 있을 수 있다. 당신 이후에 얼마나 많은 사람들이 살게 될지 궁금하다면 당신 이전에 얼마나 많은 사람들이 살았는지 알아보면 된다. 인류가 미래에 얼마나 살 것인지 궁금하다면 지금까지 얼마나 살아왔는지 보면 된다.

당신은 우주에서 지능을 가진 종의 수의 중간값 이상의 지적인 문명사회에 살고 있을 가능성이 높다. 당신이 인구가 많은 나라에 살고 있을 가능성이 높은 것과 같은 이유다. 대부분의 지능을 가진 관찰자들은 인구의 중간값 이상의 사회에 살고 있고, 당신도 인구의 중간값 이하의 사회에서 온 얼마 되지 않는 관찰자일 가능성보다는 더 많은 쪽의 관찰자들 중 한 명일 가능성이 높다. 이것은 지구의 현재 인구는 우주에서 지능을 가진 인구의 중간값보다 많을 가능성이 높다는 말이다. 이것은 거대한 외계인 은하 문명이 연약한 지구를 침공하는 SF에서는 흔하지 않은 상황이다. SF에서의 상황은 극적인 이야기를 만들기에는 좋지만—우리는 외계인 골리앗에 맞서는 다윗이다—확률적으로는 맞지 않다. 인구에서는 우리가 더 성공적인 문명일 가능성이 높다! 높은 기술을 가진 문명은 많은 인구를 가질 가능성이 높고 우리는 그중 하나일 수 있다.

2015년 바르셀로나 대학의 퍼거스 심슨Fergus Simpson은 재미있는 정리를 발표했다. 우리는 인구의 중간값보다 많은 행성에서 살고 있을 가능성이 높으므로 지능을 가진 관측자가 살고 있는 대부분의 행성들은 지구보다 작을 가능성이 높다는 것이다. 그러므로 지적 생명체나 어떤 종류의 생명체를 찾는 것은 지구보다 작은 행성에 더 초점을 맞추어야 한다.

우리는 코페르니쿠스의 원리로 우리은하에 있는 전파 교신이 가능한 문명의 평균 지속기간의 상한값을 95퍼센트 신뢰 수준으로 계산할 수도 있다. 제10장에서 다룬 드레이크 방정식에 포함되는 값이다. 이것은 당신이 전파 교신이 가능한 문명에 살고 있는 지능을 가진 관측자들 중에서 특별하지 않을 것이라는 가정에 기반한 것이다. 당신은 수명이 긴 전파 교신이 가능한 문명에 살고 있을 가능성이 높다. 여기에는 여러 시기 중 더 많은 지능을 가진 관측자들이 포함되어 있을 것이기 때문이다. 그리고 당신이 전파 교신이 가능한 시기의 시작 지점에 살 가능성은 높지 않다. 그래도 일부 전파 교신이 가능한 문명은 우리보다 더 오래 살 수 있고 평균에 영향을 준다. 이 문명들을 모든 문명의 전체 지속기간을 합한 것과 같은 하나의 긴 연대표 안에 넣어보자. 가장 수명이 긴 전파 교신이 가능한 문명을 연대표의 맨 뒤에 놓고 지속기간의 길이에 따라 문명들의 순위를 매겨보자. 당신이 특별하지 않다면 당신은 긴 연대표 중 임의의 위치에 있어야 한다. 그리고 호모 사피엔스의 시기 범위 중의(전파 교신이 가능한 우리 문명의 전체 지속기간을 주는) 임의의 위치에 있어야 한다. 나는 이 아이디어와 멋진 대수학을 이용하여 전파 교신이 가능한 문명의 지속기간의 상한값을 95퍼센트의 신뢰도로 구할 수 있었다. 그것은 12,000년이었다. 평균 지속기간이 이보다 길다면 나의 1993년 논문은 전파 교신이 가능한 우리 문명의 너무 이른 시기에 나왔거나 모든 전파 교신이 가능한 문명의 연대기에서 비정상적으로 이른 시기에 나온 것이다. 이 값은 드레이크 방정식에 사용할 수 있다. $L_C < 12,000$이다(95퍼센트의 신뢰도로). 닐 타이슨은 제10장에서 이 값을 사용했다.

지능을 가진 종이 일반적으로 지능을 가진 기계나 유전자가 조작된 종으로 진화한다고 생각한다면 왜 나는 지능을 가진 기계가 아닐까? 그리고 왜 나는 유전자가 조작된 종이 아닐까? 자신에게 물어보아야 한다.

지능을 가진 종이 일반적으로 자신의 은하를 식민지화한다고 생각한다면 왜 우리는 아직 우주를 지배하지 못하고 있을까를 스스로에게 물어야 한다. 1950년에 엔리코 페르미Enrico Fermi는 외계 생명체에 대한 유명한 질문을 했다. 모두 어디에 있을까? 왜 그들은 이미 한참 전에 지구를 식민지화하지 않았을까? 코페르니쿠스의 원리는 페르미의 질문에 답을 준다. 지능을 가진 관측자들 거의 대부분은 아직 자신의 고향 행성에 묶여 있다. (그렇지 않다면 당신은 특별한 것이다.) 식민지화는 그렇게 자주 일어나지 않아야 한다. 이것은 우리가 드레이크 방정식을 사용할 수 있다는 것을 의미한다. 식민지화가 흔하지 않다면 그것은 우리가 발견할 외계 문명의 전체 수와 거의 같을 것이다.

당신이 다음의 두 가설이 똑같이 가능하다고 생각한다고 가정해보자.

가설1. 인류는 멸종할 때까지 지구에 머물러 있을 것이다.
가설2. 인류는 미래에 은하에 있는 18억 개의 거주 가능한 행성들을 식민지화할 것이다.

베이즈 통계기법에 따르면 당신은 가설1과 가설2에 대해 당신이 지금 관찰하고 있는 것을 관찰할 가능성을 곱해야 한다. 우리가 지구에 머물러 있다는 가설1에 대해서는 인류로서의 당신은 당신이 지구에 있는 것을 관찰할 가능성이 100퍼센트다. 하지만 인류가 18억 개 행성을 식민지화한다면(가설2가 맞다면) 인류로서의 당신이 인류가 살고 있는 18억 개의 행성들 중 첫 번째 행성에서 당신을 발견할 가능성은 18억 분의 1밖에 되지 않는다. 그러므로 우리가 우주를 식민지화할 가능성과 지구에 머물러 있을 가능성이 처음에는 1:1로 보이지만, 당신이 지구에 살고 있다는 것을 고려하면 베이즈 통계기법은 은하를 식민지화할 가능성을 18억:1로 만든다. 코페르니쿠스의 공식은 당신이 특별하지 않다면 당신이 자신을 인류에 의해 점령된 모든 행성들 중 첫 번째 행성에서 발견할 확률은 18억 분의 1밖에 되지 않는다고 말해준다. 그러니까 18억 개의 행성을 식민지화할 가능성은 18억 분의 1밖에 되지 않는 것이다. 그럼에도 불구하고 화성에서 시작하여 미래에 우리가 몇몇 행성들을 식민지화하는 것은 불가능해 보이지 않고 우리가 살아남을 기회를 더 많이 제공할 수도 있다. 우리는 서둘러야 한다. 우리가 아직 우주 프로그램을 진행하고 있는 동안에.

인간의 우주 프로그램의 목표는 우주를 식민지화함으로써 인류가 살아남을 가능성을 높이는 것이어야 한다. 이것은 합리적인 비용으로 달성될 수 있다. 예를 들어 화성에 8명의 남녀 쌍의 우주비행사를 보내는 것부터 시작할 수 있다. 이들은 토착 물질을 이용하여 수가 늘어날 수 있다. 화성으로의 편도 여행 후 그곳에 머물면서 아이들과 손주 아이들을 가지기를 원하는 일부의 우주비행사들만 찾으면 된다. 지구로 돌아와서 유명인이 되기보다는 화성 문명의 창시자가 될 사람들 말이다. 그런 모험적인 사람을 찾는 것은 어렵지 않다. 내가 가장 잘 아는 우주비행사인 스토리 머스그레이브Story Musgrave는 화성으로의 편도 여행에 기꺼이 자원할 것이라고 나에게 말한 적이 있다. 마스 원Mars One 그룹은 화성 식민지 주민이 되기를 원하는 100명의 진지한 후보자들을 발굴했다. 유전적인 다양성을 위해서 냉동 난자와 정자를 함께 가져갈 수도 있다. (이렇게 하면 아주 적은 수의 우주비행사들만 보내도 지구에서 태어난 많은 사람들이 화성에서 후손을 가질 수 있다.) 화성은 달과는 달리 적당한 중력(지구의 1/3)과 대기, 물 그리고 생명에 필요한 모든 화학물질들을 가지고 있다. 대기는 이산화탄소로 구성되어 있어서 숨을 쉴 수 있는 산소를 만들어낼 수 있고, 물은 화성의 극지방에 영구 동토층으로 풍부하게 있다. 방사능은 거주지가 지하 10미터에 있거나 거주자들이 표면에 간단한 장치만 하면 견딜 수 있는 수준이다. 우리의 선조들은 동굴에서 살았는데 화성 식민지 주민들도 그렇게 할 수 있다. 우리가 보낸 화성 궤도선들이 검토해볼 만한 좋은 동굴 입구들을 발견하고 있다.

　나는 화성에 그런 거주지를 만드는 것은 우리가 이미 과거에 했던 정도만큼의 무게만 궤도에 올리면 가능하다는 것을 보였다. 그렇게 많은 양은 아니다. 로버트 주브린Robert Zubrin에 따르면 8명의 우주비행사를 비상 복귀 운송선(사용되지 않았으면 하는)과 함께 화성으로 보내려면 500톤을 지구 저궤도에 올려야 한다. 그곳에서 화성을 향한 경로로 발사되어 화성의 대기를 통과하여 착륙하게 된다. 제라드 오닐Gerard O'Neill에 따르면 우주 거주지에서 "닫힌계에서의 생활"을 하기 위해서는 한 사람당 50톤밖에 필요하지 않다. 이 400톤을 화성 표면으로 보내려면 약 2,000톤을 지구 저궤도에 올려야 한다. 그러니까 8명의 식민지 주민들이 자체 생존 가능한 화성 거주지를 만들려면 2,500톤을 지구 저궤도에 올려야 한다. 아폴로 프로그램의 새턴V 로켓과 미국의 우주왕복선은 10,000톤 이상을 지구 저궤도에 올렸고, 러시아와 중국의 유인 우주 프로그램은 훨씬 더하다. NASA는 130톤의 화물을 지구 저궤도에 올릴 수 있는 운송선(새턴V급 우주선) 제작을 검토하고 있다. 20회만 발사하면 식민지를 건설하기에 충분하다. (아폴로 프로그램을 위해서 18개의 새턴V 로켓이 만들어졌다.) 케네디 우주비행센터의 수직 조립동vertical assembly building에서는 4대의 로켓을 한꺼번에 만들 수 있다. 이런 로켓을 개발하는 데 10년이 걸리고, 26개월의 발사 주기마다 4대의 로켓이 발사된다면 9년을 더하면 화성의 식민지가 완성될 수 있다. 지금부터 시작하면 19년 후면 완성된다. 인류의 우주 프로그램은 내가 이 글을 쓸 때 55년이 되었다. 코페르니쿠스의 원리에 따르면 인류의 우주 프로그램에 대한 자금 지원은 50퍼센트의 확률로 최소한 55년은 더 계속될 것이다. 화성의 식민지를 만들기에 충분한 시간이다. 이런 화성 식민지 건설은 비현실적이지 않다. 스페이스X의 창립자 일런 머스크Elon Musk는 민간 화성 식민지 건설에 관심이 많다. 나는 로버트 주브린이 주최한 화성 컨퍼런스에서 함께 강연을 한 적이 있다. 나는 인류가 가까운 미래에 화성에 식민지를 건설해야 한다는 나의 근거를 이야기했고 그는 자신이 그것을 어떻게 하려고 하는지를 말했다! 닐 타이슨은 화성에 가는 것에 대한 이야기를 그의 책《스페이스 크로니클Space Chronicles》에 썼다. 화성에 식민지를 건설하는 것은 세계 역사를 바꾸는 일이 될 것이다. 사실 이제 더 이상 '세계' 역사라고 부를 수도 없다! 최근 스티븐 호킹은 한 인터뷰에서 이렇게 말했다. "저는 인류의 장기적인 미래는 우주에 있다고 믿습니다. 앞으로 100년 이내에 지구에 닥쳐올 재앙을 피하는 것은 쉽지 않을 것입니다. 수천 년 혹은 수백만 년을 생각할 것도 없습니다. 인류는 모든 계란을 한 바구니 혹은 한 행성에 담아서는 안 됩니다. 계란을 나누기 전에 바구니를 떨어뜨리지 않기를 바랍니다."

화성의 부부가 평균 4명의 아이를 가진다면 인구는 30년마다 2배가 되어 600년 후에는 800만 명이 된다. (적은 인구는 늘어날 수 있다. 50,000년 전 인도네시아에서 뗏목을 타고 오스트레일리아에 처음 내린 사람은 불과 30명 정도였던 것으로 여겨진다. 유럽인들이 자리 잡을 때 이 인구는 30만에서 100만 사이로 늘어났다.) 우주 개발 예산이 취소되고 있는 것이 걱정된다면 자체 생존 가능한 식민지 건설이 답이 될 수 있다. 우주비행사들을 화성으로 보낸 다음 다시 지구로 데려올 필요가 없다. 그곳에 남아서 앞으로 우리가 살아갈 수 있도록 도와주는 일을 하게 하면 된다. 화성을 식민지화하면 우리에게는 한 번이 아니라 두 번의 기회가 주어지는 것이고, 우리의 장기적인 생존 가능성을 두 배로 늘릴 수 있다. 이것은 지구에서 우리에게 생길 수 있는 기후 변화, 소행성 충돌, 갑작스러운 전염병과 같은 극단적인 재앙에 대한 보험과 같은 것이다. 이것은 우리가 알파 센타우리로 갈 수 있는 가능성도 2배 늘려준다. 식민지는 다른 식민지로 이어질 수 있다. 달에서 처음으로 사람이 한 말이 영어인 이유는 영국이 사람을 달에 보냈기 때문이 아니라 영국이 북아메리카에 식민지를 건설했기 때문이었다.

주위를 둘러보면 우주가 우리에게 무엇을 해야 하는지 알려주는 것을 볼 수 있다. 우리는 광활한 우주의 작은 먼지 위에 살고 있다. 우주는 우리에게 말한다. 밖으로 나가서 거주지를 늘려 살아남을 가능성을 높여라. 우리는 멸종한 종들의 뼈로 덮여 있는 행성에 살고 있다. 우리 종의 수명은 우주의 수명에 비하면 미미하다. 우리는 사라지기 전에 밖으로 나가야 한다. 우리를 다른 행성으로 보낼 수 있는 우주 프로그램의 나이는 50년밖에 되지 않았다. 우리는 이 프로그램이 사라지기 전에 가장 현명한 방법을 이용해야 한다. 우리는 모험을 떠날 것인가, 아니면 우주로부터 등을 돌릴 것인가? 우리가 이런 이야기를 하고 있다는 사실 자체가 우리가 지구에 묶인 채로 끝날 가능성이 상당히 높다는 경고다.

1969년 여름, 나는 베를린 장벽만 방문한 것이 아니었다. 스톤헨지도 방문했다. 당시 스톤헨지의 나이는 약 3,870년이었다. 이것은 아직 그대로 있다! 나는 닐 암스트롱Neil Armstrong, 버즈 올드린Buzz Aldrin, 마이클 콜린스Michael Collins를 태운 아폴로 11호가 새턴V 로켓으로 발사되는 장면을 보기 위해서 플로리다에도 갔다. 당시 새턴V 로켓들은 7개월 동안 달을 향해 발사되고 있었다. 3.5년 후 달을 향한 새턴V 로켓의 발사는 끝났다. 새턴V 로켓이 발사되는 장면은 굉장했다(〈그림 24.4〉는 내가 찍은 발사 장면이다). 로켓이 점점 위로 올라갈수록 로켓보다 더 긴 불을 내뿜는 마법의 칼처럼 보였다. 이런 장면은 본 적이 없었다. 약 100만 명의 사람들이 이 장면을 보기 위해서 모였다. 그들은 숨을 죽이고 발사 장면을 지켜보았다. 로켓이 구름 위로 사라지자 사람들은 환성을 질렀다. 우주 개발은 우리가 반드시 해야 할 일이다.

우리의 지능은 우주를 정복하고 초문명 사회를 만들 수 있는 잠재력을 제공한다. 하지만 대부분의 지능을 가진 종들은 이것을 달성하지 못하는 것이 분명하다. 그

그림 24.4 아폴로 11호 발사. 출처: J. Richard Gott

렇지 않다면 우리가 한 행성에 묶여 있는 것이 아주 특별한 경우가 될 것이다. 우리는 우리 태양보다 훨씬 작은 규모의 에너지원을 다룰 수 있다. 우리는 강하지 않고 그렇게 오래 되지도 않았다. 하지만 우리는 우주와 우주를 지배하는 법칙에 대해서 많은 것을 이해하고 있는 지능을 가진 존재들이다. 우주가 언제 시작되었고, 은하와 별과 행성들이 어떻게 만들어지는지 안다. 이 책에서 이야기한 것은 우리가 우주에 대해서 이루어낸 놀라운 성취들이다.

E=mc² 유도

실험실 안에서 입자 하나가 빛의 속도 c보다 훨씬 더 느린 v의 속도로($v \ll c$) 왼쪽에서 오른쪽으로 움직인다고 하자. 뉴턴의 법칙을 적용하면 입자의 질량이 m이라면 입자의 운동량은 오른쪽 방향으로 $P=mv$가 된다. 입자는 각각 에너지가 $E=hv_0$인 두 개의 광자를 반대방향(하나는 오른쪽, 하나는 왼쪽)으로 방출한다. 입자는 두 개의 광자가 가지고 나가는 에너지와 같은 $\Delta E=2hv_0$만큼의 에너지를 잃어버린다. 아인슈타인은 광자의 운동량이 에너지를 빛의 속도 c로 나눈 것과 같다는 것을 보였다. 입자의 입장에서는 두 광자가 같은 양의 운동량을 반대방향으로 가지고 나가기 때문에 두 광자가 가지고 나가는 전체 운동량은 0으로 보인다. 입자는 자신이 정지해 있고(첫 번째 명제에 따라) 두 개의 같은 광자를 반대방향으로 내보낸다고 '생각'한다. 대칭성에 의해서 정지해 있는 입자가 같은 진동수의 두 광자를 서로 반대방향으로 내보내면 정지 상태를 유지한다. 두 광자가 입자에 미치는 반작용은 서로 상쇄된다. 입자의 세계선은 직선을 유지하고 속도가 바뀌지 않는다(〈그림 18.4〉).

오른쪽으로 향하는 광자는 결국 실험실 오른쪽 벽에 부딪힐 것이다. 광자가 벽에 부딪히면 벽은 오른쪽으로 아주 약간 밀린다. 이것을 광압효과라고 한다. 벽은 광자의 운동량을 흡수하여 오른쪽으로 밀리는 것이다. 오른쪽 벽에 앉아 있는 관측자는 오른쪽으로 날아오는 광자가 방출될 때의 진동수보다 더 높은 진동수로 오른쪽 벽에 부딪히는 모습을 볼 것이다(스펙트럼의 푸른 쪽으로 이동할 것이다). 입자가 관측자를 향해서 다가오기 때문이다. 이것은 도플러 효과에 의한 것이다. 반면 왼쪽 벽에 앉아 있는 관측자에게는 왼쪽으로 날아오는 광자가 방출될 때보다 진동수가 더 낮은 적색이동된 모습으로 보일 것이다. 높은 진동수(더 푸른) 광자는 낮은 진동수(더 붉은) 광자보다 더 큰 운동량을 가지고 있다. 그러므로 오른쪽 벽이 오른쪽으로 받는 충격은 왼쪽 벽이 왼쪽으로 받는 충격보다 더 강할 것이다. 이 충격이 얼마나 되는지 계산해보자.

입자가 본 방출된 광자의 파동의 마루가 지나가는 시간 간격은 Δt_0이다. 파동의 두 마루가 방출되는 시간의 차이 Δt_0는 입자가 본 빛의 진동수 ν_0분의 1과 같다. 빛의 진동수가 1초에 100회라면 두 마루 사이의 시간은 1/100초가 된다. 즉 $\Delta t_0 = 1/\nu_0$다. 입자가 실험실을 기준으로 움직이는 속도를 υ라고 하자. 입자의 시계는 (정지해 있는 실험실을 기준으로 하면) 실험실 시계에 대해 $\sqrt{1-(\upsilon^2/c^2)}$의 비율로 갈 것이다. 하지만 우리는 $\upsilon \ll c$로 가정했으므로 이 계산에서 (υ^2/c^2)항은 모두 무시하고 (υ/c)항만 유지할 것이다. (예를 들어, 지구가 태양 주위를 도는 속도 30km/sec의 $\upsilon/c = 10^{-4}$이므로 $\upsilon^2/c^2 = 10^{-8}$이 되는데 두 번째 항은 첫 번째 항에 비하여 무시할 수 있을 정도로 작다.) 우리는 $\upsilon \ll c$ 조건하에 있으므로 입자의 시계가 가는 속도는 실험실의 시계가 가는 속도와 실질적으로 같다. 입자가 너무 느리게 움직이기 때문에 입자가 보는 시간 간격(Δt_0)과 실험실이 보는 시간 간격($\Delta t'$)은 실질적으로 같다는 말이다.

그러니까 실험실에 대하여 정지해 있는 관측자가 보는 입자에서 방출되는 첫 번째 마루와 두 번째 마루 사이의 시간 간격 역시 $\Delta t' = \Delta t_0 = 1/\nu_0$가 된다(〈그림 18.4〉에서 시간 간격 $\Delta t'$는 수직의 점선으로 표시했다). 두 번째 마루가 입자에서 오른쪽으로 방출될 때 첫 번째 마루와의 거리는 $d = (c-v)\Delta t'$가 된다. 이것은 빛이 시간 $\Delta t'$ 동안 이동한 거리($c\Delta t'$)에서 입자가 이동한 거리($v\Delta t'$)를 뺀 것과 같다. 파동의 두 마루는 모두 오른쪽으로 (아인슈타인의 두 번째 명제에 따라) c의 속도로 일정하게 움직이므로 그 사이의 거리는 $d = (c-v)\Delta t'$로 유지된다. 오른쪽 벽에 앉아 있는 관측자가 본 빛의 파장 λ_R은 파동의 마루 사이의 거리와 같으므로 $\lambda_R = (c-v)\Delta t'$가 된다. 〈그림 18.4〉는 이 사고실험을 보여준다. 마루 사이의 거리 λ_R은 실험실 시간으로 측정된다(시공간 다이어그램에서 수평방향으로).

그러면 두 마루가 오른쪽 벽에 도착하는 시간의 차이는 $\Delta t_R = \lambda_R/c = (c-v)\Delta t'/c$가 되고, 오른쪽으로 가는 광자의 진동수는 $v_R = 1/\Delta t_R = c/[(c-v)\Delta t'] = v_0 c/(c-v)$가 된다. 이제 $v \ll c$ 조건에서, $c/(c-v)$는 v/c항만 유지하면 대략 $[1+(v/c)]$가 된다. (예를 들어 $v/c = 0.00001$이면 $c/(c-v) = 1/0.99999 = 1.00001$로 거의 정확하다. 계산기로 직접 계산해보라.) 그러니까 실험실의 오른쪽 벽에 앉아 있는 관측자는 오른쪽으로 오는 광자가 벽을 $v_R = v_0[1+(v/c)]$의 진동수로 때리는 것을 본다. 그는 방출되는 진동수 v_0보다 $[1+(v/c)]$의 비율만큼 높은 진동수를 보는 것이다. 이것은 도플러 효과 때문이다. 이것은 벽을 향하여 느린 속도 v로 움직이는 입자가 방출하는 빛이 청색이동되는 전형적인 도플러 이동 방정식이다.

오른쪽으로 가는 광자가 오른쪽 벽을 때릴 때 이 광자는 벽에 $hv_R/c = hv_0$ $[1+(v/c)]/c$만큼의 운동량을 준다.

입자는 왼쪽으로 움직이는 광자도 방출한다. 이 광자는 왼쪽 벽을 때릴 것이다. 실험실의 왼쪽 벽에 앉아 있는 관측자가 보는 왼쪽 벽을 때리는 광자의 진동수는 $v_L = v_0[1-(v/c)]$가 된다. 왼쪽 벽에 있는 관측자는 입자가 v의 속도로 멀어지는 것으로 보기 때문에 속도의 부호가 마이너스가 된다. 그는 도플러 효과 때문에 방출되는 진동수보다 더 낮은 진동수를 본다. 실험실에 전달되는 오른쪽 방향의 전체 운동량은 오른쪽으로 움직이는 광자가 전달하는 운동량 $hv_0[1+(v/c)]/c$에서 왼쪽으로 움직이는 광자가 전달하는 운동량 $hv_0[1-(v/c)]/c$을 뺀 값이 된다. 그 결과는 두 광자가 실험실에 전달하는 오른쪽 방향의 전체 운동량으로 $2hv_0(v/c^2)$이 된다. 실험실에 전체적으로 오른쪽 방향의 운동량이 전달되는 이유는 오른쪽으로 이동하는 높은 진동수(푸른색)의 광자가 왼쪽으로 이동하는 낮은 진동수(붉은색)의 광자보다 벽을 더 강하게 때리기 때문이다. 여기서 $2hv_0 = \Delta E$는 입자가 두 개의 광자 형태로 방출한 에너지가 된다. 그러므로 벽이 오른쪽 방향으로 얻는 운동량은 $\Delta E v/c^2$이 된다. v/c^2 항에서 v/c는 도플러 이동에서 온 것이고 $1/c$는 광자에 의해 운반되는 운동량의 비에서 온 것이다.

운동량 보존법칙에 따르면 실험실이 얻는 오른쪽 방향의 운동량은 입자가 잃어버리는 오른쪽 방향의 운동량과 같아야 한다. 입자의 오른쪽 방향의 운동량은 mv다($v \ll c$이므로 뉴턴의 운동량 방정식이 정확하다). 입자의 속도는 변하지 않았기 때문에 입자가 오른쪽 방향의 운동량 mv에서 잃어버릴 수 있는 것은 질량뿐이다. 그러므로 입자가 오른쪽 방향으로 잃어버리는 운동량은 $v \Delta m$이 되어야 한다. 여기서 Δm은 입자가 잃어버리는 질량이다.

$\Delta E v/c^2 = v \Delta m$으로 놓으면 $\Delta E/c^2 = \Delta m$이 된다. 입자의 속도 v는 상쇄된다! $v \ll c$의 조건에서는 결과는 v에 의존하지 않는다. 방정식의 양변에 c^2을 곱하면 $\Delta E = \Delta m c^2$이 된다. 입자는 질량을 잃어버린다. 잃어버린 질량 Δm에 c^2을 곱하면 두 광자가 가지고 나간 에너지 ΔE가 되는 것이다. 양변에서 Δ부호를 제거하면 $E = mc^2$이 된다. 많은 책에서 이 방정식의 중요성과 적용 방법에 대해서 설명하고 있지만 이 방정식을 어떻게 유도하는지는 알려주지 않는다. 이제 여러분은 이 방정식을 유도하는 법을 알았다.

베켄슈타인, 블랙홀의 엔트로피 그리고 정보

현재의 지름 6인치 하드드라이브는 약 5테라바이트 혹은 4×10^{13}비트의 정보를 저장할 수 있다. 지름 6인치 하드드라이브에 얼마나 많은 정보를 담는 것이 가능할까? 이것은 사고실험이므로 그 지름에 가장 큰 부피를 포함할 수 있는 구형을 생각하자. 이것은 반지름 7.5센티미터의 자몽 크기 정도다. 베켄슈타인은 블랙홀이 사건의 지평선의 면적에 비례하는 유한한 엔트로피를 가진다는 것을 보였다. 블랙홀 지평선의 엔트로피(S)는 사건의 지평선의 면적이 플랑크 길이의 제곱(호킹에 의해 정확한 값으로 얻어졌다)으로 측정될 때 정확하게 사건의 지평선 면적의 1/4임이 밝혀졌다. 플랑크 단위로 측정되면 반지름 7.5센티미터 블랙홀의 표면적은 $4\pi(7.5\text{cm}/1.6 \times 10^{-33}\text{cm})^2 = 2.76 \times 10^{68}$이다. 엔트로피는 이것의 1/4인 $S = 6.9 \times 10^{67}$이다. 특정한 양의 엔트로피(무질서의 증가)는 특정한 양의 정보의 파괴에 해당된다. 엔트로피 S에 해당되는 정보의 비트 수는 $S/\ln2$이다. 2의 자연로그(방정식에서 'ln2'로 표현된 항)는 0.69다. 1비트의 정보는 2개의 가능성을 가지는 예 – 또는 – 아니오 질문에 대한 답이기 때문에 숫자 2가 들어왔다.

(20개의 예-또는-아니오 질문에 답을 하는 스무고개는 20비트의 정보를 제공해준다. 내가 1부터 2^{20}(약 100만) 사이의 숫자 중 하나를 생각하고 있다는 것을 당신이 안다면 당신은 첫 번째 질문을 이렇게 해야 한다. 절반보다 큰가? 결과로 나온 범위를 계속 2로 나눈다. 20번의 질문이 끝나면 당신은 내가 생각한 수를 맞힐 수 있다.) 그러니까 반지름 7.5센티미터의 블랙홀을 만드는 것은 우주에 10^{68}비트의 정보 파괴와 같은 무질서도가 증가되는 것이다. 이런 블랙홀을 만드는 방법은 2^(10^68)가지가 있고, 설명하는 데 10^{68}비트의 정보가 필요하고, 블랙홀이 무엇으로 만들어졌는지에 대한 정보는 블랙홀이 만들어질 때 잃어버리게 된다. 반지름 7.5센티미터의 하드드라이브가 10^{68}비트보다 더 많은 정보를 담고 있었다면 이것을 수축시키면 10^{68}비트보다 더 많은 정보를 잃어버리게 된다. (7.5센티미터보다 더 작은 블랙홀이 될 때까지 점점 더 작게 만드는 것이다.) 하지만 이것은 허용되지 않는다. 블랙홀이 만들어질 때 10^{68}비트보다 더 많은 정보를 잃어버린다면 만들어지는 블랙홀의 반지름은 7.5센티미터보다 커야 하기 때문이다. 이것은 모순이다. 실제로 일어나는 일은 당신이 고정된 지름 7.5센티미터를 가진 하드드라이브에 점점 더 많은 정보를 넣으려고 시도할수록 그 질량이 늘어나고, 10^{68}비트의 정보를 담게 되면 그 질량은 지구질량의 8.4배가 되어 수축하여 블랙홀이 될 것이다. 그러므로 10^{68}비트의 정보(1.16×10^{58}기가바이트)는 지름 6인치 하드드라이브가 저장할 수 있는 정보 양의 상한선이 된다.

웰컴 투 더 유니버스

제1장

1 정확하게는 메가바이트는 2^{20} =1,048,576바이트, 기가바이트는 2^{30} =1,073,741,824바이트다. 하지만 간단하게 그냥 100만과 10억으로 표현한다.

제3장

1 D. T. 화이트사이드Whiteside, "1664년부터 1686년까지 '프린키피아' 전사."《런던 왕립학회 문서기록Notes and Records of The Royal Society of London》45권, no.1(1991년 1월): 38쪽.

제9장

1 예를 들어 지름 35킬로미터인 헤일-밥Hale-Bopp 혜성은 태양에 가장 가까이 접근하기 불과 2년 전에 발견되었다. 만일 이것이 우리를 향했다면 TNT 40억 메가톤의 폭발력으로 지구를 때렸을 것이다. 이것은 지금까지 폭발한 가장 강력한 수소폭탄의 6,000만 배가 넘는 규모다.

제10장

1 아마도 시나리오 작가는 책임을 피할 수 없을 것이다. 조디 포스터는 우리은하에만 4,000억 개의 별이 있다고 하고, 뒤에서는 저기 밖에는 수백만 개의 문명이 있다고 말했다. 저기 밖이라는 말이 사람들이 흔히 생각하는 것처럼 우리은하 안의 태양계 밖이라는 의미일까, 아니면 우주 전체를 의미하는 것일까? 이것에 대하여 한번 생각해보자. 관측 가능한 우주에는 1,300억 개의 은하가 있다. (조디 포스터는 외계 생명체를 찾고 있으므로 관측 가능한 우주만 볼 수 있다.) 1,300억에 0.0000004를 곱하면 문명의 수는 수백만이 아니라 52,000이 된다. 이것도 맞지 않다.

제14장

1   이 역사적인 한계는 현재 별의 시차를 가장 정확하게 관측하고 있는 유럽우주국의 가이아_{Gaia}
우주선에 의해 확장되고 있다. 이것은 별의 거리를 수만 광년까지 측정할 수 있게 해줄 것이다.

제17장

1   철학자 칼 포퍼_{Karl Popper}가 정립한 기준에 따르면 과학적인 가설은 반증 가능성이 중요하다.
2   나는 〈그림 17.1〉에 표현된 우주비행사의 빛 시계를 관찰한다. 우주비행사는 v의 속도로 내 앞
을 지나간다. 나는 우주비행사가 내 앞을 왼쪽에서 오른쪽으로 지나갈 때 빛 시계를 관측한다.
빛이 비스듬한 선을 따라 1피트 이동하는 동안 로켓은 v/c피트만큼 왼쪽에서 오른쪽으로 지나
간다. 이 시간 동안 빛은 수직한 방향으로 $\sqrt{1-(v^2/c^2)}$만큼 나아간다. 빗변의 길이가 1, 밑변의
길이가 v/c, 높이의 길이가 $\sqrt{1-(v^2/c^2)}$인 직각삼각형은 피타고라스의 정리를 만족하기 때문이
다. $\sqrt{1-(v^2/c^2)}$의 제곱은 $1-(v^2/c^2)$이고 여기에 (v^2/c^2)을 더하면 1^2이 된다. 피타고라스 정리
를 만족한다. 그 시간 동안 내 시계의 빛은 위로 1피트 이동하고, 내가 보기에 우주비행사 시계
의 빛은 $\sqrt{1-(v^2/c^2)}$밖에 올라가지 않는다. 내가 10살을 먹는 동안 우주비행사는 10년 곱하기
$\sqrt{1-(v^2/c^2)}$만큼 나이를 먹는다.

제18장

1   J. 리처드 고트, "과거(혹은 미래)로의 시간여행을 할 수 있을까?"《타임》, 2000년 4월 10일,
68~70쪽.

제19장

1   4차원에서의 리만 곡률 텐서 $R^{\alpha}_{\beta\gamma\delta}$는 256개의 성분을 가진다. 각각의 첨자 $\alpha, \beta, \gamma, \delta$는 4차원 시
공간(t, x, y, z)에 해당되는 4개의 값을 가질 수 있다. 그래서 $4 \times 4 \times 4 \times 4 = 256$개의 성분이 된다.
2   $T_{\mu\nu}$는 응력 에너지 텐서(에너지-운동량 텐서)로 시공간의 특정한 장소에서의 양, 질량-에너지
밀도, 압력, 응력, 에너지 플럭스, 운동량 플럭스를 나타낸다. 측량텐서 $g_{\mu\nu}$(이것은 앞에서 본 적
이 있다. 편평한 시공간에서 이것은 $ds^2 = -dt^2 + dx^2 + dy^2 + dz^2$으로 주어진다)는 시간과 공간에서
의 거리가 어떻게 측정되는지 알려준다. $R_{\mu\nu}$와 R은 리먼 곡률 텐서의 성분에서 계산될 수 있다.
아인슈타인 방정식의 텐서들은 2개의 첨자를 가지고 있고 각각 4개의 값을 가질 수 있기 때문

에 4×4＝16개의 방정식이 된다. 이 방정식들 중 10개는 독립적이다.

3   1933년 6월 20일 글래스고 대학 강연에서 한 말. 이 강연은 알베르트 아인슈타인, 《상대성이론의 기원》에 수록되었다.

제20장

1   스티븐 호킹의 학생 돈 페이지Don Page와의 개인적인 대화. 그는 이 이야기를 "호킹 복사와 블랙홀 열역학"에서 다시 기록했다(New Journal of Physics 7, 2005년). 이 설명은 호킹의 책 《시간의 역사》에서 호킹이 설명한 것과 일치한다.

제22장

1   마크 앨퍼트Mark Alpert와 나는 평면세상에서 일반상대성이론이 어떻게 작동할지 연구했다. 우리는 점 질량 주변의 구조는 원뿔 모양이고, 평면세상에서는 멀리 있는 물체는 서로 끌어당기지 않는다는 것을 발견했다. 빈 공간은 국부적으로 편평하기 때문이다. (원뿔은 편평한 종이를 잘라 끝을 이어 붙여 만들 수 있다.) 우주의 끈에 대한 나의 연구는 평면세상에서의 이 연구에서 영감을 받은 것이다. 나는 점 질량에 대한 정확한 평면세상의 해에서 수직축만 더하여 우주의 끈의 정확한 해를 얻을 수 있었다. 평면세상에서는 점 질량이 중력으로 서로 끌어당기지 않기 때문에 행성이 만들어지기 어렵다.

2   이 개념은 1984년 A. 듀드니Dewdney의 책 《평면 우주Planiverse》에서 업데이트되었다. 2007년 애니메이션 〈평면세상Flatland〉에서는 등장인물 아서 스퀘어와 그의 손녀 헥스의 목소리 연기를 마틴 쉰과 크리스틴 벨이 맡았다. 하버드 대학 학부 시절 나의 멘토였던 토머스 밴초프Thomas Banchoff 교수님이 DVD 확장판에 멋진 수학적인 코멘트를 덧붙였다.

제23장

1   나의 1982년 《네이처》 논문에서 나는 "우리 우주는 평범한 진공 거품들 중 하나다"라고 말했다.

2   같은 논문에서 시드니 콜먼Sidney Coleman의 거품 생성에 대한 연구를 따라 나는 양자 터널을 거품 우주들을 만드는 과정으로 확인했다. "그러므로 우리는 우리 우주의 생성을 양자 터널 현상으로 볼 수 있다."

3   호킹의 1982년 논문의 제목은 "단일 거품 우주에서의 불규칙성의 성장"이었고 린데, 알브레히트, 스타인하르트 그리고 나의 논문을 인용했다. 그해의 일들은 미국물리학회에서 발행한

《1982년 물리학 뉴스Physics News in 1982》에 나의 논문에 있는 핵심 다이어그램을 표지로 하여 소개되었다.

제24장

1   이 모든 자세한 내용은 나의 책《우주의 거미줄The Cosmic Web》(2016)에 설명되어 있다.

2   $w > -1$, $w = -1$, $w < -1$ 세 가지 시나리오와 그 의미에 대해서는 《우주의 거미줄》에 자세하게 설명되어 있다.

3   나는 이것을 1993년 5월 27일《네이처》에 "미래 전망에 대한 코페르니쿠스 원리의 의미"라는 논문으로 발표했다.

4   지능을 가진 우리 혈통(호모 사피엔스와 지능을 가진 그 후손들)은 영원히 지속될 수 있을까? 지능을 가진 우리 혈통은 약 20만 년이 되었다. 이것은 우주 나이의 65,000분의 1로 아주 짧은 시간이다. 지능을 가진 우리 혈통이 나이를 먹어갈수록 우주의 나이에 대한 우리 혈통의 나이는 1에 접근해야 한다. 지능을 가진 우리 혈통이 영원히 지속된다면 대부분의 관측자들에게 그 나이가 우주의 나이와 같은 단위를 가지는 것으로 보여야 한다. 그렇지 않다면 당신이 특별하다는 의미가 된다. 우리는 이 아이디어를 정량화할 수 있다. 수직축 y는 지능을 가진 우리 혈통이 시작될 때의 우주의 나이를 표시하고, 수평축 x는 당신이 관측할 때의 우주의 나이를 표시하는 2차원 다이어그램을 그려보자. 평면의 각 점은 당신이 관측할 수 있는 시점을 표시한다. 하지만 제한이 있다. 나이인 x와 y는 모두 양의 값이다. (당신이 관측할 수 있는 시점은 오른쪽 위쪽의 4분면으로 제한된다.) 당신이 관측하는 것은 지능을 가진 우리 혈통이 시작된 이후여야 하기 때문에 언제나 $x > y$가 되어야 한다. 당신이 관측할 수 있는 시점은 그 4분면의 절반, 즉 전체 평면의 1/8로 제한된다. 동쪽에서 북동쪽 사이의 평면이다. 이것은 원점에서 무한대까지 펼쳐져 있는 45도 영역으로 표현할 수 있다. 우리는 지능을 가진 우리 혈통이 영원히 지속될 것이라고 가정하기 때문이다. 당신이 관측하는 시점은(당신이 관측하는 x와 y 값) 45도 영역의 어떤 곳도 될 수 있다. 당신이 관측하는 시점이 특별하지 않다면 그 시점이 경계가 되는 비스듬한 선 $x = y$에서 1도 이내에 있을 확률은 1/45밖에 되지 않는다. 하지만 사실은 당신은 그 선에 훨씬 더 가깝다. 당신의 시점은 $x = (1 + [1/65,000])y$가 된다. 그 (x, y)점은 원점에서 측정하면 위쪽 경계($x = y$인 선)에서 0.00044도밖에 떨어져 있지 않다. 관측 시점이 특별하지 않다면 우연히 경계에 그렇게 가까이 있을 확률은 $P = 0.00044° / 45° = 10^{-5}$이다. 그러니까 지능을 가진 우리 혈통이 영원히 지속되고 당신의 관측 시점이 특별하지 않다면, 지능을 가진 우리 혈통이 우주의 나이에 비해 1/65,000 혹은 더 짧게 지나지 않은 것으로 발견할 확률은 매우 낮다. (확률이 10^{-5}밖에 되지 않는다.) 코페르니쿠스의 원리는 당신이 자신의 위치를 100,000분의 1 확률로(지능을 가진 혈통이 영원히 지속될 경우) 발견할 가능성($P = 10^{-5}$)은 매우 낮다고 말해준다. 그러므로 상식과 일치하는 코페르니쿠스의 원리는 지능을 가진 우리 혈통이 영원히 지속될 가능성이 매우 낮다

$(P = 10^{-5})$고 말해준다. 만일 끝이 있다면 코페르니쿠스의 공식으로 끝이 언제일지 (95퍼센트의 신뢰도로) 예측할 수 있다.

5 코페르니쿠스의 공식은 검증될 수 있다. 예를 들어 내 논문이 출판되던 날 브로드웨이에는 44개의 연극과 뮤지컬이 공연되고 있었다. 짧은 시간 동안 공연된 것은 짧은 시간 후에 끝나는 경향이 있었다. 예를 들어 7일간 공연되었던 〈마리솔Marisol〉은 10일 후에 끝났다. 이것이 내가 예측한 39배 범위 이내에 있다. 그 공식은 오래 공연되는 연극에도 잘 적용되었다. 유명한 뮤지컬 〈판타스틱스The Fantastics〉는 12,077일 동안 공연되고 있었고 3,153일 후에 끝났다. 역시 39배 범위 이내에 있다. 전체적으로 나의 목록에 있던 연극과 뮤지컬 중에서 공연이 끝난 것은 42개 중 42개가 맞았다. 나머지 2개는 아직 끝나지 않았다. 그 2개가 틀린다 하더라도 최소 95퍼센트는 맞는다.

같은 날 313명의 세계 지도자들이 권력을 잡고 있었다. 그 대부분이 지금은 권력에서 벗어나 있다. 권력이 100세 이후까지 이어지는 사람이 아무도 없다면 공식의 성공률은 94퍼센트 이상이 된다(기대했던 95퍼센트와 놀랍도록 비슷하다). 코페르니쿠스의 기댓값과 일치하는 결과로 헨리 비넨Henry Bienen과 니콜라스 반 드 왈레Nicholas van de Walle는 자신들의 책《시간과 권력Of Time and Power》에서 (세계의 2,256명의 지도자들을 자세히 분석한 후) 이렇게 결론내렸다. "지도자가 권력을 가지고 있던 시간은 그 지도자가 권력을 얼마나 유지할지에 대한 아주 좋은 가늠자가 된다. 모든 변수들을 고려할 때 이것이 가장 확실한 값을 주는 요소다."

1993년 9월 30일《네이처》에서 P. T. 랜스버그Landsberg, J. N. 듀인Dewynne, C. P. 플리즈Please는 영국에서 보수당 정권이 얼마나 오래 지속될지를 예측하기 위하여 나의 공식을 이용했다. 그들은 95퍼센트의 신뢰도로 14년 동안 정권이 지속되었기 때문에 앞으로 최소 4.3개월에서 최대 546년까지 지속될 것이라고 예측했다. 보수당은 예측 범위 내인 3.6년 후에 정권을 잃었다.

나는 UN의 수명 통계를 이용하여 1993년에 전 세계 모든 사람이 나의 공식을 적용하여 자신의 미래 수명을 예측한다면 96퍼센트의 사람들에게 그 공식이 맞을 것이라고 계산했다.

철학자 브래들리 몬톤Bradley Monton과 브라이언 키어랜드Brian Kierland는 2006년《월간 철학The Philosophical Monthly》의 기사에서 나의 핵심 이론을 방어했다. 그들은 나의 공식이 모든 시간 척도에 자유로운 문제나 시간 척도가 경험적으로 알려져 있지 않은 경우의 미래 수명을 예측하는 데 이용될 수 있다고 주장했다. 모든 확률 문제는 베이즈 공식으로 주어질 수 있다. 베이즈 추론은 새로운 자료가 사용 가능해졌을 때 당신의 관점을 어떻게 개선해야 하는지 설명해준다. 나의 코페르니쿠스 공식은 모호한 베이즈 사전확률vague Bayesian prior(누구나 사용하도록 설계되었기에 공공정책 사전확률public policy prior이라고도 부른다)이라고 부르는 것을 받아들이는 것과 같다. 당신은 당신이 관측한 과거의 지속기간을 고려하여 당신의 사전 관점을 개선한다. 이런 형태의 사전 관점은 전체 지속기간의 계산 차수를 동등하게 중시한다. 지능을 가진 종(이런 질문을 할 수 있는 종)의 수명 통계에 대한 자료가 없다면, 논란의 여지는 있지만 이것이 최선이고 당신은 나의 코페르니쿠스 공식과 정확하게 같은 결과를 얻을 것이다. 관측자는 누구든 이것을 적용할 수 있고, 그런 지능을 가진 관측자들 중에서 당신은 특별하지 않아야 한다.

천문학이 최첨단의 과학이라는 사실을 아는 사람은 별로 많지 않다. 아직도 천문학이라고 하면 망원경으로 밤하늘의 별을 들여다보며 연구하는 고전적이고 낭만적인 학문이라고 생각하는 사람들이 많다. 물론 천문학이 연구하는 주제는 고전적인 질문들이 많긴 하다.

우주는 언제 어떻게 태어났을까? 우주의 미래는 어떻게 될까? 블랙홀이 충돌하면 어떻게 될까? 블랙홀은 어떻게 생겼을까? 천문학의 매력은 이런 근원적인 질문에 과학적인 답을 준다는 것이다.

1960년대에 우주배경복사의 발견으로 정립된 빅뱅 우주론은 우주가 어떻게 시작되었는지 알려준다. 그리고 우주배경복사 연구를 통해 우주의 나이가 138억 년이라는 사실을 알 수 있게 되었다. 우주배경복사 발견과 연구는 1978년과 2006년 두 차례 노벨 물리학상을 수상했다.

1998년에는 우리 우주가 모두의 예상과는 달리 점점 빠른 속도로 팽창하고 있다는 사실이 발견되었다. 이것으로 우리는 우주가 점점 빠른 속도로 계속 팽창할 것이라고 예상할 수 있게 되었다. 우주 가속 팽창을 발견한 사람들은 2011년 노벨 물리학상을 수상했다.

2016년 라이고LIGO(레이저 간섭계 중력파 관측소)는 충돌하는 두 블랙홀이 만드는 중력파를 처음으로 관측하는 데 성공했다. 그리고 아인슈타인의 일반상대성이론을 이용하여 어떤 블랙홀이 어떻게 충돌하는지 알아낼 수 있다. 이 결과는 2017년 노벨 물리학상을 수상했다.

2019년 사건의 지평선 망원경 EHT, Event Horizon Telescope 프로젝트는 5,500만

광년 떨어진 은하 M87의 중심부에 있는 초거대질량 블랙홀이 만들어낸 모습을 직접 촬영하는 데 성공했다. 인류 최초로 블랙홀의 모습을 직접 확인하는 데 성공한 것이다.

불과 몇 십 년 사이에 교과서가 바뀌고 노벨상을 몇 번씩이나 수상하는 분야가 천문학이다. 그리고 이 모든 발견은 최첨단 기술의 집약으로 이루어진 기기들의 개발과 함께 이루어졌다. 우주배경복사의 정밀한 관측은 우주망원경을 통해 이루어졌고, 우주 가속 팽창은 수십억 광년 떨어져 있는 초신성 관측으로, 중력파 검출은 수 킬로미터 길이의 정밀한 장치를 이용하여 이루어졌다. 블랙홀의 모습을 촬영한 망원경 기술의 해상도는 지구에서 달에 있는 오렌지를 볼 수 있는 정도의 수준이다.

과학은 항상 변화한다. 과학이 항상 변화한다는 사실이야말로 과학의 가장 강력한 장점이다. 과학은 스스로 오류를 수정해나갈 수 있는 시스템을 가지고 있기 때문이다. 과학은 현재 얻을 수 있는 최대한의 자료를 지금 사용할 수 있는 가장 합리적인 방법으로 분석하고 종합하여 현재 상황에서 최선의 답을 찾아내는 것이다. 과학은 정답을 찾는 것이 아니라 정답을 찾아나가는 과정이다. 과학에 절대 불변의 진리란 없고 과학은 항상 업데이트 되어야 한다. 과학을 공부하려는 사람은 언제나 업데이트에 소홀해서는 안 된다.

천문학은 가장 고전적인 주제를 다루고 있으면서도 조금만 업데이트를 게을리하면 금방 뒤처지게 되는 최첨단 학문이기도 하다. 그런데 아무리 같은 천문학 분야라 하더라도 특별히 관심이 있는 분야가 아니면 새로운 결과를 꾸준히 따라가기가 쉽지 않다. 아무리 관심사가 다양해도 따라갈 수 있는 분야에는 한계가 있을 수밖에 없다. 그리고 내가 알고 있다고 생각하는 것이 맞는 것인지도 의심스러운 경우가 있다. 그것을 확인하려면 다른 과학자의 설명을 들어보아야 한다. 그래서 이런 책이 필요하다.

앞에서 소개한 최신 연구 결과들도 당연히 모두 소개되어 있다. 단, 가장 최근에 있었던 블랙홀 관측 결과는 포함되어 있지 않다. 이것은 오히려 그만큼 천문학이 역동적인 분야라는 사실을 알려주는 좋은 예가 될 수 있다.

이 책은 세 명의 천문학자가 프린스턴 대학에서 과학 전공이 아닌 학부생들을 대상으로 진행한 강의를 토대로 하여 구성된 것이다. 내용은 별과 은하에서 외계행성과 생명, 우주론까지 천문학의 거의 모든 분야를 포괄하고 있다.

입문자부터 어느 정도 깊이 있는 지식을 원하는 사람까지 도전해볼 수 있는 책이다. 최첨단 과학으로서의 천문학의 진수를 느껴보길 바란다.

닐 디그래스 타이슨 지음, 박병철 옮김, 《블랙홀 옆에서》, 사이언스북스, 2018; Tyson, N. deG. *Death by Black Hole*. New York: W. W. Norton, 2007.

닐 디그래스 타이슨 지음, 에이비스 랭 엮음, 박병철 옮김, 《스페이스 크로니클》, 2016; Tyson, N. deG. *Space Chronicles*. New York: W. W. Norton, 2012.

닐 디그래스 타이슨, 도널드 골드스미스 지음, 곽영직 옮김, 《오리진》, 사이언스북스, 2018; Tyson, N. deG., and D. *Goldsmith. Origins*. New York: W. W. Norton, 2004.

데이브 골드버그 지음, 박병철 옮김, 《백미러 속의 우주》, 해나무, 2015; Goldberg, D. *The Universe in the Rearview Mirror*. Boston: Dutton/Penguin, 2013.

데이브 골드버그, 제프 블롬퀴스트 지음, 이지윤 옮김, 《우주 사용 설명서》, 휴머니스트, 2012; Goldberg, D., and J. Blomquist. *A User's Guide to the Universe*. Hoboken, NJ: Wiley, 2010.

리처드 고트 지음, 박명구 옮김, 《아인슈타인 우주로의 시간여행》, 한승, 2003; Gott, J. Richard. *Time Travel in Einstein's Universe*. Boston: Houghton Mifflin, 2001.

리처드 파인만 지음, 안동완 옮김, 《물리법칙의 특성》, 해나무, 2016; Feynman, R. *The Character of Physical Law*. Cambridge, MA: MIT Press, 1994.

마틴 리스 지음, 김재영 옮김, 《우주가 지금과 다르게 생성될 수 있었을까?》, 이제이북스, 2004; Rees, M. *Our Cosmic Habitat*. Princeton, NJ: Princeton University Press, 2001.

마틴 리스 엮음, 김유제, 홍승수, 윤홍식, 장경애, 권석민 옮김, 《우주》, 사이언스북스, 2009; Rees, M(ed.). *Universe*. Revised edition. New York: DK Publishing, 2012.

미치오 가쿠, 박병철 옮김, 《초공간》, 김영사, 2018; Kaku, M. *Hyperspace*. New York: Doubleday, 1994.

브라이언 그린 지음, 박병철 옮김, 《엘러건트 유니버스》, 승산, 2002; Greene, B. *The Elegant Universe*. New York: Vintage Books, 1999.

스티븐 제이 굴드 지음, 김동광 옮김, 《원더풀 라이프》, 궁리, 2018; Gould, S. J. *Wonderful Life*. New York: W. W. Norton, 1989.

스티븐 호킹 지음, 김동광 옮김, 《시간의 역사》, 까치, 1998; Hawking, S. W. *A Brief History of Time*. New York: Bantam Books, 1988.

에드윈 A. 애벗 지음, 윤태일 옮김, 《플랫랜드》, 늘봄, 2009; Abbott, E. A. *Flatland*. New York: Dover, 1992.

조지 가모프 지음, 김혜원 옮김, 《1,2,3 그리고 무한》, 김영사, 2012; Gamow, G. *One, Two, Three...*

Infinity. New York: Dover, 1947.

칼 세이건 지음, 홍승수 옮김, 《코스모스》, 사이언스북스, 2004; Sagan, C. *Cosmos*. New York: Random House, 1980.

킵 손 지음, 박일호 옮김, 《블랙홀과 시간여행》, 반니, 2019; Thorne, K. S. *Black Holes and Time Warps*. New York: Norton, 1994.

클리퍼드 픽오버 지음, 구자현 옮김, 《TIME 시간여행 가이드》, 들녘, 2004; Pickover, C. A. *Time: A Traveler's Guide*. New York: Oxford University Press, 1998.

허버트 조지 웰즈 지음, 김석희 옮김, 《타임머신》, 열린책들, 2011; Wells, H. G. *The Time Machine* (1895), reprinted in The Complete Science Fiction Treasury of H. G. Wells. New York: Avenel Books, 1978.

Bienen, H. S., and N. van de Walle. *Of Time and Power*. Stanford, CA: Stanford University Press, 1991.

Brown, M. *How I Killed Pluto and Why It Had It Coming*. New York: Spiegel & Grau/Random House, 2010.

Ferris, T. *The Whole Shebang*. New York: Simon and Schuster, 1997.

Gott, J. Richard. *The Cosmic Web*. Princeton, NJ: Princeton University Press, 2016.

Gott, J. Richard, and R. J. Vanderbei. *Sizing Up the Universe*. Washington, DC: National Geographic, 2010.

Lemonick, M. D. *The Light at the Edge of the Universe*. New York: Villard Books/Random House, 1993.

_____. *The Georgian Star*. New York: W. W. Norton, 2009.

_____. *Mirror Earth*. New York: Walker & Company, 2012.

Leslie, J. *The End of the World*. London: Routledge, 1996.

Misner, C. W., Thorne, K. S., and J. A. Wheeler. *Gravitation*. San Francisco: Freeman, 1973.

Novikov, I. D. *The River of Time*. Cambridge: Cambridge University Press, 1998.

Ostriker, J. P., and S. Mitton. *Heart of Darkness*. Princeton, NJ: Princeton University Press, 2013.

Peebles, P.J.E., Page, L. A., Jr., and R. B. Partridge. *Finding the Big Bang*. Cambridge: Cambridge University Press, 2009.

Shu, F. The *Physical Universe*. Sausalito, CA: University Science Books, 1982.

Taylor, E. F., and Wheeler, J. A. *Spacetime Physics*. San Francisco: W. H. Freeman, 1992.

Tyson, N. deG. *The Pluto Files*. New York: W. W. Norton, 2009.

Tyson, N. deG., C. T.-C. Liu, and R. Irion. *One Universe*. New York: John Henry Press, 2000.

Vilenkin, A. *Many Worlds in One*. New York: Hill and Wang/Farrar, Straus and Giroux, 2006.

Zubrin, R. M. *The Case for Mars*. New York: Free Press, 1996.

웰컴 투 더 유니버스

웰컴 투 더 유니버스
무한하고 경이로운 우주로의 여행

초판 1쇄 발행	2019년 9월 30일
초판 5쇄 발행	2023년 12월 10일

지은이	닐 디그래스 타이슨, 마이클 스트라우스, J. 리처드 고트
옮긴이	이강환
기획	김은수, 유이선
책임편집	이기홍
디자인	주수현, 김수미

펴낸곳	(주)바다출판사
주소	서울시 마포구 성지1길 30 3층
전화	02-322-3885(편집), 02-322-3575(마케팅)
팩스	02-322-3858
E-mail	badabooks@daum.net
홈페이지	www.badabooks.co.kr

ISBN	979-11-89932-32-9 03440

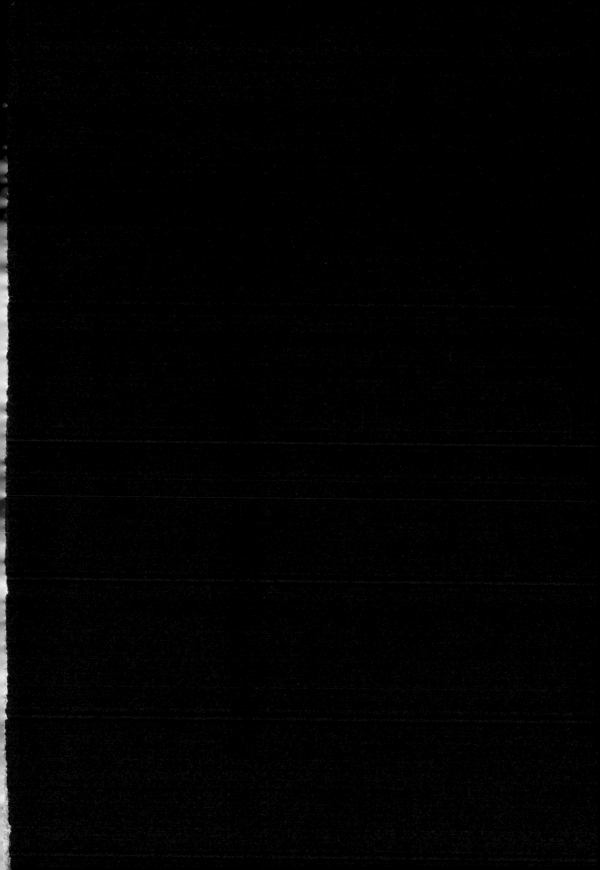